甘蔗摆种方法

甘蔗滴灌技术

U0965234

甘蔗防旱（堵垄）

使用除草剂对比（图右下种时不喷除草剂，图左使用除草剂）

甘蔗分蘖情况

甘蔗健康种苗大田生产示范

甘蔗机械采收

木薯苗期

木薯生长期

木薯间种西瓜

木薯品种 GR891

木薯品种 GR911

剑麻试管苗

剑麻苗圃

剑麻园机械喷药

剑麻斑马纹病叶

剑麻茎腐病

八角高产示范林

八角挂果枝

八角花

八角部分产品

八角花果同期

八角果

八角干果

肉桂幼林

肉桂苗圃

肉桂成林

肉桂采剥

板桂加工

桂通

罗汉果雌花

罗汉果雄花

大田罗汉果挂果

罗汉果授粉

罗汉果组培苗

成龄油梨植株

油梨幼树园

油梨果实

油梨花穗

挂果枝

油梨种子

高职高专教育"十二五"规划建设教材

亚热带特色植物生产技术

刘永华　主编

中国农业大学出版社
·北京·

内 容 简 介

本教材为高职高专农林类学院的规划教材，以介绍亚热带特色植物生产技术为主线，以技能培养为中心，突出实践性和职业性。全书力求反映亚热带特色植物生产技术的科学性、先进性和实用性。全书分为亚热带特色植物标准化生产、甘蔗、木薯、剑麻、八角、肉桂、罗汉果、油梨、亚热带农产品营销9章。为了提高学生的实践动手能力，每章后安排有技能实训，可供教师参考、选用；同时为了方便复习，每章后附有复习思考题。

本教材适用作为高职高专园艺专业、热带作物专业、农科种植类专业和林学类相关专业教材，也可作为热带、亚热带农业生产管理部门、科技人员的参考书和生产培训教材。

图书在版编目(CIP)数据

亚热带特色植物生产技术/刘永华主编. —北京：中国农业大学出版社，2011.12
ISBN 978-7-5655-0445-7

Ⅰ.①亚… Ⅱ.①刘… Ⅲ.①亚热带作物-栽培技术-高等职业教育-教育 Ⅳ.①S59

中国版本图书馆CIP数据核字(2011)第238448号

书　　名 亚热带特色植物生产技术
Yaredai Tese Zhiwu Shengchan Jishu
作　　者 刘永华 主编

策划编辑 姚慧敏 伍 斌　　**责任编辑** 韩元凤
封面设计 郑 川　　**责任校对** 王晓凤 陈 莹
出版发行 中国农业大学出版社
社　　址 北京市海淀区圆明园西路2号　　**邮政编码** 100193
电　　话 发行部 010-62818525,8625　　读者服务部 010-62732336
编辑部 010-62732617,2618　　出 版 部 010-62733440
网　　址 http://www.cau.edu.cn/caup　　**e-mail** cbsszs@cau.edu.cn
经　　销 新华书店
印　　刷 涿州市星河印刷有限公司
版　　次 2011年12月第1版　2011年12月第1次印刷
规　　格 787×1 092　16开本　22.25印张　550千字　彩插4
定　　价 41.00元

图书如有质量问题本社发行部负责调换

前　言

我国的亚热带特色植物资源丰富。亚热带特色植物指地处亚热带气候带地域，具有某种特定经济用途的特色经济植物，如甘蔗、木薯、剑麻、八角、肉桂、罗汉果、油梨等一批名特优特色明显、地域性强、经济价值高、技术要求高、商品率高的特色经济植物，宜于集中进行专门化生产。这些特色植物种植业的迅速发展需要大量的专业技术人才。长期以来，我们不断进行课程和教学内容改革和调整，凸显亚热带区域地方特色，以服务地方经济建设的需要。其中亚热带特色植物栽培在 20 世纪 80 年代有些学院已经开设相关内容课程，并编写了一些特色植物的教材，但随着生产的发展和专业建设的需要，编写出版亚热带区域特色的教材十分重要。

在教育部高职高专植物生产教学指导委员会的指导下，由广西职业技术学院牵头，组织了相关高等院校、科研院所和行业企业单位的专兼职教师团队编写了《亚热带特色植物生产技术》。本教材紧紧围绕《教育部关于全面提高高等职业教育教学质量的若干意见》(教高[2006] 16 号)要求，立足突出实践性和职业性，全书分为 9 章，为了提高学生的动手能力，每章安排技能实训，同时为了方便复习和查阅相关资料，每章后附有复习思考题和参考文献。

参加本教材编写的人员有广西职业技术学院刘永华、王海华、陈海红、廖旭辉、谢宗云，云南热带作物职业学院周艳飞，广东农工商职业技术学院陶正平，海南职业技术学院王云惠，广西农业职业技术学院周晓舟，广东农垦总局陈叶海，广西亚热带作物研究所李军，广西农垦国有东方农场黄富宇，广西农垦国有红山农场吕辉，广西农垦国有山圩农场张小玲，中国热带农业科学院李开绵、孙光明、周文钊等。广西农垦集团史长兴高级农艺师、广西林业科学研究院李开祥高级工程师担任本书审稿工作。在此教材出版之际，谨对为本教材编写提供支持和帮助的各位领导、同行表示最衷心的感谢！

本教材可作为高职高专园艺专业、热带作物专业、农科种植类专业和林学类相关专业教材，也可作为热带、亚热带农业生产管理部门、科技人员的参考书和生产培训教材。

由于编者水平有限，加上编写时间仓促，书中难免有不妥和疏漏之处，敬请广大师生和同仁提出宝贵意见，以便今后完善。

编　者

2011 年 9 月

前言

编者

目　录

第一章 亚热带特色植物标准化生产的概念和意义

【学习目标】

了解农业标准化生产的概念和意义，熟悉热带作物标准化生产示范园建设要求，掌握标准化生产的关键技术，为今后推进农业标准化生产打下基础。

我国的亚热带位于秦岭、淮河以南，雷州半岛以北，横断山脉以东（22°～34°N，98°E 以东）的广大地区。涉及 16 个省市（包括台湾省），面积约 2.4×10^6 km^2，约占全国国土面积的 1/4。亚热带气候特征是雨热基本同季，光热水资源丰富，具有发展大农业的有利条件。亚热带特色植物指地处亚热带气候带地域，具有某种特定经济用途的特色经济植物。通常具有地域性强、经济价值高、技术要求高、商品率高等特点，对自然条件要求较严格，宜于集中进行专门化生产。

农产品标准化体系的建立、示范、推广和实施是农业结构战略性调整的一项基础工作。实施农产品标准化生产，是农产品质量与安全的技术保证，是节约农业资源、减少农业面源污染的有效途径，是品牌农业和农业产业化发展的必然要求，也是农产品国际贸易和农业国际技术合作的基础。因此，也是我国农业可持续发展和农民增产增收的必由之路。

一、农业标准化生产的概念

（一）农业标准化

农业标准化是指以农业为对象的标准化活动。具体来说，是指为了有关各方面的利益，对农业经济、技术、科学、管理活动中需要统一、协调的各类对象制订并实施标准，使之实现必要而合理的统一的活动。其目的是将农业的科技成果和多年的生产实践相结合，制订成“文字简明、通俗易懂、逻辑严谨、便于操作”的技术标准和管理标准向农民推广，最终生产出质优、量多的农产品供应市场，不但能使农民增收，同时还能很好地保护生态环境。其内涵就是指农业生产经营活动要以市场为导向，建立健全规范化的工艺流程和衡量标准。

农业标准化是运用“统一、简化、协调、优选”的原则，对农业生产的产前、产中、产后全过程，通过制定标准与实施标准，促进先进的农业科技成果和经验较快地得到推广应用，从而保障农业产品的质量与安全，提高农业效益。《中华人民共和国标准化法》第三条指出：“标准化工作的任务是制定标准、组织实施标准和对标准实施进行监督”。

农业标准化的对象主要有：农产品、种子的品种、规格、质量、等级、安全、卫生要求；试验、检验、包装、储存、运输、使用方法；生产技术、管理技术、术语、符号、代号等。

(二)农业标准体系

农业标准体系主要是指围绕农林牧副渔各业制定的以国家标准为基础,行业标准、地方标准和企业标准相配套的产前、产中、产后全过程系列标准的总和,还包括为农业服务的化工、水利、机械、环保和农村能源等方面的标准。

(三)农业标准化的主要内容

农业标准化的内容十分广泛,主要有以下 8 项:①农业基础标准,是指在一定范围内作为其他标准的基础并普遍使用的标准。主要是指在农业生产技术中所涉及的名词、术语、符号、定义、计量、包装、运输、贮存、科技档案管理及分析测试标准等。②种子、种苗标准,主要包括农、林、果、蔬等种子、种苗、种畜、种禽、鱼苗等品种种性和种子质量分级标准、生产技术操作规程、包装、运输、贮存、标志及检验方法等。③产品标准,是指为保证产品的适用性,对产品必须达到的某些或全部要求制订的标准。主要包括农林牧渔等产品品种、规格、质量分级、试验方法、包装、运输、贮存、农机具标准、农资标准以及农业用分析测试仪器标准等。④方法标准,是指以试验、检查、分析、抽样、统计、计算、测定、作业等各种方法为对象而制订的标准。包括选育、栽培、饲养等技术操作规程、规范、试验设计、病虫害测报、农药使用、动植物检疫等方法或条例。⑤环境保护标准,是指为保护环境和有利于生态平衡对大气、水质、土壤、噪声等环境质量、污染源检测方法以及其他有关事项制订的标准,例如水质、水土保持、农药安全使用、绿化等方面的标准。⑥卫生标准,是指为了保护人体和其他动物身体健康,对食品饲料及其他方面的卫生要求而制订的农产品卫生标准。主要包括农产品中的农药残留及其他重金属等有害物质残留允许量的标准。⑦农业工程和工程构件标准,是指围绕农业基本建设中各类工程的勘察、规划、设计、施工、安装、验收以及农业工程构件等方面需要协调统一的事项所制订的标准,如塑料大棚、种子库、沼气池、牧场、畜禽圈舍、鱼塘、人工气候室等。⑧管理标准,是指对农业标准领域中需要协调统一的管理事项所制订的标准,如标准分级管理办法、农产品质量监督检验办法及各种审定办法等。

(四)农产品安全质量标准

农产品安全质量是以一定的标准技术指标来衡量的。标准是农产品质量安全保证的依据。为了确保农产品的安全质量达到某一级别的标准,国际上通常的做法是采用评价认证制定,包括 3 个部分:一是农产品的生产环境质量必须符合相关标准;二是生产及初加工过程必须执行相关的技术标准;三是所生产的农产品必须符合相关的安全质量标准。3 个方面要同时满足要求,缺一不可,并有切实可行的控制措施(如生产记录等)才能被认证(认定)。农产品安全质量是执行系列标准的结果,要符合农产品质量安全要求的相关指标。目前,农产品从质量安全方面可分为以下 3 种。

无公害农产品:是指按无公害农产品有关标准进行生产并经严格认定程序进行认定的农产品。无公害农产品认证指初级农产品,不包括加工品。

绿色食品:是指按绿色食品有关标准进行生产、加工,并经严格认证程序进行认证的农产品及其加工品。绿色食品 A 级相当于无公害农产品,绿色食品 AA 级相当于有机食品。

有机食品:是指按有机食品有关标准进行生产、加工,并经严格认证程序进行认证的农产品及其加工品。

二、亚热带特色植物标准化生产的意义

(1)农业标准化是市场需求变化的必然要求。农业标准化是发展优质农业的前提,是现代农业的基础工程。随着经济的不断发展,人民生活水平的不断提高,人们的需求结构发生了新的变化。能不能买到东西不再是广大消费者所关心的主要问题,对农产品的质量和品种要求越来越高。过去那种简单、粗放的农业生产方式,已经不适应新的市场变化需求。为了适应亚热带特色农产品生产由重数量向重质量的结构转变,满足市场对高质量、健康型亚热带特色农产品产品的需求,我们必须改变传统的农业生产方式,推行农业标准化生产,不断提高农产品品质,不断增强农产品市场竞争力。

(2)农业标准化是市场供求形势发展的必然要求。世界发达国家农业的发展,大都经历了2个阶段,实现了2次大的飞跃。第一个阶段,主要是实现了由低产到高产的飞跃,较好地适应了人口增长对农产品的数量需求。这个阶段的目标,在我国也已经达到。第二个阶段,主要是实现了由数量到质量的飞跃,较好地适应了温饱之后人们日益增长的对农产品的质量需求。而这个阶段,我国正在起步。消费者所关心的不是能不能买到东西,而是购买的商品是不是卫生安全,是不是富有营养,是不是食用方便。在这3条当中,最关键的是安全问题。因为食品安全既是广大消费者的最基本需求,也是对农产品进入市场的最起码的质量要求;既是消费者应享受的基本权利,又是商品生产经营者应尽的基本义务。

(3)农业标准化是应对加入世贸组织挑战的迫切需要。我国现有农产品真正能够打入国际市场的品种和数量仍然很少,现有的农产品出口,主要还是靠的价格优势。随着我国加入世贸组织,国外的农产品必将大量涌入。与国外发达国家的产品相比,我们的农产品无论是在品种上、工艺上,还是在质量和价格上都不占有明显优势。这就要求我们必须大力推行农业标准化生产,在提升农产品品质上狠下工夫。农业标准化是农产品进入国际市场参与竞争的“绿卡”。发展农业标准化是我国农业应对世界贸易组织(WTO)挑战、冲破绿色贸易壁垒并最终走向国际市场的最佳选择之一。我们应主动适应市场的需求,抓住机遇,由实行亚热带特色植物标准化来推动无公害亚热带特色农产品、绿色食品和有机食品的生产,提高亚热带特色农产品质量安全水平,扩大市场供应,完善市场机制,以推动亚热带特色植物标准化生产的快速发展和深化改革。

(4)农业标准化是提高农民素质、增加农业效益、拓宽农民增收渠道的重要举措。加快农业发展,科技是支撑,农民素质是基础。面对市场需求的新变化、科技进步的新形势,现实中普遍低的农民素质已经成为农业发展上档次、上水平的重大制约因素。推行农业标准化的过程,说到底,就是推广普及农业新技术、新成果的过程,是培训教育农民学科学、用技术的过程。把科技的进步、科研的成果规范为农民便于接受、易于掌握的技术标准和生产模式,不仅为科技成果转化成现实生产力提供了有效途径,而且对于更新农民观念,改变传统习惯,促进农业经营由粗放走向集约,由单纯重数量走向数量质量并重,意义重大。推行农业标准化既能够推动农业良种化、设施化、科学化水平的提高,又能促进农业向规模化、产业化、外向化的方向发展,既有利于提高农产品的质量,又有利于提高农业的比较效益,最终必然会带来农业整体素质的提高和市场竞争力的显著增强。同时,通过推行农业标准化生产,可以帮助农民群众更好地了解市场信息,自觉增强质量品牌意识,积极发展新特优农产品生产,不断开辟新的增收门路和办法。从这些意义上讲,抓住了农业标准化,就是抓住了农民素质提高和农业增效、农民增收

的关键。

(5)农业标准化是改善生态环境、实现可持续发展的有效途径。由于缺乏科学指导和严格控制，我国工业污染和城乡生活污染已相当严重，农业生产中滥用农药、化肥等现象比较普遍，不仅影响了人民群众的身体健康，而且造成面源污染，影响到土壤、水体，破坏了人类赖以生存和发展的生态环境。如已经禁用的滴滴涕，能在水土中存留几十年而不被降解，像这样明令禁止多年的高残留农药，至今在个别地方还在非法生产和使用。解决类似的问题，除了加强教育和严格执法以外，根本性的措施就是通过推行农业标准化，不断提高农民科学用药、用肥和规范生产管理的自觉性，促进经济、社会、生态的协调发展。

三、热作标准化生产示范园建设要求

为贯彻落实《国务院办公厅关于促进我国热带作物产业发展的意见》(国办发[2010]45号)，大力推进热作标准化生产进程和热作产业发展方式转变，2010年，农业部全面启动热作标准化生产示范园创建工作，大力推进天然橡胶、木薯、剑麻、油梨、芒果等热作实施标准化生产，推动热作产业生产标准化整体水平提升，依据《热作标准化生产示范园管理办法(暂行)》(农办垦[2010]64号)，2010年在全国建设了108个热作标准化生产示范园基础上，2011年再建成50个以上示范园，总示范面积30万亩以上，辐射1 000万亩以上，编制《热作标准化生产示范园建设规划(2011—2015)》，完善热作标准化生产技术规范体系，探索建立示范园质量安全可追溯制度，示范园产品质量安全检测合格率达100%，已取得阶段性成效。

(一)热作标准化生产示范园创建的总体思路

按照中央关于转变经济发展方式的要求，以科学发展观为指导，坚持总体布局、突出优势、稳步推进的原则，通过整合项目、集成技术、集中投入，创建一批品种优良、技术先进、制度健全、管理规范、优质高效的热作标准化生产示范园。以示范园为载体，通过发挥其示范带动作用，加快推进热作标准化生产进程和热作产业发展方式转变，促进热作产业增效、热区农民增收。

(二)热作标准化生产示范园的主要任务

在热作产业优势区域内创建一批包括天然橡胶、木薯、剑麻、油梨、芒果、澳洲坚果和其他具有区域特色的热带作物标准化生产示范园，示范园的主要任务是：

(1)推广优良品种。示范推广一批名特优新稀热作优良品种，推动品种更新换代，发挥优良品种在提高热作产品品质、单产方面的基础性作用。

(2)集成应用先进实用技术。结合当地资源优势和生产实际，在促花保果、病虫害防治、田间管理、采后保鲜处理等环节集成应用一批先进实用技术，提高科技成果转化率和科技进步贡献率，促进热作产业增效。

(3)实施标准化生产规范管理。以农业部发布的《热作标准化生产技术规范》为基础，制定适合当地生产实际的标准化生产技术规程，建立健全投入品管理、生产档案、产品检测、市场营销等制度，探索建立热作产品质量追溯制度，保障关键生产环节和重大生产技术措施标准明确、操作规范，将标准化生产贯穿于生产全过程。

(4)发挥示范带动作用。通过田间课堂、专家讲座、技术培训、印发资料等形式，运用示范园创建经验和成果，帮助周边农民解决生产中的实际问题，充分发挥良好的示范带动作用。

(三)热作标准化生产示范园应具备的基本条件

(1)区位条件　示范园应位于热作优势区域布局规划内的主产区,交通便利、基础设施良好。

(2)规模条件　天然橡胶标准化生产示范园连片规模5 000亩以上;香蕉、荔枝、龙眼、芒果、木薯、菠萝、咖啡、澳洲坚果标准化生产示范园连片规模1 000亩以上;其他热作标准化生产示范园连片规模200亩以上。

(3)单位条件　承担创建任务的生产单位具有独立法人资格;示范园拥有5年以上合法土地使用权;有2名以上中级职称(含中级)以上科技人员和一定数量的生产技术人员队伍;配备有种苗和产品质量检验专职人员;其产品获得无公害产品、绿色食品、有机农产品商标之一或GAP认证、地理标志登记;具备较先进的生产水平和一定的标准化生产基础;有创建积极性和带动示范能力。同等条件下,农业部南亚热带作物名优基地和产业升级示范基地优先立项。

四、亚热带特色植物标准化生产中存在的问题

实现优质亚热带特色农产品的安全卫生生产,生产过程中的标准化操作技术是关键。针对我国亚热带特色农产品生产中品种、栽培方式和栽培季节的多样性,就亚热带特色农产品生产过程中品种选择、栽培技术、安全用肥和安全用药等非标准化操作技术存在的主要问题简述如下。

(1)品种选择中存在的问题。目前国内市场上可供选择的亚热带特色植物品种较多,但因种子种苗销售渠道比较混乱,种子包装上的品种介绍资料不够准确或缺乏对品种适应性的介绍,导致农民引种时难以把握。有些农民在购买种子种苗时只关注产量介绍,未考虑品种的市场适应性和气候适应性。

(2)栽培技术问题。一是种苗产业化、标准化程度低。随着亚热带特色植物生产基地的发展壮大,迫切需要将千家万户分散的育苗改变为集中育苗,统一供苗,既可降低育苗成本,又便于标准化生产。但目前只有个别地方进行集中供苗,大部分地区仍然分散育苗,种苗质量难以保证。二是轮作制度、茬口安排、田间管理、整枝、采收等的方式和时间不统一。

(3)安全用肥问题。有机肥料使用量不足,养分供给主要依赖过量使用化学肥料,或者使用没有获得肥料登记证的复混肥、专用肥和有机-无机复混肥料,肥料质量没保证;没有按照农技部门指导的优化配方施肥和测土配方施肥。

(4)安全用药问题。对有害生物的控制主要依靠化学方法,没有认真贯彻执行"预防为主,综合防治"的原则,没有积极采用农业防治措施或通过各种非化学手段控制有害生物的危害;没有优先选用生物农药及高效低毒低残留农药或者使用"三证"(农药登记证、生产许可证或生产批准证、执行标准号)不全的农药;没有严格按照国家标准《农药安全使用标准》和《农药合理使用准则》使用农药;为了追求经济效益,使用高毒、剧毒、高残留或具"三致"(致突变性、致畸、致癌)的农药及有关多混配剂。

总之,亚热带特色农产品的标准化生产还存在许多问题。当务之急是依据《中华人民共和国标准化法》、农业部发布的《无公害农产品管理办法》、国家质检总局、农业部和各省、自治区、直辖市发布的无公害农产品的质量技术标准,结合我国亚热带特色植物生产中品种、栽培方式和管理措施的多样性,因地制宜制定出符合实际的亚热带特色农产品产前、产中、产后的标准体系,并推广实施。

五、推进农业标准化生产的对策

(1)搞好宣传培训,加大推行力度。农业标准化在国外已推行多年,在我国才刚刚起步,广大从业人员包括农业系统的领导和技术人对此知之甚少。要利用各种媒体,加大宣传力度,并举办各种类型的培训班,使广大从业人员懂得什么是标准化,为什么要搞标准化,怎样按标准化进行生产。学习的材料主要有农业部颁布的 73 项无公害农产品生产标准及《无公害农产品管理办法》等。

(2)建立健全农产品检测体系。近几年,我国质检体系建设有了长足发展,在种子、苗木、化肥、农药、农膜等方面都建立了相应的检测机构。下一步的重点是加强无公害农产品质检机构建设。

(3)加强植物检疫工作。植物检疫工作是农业标准化工作中一个重要环节,我国早就制定了《动植物检疫法》,各省、自治区、直辖市都普遍颁布了《植物检疫办法》,县以上农业行政主管部门都建立了相应的机构。但由于种种原因,植物检疫工作一直停留在“上级发文件,下级收费、罚款办手续”的状态,没有起到应有的作用。植物检疫是农产品无公害生产的一项重要工作,如不严格执法,将会遭遇技术壁垒。

(4)加强农业环境综合治理,创造优良的产地环境。优良的产地环境是进行农产品标准化生产的基础。由于近几年来石油工业的发展对农业环境破坏较大,土壤、空气、地下水都有不同程度的污染,应加大治理力度,创造良好的产地环境。具体可包括开展农业残留物的综合开发利用、搞好植树造林加快绿化进度以及进一步加强水利基本建设等方面。

(5)完善保障体系。农业标准化是一个系统工程,是农业标准、农业监督和农产品评价三者密不可分的有机整体。我们必须科学、完整地建立和完善 3 个体系和 1 个网络:①农业标准体系,把农业生产的产前、产中、产后诸环节纳入标准化管理轨道,逐步形成与国际、国家和行业相配套的标准体系。通过对法律法规的进一步建设与完善,走制度化、法制化之路,应尽快制定《农产品安全质量法》或《农产品质量安全管理条例》,以满足当前工作之需。②农业监测体系,形成较为完善的农业资料、农副产品和农业生态环境等方面的监测网络,组织实施农产品质量安全检验检测体系建设规划,积极引进先进的检测技术和设备,努力缩小与发达国家在检验检疫方面的差距。③农产品评价体系,通过制定和完善质量认证标准和产品评价标准,实施农业品牌战略,扶持和培育优质农产品,创评出一批品质好、规模大、效益高的名牌农产品,提高农产品的市场知名度和市场占有率。④信息服务网络,及时向农产品生产、加工、经营和使用者提供质量、安全、标准、品牌、市场等方面的信息,尽快建立农产品质量安全信息系统。

(6)建立示范基地。实现农业标准化是一项长期的工作,要由点及面,循序渐进。首先从示范基地抓起,再逐步向面上发展。生产基地是转化、展示和推广成果的一个重要载体。开发和发展无公害农产品,必须着力培育无公害亚热带特色农产品基地。

在基地内,要求投入品种无害化、品种高抗化、耕地质量净化,提高组织化程度,加大对示范区农民的培训力度,使其尽快掌握标准,强化安全生产意识,严格按生产操作规程实施。鼓励并支持龙头企业带头执行国家标准和国际标准,引导企业主动把产品生产的质量标准及相应的技术和农艺要求引入基地、农户,带动基地和农户的标准化生产,提高农产品质量,以适应市场的要求。要进一步转变观念,围绕市场定产品,围绕产品建基地,把无公害农产品生产基地进一步优化、拓展。要建立一套完善的产品质检体系,引导农民生产出天然环保的亚热带特色农产品。

技能实训 参观调查热作标准化生产示范园生产情况

一、实训目的

掌握热作标准化生产示范园生产主要技术要点和方法要求。

二、材料与用具

1.材料 交通工具(或交通费)、交通图,调查热作标准化生产示范园情况。

2.用具 笔、记录本、数码相机。

三、实训内容

(1)5人一组,在教师指导下制订调查计划和调查项目记录本。

(2)按计划分组对所调查热作标准化生产示范园进行现场调研,拍照记录调查热作标准化生产情况,笔录调查项目并及时对调查材料加以整理。

(3)分析调查结果,将不同小组的调查材料整理汇总成文。

四、成绩评定

(1)小组调查原始记录资料及其整理文稿。(40分)

(2)小组调查结果分析汇报(PPT)。(40分)

(3)全部调查资料整理汇总材料。(20分)

[复习思考题]

1.农业标准化生产的定义是什么?农业标准化的主要对象有哪些?

2.热作标准化生产示范园的主要任务是什么?

3.热作标准化生产示范园应具备的哪些基本条件?

第二章　甘　　蔗

【学习目标】

了解甘蔗生产概况及广西主推甘蔗品种；熟悉甘蔗生长发育规律及栽培特性；掌握糖料蔗高产高糖栽培的关键技术及其理论依据；能独立进行新植蔗大田选地、整地、种植、田间管理、甘蔗砍收等环节的技术操作；能管理宿根蔗和果蔗。

第一节　概述

一、甘蔗在国民经济发展中的地位

1. 甘蔗与蔗糖在生产和生活中的作用

甘蔗是我国主要的糖料作物，全国有90%以上食糖以甘蔗为原料。据统计，2007/2008年榨季全国共有甘蔗糖生产企业（集团）165家，糖厂266家，炼糖企业9家，共生产甘蔗糖1 367.91×10^4 t。

糖是人类生活的必需品，其性和、味甘，经人体消化后能转变为葡萄糖和果糖，可以保证人体大脑、肾髓质、红细胞等的能量，人脑每天需要葡萄糖110～130 g。糖的用途十分广泛，大量用于配制药品、轻工食品和饮料。

甘蔗是轻工业的重要原料。甘蔗除制糖外，还有许多副产物。副产物的综合利用十分广泛，蔗渣可以造纸、纤维板、糠醛等；糖蜜可以制酒精、酵母、甘油、柠檬酸和干冰；滤泥可以提取蔗蜡、乌头酸及绿叶素，还可以做复合肥的填充料，也可以直接做肥料。

甘蔗生产在农业生产中占有重要地位。甘蔗是一种高光效的C_4作物，其单位面积的光能利用率和土壤的生产率比许多作物高，是一种效益较高的作物。在正常的经济运行情况下，种甘蔗的收益仅次于柑橘、蚕桑和花生，而高于水稻、玉米等作物。

甘蔗生产中大量的副产物可为农业再利用，生产1 t原料甘蔗可得到糖130～150 kg、湿蔗渣270 kg、废糖蜜36 kg、湿滤泥36 kg、蔗叶梢100 kg、蔗叶60 kg。蔗叶、蔗梢、蔗渣、糖蜜、滤泥是畜牧类、鱼类、食用菌的优质饲料和培养基质。如种1 hm^2甘蔗，可生产75 t原料蔗，有12 000 kg梢叶、2 700 kg滤泥、20 250 kg湿蔗渣还田，总共可返还蔗田有机质达34 950 kg，有利于提高土壤肥力。

此外，甘蔗在作物的布局上也有很大的调节作用。甘蔗可以与粮油作物轮作、间作、套作，这样有利于提高地力；还可以实行立体种养，蔗沟养鱼、畦上培养食用菌，充分地利用空间、时间，可以综合利用蔗地资源。

2.发展甘蔗种植业在市场经济中的作用

蔗糖业的发展促进了食品业的大发展，食品业的发展促进市场兴旺，消费大增，拉动内需，促进国民经济的发展。在糖的消费中工业消费占70%，民用消费占30%。在食品工业消费中，饮料占24%，糕点占23%，糖果占13%，休闲食品占8%，冷饮料占6%，罐头占4%，酿酒占3%，制药占3%，其他占16%。食糖消费的增加，又促进了甘蔗种植业的大发展，2008年广西甘蔗种植面积约为106.7×10^4 hm^2，云南、广东、海南也有不同程度的增长。

二、国内外甘蔗生产概况

1.世界蔗糖生产概况

全球生产蔗糖的国家和地区共有107个，主要分布在南美洲、加勒比海地区、大洋洲、欧洲、亚洲、非洲的大多数发展中国家和少数发达国家。根据2003/2004年榨季的产糖情况，世界前10位的产糖国家和地区是巴西、印度、欧盟、中国、美国、泰国、澳大利亚、墨西哥、巴基斯坦、哥伦比亚，其产糖总量占世界产糖总量的65%。近几年来世界蔗糖主要的出口国家有巴西、泰国、欧盟、澳大利亚、古巴；主要的进口国家有俄罗斯、美国、印度尼西亚、欧盟、日本、韩国。目前全世界每年生产食糖总产量为$(14\,150\sim14\,803)\times10^4$ t之间，产销基本平衡。

2.我国蔗糖生产概况

在我国甘蔗生产多集中在热带和亚热带地区河流两岸的冲积平原、河谷地带及低缓丘陵旱坡地带。主要分布在广东、广西、福建、云南、海南、台湾、四川、江西、湖南等省(区)，浙江、贵州、湖北、河南、陕西(汉中)亦有少量种植。

20世纪80年代末期，随着农村经济结构的调整和市场经济的影响，甘蔗生产开始了战略性的转移，基本形成了广西、云南、粤西为主体的蔗糖生产布局。根据2002/2003年榨期，3省区产糖856.5×10^4 t，占全国蔗糖产量的92.1%。其中广西甘蔗种植面积64.6×10^4 hm^2，占全国54.5%，产糖564×10^4 t，占全国59.69%。广西是全国生产规模最大的糖业生产区，2007/2008年榨季产糖量占全国的60%，现有糖厂108家，总日榨量为45×10^4 t，最大的工厂日榨量达15 000 t，全区平均每厂日榨能力为3 800 t。近几年来广西甘蔗产业发展势头十分强劲，2000/2001年榨季产糖只有276×10^4 t，到2002/2003年达564×10^4 t，2003/2004年达588×10^4 t，至2007/2008年榨季甘蔗种植面积为102×10^4 hm^2，产蔗量为$7\,737\times10^4$ t，产糖量达940×10^4 t。

3.农业专家系统在甘蔗栽培上的应用

农业专家系统在甘蔗栽培上应用时间不长，广西于1999年率先在甘蔗栽培上进行应用，增产效果显著。采用甘蔗专家系统来指导甘蔗的科学栽培管理及技术决策，解决实际遇到的问题比单向由专家个人决策更有效。

(1)甘蔗栽培技术咨询模块　甘蔗栽培技术咨询模块是在甘蔗生产过程中根据不同蔗区的自然条件、管理水平，向用户提供规范的栽培技术决策方案，同时导入先进的栽培技术，完善栽培措施，从而达到高产、优质、高效的目的。这一模块由新植和宿根两个咨询部分组成，使用时可根据蔗区海拔、蔗田类型、季节、宿根植期、品种、土壤肥力来判断和选择。

(2)生育期管理模块　生育期管理模块是根据不同的栽培条件和甘蔗生长发育5个阶段的生长实际生理变化,及时准确、有针对性地对甘蔗投入肥水的数量、质量、时间的管理的技术措施,以求得高产高效。

(3)病虫害和杂草防除模块　病虫害和杂草防除模块是在甘蔗一生中的各个生育期进行诊断,确定病虫类别、杂草类型、发生时间、地点、甘蔗植株部位和表现的症状,及时采用相应的防治方法。

(4)甘蔗电子手册　甘蔗电子手册是快速查找甘蔗栽培资料和相关性数据的电子手册,甘蔗专家系统实用性和解决问题的能力主要取决于甘蔗专家知识的真实性、可靠性和先进性。这个系统的形成是根据甘蔗栽培的历史资料、专家的经验,通过电脑工具计算推理、表达形成的。所以电子手册是甘蔗栽培的知识库,它与推理机组成核心。甘蔗专家系统的完善需要让知识库在甘蔗实践中不断补充、更新经验与知识,将推理机反复强化,使专家系统不断细致化、精确化、智能化。

现代化的甘蔗生产需要走向良种化、智能化、机械化、水利化和规模化的道路,以提高市场竞争力。

三、甘蔗产业化基础知识及技术要点

(一)甘蔗产业化基础知识

1.农业产业化与甘蔗产业化

农业产业化就是指在市场经济条件下,通过将农业生产中的产前、产中、产后的诸环节整合为一个完整的产业系统,实现种养加产供销、贸工农一体化经营的生产经营方式。具体形式可分为4类:主导产业带动型、专业市场带动型、龙头企业带动型和中介组织带动型。

在这4种类型中,甘蔗产业化属于主导产业带动型,以市场为导向,以制糖企业为龙头,以农户组成的糖料蔗生产基地为原料车间,以经济贸易为纽带,实现贸工农一体化的经营方式。

2.甘蔗生产的"六化"概念

(1)甘蔗品种良种化　甘蔗品种良种化是指通过推广适应本地栽培的,受蔗农欢迎、糖厂接受的,高产、高糖、抗逆性强、宿根性好的若干个优良品种,使这些优良品种在本地区的种植面积占甘蔗种植总面积的85%以上。同时,实行良种良法栽培,以提高农业和制糖业的经济效益。

(2)甘蔗生产机械化　甘蔗生产机械化是指甘蔗生产全过程基本采用机械作业。包括种植前对蔗地深耕深松,碎土整垄,开行,施肥播种,播种后的中耕、除草、施肥、培土、防治病虫害、节水灌溉及收获后的运输均采用机械作业。

(3)甘蔗生产智能化　甘蔗生产智能化是指在甘蔗生产的全过程全部或基本应用智能化生产决策系统,这是一项把计算机专家系统技术应用于甘蔗栽培领域的高新技术。计算机专家系统是一个利用特殊的甘蔗专家知识进行推理解决甘蔗栽培中的复杂问题的计算机程序。计算机根据依次输入的目标产量、种植地点、地块、种植方式、种植品种、常年的生产情况以及土壤、肥力等基本情况进行数据处理,做出智能的决策,并以智能栽培建议卡的方式给出相应目标产量水平时的管理措施和施肥配方,蔗农根据建议卡的指导进行甘蔗种植、田间管理、合理施肥、适时收获。

(4)甘蔗生产水利化　甘蔗生产水利化是指通过各地水利工程建设与管理,以及农田灌溉系统的建设与完善等水利措施，保证甘蔗生产的水分供给，并能改善生态环境。

(5)甘蔗生产规模化　甘蔗生产规模化指对零星分散的蔗地以及无力再扩大种蔗面积、经营能力比较弱的农户，通过经济的手段，在自愿的前提下，引导土地使用权合理流转整合，使种蔗农产单户的种蔗面积达 20 hm^2 以上，连片种植达 200 hm^2 以上。

(6)甘蔗生产契约化　甘蔗生产契约化即制糖企业订单农业，指在甘蔗生产过程中，通过制糖企业与蔗农、村民委员会签订糖料蔗收购合同，建立糖料蔗生产者与制糖企业利益共享、风险共担、利益协调机制，推进“糖厂＋农户（专业户）＋蔗地”的糖料蔗与食糖产业化经营模式。

(二)甘蔗产业化技术要点

目前甘蔗产业化采取的模式主要是“糖厂＋农户（专业户）＋基地”，这种模式是在现行的经营体制上，糖厂在蔗区选择种植面积较大的乡镇建立生产基地，由糖厂与蔗农签订原料蔗生产长期购销合同，糖厂在蔗区建设的资金、技术等投入产业集约化经营管理，蔗农享受各种优惠和扶持政策，并参与糖厂利益的再分配。这种模式有利于糖料蔗生产的稳定性。其具体的运行方法如下：

(1)签订购销合同。糖厂与蔗区的蔗农在种植前签订购销合同，蔗农按合同种植，提供给糖厂合格的原料蔗。

(2)扶持种植。糖厂给予蔗农化肥、蔗种、农药、农用薄膜等农资的补贴和预付，还要从机械耕作、运费和生产资金上予以支持。

(3)提供技术服务。糖厂与农业部门积极配合，给予农户与专业户以技术服务，如在中心蔗区建立技术培训基地，加强农业技术服务功能建设。对蔗区实行全程服务，尤其对连片开展 4 hm^2 以上的专业户，实行全程技术服务，在良种推广时也优先满足专业户的要求。

(4)执行二次结算开榨等价格政策。糖厂按合同收购原料蔗，并按自治区所定的价格予以收购，同时执行良种加价、糖与蔗价联动价、二次结算等价格政策。

(5)使产业化经营。现在农业专家以及相关人员正在探索另一种模式“糖厂＋公司＋基地＋农户”，这种模式是在“糖厂＋农户（专业户）＋基地”模式的基础上，根据各蔗区的实际情况，办一些与蔗糖业相关的企业或公司，如创办一些相关的服务公司，使得甘蔗产业化的一体化经营更趋完善。

四、能源甘蔗的研究与发展

甘蔗是生产燃料乙醇最理想的原材料，其乙醇产出量分别是玉米和小麦的 2.5 倍、3.9 倍，而且生产工艺简单，由糖直接转化为乙醇，生产成本低。从 20 世纪 70 年代开始，巴西、美国等国家应用甘蔗、玉米等作物研究与开发汽车用乙醇燃料，其中以巴西利用能源甘蔗生产乙醇作为汽车燃料最为成功，以甘蔗生产的乙醇已成为巴西的第二大能源，是目前甘蔗生产乙醇技术最为成熟的国家，也是世界上燃料乙醇产业发展最为成熟的国家。目前，燃料乙醇是世界上生产规模最大的石油替代品，2000 年全球燃料乙醇产量为 1 390×10^4 t；2006 年达到 4 050×10^4 t，其中美国为 1 640×10^4 t，巴西为 1 350×10^4 t，欧盟（25 个成员国）为 152×10^4 t。我国正在开展这方面的研究。

五、甘蔗的综合利用

原料蔗经过压榨、澄清、蒸发、浓缩等工序，除制糖外，还可获得蔗渣、废糖蜜、滤泥等 3 种主要副产品(称为“三废”)，每吨原料蔗可得到蔗糖 130～150 kg、湿蔗渣 270 kg、废糖蜜36 kg、湿滤泥 36 kg。

(一)蔗渣的利用

蔗渣是以甘蔗为原料的制糖工业的最大废弃物。蔗渣含纤维分为 45%～55%，含水量为 46%～52%，含可溶性固溶物为 1.5%～5%。1 t 原料蔗生产 220～250 kg 蔗渣，广西每年有 1 800×10^4 t 左右的甘蔗渣，蔗渣资源是极为丰富的。

(1)制浆造纸。据造纸企业测算，2.35 t 甘蔗渣可生产 1 t 书写纸，1.5 t 甘蔗渣可生产 1 t 新闻纸。

(2)生产人造板。利用甘蔗渣顶替木材和进口木材生产人造板，可减少木材消耗。3 t 蔗渣可生产 1 m^3 纤维板，2 t 蔗渣可生产 1 m^3 碎粒板。

(3)利用甘蔗渣生产糠醛。糠醛的用途很广，是有机合成化学工业上一种重要的基本原料，广泛应用于国防、油脂、塑料、合成纤维、合成橡胶、合成染料、医药及农药、鞣革、精密铸造等。7.6 t 甘蔗渣可生产 1 t 糠醛。

(4)生产木耳或其他食用菌。将甘蔗渣粉碎，加入菌种后装进塑料袋，在一定的温度和湿度条件下长出木耳或其他食用菌。福建利用甘蔗渣生产的木耳远销日本。

(5)生产畜禽饲料。广东光明华侨畜牧场把蔗渣、糖蜜等放进高压蒸锅中蒸煮，再加入适量尿素、微量元素、饲料酵母等制成的“甘光一号”饲料，喂牛效果很好，对加速畜牧业的发展、改善环境都有促进作用。

(二)废糖蜜(橘水)的利用

废糖蜜的主要成分含量为蔗糖 32%～36%，葡萄糖 20%～30%，水 20%，灰分 4%(主要成分为 K_2O)。废糖蜜可作为饲料、肥料；可制作酒精，100 t 糖蜜可生产 27.8 t 酒精，在制作酒精时生成的 CO_2 可以制成液体 CO_2 和固体 CO_2(干冰)，作为贮藏水果、肉类等的冰冻剂；还可以制取杂醇油、酵母、丁醇、丙醇、柠檬酸、赖氨酸、甘油等。

(三)滤泥的利用

滤泥含有甘蔗纤维、蔗糖、蔗蜡的凝结胶体、蛋白质、磷酸钙等。滤泥含有丰富的氮、磷、钾，据测定，含全磷(P_2O_5)2.77%、全氮 2.19%、全钾(K_2O)0.44%，经堆沤后可直接做肥料。另外，滤泥中含有 60%的蔗蜡，蔗蜡有广泛的用途，可以制造电气绝缘材料、火漆、复写纸、地板蜡等。

第二节　甘蔗的形态特征、分类及优良品种

一、甘蔗的形态特征

甘蔗在植物学分类上属禾本科甘蔗属，其形态特征与水稻等禾本科作物相似，由根、茎、

叶、花、果实(种子)构成。

(一)甘蔗根

甘蔗根属须根系。按发生部位不同可分为种根、株根(苗根)、气根。甘蔗通常以蔗茎作种茎繁殖。种植后甘蔗幼苗有两种根,即种根(临时根)和株根(苗根)(图 2-1)。种根是从蔗种节上的根点萌发出来的,一般分枝多且纤细,入土力和吸收力均较弱、分布范围窄。种根的作用是在株根未长出之前,吸收水分及养分供应甘蔗幼苗生长,寿命较短,其后它的机能由株根代替,故又叫临时根。株根是由新植株基部节上的根点萌发生长的,这种根粗而多,色白肉质,分枝少,入土力和吸收力均较强,分布范围广,生长势较旺,寿命较长,故又叫永久根。株根一般是在幼苗长出 3～4 片真叶时才产生,随着蔗株的长粗和培土,植株基部不断长出新根,株根的作用则被新根所代替,故甘蔗整个根轴系统是不断更新的,新根不断地从土壤中吸收水分和养分来维持蔗株的生长发育。甘蔗地上部分的茎节,有时会长出气根,气根消耗养分,是不良性状,要尽可能防止其发生。气根的产生除与品种有关外,与表土潮湿、不剥蔗叶、甘蔗行间湿度大亦有很大的关系。

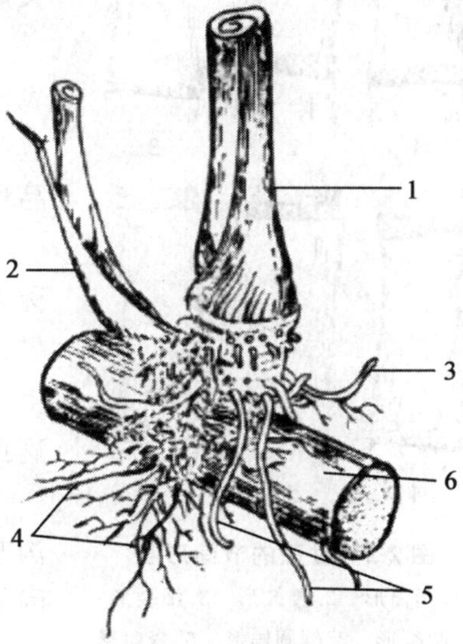

图 2-1 种根与苗根

1. 主茎 2. 分蘖茎 3. 苗根 4. 种根 5. 苗根 6. 蔗种

甘蔗根系的生长和在土层中的分布状态受环境条件影响很大。一般水田或地下水位较高的田土栽培,根系发育不良,伸延不深,因而在田间管理上要注意降低地下水位和排水,使根系发育正常,向纵深伸延;相反,在高旱地或地下水位较低的田土栽培,则根系发达,向深土层伸延,但在这类土壤缺水缺肥时,根系发育也是不良的。因此,不管在哪种土地栽培甘蔗,都要采取深耕、施足基肥、灌溉排水和中耕施肥培土等技术措施,给根系创造一个理化性能好的土壤环境,使甘蔗根系发育良好,才能确保地上部生长壮旺,夺取高产。

(二)甘蔗茎

蔗茎由若干节和节间组成,是地上部分的主要器官,支撑植株直立,输导水分、养分,是蔗糖贮藏的场所,是收获的主要部分,梢部茎也是繁殖的主要器官,也是鉴别品种的主要部位。

1. 节间

节间指从生长带起至叶痕之间的蔗茎部分。

(1)节间形状　节间形状(图 2-2)因品种而异,一般为:①圆筒形,即节间上下部分大小相等,如新台糖 16 号。②腰鼓形,即节间中部膨大,两端渐次缩小,像腰鼓状,如粤糖 7 号。③细腰形,即节间中部细小,两端逐渐膨大,如台糖 172。④圆锥形,即节间下部大,上部小,如园林 5 号。⑤倒圆锥形,即节间上部大,下部小,如新台糖 22 号。⑥弯曲形。

蔗茎基部的节间较短细,往上逐渐粗长。节间的长短、大小和多少,因品种和栽培环境条件不同变化较大。一般节间数目为 10～30 个,节间长 15 ～22 cm,最长可达 40 cm。

(2)节间颜色　蔗茎颜色主要有紫红色、粉红色、淡紫色、紫褐色、紫黑色、黄绿色和青绿

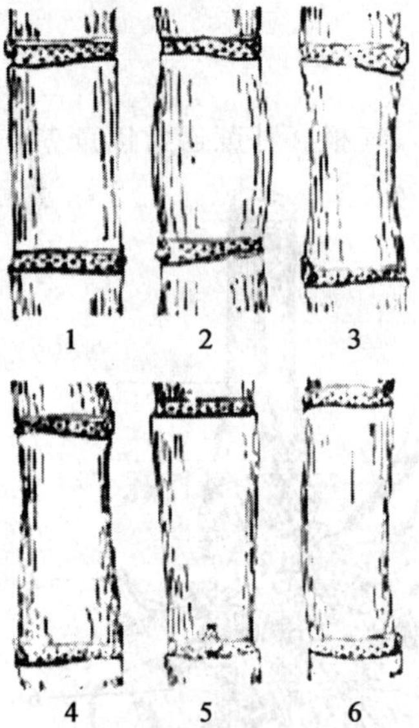

图 2-2 甘蔗的节间形状

1.圆筒形 2.腰鼓形 3.细腰形
4.圆锥形 5.倒圆锥形 6.弯曲形

色,是由花青素和叶绿素两种基本色素的多少而决定的。如两种色素多时呈紫色,反之呈黄色。花青素多于叶绿素时呈红色,反之呈绿色。同一蔗茎因暴露在日光的程度和时间的长短不同,颜色也有明显的差异。

(3)蜡粉 蜡粉为蔗茎节间表皮细胞分泌的物质,覆盖表皮,具有保护茎的作用。蜡粉开始呈白色,后因滋生霉菌或藻类后,渐变成污黑色,不易脱落。蜡粉的多少和厚度因品种不同而异。

(4)生长裂缝 在节间深入组织内部与节间平行的裂痕称为生长裂缝或水裂。生长裂缝深的可达蔗茎中心,长度常贯穿节间全长而达根带。生长裂缝与品种及环境条件有关。生长裂缝会使蔗茎水分因蒸腾过高而影响生长,且容易引起病虫害如螟虫、赤腐病等入侵。

(5)芽沟 位于蔗芽的正上方凹入的纵沟称为芽沟。芽沟基部最深,向上渐浅。芽沟的长短、深浅、有无和隐显程度因品种不同而异。

2. 节

自叶痕起至生长带止的蔗茎部分称为节,以根带为主体,包含生长带、根带、根点、叶痕和芽等器官。

(1)生长带 位于根带之上、节间之下,是节与节间分界处所形成的一条狭窄的带环。不同品种生长带的宽窄有较大差异。生长带一般与节平行,老节的生长带向外隆起。其颜色一般呈淡黄色、绿色或淡绿色。

(2)根带 位于叶痕与生长带之间,通常在芽的一面的根带较宽,另一面较窄。根点分布在根带里,一般有数行,因品种不同而异。最大的根点分布在根带的基部,最小的则在根带的上端。每个根点的中心部分颜色较深,周围颜色较浅。

(3)叶痕 当叶枯老脱落后,叶鞘在茎上的残留痕迹称为叶痕。叶痕明显与否因品种不同而异。

(4)芽 芽着生在根带上。蔗芽的形状通常分为尖三角形、椭圆形、倒卵形、五角形、菱形、圆形、卵形、长方形、鸟嘴形。其中以卵形芽较为普遍,其次为五角形与三角形等。生长于茎节上的芽叫侧芽,生长于茎顶部的芽叫顶芽。芽的形状在品种间有很大差异,是鉴别甘蔗品种的重要特征之一。芽的构造包括鳞片、芽翼、生长点、芽孔、绒毛和小茎等。

(三)甘蔗叶

甘蔗叶于节基部长出,每节着生一叶,互生,由叶片与叶鞘两部分组成。新叶随蔗茎的伸长生长而向上舒展,而下部老叶因新陈代谢逐渐衰退而枯黄。

(1)叶片 叶片的姿态多种多样,叶中脉发达的品种叶片多挺直,中脉不发达的叶片多披散下垂。因甘蔗品种不同,叶片大小、长短、厚薄、颜色、毛群分布及叶缘锯齿等都有差异。叶片颜色一般为绿色,蜡粉多的品种叶背面多呈浅蓝色,叶表面多毛群的品种叶片呈灰色。叶是进行光合作用最多的器官。

(2)叶鞘 叶鞘自节的最下部位叶痕处长出,两边缘相互覆叠紧抱蔗茎成管状。叶鞘外表面呈绿色,绿中带紫红色或红紫色,尤其叶鞘基部经暴晒后一般变为紫色。叶鞘蜡粉厚薄和毛群多少或光滑无毛、叶鞘干枯后脱落难易都因品种不同而异。叶鞘内表面呈白色,革质无毛而发亮。

此外,在叶鞘的上部与叶片接合处还有肥厚带、叶舌、叶耳和外叶耳。

(四)甘蔗花、果实(种子)

(1)花序　甘蔗为顶生圆锥花序,又称散复总状花序,分枝多而密。花序由主轴、支轴、小支轴、小穗组成。

(2)花　甘蔗花的基本单位为小穗,小穗成对着生于小穗梗上。

(3)果实　甘蔗的果实为颖果,很小,多呈长卵形,一般长约 1.5 mm,宽约 0.5 mm,未成熟时呈淡白色,成熟后呈棕褐色。

二、甘蔗的分类

甘蔗在分类上属种子植物门单子叶植物纲禾本科甘蔗属植物。本属有 3 个栽培种和多个野生种,栽培种用于制糖和鲜吃,而野生种用做育种材料。不同种的起源,形态特征有很大的差异。

(1)中国种　中国种是栽培种,起源于中国,也分布在印度北部和马来西亚一带。代表种有竹蔗、芦蔗、罗汉蔗等。其特点是早熟,分蘖力强,根系发达,纤维分高,糖分较高,耐粗放栽培,宿根性好;但易抽侧芽及感染黑穗病和甘蔗棉蚜。

(2)热带种　热带种又称高贵种,也是栽培种,起源于南太平洋、大洋洲诸岛屿。代表种有拔地拉、黄加利、黑车利本等。其特点是高产高糖,株大茎粗,纤维分低,皮软汁多;但抗逆性差,分蘖力弱,根系不发达,宿根性差,易感染病虫害。

(3)印度种　印度种是栽培种,主要分布在恒河流域和中国南方。代表种是春尼。其特点是早熟,纤维分高,糖分较高,耐瘠耐旱、耐粗放栽培,植株矮小,分蘖多,宿根性好,能抗萎缩病;但易感染花叶病及黄条病,淀粉含量较高。

(4)割手密　割手密为野生种,该种类型多,分布广。其特点是早熟,根群发达,宿根性好,抗逆性特强;但糖分低,蔗汁少,纤维分高,空心、蒲心多,易早开花。它是世界上甘蔗有性杂交育种的主要亲本之一,目前很多甘蔗栽培品种均含有其血缘。

(5)大茎野生种　大茎野生种又名伊里安种。其特点是生长势旺,有发达的地下茎,茎硬,抗螟虫及抗风力强,宿根性好;但糖分低,纤维分高,易感黄条病、花叶病、根腐病等。

(6)肉质花穗野生种　肉质花穗野生种又称食穗种。

三、甘蔗良种

(一)甘蔗良种的概念

良种是优良品种的简称。在不同历史时期、不同地区、不同年份、不同生产条件、不同栽培制度下,对良种的理解和要求是不同的。良种的理念是动态的,是可以变更的。因此,甘蔗良种是指在某一地区、某一时期、某一栽培制度、某一生产力管理水平下,能获得单位面积最高蔗茎产量、最高甘蔗蔗糖分和最适宜纤维分,而且产量稳定,宿根性能和农艺性状好，工艺性状优良，适应性广，抗逆性强，抗病虫力高，受种植者欢迎，制糖工艺品质佳的甘蔗品种。

(二)甘蔗早、中、晚熟品种的概念

甘蔗的成熟可分为生理成熟和工艺成熟两种。甘蔗生理成熟是指在适宜条件下，通过生长发育，到一定时期后开花结实。工艺成熟则是指该品种甘蔗蔗糖分达到最高水平的时期。由于不同品种的遗传基础不同，其最高蔗糖分出现的时期也不同。通常是根据糖厂压榨时间对原料蔗的工艺品质最佳要求来划分为早、中、晚熟品种。

早熟品种是指 11 月上旬至中旬达到加工工艺成熟的品种。即某品种 11 月上旬至中旬的甘蔗蔗糖分，在华南蔗区达 14%，在华中和西南蔗区达 13%，原料蔗品质达到开榨的工艺要求，则该品种已经达到工艺成熟，定为早熟品种。但此时仍然不是该品种最高蔗糖分的成熟期。

中熟品种是在当年 12 月下旬至翌年 1 月，甘蔗蔗糖分在华南蔗区达 15%、在华中蔗区达 14%，称为中熟品种。

晚熟品种是指头年种植的甘蔗，第 2 年 2 月上旬甘蔗蔗糖分达 15%以上，再延长到 4 月，蔗糖分达 17%以上的甘蔗品种，都统称为晚熟品种。

(三)甘蔗高、中、低糖品种的概念

甘蔗高、中、低糖品种的划分是动态的，不同的栽培历史时期要求有差别。目前推广的甘蔗良种其工艺成熟时的甘蔗蔗糖分一般都达到 15%～17%，高的达到 18%或更高。因此，高糖品种是指工艺成熟时甘蔗蔗糖分达到 17%～18%的品种；中糖品种是指工艺成熟时甘蔗蔗糖分达 16%～17%的甘蔗品种；工艺成熟时甘蔗蔗糖分在 15%以下的甘蔗品种属于低糖品种。

(四)甘蔗大、中、小茎品种的概念

通常是根据甘蔗茎上、中、下 3 段的平均茎径(茎粗)的大小，把甘蔗划分为大、中、小茎 3 类。茎径在 2 cm 以下的品种为小茎种，2～2.5 cm 的品种为中茎种，2.5～3 cm 的品种为大茎种，3 cm 以上的品种为特大茎种。

(五)甘蔗优良品种

1. 新台糖 16 号

由台湾糖业研究所育成。

(1)生产性能　该品种早熟、高糖、丰产、适应性强。中至中大茎，植株高大、直立，节间长，呈圆筒形，蔗茎黄绿色，易于脱叶，不易抽穗，不易倒伏。萌芽整齐，分蘖力强，有效茎数多，全期生长旺盛，宿根性强，成熟后期糖分不降低。但耐旱性较差，易染梢腐病。每亩产蔗量 6 t 以上，每亩含糖量比桂糖 11 号增加近 10%。

(2)栽培要点　适宜于中等以上水肥条件的土壤种植。根据该品种萌芽快、整齐、蔗苗粗壮、前中期生长快的特点，要施足基肥，提早追肥管理。宿根蔗要提早开垄松蔸，早施肥培土，及时剥除枯叶，防止倒伏，同时注意病虫鼠害的综合防治。

2. 新台糖 22 号

由台湾糖业研究所育成。

(1)生产性能　该品种早熟、高糖、丰产。中至中大茎，植株高大直立，节间长度中等，倒圆锥形，蔗茎紫红色，易于脱叶，不易抽穗，蔗茎实心，基部粗壮不易倒伏；萌芽良好，有效茎数多，宿根性强，耐旱性较强，适应性较广；抗病能力中等。据有关试种报道，平均每亩产蔗比新台糖16号增产12%以上，每亩含糖量增加22%。

(2)栽培要点　适合中等肥力的各类土壤种植。因前期生长较慢，中后期生长快，植期宜提早。栽培时要施足基肥，加强中后期田间水肥管理，注意防治螟害。

3.台优

由台湾糖业研究所选育。

该品种中大茎，节稍大，有细腰感觉，节间圆筒形，早中熟，高糖，糖分达16.0%以上，不抽穗开花，茎实心，比重大(1.13 g/cm^2)，亩产蔗茎达7～11 t，抗倒伏、抗病虫、宿根好，易剥叶。萌芽率、分蘖率中等，综合性能好，是目前适合我区栽培的一个优良品种。

4.新台糖25号

由台湾糖业研究所育成。

(1)生产性能　该品种特早熟、特高糖、丰产。中茎种，节间长，全茎上下均匀，呈圆筒形，蔗茎经暴晒后呈紫红色，不易脱叶，叶宽中等，叶姿挺立；植株上下均匀，不易折断和倒伏，萌芽快而整齐，分蘖力强，有效茎多，宿根性强；蔗茎每亩产量5 t以上，平均甘蔗蔗糖分15%以上，11月中旬蔗糖分就可达14%以上。抗多种甘蔗病害，但在高温多湿条件下易感染梢腐病。

(2)栽培要点　选择地力中等或中等以上的旱坡地及水田种植。可在多个植期种植，特别是可作夏植蔗，半年可收获。要施足基肥，提早管理，在分蘖盛期或伸长初期要及时喷施多菌灵等防治梢腐病。要采取深沟浅植和高培土等栽培措施，有效防止倒伏。

5.粤糖93/159

由中国轻工总会甘蔗糖业研究所湛江甘蔗试验站选育。

(1)生产性能　该品种特早熟、高糖、特高产、高纯度。1月份甘蔗蔗糖分可达17%，蔗汁重力纯度达95%以上。中等或中等以上的旱坡地及水田种植每亩产可达5 t以上，中至中大茎，有效茎数多，易脱叶，无水裂，无气根。耐旱，抗风力强，不易倒伏，高抗黑穗病、嵌纹病，低抗黄点病、褐条病、锈病及梢腐病。棉蚜虫为害低。但该品种在华南一带易开花，且1月份后退糖较快。需要及时砍收。

(2)栽培要点　选择地力中等或中等以上的旱坡地及水田种植，适当疏植，每亩种植2 800段左右的双段芽，每亩有效茎数控制在5 000条左右为宜。同时要采取施足基肥、提早追肥管理、高培土等措施。另外要注意安排及时砍收。

6.新台糖26号

由台湾糖业研究所选育。

属早熟、高糖、丰产品种。糖分比新台糖9号、新台糖15号和新台糖16号高，萌芽整齐，分蘖力旺盛，原料茎多且长，宿根力中等强，甘蔗采收后品质劣变速率缓慢，耐旱性与新台糖10号相似。该品种抗一般锈病和褐锈病，抗或中抗霜霉病，抗第一型黑穗病、叶萎病和嵌纹病。另对萌前、萌后除草剂均无药害。该品种适合有灌溉及排水良好之沙壤土和黏壤土栽培。

7.桂糖21号

由广西甘蔗研究所育成。

该品种早熟、高糖、高产、稳产。萌芽率高，出苗整齐，幼苗粗壮，分蘖力中等，甘蔗前期生长快，全期生长势优良。中大茎，有效茎多，宿根性强，耐旱。中抗黑穗病，高抗花叶病。耐旱性优于新台糖16号，耐寒性优于新台糖22号。广西区试两年新植两年宿根平均亩产蔗量6 518 kg，比对照桂糖11号增产7.3%，亩含糖925 kg，比对照增产10.4%。区试和生产试验平均亩产6 924 kg，比桂糖11号增产14.77%，比新台糖16号增产14.97%，平均亩含糖1 034 kg，比桂糖11号增产17.9%，比新台糖16号增产13.69%。区试生产试验11月至翌年2月桂糖21号平均蔗糖分14.94%，比对照新台糖16号同期平均蔗糖分15.29%低0.35个百分点，但比桂糖11号同期平均14.37%高0.57个百分点。

8.桂引9号

由广西甘蔗研究所1996年12月从墨西哥引进。

(1)形态特征　植株直立，中茎；蔗茎露光前青绿色，露光后为黄绿色。节间圆筒形，黑色蜡粉多；芽圆形，较小，芽尖不超生长带，芽基离开叶痕。根点2～3排，呈不规则排列。叶片较大，长度中等，心叶直立，老叶半腰弯垂，易脱叶；叶鞘淡紫色，57号毛群不发达；内叶耳平过渡形，肥厚带三角形。

(2)农艺特性　该品种特早熟、高糖，蔗糖分16.60%。出苗整齐，萌芽较好，苗期生长稍慢，中后期生长较快，蔗茎生长整齐，有效茎多，宿根发株好，宿根蔗产量比新植蔗高。适应性广，抗病性强。适合种植于地力中等或中等以上的各类土壤。

9.园林6号

该品种由台湾育成。

(1)农艺特性　属于大茎高产、高糖品种，蔗糖分达到15.87%。发芽率高达80%以上，分蘖率达300%～400%，有效茎多，生长快而整齐，耐旱能力强，易脱叶。在我区旱地、水田中等肥力以上的土壤种植可发挥品种的高产优势。

(2)栽培要点　适宜桂南地区旱地，水田中等以上水肥条件土壤种植；前中期生长特快，宜早种植早管理；分蘖多，下种量在7 000芽/亩左右；大茎、成茎率高，行宽应在120 cm及以上；抗寒能力中等，有霜冻的地方种植注意防寒保温。

10.赣蔗18号

由江西甘蔗研究所2005年育成。

该品种中茎或中大茎，实心，植株直立、整齐，株型紧凑，蔗茎均匀，荫蔽部分为淡紫色，日晒部分为紫色，茎上有少量白色蜡粉，无气根、无生长裂缝、无木栓斑块。芽倒卵形，芽尖短，芽翼较大，根点不明显。叶鞘背毛少。叶片深绿色，生长环不明显，叶耳较大，叶舌三角形，脱叶性中等。萌芽早且整齐，萌芽率较高，幼苗粗壮。分蘖早、分蘖率中等，前期生长一般，中后期生长快，生势旺，生长后期不早衰，较耐粗生、耐旱，茎基部粗、皮硬，抗倒性强。宿根发株早而快，宿根性好。在自然条件下未发现黑穗病、梢腐病、黄点病等病害，较抗螟虫，中抗蓟马和蚜虫、介壳虫。早熟、高产、高糖，蔗糖分达16.80%，耐旱，适应性强，综合性状优良。

第三节 甘蔗栽培生物学基础

一、甘蔗的生长特性

甘蔗是多年生热带禾本科甘蔗属植物，具有宿根的特性。甘蔗新植后，第 1 次收获的甘蔗称为新植蔗，以后收获的甘蔗称为宿根蔗。它能产生分蘖，蔗茎不产生分枝，株高 3～4 m 或更高，蔗茎直径可达 5 cm。蔗茎中积累有蔗糖分，栽培甘蔗的目的就是收获蔗茎。甘蔗从种茎下种到收获蔗茎称为一个生长周期。为了便于栽培管理，习惯上根据其生长周期的生长发育特点分为 5 个时期，即萌芽期、幼苗期、分蘖期、伸长期和工艺成熟期。前 4 个时期主要是营养生长阶段，营养生长量大；而最后一个时期是成熟阶段，营养生长量很小。甘蔗的每个生长时期都有其生长特点，对环境条件的要求也有所差异。了解甘蔗各个时期的生长特点，可以有针对性地采取相应的栽培措施，提高甘蔗的产量和质量。

（一）萌芽期

1. 种茎的萌芽

(1)甘蔗萌芽　是指在适宜的条件下，根点突出表皮向外生长形成种根；侧芽突破芽鳞从芽孔长出形成幼苗。当种茎下种后，在水分、温度和氧气等条件适宜时，种茎节上的蔗芽和根点的休眠状态被打破，根点吸水膨胀，颜色逐渐加深，根尖生长点突出，伸出表皮之外而长成种根；同时蔗芽也吸水膨大，生长点细胞大量分生和增大，突破芽鳞，从芽孔长出形成幼苗。在适宜的条件下，种子胚在 24 h 内吸水膨大，48 h 左右胚根长出，第 3～4 天后幼芽萌发。

(2)萌芽期　生产上一般将甘蔗下种后至萌发出土的芽数占下种总发芽数的 80%以上的这段时期称为萌芽期。当种茎萌发出土的芽数占总芽数的 10%以上时称为萌芽初期，当萌发出土的芽数占总芽数的 50%以上时称为萌芽盛期，当萌发出土的芽数占总芽数的 80%以上时称为萌芽后期。

2. 影响种茎萌芽的因素

(1)影响种茎萌发的内在因素

①一段种茎的芽数　种茎萌芽存在强烈的顶端优势，通常是形态学上端的芽首先萌发，并能够抑制其形态学下端的芽萌发。生产上为了提高蔗芽的萌芽率，一般把蔗种砍成双芽段。

②蔗种的节段位置　蔗芽萌发所需要的养分主要是葡萄糖和可溶性氮化物。从蔗茎的成熟过程看，葡萄糖和可溶性氮化物含量由上而下明显递减，而蔗糖是双糖，含量则是由上而下明显递增。上部蔗茎幼嫩，水分、可溶性氮化物、单糖等物质的含量较高，促进发芽和种根形成的生长激素含量较大，芽处于活跃状态，因此蔗茎上部的芽萌发快，随着蔗茎自上而下芽的萌芽力逐渐降低。因此，用蔗梢部做种，可以提高种茎的萌芽率。但梢部最幼嫩的几个芽因其本身所含的物质少，抗性差，萌发不良，一般不宜采用。

③种茎的新鲜度　选择刚砍收的蔗种播种，种茎新鲜，水分、可溶性氮化物、单糖等物质的含量较高，蔗芽萌芽快且粗。种茎经过一段时期的贮藏，部分营养物质已经消耗，含水量降低，酶活性减弱，萌芽率低且芽苗弱。

(2)影响种茎萌发的环境因素

①温度　种茎萌发的温度一般为13℃左右。在一定温度内,随着温度的升高,种茎的活性和呼吸代谢逐步增加,萌发速度逐渐加快;温度达25℃以上时,萌发速度明显加快,萌芽期缩短,萌芽率也随之提高。蔗芽最适宜的发芽温度为32～37℃;温度低于10℃或高于40℃则严重抑制蔗芽萌发。未萌动蔗芽的致死的临界温度为－2℃,有时温度虽然不是很低,但低温时间长,蔗芽也会受冻害。萌动芽的致死温度为－1℃。种茎上根点萌发所需的温度比芽的低些,一般为10℃,30℃最适宜。由于发根的温度比发芽的温度要求低,因此在早春植或冬植的低温条件下,常常是根先萌发,芽后萌发,这有利于种茎扎根,为壮苗打下基础。

②水分　种茎的含水量,影响种茎水解酶的活动、有机物代谢和运输。一般新鲜种茎的含水量在70%以上,足够蔗芽萌发的需要。但如果干旱使种茎含水量降至50%时,蔗芽萌发明显下降;低至40%以下时,即使再浸水,萌芽力也难恢复。下种时,土壤要保持湿润状态,要求土壤含水量为20%～30%,最好为25%。水分过多,如含量超过40%则因缺氧,不能萌发,造成烂种烂芽。小于5%时,只有部分种茎能长出少量的根,但很快就会干枯。

③氧气　蔗芽萌发,是一个消耗能量的过程,氧气充足,有氧呼吸就能正常进行,为细胞的增殖提供充足的能量和中间产物。而缺氧或氧气不足,则有氧呼吸受到抑制,蔗种被迫进行无氧呼吸,产生酒精,时间长了则由于积累乙醇过多导致种茎发生酒精中毒而死亡。夏威夷曾做过试验,盖3 cm、10 cm和16 cm土层的种茎,其发芽率顺次为96%、93%和51%。培育疏松肥沃的土壤,下种后浅盖土,防践踏、防板结等措施均可增加土壤的通气性。

(二)幼苗期

自种茎萌芽出土后有10%的幼苗长出第1片真叶起,到有50%以上的蔗苗长出5片真叶止,这一生长阶段称为幼苗期。在这一生长期,甘蔗的生长开始从以蔗种贮藏养分供给为主的异养阶段向靠植株本身同化产物提供的自养阶段转变。幼苗期根系和叶片生长迅速,为分蘖打下了基础。

1.幼苗期的生长特点

(1)根系生长　前面所述,甘蔗的根可分为种根和株根两种。一般在下种后第1个月,在蔗芽出土到幼苗长出3片真叶前,种根继续生长,数量不断增加,幼苗生长所需的养分完全靠种茎自身所贮藏的养分,水分主要靠种根吸收;下种后第2个月,真叶在3片以上,为幼苗生长过渡期,种根数量增加减弱,株根开始发生,幼苗所需的养分和水分靠种根和株根共同吸收,但种根的作用逐渐为株根所取代;到第3个月后,蔗株有5片真叶以上,株根生长加快,数量增加,种根的吸收功能消失,幼苗所需的养分和水分全靠株根吸收来供给。

(2)地上部生长　幼苗期地上部的生长特点主要表现为叶片数量增多和单叶面积增大,同时植株的假茎在缓慢增高。甘蔗幼苗长出5片真叶后,种茎本身的养分已经消耗完,此时幼苗生长所需的养分完全靠叶片的光合作用制造的产物和根系吸收的养分和水分供给。

苗期根系生长与叶片生长是相互依赖、相互促进的。苗期根系生长,扩大了吸收面积,从土壤中吸收更多的养分和水分供叶片生长,使叶片展开快,叶片数多,叶面积大,光合作用旺盛,它所制造的营养物质也较多,这样反过来就有更多的养分供根系生长。因此,保证蔗苗叶色浓绿,叶距2～3 cm,无黄枯叶,有利于促进分蘖。

2.影响幼苗生长的因素

(1)气候条件

①温度　幼苗生长所需的温度比萌芽所需的温度稍高,约为15℃,温度高则生长快。春

植蔗的苗期温度较低，气温上升比土壤温度上升快，可通过中耕松土等方法来提高根际温度，促进根系生长。

②光照　光照充足，叶片制造的光合产物多，叶片生长快，苗基部粗壮，幼苗生长健壮；光照不足，苗弱而高，苗基部不粗壮，叶片生长较慢。

(2)土壤条件

①水分和氧气　甘蔗幼苗期生长慢，需水不多，保持土壤湿度为最大田间持水量的60%即可。土壤水分过多或渍水，则土壤通气不良，土壤温度上升慢，对根系生长不利。

②土壤酸碱性和物理特性　土壤pH值过高或过低，如pH值大于8.5或小于5.5，对根系生长不利。土壤质地黏重、板结或紧实等也对根系生长不利。

(三)分蘖期

甘蔗经过幼苗期生长阶段后，就开始进入分蘖期。从有10%的幼苗开始分蘖起至全田幼苗开始拔节、蔗茎平均伸长速度每旬达3 cm时称为分蘖期。有10%以上的幼苗开始分蘖称为分蘖初期，30%以上的幼苗开始分蘖称为分蘖盛期，50%以上的幼苗开始分蘖称为分蘖末期。

1. 分蘖的发生

甘蔗植株基部节间短，蔗芽密集。基部蔗芽在适宜的条件下，芽萌发成为新的植株，称为分蘖。由母茎(主茎)上长出的分蘖称为第1次分蘖，从第1次分蘖茎上长出的分蘖称为第2次分蘖，依此类推(图2-3)。通常长约1.5 m可供糖厂压榨使用的蔗茎称为有效茎，能长成有效茎的分蘖称为有效分蘖，反之不能长成有效茎的分蘖称为无效分蘖。

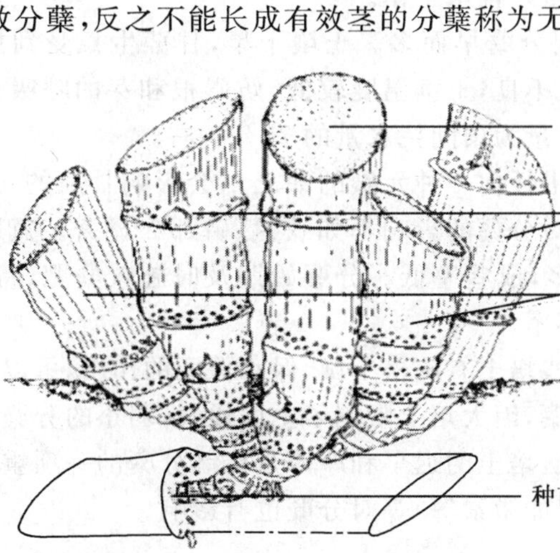

图2-3　甘蔗分蘖的构成

甘蔗萌芽出土后，一般品种主茎长出3～3.5片真叶时第1个分蘖萌发；在长出6片真叶前后，第1个分蘖出土；在7～8片真叶时，第2个分蘖出土；在9～12片真叶时，第3个分蘖出土，通常在10片真叶时甘蔗的分蘖最多。10片真叶后，随着叶片数的不断增加，叶面积迅速增大，叶片间相互交叉封行，蔗株基部光照不足，新增分蘖逐渐减少，蔗株长出13～15片真叶时进入分蘖末期。一般分蘖期春植蔗为30～40 d，秋植蔗为100～130 d。进入甘蔗伸长中后期后，蔗田四周或光照充足的地段，蔗株仍有少量分蘖发生，直至收获。其中春植蔗常在8～

10月份出现一定数量的粗壮分蘖，俗称秋笋，其虽不能成为有效茎，但对宿根增产有一定的作用。

2.影响分蘖发生的因素

(1)品种　品种是影响分蘖的主要因素。一般含野生种血缘多的品种分蘖力较强，而含热带种血缘多的品种分蘖力较弱。在栽培上，一般细茎种分蘖力强，中茎种次之，大茎种最弱。分蘖力强的品种其宿根性也好。

(2)光照　光照对甘蔗分蘖影响很大。强光分蘖多而旺盛，分蘖成茎率高；光照不足，甘蔗相互荫蔽，分蘖迟而少，成茎率也低。这是因为光照强，有利于叶片光合作用，幼苗生长健壮，能供给足够的养分保证分蘖。强光可钝化生长素生物合成，而根系合成的细胞分裂素不受影响，因此强光可以促进分蘖的发生。光照不足时，生长素活性受影响小，对侧芽萌发的抑制作用低，与细胞分裂素竞争的结果是抑制分蘖的发生。甘蔗封行后，大批分蘖死亡的原因是光照不足。

(3)温度　一般蔗株分蘖随土壤温度的升高而增加。分蘖发生的最低温为20℃，最适温度为30℃，此时分蘖最旺盛。在亚热带和温带地区，春植时的低温是限制春植蔗分蘖的主要因素，而秋植时气温高，故分蘖率较高，分蘖期也提前。可采取地膜覆盖、浅植、及时中耕松土、晒行、排除积水、减少间作物荫蔽、施热性肥料等来提高土壤温度。

(4)氧气　土壤的通气状况会影响植株根系的生长发育和对养分的吸收，从而影响分蘖的发生和生长。土壤板结会造成通气不良，雨后中耕松土，保持土壤疏松，以促进早期分生。积水也可导致土壤中缺氧，要及时做好排水工作。

(5)水分　土壤水分充足，则分蘖早而多。土壤干旱，甘蔗生长受到抑制，不利于分蘖发生。但水分过多会导致土壤通气不良，土壤温度较低，妨碍根和芽的呼吸作用，不利于植株分蘖。适宜蔗株分蘖的土壤水分含量为田间持水量的70%左右。

(6)养分　氮、磷、钾三要素中任何一种元素的缺乏都会影响甘蔗的正常分蘖。氮肥和磷肥对分蘖的影响最为明显，缺钾对分蘖的影响不如缺氮、磷那么显著。氮肥虽能增加分蘖数，但若磷、钾肥跟不上，死蘖会增多，成茎率低。分蘖始期及时施攻蘖肥(特别要重视氮肥的施用)和适当灌溉，可提高分蘖成茎率。

此外，培土也可控制分蘖。浅培土有疏松土壤、保水保肥的作用，可以增加分蘖；中培土可以保分蘖；而大培土可以抑制分蘖，因大培土限制了土壤通气，弱小的分蘖多被抑制而死，而健壮的分蘖受到的抑制较小。因此，培土的迟早和厚薄是控制分蘖的一项重要措施。下种量、株行距、植期、除草、使用化学物质(如激素等)等对分蘖也有影响。

(四)伸长期

1.伸长期的生长特点

伸长期是指自甘蔗开始拔节且蔗茎平均每旬伸长速度达3 cm以上时起至伸长停止为止的这一段时间。甘蔗伸长生长一般由慢到快，之后又变慢，最终停止。一般将蔗茎平均伸长率达每旬3 cm以上时称为伸长初期，将蔗茎平均伸长率达每旬10 cm以上时称为伸长盛期，将蔗茎平均伸长率达每旬10 cm以下时称为伸长后期。甘蔗伸长期长势的好坏，与产量关系很大，栽培上应注意充分利用高温、强光、多雨等有利条件，加强水肥及其他方面的管理，促其生长。广西春植甘蔗的伸长期从5～10月份，历时6个月左右。早、中秋植甘蔗有两个伸长期，一个是当年的秋季，另一个是次年春暖以后。

甘蔗伸长期的生长主要表现在茎体积的增加、叶片的生长和根系的扩展，最终表现为干物质的迅速增加。蔗苗一般出现12片真叶后才能看到蔗茎有明显的伸长。伸长期的长短与植期、气候、生长期长短、品种等有关，如秋植蔗比春植蔗的伸长期长。一般延长伸长期可提高甘蔗的产量。

(1)蔗茎的生长　伸长期蔗茎的生长主要表现为节数的增加和节间的伸长，同时还伴随茎的增粗。蔗茎节数的增加是由于蔗茎顶端的分生组织分化的结果。在营养生长时，茎顶端主要是分化节、节间、芽和叶，当进入生殖生长时，则转化为分化穗和花。一条蔗茎的节间数是不固定的，一般有10～30个。栽培条件和环境条件对节间的增加影响很大，温度高、水肥足则茎顶端分化的节间数多。分化一个节需要的时间:4月中旬至9月上旬需6～9 d;9月中旬需5～6 d;9月下旬至11月下旬需7～11 d;11月以后为10～40 d。

节间的伸长和增粗主要是节间的居间分生组织(节上的生长带)细胞分裂和细胞体积横向及纵向生长的结果。细胞的纵向生长表现为伸长，而横向生长则表现为增粗。节间伸长和增粗受到与该节和节间相连的叶片的影响。当该节间有青叶叶鞘包被时可正常生长，当叶鞘已经张开、节间外露后，该节间的伸长和增粗就基本停止了。在大田条件下，一个节间从形成到停止生长约需15 d。

蔗茎的伸长速度初期慢，生长盛期最快，后期又逐渐下降，甚至停止。在一年之中，以高温高湿的6～9月份伸长最快，7～9月份是主要的伸长期，伸长最快时每天可达到5 cm以上。当蔗茎中的某个节间在某段时间遇到不良的环境条件如干旱、低温、缺肥、病虫为害或叶片被伤害时，该节间的伸长和增粗就会受到抑制，以后再遇到适宜的环境条件，也不能恢复伸长和增粗，成为整个茎中的短小节间，使植株容易倒伏和折断。

(2)蔗叶的生长　伸长期叶的生长主要是开大叶，表现为绿叶数增多和叶面积迅速增大。在伸长期，光温条件较好，水肥充足，叶生长较快，叶面积也大。蔗苗萌发后，最先长出的叶是幼叶，只有叶鞘而无叶片，接着抽出的一片叶为短小叶片，呈三角形，以后长出的叶为正常叶。一般基部着生的叶片面积较小，向上叶片面积逐渐增大，达到最大后又逐渐缩小。一片叶自开始露出到完全展开所需的时间，在伸长期比其他时期要短，一般需要7 d左右。强光、高温、水肥足，则蔗叶长出的时间短，反之则延长。伸长期新叶出现的速度逐渐下降，但叶片逐渐增大，植后9个月达到最大，以后又稍微下降。叶片有一定的寿命，短的为30 d，长的达150 d以上。

在一定范围内，甘蔗茎产量和蔗糖产量随着叶面积的增加而增大，但超过一定范围后，由于群体内通风透光性变差，个体间竞争光照和养分激烈，叶片寿命缩短，叶绿素含量下降，群体的光合能力下降，呼吸消耗量增大。因此，应通过合理密植、剥除蔗茎基部的枯死叶等措施来提高甘蔗群体内的通风透光率，尽量提高叶面积指数，并使该叶面积指数保持稳定较长时间。最适叶面积指数应该根据品种特性、栽培技术、栽培条件等因素来确定。一般高产田要求伸长期的叶面积指数保持在5～7为好。

(3)根的生长　伸长期甘蔗植株的根主要由表土根、支持根和深根群组成。表土根分布在土壤表层，在表土和表土以下20～40 cm处，主要向水平方向延伸，分枝强，数量多，吸收力特强，主要起吸收养分和水分的作用，所以又叫吸收根。支持根在表根以下，一般分布在表土以下40～100 cm处，分枝少但比表根粗大，吸收力弱，主要起固定蔗株防止倒伏的作用。深根群由几条或十几条根组成束状垂直向下生长，主要分布在最底下，根长可达5 m，主要是稳定蔗株以及从深层土壤中吸收水分，在干旱或水位低时，深根群起着吸收养分和水分的作用。

表 2-1 根系在土壤中的分布量 g

土表下深度 /m	植后天数						
	46	76	106	139	172	203	260
0～20	1.45	20.0	47.0	216.0	396.3	351.0	493.0
20～40	0.04	8.0	10.0	52.2	172.5	225.0	270.0
40～60					28.3	40.0	40.0
60～80					0.3	34.2	15.0
80～100						22.0	1.2

从表 2-1 可知:①根系多集中于 0～40 cm 土层,占根总重量的 91%。其中 0～20 cm 的土层占 60%,20～40 cm 的土层占 31%。②根系的分布与株龄有关,植后 139 d 前集中分布在 0～40 cm 处。③植后 106 d 前根量增加较慢,106～172 d 根量增加明显。④深根群是在植后 5 个月才形成,7 个月后不再增加。

2.影响甘蔗伸长的因素

甘蔗伸长期的长短与其生长所处的气候环境有密切的关系,而气候环境条件又取决于下种期。甘蔗伸长期处于甘蔗生长最快的时期,也是决定产量的关键时期,对外界条件最敏感。

(1)温度　温度与蔗茎伸长关系密切,最适温度为 30℃左右,低于 20℃时伸长缓慢,12～13℃时伸长极为缓慢,在 10℃以下则伸长基本停止,低于 0℃会冻死甘蔗生长点,蔗茎组织也会受冻害。温度高于 37℃时,蔗株的生长会受到抑制。不同的甘蔗品种对温度的反应有差异。根系生长的最低温为 10℃,20℃以上时生长较快,27℃为最适温度。低温不仅影响根系的生长,还影响根系的吸收功能。

(2)光照　甘蔗为 C_4 作物,性喜光,光照对甘蔗生长特别重要。光照强,光照时间长,光合产物就多,植株生长健壮,节间体积增长快,茎粗大,叶宽阔浓绿,干物质转化为蔗糖分多;同时,节间纤维较多,抗病虫害,抗风力较强。若光照不足,则母茎细长,叶狭色淡,叶片容易衰老,节间纤维少,组织幼嫩,干物质合成量相对较少,易滋生病虫,易倒伏。因此,如甘蔗密度过大,下部叶片光照不足,就会造成生长不良,甚至大量死茎。所以在甘蔗栽培上要因地制宜,合理剥叶,务求做到既不影响蔗茎的伸长,又有利于田间通风透光。

(3)水分　水分对蔗茎的伸长有显著的影响。甘蔗伸长期是生长最旺盛阶段,根群发达,吸水最大;植株高大,蔗叶生长旺盛,叶面积大,叶片光合作用和蒸腾作用均强,故这一时期需水量最大,占全生育期总需水量的 50%～60%。在伸长期中,平均蔗茎生长率与日平均耗水量有显著的正相关,此期对缺水非常敏感。若缺水,可使节间变短,植株变矮。短小节间就是由于该节间在形成期间受到干旱胁迫。严重缺水会使蔗茎空心或蒲心,产量下降。因此,如何避免伸长期缺水对保证旺盛的生长是十分重要的。但水分过多如积水,可使土壤通气性变差,根系的正常生理功能受到破坏,生长变慢,叶片变黄。

(4)养分　甘蔗在伸长期吸收的氮、磷、钾的量均占整个生育期总吸收量的 80%左右。伸长期养分不足,则蔗株叶片变黄,蔗茎细弱矮小,对产量和蔗糖分都有较大的影响。生产上应保证水肥供应充足,进入伸长期时应及时施攻茎肥,以扩大叶面积和提高叶绿素含量。但在伸长后期不能过多施肥(特别是氮肥),以免甘蔗推迟成熟,降低茎中的蔗糖分含量。

(5)品种　不同品种的蔗茎其伸长速度有差异。一些品种如新台糖 25 号、新台糖 24 号、新台糖23号、粤糖95/168、粤糖93/159、台优前中期生长快，后期生长慢；而另一些品种如新台糖26号、新台糖22号则是前期生长慢，中后期生长快。因此栽培上可根据不同的品种生长特性，采取相应的措施促进其生长。

(五)工艺成熟期

1.工艺成熟期甘蔗生长和蔗糖分积累的特点

甘蔗的生理成熟是指开花结实，工艺成熟是指蔗茎糖分的积累。当蔗株生长到一定的株龄，在一定的环境条件下迅速积累糖分，当蔗茎糖分达到该品种的最高含量或一定标准时，就是甘蔗的工艺成熟。蔗茎中糖分的积累是自下而上逐节段进行的，而不是全茎均匀提高，其原因是蔗茎的生长是由下而上逐节进行，下部的节龄老，所以蔗糖的积累早，没有成熟的甘蔗通常是蔗茎基部的节段糖分高，中部次之，梢部低。随着成熟过程，各节段的糖分都在增加，愈近成熟期增加越快，到后期梢部增加比基部更快，所以到成熟时，除绿叶包被的嫩茎外，各节段的糖分接近一致，这是收获适期。

(1)甘蔗工艺成熟的形态特征　大部分叶片变黄，中、下部叶片枯黄；梢部叶片颜色变淡，新生叶变短窄，叶距小而呈簇生状；新生叶生长姿态直立而不开展；蔗茎颜色加深，蜡粉脱落，蔗茎表皮光滑；折断蔗茎时声音清脆，其断面参差不齐，因薄壁细胞充满蔗糖分而表现为玻璃状(呈现银色光泽)。

(2)甘蔗工艺成熟的质量指标　用锤度比来衡量甘蔗成熟度的一般标准为：锤度比＜0.9的甘蔗未成熟，0.9～0.95为成熟初期，0.95～1.0为完熟期，锤度比＞1.0为过熟期(回糖期)。用重力纯度来衡量甘蔗成熟度的一般标准：重力纯度在80%以上者为正常成熟。用蔗汁还原糖比衡量甘蔗成熟度的一般标准为：蔗汁还原糖比10%以上为未成熟，蔗汁还原糖比6%～10%为成熟初期，蔗汁还原糖比3%～5%的为成熟，蔗汁还原糖比1%～3%的为最成熟。

2.影响甘蔗工艺成熟的因素

(1)品种　不同品种的甘蔗因其血缘成分不同，蔗茎积累蔗糖分的能力也不同。这可能与体内转化酶含量不同有关。割手密血缘多的品种，其茎薄壁细胞中含有较多的酸性转化酶，将蔗糖分分解，因而积累蔗糖分少；而热带种血缘多的品种，薄壁细胞中的酸性转化酶较少，中性转化酶较多，细胞壁上的酸性转化酶处在被束缚状态，因此蔗茎中蔗糖分积累较多。

(2)株龄　蔗茎中的蔗糖分含量与株龄关系密切，呈正相关关系，随株龄增加而增加，直到该品种的蔗糖分含量达到最大为止。一般秋植蔗比春植蔗成熟早，宿根蔗比新植蔗成熟早，冬植蔗比春植蔗成熟早；同一蔗蔸，主茎比分蘖成熟早，早生分蘖比迟生分蘖成熟早。在生产上，应尽量提早种植甘蔗，促进早生分蘖，延长甘蔗的生长期，以达到增产增糖的目的。

(3)温度　低温降低呼吸消耗，因此能促进蔗茎蔗糖分积累；较大的昼夜温差也有同样的效果。但温度在0℃以下可使植株出现冷害，不利于蔗糖分积累。一般温度在18℃以下(不低于5℃)，且昼夜温差在10℃左右最有利于蔗糖分的积累。甘蔗剥叶可以增强蔗田通风透光性，增加田间的昼夜温差。在南方蔗区，一般进入秋季后，气温开始下降，昼夜温差开始增大，有利于甘蔗成熟。

(4)水分　生产实践表明，控制蔗田水分可以促进蔗糖分在蔗茎中的累积。一般认为在成熟期进行水分胁迫，甘蔗细胞液浓度提高，分生组织生长受阻，使甘蔗生长缓慢，光合产物主要被运到蔗茎中转化为蔗糖分并积累在蔗茎的薄壁细胞中，可以促进甘蔗成熟，提高蔗茎中的蔗糖分含量。生产上发现，遇到降水少的干旱年份，甘蔗成熟期蔗茎中的蔗糖分含量比正常年份高。但在严重干旱的条件下，植株生长受到严重影响，光合面积少，合成的光合产物少，积累的糖分水解，蔗茎蔗糖分含量反而下降；而且蔗汁中的胶体较多，使制糖时澄清困难。若在成熟期水分充足，则蔗株体内与生长有关的酶如酸性转化酶等活性较高，使光合产物主要用于植株的生长，不利于蔗糖分在蔗茎中积累。因此，在甘蔗成熟期可通过适度控制水分来促进甘蔗的成熟。一般在收获前1个月停止灌溉，使土壤水分下降。成熟期需水量占全生育期需水量的5％～10％，一般保持土壤湿度为田间持水量的60％～70％即可。

(5)养分　氮素有利于促进甘蔗生长，特别是施氮肥过多时可导致植株生长过旺，对蔗糖分积累不利，同时会降低蔗汁品质，使蔗汁中氨基酸含量升高，还原糖含量增加，影响制糖。在广西蔗区，一般在7月份停止施用氮肥，这对促进蔗糖分积累有利。增施磷肥能促进成熟、提高早期糖分。钾能促进甘蔗蔗糖分向蔗茎运输，提高蔗茎蔗糖分含量。钾还能提高蔗汁重力纯度，改善蔗汁品质。因此，合理施肥特别是注意增施磷钾肥，可以提高蔗茎中蔗糖分的含量。

(6)病虫害　蔗茎受赤腐病侵害，则蔗茎蔗糖分下降，蔗汁品质变坏。受螟虫为害严重的蔗茎，不仅容易被风折断倒伏，而且茎中的贮藏组织遭到破坏，妨碍蔗糖的贮藏积累。棉蚜虫为害严重的蔗田，蔗茎中的蔗糖分下降，蔗汁制糖困难，而且使下一年的宿根发株能力变差。

(7)倒伏　甘蔗倒伏后，蔗茎空心和蒲心节间增多，单茎重变轻。倒伏蔗茎上的芽和根点易萌发生长，大量消耗蔗糖分，使茎中的蔗糖分含量下降。早倒伏和严重倒伏对蔗茎产量和品质影响更大。施氮肥过多和土壤水分较多容易使甘蔗倒伏。控制后期的氮肥和水分供给，剥除枯叶以增加蔗田通风透光等方法可以加强蔗茎细胞壁木质化，增强蔗茎的抗倒伏能力。

(8)土壤　在其他条件相同的情况下，一般沙质壤土上的甘蔗糖分较高，其次是黏质壤土，黏质土上的甘蔗含糖量最低。土壤过酸、过碱以及盐分含量过高等对蔗糖分在蔗茎中的积累不利。

二、提高甘蔗群体光能利用的措施

1.合理密植

合理密植可以充分发挥甘蔗群体的光能利用率。合理密植要根据具体的品种、气候、水肥、栽培管理水平等因素来决定，根据具体的田间试验来确定适宜当地条件的下种量、行株距、留苗数及最后的有效茎数，在栽培过程中，要不断地通过间苗、补苗、利用边行优势、平衡施肥等措施来调节群体结构，使甘蔗群体结构合理，光能利用率高。

2.育苗移栽

采用育苗移栽，特别是采用薄膜覆盖育苗移栽，不仅可以充分利用土地，争取季节，避免前后作的矛盾，而且还可以提高发芽率，保证甘蔗全苗、齐苗和壮苗。育苗移栽能较好地解决旱地春植和冬植因低温干旱所造成的死苗缺株和苗期生长不良等问题，从而解决春旱、春寒、迟播的问题，延长甘蔗叶片的光合作用时间，增加干物质产量。

3.加强田间管理

甘蔗生长期较长，生长的前期植株个体小，群体叶面积指数小，截获的光能较少。因此应早施肥、早管理，提高甘蔗生长前期的光合能力，使积累较多的光合产物，提早进入伸长期，延长最大光合利用率的时间。水分缺乏使出叶速度下降，叶片衰老加速，叶片伸长时对水分缺乏极其敏感。甘蔗伸长期对水、肥要求很敏感，只有保证满足这些要求才能充分发挥甘蔗的高光合效能。

4.适时播种

根据各蔗区的具体条件、栽培制度等综合因素，权衡利弊后，把甘蔗安排在一年中最适宜的环境条件下生长、成熟，这是提高甘蔗光能利用率和土地生产率的最有效、最经济的措施。如在桂中、桂南地区适当推广秋植蔗，桂南有水源的蔗区适当推广雨后地膜覆盖冬植蔗，这样就可以增加甘蔗的光合时间，提高群体的光能利用率。

第四节 甘蔗高产高糖栽培技术

栽培甘蔗的目的是实现较高水平的蔗茎产量和甘蔗蔗糖分。实施蔗田整地、播种、施肥、排灌、田间管理和收获与留种等科学栽培技术环节，是实现甘蔗高产高糖的关键。

一、蔗作土壤的耕作

土壤是甘蔗生长的基础。良好蔗作土壤是指植蔗土壤具有良好的理化性和生产性，能在甘蔗不同生育期不断满足甘蔗所需水、肥、气、热等生活条件，并具有较好地协调这些生活条件的能力。一般来说，耕作层深厚、有机质含量丰富、保水保肥和供水供肥能力强、通气性能良好的沙壤土或壤土更易表现出良好蔗作土壤的基本性质。

(一)蔗作土壤耕作的目的

土壤肥力是指土壤能供给作物生长发育的各种水、肥、气、热等环境生长因素的能力。培育良好蔗作土壤是高产高糖的前提条件，蔗作土壤的肥力标志，可以概括为“深、松、细、平、肥”5字，因此，蔗作土壤耕作的目的就是要创造“深、松、细、平、肥”的环境。

1.深

深是指土壤有适宜于甘蔗根系伸长的深厚的耕作层。甘蔗根系伸入土层的深度受耕作层的深度、耕作措施、土壤水分状况、土壤类型和品种特性等因素的影响。根系进入土壤最深的可达到3～4 m，而一般甘蔗栽培种常在1 m左右，绝大部分蔗根都集中在0.15～0.45 m范围。如果处于根系伸长区的这部分土壤理化性状有利于甘蔗生长，则有利于甘蔗增产。

2.松

松是指松紧适中的土壤结构松而不散。如果土壤松散，则团粒性差，对水、肥、气、热的协调能力低。由于土壤团粒都具有较高的凝聚性，而团粒之间各自的比面积较大，彼此的接触面小，中间有一定的空气，不能紧贴在一起，因此土质就松而不散。凡是土壤水、肥、气、热协调好，有效孔隙度适中，土壤容重小，保水保肥力强，液相和气相比例适当，都有利于甘蔗生长。

3.细

细是指蔗作土壤要细而不粉，粉则团粒性差。结构良好的蔗作土壤具有松、细的特点，犁耙容易，适耕性好，保水、保肥力强，有利于协调水分和空气之间的矛盾。一般含有机质多的沙壤土和壤土是较容易培育成为松、细的土壤结构体。沙性土和黏土只要通过合理轮作、增施有机肥、深耕熟化和改土等措施才能培育成结构较好的土壤。

4. 平

平是指蔗田相对较为平整，有利于机械作业，提高劳动生产率和减轻劳动强度；有利于蔗田排水灌溉，保水保肥。

5. 肥

肥是指土壤具有良好的保水、保肥和供水、供肥的能力，能够持续、稳定和平衡地供应养分，以满足甘蔗不同生长阶段的需要。因此，具有良好肥力的蔗作土壤，主要是含有丰富的有机质和无机养分以及良好的土体结构。

（二）良好蔗作土壤的培育

培育良好的蔗作土壤，能满足高产高糖甘蔗群体对水、肥、气、热等生活条件的需求。目前，广西蔗区的蔗作土壤多为红壤土和黄壤土，土壤肥力较低。由于高温多雨淋溶严重，形成了耕层浅薄，结构不良，有机质含量低，氮、磷、钾养分含量严重不足，保水保肥和供水供肥能力差的土壤特点，因此目前我国的旱地蔗作土壤能达到“深、松、细、平、肥”特征要求的并不多，而多数是带有“薄、瘦、黏、酸、板”共同特征的中低产蔗作土壤类型，对甘蔗生长极为不利。同时，大部分蔗田为多年连作，每年从蔗田中带走大量养分，蔗田肥力下降较为突出。因此，必须实行用地与养地相结合，通过培肥地力以满足甘蔗高产高糖生长对土壤肥力的要求。

1. 增施有机肥

通过施家畜禽类等粪便类及堆肥，一方面能增加甘蔗生长发育所需的矿质养分，另一方面改善土壤结构，增加土壤微生物多样性，创造良好的土壤生态环境。因此，增施有机肥可起到全面改善土壤肥力状况的作用。

2. 逐年深耕改土

深耕是加深耕作层的重要措施。同时还可以提高土壤肥力和改善土壤的物理性状，不但对当年的甘蔗生长有利，而且能提高宿根甘蔗蔸的生活力，有利于宿根甘蔗的发株和生长。

广西90%以上的甘蔗种植在高旱坡地或坡地上，耕层浅薄。通常蔗地用牛犁耕，翻耕深度一般只有13～15 cm，满足不了甘蔗根系生长对土壤的要求。甘蔗根系不发达，抗旱、抗倒伏能力差，产量不稳定。生产实践表明，蔗田采用机载深耕犁，耕深可达35 cm以上，使耕作层增厚，能提高甘蔗产量。深耕一般35 cm以上为宜。提倡在旱坡地蔗区采用深松而不翻土的整地方法，效果较好。该法能加深和疏松耕作层而又不破坏原有耕作层的土体结构，起到减少径流，增加土层贮水量，降低土壤容重，促进根系发展，增强吸收能力，增强蔗株的抗旱能力，改善蔗株的农艺性状等作用。它的整地效果比深翻耕好，目前已成为旱地蔗区甘蔗高产的一项重要措施之一。

3. 合理轮作

轮作是指在同一块地上按照一定的顺序逐年轮换种植不同的作物。蔗地合理轮作，特别是与豆科作物轮作，可以改善土壤的化学、物理性状以及土壤微生物状况，平衡土壤养分，延缓地力衰退。轮作可使甘蔗产量提高20%以上，减少因病虫草鼠等为害而造成15%～20%的损失。

4. 蔗叶还田

甘蔗收获期全部蔗叶干重约为生物产量干重的15%，为原料蔗鲜重的10%～12%。每公顷蔗地产蔗茎75 t，可产生蔗叶（包括收获时的青叶折算）7 500～9 000 kg。按其养分含量折算，含氮 45～60 kg、磷(P_2O_5)30～45 kg、钾(K_2O)105～120 kg，还有大量的有机质及其他微量元素。如果将全部的蔗叶还田，可以解决甘蔗生长需要的 50%钾肥、20%～25%的氮肥和磷肥，同时还能改良土壤的理化性状，提高土壤肥力(表 2-2)。蔗叶还田的方法有堆沤还田、过腹还田、直接翻压还田、碎叶翻压还田、覆盖还田等。

表 2-2 蔗叶还田对蔗地土壤肥力的影响

项目	春植蔗田			第一年宿根蔗田		
	蔗叶还田处理	对照	处理比对照增减(百分点)	蔗叶还田处理	对照	处理比对照增减(百分点)
有机质/%	2.39	2.24	0.15	2.37	2.26	0.11
碱解氮/(mg/kg)	103.59	98.79	4.79	113.11	103.21	9.90
速效磷/(mg/kg)	61.01	60.12	0.89	72.40	65.76	6.64
速效钾/(mg/kg)	104.88	80.54	24.34	43.44	33.87	9.57
土壤 pH 值	6.53	6.40	0.13	6.54	6.35	0.19
土壤含水量/%				12.35	11.78	0.57

5. 轮作绿肥压青还田

绿肥是一种优质的有机肥源。通过改变耕作制度，在选用特早熟高糖、前期生长快的甘蔗品种的基础上，利用休闲地冬种或早春种植绿肥，于绿肥作物盛花期将其压青后种植甘蔗；或轮作半年至一年绿肥压青后再种植甘蔗；或利用甘蔗种植行距大、萌芽期和幼苗期封行迟的生育特点，进行蔗地间种、套种绿肥作物压青还田等，均可增加土壤有机质及各种养分的含量，有效地培肥地力。豆科绿肥能固定大气中的氮素返还土壤，培肥地力的效果较好。

6. 酒精废液还田

酒精废液中含有丰富的氮、磷、钾营养元素及其他微量元素和有机物质。据分析，酒精废液含有大量作物所需的多种营养元素，其中有机质为 5.5%～12%，氮为 0.06%～0.42%，磷(P_2O_5)为 0.01%～0.38%，钾(K_2O)为 0.23%～1.54%，固形物为 7%～14%。此外，施用酒精废液还能大量补充蔗地土壤水分。在土壤干旱贫瘠的旱坡蔗地定量施用酒精废液增产增效显著(表 2-3)。合理地利用糖厂酒精废液喷淋蔗地，既能促进甘蔗生长，同时也是培肥地力的一种行之有效的途径。

表 2-3 蔗地定量施用酒精废液试验结果

处理	蔗茎产量/(kg/亩)	比 CK1 增产/%	比 CK2 增产/%
不施肥+7 t 清水+地膜覆盖(CK1)	5 470		
3 t 酒精废液+4 t 清水+地膜覆盖	6 039	10.40	5.65
5 t 酒精废液+2 t 清水+地膜覆盖	6 214	13.60	8.71
7 t 酒精废液+地膜覆盖	6 277	14.75	9.81
按当地习惯施肥+7 t 清水+地膜覆盖(CK2)	5 716		

二、蔗田整地技术

蔗田整地的目的是疏松土壤，合理加厚耕作层，改善土壤理化性状，增强土壤微生物活性，减少土壤中有害物质和病虫害，创造良好的蔗作土壤，为甘蔗的生长发育创造良好的生态环境，这是建设甘蔗高产高糖群体的基础措施。

(一)合理深耕深松

蔗作土壤的耕作要求是"耕深、耙碎、整平"，只要条件允许，一般提前1～3个月进行。

(1)深翻耕　采用四轮驱动拖拉机牵引深耕犁进行土壤全面深翻耕，深度一般为30～45 cm。翻耕后适当晒垡10～15 d，以促进土壤风化，然后用四轮驱动拖拉机牵引旋耕机(耙)或圆盘耙，按16～20 cm的旋耕深度对深翻耕后的土壤旋耕碎土、耙碎耙平，使土壤形成松碎平整，适宜开行、播种和甘蔗生长的耕作层。土层浅薄的高旱坡地、沙砾地、沙地等不宜一次翻耕过深，应逐年增加耕松深度。对不冬种作物的春植蔗田，最好进行犁晒过冬，到播种前再将土壤耙碎整平。这样既有利于促进土壤风化，又能消灭越冬的病虫源。

(2)深松耕　对于耕作层浅薄蔗地，一般不适宜深翻耕的方法，因为深翻耕将会使底土(生土)翻出土面，施肥不足时会影响当年产量，应改用没有犁壁的深松犁或深松器进行深松耕，深度为40～45 cm。深松耕的特点是深松而不翻土，不打乱原来的耕作层，它的整地质量比深翻耕好。

通过利用机械进行土壤深翻耕或深松耕，能加厚和疏松土壤耕作层，提高土壤的通透性，改善土壤的水、肥、气、热条件，增强土壤的保水保肥能力，起到以深治旱的作用，增产增糖效果显著。据广东研究报道，旱坡地蔗田全面深松耕30～40 cm，比一般牛耕15～20 cm的增产23.4%，提高蔗糖分0.29%(绝对值)。

(二)开植蔗沟

蔗作田经过深松深耕后，便开植蔗沟种植。开植蔗沟有利于防旱保水，便于施肥、培土等田间作业，能使根系发达，提高甘蔗的抗风抗倒能力。开植蔗沟之前首先要确定好种植沟之间的距离(简称行距)。行距的大小主要根据甘蔗品种、土壤肥力、栽培条件等因素确定。合理的行距有利于合理密植，便于田间管理和机械化栽培。一般大茎种、土壤肥沃、土层深厚、栽培条件好、水田、机械化作业等的行距宜宽一些，反之则宜窄一些。目前生产条件下较适宜的行距：机械化作业为120～130 cm；人畜耕作或大茎种为100～120 cm，中小茎种为90～100 cm。

开种植沟方法：先用拖拉机或牛套犁按照确定好的行距开沟，犁出植沟雏形，然后将沟底碎土铲到畦顶，筑成深20～30 cm、沟底宽20～25 cm、沟顶宽40～50 cm的种植沟。一般地下水位高的蔗田种植沟宜浅一些；排水良好、土层深厚的蔗田宜深一些。开好的种植沟要求达到"深沟平底，底土松细"。坡地种蔗要注意沿着等高线开种植沟，有利于保水保肥，防旱抗旱；水田种蔗则要注意开通田中沟、田边沟和小排水沟等三级排水沟，做到沟沟相通，雨停水干，蔗田干爽。

三、种茎的选择与处理

做好种茎选择与处理工作，创造适宜条件促进蔗芽萌发，提高发芽势和发芽率，使发芽率达到70%以上，以保证全苗、齐苗，确保单位面积有足够的有效茎数，才能获取甘蔗高产高糖(表2-4)。

表 2-4 精选甘蔗种茎与普通种经济性状比较

种茎类型	茎长/cm	茎粗/cm	有效茎数/条	蔗茎产量/(t/hm^2)	蔗糖分/%	亩产糖量/(kg/亩)	增产/%
精选种	293.77	2.58	5 153	113.25	13.84	1 044.5	118.7
普通种	288.7	2.47	4 982	95.75	13.78	879.5	100.0

注:品种为 POJ2878。

(一)种茎的选择

良好种茎的标准是蔗茎生长正常,芽健壮饱满,茎大小适中,无病虫害。选种茎一般经过块选(田选)、株选、段选和芽选等技术环节。

(1)块选 上造甘蔗收获前,在冬、春植蔗田中选留品种纯正、生长壮旺、无倒伏、无病虫害的整块或整片蔗田做留种田。一般宿根蔗田、倒伏严重或甘蔗棉蚜为害严重的蔗田不宜留种。

(2)株选 在留种田甘蔗收获时选取生长直立、蔗茎粗壮、蔗芽饱满、无虫害节、无甘蔗棉蚜为害、无孕穗开花的蔗株,砍留梢头茎 70～100 cm 做蔗种。在良种繁殖或种茎不足的情况下也可用全茎做种。

(3)段选和芽选 在砍种时剔除混杂品种和干枯或霉烂、伤损无芽、病虫为害、弱老死芽的种茎。

(二)种茎处理

种茎处理的目的是提高萌芽率和萌芽速度,内容包括晒种、砍种、浸种、消毒和催芽等技术环节。

1. 晒种

晒种是指在砍种前先将蔗种摊开晾晒。晒种主要是提高种温和种茎吸收水分的能力,从而起到促进种茎萌发,提高发芽势和发芽率的作用。晒种前先剥除蔗种上的老叶鞘,留下嫩叶鞘,然后将蔗种摊开晾晒。一般晒种 1～2 d,晒至幼嫩节间表皮稍有皱缩为宜。晒种技术必须与浸种技术相配套,或播种时土壤水分很充足,否则晒种的效果适得其反。

2. 砍种

砍种的作用是消除顶端优势对下位蔗芽萌发的抑制作用,促使蔗芽萌发均匀一致,提高发芽率,节约蔗种,确保全田蔗苗生长整齐一致。砍种的要求:①砍成 2 个芽一段的双芽段;对于幼嫩的梢头部,可砍成 3～5 个芽一段的多芽段。下种时常遇低温或干旱威胁较大的地区,为了保证全苗,也可采用 2～3 个芽的多芽段。生产上一般不采用单芽苗。②砍除蔗梢顶端生长点。③砍种时按蔗芽向两侧方向将蔗种平放在木板上,用锋利蔗刀将蔗种砍断,砍口平整无破裂。④用全蔗茎作种,在砍种时应当把蔗株的上、中、下部分分开堆放。不同部位的蔗芽萌发的速度和萌芽率有差别,分别堆放有利于分别种植。

3. 浸种

对于经过长时间贮藏的蔗种或是播种时土壤干旱水分不足,浸种能促进种茎萌发,提高发芽势和发芽率。目前生产上常用的浸种方法有清水浸种和 2%石灰水浸种,以后者效果较好。

(1)清水浸种 用流动水浸种一般浸种 2～3 d。用非流动水浸种一般 1 d 左右,而且要注意经常换水。

(2)2%石灰水浸种 按浓度要求配好石灰水,然后取其上清液浸种。注意不能先放种茎后配制石灰水，以免灼伤蔗芽。梢部茎浸种 12～24 h，中下部老茎茎浸种 24～48 h。气温高时浸种时间宜短一些，气温低时浸种时间稍长一些。

4. 消毒

冬、春植蔗播种时气温低，发芽慢，在萌芽期内很容易受到凤梨病菌和赤腐病菌对种茎的侵害，种茎消毒能较好地保证蔗芽顺利萌发和幼苗健壮生长。浸种后，先将种茎捞起沥干水滴，若采用石灰水浸种，捞起蔗种后还要将附在种茎上的石灰冲洗干净，然后再进行消毒。常用的消毒方法有以下两种。

(1)药剂消毒法　①选用 50%多菌灵或 70%甲基硫菌灵可湿性粉剂，配成 0.1%浓度的药液浸种消毒 10 min。②50%代森铵 1∶400 倍药液浸种消毒 2～3 min。③2%浓度石灰水 1 000 kg 加 50%苯莱特 0.2 kg，浸种 24 h。

(2)温水消毒法　用 52～57℃温水浸种 20 min，在浸种期间保持 52℃左右的温度，能有效地预防凤梨病和赤腐病，加快种茎萌发速度。用 54℃的温水处理种茎 8 h，对防治宿根矮化病有较好的效果。

5. 催芽

(1)自然堆积催芽法　选择排水良好的地方作为催芽堆种的地点。先在地面垫上 3～6 cm 厚的稻草，再将经过消毒的种茎自然堆放，然后将种堆淋湿，用厚约 10 cm 的稻草覆盖种堆，再覆盖塑料薄膜密封，保温保湿催芽。

(2)堆肥催芽法　先在地面铺一层 10～15 cm 厚的半腐熟厩肥或其他农家肥，再在肥料面上堆一层高 20～25 cm、经过浸种消毒的种茎，然后依此一层肥料一层种茎地堆至 3～4 层种茎，最后堆一层厩肥，堆完种、肥后将种堆淋湿(以肥料湿润为宜)，最后覆盖稻草和薄膜保温、保湿。种堆宽以 1 m 左右为宜，以便于检查。

催芽过程中要注意控制种堆温度，使之保持在 25～35℃之间，其中以 30～32℃最适宜，湿度则以保持种茎湿润为宜。一般催芽至蔗芽萌动胀起，芽尖刚从萌芽孔突出呈“莺哥嘴”状，种根则催至刚刚显露但未伸长为宜。

四、合理密植

(一)合理密植的原则

在当地自然条件、耕作制度、栽培水平条件下，使植株在株高、茎径、有效茎及茎比重四者间能得到充分、协调的发挥，达到高产、优质、低耗、高效的种植密度。合理密植不是一成不变的，随着其他条件的改变，密度也要改变。根据当前的生产水平，合理密植总的原则是：依靠母茎，充分利用早期分蘖。在单位面积有效茎数构成中，一般主(母)茎占 80%～90%，分蘖茎占 10%～20%。主茎成茎率高，有效茎数多，单茎重大，成熟早，蔗糖分高，在产量构成中占主要地位。早期分蘖的成茎率较高，单茎重也较大，所以在生产上应充分利用；而中后期分蘖的成茎率很低，往往不能成为有效茎，且消耗养分，在栽培上应该注意控制或间除。

(二)合理的下种量

下种量应视气候、品种、水肥条件及栽培管理水平等因素而定。一般高温多雨、水肥条件好、栽培管理水平高的蔗区，甘蔗生长期长、生长量大、单茎重较大，种植密度宜稀，下种量可相对少一些；相反，土壤瘦瘠、缺水缺肥、管理粗放、气温低、霜期早的蔗区，种植密度宜密，下种量可相对多一些。大茎品种植株高大，叶片繁茂，单茎重较大，单位产量要求的有效茎数较少，种植密度可小一些，下种量可少一些；反之，中、小茎种下种量要多一些，种植密度大一些。萌芽力和分蘖力强的品种种植密度宜稀一些，反之则宜密一些。

根据广西目前生产上的主栽品种类型、栽培管理水平及生产条件，甘蔗“吨糖田”群体比较合理的产量构成和种植密度见表 2-5。冬植蔗萌芽期正值低温干旱季节，发芽率较低，下种量应增加 10％～20％。秋植蔗则相反，下种量宜减少 10％～20％。如果不浸种消毒，下种量应增加 10％～20％。

表 2-5 甘蔗不同密度产量、有效茎、茎径、单茎重比较

亩播芽数	产量/(kg/亩)	有效茎/条	茎粗/cm	单茎重/kg
4 000	6 450	4 716	2.70	1.35
5 000	6 550	5 083	2.70	1.30
6 000	6 850	5 250	2.71	1.30
7 000	7 358	6 033	2.68	1.20
8 000	6 925	6 414	2.62	1.05
9 000	7 200	6 366	2.50	1.10

五、播种技术

(一)选用良种

实现甘蔗高产高糖栽培，因地制宜地选用适栽品种是基础。土壤肥沃、耕层深厚、保水保肥和供水供肥能力强、有灌溉条件的蔗地，宜选用丰产潜力大的大茎高糖品种，如新台糖 22 号、台优、粤糖 93/159、园林 6 号、桂糖 21 号等；而土壤较瘦瘠、耕层浅薄、保水保肥和供水供肥能力一般、无灌溉条件的旱坡地或耕作栽培管理一般的蔗地，则宜选用宿根性好、抗旱性强、稳产型的中茎高糖的品种，如新台糖 25 号等。

(二)施足基肥

一般在甘蔗播种前施用的有机肥和化学肥料称为基肥。基肥具有培肥地力、促进甘蔗前期生长的作用，施用有机肥做基肥，能源源不断地为甘蔗生长提供各种必需养分，是构建高产高糖甘蔗群体的营养基础。

(1)肥料种类及施肥量　甘蔗下种前施用的基肥以有机肥为主，配施适量氮、磷、钾无机肥，或等量养分的复合肥、复混肥等。施用量应视品种、土壤肥力、土壤质地、栽培条件、气候条件、产量水平及施肥技术等因素而定。常规施肥法一般是将甘蔗一个生长周期全部的有机肥、磷肥和钾肥，以及 20％左右的氮肥做基肥。如果采用地膜覆盖栽培一次施肥法，则将全部肥料做基肥；二次施肥法将 30％氮肥和全部的磷、钾肥做基肥，余下 70％氮肥做追肥。

(2)基肥施用方法　基肥一般采用种植沟内深施的方法。将基肥施于种植沟内，然后用部分表土与之拌匀再播种。如果施肥量较大，则先锄松种植沟底土，然后将基肥集中施于种植沟内，再培土 2～5 cm 厚覆盖肥料后播种。

(三)确定播种期

确定播种期的关键因素是温度和水分，在具备萌芽温度和水分的条件下，如不受前作影

响,应尽量提早下种。一般当土表以下 10 cm 土层的温度稳定在 10℃以上、土壤水分适宜时便可下种。广西春植蔗适宜下种期一般为:桂南蔗区 2 月上中旬,桂中蔗区 2 月中下旬,桂北蔗区 3 月份。采用地膜覆盖栽培技术可适当提早播种期。

(四)播种方式及摆种方法

(1)播种方式　播种方式有单行顶接条播、双行顶接条播和双行品字形条播(图 2-4)。其中以双行品字形条播法最为常用,在下种量较大时则采用双行顶接条播法。

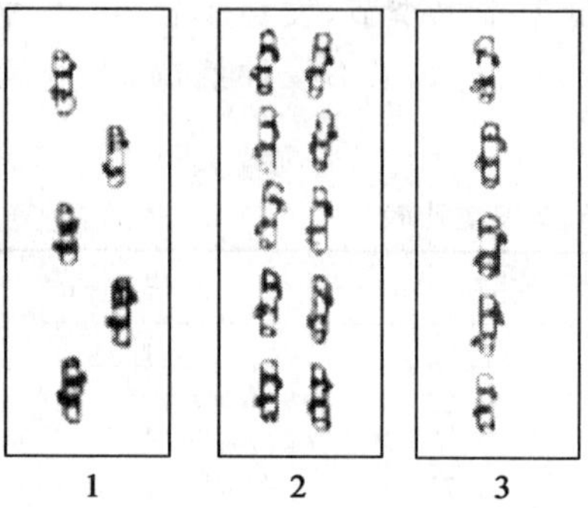

图 2-4　播种方式

1. 双行品字形条播　2. 双行顶接条播　3. 单行顶接条播

(2)摆种方法　根据播种方式,先在种植沟中撒种,然后再摆种。摆种时要求种茎平放,芽向两侧,避免"天地芽",同时要轻压种茎,使之紧贴土壤,避免种茎"架天桥",以利于种茎吸收水分萌芽生根。双行摆种要求播幅(两行种茎之间的距离)达 15～20 cm。

(五)施药防虫,覆土盖种

施药是为了防止地下害虫为害蔗种而影响发芽率,因此摆种后在种茎的两侧撒施农药。生产实践表明,播种时施药还可以预防幼苗期发生虫害。施药后覆土盖种,覆土要求覆成"龟背形";覆土的厚薄要根据土壤温度和湿度、土壤质地等因素综合决定。水田、地下水位高、土壤湿度大或有灌溉条件,或下种时温度较高的,覆土可薄一些,以便于利用光照提高土温,促进蔗芽萌发,一般覆土厚 3～5 cm;反之,下种时温度较低,或旱坡地、沙质土、土壤水分少而又无灌溉条件的,覆土要厚一些,以利于保水保温,一般覆土厚 5～7 cm 为宜。冬、春植蔗覆土厚一些,秋植蔗覆土薄一些。覆土盖种后在畦面上喷施化学除草剂防除杂草。

(六)覆盖地膜

地膜覆盖栽培技术是甘蔗高产高糖栽培综合技术之一,具有显著的增产增糖效果。播种、覆土、喷施除草剂后,再用厚 0.005～0.008 mm、宽 45 cm 的甘蔗专用地膜覆盖,膜的四周用土壤压紧密封,可起到促进蔗芽萌发和幼苗生长的作用。

六、甘蔗施肥技术

(一)甘蔗的营养特点与施肥原则

1. 甘蔗的营养特点

(1)甘蔗生长必需的营养元素　甘蔗生长发育必需的营养元素有碳、氢、氧、氮、磷、钾、钙、镁、硅、铜、铁、硫、锰、硼、锌、钼、氯等 17 种。其中碳、氢、氧、氮、磷、硫等营养元素用于组成碳水化合物、蛋白质、核蛋白和脂肪等物质,建立其组织和合成蔗糖;铜、铁、锰、硼、锌、钼等营养元素用于构成酶类;钾不参与体内有机物的组成,而以离子状态存在于体内或被原生质胶体所吸附,起着酶促反应催化剂的作用。

(2)甘蔗对氮、磷、钾的吸收特点　甘蔗一生中不同生长时期对氮、磷、钾的吸收量不同,总的吸收趋势是:生长前期和后期吸收量较少,中期吸收量大,即"两头少,中间多"。

萌芽期:主要依靠种茎自身贮藏的养分,一般不需从外界吸收养分。

幼苗期:株根和叶片不断生长,但生长缓慢且营养体较小,所以需肥迫切而吸收量少,占全生长期总吸收量的5%～7%,其中氮大于磷、钾。

分蘖期:甘蔗不断增生分蘖,且叶片也在逐渐增多,新生叶面积逐渐增大,因而需肥量也逐渐增多,占总吸收量的13%～16%。此外,分蘖盛期至伸长初期是吸收氮素营养的高效期,此期甘蔗需氮量多,施氮肥效果好,利用率较高。

伸长期:由于根、茎、叶迅速大量生长,同化产物大量形成,因而对三要素的吸收量大大增加,占总吸收量的77%～81%。

工艺成熟期:由于气温渐降和降水量减少,甘蔗生长渐趋缓慢,最后停止伸长,因此对三要素吸收量逐渐减少。吸收量为总吸收量的10%左右。

甘蔗苗期和分蘖期吸收的养分虽然不多,但幼苗对三要素的需要却非常迫切,对缺乏养分最为敏感,一旦缺肥,则影响到幼苗生长和分蘖产生,导致幼苗生长瘦弱,分蘖减少,即使以后再加倍施肥,也难以补救,最终使产量下降。可见,甘蔗生长前期施肥对产量影响很大。构建甘蔗的高产高糖群体就必须重视前期施肥,要施足基肥,早施苗肥和分蘖肥。

2.甘蔗合理施肥原则

甘蔗施肥是实现甘蔗高产高糖的重要措施之一。广西蔗区的土壤大部分是黄壤土,缺少有机质,缺磷、钾严重,因此在增施有机肥料的前提下,增施磷钾肥,增产增糖效果显著。然而,广西90%以上的蔗区为旱地,土层比较浅薄、瘦瘠,保肥能力和供肥能力均较弱。为了提高肥效,获得甘蔗持续高产高糖,甘蔗施肥应遵循以下基本原则。

(1)基肥、追肥相结合。甘蔗属于需肥量大、吸肥期长的经济作物。施足基肥,使甘蔗生长早期能获得足够的营养,植株生长快,能充分利用4～5月份的光温水条件,结合追肥,会使甘蔗植株中后期养分充足,能更好地利用6～9月份有利的气候条件,从而实现高产高糖。因此,必须注意施足基肥,适当早追肥,做到基肥、追肥并重,以持续不断地满足甘蔗整个生长期间对养分的需要。基肥以有机肥和磷、钾肥为主,适当配施少量速效氮肥,或施用甘蔗专用复合肥、复混肥等做基肥;追肥则以速效氮肥和优质农家肥为主。

(2)有机肥与无机肥配合施用,多施有机肥,合理施用化肥。无机肥的单一营养元素含量高,同时养分释放快,施用后很快被甘蔗吸收利用,见效快。但无机肥的肥效短,养分单一,养分容易被土壤固定或随水流失,且在单施偏施情况下土壤结构易被破坏。有机肥养分全面,能供给甘蔗多种营养元素;肥效长,在甘蔗整个生长期间能够源源不断地供给甘蔗生长所需要的养分;能改良土壤结构,提高土壤的保水保肥和供水供肥能力。但有机肥中氮、磷、钾含量偏低,养分释放缓慢,无法满足甘蔗的需求,尤其是在甘蔗生长前期,由于气温低,有机养分分解更慢,释放的养分量很难满足甘蔗幼苗生长的要求。有机肥与无机肥配合施用,能够使两者的优势互补,既可及时供应甘蔗在某一生长阶段对营养元素的迫切要求,又能为甘蔗提供全面的营养元素,且能提高无机肥的肥效,从而使甘蔗生长良好,产量高、品质好。因此,甘蔗高产高糖栽培中强调有机肥与无机肥配合施用。

(3)氮、磷、钾肥合理配施。营养元素对甘蔗的生长"同等重要"和"不可代替"。无论是大量营养元素或微量营养元素,对于甘蔗生长来说都是同等重要和缺一不可的,如果缺少某一种营养元素,不管它的需要量多或少,都会影响甘蔗某种生理活动而导致减产;各种营养元素,在甘蔗体内都有各自的作用,相互之间不能替代。生产实践表明,氮、磷、钾肥料合理配施,具有显著的增产增糖效果。由于土壤肥力的差异,供应三要素的能力各不相同,因此施肥时必须因地制宜,根据不同的土壤类型、土壤肥力水平和栽培条件等实行氮、磷、钾肥的合理配施。

(4)看天、看地、看蔗追肥,提高肥料的经济效益。看天施肥即根据气候条件施肥,实行雨后干施、干旱水施,充分利用雨前或雨后的土壤湿润条件施肥。看地施肥即根据土壤的保肥能力施肥,如沙质土的保肥能力差,应增加施肥次数而减少每次的施肥量,黏土则反之。看蔗施肥即根据甘蔗品种和甘蔗田间长势施肥,耐肥丰产品种宜多施,易倒伏的品种宜少施;长势弱的宜多施,长势旺盛的宜少施;迟熟品种宜多施迟施,早熟品种宜早施少施等。

(二)甘蔗的氮素营养与氮肥的施用

1.氮对甘蔗生长的作用

氮是甘蔗生长发育必不可少的营养元素,其含量占植株干重的0.3%~0.5%。氮是组成植物细胞原生质、酶、叶绿素、细胞核、核酸及其他含氮化合物的主要成分。氮素充足时,甘蔗叶色浓绿,叶片宽大而略下垂,光合作用旺盛,分蘖增加,蔗茎高大。反之,氮素缺乏,则甘蔗细胞分裂减慢,生长迟缓,叶绿素减少,叶色浅绿或转黄,分蘖少,植株茎矮而细,产量低。但氮素营养过多,特别是偏施、重施氮肥时,也会使蔗茎纤维减少,茎脆而软,叶片宽大而下垂,抗性差,容易倒伏,易感染病虫害,成熟延迟,蔗糖分低、还原糖分高,蔗汁品质差,尤其生长后期若施氮过多,则影响更大。

2.甘蔗对氮素的吸收进程

研究表明,甘蔗苗期对氮素的吸收缓慢,植后93 d吸氮迅速增加,植后167 d达到最高,然后开始下降。苗期吸收氮素占整个生长期吸收的5%,分蘖期占14%,伸长期占81%。

3.氮肥施用技术

甘蔗在真叶抽出时就能吸收无机氮;苗期需氮量虽少,但很迫切;分蘖盛期至伸长初期是甘蔗的吸氮高峰期,此时重施氮肥有显著的增产、增糖效果;氮的可重复利用率较高;迟施氮肥往往会造成早期营养不足而生长不良,后期茎叶生长过旺而不能正常进行工艺成熟,导致产量下降和蔗糖分低,甘蔗品质差。因此,甘蔗氮肥宜早施,应着重在甘蔗生长前中期施用。一般冬植、春植蔗要求在6月中下旬、秋植蔗和宿根蔗要求在6月上中旬将计划的肥料量全部施完。

(1)常规施肥法　常规施肥法氮肥分3次施用,即基肥、攻蘖肥和攻茎肥。①施足基肥,施肥量占总施氮量的20%,在甘蔗下种时与有机肥和磷、钾肥混合后集中施于种植沟内。②早施攻蘖肥,施肥量占总施氮量的30%,在主茎发生5~7片真叶,已有零星分蘖时,结合小培土进行根际施肥。③重施攻茎肥,施肥量占总施氮量的50%,在甘蔗开始拔节伸长时,结合大培土根际施肥。

(2)地膜覆盖施肥法　甘蔗地膜覆盖,可以减少养分流失,因此氮肥施用可采用一次施肥法或二次施肥法。①地膜覆盖一次施肥法,即是将全部的氮、磷、钾肥及有机肥一起拌匀后做基肥,在甘蔗整个生长期间不追肥,也不揭膜,到伸长初期时大培土。该法省工,早熟高糖,施肥技术得当时产量与常规施肥法相差不大,但这种方法要求技术较高。由于肥料浓度大,若有不慎将会产生肥害而影响种茎萌发,降低出苗率;同时旱、瘦、瘠、薄是广西蔗作土的特征,土壤保肥能力较差,因此该法也易出现生长中后期脱肥现象,从而影响产量。由于不揭膜,薄膜残留土壤里,长期使用,对土壤有破坏作用。②地膜覆盖二次施肥法,即是将氮肥分两次施用,将30%~50%的氮肥与全部的有机肥、磷肥、钾肥一起做基肥,幼苗期和分蘖期不中耕、不施肥,到伸长初期揭膜并将余下的50%~70%氮肥全部用于根际施肥,然后进行大培土。这种施肥法适合旱地蔗作及旱地甘蔗生长的特点，同时对于肥料不足的农户也可以将肥料集中施在甘蔗生长的关键时期。该法既发挥了氮肥早施的特点，又避免了生长后期脱肥，在旱地上使用效果较好。

地膜覆盖施肥法由于肥料集中施用，容易因肥料浓度过大而产生肥害现象，影响种茎萌发，因此一定要注意深施，同时施肥后要将肥料与土壤充分拌均匀，并在肥料上盖一层薄土后才能下种，以保证种茎安全萌发。

（三）甘蔗的磷素营养与磷肥的施用

1. 磷对甘蔗生长的作用

磷是组成植物细胞的必需元素。磷组成卵磷脂、核蛋白，是细胞原生质和细胞核的重要成分；磷参与三磷酸腺苷（ATP）、二磷酸腺苷（ADP）等高能化合物的组成；在糖类代谢中，磷参与碳水化合物的合成、分解，相互转变和运转。甘蔗的呼吸作用必须有磷参加。在氮代谢中，如磷不足，会影响蛋白质的合成，严重时还会使蛋白质分解，从而影响氮的正常代谢。蔗糖的合成也必须有磷参与。所以磷能有效地促进甘蔗的生长和蔗糖的合成，对高产高糖有着重要的作用。甘蔗缺磷时，根系发育不良，幼苗生长缓慢，分蘖少，分蘖迟，地上部分生长差，节间短小，叶片呈现蓝绿色、无光泽，抗旱、抗倒伏能力弱，迟熟低糖。但施磷过多，往往会导致甘蔗根系过分发育，地上、地下部生长比例失调，导致减产。

2. 甘蔗对磷素的吸收进程

甘蔗苗期对磷素的吸收缓慢，进入分蘖期吸收迅速增加，植后 136 d 已吸收全株磷的一半，植后 198 d 达到最高，然后磷素不再增加。苗期吸收磷素占整个生长期吸收量的 6%，分蘖期占 13%，伸长期占 81%。

3. 磷肥施用技术

磷在土壤中易进行多种物理、化学和生物学的转化，生成溶解度较低、有效性较差的稳定性磷化合物，因而甘蔗对磷肥的利用率较低，一般只有 10%～25%。因此，合理的施用技术对提高磷肥肥效具有十分重要的意义。

甘蔗磷肥的施用应根据土壤有效磷水平而定，土壤有效磷的含量小于 17 mg/kg 时施磷肥效果显著，17～30 mg/kg 时施磷肥效果不稳定，大于 30 mg/kg 时效果极小甚至无效果。甘蔗对磷肥的吸收主要集中在生长前中期，磷对甘蔗发根有良好的促进作用，磷在土壤中移动性较小，施于根际附近容易被甘蔗吸收，所以磷肥宜早施。磷肥应全部做基肥，且以集中条施于种植沟内为好，如果基肥缺施磷肥，应在苗期及早补施。磷肥施用前先与有机肥混合堆沤 10～15 d，有利于提高磷肥当年的利用率。磷肥与氮肥配合施用，能显著提高增产效果。

（四）甘蔗的钾素营养与钾肥的施用

1. 钾对甘蔗生长的作用

甘蔗是喜钾作物，在肥料三要素中需钾量最大。但钾与氮、磷不同，它不参与体内有机物的组成，不是细胞的组成部分，而是以离子状态存在于植株体内或被原生质胶体所吸附。钾的主要作用：①钾能增强光合作用，促进有机物质生产；②钾促进蛋白质合成，从而促进对氮素的吸收利用；③钾进入根部细胞的能力强，大量进入根后，使根部细胞液浓度增高，吸水力增强，抗旱力提高；④钾促进碳水化合物的合成和运输，因而体内纤维素、木质素含量高，蔗皮坚硬，抗风、抗倒伏、抗病虫害的能力强；⑤钾能提高转化酶的活性，促进蔗糖合成和运转。所以钾素在甘蔗高产高糖栽培中也具有同样重要的作用。

钾素充足时，蔗茎粗大坚硬，生长健壮，蔗糖分高，蔗汁纯度高，抗病虫、抗倒伏和抗旱能力强，高产高糖。反之，甘蔗缺钾时，基部叶片边缘开始变黄，继而干枯，根系不发达，分蘖少，蔗茎细小而弱，尖尾，易倒伏，抗性差，产量和蔗糖分均下降。甘蔗喜钾，对钾的吸收量常多于需要量，因施钾过量而减产的现象尚未发现。

2. 甘蔗对钾素营养的吸收进程

研究表明，甘蔗生长初期吸收钾素比吸收氮磷都多，进入分蘖期吸收迅速增加，植后121 d已吸收全株钾素的一半，植后167 d达到最高，然后植株钾素不再增加。苗期吸收钾素占整个生长期吸收量的7%，分蘖期占16%，伸长期占77%。

3. 钾肥施用技术

甘蔗对钾的吸收主要集中在生长前中期，同时钾在植株体内的移动性较强，重复利用率较高，所以甘蔗钾肥强调早施和集中施。当施肥量较小（K_2O，225 kg/hm^2 以下）时，全部做基肥或苗肥一次施完；若施用量较大（K_2O，225～270 kg/hm^2 或更高），或在保水保肥力较差的沙质土壤上施用，则以做基肥、攻蘖肥两次施用效果较好。钾肥与氮、磷肥配合施用的增产效果比单施显著。以氯化钾做甘蔗钾肥时，强调做基肥早施。氯化钾早施能充分利用早夏的高温多雨淋溶作用，使氯离子流失，避免氯离子在土壤和蔗汁中的大量积累而造成土壤污染，避免给制糖工业带来不良影响。

（五）甘蔗测土配方施肥技术

1. 测土配方施肥有关参数

（1）甘蔗对氮、磷、钾的吸收量　广西职业技术学院经过多年试验，结果表明，平均生产1 t原料蔗需要吸收氮0.85 kg、磷（P_2O_5）0.35 kg、钾（K_2O）1.5 kg。

（2）肥料当年利用率　甘蔗对三要素的吸收量不等于实际施肥量，肥料施进土壤后，由于挥发、受雨水冲刷流失、被土壤固定及施肥方法、耕作条件等因素会影响肥料的利用率；农家肥与化肥的利用率也有差异。根据测算，化肥当年利用率：氮肥为25%，磷肥为5%，钾肥为33%；农家肥当年的利用率：氮为含量的1/3，磷为含量的2/3，钾为含量的4/5。

（3）农家肥的养分含量　这里所指的农家肥是猪粪、鸡粪等优质粪肥。农家肥中氮、磷、钾的养分含量分别为0.2%、0.16%和0.4%。

（4）土壤养分能满足的甘蔗产量　土壤是指地球陆地表面、具有一定肥力而且能够生长植物的疏松层。甘蔗种植在土壤里，在没有人为追施肥料的情况下，土壤中的养分也能满足甘蔗一定的生长量，甘蔗生长量的多少，取决于土壤的养分供应量，即土壤肥力的高低。广西职业技术学院经过多年的研究，得出土壤养分与甘蔗产量的关系（表2-6）。

表2-6　土壤养分与甘蔗产量的关系

原料蔗产量/(t/亩)	土壤中的速效养分含量		
	氮/(mg/kg)	磷/(mg/kg)	钾/(mg/kg)
2	40～59	3～5.9	30～59
3	60～79	6～10.9	60～79
4	80～99	11～16	80～99
5	100以上	16以上	100以上

2. 氮、磷、钾肥需用量的确定

$$施肥量(化肥)=\frac{(目标产量-土壤养分能产出的产量)\times 吨蔗需肥量-农家肥供肥量}{肥料养分含量\times 化肥的当年利用率}$$

$$农家肥供肥量=农家肥数量\times 农家肥养分含量\times 当年利用率$$

例 有一块地的土壤分析结果为:碱解氮 53 mg/kg,速效磷 3 mg/kg,速效钾 65 mg/kg,现有农家肥每亩 500 kg,需施多少尿素、钙镁磷、氯化钾才能满足亩产 6 t 甘蔗的需要?

有机肥养分供应量:

有机肥供 N 量(kg)=500×0.2%×1/3=0.33

有机肥供 P 量(kg)=500×0.16%×2/3=0.53

有机肥供 K 量(kg)=500×0.4%×4/5=1.6

土壤养分能产出的产量:N=2 t,P=2 t,K=3 t

$$需要尿素(kg/亩)=\frac{(6-2)\times 0.85-0.33}{46\%\times 25\%}=27$$

$$需要钙镁磷(kg/亩)=\frac{(6-2)\times 0.35-0.53}{18\%\times 5\%}=97$$

$$需要氯化钾(kg/亩)=\frac{(6-3)\times 1.5-1.6}{60\%\times 33\%}=15$$

七、甘蔗需水规律与蔗田水分管理

(一)甘蔗需水规律

甘蔗是一种耗水量大的作物。甘蔗植株高大,体内含水量较高,根、茎、叶的含水量分别为 69%、75%、67%左右;甘蔗的生长期较长,生物产量高,所以甘蔗全生长期的需水量和耗水量都很大。据研究报道,每生产 1 t 甘蔗约需耗水 112 m^3。甘蔗的耗水量因气候、土壤、品种、栽培技术、生长期长短及产量水平高低的不同而异(表 2-7)。

表 2-7 甘蔗各生育时期的需水量

生育期	生长天数/d	生长期耗水量		平均每天耗水量/(m^3/hm^2)	气象情况		
		生长期耗水量/(m^3/hm^2)	占全生育期耗水量/%		降水量/mm	露天蒸发量/mm	日平均露天蒸发量/mm
发芽期	43	870.0	8.4	22.5	59.3	194.3	4.0
分蘖期	61	2 266.5	21.7	37.5	236.4	336.4	5.5
伸长期	143	5 935.5	56.9	42.0	629.5	473.2	3.3
工艺成熟期	62	1 357.5	13.0	22.5	42.4	121.1	1.9
全生育期	314	10 279.5	100.0	330.0	967.6	1 125.0	3.7

(二)甘蔗高产高糖栽培的水分管理

根据甘蔗的需水规律,高产高糖栽培的水分管理原则是"润—湿—润—干"。

(1)萌芽期和幼苗期 甘蔗种茎自身含水量达 70%以上,足以供应种茎萌发对水分的需要,因此甘蔗萌芽期以生态需水为主。如果土壤干旱不能满足生态需水,则种茎的水分可被土壤倒吸而干枯,造成蔗芽因缺水而不能萌发。甘蔗幼苗期仍然是以生态需水为主,虽然甘蔗幼苗期的生理需水逐渐增大,但此时蔗株仍是全生育期中最小的时期,生理需水仍很少,而此时蔗田尚未封行,生态需水仍较多。萌芽期和幼苗期宜保持土壤湿润,这一时期要求表土层25 cm左右的土壤含水量为田间持水量的55%～65%。

(2)分蘖期　甘蔗分蘖期耗水量比萌芽幼苗期增大,但仍然以生态需水为主。这一时期要求表土层30～40 cm的土壤含水量保持为田间持水量的60%～70%。水分过多,不利于根系生长及对土壤养分的吸收,也不利于分蘖的产生。相反,水分过少,根系的生长受阻,也会影响到地上部分的正常生长和分蘖芽的萌发及出土成苗。分蘖期正值雨季开始,雨水较多,应注意排水。

(3)伸长期　伸长期甘蔗生长量大,必须从外界环境(主要是从土壤)中吸收大量水分。据广西大学农学院2004年的甘蔗伸长期不同灌溉(滴灌)量试验结果,6～8月份每旬滴灌40 mm处理的甘蔗,每旬平均伸长速度为24.4 cm,而每旬滴灌20 mm处理的仅为22.4 cm。伸长期土壤水分长时间过多也不利于甘蔗生长。伸长期要求保持50～60 cm土层的土壤含水量为田间持水量的70%～80%。

(4)工艺成熟期　甘蔗进入工艺成熟期后,适当干旱有利于蔗糖积累,因此要求50～60 cm土层的土壤含水量保持为田间持水量的60%～70%。遇干旱要适当灌水,但收获前1个月应停止灌水。

(三)旱地甘蔗防旱抗旱技术

1.增施有机肥,改良土壤结构

有机肥不但能增加土壤有机质,提供给甘蔗多种营养元素,同时还能改善土壤结构,增强土壤吸水能力,提高土壤保水保肥能力。有机肥的来源很广,如人畜粪尿、厩肥、绿肥压青,也可用蔗叶还田、糖厂"三废"还田等。

2.深耕深松,加厚耕作层

通过深耕深松切断毛细管而阻隔毛细管水向土表移动,从而减少土壤水分蒸发,使土壤接纳更多的雨水,提高土壤保水抗旱能力和土壤含水量。同时深耕深松,也能加厚耕作层,有利于根系向下深扎,吸收深层土壤的水分,提高植株的抗旱能力。

3.雨后中耕

雨后中耕均可提高对自然降水的利用率,起到防旱的作用。雨后及时中耕松土,能切断土壤毛细管水上升,减少水分上升而被蒸发,且有利于下次降水时土壤能接纳更多的雨水。同时中耕也有利于促使根系深扎,增强吸水能力。

4.封沟蓄水,提高降水的利用率

甘蔗伸长期正值雨季高峰期,因此应充分利用降水来达到防旱抗旱的目的。甘蔗大培土后将蔗沟两端堵封,以利于蔗沟储蓄雨水,提高对降水的利用率,预防秋旱对生长后期产生不良影响。

5.地膜覆盖或蔗叶覆盖栽培

下种后地膜覆盖能减少土壤水分蒸发损失。大培土后利用剥下的枯老熟叶覆盖蔗垄,一方面可减少土壤水分蒸发,提高土壤保水力;另一方面还能在下雨时减缓雨水流失,增加土壤含水量。

6.选用抗旱性强的品种

抗旱能力强的品种,一般根系较发达、入土力强,其植株吸收水分的能力也较强。

7. 氮、磷、钾肥配合施用

氮、磷、钾肥配合施用，并结合早追肥，可促进甘蔗根系发达，早生早长早封行，提高根系的吸水能力和减少土壤水分蒸发，从而提高抗旱能力。

(四)甘蔗灌溉技术

目前甘蔗的灌溉技术主要有沟灌、喷灌、滴灌等。

1. 沟灌

沟灌是在蔗行间开沟或利用中耕培土后形成的蔗沟引水灌溉。沟灌的特点是能使灌溉水从沟内渗到土壤中，可减少土壤水分蒸发，土壤团粒结构的破坏较小，土壤不易板结和龟裂，保湿时间长，同时投资少，田间灌水有效率可达 80%以上。所以，沟灌是地面灌溉方法中较好的灌溉方式，为当前甘蔗生产的主要灌溉方式。

2. 喷灌

喷灌系统有固定式、半固定式和移动式 3 种类型。喷灌将水喷射到空中，散化成细小的雨滴状，像下雨一样灌溉甘蔗。与地面灌溉相比，喷灌具有不破坏土壤团粒结构、调节田间小气候、省水(一般比沟灌节水 50%左右)、省地、不受地形限制等优点；但与沟灌相比，喷灌投资大，且风力达 3 级以上时喷灌的均匀度较差，同时当空气湿度较低时喷灌在空气中的小水滴易挥发，一般损失达 10%左右。目前，喷灌方式在甘蔗生产中使用也较多。

3. 滴灌

滴灌技术分为地埋式滴灌、地表式滴灌等。地埋式滴灌是将滴灌管按精准要求铺设在甘蔗行的耕层内。地表式滴灌是将带有抗堵塞功能的滴灌管按精准要求铺设在甘蔗垄间地面上。滴灌技术是目前甘蔗灌溉方式中较为科学先进的灌溉方式之一。与传统沟灌相比，滴灌技术可节约用水 30%～60%，甘蔗产量提高 30%以上，糖分提高 1%(绝对值)左右，土地利用率提高 5%～10%。滴灌技术在节水、保持土壤地力、保持土壤结构等方面均优于喷灌。滴灌技术存在的问题如地下管道堵塞等尚待进一步解决，且投资也较大。目前在甘蔗生产上使用已逐渐增多，其中以地表式滴灌较受蔗农欢迎。

八、田间管理技术

(一)前期田间管理

1. 前期的生长特点

前期田间管理指从甘蔗播种后至甘蔗分蘖末期，包括萌芽期、幼苗期和分蘖期的田间管理。前期是形成甘蔗产量的关键时期，田间管理的目标是获得足够苗数，通过田间管理使每公顷壮苗数达到：大茎种$(9.0\sim10.5)\times10^4$ 苗，中小茎种$(10.5\sim12.0)\times10^4$ 苗。

2. 前期田间管理的主要任务

前期管理的主要任务是保证全苗、匀苗和壮苗，促进早分蘖、长壮蘖，抑制后期无效分蘖。

3. 前期田间管理的主要内容

(1)保护种茎。甘蔗从萌发到 3 片真叶发生期间，植株生长所需的养分主要来源于种茎。因此，做好水分管理，防止种茎干枯霉烂，避免种茎感染病害和遭受虫害，是这一阶段田间管理的主要内容。

(2)及时查苗补苗、间苗定苗。通常甘蔗的大田萌芽出苗率只有 60%～80%，因此常会出现不同程度的弱苗、死苗、缺苗等现象。为了保证蔗田的全苗、齐苗、匀苗和壮苗，当蔗田中大部分幼苗长出2～3片真叶时，要及时进行查苗补缺工作。补苗的来源：一是下种时的预育苗；二是对于缺苗较少的田块采取移密补稀措施；三是补种相同品种且已发株的宿根蔗蔸；四是对缺苗断行较严重而又缺补植苗的田块进行移苗拼垄。补苗最好在阴雨天或在土壤湿润时进行，补苗后要淋足定根水。补植的蔗苗成活后，要增施一次以速效氮肥为主的"偏心肥"，以促进生长，使全田蔗苗生长均匀，提高成茎率及产量。

分蘖盛期以后，通过间苗定苗有计划地控制田间苗数，既保证了田间有足够的基本苗数，使群体能最大限度地发展，同时又使植株分布均匀。间苗定苗的原则是"五去五留"：去密留疏、去弱留强、去迟留早、去浅留深、去病留健。间苗定苗一般分两次进行：第一次在分蘖盛期进行，此次留苗量要比计划有效茎数多留20%～25%；第二次在分蘖末期或伸长初期进行，此次留苗量要比计划有效茎数多留10%～15%。经过两次定苗后，应保留每公顷有$(9.0\sim12.0)\times10^4$株有效苗。

(3)加强防旱排涝。甘蔗苗期和分蘖期主要是长根、长叶和长分蘖，生理需水不多，但对土壤氧气要求严格，这是一个既需水又怕水的生长时期。因此，田间管理中要加强对水分的管理，注意做好蔗田的防旱排涝工作，避免因土壤缺水或因田间积水而影响幼苗的生长和抑制分蘖的产生。

(4)早施壮苗攻蘖肥。追施攻蘖肥有利于壮苗壮蘖。攻蘖肥以速效氮肥为主，一般在主苗5～7片真叶发生时施用。施肥量视幼苗长势而定，常规施肥法一般每公顷施尿素225～300 kg，或施等量有效养分的复合肥。将肥料均匀撒施在蔗株根际周围后再结合小培土，培土高度为5～6 cm。地膜覆盖栽培的在此期一般不施肥。

(5)防治病虫害。甘蔗苗期和分蘖期的主要病虫害有甘蔗螟虫、蓟马、蔗龟、蔗飞虱、甘蔗棉蚜、黑穗病、梢腐病等，应注意及时防治。

(二)中期田间管理

1.甘蔗生长中期的特点

甘蔗中期田间管理是指伸长期的田间管理，即从甘蔗主茎开始拔节伸长到拔节伸长基本停止期间的田间管理。此期的生长特点是发大根，长大叶，蔗茎快速伸长。旱地春植甘蔗一般每年的6～9月份为中期田间管理时期。

2.伸长期田间管理任务

利用伸长期高温、高湿、强光的优越条件，狠抓水肥管理，最大限度地满足甘蔗对环境条件的要求，促进根系生长，保持足量的绿叶，提高单茎重和成茎率。

3.伸长期田间管理的主要内容

(1)早施、重施攻茎肥。攻茎肥宜早施，一般在甘蔗主茎有10～12片真叶、蔗茎开始拔节伸长时施用。施攻茎肥结合大培土进行，将肥料均匀撒施在蔗株基部，再进行大培土。

(2)大培土和预防倒伏。大培土一般结合施攻茎肥进行。培土厚度要因地制宜，沿海地区台风多，培土要厚一些，耕作层浅薄的可培土薄一些，一般培土厚度为15～20 cm。

甘蔗生长到中后期，蔗株高大，遇台风易倒伏，对高产高糖影响很大。因此，中期在施肥结合大培土的基础上，还应做好以下预防倒伏的措施：①及时剥除枯叶，减轻蔗株风压；②在8～9月份甘蔗生长中后期，把蔗行中邻近的3～4株甘蔗或邻近两行的甘蔗扎成三角形或"人"字形的蔗束，使之相互支撑，能大大增强抗风能力；③台风过后要立即检查，发现倒伏蔗株要在

1～2 d内扶起，培土压实，避免蔗株弯曲生长而影响产量和蔗糖分。

(3)防旱排涝。搞好防旱排涝是中期田间管理的首要任务，是满足甘蔗伸长期发大根、开大叶、拔大节、长大茎“四大”生长对水分的要求，促进蔗茎伸长和增粗，减少生理死苗，提高单茎重和成茎率的主要措施之一。

(4)及时剥除枯叶。剥叶要严格执行“三剥三不剥”的原则：蔗株生长茂盛、田间荫蔽度大的要剥，病虫害严重的要剥，气根多的要剥；高旱坡地不剥，留种田不剥，青叶不剥。剥除枯老叶时每株应保留有青叶9～10张。一般旱坡地甘蔗在10～11月份剥叶。剥下的枯叶用于覆盖行间，以减少土壤水分蒸发。

(5)防治病虫害。伸长期的主要病虫害有蔗螟、甘蔗棉蚜、粉介壳虫、蔗飞虱、梢腐病、黄斑病、锈病、褐条病等，要注意及时防治。

(三)后期田间管理

1.后期的生长特点

甘蔗后期田间管理是指工艺成熟期的田间管理。一般从10月份起至收获为甘蔗的工艺成熟期，生长中心以积累蔗糖分为主，是提高甘蔗蔗糖分的有效时期。

2.后期的田间管理主要任务

此期的主要任务是促使甘蔗正常工艺成熟，提高蔗糖分，同时保证后期有一定的伸长量，达到高产高糖。

3.田间管理的主要内容

(1)适时止水。甘蔗的工艺成熟期要求50～60 cm土层的土壤含水量为田间持水量的60%～70%，相对干燥的环境有利于蔗糖分积累。因此，进入工艺成熟期后要注意逐步减少土壤水分。秋旱常有发生，干旱较为严重，应注意做好防旱措施。当工艺成熟初期土壤含水量低于田间持水量的60%时，有灌溉条件的蔗地可灌1次水，但收获前1个月应停止灌水，以免影响甘蔗正常成熟。

(2)剥除枯老叶。工艺成熟初期继续剥除枯老叶，可使田间通风透光，促进积累蔗糖分，同时方便收获。

(3)防霜防冻。在常年出现霜冻的地区，应做好防霜防冻的田间管理工作。采用以下措施可避免或减轻霜冻的为害：①选择抗寒性强的品种；②霜前采用灌水或熏烟的方法，霜期保持土壤湿润，以减缓降温速度，减轻冻害；③若甘蔗已遭受冻害，应尽快砍收送糖厂压榨，以减少糖分损失。

(4)化学催熟。对于水田种植的高产迟熟田块，或因迟熟品种种植时间过晚，或氮肥施用过多过迟而造成甘蔗迟熟的田块，或是糖厂需提早榨期时，可施用乙烯利或其他催熟剂促进甘蔗成熟。一般要求在喷药后30 d内收获完毕，以免引起退糖。

九、收获与留种技术

(一)收获

1.适期收获

甘蔗工艺成熟期的蔗糖分最高，还原糖含量最低，蔗汁纯度最佳，品质最好，是最适宜的收获期，也是高糖高榨最理想的时期。甘蔗收获一般要遵循“五先五后”的砍收原则：早熟品种先砍，迟熟品种后砍；秋植、宿根甘蔗先砍，冬植、春植蔗后砍；不留宿根的蔗地先砍，留宿根的蔗地后砍；旱地蔗先砍，水田蔗后砍；不留种的田块先砍，留种的田块后砍。留宿根的蔗地最好安排在 2 月中旬以后砍收，砍收后可以及时进行开垄松蔸管理。在此以前砍收的留宿根甘蔗地，要用蔗叶覆盖，防旱防霜。

2. 砍收方法及质量

(1)砍收方法　甘蔗砍收分人工砍收和机械收割等方法。人工砍收提倡小锄入土低砍，一般要求砍入土 3～5 cm，地下留有高度为 10 cm 以上的蔗头(桩)。没有小锄的，也可用其他的砍蔗工具，但一定要锋利。

随着农村劳动力大量向城市转移，甘蔗收获的劳动力成本大幅度提高，采用机械收割，减轻收获劳动强度，减少收获成本，以提高种蔗收入，已成为广大蔗农的迫切要求，一些适合丘陵旱坡地的小型甘蔗收获机、中型甘蔗收获机已在甘蔗生产中示范应用。

(2)收获质量　砍收质量包括原料蔗茎质量和留宿根蔗蔸质量两个方面。按糖厂对原料蔗收购的质量要求，蔗茎梢部要砍至生长点(见鸡蛋黄)以下 20 cm 左右的部位，如果需要留种，则根据需种量的多少砍至适当部位，然后将蔗茎上的叶片、叶鞘、气根等杂物削除干净，达到“五无”的质量要求：无蔗叶、无须(气)根、无泥土、无死尾蔗、无腐烂物。留宿根的蔗田，砍收工具要锋利，用力要均匀，做到一锄(刀)砍断，不砍裂蔗头，保留的蔗头高度要适当，蔗蔸要埋在土内；同时尽量避免在雨天收获，以避免因收获时人畜踏实土壤而影响蔗蔸质量。

(二)留种与蔗种贮藏

1. 留种

一般留梢部做种，先将梢部砍至生长点(见鸡蛋黄)，根据需种量的多少确定留种长度，一般留长 50～70 cm，然后将叶片削去，留下叶鞘保护蔗芽。留下的蔗种要轻拿轻放，避免损坏蔗芽，将蔗种按头尾对齐扎成 10～15 kg 一小捆，待贮藏。对留种量的确定除了考虑用种量以外，还要根据贮藏时间长短等因素考虑贮藏损耗量。

2. 蔗种贮藏

蔗种最好是即留即种，新鲜蔗种发芽高。如果留种后不能及时种植，则要将蔗种贮藏起来集中保管，以保持蔗种生活力，提高蔗种质量。特别是桂中、桂北蔗区，要在霜前留种贮藏。蔗种贮藏的方法有露地贮藏、挖沟贮藏、地窖贮藏和室内短期贮藏等。

(1)露地贮藏　露地贮藏法保温性能较差，适用于冬季无霜冻或霜冻期较短、冻害较轻的蔗区。贮藏前先平整疏松地面，然后在其面上撒一层生石灰，再将蔗种底部切口蘸上(或喷雾)以 50%多菌灵或 70%甲基托布津可湿性粉剂配成的 1∶500 倍稀释液，最后将蔗种按生长点朝上、底部切口朝下的方法，一捆一捆地整齐竖立堆放好，底部切口要与土壤充分接触，一般每堆 1 000～1 500 kg 为宜。种堆堆好后，四周用碎土培至种堆高约 1/3 处。避免雨水浸入种堆，并将湿润碎土撒放在种堆的空隙内以保持蔗种水分，然后在种堆面上覆盖蔗叶或稻草，保温保湿安全贮藏。贮藏过程中要注意防旱、排水以及预防鼠害，减少蔗种损失。

(2)挖沟贮藏　挖沟贮藏法保温性能较好，适用于冬季温度较低、霜期较长、冻害较严重的蔗区。具体方法：①挖贮藏沟，沟宽 70～80 cm，深 50～60 cm，长度则根据蔗种量及地形而定，一般为 8～10 m。②疏松沟底土，按露地贮藏的堆种方法堆种，在种堆内撒放一些湿润碎土以保持蔗种湿润，在种堆上先覆盖一层蔗叶或稻草，然后盖一层 3～10 cm 碎土，适当留通气孔。③覆盖薄膜，保温保湿，四周开好排水沟。贮藏期间要注意检查堆内温度和湿度，同时要注意预防鼠害。

(3)室内短期贮藏　室内短期贮藏法在蔗种较少、贮藏时间短、有室内条件时使用。先在室内地板上铺一层湿润细沙，然后将已消毒的蔗种竖立整齐堆放，四周覆盖稻草。室内要保持通风，种堆过干时要适当淋水但不能积水。如贮藏条件好、贮藏方法得当，一般可贮藏30～50 d。

总之，无论采用哪一种贮藏方法，都要注意安全贮藏，做到通风透气、防热防冻，种堆温度控制在3～13℃，尤以7～10℃为好；防干防湿，保持种皮湿润，种堆内不积水，空气相对湿度以80%～90%为好；防白蚁、老鼠等为害；防止烂种、烧芽和焖种。

第五节　宿根甘蔗高产稳产栽培技术

一、概述

(一)宿根甘蔗的概念及其栽培意义

1.宿根甘蔗的概念

上造甘蔗收获后，留在土壤中的蔗蔸(头或桩)上的侧芽在适宜的环境条件下，萌发出土生长成为新的植株，经人工栽培而成为新的一造甘蔗，称为宿根甘蔗，通常简称宿根蔗，也叫旧根蔗、老蔸蔗。从新植甘蔗收获后留下来的蔗蔸侧芽萌发生长成的甘蔗称为第一年宿根蔗，从第一年宿根蔗收获后留下来的蔗蔸侧芽萌发长成的甘蔗称为第二年宿根蔗，依此类推。留宿根的种植年限，依品种、自然条件、栽培条件、管理水平、生产水平及种植习惯的不同而存在差异。古巴普遍为6～7年；毛里求斯为5～12年；夏威夷为5～7年；菲律宾、波多黎各、美国为12年；我国一般为2～3年。

2.栽培宿根甘蔗的意义

世界各蔗糖生产国家和地区的宿根甘蔗种植面积均较大，美国夏威夷宿根甘蔗的种植面积占总植蔗面积的80%～85%；菲律宾为60%～70%；我国的甘蔗主产区宿根甘蔗常年种植面积占总植蔗面积的40%～60%，甚至更多。栽培宿根甘蔗的好处有很多，主要表现在以下3个方面。

(1)节省蔗种。宿根蔗不需要重新种植，可节约蔗种，降低了生产成本，提高了蔗田经济效益。一般每种植1 hm^2 新植甘蔗，需要蔗种7.5～10.5 t，留宿根蔗，就可以节约种茎，从而增加上造原料蔗数量，增加收入。

(2)节省劳力，调节农事。宿根甘蔗种植时只需开垄松蔸而不用整地下种，每公顷可比种植新植蔗节省劳动力15～20个工日。由于宿根甘蔗不用整地下种等作业，同时需要早开垄松蔸早管理，因而使农事活动与春耕季节错开，有利于春耕大忙季节劳动力的合理安排。

(3)早熟。宿根甘蔗早生快发，积累蔗糖分早，相应地也较早熟，一般比春植蔗提早成熟20～30 d。宿根甘蔗的株龄较老，早期蔗糖分也较春植蔗高。据广西甘蔗研究所测定及伶俐糖厂多年分析统计，宿根甘蔗10月下旬至11月上旬的蔗糖分比春植蔗高1.13%～1.64%(绝对值)。有利于糖厂提早开榨，延长榨期，提高设备利用率。

(二)宿根甘蔗生产存在的主要问题

(1)不良环境条件影响宿根蔗蔸质量。上造甘蔗收获时人畜践踏使土壤通气不良,加上收获后长期受风吹日晒、低温、干旱和霜冻等不良环境条件影响,使宿根蔗蔸的质量下降,死芽率高,发株减少,弱苗增多,缺株断垄严重,成茎率低,有效茎数少,从而造成产量逐年下降。

(2)病虫害发生严重。宿根甘蔗属连作甘蔗,长期同一品种连作致使病虫害越来越严重,尤其是蔗龟、甘蔗土天牛等地下害虫的为害普遍较严重。

(3)长期连作地力下降。甘蔗是生物产量高的作物,收获一造原料甘蔗需从土壤中带走大量养分,多年种植条件下土壤肥力降低,土壤养分不平衡,同时多年连作也使土壤中有毒物质增多,土壤理化性状恶化,满足不了甘蔗正常生长对土壤肥力的要求。

(4)宿根甘蔗田间管理粗放。有不少蔗农认为种植甘蔗的成本投入已经在新植蔗时全部得以收回,宿根甘蔗的产量收入是净赚的。有了这种思想指导,再加上劳动力严重不足、用工价格高等,造成宿根甘蔗的栽培管理非常粗放。主要表现在管理不及时或不管理,不开垄松蔸,不施肥或少施迟施肥料,不防治病虫草鼠害等,从而造成宿根甘蔗发株出苗少,高位苗多,成茎率低,有效茎数少,生长早衰,单茎重小,产量低。

二、宿根甘蔗的生长特点

(一)宿根甘蔗的根系

1.根系的组成与分布

宿根甘蔗的根系由老根系和新根系两部分组成(图 2-5)。老根系是上造甘蔗收获后蔗蔸上遗留下来的一个庞大根系,其中约有 2/3 的老根在相当长的时间内仍能继续长出许多新支根,其上密布根毛,具有很强的吸收机能,是老根系的重要组成部分。另外,老蔗蔸上未萌发的根点也有部分能萌发长成新根,成为老根系的一部分。

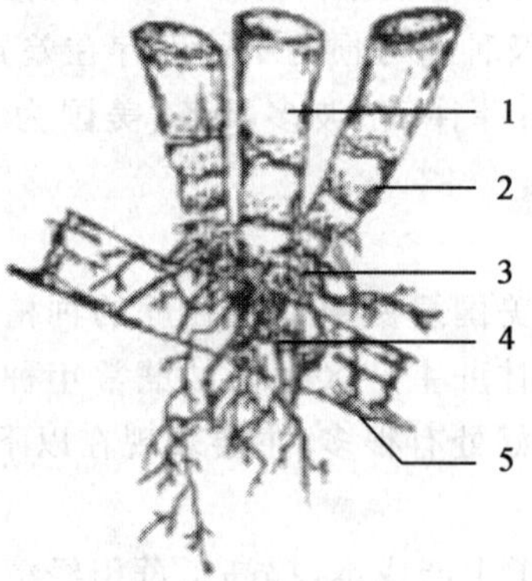

图 2-5 宿根甘蔗的根系

1.老蔗蔸 2.新株 3.新根 4.老根 5.蔗种

宿根甘蔗的新根系发生很早,在蔗芽萌动出土前即已长成,并在数量上多于新植蔗,以后随着蔗株的继续生长和新的蔗芽萌发出土,还会产生大量的新株根,进而形成庞大的新根系,逐步取代旧根系而起着主导吸收的作用。

宿根甘蔗的根系在土壤中分布广泛,深度可达 60 cm 以上,但大部分集中分布在耕作层 20～25 cm 内,同时这种分布特点会随着宿根年限的增加、蔗蔸位置升高而改变。一般随着宿根年限的增加,蔗蔸位置升高,根系分布位置上移而变浅。因此,栽培上要特别注意降低蔗蔸位置,使其根系分布在较深的土层中,以维持甘蔗地上部的旺盛生长,延长宿根年限,为宿根甘蔗的高产稳产打下良好的基础。

2.根系的吸收作用特点

研究和实践证明,宿根蔗老根系的寿命较长,一般可达 3～4 个月,长的可达 7～8 个月。老根系在良好的土壤环境条件下,在相当长的时间内能维持较旺盛的吸收机能。新株根产生后,老根系的吸收作用便逐渐减弱。一般进入 7 月份后,老根系迅速死亡,其吸收机能逐渐被新根系代替。由于宿根蔗蔸位置较高，培土比较困难，因此新根系分布较浅，加上新根系早发早衰，生长后期的吸收机能没有新植蔗强，造成宿根甘蔗后期生长速度比新植蔗慢，早缩尾，并且容易倒伏翻蔸。

（二）宿根甘蔗的地下芽

1. 宿根甘蔗地下芽的组成及分布

上造甘蔗收获后留在地下的蔗茎（又称蔗桩或蔗头）一般长达 15～20 cm，这些地下茎的节间短，节数和蔗芽较多，平均每条地下茎可有 5～6 个芽，如果按上造蔗每公顷有效茎数 60 000 条计算，地下芽有(30～36)×10^4 个，这相当于新植甘蔗下种芽数的 3～5 倍。但在这些蔗芽中，有相当一部分是死芽和休眠芽。据调查，一般死芽数占总芽数的 30%～60%，同时活芽数中又以休眠芽为主，一般休眠芽占总活芽数的 50%～70%，萌动芽只占活芽的 30%～50%，而能出土成苗的活芽数就更少，一般占总芽数的 15%～30%（表 2-8）。

表 2-8 宿根甘蔗地下芽的组成及其在不同土层中的分布

土层深度/cm	总芽数/个	总芽数占蔗蔸总芽数/%	死芽数/个	死芽数占蔗蔸总芽数/%	活芽					
					休眠芽数/个	休眠芽数占蔗蔸总芽数/%	萌动芽数/个	萌动芽数占蔗蔸总芽数/%	活芽总数/个	活芽总数占蔗蔸总芽数/%
0～5	5	5.1	3	3.1	1	1.0	1	1.0	2	2.0
5～10	18	18.6	10	10.3	3	3.1	5	2	8	8.3
10～15	27	27.8	11	11.3	9	9.3	7	7.2	16	16.5
15～20	45	46.4	14	14.5	16	16.5	15	15.5	31	32.0
20～25	2	2.1	0	0.0	2	2.1	0	0.0	2	2.0
合计	97	100.0	38	39.2	31	32.0	28	28.9	59	60.8

宿根甘蔗地下芽在蔗田内分布疏密不匀、深浅不一。分布在土表 0～10 cm 以内的蔗芽称上位芽，占总芽数的 25%左右；土表 10 cm 以下的蔗芽称下位芽，占总芽数的 75%左右。上位芽萌发较快但蔗苗纤弱，根系分布不深，成茎率很低。下位芽处在土壤深层，受保护较好，因土壤通气不良，多属休眠芽，萌发慢，但蔗苗萌发出土后粗壮，成茎率高，是构成有效茎的主体。

2. 宿根甘蔗地下芽的萌动特点

在上造甘蔗收获之前，部分地下蔗芽已萌发出土生长，成为新的植株，其中在秋季萌发出土的称为秋笋，在冬季萌发出土的称为冬笋。部分蔗芽虽然萌发但尚未出土，称为地下笋。凡是"三笋"多的宿根蔗地，一般苗多苗粗，早生快长。未萌动的地下活芽，一部分在上造甘蔗收获后能萌发生长，而另一部分则由于同一蔗桩已萌发的蔗苗的顶端优势作用或其他原因的影响而不能萌发生长，保持休眠状态。即使已萌动生长的芽苗，也会因为干旱、虫害、田间积水、机械损伤和其他生理因素的影响而出现部分死芽和死苗。因此，虽然宿根甘蔗的地下芽很多，但能萌发成为蔗苗的仅仅是其中的一小部分。

（三）宿根甘蔗地上部的生长特点

1. 早发株，前中期生长快，后期生长慢，易缩尾早衰

宿根甘蔗由于老根系的吸收作用和蔗蔸贮藏有丰富养分，生长基础良好，因而发株早。宿

根甘蔗新根系形成快,生长前中期有庞大的老根系和吸收旺盛的新根系共同起作用,因此吸收力和抗逆性均比新植蔗强,而使宿根甘蔗表现出前中期生长快、蔗株较高的生长特点。但进入7月份后,由于老根系陆续死亡,吸收作用逐渐衰退,而新根系分布又较浅,整个根系的吸收机能不及新植蔗强,因此中后期植株生长速度比新植蔗慢,早衰快,造成最后的株高不及新植蔗(表2-9)。

表2-9 宿根蔗与春植蔗生长速度比较

日期	新台糖26号				桂引5号			
	春植蔗		宿根甘蔗		春植蔗		宿根蔗	
	株高/cm	伸长速度/(cm/旬)	株高/cm	伸长速度/(cm/旬)	株高/cm	伸长速度/(cm/旬)	株高/cm	伸长速度/(cm/旬)
5月15日	20.1		24.5		23.6		28.7	
6月15日	82.4	2.01	90.5	2.13	97.7	2.39	120.7	2.97
7月15日	162.8	2.68	173.2	2.76	187.7	3.00	216.7	3.20
8月15日	260.2	3.14	245.6	2.34	283.8	3.10	291.1	2.40
9月15日	336.4	2.46	307.6	2.00	345.3	1.98	346.7	1.79
10月15日	372.4	1.20	325.3	0.59	382.8	1.25	367.4	0.69
平均		2.30		1.96		2.34		2.21

2. 群体结构不合理,个体生长不平衡

宿根蔗株是由蔗蔸上不同部位的蔗芽萌发长成的,这些蔗芽壮弱不同,生长深浅不一,萌发出土的先后差异很大,蔗株中既有秋笋,也有冬笋,更多的是甘蔗收获后长出的蔗苗,而且由于封行早,个体间对光照和养分的竞争激烈,从而造成全田蔗苗大小、高矮、强弱参差不齐,群体中的个体不均匀性大,再加上易缺株断垄,蔗株分布有疏有密,因此宿根甘蔗的群体结构很不合理,个体间生长不平衡,互相竞争激烈,导致群体生理死苗多,成茎率低。据广西大学农学院2004年对新台糖1号、新台糖22号、新台糖26号、桂引5号和园林2号的第一年宿根甘蔗调查结果,平均成茎率仅为41.2%。

3. 易缺株断垄,有效茎数较少

宿根甘蔗蔸高位芽易萌发,但生长细弱,不易成茎,同时高位芽萌发的顶端优势作用又抑制了低位芽萌发。上造甘蔗砍收质量差,如在雨天收获或践踏严重、留头过高、蔗头破裂等,加上不及时开垄松蔸,蔗蔸较长时间地受到各种不良环境因素的侵袭,如低温、干旱、水浸、缺氧、病虫和蔗头腐烂变质等,从而造成地下蔗芽生活力下降,死芽多,发株率低。宿根甘蔗群体中的个体不均匀性大,封行后个体间生长竞争异常激烈,生理死亡多。同时,宿根甘蔗为连作制度,土壤肥力下降,有毒物质增多,病虫害发生早且严重。所有这些都是导致宿根甘蔗发株少,成茎率低,缺株断垄严重,有效茎数相对少于新植甘蔗(表2-10)的主要原因。

4. 蔗蔸逐年上移,容易倒伏翻蔸

随着宿根年限的增加,宿根蔗蔸随之逐年上移,蔗株的着生部位也相应提高。由于着生位置提高,培土也随之提高,但因沟土逐年减少,培土困难,造成培土浅,根系分布浅,在生长中后期,每当遇到大风大雨天,容易翻蔸倒伏而导致减产。因此,栽培中如能采取措施降低宿根发株部位,可延长宿根年限。

表 2-10 不同行距春植蔗与宿根蔗有效茎数的比较 ×10^4 条/hm^2

植期	行距/m			
	1.0	1.25	1.5	2.0
春植蔗(2003 年)	9.23	8.28	8.17	7.90
宿根甘蔗(2004 年)	8.15	7.32	7.28	7.13

(资料来源:陈超君,甘蔗不同行距试验,新台糖 22 号)

三、宿根甘蔗高产稳产栽培的关键技术

(一)选用宿根性强的甘蔗品种

宿根甘蔗产量的高低、年限的长短,与选用品种的宿根性有直接的关系。一般来说,中、小茎种的宿根性比大茎种强,分蘖力强的品种通常宿根性较好,含野生种血缘多的品种其宿根性也比含栽培种血缘多的品种好。因此,选用宿根性强的品种,是甘蔗高产的基础。但是良种要配合良法栽培,高产基础才发挥作用。

(二)种好管好新植甘蔗,培育健壮蔗蔸

新植蔗的蔗蔸是宿根甘蔗的生长基础,要获得宿根甘蔗的高产稳产,就必须从新植甘蔗开始。种植好新植甘蔗,使新植甘蔗有一个合理的群体结构,培育健壮的蔗蔸,足量的有效茎是种好宿根蔗的基础。

1.深耕改土,增施有机肥

上茬甘蔗生长良好,地下蔗芽发育的强弱,与新植时土壤结构有密切的关系。土壤有机质含量高,结构良好,新植蔗生长良好,则宿根蔗芽健壮,萌芽力强。新植蔗种植前进行深耕深松,并结合增施有机肥改土,可加厚耕作层,增加土壤孔隙度,促进土壤团粒结构形成,提高土壤通透性,改良土壤的水、肥、气、热状况,提高土壤保水保肥能力,改善地下根芽的生长条件,有利于“三笋”(秋笋、冬笋、地下笋)的孕育成长,为宿根培育壮蔸。广西金光农场用拖拉机深耕深松土层 30~40 cm,土壤含水量提高 0.5%~1.5%(绝对值,下同),有机质增加0.3%;良圻农场深松土壤在连续干旱 3 个月后的含水量比不深松的提高 1.7%;罗文农场新植甘蔗时施 30 t/hm^2 有机肥,使宿根甘蔗连续 5~6 年的产量达 75 t/hm^2 以上。

2.深沟浅种,降低宿根甘蔗蔸位置

在深耕改土,增施有机肥的基础上,采用深沟浅种,既能增加甘蔗防旱防倒能力,又能降低来年的宿根甘蔗蔸地下位置,有利于蔗株生长和延长宿根年限。各地可根据蔗作土的具体情况选择植沟深 20~35 cm,沟底宽 20~25 cm,为提高宿根甘蔗产量和延长宿根年限打下基础。

3.合理密植,增加有效茎数量

合理密植是保证单位面积有效茎数量的关键措施之一。新植蔗种植过密,则田间通风透光差,植株细弱,易倒伏,蔗蔸质量差,死芽多。但行距过大,尽管蔗株高大,但单位面积有效茎数量少,也很难保证宿根蔗有足够的蔗芽,造成宿根蔗出现缺株断垄,产量低。因此,凡需留宿根的蔗田当年必须合理密植,使单位面积有效茎数控制在适宜范围,既有较多的蔸桩数,蔗桩又粗大健壮,提高蔗蔸和蔗芽活力。

合理密植要根据当地的自然条件、耕作水平、品种特性而定。一般以每公顷播种(10.5~12.0)×10^4 芽为宜,高旱坡地下种量应适当增加,保证收获时每公顷有(7.5~9.0)×10^4 条有

效茎，并且在全田均匀分布。

4. 防旱排涝，防寒护蔸

地下蔗芽死亡的主要原因是长期干旱、田间积水、低温霜冻等。尤其是冬季低温干旱，常引起宿根蔗减产。要保持地下蔗芽(笋)旺盛的生机就必须保护蔗蔸安全过冬，这是宿根甘蔗高产栽培的重要环节。旱地蔗田要注意防旱保水，有灌溉条件的蔗田，生长后期可灌1次壮尾水，但最后1次灌水应在收获前1个月内进行。常有霜冻的地区，要注意防寒护蔸，除了增施有机肥外，甘蔗收获后可耙松蔗蔸上的表土，并覆土厚7～10 cm或覆盖蔗叶，使土壤疏松透气，保水防寒。

5. 加强病虫害防治

地下害虫为害可引起蔗芽死亡，甘蔗棉蚜为害造成蔗头营养状况变劣，均使宿根甘蔗发株减少，影响宿根甘蔗产量。故新植(或上造)甘蔗栽培管理中应注意加强防治病虫害。

6. 适时收获，注重砍收质量

上造甘蔗砍收过早，蔗蔸较长时间地缺少地上部保护和缺乏养分供应，生理机能被削弱，死芽增多。甘蔗收获砍收质量对宿根甘蔗发株有很大影响。留宿根的蔗地一般安排在1月下旬以后砍收，并以2～3月份为最适宜。留宿根的蔗地也不宜在雨天砍收，雨天收获因人畜践踏而引起土壤板结。注意砍收质量，需留宿根的蔗地要尽量做到低砍，不砍裂蔗头，以减少蔗头感染病害。

(三)加强宿根蔗管理，贯彻“四早”田间管理措施

种好头年甘蔗是基础，加强宿根蔗田间管理是关键。要获得宿根甘蔗发株多、有效茎多、产量高，还必须做好当年宿根甘蔗的一系列田间管理工作，充分发挥多芽壮芽的作用。根据宿根甘蔗早长根、早发株、早分蘖、早封行、早拔节伸长、早缩尾、早积累糖分、早成熟的生长特点，对宿根甘蔗的栽培管理，各项措施均需以“早”为中心，以促进早生快发，达到高产稳产。

1. 适时清园

清园是指清理上造甘蔗收获后遗留在蔗田中的蔗叶、蔗梢、残茎以及秋、冬笋等。冬季霜期很短或甚至无霜的蔗区，清园时间宜早。一般大寒过后气温逐渐升高，雨水也逐渐增多，1月下旬以后就可以清园。2月份以后砍收留下的宿根甘蔗地，可以在砍收后立即清园。有霜冻的蔗区宜在雨水前后清园。清园的方法有两种：一是将秋、冬笋全部砍完，清出蔗田外，做到“回头不见青”，同时把残茎清出田外，然后把蔗梢和蔗叶隔行集中到蔗沟内，让其自然腐烂以增加土壤有机质；二是通过就地火烧蔗叶的方法清园，这种方法能杀死残留在蔗地的害虫，减少越冬虫源，但浪费大量的有机肥料，不利于改良土壤。清园时对蔗叶的处理最好采用前一种方法。

一些蔗农在清园时不愿将秋、冬笋砍除，认为秋、冬笋的存在不会影响到宿根甘蔗的产量，甚至可以提高产量，这是一种不正确的看法。第一，虽然秋、冬笋在过冬期间能制造光合产物，吸收水肥，对保护蔗蔸具有积极作用，但是秋、冬笋生长具有很强的顶端优势，一个蔗蔸有一株秋笋或冬笋，其他地下活芽就很难萌发出土，因此留有秋、冬笋的蔗地发株数一般都比较少。第二，秋、冬笋的存在会影响与其相邻的蔗苗的生长。由于秋、冬笋发生早，有的已在过冬前拔节，开春后生长很快，而和它们相邻的蔗苗则刚刚萌发出土，蔗田内大小苗参差不齐，秋、冬笋利用它们前期早生长的优势，抢夺阳光和水分、养分，最终使相邻蔗苗生长不良而死亡，使全田的有效茎数减少。第三，秋、冬笋最后成茎也没有优势。秋、冬笋虽然前期生长很快，但早衰也快，当7～8月份其他蔗茎还继续伸长时，秋、冬笋的伸长就已经很缓慢，到收获时还出现空心或蒲心，因此它的单茎重比当年早发株的蔗茎还小。第四，在过冬前已拔节的秋、冬笋，过冬时因条件不适宜蔗茎生长，而形成“茶杯脚”或“黄蜂腰”，到6～8月份遇暴雨大风时更容易倒伏，甚至拦腰折断不能成为有效茎。第五，秋、冬笋是病虫安全越冬的适宜场所，可导致宿根蔗病虫害发生早、发生严重。据上分析，清园时将秋、冬笋全部砍除，可促进低位芽萌发，使宿根甘蔗地下芽萌发整齐，全田蔗苗大小均匀、生长一致，因而对促进群体均衡生长、减少病虫为害、获得高产稳产具有重要意义。

2. 早开垄松蔸

开垄松蔸是指将蔗垄两侧的泥土犁翻入垄沟内，然后再把蔗蔸周围和蔗桩之间的泥土松开，让蔗桩充分裸露出表土。由于前造甘蔗经过一年的培土、践踏、雨淋、日晒后，通常土壤板结，通气不良，甘蔗根系和蔗芽生长受到影响，通过开垄松蔸、露蔸、晒垄，能使蔗头更好地接触阳光，有效地提高低位芽周围的土温和蔗桩的温度，增强蔗桩、蔗芽的呼吸作用和酶的活性，从而促进蔗芽和根系早生快发，尤其是有效地促进低位芽发株，增加发株数。据广东顺德糖厂试验，开垄松蔸比不开垄松蔸的发株数增加48%，单位产量增加24.2%；据广西大学农学院试验，深开垄松蔸比不开垄松蔸增产27.9%。何时开垄松蔸主要需考虑温度和水分等条件，总的原则是及早进行。在无霜冻或霜冻较轻的蔗区，上造甘蔗砍收后应尽早进行。干旱而又无灌溉条件的蔗地开垄松蔸的时间不宜过早。有霜冻的蔗区，开垄松蔸过早会使蔗蔸易遭受低温、干旱等不良环境条件的影响，一般宜安排在大寒过后立春左右、气温回升时及时进行。根据广西甘蔗研究所的试验，早开垄松蔸比迟开垄松蔸增产11%～15%；据广西大学农学院的试验，1月11日开垄松蔸比4月11日开垄松蔸的增产44.9%。

开垄松蔸的具体方法：破垄前先将秋、冬笋砍掉，削弱其顶端优势，同时将过高的蔗头砍平地面，再将蔗叶隔行集中到蔗沟内，没有蔗叶的行沟先犁松沟底，有蔗叶的行间则不需犁松沟底，再把蔗畦两侧泥土犁入畦沟中间（有蔗叶的畦沟，泥土盖住蔗叶），犁翻时要靠蔗蔸两边深犁，深度达蔗蔸基部；破垄后紧接着用窄口锄或两齿锄进行蔗桩间松土，把蔗桩间的泥土锄松并翻到畦沟中间，使蔗头充分裸露在表土上。

开垄松蔸后要适时覆土回垄。露地栽培的一般在开垄松蔸后10～15 d、低位芽萌动后及时施肥覆土回垄，以促进蔗芽的萌发生长。地膜覆盖栽培时一般在开垄松蔸1～2 d后即施肥覆土回垄。施肥种类和施肥量基本与新植蔗的基肥相同，但氮肥施用量应比新植蔗多10%～20%。

3. 早查苗补缺

宿根甘蔗易缺株断垄，必须及早查苗补缺，以保证有足够的苗数，并使全田蔗苗均匀生长。广西国有良圻农场的做法是，查苗补缺在开垄松蔸回土时进行，即在开垄沟其中一边，原则上补植一行蔗种，然后施肥加回土。

4. 早施肥培土

宿根蔗应早施肥。应结合覆土回垄施一次基肥，肥料以有机肥为主，配施速效氮、磷、钾肥或复合肥。往后的攻茎肥也应强调“早”施，旱坡地宿根甘蔗应在5月下旬至6月初，水田蔗应在6月底前完成施攻茎肥及大培土。宿根蔗倒伏是限制其产量提高的重要原因之一，所以大培土时要提高培土质量，使培到蔗根的土壤高度达20～30 cm或更高，才能有效防止倒伏。

5. 早防治病虫草鼠害

宿根蔗是蔗螟、蔗龟的越冬场所，故其虫害比新植蔗发生早，虫口密度比新植蔗大，为害比较严重，应注意及早防治。一般比新植蔗提早1个月防治，防治措施与新植蔗相同。

第六节 秋植甘蔗栽培技术要点

立秋至立冬前（8～10月份）下种，翌年秋末冬初收获这样一种甘蔗栽培制度种植的甘蔗称秋植蔗。其生长期一般长达13～15个月。其中8月（立秋至处暑）下种的秋植蔗称为早秋植蔗，9月至10月上旬（白露至寒露）下种的秋植蔗称为中秋植蔗，10月中、下旬（寒露后至立冬前）下种的秋植蔗称为晚秋植蔗。

一、秋植甘蔗栽培的意义

1. 高产稳产

秋植蔗的生长期比春植蔗长3～5个月，而且经历两个高温、多湿期，下种时高温多湿，故萌芽快，萌芽率高，分蘖多，有效茎数多。秋植蔗的伸长期长，生长量大，节多，株高，茎粗，茎重，一般产量比春、冬植蔗高30%～50%。在广西，秋植蔗比冬植蔗增产10%以上，比春植蔗增产30%～40%。在增加施肥量、防止倒伏、精细管理的条件下，秋植蔗的增产幅度还可进一步提高。

2. 早熟、高糖分

秋植蔗由于提早种植，生长期长，糖分积累较早，故在糖厂榨季初期（11～12月份），秋植蔗的蔗糖分比同期春植蔗高1%～2%（绝对值，下同）。因此，种秋植蔗有利于糖厂提高榨季的早期蔗糖出糖率，延长糖厂制糖期，提高糖厂设备利用率，增产食糖。据广西各地糖厂分析，糖厂开榨初期的11月份，秋植蔗蔗糖分比宿根蔗高0.5%～1.0%，比春植蔗高1.5%～2.0%。

3. 可错开农时，调节劳动力

春植蔗下种时与春种春插在劳动力安排一致，而秋植蔗下种期间正是晚稻田间管理基本结束和收获大忙之前的空隙时间，有利于错开农时，调节劳动力。

4. 稳定植蔗面积

广西桂中和桂北地区正常年份都有不同程度的霜冻，常常出现“三年一小冻，五年一大冻”，由于霜冻为害，甘蔗留种困难，造成种植面积不稳定，从而引起蔗糖产量波动大，对蔗糖生产是不利的。而秋植蔗在9月底前种植，经过2个多月的生长，出土蔗苗地下部分已形成了“烟斗头”，受到霜冻后，尽管地上部叶片受害，但地下部“烟斗头”的芽第2年2～3月份气温回升后就能萌芽出土，就能保证甘蔗种植面积。

5. 有利于加速良种繁殖

秋植蔗能充分利用高温多湿的有利自然条件，蔗茎伸长快，利用秋植春采种、春植秋采种方法可加速良种繁殖。据试验，一般春植春采种，一年的繁殖系数只有3～5倍；而采用春植秋采种，秋植春、夏采种，繁殖系数可达20多倍。

秋植甘蔗虽然有许多优点，但是也有一些不足之处：占用土地时间长；虫害较重；如果种植过早或低温干旱期管理不当，蔗茎中下部或基部会出现细密节间，容易折断或倒伏；秋旱特别严重的年份，下种后如果过长时间不下雨，也会造成严重缺苗。

二、秋植甘蔗的气候特点和秋植甘蔗的生长特点

(一)秋植甘蔗的气候特点

1. 苗期气温高

秋植甘蔗在8～10月份种植，此期气温较高，有利于蔗芽萌发生长。

2. 甘蔗伸长生长初期气温低，雨水少

秋植蔗从当年秋季下种后迅速萌芽出土，蔗苗有2个月的生长，进入伸长初期时，正好是冬季，温度低雨水少。

3. 大伸长期气温高，高温持续时间长

秋植甘蔗的大伸长期是在植后第2年的4～10月份，这一时期气温高，雨水多，有利于甘蔗伸长生长。

(二)秋植甘蔗的生长特点

1. 萌芽出土成苗快，萌芽率高

秋植蔗下种时正值高温多湿季节，因此蔗芽萌发快，萌芽期短、萌芽率高。据试验，从下种至齐苗，8月中、下旬下种的秋植蔗只需9 d；9、10月份下种的中、晚秋植蔗需20～25 d；而冬植蔗则需要70～80 d，春植蔗需要40～60 d。秋植蔗的萌芽率一般达80%～90%，冬植蔗只有40%～60%，春植蔗60%～80%，秋植蔗比冬、春植蔗的萌芽率高10%～40%(绝对值)，出苗快、苗匀、苗齐，为秋植蔗打下了高产的基础。

2. 分蘖早，分蘖数多，分蘖苗粗壮

早、中秋植蔗下种后25～30 d便出现分蘖，并很快进入分蘖盛期，晚秋植蔗下种后40 d左右也进入分蘖期，不久就是秋末冬初，秋植蔗的分蘖随之停止，至3月初温度逐步回升，光照增强，秋植蔗的分蘖又恢复，至4月初温度已适宜蔗茎伸长，秋植蔗分蘖才停止，分蘖期结束。由于秋植蔗的分蘖期长，分蘖率高达200%～300%或更高，分蘖数比冬、春植蔗多1倍以上。又由于分蘖早，分蘖苗生长期长，因此分蘖苗生长粗壮，秋植蔗单位面积的有效茎数量比冬、春植蔗多10%～20%。

3. 伸长期长，生长量大

秋植蔗的整个生育过程经历两个高温生长期，第1个高温生长期在当年的秋季，第2个高温生长期在翌年的4～10月份。秋植蔗利用第1个高温生长期完成出苗和幼苗生长，早秋植蔗已基本完成分蘖，中、晚秋植蔗也进入了分蘖初期。当第2个高温期到来时秋植蔗很快转入伸长期，蔗茎迅速拔节伸长，而4～5月份冬、春植蔗还处在分蘖期阶段，所以秋植蔗的伸长期比冬、春植蔗长2～3个月。不仅如此，秋植蔗更能充分利用5～8月份高温多雨、阳光充足的有利条件进行大伸长，因此株高比冬、春植蔗高50～100 cm，单茎重提高0.25～0.50 kg。

4. 成熟早，榨季前期蔗糖分高

秋植蔗由于生长期长、株龄较老，即使在8～9月份仍比较有利于甘蔗伸长生长的气候条件下，它也能够积累一定的蔗糖分，到10月份秋植蔗的蔗糖分已达到较高的水平，比冬、春植蔗提早1个月以上成熟，糖厂开榨前期(11月初至12月上旬)的蔗糖分比冬、春植蔗的提高

1%～3%(绝对值)。

三、秋植甘蔗高产栽培技术要点

(一)品种选择

秋植蔗选择丰产潜力大的中大茎至大茎品种种植,才能充分发挥秋植蔗的增产作用,如果在冬季有短期霜冻的地方种秋植蔗,还必须选择耐寒的品种种植,才能安全越冬。由于秋植蔗生长期长、产量高、易倒伏,故不论在什么地区种植,不论什么土壤,都要注意选用抗倒伏的品种。

(二)深耕整地,施足基肥

秋植蔗植株高大,要求有较深厚的土壤耕作层来充分发展自身根系,防止倒伏。因此,秋植蔗高产栽培要求用大马力拖拉机进行深耕整地,使土壤耕作层达到 30 cm 以上,同时土壤疏松细碎。

秋植蔗有效茎数多,生长期长,生长量大,需肥较多,吸肥总量比一般春植蔗多 30%～40%,因此必须施足基肥,才能充分发挥秋植蔗的丰产性能。实践证明,灰粪土杂肥拌磷肥作基肥施用,增产效果很好,特别是红、黄壤的旱坡地、开荒地、严重缺磷地,施磷效果更为显著。下种时每公顷施氮、磷、钾总量 25%～27%的复合肥 1 500 kg,过磷酸钙或钙镁磷肥 750～1 500 kg,有机肥源充足的增施腐熟有机肥 15 t。

(三)适时下种

早秋植(8 月下种)的甘蔗易形成“蜂腰”形或“茶杯脚”现象,容易倒伏;晚秋植(10 月下旬种)由于气温逐渐下降,对甘蔗发芽出苗不利。根据各地蔗区的生产经验证明,桂中蔗区中秋植(9 月)最适宜,因为在此时期种蔗,气温高,降雨量较多,有利于下种后蔗芽生长。当年就有了足够的分蘖,蔗基未露出地面伸长。翌年春暖即能迅速拔节伸长,充分利用第 2 个高温高湿生长期,蔗茎也不会形成“蜂腰”或“茶杯脚”,茎粗大均匀,不易倒伏,所以 9 月下种的秋植蔗能获得高产稳产。桂南蔗区秋季气温较高,雨季结束较迟,可选择在 9 月中、下旬至 10 月上旬下种比较适宜。

(四)适当扩大行距,提高种植质量

植前的种茎处理和下种方法与春植蔗基本相同,但因秋植蔗植株高大,生长期长,行距和种植密度可比春植蔗稍疏一点,一般旱坡地可采用 110 cm 左右的行距;如土壤比较肥沃,排灌条件良好,施肥较多,精耕细作,管理水平又较高的可用 120～130 cm 的行距。下种量一般每亩为 2 500～3 000 段双芽段。遇干旱采用“三湿”(即蔗种湿、肥料湿、植蔗沟湿)抗旱下种法,下种后 10 d 左右,蔗芽就可萌发出土。

(五)建立秋采苗圃

由于秋天种蔗不是在甘蔗的收获季节,因此在发展秋植蔗的过程中,种茎来源便成为一个普遍突出的问题。建立秋采苗圃是解决秋植蔗种茎来源的有效措施,一般每公顷苗圃可种秋植蔗 10 hm^2 以上。具体做法是:选择土肥条件较好的土地,以早春植为宜(春寒来时可用地膜覆盖),行距为 60 cm,每公顷下种 1.05×10^4 段双芽段,每隔 5 行留 1 行,第 6 行不种,作人行道,方便管理。苗圃要施足基肥,精细管理,提早追肥培土和加强虫害防治。到 9 月采种,一般

每公顷有效茎(5.40～1.05)×10^4 条,每条有 10～12 个可用节芽。采种后留下的宿根要及时护理,开垄松蔸,促进蔗芽萌发,待蔗芽萌发出土后,如果是 5 行区苗圃,可把第 2、4 行的宿根蔗蔸挖起补苗或移植别处,单数行留宿根蔗。这样 5 行并作 3 行,行距由 60 cm 变为 1.2 m,继续护理,作为秋宿根原料蔗。

(六)加强田间管理

秋植蔗与春植蔗的田间管理基本相同,但根据秋植蔗比春植蔗早生快长的特点,各项田间管理工作应相应提早进行,具体措施如下。

1. 及时追肥

一般当年施 1～2 次肥,三叶期施第 1 次,第 2 次在七叶期正好分蘖刚出土时施下,以促分蘖粗壮。有条件的在入冬时(立冬至小雪)最好施一次灰粪土杂肥结合小培土,桂中蔗区培土高 10 cm 左右,以防霜冻。3 月春暖开始施攻茎肥,结合中培土和大培土分 2～3 次追肥。各次追肥要比春植蔗提早 25～30 d,施肥量也要增加。

2. 虫害防治

秋植蔗是蔗螟等害虫的越冬场所,春暖后要特别注意防治。下种时每公顷施 5%辛硫磷颗粒剂 45 kg 或 14%毒死蜱颗粒剂 22.5～30 kg。3 月春暖时要结合追肥和中培土再施 1 次辛硫磷或毒死蜱防虫,用药量同前。

3. 防倒伏

秋植蔗生长期长,植株高大,蔗茎基部又易出现细密的节段,在生长中后期,特别是遇到暴风雨的天气容易倒伏,因此要采取综合措施,做好抗风防倒工作。

第七节 冬植甘蔗栽培技术要点

一、冬植甘蔗栽培的意义

冬植蔗是指立冬至立春前(11 月至翌年 1 月)这段时间下种的甘蔗栽培制度。其中 11 月下种的冬植蔗称早冬植,12 月下种的冬植蔗称中冬植,1 月下种的冬植蔗称晚冬植。随着甘蔗地膜覆盖栽培技术的大面积推广应用,冬植蔗已成为一种新的甘蔗栽培制度。目前,冬植蔗种植面积占新植蔗面积的 20%～30%,有的地方达 50%以上。

1. 生长期长,产量高

冬植蔗比春蔗下种提早 1～3 个月,因此生长期比春植蔗长 1～2 个月,株高和单茎重明显优于春植蔗,单位面积产蔗量比春植蔗高 10%～20%。

2. 早期糖分高

冬植蔗下种早,出苗早,成熟期也比春植蔗提早 1 个月以上,糖厂开榨前期(11 月初至 12 月上旬)甘蔗蔗糖分也比春植蔗高 1%以上(绝对值)。

3. 种源充足

冬植蔗下种时,正值甘蔗砍收季节,种源充足;此期种蔗,则是在砍收甘蔗的同期种冬植蔗,蔗种新鲜,种茎质量高,抗逆性强,有利于齐苗壮苗。

4. 错开农时

冬植蔗下种时，秋季作物已基本收完，部分多年宿根蔗地在糖厂开榨初期已安排砍收，所以冬植蔗的种植、管理都有较充裕的时间和较充足的劳力，有利于提高种植质量和管理质量。

5. 不用藏种

冬植蔗是边砍收甘蔗边种植，蔗种无需贮藏，可减少藏种需要的人工和蔗种贮藏过程中的损耗。

二、冬季气候与冬植甘蔗

(一)冬季的气候特点

1. 气温低

如前所述，冬植蔗是在立冬至立春前种植的甘蔗，此期是我国温度最低的季节。据气象部门 1980—2002 年资料的平均值，广西主要蔗区 11 月份的月平均气温 16.9(柳州，下同)～19.5℃(钦州，下同)，12 月份 12.2～15.6℃，1 月份 10.6～13.5℃，一般土温比气温高 2～3℃。甘蔗发芽要求的最低温度为 13℃左右，正常发芽要求温度达 20℃以上。因此，广西冬季的温度条件达不到蔗芽正常萌发要求的温度，种茎发芽很慢。

2. 雨水少

广西各地进入冬季后，降雨较少，一般只有 5～10 mm/月。由于降雨量少，土壤干旱，不利于蔗种萌芽生长。

(二)冬植蔗的生长特点

1. 发根快于发芽

甘蔗发根要求的温度条件比发芽低，一般土温达到 10℃以上蔗根就可以萌发，17～18℃以上就能正常生长。虽然广西各地蔗区冬季气温较低，但大多数时间土温仍达 17～18℃，比较适合蔗根的萌发和生长，所以冬植蔗的发根快于发芽。而发根后蔗根从土壤中吸收一定量的水分和养分，维持蔗种安全过冬，蔗芽缓慢萌发，待开春温度回升到适宜蔗芽萌发时，蔗芽迅速出土。

2. 萌芽期长，出苗率低

由于冬季气温低，雨水少，因此冬植蔗萌发慢，蔗芽在地下的时间长达 70～80 d，受病、虫、旱、冻害的机会自然增多，蔗芽的萌发率比其他植期的甘蔗都要低，出苗率一般为 40%～60%(表 2-11)。因此，冬植蔗要精选种茎，下种量亦要适当增多，种茎可砍成每段 3～4 芽，以增强种茎的抵抗能力。

表 2-11 不同植期甘蔗萌芽速度与萌芽率比较

项　目	秋植	春植	冬植	夏植
下种到萌芽天数/d	5～7	20～40	40～60	5～8
下种到萌芽盛期天数/d	10～20	40～60	70～80	15～20
萌芽率/%	80～90	60～80	40～60	80～90

3. 分蘖早，分蘖苗粗壮

在冬季冬植蔗根系已有一定的生长量，蔗芽也已萌动或部分出土，翌年开春气温上升后蔗芽迅速出土，一般冬植蔗萌芽、分蘖都比春植蔗提早 1 个月以上。

4. 伸长期长，生长量大

冬植蔗到 5 月中旬后就已进入伸长期，6 月份进入伸长盛期，这样冬植蔗就比较充分地利用了 5～9 月份高温、多湿、阳光充足等有利条件进行旺盛生长。生产实践表明，冬植蔗的株高比春植蔗增高 30～50 cm，盖膜的冬植蔗比春植蔗增高 50～80 cm。

5. 成熟早，榨季前期蔗糖分高

冬植蔗比春植蔗提早萌芽、提早分蘖、提早进入伸长期，株龄相对较老，积累蔗糖分比春植蔗早，成熟也比春植蔗提早，糖厂开榨前期(11 月初至 12 月上旬)甘蔗的蔗糖分比春植蔗高 1%以上(绝对值)。

三、冬植甘蔗的栽培技术

冬植蔗的前期突出以抗旱保水为中心，结合提高土温、防治病虫害等一系列栽培技术措施，促进蔗芽的萌发和生长，保证全苗；中、后期以水肥管理为中心，早施重施攻茎肥，使蔗茎能充分伸长，从而达到高产高糖目的。

1. 因地制宜，适期种植

适期种植是冬植蔗趋利避害，发挥冬植蔗优势的关键因素之一。适宜下种期，应根据当年气候条件来决定，主要根据当地冬季的温度和雨水条件。一般来说，在水分作为主要限制因素的地区，早冬植比晚冬植增产效果大；在低温霜冻作为主要限制因素的地区，晚冬植比早冬植稳产。广西的桂南、桂西南蔗区冬季出现霜冻的概率较小，只要土壤水分适宜，早、中、晚冬植都可以选用，其中以 11 月上、中旬下种的早冬植增产效果较大，因此时入冬不久，气温还比较高，并且还有一定的降水，蔗芽可萌发出土成苗，以幼苗越冬，生长期比中、晚冬植长。桂中有霜冻的蔗区，低温霜冻是主要限制因素，冬植蔗只能以种芽越冬，早冬植下种过早，气温还高，当年冬季有可能萌芽出土，幼苗易被霜冻伤害，影响全苗，产量不稳定，这些地区选择晚冬植比较适宜。

2. 选地和整地

(1)选地　冬植蔗下种时正处在低温干旱季节，不利于蔗种发芽和发根，因此在选地时，要求选择排灌方便，保温保湿好的宜蔗地，避免低洼积水的低洼地。

(2)整地　冬植蔗的整地要求比任何植期甘蔗都要精细，要求在深耕的基础上应进行多次耙地，使土壤细碎，从而增强土壤的保水保温能力，有利于根、芽的萌发和生长。如果整地不好，泥团过大，土壤空隙多，水分损失快，就会使冬植蔗蔗种干枯，蔗芽失去萌发能力。

3. 精选种茎，严格种茎消毒

选用健壮的种茎有利于提高种茎的抗逆性和发芽率。为了提高防旱防病能力，种茎砍成 3～4 芽/段；然后用 50%多菌灵或 70%甲基硫菌灵 1 000 倍药液浸种 10 min，以预防下种后遭凤梨病和赤腐病菌的侵染，保护种茎。

4. 施足基肥，施药防虫

冬植蔗的基肥以施有机肥为主，这样利于防寒保暖和提高土壤的保水能力，促进根、芽萌发与生长。高产蔗地每公顷施腐熟有机肥 12～15 t，氮、磷、钾总含量为 25%～27%的复合肥 1 125～1 500 kg，过磷酸钙或钙镁磷肥 750～1 500 kg。冬植蔗地下害虫较多，下种时每公顷施 5%辛硫磷颗粒剂 45 kg 或 14%毒死蜱颗粒剂 22.5～30 kg。

5.适当增加播种量

冬植蔗因受干旱和低温的双重影响，其出苗率比春植蔗低，一般只有40%～60%，因此冬植蔗的播种量要比春植蔗增加10%～20%，也即每公顷下种芽数(12～15)×10^4芽，从而保证有足够的苗数。

6.覆盖地膜

冬植蔗提高蔗种发芽率，关键在于提高土壤温度和保湿。因此在下种时必须强调“三湿”下种法(“三湿”是指土湿、种湿和有机肥湿)的同时，还应强调冬植蔗下种后加盖地膜。因为加盖地膜具有保水增温作用，有利于种茎萌发，同时促进幼苗生长，提早分蘖，增产效果更显著。甘蔗地膜覆盖栽培技术详见第八节。

7.及时补苗和追施苗肥

冬植蔗经过一段较长的干、冷天气，蔗种内养分消耗较多，蔗苗出土后如果不及时得到水、肥的补充，就容易形成弱苗。因此，春暖后趁雨后及时追施一次攻苗肥，以恢复生机，每公顷施尿素、钾肥各225～300 kg。

冬植蔗的其他田间管理措施与春植蔗相同，鉴于冬植蔗的生长特点，各项管理措施在时间上应比春植蔗提早20～30 d，田间管理的内容与技术参照春植蔗进行。

第八节　甘蔗地膜覆盖栽培技术

日本于1967年开始研究甘蔗地膜覆盖栽培技术，是最早研究的国家之一。研究表明，地膜覆盖春植蔗，盖膜前喷除草剂，当地气温17℃时揭膜，产量比不盖膜的增产0.3%～16%。宿根蔗盖膜试验，增产幅度达26%～66%。我国1980年引进该技术，并相继对甘蔗地膜覆盖栽培效应、增产增糖机理以及配套栽培技术展开了广泛的试验研究和示范推广，均获得良好的效果。盖膜的甘蔗比露地甘蔗每公顷增产15.0 t以上，增产幅度为15.0%～70.5%，成熟期提早20 d左右，早期蔗糖分比同植期甘蔗高1个百分点左右，每公顷收益增加1 500元以上。目前，全国每年甘蔗地膜覆盖面积约20×10^4 hm^2，其中广东、广西、云南三省(自治区)覆盖面积较大，2008年广西甘蔗地膜覆盖栽培面积达13.4×10^4 hm^2。

一、甘蔗地膜覆盖栽培增糖增产的原因

(一)地膜覆盖栽培对膜内环境的影响

1.提高膜内土壤温度

甘蔗属于南亚热带经济作物，生长发育要求的温度条件较高，蔗芽萌发的最低温度约为13℃，正常发芽要求温度达到20℃以上。我国主要蔗区冬季和早春的温度比较低，12月至翌年2月平均气温在15℃左右或更低，3月的平均气温也在20℃以下。

甘蔗地膜覆盖栽培能明显提高冬、春季的膜内气温和土壤温度。据各地的试验表明，盖膜期间膜内平均气温比膜外气温高2～4℃，晴天中午时分膜内气温比膜外高5～10℃，耕作层5～10 cm深处的地温日平均提高2～3.5℃。由于膜内温度的提高，地膜覆盖的甘蔗比露地栽培甘蔗萌发快，萌芽率高。出苗后由于膜内温度高，甘蔗的幼苗生长快，素质好，从而为高产高

糖打下了良好的基础。

2.减少土壤水分蒸发

冬、春植蔗下种后或宿根蔗复垄后地膜覆盖，由于地膜的阻隔作用，膜内的水分与大气的交换通道被切断，土壤水分蒸发损失大幅度下降，大部分水分只能在膜下凝结成水珠回落到土壤中，因而水分能较长时间内贮存于土壤中，使膜内的土壤含水量高于膜外的土壤含水量。由于盖膜后膜内保持较高的土壤含水量，有利于新植蔗种茎的萌发和宿根蔗的发株，因此地膜覆盖的甘蔗在一般条件下发芽多而整齐。

3.保持良好的土壤物理性状

由于有地膜的阻隔作用，雨水不能直接冲刷膜下的土壤，因而膜下的耕作层能较长时间地保持整地时的疏松状态，有效地防止板结，有利于土壤水、气、热的协调，促进根系的发育，保证根系正常生长，增强根系的活力，为甘蔗高产高糖提供物质保障。

4.加速土壤中养分分解，提高肥料利用率

地膜覆盖后能使土壤增温保湿，膜内土壤微生物活动比露地旺盛，因而有利于土壤有机质的矿化，加速有机质的分解，土壤的有效养分增多。同时，盖膜后雨水不能从蔗行上直接往下渗漏，施在甘蔗根际周围的肥料随雨水往下渗漏的损失很少。由于盖膜后能加速有机质的分解和减少肥料的淋溶损失，甘蔗生长前期获得更多的养分供应，因而甘蔗的前期生长旺盛。

(二)地膜覆盖栽培对甘蔗生长的影响

1.加快蔗芽萌发，延长有效生长期

冬、春季节土温通常比气温高 1～2℃，而盖膜的土温又比露地土温高 2～4℃，晴天中午时分温度升幅更高，因而地膜覆盖后膜内土温经常达到 20℃左右，比较有利于蔗芽萌发。同时，盖膜后土壤含水量经常保持较高水平，因此冬、春植蔗采用地膜覆盖能提早出苗和提高出苗率。同样，宿根蔗地膜覆盖也能明显地减少死芽数，增加发株数，提高发株率。综合全国各地的试验资料，冬植蔗地膜覆盖比同植期露地栽培提早出苗 30～40 d，发芽率提高 20%左右；春植蔗地膜覆盖比同植期露地栽培提早出苗 20 d 左右，发芽率相当或提高 10%左右；宿根蔗发株数提高 41%～76%，发株率也比不盖膜高。

2.对甘蔗分蘖的影响

由于膜内的温度提高，达到适合甘蔗分蘖的温度条件提早同时，盖膜的甘蔗经常保持较高的土壤含水量，养分供应也充足，加上地膜有反光作用，近地表光照充足，因此地膜覆盖的甘蔗分蘖早、分蘖多。综合全国各地的资料，冬、春植蔗盖膜比不盖膜提早 20 d 进入分蘖期，春植蔗分蘖率提高 20%(绝对值，下同)，冬植蔗提高 30%～50%。

3.对植株生长的影响

地膜覆盖的甘蔗，由于进入伸长期早，伸长期长，前期的生长量大，收获时的株高比不盖膜的高 20～50 cm，单茎重提高 0.1～0.3 kg。原因是地膜覆盖栽培出苗快，分蘖期提早，所以进入伸长期也比同植期露地栽培的甘蔗早 20 d 左右。必须指出，地膜覆盖的甘蔗，后期容易早衰，伸长后期的生长速度比露地甘蔗慢。

4.对有效茎数的影响

地膜覆盖的甘蔗，由于能提高蔗种的萌发率和宿根蔗的发株数，同时又能提高分蘖率和幼苗素质，因此有效茎数比不盖膜的增多。根据全国各地的试验，地膜覆盖的甘蔗每公顷有效茎数比露地栽培甘蔗多 7 500～15 000 条。

5. 对蔗糖积累的影响

地膜覆盖的甘蔗，由于发芽或发株提早，前期生长快，提早进入伸长期，加上后期容易早衰，蔗糖积累时间提早，积累时间长，早期蔗糖分高。广西甘蔗地膜覆盖协作组 1982 年 11 个试验点的统计，同期蔗糖分盖膜比不盖膜春植蔗提高 1.52%，冬植蔗提高 0.59%，宿根甘蔗提高 0.61%。由此可见，甘蔗地膜覆盖栽培不仅具有明显的增产效果，同时增糖效果也显著。

二、甘蔗地膜覆盖栽培技术

（一）新植蔗（冬植和早春植）地膜覆盖栽培技术

1. 精细整地

精细整地不但可以为甘蔗生长创造一个良好的土壤环境，而且能够提高盖膜质量。通过精细整地使土面平整疏松，土粒细碎，便于开直播种沟，能更好地覆土和盖膜。避免由于耕作粗放，造成泥团过大，地膜不能紧贴地面，并且容易造成地膜破烂而通风透气，不能增温保水，覆盖效果差。

2. 施足基肥

地膜覆盖栽培的揭膜期是在甘蔗伸长初期，为了更好地发挥盖膜的作用，特别强调施足基肥，保证甘蔗苗期和分蘖期有充足的养分供应。通常将计划施肥量中的全部有机肥、磷肥、钾肥和 30%～40%的氮肥做基肥施用。由于基肥施用量大，施肥时要求将各种肥料拌匀施入种植沟底部，然后盖上一层 2 cm 厚左右的薄土再摆种，避免肥料与蔗种直接接触，造成烧苗而缺株。

3. 摆种与盖土

播种前种茎严格消毒处理，摆种后如果土壤水分不足，宜淋足水后才盖土。盖土时宜用细碎泥土，盖种厚 3～4 cm，并形成中间高两侧低的龟背形，才有利于盖膜。避免用大泥团盖种，易划破地膜。

4. 盖膜

播种盖土后，要求喷除草剂，然后再盖地膜。除草剂的种类与用量与露地栽培相同，但需要分两次喷施，先喷种植沟，盖上地膜后再喷行间。新植蔗通常用厚度为 0.005～0.008 mm、宽度 40～45 cm 的地膜覆盖。盖膜时地膜要紧贴地面，膜两侧和两头用碎土压紧，避免通风漏气。

5. 盖膜后管理

盖膜后甘蔗出苗前要注意检查薄膜是否被大风掀翻，如有应及时重新盖好。甘蔗出苗时，部分盖膜不紧的蔗行，幼苗无法穿破地膜露出膜外，遇阳光充足的天气时幼苗容易受到灼伤。此时需要人工破膜，辅助幼苗伸出膜外。

6. 揭膜及揭膜后的管理

基肥充足，幼苗生长旺盛，膜内杂草较少，土壤水分充足，揭膜时间应选择在伸长初期，揭膜后立即施攻茎肥和大培土。基肥不足，杂草较多，宜在气温稳定通过 20℃时进行揭膜管理，通常在分蘖初期揭膜，揭膜后除草、施攻蘖肥。如果土壤水分不足，应及时发现及时揭膜淋水，或揭膜等待降水。

揭膜后，其他田间管理措施与露地栽培相同，但管理时间比同植期甘蔗提早 15～20 d。

(二)宿根蔗地膜覆盖栽培技术

1. 入土砍收,提高砍收质量

宿根蔗地膜覆盖栽培,应在新植蔗收获时予以考虑,要求采用小锄低砍,入土砍收,蔗头不露出畦面,并将全部露出畦面的秋、冬笋低砍入土 2~3 cm,以防蔗头和蔗笋刺破地膜。

2. 开垄松蔸

甘蔗收获后应及时清理蔗田,并犁垄松蔸。如果收获后时间过长未犁垄松蔸,地下的蔗笋有可能重新露出畦面而影响以后的盖膜。

3. 施肥复垄

开垄松蔸 1~2 d 后及时施肥复垄。方法是将计划施用的肥料、农药施到宿根蔗根际周围,用碎土将整个蔗蔸和肥料盖住,然后喷除草剂,盖膜。

4. 盖膜

施肥复垄后用厚度 0.005~0.008 mm、宽度 60~65 cm 地膜覆盖,蔗头不露出畦面,盖膜时应尽量使地膜贴紧畦面,并将两则及蔗行两头用碎土压紧(图 2-6)。

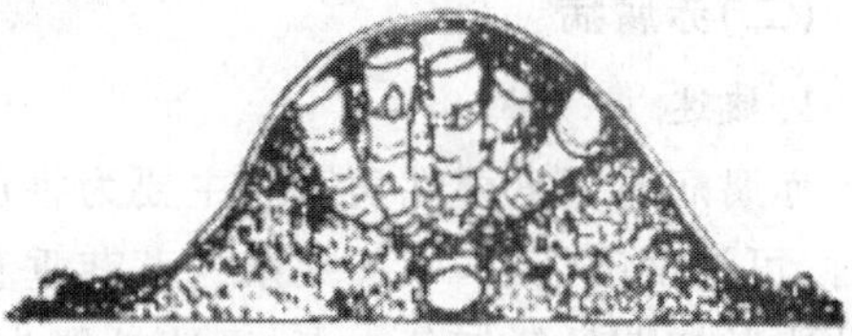

图 2-6 宿根甘蔗地膜覆盖覆土回垄

5. 盖膜期间的管理

盖膜期间如发现地膜被风刮开,要及时重新盖好。发现部分蔗苗不能穿破地膜,应用人工破膜,辅助出苗。

6. 适时揭膜,及时进行田间管理

当气温稳定通过 20℃,盖膜的宿根蔗苗株高 40 cm 以上开始进入伸长初期时即可进行揭膜,揭膜后及时除草、施攻茎肥和大培土,充分利用盖膜甘蔗前期生长快的优势。其他防虫治病的田间管理工作与宿根蔗露地栽培相同,但各项工作都相应适当提早进行。

第九节 甘蔗病虫草害防治技术

一、甘蔗病害

世界甘蔗糖业最大的威胁来自于甘蔗病害。病害一经发生,即使用药剂防治,收效亦不理想,因病原入侵组织内部,致使甘蔗首先在生理上、组织上和形态上发生病理变化,然后才表现各种病症,而大多数杀菌剂无法进入甘蔗组织内部发挥作用。因此,甘蔗病害的防治应坚持“预防为主,综合防治”的原则,旨在消除一切有利于病原生长、发育、繁殖、传播、致病等因素,用生物、物理、化学、机械的方法防治病害,使甘蔗病害受到最大限度的控制。其中选育抗病品种是防治甘蔗病害的重要手段之一。

(一)凤梨病

1. 概述

凤梨病属真菌性病害,主要侵染甘蔗种茎,使其不能萌发而造成严重损失。由留存在土壤中的病菌或感病种茎及其他感病寄主传播。经种茎两端切口侵入，之后在薄壁组织间迅速蔓延。感病初期种茎切口呈红色，并散发凤梨香味，继而中心薄壁组织被破坏，其内部变空，呈黑色。轻度感病，虽可萌发生长，但生长势弱，病情发展到一定程度，植株死亡。

低温、高湿，长期阴雨天气或过于干旱等不利于蔗苗萌发的因素，均可诱使本病发生。

2.防治方法

(1)选种抗病品种。抗病品种有粤糖 64-395、华南 56-12 等。

(2)种茎消毒。用 50%多菌灵或 70%甲基硫菌灵各 1 000 倍液浸种 10 min。种茎窖藏前也要消毒。

(3)将种茎剥叶后用 2%石灰水浸种 12～24 h，或用清水浸种 1～2 d。

(4)实行水旱轮作。

(二)赤腐病

1.概述

赤腐病属于真菌性病害。主要为害蔗茎及叶片中脉。被害茎早期外表无任何症状，茎纵剖时，可见蔗肉红色，中部夹杂与蔗茎垂直的白色圆形或长形斑块，发出淀粉发酵的酸味，受害蔗叶中脉初期呈鲜红色小点，迅速扩展为纺锤形，叶中央枯死成灰白色或橘黄色，边缘呈暗红色。病菌适宜生长温度为 27℃。通过螟害孔、生长裂缝等入侵。

2.防治方法

(1)选种抗病品种。如粤糖 71/359 和粤糖 63/237 等，采无病及无螟害蔗种。

(2)在 52℃的温水中加入 50%苯莱特 1 500 倍悬浮液浸种 20～30 min，或用 52℃热水浸后再浸入 0.2%～0.3%有机汞剂中 2～3 min。

(3)及时消灭螟虫。

(4)甘蔗收获后，及时将病株、病叶烧毁。

(三)黑穗病

1.概述

黑穗病属真菌性病害。以蔗茎顶端部生长出一条黑色鞭状物(黑穗)为明显特征，其黑穗短者笔直，长者或卷曲或弯曲，无分枝。感病蔗种萌发较早，蔗株生长纤弱。叶片狭长，色淡绿，节间短。宿根蔗、分蘖茎和干旱、瘦瘠而管理差的蔗田发病较多。高温高湿、雨季或蔗田积水、旱后较多雨等，为本病发生的有利条件。传播媒介主要是气流。

2.防治方法

(1)选种抗病品种，如粤糖 57/423、川蔗 10 号、华南 56/21、华南 56/12 等。

(2)种茎消毒。用 0.5%甲氧乙氯汞浸种 5 min，或用 50～52℃温水浸种 20 min。

(3)适当多施磷钾肥料以促使甘蔗早生快发。

(4)发现病株及时拔除并集中烧毁。

(5)实行轮作，发病区不留宿根。

(6)不在发病区采种。

(四)梢腐病

1.概述

梢腐病属真菌性病害。分生孢子随气流传播，落到梢头心叶上，便萌发侵入幼嫩叶基部；

高温、高湿天气，过量施氮肥，生长过旺，组织柔嫩，均有利于病害流行；久旱遇雨或干旱后灌水，往往病害易发生。

梢腐病菌最初是侵入生长点附近的嫩叶，出现缺绿黄化，继而形成“死尾蔗”，最后梢部坏死，生长点的病菌从蔗梢一边向下侵害，被害蔗茎的组织大部分变黑褐色腐烂，没有受害的一边继续生长，致使节间弯曲变形。

2.防治方法

(1)种植抗病品种。

(2)合理施肥。施肥要注意氮肥、磷肥、钾肥适当搭配，避免施用过量的速效氮肥，视甘蔗生长情况追施氮肥，不要偏施或迟施氮肥。

(3)不在发病蔗地留种，尤其不留感病植株的蔗茎做种。

(4)高温多雨季节，生长旺盛的蔗地在发病初期喷药防治。可用50%多菌灵或50%苯莱特可湿性粉剂1 000倍稀释液，或1∶1∶100的波尔多液喷雾心叶，每周1次，连续2～3次。选择晴天用药，如喷后24 h内遇大雨，需补喷1次。

(五)黄斑病

1.概述

黄斑病是真菌性病害。以7～9月份高温多湿期间最易流行；分生孢子萌芽后从叶片的气孔或直接侵入叶片，产生病斑；病原菌以菌丝和分生孢子在病叶组织上或土壤中越冬。

病斑首先发生于嫩叶上。最初出现不规则的黄绿色小斑点，多呈圆形或椭圆形。随着叶片的成熟，病斑增多、变大、颜色加深，由黄色变橙色，以后变成红色，叶片从边缘逐渐向内干枯。严重时中部叶片全部变成锈黄色，枯叶面积达25%～35%。

2.防治方法

(1)选用抗病品种。

(2)加强栽培管理。培肥土壤、增施有机肥，适当多施磷钾肥。

(3)在高温多雨季节，对生长茂盛的甘蔗要多剥一些老脚蔗叶；及时割除发病严重的病叶，以利于蔗田通风透气。

(4)发病初期，用50%苯莱特可湿性粉剂1 000倍稀释液喷雾，或者用1∶2∶100的波尔多液喷雾，每隔7 d喷1次，共喷2～3次。

二、甘蔗虫害

甘蔗害虫种类繁多，甘蔗生长不同时期，受不同虫害威胁，对甘蔗产量及质量均有很大影响。甘蔗虫害的防治要因地制宜，以预防为主，根据害虫的生活习性、发生规律，进行农业、化学、生物等方法的综合防治，最终达到“经济、安全、有效、简便”地防治虫害的目的。

(一)甘蔗螟虫

1.概述

甘蔗螟虫常称为甘蔗钻心虫。是为害较普遍而严重的一类害虫，以幼虫蛀入甘蔗幼苗和蔗茎为害。在甘蔗苗期入侵生长点部位，造成枯心苗；在甘蔗生长中后期入侵蔗茎，造成虫孔节，破坏蔗茎组织，使甘蔗糖分降低，且易出现风折茎或枯梢，降低产量。苗期由蔗螟造成的枯心苗率一般在10%～15%，低者2%～5%，高者可达20%～40%，减少甘蔗单位面积的有效茎。甘蔗拔节后，幼虫钻蛀蔗节，造成螟蛀节，一般为5%～10%，高者达20%～30%。甘蔗伸长期受虫害造成“死尾蔗”。甘蔗在整个生长过程中受多种螟虫为害，每公顷损失3.75～7.5 t。为害甘蔗的螟虫主要有黄螟、条螟、二点螟、大螟和白螟等5种。

2.防治方法

(1)消灭越冬蔗螟、减少虫源。甘蔗收获时用小锄低砍，及时清除蔗田残茎、枯苗、枯叶，就地集中烧毁。蔗螟成虫羽化前，将秋、冬笋砍除。白螟发生为害的地区，榨季开始后，可集中人力把发生枯梢的蔗茎先砍送交糖厂，以防治越冬白螟。不留宿根的蔗田，将蔗头犁起烧掉或将蔗田浸水3 d，消除越冬虫源。除此之外，选择无螟害的健壮蔗苗作种茎，用石灰水浸种，可防止蔗种传播螟害。适当提早植期，或推行冬植施足基肥，使分蘖早生快发，减少螟害形成缺株。实行轮作，如甘蔗与水稻、番薯或蔬菜轮作，可减轻蔗螟为害。

(2)割除枯梢可显著减轻为害。

(3)及时处理枯心苗。枯心苗发生后和成虫羽化前处理，先用小刀将枯心苗茎脚泥拨开，然后向虫口附近斜切下去，刺死幼虫。

(4)药剂防治：①苗期以二点螟为主的蔗区，甘蔗下种后，盖上基肥，每公顷施用2%乐果粉150 kg或5%辛硫磷颗粒剂45 kg或14%毒死蜱颗粒剂22.5～30 kg，均匀撒施于植沟内，再覆土，整个苗期不再防治，螟害枯心显著减少，对天敌伤害也最小，同时还可防治蔗龟、白蚁等地下害虫及白螟。②发现刚孵化的条螟幼虫集中于甘蔗心叶食害，造成“花叶”时，可用50%杀螟丹1 000倍液，每公顷喷1 500 kg；或用90%敌百虫结晶500倍液喷雾，或用25%亚胺硫磷500倍液喷雾，或用25%杀螟腈500倍液喷雾。上述药剂重点喷雾蔗梢部三丫叶处，效果好。如果幼虫进入茎内，则效果不佳。③苗期以黄螟为主的蔗区，在卵盛孵期每隔10 d用5%杀螟松乳剂500倍液喷雾；或用90%敌百虫结晶500倍液喷雾1次，要喷在三丫叶处。

(5)生物防治。赤眼蜂是一种卵寄生蜂，能寄生于黄螟、二点螟、条螟等多种害虫的卵，使其不能变成幼虫，而孵化出赤眼蜂，将蔗螟消灭于卵期。

(6)性诱剂迷向法防治。就是在蔗田中散放出一定数量的性诱剂(仿生化合物，剂型为中空塑料管或线)，气体弥漫于螟蛾交配活动层空间，干扰雄蛾，使其辨别不出雌蛾所在的方位，从而中断雌雄蛾性信息联系，中止交配活动，大大减少其繁殖量和虫口密度，是防治螟虫的一项新技术、一条新途径。

(二)棉蚜虫

1.概述

甘蔗棉蚜虫群集于叶片背部中脉两旁，以刺吸式口器插于叶中吸食汁液，使蔗叶枯黄凋萎，并排泄蜜露于叶片上，导致煤烟病发生，降低甘蔗光合作用。

2.防治方法

(1)消灭越冬虫源。消灭有翅蚜于迁飞扩散前(11月中下旬开始大量迁飞)。对越冬寄主(割手密、芦苇、杂草等)进行清除，同时对秋植蔗进行喷药，以消灭越冬虫源。

(2)及早检查和消灭蔗田中新生小蚜群。6～7月间棉蚜在大田呈点状发生，尚未大量扩散时，抓紧消灭。

(3)人工抹杀。用纤维织物制成扫把，抹杀蔗叶上的棉蚜，抹杀时如蘸些药液，效果更佳。最好选择上午棉蚜群集未分散时进行。

(4)春、秋、冬植蔗和宿根蔗避免互相靠近、邻接，以减少传播条件。

(5)保护天敌。蔗田中主要有十三星瓢虫、双星瓢虫、食蚜虻、草青蛉等能捕食蚜虫，要加以保护。

(6)药剂防治。用40%乐果1 000倍液喷雾；或用40%乐果和80%敌敌畏各250 g加水750 L喷杀；或用1 200倍液50%杀虫灵(乙酰甲胺磷)喷杀。也可用40%乐果5倍液或50%磷胺10倍液涂蔗茎，将有虫株的基部第2片青叶剥去，然后用毛笔或自制棉球醮上药剂于叶痕处环涂一圈，使其内吸杀虫。

(三)粉介壳虫

1. 概述

蔗粉介着生于蔗茎的节下部蜡粉带或幼苗基部，吸食甘蔗组织内汁液，排泄蜜露于蔗茎的表面，常引起煤烟病的发生。靠种茎传播，或在连作蔗地搬迁。在温暖少雨的冬、春季，可助长其发育繁殖，若温度与雨量都适宜时则大量发生。在水肥条件差、甘蔗生长不良的蔗田发生较多。

2. 防治方法

(1)严格选用无虫害健株作种茎，杜绝种茎传播。

(2)注意剥除蔗叶，特别是虫害盛发期间。

(3)下种前采用药剂处理种茎。用50%氯丹加80%敌敌畏(1∶0.5)400倍液浸种消毒2 min，收效好，并可兼治多种地下害虫；或用2%石灰水浸种24 h，也有杀虫效果。

(四)蔗龟

1. 概述

蔗龟种类很多，其中以黑色蔗龟(突背蔗龟)、黄褐色蔗龟(齿缘鳃金龟子)、二点褐金龟和绿色金龟等最为严重。

黑色蔗龟成虫及所有蔗龟幼虫都咬食蔗根及蔗茎地下部，在苗期形成枯心苗，造成缺株，减少有效茎；而后为害地下茎部，受害蔗株遇台风易倒伏，遇干旱蔗叶呈黄色，叶端干枯，影响甘蔗产量及蔗糖分。蔗龟咬食宿根蔗地下部的蔗芽和蔗根，致使翌年宿根发株少，影响甘蔗产量。

2. 防治方法

(1)实行轮作与深耕。有条件的地方可实行水旱轮作，避免连作或长期旱—旱连作。由于几种蔗龟的幼虫一般分布在蔗头附近10～20 cm深处，化蛹时可深达20 cm以上，因此不留宿根的蔗地要及早进行深耕，可致部分幼虫及蛹于死地。

(2)灌水驱杀。黑色蔗龟特别怕水淹，在5月份成虫盛发期，放水浸蔗地，让水漫过畦面10 mm，驱使成虫浮出水面，立即组织人力捕杀，并及时排水，以免影响甘蔗生长。防治幼虫也可使用此法，于甘蔗收获前后，放水入蔗地，水浸过泥面，浸6 d左右，地下幼虫可全部淹死。

(3)灯光诱杀。在成虫盛发期用黑光灯进行诱杀。

(4)药剂防治。蔗龟为害严重的蔗区，在新植蔗下种时，每公顷施5%辛硫磷颗粒剂45 kg或14%毒死蜱颗粒剂22.5～30 kg，施放于蔗沟内种茎上，然后覆土；黑色蔗龟成虫为害初期，每公顷用90%敌百虫7.5 kg或50%辛硫磷7.5～11.25 kg对水15 000～22 500 kg淋施于蔗行间。

(五)蓟马

1. 概述

甘蔗蓟马在我国主产蔗区均有分布。其体型细小，成、若虫喜背光环境，常栖息于尚未展开的甘蔗心叶内以锉吸式口器锉破叶片表皮组织，吸吮叶汁，破坏叶绿素，影响光合作用。待叶片展开后，呈黄色或淡黄色斑块。蓟马为害严重时，叶尖卷缩，甚至缠绕打结，呈现黄褐色或紫赤色。

蓟马主要在甘蔗苗期和拔节伸长期发生为害，一般发生在干旱季节，繁殖特别快。如蔗田因积水或缺肥等原因，造成甘蔗生长缓慢时，蓟马为害便会加重；高温和雨季来临后，蓟马的发生会受到抑制。苗期生长慢的甘蔗品种受害程度比生长快的严重。

2. 防治方法

(1)施足基肥，促进苗期甘蔗生长旺盛，加速心叶展开，以减少为害。

(2)药剂防治。40%乐果乳剂或50%马拉硫磷乳剂1∶1 000倍液喷心叶；40%敌敌畏1∶1 200倍液或杀螟松1∶1 000倍液喷心叶。

三、蔗园杂草防治

蔗田杂草直接与甘蔗争夺土壤中的水分、养分、阳光，并严重影响甘蔗生长，减少甘蔗产量，故必须及时除去杂草。防除蔗田杂草所采用的方法有农业措施、机械措施和覆盖专用除草药膜等方法，其中以化学除草最为有效。

化学除草的基本原理是，除草剂被杂草的根、茎、叶吸收后，干扰和破坏杂草某些生理、生化过程，抑制其生长发育，最后造成杂草死亡。不同的化学除草剂，对杂草具有不同的毒杀作用，如有的抑制其光合作用，有的影响其细胞分裂、伸长和分化，有的破坏其体内的代谢平衡，有的阻碍有机物质的输导等。

(一)蔗田化学除草方法

蔗田化学除草最常用的方法有甘蔗萌芽前土壤处理和甘蔗生育期对杂草叶面喷洒两种。

1. 甘蔗萌芽前的土壤处理

此法是在甘蔗下种后发芽出土前或出土后杂草尚未萌动出土前进行处理的。药剂喷施于土表产生药剂层，萌动的杂草因接触到药剂层而死亡。因杂草种子的萌动与气温高低和土壤持水量的多少有极大关系，为了保持蔗田较长的净无草期，应采用早期芽后土壤处理。

绝大多数的土壤残留性除草剂都可进行早期芽前处理，如阿特拉津、莠灭净、西马津、拉索和苯萘胺等除草剂。一般在田间杂草2～3叶期喷药，均可取得良好的效果。

土壤处理是甘蔗田化学除草使用的主要方法。由于田间杂草种子的萌芽层一般在表土层0.3 cm处，正好位于药层内，故杂草种子萌发时因遇药害而中毒致死。而甘蔗种茎则位于药层之下，可避免药害。同时，杂草根系吸收药液的能力比叶片高10倍，故采用土壤残留性除草剂的效果比叶面喷洒的效果要好，但土壤处理的防除对象是从种子萌发出土的杂草幼苗，对多年生杂草一般没有防除作用，因此要在整地时尽量除净多年生杂草的根茎。

2. 叶面喷洒

这种处理主要用于蔗田耕作粗放、田间存有大小土块，或田面不平整、不利于土壤处理的蔗田。

叶面喷洒处理是把药剂直接喷到杂草的叶面上，通过叶片吸收药液而起到杀死杂草的作用，它通常在甘蔗出苗后进行。这时的除草剂不单接触到杂草，同时亦喷洒到甘蔗的叶、茎上，因此一般要选用选择性强的除草剂，并在杂草最敏感而甘蔗抗性最强时施药。

(二)蔗田常用的化学除草剂

(1)西马津　适于蔗田作土壤处理，宜在杂草芽前施用。在水中 20℃时的溶解度只有 3.5 mg/L。土壤对它的吸收力很强，它在土壤中的残效期长，对甘蔗绝对安全。蔗田的甘蔗在芽前或芽后均可使用。该除草剂在长期阴雨天气及土壤含水分较高时，其效果更显著。

(2)阿特拉津　适于蔗田作土壤处理，它在水中的溶解度为 30 mg/L，可作杂草早期芽后土壤处理。它在土壤中的残效也较长，宜在比较干旱的条件下施用。

(3)达拉朋(茅草枯)　对一年生和多年生禾本科杂草有特效。适用于叶面喷洒处理，且须在杂草生长旺盛时喷施。如在低温、干旱、杂草生长缓慢时施用则效果不佳。本药剂用于防除一年生禾本科杂草只需喷洒一次 0.5%有效浓度即可见效，但对较高大的多年生禾本科杂草，则需喷洒两次等量的药液方可奏效，间隔期为 10～14 d，喷药的雾点要均匀地覆盖在杂草叶片上。因本药对甘蔗幼苗易产生药害，故要定向喷洒，尽量避免药液与蔗苗梢头部的接触。

(4)扑草净　这是一种早期芽后处理剂，对一年生单、双子叶杂草有效。该药在土壤的残效期为 50～60 d。在高剂量情况下，扑草净对花生会产生药害，因此应用于蔗田间种花生的施药量每公顷不能超过 1 125 g(有效成分)。

(5)拉索　这是一种适用于在蔗田间种花生、大豆或蔬菜的优良除草剂。对一年生禾本科杂草和其他双子叶杂草的防除有良好效果。对甘蔗、花生和豆类安全。适于在杂草芽前作土壤处理，在土壤中的残效期为 40～50 d。

技能实训 1　甘蔗形态特征观察和主要良种识别

一、实训目的

通过形态特征特点来识别甘蔗品种。

二、材料用具

当地 2～3 个甘蔗优良品种、甘蔗植株、放大镜、米尺等。

三、方法步骤

1. 观察甘蔗形态特征

选取代表性植株，分别观察各部位。

(1)根　蔗根由于生长部位和时间不同分为种根和苗根，有时也可能发生气根(气根是一种不良的经济性状)。观察蔗根分布范围、入土深浅、颜色、与地表所成的角度。

(2)茎和芽　观察茎高，茎基部与顶部粗度比较，节间形态，节的组成(根带、根点、芽和生长带等)，蜡粉分布部位和厚薄，生长裂缝、木栓裂缝和芽沟的有无、长短和深浅，芽的形态结构(包括芽鳞、芽翼和芽孔)等。

(3)叶　观察叶片长、宽、厚、薄和颜色，叶缘锯齿稀密，叶鞘厚薄、颜色，蜡粉与茸毛多少，肥厚带大小与形态，叶与主茎所成角度(披散、弯曲、斜立、挺直等)，叶舌、叶耳着生部位、形状和颜色。

2.识别当地主要优良品种

选当地主要甘蔗良种，观察下列项目。

(1)节间形状　分圆筒形、圆锥形、倒圆锥形、腰鼓形、弯曲形和细腰形等。

(2)茎色　分黄绿、紫红、黄铜、青绿等。

(3)茎径　用游标卡尺测量甘蔗茎中部节间的茎径，比较各品种茎径属于哪一种类型的品种。

(4)蜡粉　比较各品种节间蜡粉带的蜡粉厚薄和多少。

(5)芽沟　芽沟有无和深浅。

(6)芽的形状　分为卵圆形、椭圆形、倒卵形、圆形、五角形、菱形等。

(7)叶片着生姿态　分披散、弯曲、斜立、挺直等。

(8)叶鞘茸毛　茸毛有无及多少。

四、作业

将甘蔗不同品种的形态特征观察结果填入下表，并进行比较。

项目	品种名称			备注
节间形状				
茎色				
茎径				
蜡粉				
芽沟				
芽的形状				
叶片着生姿态				
叶鞘茸毛				

技能实训 2　甘蔗种茎处理

一、实训目的

学习和掌握甘蔗种茎处理方法及操作步骤。

二、材料用具

甘蔗梢头苗、石灰粉、锋利菜刀、砧板(木板)、大水缸、农药等。

三、方法步骤

(1)砍种。先剥除梢头苗上的叶鞘，再斩成双芽段或多芽段。

(2)浸种。用 2%石灰水或清水浸种 24 h，取出冲洗干净。

(3)消毒。用 5%多菌灵或托布津 1 000 倍液浸种 8～10 min。

(4)催芽。采用堆肥催芽或堆积催芽法进行催芽。

四、作业

简述种茎处理的方法步骤，指出存在问题并提出解决办法。

技能实训3 甘蔗下种

一、实训目的

学习并初步掌握下种技术和要求。

二、材料用具

蔗种、肥料、农药、田块、锄、铲等。

三、方法步骤

(1)开植蔗沟。按规格开好植蔗沟。

(2)计算下种量。用行距除面积得行长，再用行长除下种量即得每米下种芽数。

例 计划每公顷蔗地下种量为60 000段双芽段，行距为1.2 m，计算每米行长应下多少段双芽段？

10 000÷1.2=8 333.3(m)

60 000÷8 333.3 = 7.2 ≈ 7(段双芽段/m)

即每米植蔗沟下种7段双芽段。

(3)排种。采用双行品字形方法摆种，芽向两侧，种茎紧贴泥土。

(4)施肥。先施肥后排种或先排种后施肥均可，施肥量按计划要求进行。

(5)盖土盖膜。盖土厚约5 cm，并形成龟背形；盖膜时地膜露光部分不少于20 cm，并密封好。

四、作业

计划种新台糖22号3 hm^2，行距1 m，每公顷下种芽数为60 000个双芽段，已知每个双芽段平均重量为0.15 kg，问应准备多少吨蔗种？

技能实训4 甘蔗萌芽出苗及分蘖情况调查

一、实训目的

学习并掌握甘蔗萌芽出苗及分蘖情况调查的内容及方法。

二、材料用具

甘蔗地块、米尺、铅笔、记录本等。

三、方法步骤

1.甘蔗萌芽出苗情况调查

(1)调查时间。甘蔗出苗后，每隔7～10 d调查1次，直到出苗达80%以上为止。

(2)定点。按对角线5点取样法，在田间固定5个观察点，每点1行，行长5 m，做好标记。

(3)调查下种芽数。在每个点挖开植蔗沟两侧的土，露出种茎，数种茎段数和芽数。

(4)调查萌芽数、萌芽率和萌芽期。数出每个点萌芽出苗的株数，即为该点的萌芽数。萌芽数占下种芽数的百分率即为萌芽率。当平均每个点有10%幼苗长出时为萌芽始期，50%幼苗长出时为萌芽盛期，80%幼苗长出时为萌芽末期。

(5)测量苗高和假茎粗。每个点连续测量10株，取平均值。苗高是从地面量至最高叶的叶尖，假茎粗是量基部扁平面的最宽处。

(6)观察叶色，记载叶片数。叶色按浓绿、绿、浅绿、黄等记载，叶片数按展开叶(见肥厚带)数量记载。

(7)观察有无病虫。

2. 甘蔗分蘖情况调查

(1)调查时间。见甘蔗有分蘖后开始调查，每隔7～10 d调查1次，直到分蘖末期为止。

(2)定点。在苗情定点观察的5个点继续观察。

(3)调查分蘖率。数每个点的总苗数(含主苗和分蘖苗)，计算分蘖率(分蘖率＝调查行分蘖数/调查行主苗数×100%)。当分蘖率达10%时为分蘖始期，达30%时为分蘖盛期，达50%时为分蘖末期。

(4)调查计算每公顷总苗蘖数。调查平均行距，每米苗蘖数，计算每公顷总苗数。

四、作业

(1)把调查、观察结果填入下表，并分析萌芽率高低的原因。

调查日期(月/日)	品种	下种日期(月/日)	萌芽期(月/日)			萌芽率/%	苗高/cm	茎粗/cm	叶色	病虫害
			始期	盛期	末期					

(2)分析该田是否达到够苗蘖数，你认为采用什么措施。

技能实训5　甘蔗成熟度测定

一、实训目的

学习并初步掌握甘蔗成熟期的形态特征及成熟度的锤度测定法。

二、材料用具

甘蔗植株、手持折光仪、蔗汁钻子、蒸馏水、药用棉花、擦镜纸、吸管、铅笔、记录本等。

三、方法步骤

1. 观察甘蔗成熟期的形态特征

甘蔗工艺成熟期的形态特征主要表现为：梢部节间逐渐缩短，生长缓慢以至停止；大部分蔗茎的中下部叶片枯黄或干枯，全株青叶减至6～7片(正常时青叶保持8～10片)，茎上蜡粉脱落，茎光滑，茎色变为品种固有色。

2. 甘蔗成熟度测定

(1)选取样点。在田间按对角线5点取样法选取5个有代表性的取样点，每样点选取代表性蔗茎5株作测定对象。

(2)清洁和检查手持折光仪。翻开盖板，用蒸馏水冲洗干净后用药棉抹干，滴 2 滴蒸馏水于折光镜面上，盖上盖板进行观察，检查镜中视野标尺，观看明暗分界线是否在 0 线上，如未对 0 线，则用小解锥调整到 0，对 0 后用药棉抹干。

(3)钻取蔗汁。用蔗汁钻子分次钻取样品茎的基部节间(地面上第 1 节间)和上部节间(倒数第 6 片全出叶下一个节间)的蔗汁，把钻子取出的蔗汁滴于手持折光仪的折光镜面上，盖好盖板。

(4)对光观察。左手持镜筒，眼睛对准目镜，对光观察，右手调旋目镜调节焦距，以看清表尺读数为准，迅速读出数字，该数字即为锤度数据，将数据记入下表。

(5)计算平均锤度。把全部样品茎的上部节间和基部节间锤度测出后，算出平均值，即为各节间的平均锤度。

(6)计算成熟度。成熟度＝上部节间平均锤度/基部节间平均锤度。当比值在 0.90 以下时为工艺未熟，0.91～0.95 为工艺成熟，0.96～1.00 为工艺完熟，大于 1.00 为工艺过熟。

四、作业

(1)把测定结果填下入表，进行相关计算，判断被测定甘蔗品种的成熟度是否达到压榨制糖适期。

品种：　　　　　　　　　　　　测定日期：

测定编号	基部节间锤度	上部节间锤度	成熟度
平均值			
成熟度			

(2)你是否掌握了手持折光仪的使用方法？应注意什么事项？

技能实训 6　甘蔗田间测产

一、实训目的

学习并初步掌握田间测产技术。

二、材料用具

成熟的蔗田、皮尺、米尺、游标卡尺、秤等。

三、方法步骤

(1)选取样点。在田间按对角线 5 点取样法选取 5 个有代表性的取样点。

(2)调查有效茎数。在每个样点选有代表性的蔗畦，用皮尺测量畦长 10 m，数其有效茎数，求出平均每米有效茎数。

(3)调查行距。在蔗田一端用皮尺测量 10 个行距，求平均行距，以 m 表示。

(4)计算公顷有效茎。

$$有效茎(条/hm^2) = 每米平均有效茎(条) \times 10\ 000\ m^2/平均行距(m)$$

(5)调查茎长(高)。每样点选有代表性的蔗茎10条,用米尺分别测量其长度,从茎基部起量到最高肥厚带向下30 cm处为茎长,求出平均茎长,用cm表示。

(6)调查茎粗(茎径)。用游标卡尺测量每样点选定的10条蔗茎的上、中、下部节间的茎径,求平均茎径,用cm表示。

(7)计算平均单茎重。

$$单茎重(kg) = 0.785\ 4 \times 茎长(cm) \times (茎径\ cm)^2 \times 0.001$$

或取20株蔗茎称重,算出平均单茎重。

(8)计算单位面积理论产量。

$$甘蔗理论产量(kg/hm^2) = 公顷有效茎数(条/hm^2) \times 平均单茎重(kg/条)$$

四、作业

把调查结果填入下表,并进行相关计算。根据测定和计算结果,从产量构成因素分析高产或低产的原因。

调查编号	品种	行距/(m/行)	有效茎/(条/m)	茎长/(cm/条)	茎粗/(cm/茎)	单茎重/kg	理论产量/(kg/hm^2)	备注

[复习思考题]

1. 甘蔗节间伸长增粗有什么规律?根据这些规律,在秋植蔗、冬植蔗和春植蔗生产上,应采取什么措施进行调控才能取得高产?

2. 根据新植甘蔗和宿根甘蔗的生长特点,阐述宿根甘蔗的各项管理措施为什么要早,施肥量为什么要比新植蔗多的原理。

3. 试述甘蔗各生长发育阶段的生长特点,并根据甘蔗产量构成因素讨论各生长发育阶段对甘蔗产量和品质的贡献。

4. 试述甘蔗的下种后田间管理的各项措施及其作用。

5. 甘蔗属中有哪些栽培种和野生种?

6. 甘蔗单位面积的蔗产量和糖产量有哪些因素构成?

7. 甘蔗合理密植的原则是什么?适宜的种植密度和下种量应多少?

8. 甘蔗生产上用蔗茎的哪一部位作种最好?为什么?

9. 甘蔗何谓“三攻一补”的施肥技术?

10. 甘蔗要达到高产不倒,应如何进行培土?

11. 宿根蔗有哪些生育特点?

12. 影响甘蔗分蘖的因素有哪些?

13. 甘蔗施肥原则有哪些？
14. 甘蔗如何防折、防倒？
15. 甘蔗的苗根有几种？各有什么作用？
16. 锤度与糖分的关系怎样？
17. 甘蔗根系有哪些特点？
18. 甘蔗一生分为哪几个生长发育时期？各时期生长发育特点怎样？
19. 什么样的甘蔗品种是良种？甘蔗品种有哪些类型？
20. 甘蔗对土壤、肥料、水分的要求怎样？
21. 甘蔗培土有哪些作用？怎样操作？
22. 甘蔗蔗茎的生长和伸长规律怎样？
23. 甘蔗糖分是如何积累的？
24. 宿根蔗“早施肥管理，促进蔗苗生长”的具体措施包括哪些？
25. 甘蔗的适宜种植期怎样确定？
26. 怎样提高甘蔗种植质量？
27. 怎样做好甘蔗地的防渍、防旱工作？
28. 甘蔗的施肥原则和施肥技术怎样？

第三章 木 薯

【学习目标】

了解木薯生产概况及国内优良品种；熟悉其生长特性；掌握木薯高产优质高效标准化生产的关键技术及其理论依据，以及进行木薯常规生产及管理的方法。

第一节 概述

一、木薯在国民经济中的意义

木薯是世界三大薯类之一，誉称“淀粉之王”、“地下粮食”。粗生易栽，适应性强，可在其他主要作物生长不良的旱地和边际零星土地上栽培，获得良好的产量和质量，亦可间作于幼林和疏林地的行间，或与豆类、瓜类以及禾本科作物间作或轮种，利于土地和劳动力资源的开发利用，在旱地农业中有重要作用。

木薯主要在热带地区栽培。据联合国粮农组织(FAO)统计，90％以上的木薯栽培区位于热带范围内。但是木薯的适应性也是很广的，只要年平均温度在18℃以上，无霜期8个月以上的地区，都可栽种。在我国甚至可种到秦岭淮河一线以南地区，但主要种植地区还是在华南几省。

木薯块根含有丰富的淀粉，可作为食物、饲料和工业原料。

作为食物，非洲及南美洲相当一部分人口以木薯作主食，作为热能主要来源。在亚洲有些国家也把它作为食物的主要热能来源，如印度尼西亚等。由于这种消费是家庭消费，故很难有统计资料，但其作为食物的重要性是不能忽视的，在有些国家甚至成为渡过荒年的主要食物。在我国木薯作为食物的较少。

作为饲料，木薯可以代替配合饲料中的谷类成分，作畜禽的热能饲料，其价格比玉米低1/3以上，可把占配合饲料成分的价格降低30％。在实际应用中，肉料比为3.7～4.0，与喂玉米无异，但可节约成本，有良好的经济效益。

在工业开发利用上，木薯首先是用于生产淀粉。世界上以淀粉为原料生产的产品多达2 000种以上，广泛应用于食品、医药、造纸、纺织、饲料、石油、日用品、化妆品等领域，市场日益扩大。木薯酒精是木薯加工品的另一种主要产品。随着生物质能源的开发利用，以木薯为原料生产的燃料乙醇，被称为可再生的环保型“绿色汽油”，在我国，木薯已经成为重要的生物能源作物之一。

综上所述，种植木薯可充分利用热带地区的光能、土地等自然资源。木薯既是粮食作物，又是能源作物，在世界经济中具有重要位置。

二、木薯的栽培历史

(一)木薯的起源和分布

木薯(*Manihot esculenta* Ctantz)，别名木番薯、树薯，大戟科木薯属植物。木薯及其亲缘种都是低地的热带灌木，起源于热带美洲。它们的生态环境是从半干旱地区至热带雨林群丛，就原产地而言，它们限于西半球从墨西哥到阿根廷和西印度群岛地带。多数高氢氰酸含量的品种分布在主要河流沿岸，而低氢氰酸含量的类型主要分布在干旱的稀树草原地区。自然跨度大，其水平分布于南北纬 30°之间，垂直分布在海拔 2 000 m 以下。在地理上，木薯属种似乎有 2 个主要的中心，一是墨西哥和中美洲，一是巴西东北部，西至马多 · 格罗梭(Mato Grosso)和巴拉圭的部分地区，因为这些地区大量的栽培品种与野生种形态特征相似，与其起源紧密相关。

(二)世界木薯栽培简史

据形态学的证据表明，木薯是从巴西东北部至墨西哥的广泛地区被驯化为栽培种的。美洲被发现以后，木薯才被传播到其他国家。考古学和形态学的研究证明，巴西、秘鲁等南美国家已在 4 000 多年前开始栽培木薯。16 世纪初已开始用木薯制作面包，18 世纪初开始用木薯提炼精粉，到 1792 年巴西已开始了木薯的出口贸易。美国 1860 年开始引入木薯在佛罗里达州栽培，于 1895 年开始建立大规模的淀粉制造工业，现在美洲热带地区均普遍栽培。在巴西年平均温度 17℃的地方也有栽培。

1588 年葡萄牙人从巴西把木薯带到非洲西海岸，开始在几内亚湾和刚果河盆地栽培。到了 18 世纪中叶人们又把木薯引进马达加斯加和非洲东海岸，于 19 世纪中叶逐渐扩展开来，现已分布到非洲南北纬 15°的广阔地区。在不少非洲国家，木薯是主要的粮食作物，例如在尼日利亚，木薯是主要的两大粮食作物之一。在扎伊尔约占 30% 的耕地面积栽培木薯。非洲国家生产的木薯，主要用作粮食消耗，很少进行出口贸易。

18 世纪，西班牙商人把木薯引进印度栽培。在同一时期印度尼西亚和菲律宾也从墨西哥引种木薯，于 1740 年由印度尼西亚引入毛里求斯，表明木薯是 1740 年以前传入亚洲的，到 1786 年木薯被引进斯里兰卡，此后木薯又从印度尼西亚传入马来西亚等东南亚国家，目前亚洲热带地区各国均有栽培，是这个地区的十大作物之一。

2007 年全球木薯种植面积 1 856 万 hm^2，鲜薯总产量为 2.15 亿 t，其中非洲 1 191 万 hm^2，鲜薯产量 1.05 亿 t；亚洲 382 万 hm^2，鲜薯产量 0.73 亿 t；美洲 281 万 hm^2，鲜薯产量0.36 亿 t。2008 年鲜薯产量达到 2.39 亿 t，比 2007 年约增长 10%(FAO，2009)。

非洲木薯种植主要集中在尼日利亚、加纳、刚果等国，这些国家鼓励并支持木薯种植和商业化加工，同时种植业主增加了生产投入，木薯产量明显提高。2008 年非洲地区的木薯鲜薯产量比 2007 年增长 5%，即增长 600 万 t。非洲木薯产量的增长主要来自尼日利亚(500 万 t)。亚洲木薯种植主要集中在泰国和印度尼西亚，泰国是世界最大的木薯出口国，其中 2008 年泰国的木薯鲜薯产量比 2007 年增加 15%，达到 2 910 万 t。美洲木薯种植主要集中在巴西、哥伦比亚和阿根廷。

(三)我国木薯栽培历史

据广东高州县《县志》(1989 年重修本)“有木薯，道光初(道光元年即 1820 年)，来自南洋”的记载，梁光商等认为，木薯是在 1820 年前后首先引入我国广东省栽培的，但最早有记载木薯的书是 1840 年林星章等编写的《新会县志》，该书对木薯的形态、种植、使用等都做了简单记述。在太平天国时代(1851—1863)，木薯已在粤东一带广为栽培，并开始进入农贸市场，当时出版的专辑《种木薯法》(梁廷东，1900)，对木薯的形态特征、水土保持、种植方法、收获和品种、留头宿根、加工利用等方面都作了扼要的描述，说明当时对木薯已经有了比较深刻的了解。纵观我国木薯的发展历史，认为“有木薯，道光初，来自南洋”，是可信的。当时华南地区到南洋谋生的人不少，木薯可能是在这一期间传入我国的。

我国木薯的试验研究工作，当以新中国成立前的广东省农林试验场为最早。该场在 1914—1919 年曾进行品种收集、评选、宿根、制粉和块根营养成分分析等试验。1940—1944 年，广西农事试验场李西开、黄瑞纶等对木薯品种和栽培技术进行了研究和推广。1959 年以后，中国热带农业科学院和广西亚热带作物研究所等单位陆续开展木薯的科研和推广工作。1987 年起，与国际热带农业中心(CIAT)等国际组织合作，并在农业部、科技部和国家外专局等单位的支持下，致力于木薯选育种和丰产栽培技术的研究与推广。通过与 CIAT 的长期合作，我国先后选育出华南及桂热(GR)系列木薯新品种，并研发出配方施肥、水土保持、化学除草、间套种技术、灌溉技术、机械化采收等丰产栽培技术。

2008 年我国木薯种植面积 38.7 万 hm^2，鲜薯总产量为 794 万 t，单产约 20 t/hm^2，居世界第 5 位。我国木薯种植主要集中在广西、广东、云南和海南，其中广西 22 万 hm^2，鲜薯产量 515 万 t；广东 8.5 万 hm^2，鲜薯产量 159 万 t；云南 3.5 万 hm^2，鲜薯产量 37 万 t；海南 3.2 万 hm^2，鲜薯产量 60 万 t(南亚办，2009)。

广西和广东的木薯鲜薯总占全国鲜薯总产的 85%，全国已初步形成了“桂东—桂南、桂西—滇南、粤东—闽西南、琼西—粤西”4 个木薯优势产区，其中广西产区的木薯产业优势尤显突出(黄洁，2008)。

第二节 木薯的生物学特性

一、木薯的形态特征和生理特点

(一)根系

木薯的根系稀疏，但深生穿透性强，有忍耐长期干旱的能力，其主要特点是有积累淀粉的功能(图 3-1)。木薯的根分为吸收根、粗根和块根 3 类。吸收根又称须根或幼根，常为白色，具有根毛，能吸收水分和养料。用种茎繁殖时，根从种茎基部切口处的皮层或从托叶痕两旁长出，称不定根，通常有 20～60 条，无主次之分。用种子繁殖的植株，根从胚轴发生，有主根和侧根。在此类根群未形成块根以前，以及在块根形成之后乃至整个生长期间，从块根和粗根上长出的细根都称为吸收根，是粗细相似的纤维根，这类根群称为须根系，是木薯植株吸收水分和养料的主要器官。

植后45 d的吸收根没有形成层，即无次生分生组织，在横切面上可分为表皮、皮层、中柱各部分。表皮是由表皮原细胞发展而来，位于初生根的外层，细胞薄而不角质化，并在根毛区突出形成许多根毛，能吸收水分和无机盐类。皮层由皮层原细胞发展而成，分为外皮层、皮层和内皮层3个部分，位于表皮内方，由许多排列疏松的细胞组成，占根的很大部分，具有贮藏养分和输送水分和养分的功能。中柱鞘包围在维管束的外层，由一层细胞组成，是一种分生组织，能产生木栓层和侧根，维管束是由初生韧皮部和初生木质部组成，初生木质部和初生韧皮部各自成束，且束数相同，交错排列成一圈。初生木质部束数有3束的叫三原木质部，4束的叫四原木质部，余者类推。三、四原的，其后多分化为细根，五、六原的多分化成块根，凡较粗大且颜色淡的不定根，分化为块根的可能性较大，这与品种关系很大。种植45 d以后，根部开始出现次生结构，分化形成块根和粗根。

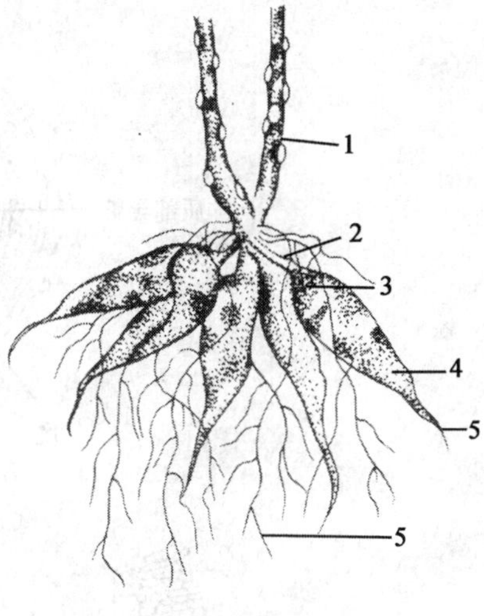

图3-1 木薯的根系

1.茎 2.薯柄 3.根颈
4.块根 5.吸收根

块根通称为薯，肉质，肥大，富含淀粉，是已经分化了的吸收根，其特点是出现了形成层，产生了次生结构，原来的初生木质部和初生韧皮部的交错排列被破坏，形成层不断分裂出大量细胞，使次生木质部薄壁细胞不断增加，根部不断增粗膨大，且大量积累淀粉，从而形成块根。用插条栽种，其块根由不定根发育膨大而成。用种子繁殖，其块根由主根和侧根发育而成，一般有5～6条，多达18条以上，薯形有圆锥形、圆柱形和纺锤形等，薯长多为30～40 cm，粗5～6 cm，最长可达1 m以上。一般水平生长的块根长而粗；向下生长、分布较深的块根短而小，块根内部有明显的环形成(图3-2)，薯肉(次生木质部)发达，有大量贮藏淀粉的薄壁细胞、导管和纤维束。从块根的横切面上可明显地看出薯心(初生木质部)、薯肉、薯内皮(初生韧皮部)和薯外皮(木栓层)4部分，薯心由初生木质部的维管束组成，贯穿整个薯的中心，白色，坚韧，木质化；薯肉由初生木质部分化而成，白色或黄色，肥大，富含淀粉，是块根的主要部分；薯内皮较厚而柔软，平滑，白色、乳黄色或紫红色；外皮木栓化，薄而致密，有明显的纵向皱纹，褐色或浅黄色。块根各部分的重量也因品种和块根的大小而异。一般表皮占1%～2%，内皮占10%～14%，肉质部占80%～90%，其成分主要是水分和淀粉。

粗根是由不定根在分化膨大形成块根的过程中受不良条件的抑制，使根部停止增粗膨大而形成，其周皮颜色较深。粗根也是已经分化的吸收根，有次生结构，次生木质部高度木质化，但导管很多，具有输导作用。

(二)茎

木薯的茎由节和节间组成，发生于插条腋芽或种子的胚轴，幼嫩时肉质，老化时木质。灌木状，直立，高1～5 m，茎径2～4 cm，成熟时茎圆形，嫩茎五棱形，主茎有顶端分枝和侧分枝，顶分枝也叫生殖分枝，是由于生长点退化，顶端侧芽萌生而成，侧分枝由主茎腋芽萌生而成，但

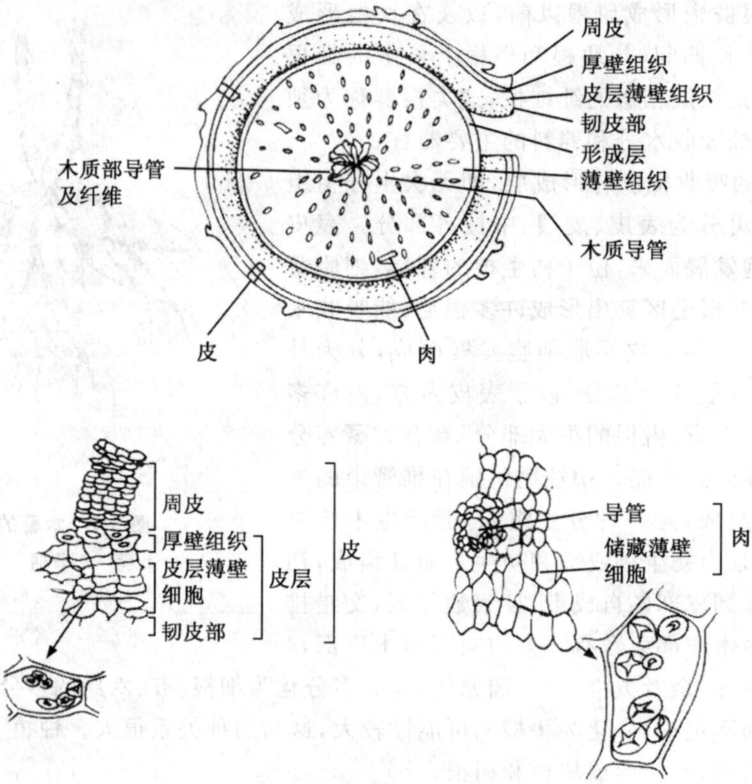

图 3-2 木薯根的内部构造

多数品种无侧分枝，顶分枝常呈三叉状，但也有二叉和四叉分枝的（图 3-3）。分枝部位的高低因品种和环境的不同而异，分枝次数多为 2～4 次，分枝的长度随着分枝次数的增加而缩短，茎的颜色因品种而异，表皮通常有黄褐色、灰褐色等，内皮多为浅绿色或深绿色。

茎的横切面分为表皮、皮层、木质部、髓部 4 部分（图 3-4），表皮薄，光滑具有蜡质；皮层厚而质软，呈绿色，含有叶绿素并具有乳管，含有白色乳汁，髓部白色，无横隔膜，海绵状，富含水分。

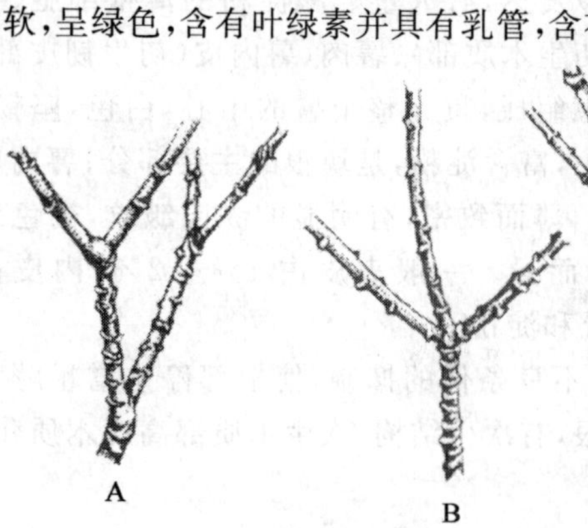

图 3-3 木薯茎的分叉

A. 二分叉 B. 三分叉 C. 四分叉

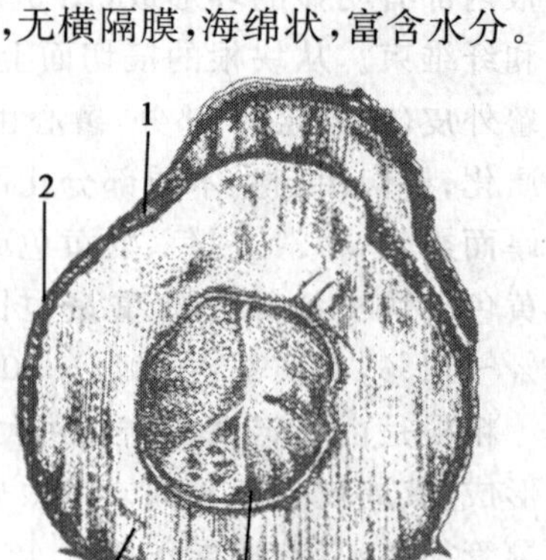

图 3-4 木薯茎的内部构造

1. 皮层 2. 表皮 3. 木质部 4. 髓

（三）叶

单叶互生，呈螺旋状排列，掌状深裂，裂片多为 59 片，披针形、椭圆形或线形等（图 3-5）。全缘渐尖，具有羽状网脉，叶脉绿色或红色，叶基部有托叶两枚，分生两旁，呈三角状披针形，全缘或分裂为裂片状，脱落后，有鱼脊状突起的托叶痕，叶腋有腋芽，可萌发成枝条，叶柄长 20～30 cm，常为紫红色、绿色、乳黄色或带紫色条纹的绿色，基部多具有凹沟，老叶脱落后，留有明显的叶痕，呈帽状、马蹄状、碟状或平顶状。

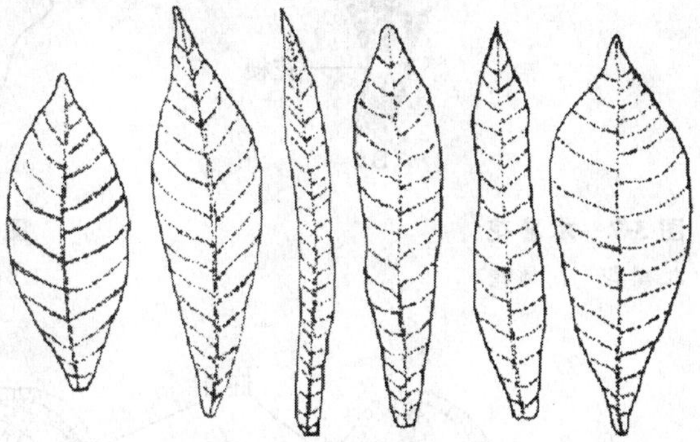

图 3-5　木薯的叶片

A. 椭圆形　B. 披针形　C. 线形　D. 倒卵披针形　E. 提琴形　F. 拱形

木薯属于 C_3 植物，CO_2 的补偿点较高，光合效率较低。木薯的叶面积指数的大小对产量有很大影响，因此进行合理密植和水肥管理，保证合理的叶面积指数（以 3.5～4.0 为理想），对提高产量有重要作用。

（四）花果和种子

木薯为异花授粉作物，雌雄同序异花，圆锥花序（图 3-6），着生于顶端分叉处花梗疏散，通常有 1～4 条。雄花着生于花梗上部，雌花着生于花梗下部（图 3-7）。每个花序常有雄花数十朵乃至百朵以上，雌花 3～10 朵，雌雄花均无花冠。雄花萼片 5 枚，浅黄色或边缘带紫红色，形如灯笼，开放后如吊钟状，雄蕊 10 枚，二轮着生于花盘上，花丝分离，花药圆筒形，黄色，花粉具黏附性，可借风和昆虫传播。雌花浅黄色或边缘紫红色，子房绿色，3 室，柱头 3 裂，肉质，乳白色，花的基部均有蜜腺，能分泌蜜液。植后 3～5 个月出现顶端分枝时开始开花。同序的花，雌花先开，雄花后开，前后相差约 7 d。开花时间一般在上午 10 时至下午 4 时，开放后 3～5 h 关闭。

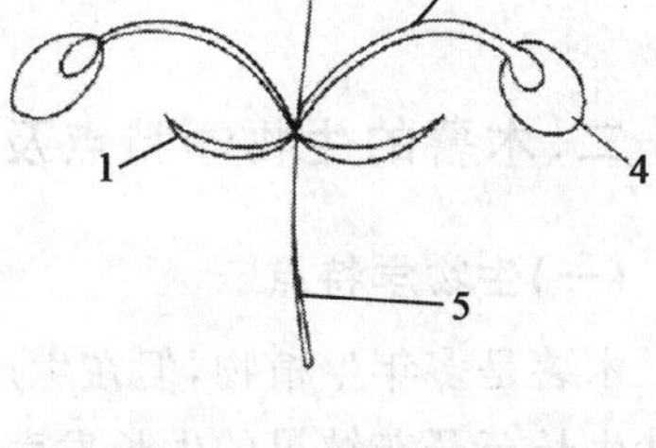

图 3-6　木薯的花序

1. 初生苞片　2. 雄花　3. 花梗　4. 雌花　5. 花序梗　6. 小苞片　7. 花序轴

木薯的果实为蒴果，短圆形，有棱翅，内分 3 室，每室含 1 粒种子（图 3-8），成熟时自然爆裂，弹出种子。种子扁长，似肾状，褐色或灰褐色，种皮坚硬，光滑，有黑色斑纹（图 3-9）。

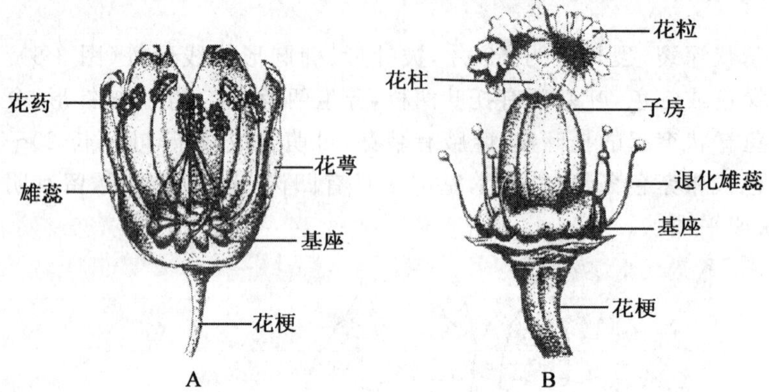

图 3-7 木薯花
A. 雄花 B. 雌花

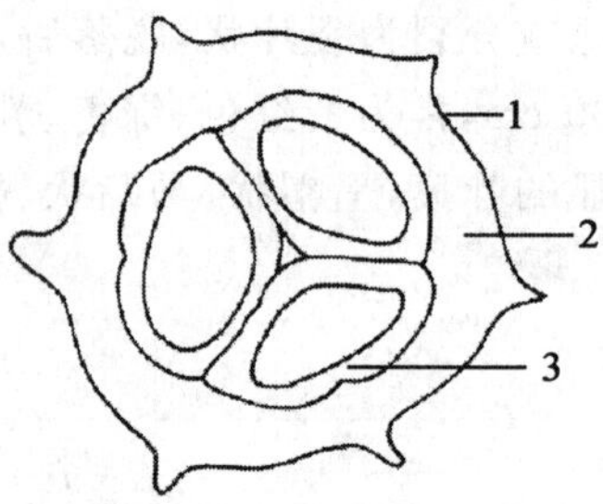

图 3-8 木薯果实的横切面
1. 外果皮 2. 中果皮 3. 内果皮

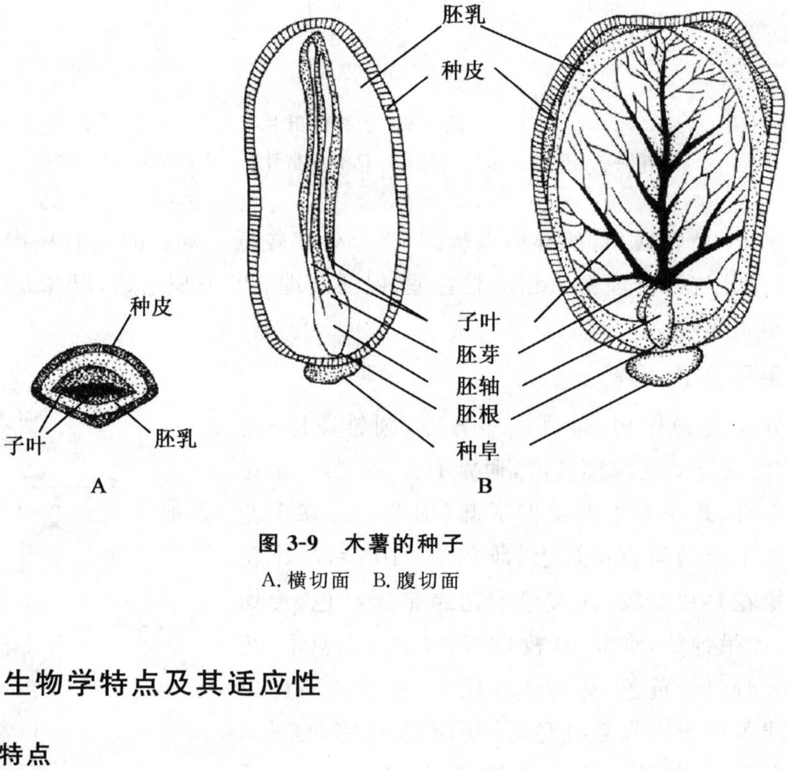

图 3-9 木薯的种子
A. 横切面 B. 腹切面

二、木薯的生物学特点及其适应性

(一)生物学特点

木薯是多年生植物，但在生产上多为一年生栽培，多数品种能在一年内完成从发根出芽、茎叶生长至开花结果的生长发育过程，全过程可分为 4 个时期。

1. 苗期

在气温 21℃以上时，木薯植后 7～10 d 可发芽出土。植后 60 d 内为幼苗期(图 3-10)。出苗的特点是先萌芽后发根，根从种茎切口或叶腋两侧抽出，常有 20～ 60 条，是生育过程中幼根生长最盛期，但这一时期植株生长缓慢，生物量少，根芽生长的初期所需要的养料主要靠种茎贮藏养分供应，种茎的质量与苗期根芽生长关系很大，种茎新鲜而健壮的发根多，伸长快。

根系发达可促进苗期生长，但根的多少与块根的数量无明显相关。

2. 块根形成期

植后 60～100 d 为块根形成期，其中 70～90 d 为结薯盛期。植后 45 d 以前木薯的幼根只有初生结构，45 d 以后，部分吸收根（幼根）开始出现形成层，产生次生结构，形成层向外分裂产生次生韧皮部，向内产生次生木质部，同时中柱细胞也产生了木栓形成层，木栓形成层分裂产生木栓层，代替了原来的表皮和皮层的保护作用，这时初生根已发育为次生根。有一部分次生根的形成层十分活跃，并在次生木质部中不断分裂出大量薄壁细胞，使根部不断增粗，并开始积累淀粉，形成块根。植后 90 d 左右，块根的数量和长度已基本稳定，每株通常有 5～9 条，此时从种茎上直接产生的吸收根的数量亦逐渐减少，但茎叶生长较迅速，株高可达 1 m 左右，并开始出现第一次顶分枝，其茎叶量为苗期的 3～4 倍。

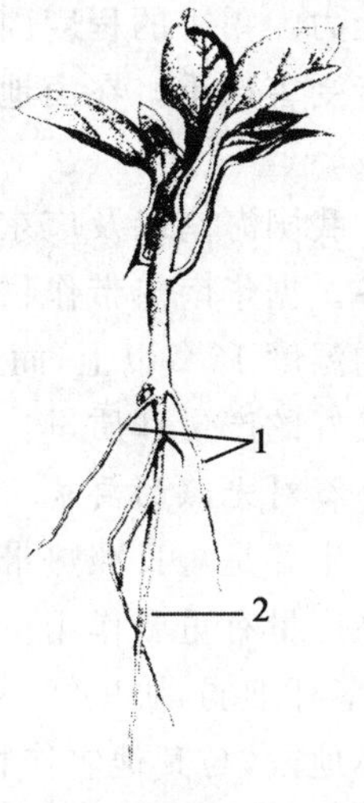

图 3-10 木薯种子苗根系

1. 次生根 2. 主根

块根形成的早晚和数量除与品种特性有关外，与水肥、土壤环境的关系也很密切。在土壤疏松、湿润、养料充足的条件下，块根形成早而且数量多。在块根形成期如果土壤板结，或严重干旱缺肥，次生木质部的薄壁细胞容易木质化，使已经膨大的块根停止增粗而变成纤维素多的粗根，减少了块根的数量和产量。

3. 块根膨大期

在生产上，把块根形成期至收获前（植后 70～300 d）的生长过程称为块根膨大期。在这期间，由于形成层的不断分裂，次生木质部的薄壁细胞不断增加和增大，块根的体积和重量迅速增长，其中以 7～9 月增长最快。同时薄壁细胞内的淀粉也迅速增加，块根的淀粉率和干物质率不断提高。

在块根膨大期，茎叶的生长量很大，尤以 7～9 月份为最盛，叶量达到全生长期的最高峰。此后叶片开始脱落，10 月份以后，块根增粗随之减慢，到 11 月下旬叶片大量脱落，块根基本停止增粗。

在正常的情况下，块根与茎叶增长呈正相关，但茎叶过茂反而降低块根增长，因此合理的水肥管理，创造一个良好的生长条件，使其茎叶茂盛，延长叶片寿命，提高光合效率，是木薯增产的重要环节。

4. 块根成熟期

我国木薯植区，一般植后 9～10 个月，块根已充分膨大，地上部分几乎停止生长，叶片大部脱落，块根也基本停止增粗。这时块根含水量减少，达到了块根成熟期，可开始收获。

(二)木薯的适应性

1. 对温度的要求

木薯喜高温，不耐霜雪。一年中有 8 个月以上的无霜期，年平均温度 18℃以上的地方均可栽培。木薯发芽出苗的最低温度为 14～16℃，18～20℃可正常生长，最适生长温度为 25～29℃，在 14℃时生长缓慢，10℃以下停止生长，并受寒害。茎叶生长以 25～28℃为最适宜，块根膨大以 22～25℃为适宜，开花期的适温为 21～31℃，光合作用最低的极限温度为 14℃，最高为 40℃。

木薯忌怕霜冻，轻霜时伤害幼芽，枝叶枯萎，重霜时茎部皮层组织受害而坏死腐烂，失去繁殖能力。霜害的程度因品种、株龄、生长势和地形等不同而有所差异。低温持续时间长且温差大者受害严重。在山地，受害程度随地势的增高而减轻，这是地处山窝，冷空气聚集停滞之缘故。

我国海南以及广东、广西、台湾等省的中南部地区和福建、云南省的南部栽培的木薯均可越冬。据华南热带作物科学研究院在1960—1962年进行木薯北移栽培试验的结果表明，在年平均温度16℃以上，而且4月月平均温度在15～16℃以上的地方，早熟品种可以正常生长，获得良好的产量和质量。

2. 对光照的要求

木薯是短日照热带作物，阳性不耐荫蔽，对光照长度和强度的反应都很敏感，阳光充足对提高产量有重要作用。木薯生长在阳光不足、荫蔽度大的地方，茎叶徒长，叶序稀疏，节间伸长，茎秆细弱，块根细小，且容易引起叶片脱落，造成低产劣质。因此木薯在林地间作，只限于幼林地段，与其他农作物间种，也应以矮生豆科作物为宜。

日照对木薯的开花和块根形成都有影响。木薯通常在日长13.5 h以下才开花，过度密植和荫蔽使多数品种不开花，或只开雄花不开雌花。短日照利于块根形成，结薯早、增重快。日照长度在10～12 h的条件下，块根分化的数量多、产量高。长日照不利于块根形成，日长16 h时，块根形成受抑制，但长日照利于茎叶生长。据试验，用8 h和14 h的日照长度处理出苗的植株，处理8周后，结果8 h日照者结薯早，增重快，单株薯重是14 h日照的1.5倍；但长日照处理的茎叶生长快，14 h处理者其茎叶增重是8 h日照处理的3.4倍。可见，短日照长薯快，长茎叶慢；而长日照则长茎叶快，长薯慢。

3. 对降水和湿度的要求

木薯对降水量有很广的适应范围，能在600～6 000 mm降水量的地区生长。但在生长期间喜湿润，不需多雨，年降水量1 000～3 000 mm为适宜。多雨阴天多，光照不足，影响光合作用，块根产量低，同时多雨易造成积水，引起块根腐烂。木薯是耐旱性很强的作物，年降雨量356～500 mm的地方，也足够一造木薯生育所需要的水分，甚至在年降雨量仅278 mm的地方也能生长。但木薯最适于年雨量1 000～2 000 mm且分布均匀、土壤湿润的地方生长。年降雨量少于500 mm的地方产量低，品质差。在块根形成期如长期干旱，会使正在伸长膨大的块根停止发育而纤维化，变为粗根，在块根膨大期，过度干旱会引起大量落叶，造成块根膨大慢，木质化程度高，淀粉含量下降，氢氰酸含量增加。

4. 对土壤条件的要求

木薯对土壤的适应性很强，只要不积水，不过分瘦瘠或石砾过多的土地均可栽培。在海拔2 000 m的高山上木薯也能生长，但以排水良好、土层深厚、土质疏松、有机质和钾质丰富、肥力中等以上的沙壤土为最适宜；表土层过浅、肥力差、易受旱的土壤，虽能生长，但产量低、品质差；土质黏重板结或石砾地或粗沙地等，不利根系伸长，块根发育不良，产量和品质都差。

木薯可在pH 3.8～8.0的土壤中生长，但通常以pH 6～7的土壤为适宜。由花岗岩风化而成的砖红壤，最适木薯生长，此类土壤富含钾素，木薯生长良好，块根产量和淀粉含量高，氢氰酸含量低，品质好。广东、海南、福建和广西的西南部多为花岗岩地区，均可种植木薯。

5. 对风的反应

微风利于木薯生长，但木薯植株较高，忌怕台风。台风常常吹毁叶片，吹断枝条或茎干，动摇植株，造成倒伏，使块根断裂而腐烂于土中，造成减产。广东、海南、广西和福建等省的沿海地区，台风盛行，是木薯的最大灾害，因此这些地区种植木薯宜选择避风地段，并选用抗风的品种。

第三节 木薯的种质资源、栽培品种和选育种

一、木薯的种类和种质资源

木薯属（*Manihot* spp.）植物有 150 多个种，木薯（*Manihot esculenta* Ctantz）是唯一用于经济栽培的种。本属其余的种均为野生种，其种类颇多，形态差异很大，有近于无茎的亚灌木到茎粗 25 cm、高 10～12 m 的小乔木，也有匍匐生长、茎叶特异、可供观赏的种类，其染色体的数目均为 $2n=36$。绝大多数野生种如用插条种植，一般不发芽，因而难于用种茎进行无性繁殖，只能用种子繁殖，但种子的发芽率也很低，不像栽培种那样容易繁殖。野生种间也可互相杂交，后代能产生贮藏淀粉的块根，具有广泛的适应性，可为杂交育种提供抗病、低氢氰酸含量、高淀粉和高蛋白质含量的多种多样种质资源。据报道，国际热带农业中心已收集保存木薯属野生种 100 多个，已鉴定了 99 个。其中橡胶木薯（*Manihot glaziovii*）、黑柄木薯（*Manihot melanobasis*）、岩生木薯（*Manihot saxicola*）、叉枝木薯（*Manihot dichotoma*）、七叶木薯（*Manihot aesculifolia*）等 20 多个野生种已在木薯的抗病育种和品质育种中普遍利用。

生产上使用的木薯品种实际上是杂种第一代的无性系后代。据报道，用岩生木薯同栽培种杂交，已得出块根蛋白质含量 12% 的杂种后代。

在长期的栽培过程中，由于人工和自然选择，使木薯产生了丰富的品种资源，目前分散在世界各国的木薯品种有 1 万多份，其中国际热带农业中心保存的木薯种质近 6 000 份。我国也收集保留和创新的木薯种质近 200 份。木薯的品种类型很多，但国际上主要是根据块根氢氰酸含量的多少，普遍分为甜品种和苦品种两个类型。一般块根氢氰酸含量在 5 mg/100 g 以上者为苦品种。

二、我国栽培的主要木薯品种

我国栽培使用的木薯品种，栽培面积较大、分布较广的主要品种简介如下。

1. 华南 205

华南 205 又名细叶木薯，是我国目前栽培面积最大的品种，18 世纪由菲律宾引进，后经广东传入海南和广西等地。适应性强，已遍布我国产区各地，是我国栽培面积最大的高产品种。其主要特点是矮秆密节，分枝少，株高 1.5～2.5 m，茎褐色，叶片 7～9 裂，裂片窄长，呈线形，叶柄红色，结薯集中，薯块多而粗短，呈圆锥形，浅生易收获。其主要特性是高产、高粉、耐肥，土壤肥力越高，产量越高。块根干物质含量 35%～40%，淀粉含量 28%～30%，氢氰酸含量 7～9 mg/100 g。中熟高产，在土壤肥力中上的地方栽培，每公顷产鲜薯 30 000～45 000 kg，集约栽培可达 75 000 kg。

2. 华南 201

华南 201 又名南洋红或东莞红尾。1935 年引自马来西亚，是我国木薯产区栽培面积大、

产量较高的主要当家品种之一。植株高大，生势旺盛，株高可达 3.5 m，呈三叉状分枝，顶端嫩茎有明显的紫红色，叶片多为 7～9 裂，裂片宽大，两面具茸毛，叶柄紫红色，结薯集中，浅生易收获，薯块长大，呈纺锤形，外皮黄褐色，内皮浅紫红色，块根干物质含量 37%左右，淀粉含量 25%～30%，氢氰酸含量 9～14 mg/100 g。属迟熟高产苦品种。植后 8～9 个月才能收获，一般每公顷产 15 000～30 000 kg。

3. 华南 124

这是 20 世纪 80 年代育成的优良新品种，发芽力强，出苗快，生长迅速，生势好，耐旱抗寒，适应性强，主茎分枝部位高，分叉角度小，叶节密，株型好。株高 1.8～3.0 m，茎灰绿色，叶片裂片狭长，厚而浓绿，叶柄淡紫褐色，结薯集中且浅生平伸。薯块肥大，大小均匀，长圆锥形，薯皮薄，浅黄色，肉质细嫩，干物质含量 35%～40%，淀粉含量 28%～30%，一般每公顷产 30 000～45 000 kg，集约栽培可达 75 000 kg 以上。

4. GR911

1998 年由广西亚热带作物研究所育成，植株长势旺盛，株型紧凑，裂叶椭圆钝尖形，叶柄红色。茎秆灰褐色，坚硬。结薯集中，薯形粗短，薯皮深褐色，间有白色环状条纹。品种主要特性是高产、易收获、种茎耐贮藏越冬。产量一般 2～3 t/亩，集约栽培可达 4～5 t/亩，淀粉含量一般 26%～28%。

5. 南植 199

近年由华南植物研究所从国外引进的组培苗中选出推荐，植株长势一般，株型紧凑，裂叶宽大，叶柄红色。薯形大小均匀，薯皮深褐色。主要特性高粉、高产、低毒，抗风抗病虫能力较强，适宜中等肥力以上土壤栽培。产量一般 2～3 t/亩，高产可达 3～5 t/亩，淀粉含量一般 28%～32%。

6. 华南 5 号

2000 年由中国热带农科院品资所育成推广，株型矮秆分枝，裂叶窄长，叶柄红带乳黄色，成熟老茎外皮灰白色，内皮绿色。薯形粗短，薯皮浅黄色。主要特性是高产、抗风，尤其适合在坡地生长种植，对肥力要求不高。产量一般 2～3 t/亩，高产可达 4～5 t，淀粉含量一般 26%～29%。

7. 华南 8 号

中国热带农业科学研品资所从泰国引进的自然杂交种子资源中选而成，品种顶端分枝部位高，分枝短，株型紧凑，叶片裂片披针形，暗绿色，叶柄绿色，叶节密，成熟茎外皮灰绿色，内皮深绿色，结薯集中，薯块大小均匀，大薯率高，圆锥形，薯外皮光滑，黄白色，薯内色为白色。适应性强，早熟、抗风、抗旱。产量一般 2～3 t/亩，高产可达 4～5 t/亩，淀粉含量一般28%～31%。

8. GR891

1997 年由广西亚热带作物研究所育成，植株长势一般，茎秆灰黄色，节间密。裂叶长楔形，叶柄淡黄色。结薯大小均匀，薯皮浅黄色。品种主要特性是高粉、高产、早熟和低毒，适宜肥地栽培种植。产量一般 2～3 t/亩，肥水管理较好的条件下，产量可达 3～4.5 t/亩，淀粉含量一般 30%～33%。

9. 桂热 3 号

选自广西亚热带作物研究所从泰国大田作物研究所引进的木薯自然杂交种子优良单株的

无性后代，经无性系多代评选而育成。与我国当家品种相比，具有高产、高粉、株型直立不分枝等优良性状，产量一般 2～3 t/亩，集约栽培可达 4～5 t/亩，平均淀粉含量为 29.1%。品种于 2007 年通过广西农作物品种审定。

10. 桂热引 1 号

来源于广西亚热带作物研究所从泰国引进的木薯优良品种泰国 KU50 号，区试平均鲜薯产量比我国选育的品种对照种华南 5 号和南植 199 增产 24.5%和 33.6%，其淀粉含量比华南 5 号高 5.5%，与南植 199 相同。具有高产、高淀粉、适宜瘦地种植的优良性状，产量一般 2～3 t/亩，集约栽培可达 3～5 t/亩。品种于 2008 年通过广西农作物品种审定。

11. 新选 048

由广西大学木薯课题组从木薯种质资源 ZM93-16 的自然变异群体中选出优良单株，再经过系统选育和定向选择育成的木薯新品种。该品种株型好，顶部短分枝，茎秆节密，种茎发芽快，长势旺，结薯多，薯块大，结薯集中，容易收获，适应性强，丰产性好。产量一般鲜薯 3～4 t/亩，高产的达 5 t 以上，鲜薯淀粉含量 25%～28%。

12. 华南 9 号(蛋黄木薯)

主要分布在广西和海南，其特点是矮秆密节，株型好，株高 1.5～2.0 m，茎灰褐色，主茎分枝部位适中，分枝短而紧凑，结薯多而集中，浅生，但薯体较小，薯肉黄色，干物质含量 40%左右，淀粉含量 30%以上，氢氰酸含量 3～5 mg/100 g。薯肉细嫩松粉，似蛋黄，清香可口，是理想的食用品种，植后 6～7 个月可收获，产量一般 1 t/亩。

三、木薯的选育种

(一)育种目标

根据木薯当前品种存在的情况及发展趋势，在选育种目标上可有下列几项。

1. 高产、高收获指数

块根是木薯的经济产物，收获指数与产量关系密切，收获指数高表明植株吸收的养料和光合作用产物主要用于块根增长和淀粉积累，投入的回收率高，因此选育块根产量高且有较高收获指数的品种，有更高的生产力，利于降低生产成本，提高经济效益。

2. 淀粉含量高，氢氰酸含量低

淀粉含量高，经济效益好。氢氰酸含量低，使用安全，利于在食品工业和饲料工业上的开发利用。

3. 适应性强

我国木薯植区多在南亚热带，而且多在地力贫瘠、缺水干旱的地方栽培，同时常受台风袭击，因此适宜我国栽培的木薯品种，必须具有耐旱、耐寒、耐瘦、抗风、适应性强的特性。

4. 速生早熟

选育发芽快、生根早、块根形成早、淀粉积累快的速生早熟品种，利于更好地使用土地，提高复种指数，减少土壤冲刷，增强木薯商业生产的竞争能力。

5. 株型好，薯块浅生集中

选育叶节密、分枝部位高、分枝少、株型紧凑的品种，利于密植和间作，可充分利用地面空间，提高单位面积效益。块根粗壮，浅生集中，容易收获，利于降低劳动强度，减少收获用工。

(二)木薯选育种的技术和方法

木薯是一种高度杂合的作物,这种杂合性给木薯育种带来了遗传变异的多样性,提供了良好的选择机会,然而也给木薯育种工作带来了困难,这是由于杂合性造成 F_1 代强烈分离,使其缺乏遗传控制,难于把握变异方向。因此,要从两个优势亲本的杂种后代中选出一个理想的重组类型,需要有大量的 F_1 单株,这样便大大地增加了杂交授粉的工作量,增加了田间栽培和选择工作。同时自交后代严重衰退,因此异花授粉的常规技术不适用于木薯育种(即不能续代自交获得纯系)。实际上,木薯的杂交育种是利用其子一代的杂种优势,以获得优良无性系为目的的系统选择,只需进行一次有性杂交,得出杂种零乱,从中选出优势个体,然后进行无性繁殖,经过几代的无性系比较以及区域试验和生产试验,就可决选新品种。

在育种实践中,主要通过下述的技术方法进行木薯的选育种工作。

1.杂交亲本的选择

(1)首先要根据选育种目标,选择相应的亲本,甚至有时要选择木薯属中的其他野生种;除了目标性状外,在选择亲本时还要选择优点多、缺点少,且优缺点又能互补的品种为亲本,这样有利于产生超亲的重组类型。如华南热带作物科学研究院利用抗风优质的面包木薯与高产但干物质含量较低的华南 201 杂交,获得了抗风、高产、块根干物质含量高的无性系华南 8013。

(2)选择高产品种做母本。具有产量优势的品种做母本比做父本能较多地产生高产的个体。华南热带作物科学研究院用高产(华南 201)和低产(华南 102)品种进行正反交试验,结果表明正交(高产×低产)杂种子一代单株产量在 1.5 kg 以上的植株占 60%,反交(低产×高产)杂种子一代单株产量在 1.5 kg 以上的个体仅占 8.3%,正反交子一代出现的高产株率相差 7 倍多,可见两个产量高低不同的品种进行配对时,以高产者做母本为好。

(3)选择收获指数高的品种为亲本。所谓收获指数是指块根重量与全部生物量之比。木薯的收获指数是可遗传的性状,收获指数与块根产量密切相关,收获指数越高其块根占全部生物量的比例也越高,选择这样的品种为亲本,可获得较多的高产个体,利于提高育种效果。

2.木薯开花结果习性的掌握

(1)木薯的开花习性。木薯是短日照作物,在低纬度地带开花的品种和开花的数量比在高纬度地带多。在我国现有的品种中,多数品种能开花,一般植后 3～5 个月开花,多数品种在 8 月底至 9 月初开始开花,在海南岛 9 月中旬至 11 月上旬为盛花期,11 月中旬以后,气温下降,生长缓慢,叶片逐渐脱落,乃至停止生长,此时花数也随之减少,以致花期结束。但在热带地区能多年不断生长新枝,能不断地开花。

木薯开花数量的趋势是随着分枝级数的递增而增加,授粉的结实率也增加,一般同一级分枝内现蕾开花的时间基本一致。开花时雌花先开,雄花后开,相隔 7～10 d,同序的雌花 2～6 d 开完,同批的雌花 4～8 d 开完。同批的雄花约 10 d 开完。同序的花不会自交,但不同花序的花可以进行自然杂交或同株自交。同株的每级分枝出现的时间相隔 30 d 左右,亦即每个单株每隔 30 d 开 1 次花,品种群内每天都开花,每天的开花时间为 10:00—16:00 时,10:30—12:00 时为开放盛期,也是人工授粉的最好时机,开放后 3～4 h 内,花萼是全开的,到下午 4 时后才逐渐关闭,至下午 6 时左右才完全关闭,雌花开放后的 24 h 内有授粉能力。开花的时间与气候有很大关系,一般 11 月中旬以后,开花时间推迟,在上午 12 时至下午 2 时开花,阴天也延迟开花,低温期间雌花开放后 2、3 d 内不完全关闭。

每一花序上雌雄花的数量及其比例因品种不同而异,一般每个花序上有雌花 3～10 朵,多达 10 朵以上；雄花 30～350 朵或更多，每朵雄花有花粉约 1 600 粒，但有效率只有 50%。据华南热带作物科学研究院对华南 201(东莞红尾)的观察结果，每株总花数为 439 朵，其中雌花 49 朵，占总花数 11.2%。第 1 批开花 6.4 朵全为雄花，第 2 批开花 197 朵，雌花占 4.16%，第 3 批开花数为 170 朵，雌花占 13.46%，第 4 批开花数为 58 朵，雌花占 29.31%，以第 2、3 批(9 月中旬至 10 月中旬)花数最多。同时，随着分枝级数的递增，雌花的比例也逐渐增加。其他品种的开花状况也相类似。

(2)花期预测。从开放前雌雄花的大小和颜色，可预测当天或翌天开放的花朵。在一个品种内花朵的大小和颜色是比较稳定的，当花的体积达到最大而颜色变淡时，表明当天即将开放。华南热带作物科学研究院曾对华南 101(面包木薯)、华南 201 等 5 个品种进行开花前观察，结果表明在开花前一天，雌花长度为9～10 mm，直径 5.5～7.0 mm；开花 2～4 h 长度为 9～11 mm，直径为 6.5～8.0 mm。雌花在开放前一天长度为 6.0～7.5 mm，直径 5.8～6.0 mm；开花前 2～4 h 长度为 6.5～8.5 mm，直径为 5.57 mm。根据这些标准，可以进行花期预测。但在实际操作过程中多凭肉眼观察其大小和颜色的变化，便可准确地选定当天或翌日开放的花朵，进行杂交处理。

(3)了解开花结果与栽培环境的关系，促进其开花。从海南岛到长江流域都可见到木薯开花，但随着生态条件的不同，开花结果的时间和数量有很大差异。一般说来，种植在地力中下等的旱坡地比在潮湿肥沃的地区开花早而多；种植在向阳通风透光的地方开花多，而在背光或荫蔽的地方少开花或不开花；疏植比密植、早植比晚植开花多。有些品种春植不开花，但秋植却开花，如华南 203(印度尼西亚细叶)，春植不开花，但秋植能开花结果。生长在高海拔比在低海拔的开花性强，开花的品种和数量都较多。据国际热带农业中心库克(J. M. Cock)等的观察，认为长日照可以减少花粉败育；昼夜温差大，如白天 28℃，晚间 16℃时有利于花的形成。根据这些特点，可采取适当措施促进开花，如调节播种期、环形剥皮、控制水肥等。

3. 杂交授粉技术

雌花开放之前，在母株上选定当天开放的花序，或者在前一天的下午雌雄花开放之后，选定翌日开花的花序，除去已开放的雌花，一般不需除去雄花。用透明纸袋或薄膜袋把雌花套上，用回形针固定，以避免风和昆虫传粉，用作父本的雄花也应同时选定花序，套袋隔离。

授粉工作应在开花后至下午 4 时以前进行。在花开放后，授粉越早，可捻性越高，杂交成果率也越高。授粉时，先从父本花序上取下开放的雄花，装在盒子或培养皿里，然后打开母本花序之套袋用镊子夹取花药涂抹于柱头上。授粉后，在母本花序上还有当天未开放的雌花，一般应当除去，但如果雌花不足，也可保留至次日开放后再授粉。授粉后套上原袋，挂上标签，写明杂交组合、授粉日期和花数，授粉后 23 d 可除去套袋，7～10 d 可检查结果率，80～90 d 果实开始成熟，此时应留意观察，见果皮变黄时应及时采摘，避免蒴果爆裂而散失种子。

4. 果实成熟

掌握果实的发育过程，及时收成熟种子。授粉后 3 d，子房开始膨大，1 周后果实可达黄豆粒大小，3 周后，果实迅速膨大，至 8 周以后果实的大小形状已基本稳定，中果皮由柔软逐渐变为坚硬，由白色变为淡黄色，种子外壳也由白色逐渐变为黑色，种子内容物充实，授粉后 12～15 周果实已成熟，此时外果皮由绿色变为黄色，随之干燥皱缩，数天内自行爆裂，弹出种子。因此，在果实由绿变黄时即行采果，以免蒴果爆裂散失种子。

5.杂种后代的培育评选

经过杂交获得的种子，必须通过有性和无性系的繁殖和评选，并通过品种比较和适应性试验等步骤，需 8～10 年才能选育出新品种(图 3-11)。

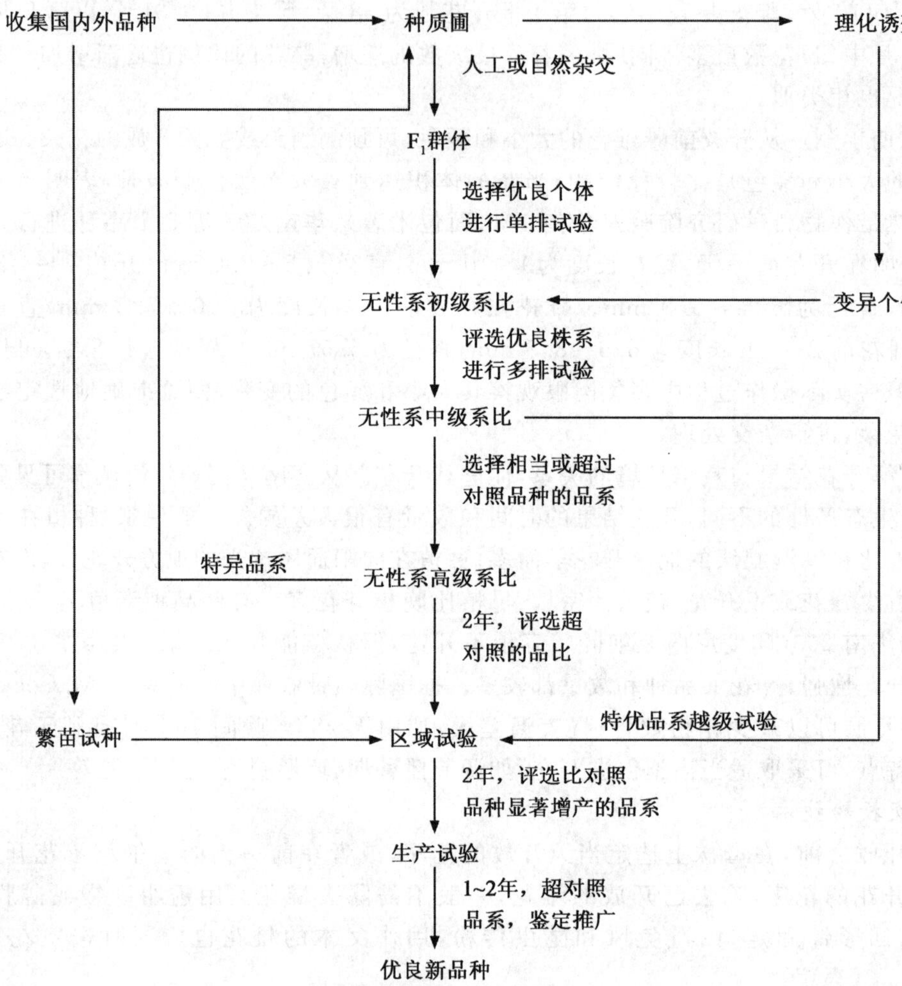

图 3-11 木薯选育种的程序和方法

(1)有性系繁殖评选 杂交获得种子需进行育苗，一般用营养袋育苗，也可以进行苗床育苗。播种时种子平放，腹面朝下，播种深度约 2 cm，每袋放一粒种子。苗床育苗时，株行距为 10 cm×20 cm。播后薄盖稻草或其他柔软的覆盖物，以后隔天淋水，保持湿润，播后 10～15 d 开始出苗，出苗时间一般持续 10 d，但也有播后 50 d 还有出苗的。一般发芽率为 60%左右，最高可达 90%以上。

播种后 6 周苗高 20 cm 左右时，即可移植于大田。移植时最好选择雨天带土定植，如营养袋育苗，须把袋体剪开。植距 1 m×1 m，穴栽，淋定根水，晴天移植应在下午进行。定植后如逢天旱，2 周内需隔天淋水，保证幼苗成活。定植后 30 d 及时除草松土，并追施壮苗肥。

定植后 8～9 个月即可收获，进行有性系(F_1)的单株评选。收获时必须逐株鉴定评选。初选入围的单株，分别称量其地上和地下(块根)部的重量，然后根据块根产量、收获指数、抗逆性、株型和结薯特点等标准进行决选。一般块根产量 2 kg 以上，收获指数 0.55 以上并具有其他优良形状的优良单株，便可入选保留。筛选时，不能只凭块根产量而取舍，同时必须注重收获指数的高低，因为当代块根产量偏低而收获指数高的实生苗(F_1)，可能出现高产的无性系后代；而当代块根产量高收获指数低的 F_1 单株，其无性系后代未必就是高产的类型。在育种实践中，出现这种情况为数不少，因为收获指数是衡量地上和地下部分的养料分配和干物质积累的综合指标，是可遗传的性状，而块根产量可能是基因型，也可能是表现型，若单凭块根产量而忽视收获指数，则会误选。因此，考种筛选时，主要以收获指数为依据，同时综合块根产量、抗逆性等进行评选。入选单株挂牌编号，写上组合名称，按组合成捆保存。

(2)无性系后代的评选　由于木薯的杂合性，杂种 F_1 代强烈分离，自交严重衰退，因此木薯的后代评选不能用续代自交的系谱评选法，除子一代用种子繁殖外，其余各代都是用杂种无性系进行评选的。无性系评选包括初级系比、中级系比、品种比较试验和适应性试验等过程。

初级系比是用无性繁殖的方法，将初步评选入选的 F_1 单株进行的一种试验方法。一般每株系种 5～10 株，植距 1 m×1 m 或 1 m×1.2 m，每隔 10 个株系种一行对照品种。生长期间观察其生活力、株型和抗逆性等；收获时，逐株收获，测称群体的块根产量和茎叶产量，计算其收获指数(块根产量与全部生物量之比)。同时观察记录其块根的形状、分布特点，分析淀粉和干物质含量，最后进行综合评选。收获指数 0.5 以上，块根产量超过或相当于对照品种且其他性状优良的株系入选，参加下一年度的中级系比。

中级系比是测定无性系第二代生产性能的一种方法，不设重复或设二次重复。不设重复的每小区种 25～30 株，二次重复每小区种 15～20 株。植距 1 m ×1 m 或 1 m×0.8 m，每隔 5 个品系或每重复种一小区对照品种。收获时，收获指数 0.5 以上，块根产量超过或相当于对照品种者入选。

经过初、中级系比试验，证明块根产量、收获指数及其他主要性状，如块根干物质含量、淀粉含量、抗逆性等性状都超过或相当于对照品种的优良品系，可参加品种比较试验。品种比较试验采用随机区组排列，重复 3～4 次，小区面积 30～60 m^2。植距 1 m×1 m 或 1 m×0.8 m，以大面积栽培的品种为对照。品种比较试验一般进行两年，试验期间详细观察其农艺性状和生产性能，测定其干物质含量、淀粉和氢氰酸含量。试验结束后，根据田间观察和室内分析的结果，选出参加区域试验的品系。此时入选的品系应该具有分枝晚，植后 6 个月才分枝且无侧分枝；叶片寿命长，约 100 d；收获指数 0.5 以上；在全生育周期中叶面积指数保持在 2.5～3.5 之间；在 1 m×1 m 的植距条件下，每株薯数应有 9 条以上等特点。

区域试验是在品比试验的基础上，进一步验证优良无性系的生产性能，使用价值和适应范围的一种试验。试验设计和观察分析项目与品种比较试验基本相同，但它的试验条件应该更接近试区的栽培习惯和生产管理水平。同时采用当地普遍栽培的品种为对照，试验时间为 2 年。

区域试验验证通过的品系，一般还需进行生产试验，这是与试区栽培条件管埋水平完全一致的大区试验，一般不设重复，面积 0.2～0.3 hm^2，也可设 2 次重复，以当地品种为对照。

经过区域试验和生产试验证明多数试区比当家品种显著增产的品系，可加速繁殖，并评审定名，进行大面积推广。

第四节 木薯的栽培管理

一、栽培制度

(一)轮种

木薯是生长期长、生物产量大的高产作物,需要从土壤里吸收大量养分,如果多年种植而不注意增施肥料和水土保持,势必造成地力衰退,产量下降,因此应利用各种作物生物学特性的差异进行轮换种植,以调节和维持地力,保持木薯高产稳产,做到用地和养地相结合。这是木薯栽培的主要耕作制度。我国木薯植区根据当地的土壤、气候和作物特点,通常实行2年、3年和4年轮作制,与木薯轮作的作物主要有豆科作物(花生、大豆、豇豆等)、禾本科作物(甘蔗、玉米、小米等),此外还有芝麻、油菜、瓜类等作物。在作物安排上,应该因地制宜做到长短结合,用地与养地相结合,安排好前后作,进行轮换种植。

(二)间作

木薯株行距宽,生长前期行间疏空透光,适于间作。良好的间作物对土壤有覆盖与改良作用,能增加土壤有机质,提高木薯产量,同时有充分利用土地和作物资源,提高复种指数,增加经济效益的作用。我国木薯产区多有间作的习惯,间作的方式有以木薯为主体的间作和以多年生木本植物为主体在其行间种木薯的间作。

木薯为主体的间作是将间作物如花生、黄豆等间种于木薯行间,间作可与木薯同时进行或在木薯植后1～2周内进行。间作时需注意勿使间作物荫蔽木薯。绿肥作物在开花盛期应翻埋土中或刈割压青。据华南热带作物科学研究院多年间作的试验结果,在木薯行间种花生、黄豆或绿豆,一般每公顷产花生600～1 125 kg,黄豆750～1 200 kg或绿豆450～600 kg,除产值增加外,还能改良地力;间作小米每公顷可收小米750～900 kg,但对木薯生长和产量均有影响;间作甘薯每公顷可收鲜薯3 750～12 750 kg,能提高总产量,但耗地力较大;间作豆科绿肥,每公顷可收绿肥7 500～12 000 kg,虽无直接经济效益,但能培肥地力,提高木薯产量。

间作物的选择应根据对主作物的影响程度,结合土壤肥力、施肥和管理水平来确定,一般认为间作花生、黄豆等短期生长的豆科作物为理想。间作时木薯的株行距以1 m×1 m,1.2 m×0.8 m,1.5 m×0.7 m或2+1 m×0.6 m为较好,在木薯行间间种1～2行间作物为适宜。据华南热带作物科学研究院1960—1962年用种植密度为每公顷12 000、9 000、5 000株等方式进行间作与单作试验,结果表明,木薯行间间种短期生长作物能提高8%～47%的单位面积总产量。

以木本植物为主体在其行间种植木薯,主要是在经济林木如椰子、油棕、油桐、杉树、竹子以及果林中进行。在这些林木中间种木薯,一般可间作1～2年。我国广东、广西、海南等林区多在杉树、竹林、油茶、橡胶树或果林等幼苗行间间作木薯,并通过木薯的中耕除草和施肥管理工作来抚育幼林。国外如印度尼西亚、印度、马来西亚、泰国等常在椰子、橡胶、咖啡等作物的行间种植木薯。在非洲还有利用木薯作为咖啡、可可的临时荫蔽树的。一般认为在幼林地间种木薯是一种充分利用土地，以短养长，增加收益，农林两利的耕作制度，但如果处理不当，也会影响主副作物的生长，因此在林地间作木薯只有荫蔽度在30%以下时才适宜间作，否则效果不佳。在坡度较大的林地间作应注意水土保持，否则水土流失严重，得不偿失。为了保证木薯产量又不影响主作物生长，应选择肥沃的林地进行，并适当施肥，同时间作年限不宜超过2年。

此外，木薯亦可在其他农作物未收获前进行套种。在广东、广西的南部地区常见在秋、冬甘蔗和春萝卜地里套种木薯，这也是一种提高复种指数、增产增收的良好耕作制度。

(三)连作

木薯植株较高大，耗地力强，一般不主张连作。但是木薯多在山坡旱地上栽培，而且是在零星边际土地或其他对水肥条件要求较高的作物难于良好生长的地方栽培，或要全面实行轮种，土地安排有困难，因此不少地区仍有连作栽培的。连作是否一定减产，有无措施可以维持连作产量，这是值得研究的问题。据各地的经验认为，木薯连作的产量变化，依土壤肥力、施肥水平、栽培措施而定。在土壤较肥沃、施肥水平较高、管理措施有力的条件下，木薯连作多年仍能维持其产量，不会明显减产。华南热带作物科学研究院在其木薯试验基地连作6年，由于坚持施用土杂肥和间作豆科作物，木薯产量一直保持22 500～30 000 kg/hm^2的水平，并不减产。1980年以前，广东的东莞是有名的木薯之乡，对木薯有较高的栽培水平，常有连作7～8年而不减产的。1980年以前，以木薯为业的广西西江农场，木薯栽培常大面积连作3～4年，各年产量也变化不大。但在土壤瘦瘠、施肥水平低、抚育管理差的情况下，木薯连作两年产量就会明显下降，有的甚至连作一年产量就会下降50%以上。可见木薯是否能连作及其连作的年限，应根据具体条件而定，但一般以不超过3年为好。

根据豪勒(R. H. Howeler)等的研究，木薯连作多年，在土壤里与木薯根系共生的具有泡沫状菌株的一种菌根(vesicular-arbuscular mycorrhiza)不能生存而衰亡，使木薯的根系不能吸收养分，特别对磷的吸收。即使施肥也无效果，无法得到正常产量。因此，连作年限不宜过长。

二、选地和整地

木薯适应性强，对土地条件要求不严。不论是平原、山区、荒地、熟地，土质不论是沙地、壤土、黏土，只要坡度在30°以下，不过分瘦瘠和石砾过多，不积水的土地均可选用。在常受台风袭击的地方，栽培地以选择避风或有林带防护的地段为好。实行机械化栽培则宜选择地势平坦而且土地连片的地方进行；大规模的商业性生产，还需考虑交通运输和厂房等条件。

整地应根据不同的地形进行。林区山地，垦地时必须注意水土保持，大于15°的山地，要开成梯田或等高垦耕种植，避免在坡度过大的山坡进行陡坡栽培。草地、一般荒地、熟耕地，在种植前应进行深耕整地，促进风化，使土层深厚松软。耕地深度视土壤性质及土层厚薄而定，一般以20 cm左右为宜。过浅根系分布浅，难于得到充分的养分，并且容易受旱；过深常使底层上翻，亦不利木薯生长，且块根入土过深，收获困难。荒地草地宜在植前2～3个月进行整地，如连作，则需在木薯收获后立即整地。整地的方法据地形而定，有全垦、带垦和免耕等。坡度在15°以下的平缓坡地可进行机耕、全垦。丘陵山地，岗陵起伏，地块不大，高低不平，机耕不便，可用牲畜犁耕，或开成环山梯田种植，同时要顺地势开好环山地沟，以利排水，防止冲刷。

坡度在20°以上的地方种植木薯，必须建筑梯田，否则不宜种植木薯。

三、种植材料

(一)种茎材料的质量

种茎材料的好坏直接影响苗全、苗齐，对苗期生长和产量均有一定影响。为了获得高产，必须选择充分成熟、粗壮密节、髓部充实并富含水分、芽点完整、不损皮芽、无病虫害的主茎作种苗。种茎要求新鲜，色泽鲜明，斩断切口见乳汁。此类种茎含养分多，生活力强，发芽率高，利于植后全苗壮苗，保证产量。未充分成熟、纤细、叶节稀疏、髓部中空、外皮和芽点受损或已抽芽的种茎，植后发芽率低，出苗慢，幼苗细弱，结薯少，产量低，一般不宜采用作种苗。在一条种茎中，以主茎的中、下部苗为好，上部次之，分枝苗较差。试验结果表明，用下、中、上部和分枝作种苗，植后其出苗率分别为97.5%、93.4%、50.0%和31.0%，每公顷块根产量分别为21 195 kg、16 650 kg、15 810 kg和10 500 kg，产量以下部茎为最高，中部次之，分枝茎产量最低。

(二)插条的长度

插条的长短，关系到种苗养分、发芽率和经济使用种苗等问题。我国种植木薯插条的长度多为15～20 cm。华南热带作物科学研究院1961年曾在广东和广西的主要产区对种茎长度与产量的关系进行过调查，结果表明，插条以13～17 cm长的产量最高。10 cm以下20 cm以上者产量均较低。插条长13～17 cm比7～10 cm增产10.4%，比20 cm长的增产14%。在13～33 cm的长度内，种苗长的发芽快，发芽率高，缺株少，幼苗健壮整齐，茎叶生长势好，但后期易倒伏，粗根多，薯块较短少，产量低；种苗短的，特别是10 cm以下者，发芽较慢，缺株较多，但短种茎有结薯集中、薯块粗大、抗风力强等优点。因此，如果选用新鲜、健壮的种茎在温润肥沃的土壤上栽培，并选择适宜的播种期，则10 cm的短种茎其产量不一定比15～20 cm的低。总之，插条的长短根据土壤、气候、种植方法和插条来源而定。在种苗不足而且雨量充足不易受旱、土壤疏松的地方，种茎可短些，斜插和直插可长些，平放的可短些。其长度范围以15～20 cm为适宜。

(三)种苗的快速繁殖方法

木薯生长期长，繁殖系数低，自然繁殖系数只有1∶(8～15)。因此，生产上常常遇到种苗不足的困难，选育出来的优良新品种也常由于种苗不足而影响推广。所以在扩大生产和推广良种的时候，需要通过有效途径，进行种苗快速繁殖，下面介绍几种繁殖方法。

1.单芽繁殖法

木薯种茎上的每个腋芽都能长成一个植株，采用单芽繁殖可以充分发挥每个腋芽的作用，加速繁殖速度。单芽繁殖法是利用单节单芽或双节纵剖单芽进行苗床育苗，再移植大田的一种繁殖方法。做法是，把成熟新鲜健壮的种茎锯成单节单芽或双节纵剖单芽，然后按10 cm×15 cm的密度垂直播放于苗床上进行育苗，待苗高10～15 cm时移植于大田，进行繁殖。这种繁殖方法比常规种植的繁殖速度高5～6倍，是一种简单的快速繁殖方法。

2.嫩枝繁殖法

这是利用种茎腋芽长成的嫩枝进行切割催根、插植繁殖的一种方法。具体做法是：选择健壮成熟、芽点完整、无病虫害的母株，切成每段含有2个腋芽的插条，然后平放于苗床上，植深

1 cm,植后保持苗床湿润,1～2 周后便可出苗,苗高 10 cm 左右时,在离地面 1 cm 处用利刀切下幼苗,并立即放在冷开水中洗去切口表面的胶乳,然后修剪,只留顶端 2～3 片叶子,此时便将嫩枝成束放在盛水的容器中,置于催根室进行催根。催根室由棚盖、台架和平板组成,平板涂成白色,平放于台架上,棚盖可以是活动的,也可以钉靠在台架上。棚盖须留有一活动门,以便种苗的进出,台架高 50～80 cm,棚盖呈拱形或棚顶呈"人"字形,高 1.5 cm。嫩枝在催根室内催根 1 周后开始发根,待根长 1 cm 时即可定植于大田,插植时深插,可插至苗条上最低的叶片处,植后 3 周内田间应保持饱和的持水量,以保证成活。

切枝后的插条将不断地长出新枝,可多次重复上述过程,并利用新长成的植株作母株,这样 1 个母株 1 年内可繁苗 1 万株以上。这是一种非常快速的繁殖种苗方法,但必须掌握一定的操作技术。

3. 腋芽繁殖法

这是利用幼龄母株上带有叶片的离体腋芽进行喷雾催根的一种快速繁殖种苗方法。需要一个设有喷雾装置的催根室,一般在 2 m×1 m 的催根室内装有两个喷头,其喷雾量为 50 L/h,同时在催根室内架设铁丝,以支撑叶子,还需要备有浅木箱若干个。

操作方法:将装进粗沙的浅木箱排列于催根室中,然后在田间选择 3～4 个月株龄的健康母株,用消毒过的利刀切取腋芽,芽片带少许木质部和一张叶片,似脚板状,称"踵体苗",叶片切去 1/2 呈扇形,切取的腋芽须立即放进冷开水中洗掉切口表面的胶乳,然后在粗沙的表面划一小沟,把切芽放在沟中进行假植(不要盖土),并打开喷头,让其喷雾。假植 1～2 周后,切口开始发根,当幼苗长出 4～5 片展开叶时,便可移植。为了保证成活率,最好先移植于营养袋中,1 周后再定植于大田。定植 3～4 个月后的植株又可利用做母株进行切芽,如此多次重复上述过程,这样在热带地区,一株 3～4 个月株龄的母株,1 年内可繁苗 10 万～30 万株。这是当今木薯繁苗最快的一种方法,但要求一定的设备和技术条件。

4. 环状剥皮培芽繁殖法

此法与嫩枝繁殖种苗法相似,做法是选择植后 5～6 个月,还未完全老化叶片尚无脱落的植株,将其全部叶片摘除,随后在主茎上每隔 3～4 节进行环状剥皮,促进腋芽全面萌发,当芽长 10 cm 以上时用利刀从腋芽基部连少许木质部切下,于苗床或营养袋中培植 15～20 d,待长根后再移植于大田。一般环剥后 10 d 便可第一次割苗,以后每隔 10 d 割苗一次。此法的繁殖种苗速度比常规法快 15 倍以上,是一种简单易行的繁殖种苗方法。

此外,技术和设备条件好的地方,可利用组织培养技术进行繁殖种苗。

四、种植方法和种植密度

(一)种苗种植方法

木薯的种植方式有平放、斜插和直插。平放是将插条平放浅埋于植穴或植沟中;斜插是将种茎呈 15°～45°角斜种于植穴或植沟中,种茎的 2/3 或全部埋于土中;直插乃将种茎垂直插植于土中,约 1/3 露出表面。3 种方法各有利弊,国内外均有使用,其产量水平无明显差异,但由于平放法省工快速,生产上多用此法。使用何种方法,视各地的种植习惯和土地气候条件而定。

平放可四周结薯,浅生,水平分布,容易收获。在表土浅瘦,底土黏实的情况下,其产量常比斜插和直插者高。大面积栽培或林地、果园和经济作物地间作常用此法。但平放法在种植时易过浅或过深，而且种茎全埋于土中，通气性较差，发芽较困难，容易引起缺株，抗风性也较差，土质黏重、湿度过大的地方不宜使用。斜插出苗快，出苗率高，能保证全苗，薯块多朝一方伸展，收获方便，但抗风性也较差。一般湿度大、起垄种植的地方多采用此法。直插出苗早而齐，结薯多，入土较深，抗旱抗风性能较强，但薯块大小不均匀，种植时花工多，收获也较困难，大面积生产较少使用，只限于土层深厚，起垄栽培或果园林地起土堆间作时才适宜使用，但国外如印度尼西亚常用垂直法种植。

木薯还可以采用地膜覆盖种植，方法是在犁耙好的土地上按行距（1～1.2 m）起畦，将所需肥料一次性施于畦中间和泥土拌匀，畦面覆盖 1～1.2 m 宽地膜，地膜四周用泥土压实，然后按株距 0.8～1.0 m 将木薯种茎插入畦膜两边，种茎露出地面 3～5 cm。此法可保温保湿、抑制杂草、出苗快、产量高，一般可增产 30%～50%。

（二）种植密度

木薯的产量构成由单位面积株数、单株薯数和单株薯重组成，因此种植时，既要考虑株间有一定充分生长空间，又要保持单位面积内有足够的株数，过疏过密总产都不高。疏植，有充分生长的空间，植株能充分展开，有最大叶面积指数和光合作用面积，单株块根产量较高，但株数不够，单位面积的总产不高；过密，互相遮蔽，通透性不良，淀粉积累少，块根小，品质差，总产也不高。因此，必须根据水肥条件、品种特性等因地制宜实行合理密植。土壤肥沃，水肥条件好植距疏些。一般种植密度为 10 500～18 000 株/hm^2。华南热带作物科学研究院曾在 1959—1960 年进行了密度试验，结果表明，在土壤肥力中等以上的条件下，种植密度以 9 000～15 000 株/hm^2 为适宜，其中以 12 000 株/hm^2 产量最高，过疏过密都会降低产量。在土壤条件好或施肥管理水平高的情况下，每公顷植 15 000～18 000 株，块根产量都不高。土壤肥沃，施肥管理水平高，分枝性强及生长期长的品种，植距可宽些，以 10 500～12 000 株/hm^2 为适宜，山地可比平地密些，以12 000～15 000 株/hm^2 为较好，肥力中下的每公顷植 12 000～15 000 株较适宜，土壤条件较差的每公顷植 15 000～18 000 株，条件恶劣的可植21 000～24 000 株/hm^2，但最密不可超过 24 000 株。

世界上其他生产木薯的国家，由于生产、生态条件的不同，种植密度也不同。在印度推荐的种植密度是分枝品种为 90 cm×90 cm，不分枝的品种每穴两段插条，密度 75 cm×75 cm，认为每穴留二苗产量最高。在巴西的试验认为，种植密度以 1 m×1 m 为最好。国际热带农业中心据其试验结果，提出多分枝的品种最优的种植密度是 5 000 株/hm^2，而直立的品种以 10 000 株/hm^2 为最好。

（三）种植适期

在热带地区，木薯可以多年生，但在生产上普遍作为一年生栽培，少数地区也有二年生栽培。在我国北纬 23.5°以南地区可隔年生长，只要土壤湿润全年均可种植。但我国大部分地区木薯的植期主要受旱季和霜期支配，所以我国木薯的种植期可分为春植（2～4 月）和秋植（9～10 月）两种，海南和广东的湛江地区春植和秋植均可，但一般多为春植，其余地区由于冬季有霜冻寒害，只能春植。春植木薯植后的气候条件符合木薯生长所需要求，它不受冬季低温干旱的影响，生长期缺株少，生势强，结薯多，产量高，收获期间正是干旱低温的冬季，有利于提高干物质产量和淀粉含量。但在常受台风袭击的地区，每当 7～9 月木薯生长的旺盛时候，常受台风为害，产量和质量均受严重影响，损失可达 50%以上。其次是春旱频繁的地区，播期延迟，缺株较多，同时种茎过冬的贮藏时间较长，如堆放保管不善，往往造成种苗腐烂或干枯，降低种苗质量，使出苗率下降，造成种苗不足。秋植木薯多在8～9月种植，这时高温多雨，出苗快，缺株少，至翌年8～9月收获，可避免台风为害，可克服春植木薯的缺点。但秋植木薯生长期长，而且产量不如春植的高，因为木薯在块根形成膨大期常受干旱低温影响，往往使开始膨大的块根停止发育而变成粗根，造成块根少而短，纤维素多。同时收获期在8～9月，正是生长和块根膨大积累淀粉的旺盛时期，因此产量不高，淀粉含量也较低。据华南热带作物科学研究院(1990—1991)的植期和收获期的试验结果，表明在同一生长月数中，春植(2～4月)木薯的产量为15 000 kg/hm^2，干物质含量为37.9%，秋植(8～9月)木薯的产量只有13 500 kg/hm^3，干物质含量仅为28%～29%，产量和品质均不如春植木薯。综上所述，春植乃是我国木薯主要植期。

春植木薯要有8～10个月以上的生长期才能充分发挥其高产性能，因此选择适宜的植期，充分满足其生长要求，是保证高产稳产的重要环节。过早种植，气温尚低，出苗缓慢，如遇上冷雨或晚霜，种苗会腐烂或幼苗受冷害，遇上干旱则易引起种苗干枯，造成严重缺株，而且生势差，结薯少，产量低。适期后过迟种植，常因雨水集中，土壤板结或湿度过大，幼苗出土困难，甚至种茎腐烂于土中，造成严重缺株，而且生长期缩短，产量明显下降。据温健等(1960—1962)的试验，2～3月份种植的每公顷产24 810 kg，而4～5月份种植的只有10 740 kg/hm^2，减产60%左右，可见适期种植对提高产量有重要作用。根据木薯发芽的温度要求，气温稳定在16℃以上，同时土壤又具有一定湿度时，便可开始种植。我国木薯适植期为2～4月，但各地的温湿度变化不同，适植时间不尽相同，海南、广东和广西的南部地区在2～3月种植，其他地方多在3月或4月上旬种植。

五、木薯的田间管理

(一)补苗

木薯植后常常由于种苗质量差(如种苗贮藏过久，失水过多，种茎幼嫩纤细或插条过短或由于植期不适，遇上低温干旱，雨水过多，湿度过大等原因)，造成缺株，会显著地降低产量。因此，为了避免缺株，保证全苗，除了注意种苗质量和适期种植外，植后还必须及时查苗补苗。补苗通常在植后20 d开始，30 d内完成，以免补植的幼苗受到荫蔽，影响其生长。补植的种苗来源于原留种茎或预先播放在田间的幼苗，亦可将多芽苗挖出进行分芽补植。如无上述种苗，可在植后50 d内，在间苗时选择苗高20 cm以上、茎基粗壮的嫩枝进行插植，但必须深插，且其产量较低。

(二)间苗

木薯植后通常有2～4个或更多的幼芽出土，如任其自然生长，每穴将有多个主茎，会造成荫蔽和消耗养分，一般应进行间苗，除去过多的幼苗。间苗一般在齐苗后，苗高15～20 cm时进行，每穴留1～2苗。据华南热带作物科学研究院(1960—1962)进行的间苗试验结果表明，留双苗比留单苗的增产10.9%，留三苗比单苗的减少17.0%，以留三苗者产量最低，可见每穴留苗过多会降低产量，需要及时间苗，每穴留二苗(主茎)为适宜。

(三)中耕除草

木薯的块根需要有一个土壤疏松、通气良好的表土层才能发育良好。因此，中耕除草是提高木薯产量的重要因素，尤其植后 3 个月内的中耕除草是促进块根发育、提高单株产量的关键时期，因为这时正值苗期，生长缓慢，地表外露容易滋长杂草，与幼苗争水、争肥、争阳光。木薯幼苗竞争力弱，对草害敏感，这时期的田间管理直接影响幼苗生长和块根形成。

在适宜的条件下，植后 30～40 d，苗高 15～20 cm 时，就可进行第 1 次中耕除草，这时幼根短，块根尚未形成，中耕除草可促进苗期生长。植后 60～70 d 可进行第 2 次除草松土，这时块根已开始形成，应结合除草松土施结薯肥。植后 90～100 d，可进行第 3 次除草松土，这时块根的数量已基本稳定并开始膨大，应结合松土追施壮薯肥。此后植株已开展，茎叶繁茂，覆盖地面，杂草难于滋长，可不再中耕除草。在块根膨大期可适当浅培土，木薯块根浅生，深植和厚培土都不利块根膨大，因此土壤较板结的地方一般不培土，土壤沙质瘦瘠的地方和常受台风袭击的地方可进行浅培土。

(四)木薯对矿物养分的要求及其施肥

1. 矿物养分在植株各部的分配

据华南热带作物科学研究院(1960)对木薯根茎叶各部分的氮、磷、钾含量的分析结果，表明在正常的栽培条件下，每公顷植 12 000 株，其植株各部氮、磷、钾的含量分别为250.77 kg/hm^2，20.33 kg/hm^2 和 239.4 kg/hm^2(表 3-1)。

表 3-1　木薯植株各部分 N、P、K 的含量

部位	营养成分/%			每公顷产量	每公顷含营养成分总量/kg		
	N	P	K	/kg	N	P	K
根	0.332	0.035	0.59	25 695	85.31	8.99	151.60
茎	0.445	0.039	0.31	18 360	81.70	7.16	56.92
叶	1.632	0.084	0.62	4 980	83.76	4.18	30.88
合计					250.77	20.33	239.4

从表 3-1 可以看出，木薯植株各部分，氮和钾的含量都较多，磷的含量很少。在叶片里氮的含量最多，茎次之，根部最少，所以块根的蛋白质含量很低。

在不同的生长周期各部分的含量也有较大的差异。生长晚期，根茎叶里氮、磷、钾的含量均明显减少，但在叶片里的钙和镁的含量趋向增加，而茎和根部趋向减少。

2. 木薯对主要养分的要求

在各种养分中，木薯对氮和钾的要求最高，其次是磷、钙和镁。据表 3-1 可知，生产 1 t 的木薯块根，需要从土壤里吸收 3.3 kg 氮、5.9 kg 钾和 0.35 kg 磷。但根据国际热带农业中心豪勒等综合世界不同地区的试验分析结果，指出生产 1 t 块根的产量，约从土壤里吸收 2.3 kg 氮、4.1 kg 钾、0.5 kg 磷、0.6 kg 钙和 0.3 kg 镁，N∶P∶K＝5∶1∶8。这样每公顷产块根 22 500 kg，需要从土壤里吸收 52.5 kg 氮、11.25 kg 磷、93 kg 钾。要是茎叶不回田，每公顷消耗的 N、P、K 的数量将分别增加到 111 kg、24 kg 和 121.5 kg。不过在整个生长周期中，这些养料约 50%将重新被回收，因此要连年保持每公顷产 22 500 kg 的块根产量，而又不明显地降低地力，每年至少应增施硫酸铵 255 kg/hm^2，过磷酸钙 75 kg/hm^2，氯化钾 270 kg/hm^2。

许多试验结果表明，木薯虽然要从土壤里吸收大量养分，然而从生产 1 t 干物质所吸收的养分看，除钾和钙外，其他养分的吸收量比许多作物要少得多。生产 1 t 干薯片吸收 6 kg 氮和

1 kg 磷，比其他许多作物要少几倍(表 3-2)。

表 3-2 不同作物生产 1 t 干物质吸收的养分 kg

作物	N	P	K	Ca	Mg
木薯	6	1	11	1.6	0.6
大豆	21	5	6	0.9	1.4
玉米	15	3	6	0.5	1.7
马铃薯	10	2	22	0.8	1.3
水稻	13	3	4	0.4	1.6
高粱	20	4	4	0.5	1.9
小麦	18	4	6	0.6	1.8

在矿物营养中，N、P、K 是木薯生长的三要素，Ca、Mg 等元素，对木薯生长也有很大影响。N 是细胞原生质的主要成分，与木薯叶片的大小和寿命都有很大关系。因此，木薯要从土壤里吸收大量的氮，以保证其旺盛生长，进行充分的光合作用。我国华南地区高温多雨，有机质容易分解消失，水土冲刷也较严重，所以除新开垦的林地外，一般耕地均缺氮。木薯缺氮生长不良，植株矮小，叶片小而色淡，有些品种叶片变黄，开始时只是底层叶片，但很快会扩及全株。可见栽培木薯，氮肥的应用颇为重要。不过氮量过多，易引起叶蓬生长过于茂盛，造成荫蔽和徒长，不利于光合作用和积累淀粉，反而降低块根产量和淀粉含量，同时提高了氢氰酸的含量，因此木薯不宜偏施氮肥，应与磷钾肥配合施用。

磷在碳水化合物的代谢过程中起重要作用，是核蛋白、核酸和磷脂的基本成分，在磷酸化作用、光合作用、碳水化合物的合成和分解等过程中都有重要的作用，对块根的形成膨大和淀粉积累也有非常重要的影响。木薯缺磷植株矮小，叶片变小且呈紫红色，严重时下部叶片变黄而软弱，甚至坏死和脱落。在我国南方，特别是酸性砖红壤地区，土壤一般都缺磷，施用磷肥效果显著。华南热带作物科学研究院(1959—1960)进行的三要素试验结果表明，在 pH 4～5 的酸性砖红壤上施用磷肥比不施用的增产 11.96%，有显著的增产效果。据国际热带农业中心豪勒等(1981)的报道，木薯缺磷，块根干物质含量降低 10%，淀粉含量减少 7%。如果在缺磷的氧化还原性土壤中每公顷施用 175 kg 磷肥，便使木薯的块根产量从 7 t/hm^2 提高到 25 t/hm^2，认为适施磷肥利于植株生长，增加块根产量。但磷肥过多，会使茎叶过于茂盛而降低收获指数，使产量下降。

钾虽然不是蛋白质、碳水化合物和脂肪的基本成分，但它直接影响木薯的新陈代谢，对碳水化合物的输送有重要作用。丰富的钾利于块根积累淀粉，提高淀粉率，降低氢氰酸含量，改善块根品质。木薯植株各部分所含的矿物质成分以钾为最多，如果缺钾，块根细长，茎秆纤细，叶片变小，严重缺钾时叶片出现紫色斑点，并变黄，底层叶片的叶尖和叶缘以及叶柄坏死，甚至茎部组织坏死或爆裂，造成落叶和枯枝。但不适当地过多施用钾肥，会导致缺钙，使植株矮小，块根发育不良，反而造成减产。我国花岗岩成土的木薯植区，钾的含量较丰富，施用钾肥的效果不甚显著，但在玄武岩风化土地区，如海南的福山、三门坡和广东湛江的徐海地区，土壤中钾的含量较少，栽培木薯时常见缺钾，钾肥的作用较为显著。

钙也是木薯植株中的一种重要成分，在组织中主要起调节水分的作用。木薯对钙的要求国内尚少研究，只是在20世纪40年代，李西开和黄瑞纶等曾在广西柳州地区对木薯进行过石灰施用试验，结果表明，当每公顷穴施750～1 500 kg时，植穴呈碱性反应，这可能是穴施造成的。国外对木薯施用钙肥也未引起充分注意，但已经做了一些试验研究，发现在缺钙的情况下过多施用钾肥，会造成植株矮小，在正常的情况下，过量的施用钾肥也会限制钙的吸收而引起缺钙，降低植株生长，使上层叶片变小或畸形，影响块根的生长发育。在酸性的氧化还原性土壤中常缺钙，一般施用石灰可缓解。

镁是叶绿素的一种成分，对光合作用有重要作用，对果胶、维生素和碳水化合物的合成也有很大影响。过量的施用钾也会引起缺镁，缺镁时，底层叶片间隔缺绿或变黄。酸性的氧化还原土普遍缺镁，高钾含量的火山土地区，镁的含量低，也易引起木薯缺镁。

木薯体内的钙和镁绝大部分是积累在植株的地上部，收获后多回到土壤里。

3. 施肥的时期和方法

木薯的施肥时期和方法是根据木薯的生长周期、气候特点、土壤肥力、肥料种类和经济因素等条件来决定的。一般的原则是施足基肥，合理追肥，N、P、K配合施用。木薯的根系为粗根系，很少根毛，需要与土壤里的菌根共生以吸收土壤养分，特别是对磷的吸收。木薯的根大多分布在表土层。据试验观察，植后7个月木薯根深达90 cm，但约70%的根分布在表土10 cm的地方，植后12个月根深可达1.4 m，但约90%的根分布在10 cm的表土中，收获时96%的根都在表土上方的30 cm的范围内，可见木薯的根系绝大部分都分布在靠近土壤表面，少量深根是在干旱时吸收水分而深伸的。因此，木薯施肥宜浅施，施肥深度超过10 cm时，肥效较差，以5～10 cm为适宜，常在离植株基部20 cm处穴施或沟施。

在施肥期上，华南热带作物科学研究院(1959—1960)曾用同量肥料进行过不同时期的施用试验，观察木薯块根的发育情况，结果为全部肥料做基肥处理的，其单株块根平均产量为最高，分前(植后5个月)后(植后7个月)两期追施的次之，作后期(植后7个月)追肥的又次之，作前期(植后5个月)追施的最低，但各处理间的差异并不显著。但该院1989—1990年的试验结果表明，木薯前期追肥以早施(植后30～40 d)重施为宜。在肥料有限的情况下，一般在植后30～40 d把全部肥料一次施用比植后120 d一次施用的增产23.6%，有显著的增产效果。国外的试验也有相似的结果，指出氮肥和钾肥做基肥一次施用和植后1～2个月内分期施用，结果无显著差异，但以全部肥量的1/2为基肥，1/2在植后1个月或2个月施用效果最好(表3-3、表3-4)。

表3-3 K肥不同施用期对木薯块根产量和质量的影响

处理	块根产量/(t/hm²)	淀粉含量/%	干物质/%
全做基肥施用	22.2	28.6	41.9
植后1个月施用	20.9	32.9	41.8
植后2个月施用	18.3	32.4	39.8
1/2作基肥，1/2植后1个月施用	25.2	33.5	42.8
1/2作基肥，1/2植后2个月施用	24.1	31.7	38.6
植后1个月和植后2个月各施1/2	18.6	28.2	42.8
1/3作基肥，1/3植后1个月，1/3植后2个月施用	22.5	29.0	40.0

表 3-4　N 肥的施用时间对木薯块根的影响

施肥时间	块根产量/(t/hm²)	干物质/%	淀粉含量/%
全做基肥施用	27.7	38.6	26.2
植后 1 个月全部施用	25.9	40.4	28.0
植后 2 个月全部施用	23.9	41.5	27.6
1/2 作基肥,1/2 植后 1 个月施用	26.8	37.2	27.6
1/2 作基肥,1/2 植后 2 个月施用	30.5	42.0	29.4
植后 1、2 个月各施 1/2	25.6	41.0	28.5
1/3 作基肥,植后 1、2 个月各施 1/3	32.9	36.8	26.4

在 N、P、K 肥的配合施用上,华南热带作物科学研究院的试验结果表明,在花岗岩风化土地区,磷肥对木薯有明显的增产效果,凡施用磷肥的试区,块根产量均比对照区高,增产效果依次为 N、P,P,N、P、K,P、K。以 N、P 和 P 肥单施的试区产量最高,均超过对照区的 1 倍以上。表明在土壤缺磷的地区,必须注意磷肥的施用才能获得高产。在施用草木灰作基肥时,磷肥增产不明显,而 K 肥单施反而比对照减产,这可能是钾肥过量抑制了钙和镁的吸收,影响块根发育之缘故。施草木灰为基肥时,追施氮肥其增产效果也较显著。茎叶产量以 N、P、K 肥配合施用为最高,而钾肥比例过大则对茎叶生长有抑制作用。肥料成分对块根氢氰酸含量有影响,其趋势是施氮肥者氢氰酸含量增加,而施磷、钾者氢氰酸含量减少。

在肥料搭配上,国外的试验也认为,以 N、P、K 配合施用其增加效果最好(表 3-5)。

表 3-5　各种肥料搭配施用对块根产量的影响　　t/hm²

处理	N	P	K	N、P	N、K	P、K	N、P、K	不施肥
农家肥+化肥	21.3	16.1	15.4	21.7	23.0	19.5	25.0	
只施化肥	14.6	13.4	11.8	18.3	19.0	14.0	21.4	
只施农家肥	—	—	—	—	—	—	—	15.0
对照(不施肥)	—	—	—	—	—	—	—	11.0

在正常的情况下,N、P、K 肥配合施用的比例以 N∶P∶K=5∶1∶8 或 5∶1∶5 为较好。

在生产上,由于木薯的生长与土壤和气候之间的交互作用,特别是在高温多雨、淋溶严重的地方,肥料的一次施用往往难于保证其全生育期的需要,因此在实践中肥料的施用仍主张以生物学特点和生理要求进行施肥,分作基肥和追肥施用。基肥多为有机肥和磷、钾肥,磷、钾肥与有机肥混合作基肥施用可提高其有效性;追肥多为化学氮肥。我国有些地区常在木薯行间间种花生、黄豆、绿豆或绿肥等作物,收获后压青作为追肥。在木薯生长期间,一般追肥 2～3 次,分为壮苗肥、结薯肥和壮薯肥。壮苗肥以氮为主,于植后 30～40 d 内施用,以利壮苗发根,为块根形成提供物质基础。结薯肥以钾肥为主并适施氮肥,在植后 60～90 d 内进行,可促进块根形成,保证单株薯数。如果土壤贫瘠,最好施一次壮薯肥,于植后 90～120 d 内施用,利于块根膨大和淀粉积累。据国际热带农业中心的试验结果,提出钾肥分做基肥和植后30 d、90 d

等3次施用比做基肥一次施用效果更佳。

如何进行合理施肥，近年来世界各地对主要作物都逐渐采用叶片营养诊断方法进行施肥，避免了盲目施肥。但木薯叶片的养分变化较大，标准叶片难于确定，进行叶片营养诊断较困难。据杜富纳(Dldoumet)等在马尔加什的研究结果，提出以木薯主茎栓内层进行营养诊断较为合适，产量高时栓内层钾含量均较高，指出栓内层含钾量低于0.7%或土壤中可置换性钾低于0.6%时，即应每公顷施90～97.5 kg钾肥。近年来，国际热带农业中心豪勒等对3～4月株龄的木薯完全展开的嫩叶的各种营养成分的测定，研究了木薯植株营养指标，提出完全展开叶的嫩叶含N量少于4.7%，P少于0.30%，K少于6.0%时，即为营养不足(表3-6)，应及时施肥。

表3-6　3～4月株龄木薯完全展开嫩叶各种营养成分含量　%

营养成分	不　足	低	充　足	高	毒　害
N	<4.7	4.7～5.1	0.51～0.58	>5.8	—
P	<0.30	0.30～0.36	0.36～0.50	>0.5	—
K	<1.0	1.0～1.3	1.3～2.0	>2.0	—
Ca	<0.65	0.65～0.75	0.75～0.85	>0.85	—
Mg	<0.27	0.27～0.29	0.29～0.31	>0.31	—
S	<0.24	0.24～0.26	0.26～0.30	>0.30	—
B($\times10^{-4}$)	<20	20～30	30～60	60～100	>100
Cu($\times10^{-4}$)	<5	5～6	6～10	10～15	>15
Fe($\times10^{-4}$)	<100	100～120	120～140	140～200	>200
Mn($\times10^{-4}$)	<45	45～50	50～120	120～250	>250
Zn($\times10^{-4}$)	<25	25～30	30～60	60～120	120

(五)水土流失的防治

木薯前期生长慢，地表裸露，在坡地种植容易造成水土流失，导致土壤肥力下降。为防止木薯地的水土流失，在坡地种植木薯可以采用起畦、种植香根草带、间作花生类豆科作物等措施，可以有效控制水土流失，保持土壤肥力。

第五节　木薯的病虫害及其防治

木薯粗生易栽，在我国病虫害较少。在非洲和拉丁美洲有些地区已经出现了严重的病虫害，威胁着木薯生产的发展，降低了生产效益。在世界木薯产区已经发现木薯有30多种主要病害和超过100种的虫害，这里介绍一些较为普遍的主要病虫害。

一、病害

(一)木薯细菌性枯萎病

1.分布及为害

此病是世界木薯植区最具摧毁性的病害,亚洲、非洲、拉丁美洲都有造成严重损失的报道。我国台湾省台中的普利地区 1963 年首次流行,以后扩展到全岛范围,造成 30% 的木薯产量损失,淀粉出粉率减少 40%,严重发病的田块被迫丢荒。1980 年以来先后在广东省的深圳、罗定,海南省的信县、万宁和广西的博白等县相继发现此病。病株的茎叶生长受到抑制,进而影响根系生长、块根膨大和干物质积累,结果导致薯块产量低、品质差、淀粉含量下降。

2.症状

初期在完全展开成熟叶片上出现水渍状、暗绿色、多角形小病斑,后扩大或汇合变成褐色病斑,由下而上逐渐扩散。受害叶片凋萎、干枯、最终脱落。受害叶柄和嫩茎的病部凹陷,呈褐色,其周围着生的叶片凋萎,严重时生长点死亡,出现顶端回枯。在叶片、叶柄和嫩梢的病斑上渗出橙黄色的胶滴。染病株的茎干和根系维管束干腐、坏死。

3.病原菌

学名木薯萎蔫病黄单胞菌。它是一种格兰氏阴性杆菌,具有一根极生鞭毛,借它在水中游动。其培养特征是生长迅速,菌落白色,黏液样,带黏性。借染病的种植材料(插条、种苗)作远距离传播。雨水飞溅是近距离传播的重要方式,其他土壤溅散、昆虫和污染的农具也能传病。此菌通过气孔或伤口侵入叶片和嫩梢的表皮组织和维管组织,引起薄壁组织广泛坏死。天气潮湿时,在叶片、叶柄和嫩茎上溢出的细菌被雨水、昆虫、农具传到健康植株。

4.发病条件

夏秋季节,高温多雨,有利该病原细菌快速繁殖。此病的发生率与降雨有密切关系,特别是台风暴雨后容易流行。

5.防治方法

执行检疫。严禁从病区、病田获取种用插条。经批准输入的种植材料要种在隔离地区观察一年。划定无病留种田和建立无病木薯种苗繁育中心,供应生产用种苗。

消灭菌源。种植前用饱和石灰水浸种。对少数发病田块采取及时拔除和烧毁病株,进行土壤和农具消毒,控制病区的流水和土壤传入无病田块。病田实行轮作。

减少发病条件。大片的木薯田周围要营造防护林。平地种木薯要做好排水系统,避免田块渍水,降低土壤湿度。

种植抗病品种。

(二)尾孢菌叶斑病

尾孢属真菌等侵害木薯叶片,引起褐斑病、灰斑病和凋萎叶斑病,是世界木薯植区广泛发生的重要病害。在我国木薯植区也常发生,造成大量落叶、削弱植株生势、降低薯块产量和淀粉含量。

褐斑病初期在叶面出现浅灰色圆斑,以后病斑扩大变成灰褐色,病斑边缘及中央色泽较深并有同心轮纹。潮湿时病斑中央长出霉状物,此即病原菌的分生孢子梗和分生孢子。有时病斑扩展、汇合成不规则形大斑块。后期病斑中央破裂、穿孔。灰斑病初期染病叶片产生不规则散生的、直径 2～3 mm 的灰白色斑点，以后斑点扩大、边缘不规则、呈紫色。病斑上产生黑色霉状物即病原菌的分生孢子。凋萎叶斑病病斑大而无明显的界限，呈均匀一致的褐色，每个病斑可以覆盖 1/5 以上的叶子裂片，在叶的下表面病斑中央浅灰色霉状物，即病原菌的分生孢子梗和分生孢子。

尾孢菌叶斑病在高湿地区的木薯田最普遍。病原菌可在病株或落地病组织上以菌丝渡过不良环境，气候条件适宜时长出分生孢子。分生孢子借风、雨传播，重复侵害嫩叶。每年以高温高湿季节发病最为严重。

防治方法以预防为主，包括种植抗病品种；搞好田园卫生，除草和收集、烧毁病叶；注意施肥，特别是要增施钾肥。病害流行季节，对易感病品种可喷施波尔多液等杀菌剂。

(三)炭疽病

由刺盘孢属真菌 *Colletotrichum* spp.引起的木薯炭疽病分布广泛，常给木薯植株造成广泛落叶、顶端回枯和茎干溃疡，对幼龄植株造成的损害严重。

炭疽病常在长时期降雨后出现。以在幼嫩裂片边缘出现叶斑为特征，造成嫩叶扭歪、受害组织部分或全部坏死。此病原菌侵害绿色茎干部分造成茎干溃疡和回枯，在溃疡病部中央常见浅粉红色物，即此菌的分生孢子堆。

防治方法包括选用抗病品种，从无病或轻病地块选取种用的插条，以及注意不在降雨高峰期定植。

(四)徒长病

由木薯痂圆孢 *Sphaceloma mannihoticola* 引起的徒长病是新近才发生的一种病害，在伦比亚、委内瑞拉、巴拿马等南美国家相继报告发生，在那些使用易感病品种的种植园造成过相当大的损失。

徒长病的特征是茎干的节间过度伸长，造成染病茎干纤细、瘦弱，病株比健株高得多和瘦弱得多。受害植株的叶片主脉和叶柄上形成溃疡，导致叶片扭歪、部分或全部坏死和落叶。在茎干绿色部分的叶柄脱落处也形成眼状溃疡，偶尔导致回枯。

徒长病在雨季发生最为严重。主要由来自病田的种茎传播。寄主限于木薯属植物。

防治方法包括使用抗病品种，或使用无病的种用插条。在发病地区，种植前可用敌菌丹 300 mg/kg 有效成分的药液对种用插条进行浸泡处理。

(五)非洲花叶病

1.分布及为害

此病于 1894 年在东非发现，1926 年传到西非及马尔加什等邻近岛屿，以后在热带美洲和亚洲也相继发生。染病植株的叶片面积比正常植株减少 1/4，叶内的碳水化合物及含氮物质较快分解，这些都影响到木薯块根的生长而造成产量降低。重病时造成 50% 以上的产量损失。

2.症状

仅在嫩叶上表现，叶色变淡绿或褪绿形成花叶，叶子面积大大减少，卷曲、萎缩、畸形。后期叶片枯萎，枝条变形，植株矮生。本病症状在雨季或低温季节更为明显。

3.病原

此病是由一种叫做非洲木薯花叶病毒 African Cassava Mosaic Virus(ACMV)引起的病

毒病害。病毒质粒成对,多面形立方晶体。此病能通过芽接和传毒昆虫粉虱(*Bomisia* spp.)传播。染病植株的茎干用作种用插条时是远距离传播的主要方式。

4. 防治方法

包括严禁从病区调种,使用抗病品种,剔除劣种和使用无病插条,化学药剂防除粉虱等。有报道从染病木薯的嫩梢顶端分生组织成功地培育出无非洲花叶病毒的木薯植株的经验,可作为培育和繁殖无毒种苗的方法予以推广。

(六)木薯褐纹病

此病是另一种重要的木薯病毒病害,主要分布于坦桑尼亚、乌干达、莫桑比克及印度洋沿岸地区。东非在 1 200 m 以下的海岸地区发生严重,在高海拔地区则轻。如在木薯幼龄期严重染病能引起完全失收。

褐纹病可在茎干、叶片、叶柄、叶痕、块根或果实上单独地或同时表现以下症状:在绿色嫩茎上出现褐色条纹,长达数毫米,有时彼此联合;叶片有黄色斑块,但不变形,不脱落,叶柄的叶痕有黑色斑点,凹陷;染病块根纵裂,内部组织布满黑斑,后呈黑青色腐烂;未成熟的病果上出现病斑,侵入果肉。

病原为木薯褐纹病毒 Cassava Brown Streak Virus(CBSV)。芽接和传毒昆虫粉虱能传病。最初由带病的木薯插条传播此病,以后再由粉虱在田间传播。此病毒除侵害木薯外,尚可侵害碧冬茄、曼陀罗、黄花烟、普通烟、龙葵等。

防治方法包括严禁从病区引种,种植抗病品种,剔除劣种,使用无病插条等。

(七)细菌性角斑病

世界各地均有此病发生。在我国广西和海南也出现此病,尚未造成严重损失。

此病主要为害木薯叶片,有时能经过韧皮部侵害茎芽和嫩枝。在叶上产生水渍状、角形斑点,斑点周围为浅黄色晕圈环绕,斑点扩大、联合、黑褐色,其上有小的胶滴溢出,其特征与细菌性枯萎病相似。受害叶片整个变黄,成熟前脱落。

病源菌为野油菜黄单胞菌木薯致病型。

本病一般在 5 月份开始发生,8～9 月份较为严重。无免疫品种和有效的药剂防治方法,主要是避免从发病田块取种茎,而要使用无病的种茎繁殖。

二、虫害

据报道,全世界为害木薯的害虫(包括螨类)有 200 多种,其中在我国目前较为常见的害虫有黑网珠蜡蚧、食根缘齿天牛及朱砂叶螨等,国外危害严重的害虫有木薯单爪螨及朱砂叶螨。

1. 黑网珠蜡蚧 *Saissetia nigra* Nietner

属同翅目蜡蚧科。海南、广东有发生。雌若蚧为害木薯茎及叶片,严重时可使之落叶。此虫雌体栗色至浓紫色,近似椭圆形,前方细背部隆起;体长 3～5 mm,宽 2～3 mm,触角 8 节,第 3 节最长;足不发达,气门部凹入,中央气门刺毛较其他刺毛长约达 3 倍;腹端间隙愈合,三角板外边稍膨出,底边微凹,外边与内边同长,底边最短,缘毛先端扩大深分枝,外皮密布不整齐的多角形斑纹,各斑纹呈现为一透明小点。卵橙黄色,长圆柱形,长 0.3 mm,宽 0.1 mm,其上长有许多不规则的圆形花纹。若虫初时为灰绿色,后为灰黑色,近似椭圆形,一端较钝圆,长

3.2 mm，宽 3.0 mm。

黑网珠蜡蚧世代重叠，终年可见成虫、若虫；雌虫产卵于身体腹面，一生产卵约 2 000 粒，若虫孵出后于雌体下停留数天，待到 2 龄时方爬出，然后固着于寄主上进行为害。幼龄若虫有群集于叶面及茎上的习性。此虫能分泌蜜露诱发烟煤病，使叶面及茎的表面呈现污黑色，影响植株光合作用。

发生时可喷 25％亚胺硫磷、50％马拉松、50％二溴磷 1 000 倍液或 80％敌敌畏 1 500 倍液加以防治；此虫有黑褐金小蜂等多种天敌应很好加以保护利用。

2. 食根缘齿天牛 *Dorysthenes granulosus*(Thomson)

属鞘翅目天牛科锯天牛亚科。分布于海南、广东、广西及云南等地。幼虫咬食种茎及块根使植株死亡及块根腐烂。

成虫体长 24～63 mm，体宽 9～25 mm，棕红色，仅头部及触角基部棕黑色；体光滑仅雄虫后胸腹板被棕色茸毛；雄虫触角微长于体而雌虫仅长达黯翅之半，第 3 触角节略长于第 4、5 触角节的合长，第 3～7 触角节上具小刺瘤；前胸背板两侧各具 3 枚刺突，第 1 刺突横向，第 2 刺突最长端部向后，第 3 刺突最短端部向前；两黯翅各具 2 条明显的纵隆线，此线在黯翅端部 1/7 处会合；足的第 1 附节长于第 2、3 附节的合长。卵长 2.53.1 nm，宽 0.9～1.1 mm，卵形，乳黄色至棕黄色。幼虫初孵时长 4.0 mm，宽 0.8 mm，乳白色。老熟幼虫体长 71 mm，体粗肥，呈圆筒形略扁，橙黄色，头近方形，长稍胜于宽，头盖中缝闭合，两侧叶后方突出，触角黑褐 2 节；上腾凹切形，下腾须 4 节，下唇须 3 节；前胸背板具微波状“一”字形中断的棕黑色花纹；胸足 3 对呈针状；气门片棕黑色；第 1～7 腹节背腹两面步泡突明显，第 8、9 腹节背腹两面光滑。蛹长约 50 mm，离蛹，棕黄色，附肢明显，腹部分节亦明显，其中以第 7 节为最长。

食根缘齿天牛世代重叠，在海南省一代需时一年，跨年完成。成虫于 5 月初始见，5 月中旬至 6 月中旬为盛期，以后逐渐减少直至 7 月上旬，在 8 月上旬及中旬仅有零星成虫发生。成虫在夜间活动，活动最烈时刻是 21 时 30 分至 22 时 30 分，白天不活动，躲于覆盖物或大泥块下。成虫在夜间出土后在地面爬行，若雌雄相遇即进行交尾，交尾次数为多次，雌虫交尾后即可产卵，产卵多次，每头雌虫一生产卵 8～216 粒，每次产卵 1～6 粒，卵产于离地表 5～50 mm 的土中。卵的孵化率在 73.4％～99.3％之间，土壤含水量多少对卵的孵化影响不大。幼虫食木薯块根及茎基。幼虫老熟后在土中化蛹，蛹外有泥土胶合成的扁椭圆形蛹室包裹，内壁光滑，化蛹处土质较为坚实。

在种植木薯前将园中的残桩清理干净，及时清除受害植株并进行销毁可对此虫进行防治；在发生严重时，在食根缘齿天牛成虫期尚可进行灯光诱杀。

3. 木薯单爪螨 *Mononychuellus tanajoae*(Bondor)

属叶螨科单爪螨属。俗名木薯绿螨，是非洲引起木薯最大经济损失的种类，也是目前我国对外检疫害螨之一。

(1)分布与为害　木薯单爪螨分布在美洲的墨西哥、巴西、哥伦比亚、圭亚那、巴拉圭、特立尼达。自 1970 年由木薯茎传入非洲的乌干达，1972 年在乌干达暴发为害，此后在肯尼亚、坦桑尼亚、扎伊尔、布隆迪、刚果和苏丹等国家相继暴发为害。

木薯单爪螨仅为害木薯，用口针吸取木薯顶芽、嫩叶和茎的绿色部分汁液，使受害叶片呈黄色斑点、畸形钱以致枯黄脱落。顶芽及茎部受害，呈现弯曲、粗糙，茎皮变褐色，严重时植株回枯，块根腐烂。在乌干达产量损失高达46%。

(2)形态特征　成螨绿色，体长350 μm。须肢端感器柱形，其长约1.5倍于宽。背表皮纹纤细，前足体纵向，而靠近第1对背毛处则呈网状图形，后半体横向，但在第3对背中毛之间则呈纵向。背毛13对，着生于小突起上，前足体背毛、肩毛和后半体背侧毛较长，其长等于它们基部之间的距离；后半体背毛较短，其长为它们之间距离的一半。

(3)生活习性　木薯单爪螨雌螨产卵于叶片下表面，多产在沿中脉或叶片凹处。在(26.8±2.2)℃饲养，一世代历期11～13 d，其中卵期3～4 d，幼螨期1～2 d，前若螨1～2 d，后若螨2～3 d，产卵期1～2 d。雌成螨寿命18 d，每雌产卵15～115粒。室内研究表明，发育适温是28～32℃，相对湿度为60%。

木薯单爪螨田间种群波动与降雨量密切相关。在新热带(Neotropics)区种群在3～4月上升，5月末或6月初达高峰，高峰期可维持到7月中旬，在大雨季节，螨类数量突然下降，小高峰在9～10月。植株的生长期也影响螨的密度，在顶部新抽的第3～4叶片螨的数量较少，第5～10片叶数量最多。幼小植株和较老植株螨的数量较少，植株在12～40周龄时螨和卵密度最高。

4.朱砂叶螨 *Tetranychus cinnabarinus*(Boisduval)

属真螨目叶螨科叶螨属。

(1)分布与为害　朱砂叶螨是世界性害虫，寄主范围广，是我国广东、广西、福建等省区为害木薯作物的主要害螨种类，近年在华南热带作物科学研究院木薯品种种植园危害严重。朱砂叶螨用口针刺吸木薯植株下层叶片汁液，在干旱季节扩展延伸到顶叶，受害叶片沿主脉呈现黄色斑点，后扩展到整个叶片，严重时叶片枯黄脱落，以致植株枯死。

(2)形态特征　雌成螨椭圆形，锈红色或深红色，体长0.5～0.6 mm。体背两侧有块状或条形深褐色斑纹，有时分隔成两块，前面的一块较大，后面较小。背毛刚毛状，6列24根，依次排列为2+4+6+4+4+4=24，其长超过横列间的距离。各足爪间突裂开为3对针状毛。雄成螨略呈菱形，淡黄色，体较小，长0.3～0.4 mm。末体端部较瘦削。

(3)生活习性　成螨、幼螨、若螨均栖息在叶背，并有细丝网覆盖。在热带地区年发生代数达20代以上，在室温25～28℃，1代历期平均9 d，其中卵期3.51 d，幼螨期1.91 d，第1若螨1.32 d，第2若螨1.35 d，产卵期0.8 d。雌成螨寿命16.35 d。该螨的繁殖方式主要为两性生殖，但也可孤雌生殖。雌螨交尾后1～3 d即可产卵，每雌螨产卵量45.75粒。雄螨在交尾后1～2 d即死亡。在高温干燥季节或年份发生严重。

朱砂叶螨的天敌种类较多，常见的有拟小食螨瓢虫、小花蝽、小隐翅虫、六点蓟马、拉戈钝绥螨、花毛钝绥螨等，对朱砂叶螨均有抑制作用。

(4)木薯螨类防治方法　螨类的生活周期短，繁殖率高，使用化学农药容易增加螨类对药剂的抗性，而且应用药剂防治经济效益低，因此目前对木薯螨类的防治多数国家都注重木薯品种对螨类抗性和生物防治的研究。

选育和种植抗性品系。不同木薯品种对木薯螨类具有不同程度的抗性。实践证明在木薯螨类严重发生地区，种植抗性品系，如Ecu-133、Mex-20、Mex-75等，螨类的数量低、受害轻，块根产量大约为易感品种的2倍。因此，培育和种植对木薯具有抗性的速生品系，是控制木薯害螨为害的有效措施。

生物防治：①保护和利用田间自然天敌。螨类的天敌种类较多，能有效地控制害螨的发生,因此保护和利用田间自然天敌,是控制木薯螨类猖獗发生的有力措施之一。②引进和人工释放天敌。1977年肯尼亚从特立尼达引进隐翅虫科 *Oligota minuta* 到肯尼亚繁殖释放防治木薯单爪螨获得成功。还可人工繁殖和释放植绥螨等。

化学防治:药剂防治一般采用25%杀虫脒、20%双甲脒水剂1 000~1 500倍液,40%氧化乐果乳油1 500~2 000倍药液进行喷雾。

为防止木薯单爪螨经木薯种植材料传播蔓延,将木薯茎分别浸泡在50%马拉硫磷、50%甲胺磷乳油1 500倍药液中5 min,可预防螨在插条上的为害,控制木薯单爪螨在新种植区蔓延。

第六节 木薯的收获和种茎贮藏

一、收获时期

木薯块根属于营养体,在生理特性上无明显的成熟期。生产上所说的成熟是指一年之中块根产量和淀粉含量均达到最高值的时期。早熟品种种植后7~8个月可开始收获,中熟品种种植后9个月可收获,迟熟品种须在植后10个月以上才能收获。我国木薯栽培多为春植,成熟收获期多在当年11月份,生长期8~11个月。根据木薯对温度的要求,在早霜来临之前,气温下降至14℃时就应进行收获。但在世界的热带地区,与我国的情况不同,不受季节和气温的影响,随时都可收获,通常生长期为10~12个月,甚至长达14个月才收获的。在我国,广东曲江、广西柳州以北的地区,早霜一般在12月份出现,木薯的收获期自11月中旬开始。在广东和南宁附近及其以南地区,霜期1~2月份出现,木薯的收获期在当年12月份至翌年1月份。海南岛终年无霜,终年可种植和收获,但海南也习惯于春植或冬植,收获期多自10月下旬开始至翌年2月份结束。据西江农场(1958—1960)对木薯成熟期淀粉含量分析结果,认为11月份以前收获,淀粉率都在20%以下,11月上旬上升至24%以上,直至1月下旬仍保持最高峰,2月下旬开始下降,至4月底仍保持20%左右,至5月初又下降至20%以下,据此认为最适收获期为当年12月份至翌年1月份。

华南热带作物科学研究院温健等(1959—1960)用早、中、迟熟品种进行收获试验,植后7个月开始收获,以后每隔1个月收获1次,连续12个月,结果表明,木薯块根的产量及薯干率随着生长期有较大的变化,当年收获,块根产量最高时期为,早熟品种如糯米木薯在11月下旬,中熟品种如华南205在12月份至翌年1月份,迟熟品种如东莞红尾在翌年1月份,此后如果不收获,产量将逐渐下降,至3~4月份下降至最低点。认为海南岛木薯的最适收获期为11月下旬至翌年1月份。

在我国,木薯块根干物质率的高峰期与产量的高峰期是吻合的,也在当年的12月份至翌年的1月份。1月份以后薯干率开始下降,宿根木薯翌年2~3月份为薯干率下降阶段,4月份开始回升,回升的速度因品种而异,但多数品种至10月份仍未达到1月份的最高水平。

我国木薯栽培以一年生为理想,因为一年生木薯在当年11月下旬至翌年1月其块根产量、薯干率和淀粉含量等均已达到商品生产的经济指标,宿根木薯的块根产量虽然可比一年生的提高60%左右，但在翌年10月以前，其块根干物率含量尚比不上一年生木薯，而且纤维素多，土地利用不经济，不如一年生栽培合算，因此一般不主张二年生栽培。

二、收获方法

收获是木薯栽培过程中占用劳力最多、劳动强度最大的一项工作。一般小规模栽培多用人工收获，收获前可先砍去嫩茎和分枝，然后锄松茎基表土，随即拔起，再斩断茎干砍下薯块。起畦栽培的可用畜力犁松泥土进行收获。大面积栽培，可用机械收获，方法是先从茎部砍去茎干，然后在拖拉机上装上没有翻土板的犁头，这样便可犁松畦面而翻动薯块，犁后用人工收拣，这样每人每天可收获0.3 hm^2 左右。

三、产量潜力

在热带地区，木薯的最高产量和食物能均超过其他主要粮食作物(表3-7)，表明木薯是产量潜力很大的高产作物。随着新技术新品种的推广利用，木薯的产量潜力将会得到充分发挥。国际热带农业中心库克(James H. Cock)等的研究认为一个理想的品种在良好的条件下，其产量潜力为年产鲜薯90 t/hm^2，在该中心的研究产量已达80 t/hm^2，而在印度的研究则认为木薯的最高产量可达100 t/hm^2。在我国，试验产量已达97.5 t/hm^2。据梁光商(1982)和温健(1962)等的报道，我国一年生木薯的高产单株可达100 kg/株，二年生可达150 kg/株。但总的说来，目前世界木薯产区仍在贫瘦的土地上栽培木薯，平均产量仍然很低，世界木薯的平均产量约10 t/hm^2，我国木薯产量为7.5～9.0 t/hm^2。

表3-7 主要热带食用作物最高纪录的产量(干物质和食物能)

作物	年最高产量/(t/hm^2)	每天生产的食物能/(kcal/hm^2)
木薯	71	250
玉米	20	200
甘薯	65	180
水稻	26	176
高粱	13	114
小麦	12	110
香蕉	39	80

四、种茎贮藏

在我国，木薯收获后通常要经过2～3个月，甚至4～5个月才能种植，因此必须作好种茎的贮藏工作，避免由于雨淋、暴晒或低温冻害所引起的干枯腐烂，造成种茎不足。

种茎贮藏的方式主要根据当地冬季的气温高低和霜期长短而定，较为普遍采用的方法有露天堆藏法、沟藏法和窖藏法。

1. 露天堆藏法

在年平均温度22℃以上，1月份平均气温14℃以上，冬季无霜冻或仅有轻霜的地区可采用此法。做法是在背风避阳的地方，把表土锄松或挖浅沟，然后把种茎竖放其上，使茎基部靠贴地面，并在种茎基部培土以利保湿，堆放后在其顶部加草覆盖防止日晒失水。海南岛和广东的湛江地区常用此法。此法简便，但贮藏时间超过2～3个月，易失水干枯，所以贮藏时应注意检查，如地表干燥可淋水保湿，避免干枯。

2. 沟藏法

在霜期较短的地区常采用此法。做法是选择坐北向南、地势倾斜、土壤沙质干燥、排水良好的地方挖沟，沟宽1.5～2.0 m，深50～60 cm，长不限，种茎横放或纵放于沟内，堆高约1 m，呈龟背形，然后盖土，并使部分碎土渗入种茎之间，以利调节湿度，避免干枯腐烂，初次盖土厚10～12 cm，然后视气温高低进行培土。寒冷时加厚培土，防止受冻害；温热时减薄培土，避免种茎发芽或发热腐烂。种堆上面覆盖茅草或稻草，周围开排水沟避免雨水流入贮藏沟内。

3. 窖藏法

此法在"两广"北部等纬度较高的地区采用，其方法是选择背北向阳、土地坚实干燥、水位较低、不易倒塌的地方于晴天挖窖，窖口宽0.8～1 m，窖深2.5～3 m，中间宽1.5～2 m，形如瓦瓮，窖壁要打实，窖口四周开排水沟，防止雨水渗入窖内。贮藏前，在窖内烧一次干草，使窖内干燥，同时用药物消毒，并在窖内填充一层石灰或草木灰。然后将种茎竖放于窖内，种茎要在霜前收获并于晴天入窖。在窖顶插一通气筒，以便通气和观察窖内温湿度。通气筒的孔口倾斜向下，防止雪水入窖。入窖的种茎要老化，在霜前种茎大部分叶片仍未脱落的地区，可在不影响产量的前提下，于8～9月间开始打叶，至收获前留下约1/3的顶叶，以促进种茎老化。种茎收获后，先露天晒几天，使其失去部分水分，减弱其呼吸强度。入窖时，种茎横放于铺垫上，以不宜接触地为宜，窖口、窖内切忌用稻草、湿沙、湿土等铺垫或盖顶，以免稻草吸湿腐烂发热，引起种茎腐烂。贮藏期间，窖内应保持干燥，温度保持10～18℃，以13～15℃、相对湿度80%为最适宜。低于5℃种茎易受冻害，高于18～20℃种茎易发芽，因此须经常检查，注意调节窖内温度。如温度过低，可加厚覆土或在窖顶盖稻草使窖温提高，过高可减薄覆土让窖内温度散发，同时严防白蚁为害。

此外，木薯的种茎还可用温室、地窖、地下室等方法贮藏。

第七节　木薯的加工和综合利用

木薯的根、茎、叶均可利用，其块根含有丰富的淀粉，叶片含有丰富的蛋白质和维生素。木薯不仅是粮食和饲料的重要来源，而且是优良的工业原料，在食品、医药、酒精、制糖、纺织、造纸、涂料等行业有广泛的用途，此外，还可以作为精细的化工原料，生产柠檬酸、山梨醇、甘露醇、乳酸、维生素等，品种不下百种。深度加工，进行工业上的开发利用有广泛的前景。

一、木薯的成分

(一)块根的营养成分

木薯块根可利用的部分主要是肉质部分，其主要成分是淀粉。蛋白质和脂肪的含量甚少，但维生素C的含量较为丰富。华南热带作物科学研究院在"七五"期间对主要木薯品种的主要成分做了分析，结果表明木薯块根中的水分为58.1%～68.8%，淀粉为24.3%～35.7%，纤维素为1.5%～3.5%，维生素C为27.7～45.6 mg/100 g，干片蛋白质为2.0%～3.4%（表3-8）。

表3-8 我国主要木薯品种（系）块根的主要成分

品种	水分/%	淀粉/%	蛋白质(干片)/%	维生素C/(mg/100 g)	纤维素/%	HCN/(mg/100 g)
华南205	61.9	30.2	2.3	42.5	2.3	6.34
华南124	61.1	30.0	3.4	38.6	2.7	4.55
面包木薯	54.6	35.7	3.2	34.0	3.5	4.80
东莞红尾	62.3	30.3	3.3	34.8	3.2	12.82
华南202	68.8	24.8	2.2	28.5	3.0	9.35
糯米木薯	60.0	32.9	3.7	36.1	2.1	3.06
文昌红心	61.4	30.4	3.6	40.2	3.0	4.57
琼海白杆	60.0	31.6	2.9	33.6	2.5	4.23
华南6068	58.0	33.3	2.7	35.1	2.6	2.44
蛋黄木薯	58.0	33.5	3.2	44.8	1.9	3.05
泰引1号	59.1	33.0	2.8	45.6	2.7	3.62
罗永1号	61.0	31.0	2.9	44.3	1.6	8.57
MCol22	62.0	29.2	3.0	27.7	2.2	4.02
华南8013	58.1	32.0	2.2	36.9	2.6	3.25
华南8002	61.4	29.9	2.5	36.3	2.7	4.64
ZM8229	58.5	32.5	3.2	43.0	1.7	3.85
品种间平均	60.4	31.3	2.9	37.8	2.5	5.20

木薯块根蛋白质含量很少，而且质量也差，非蛋白态N占块根全部含N量的50%左右，但蛋白质中赖氨酸的含量是丰富的，同时也含有精氨酸、苏氨酸、色氨酸等（表3-9），还含有很多矿物质，有丰富的钙、磷、钾和维生素等。

表3-9 木薯块根蛋白质的氨基酸成分

氨基酸	含量/(mg/100 kg)	氨基酸	含量/(mg/100 kg)
精氨酸	52	蛋氨酸	—
组氨酸	22	苯丙氨酸	32
异亮氨酸	40	苏氨酸	36
亮氨酸	54	色氨酸	—
赖氨酸	87	缬氨酸	42

(二)叶片的营养成分

木薯叶片含有丰富的蛋白质、胡萝卜素和维生素等，一般鲜叶含粗蛋白质7%～79%，干叶含粗蛋白质 20%～30%，其全部氨基酸的含量为 8.4%～9.4%，除蛋氨酸低于临界水平外，其他主要氨基酸是丰富的(表 3-10)，胡萝卜素、矿物质、维生素 B 和维生素 C 也很丰富，可做蔬菜食用。木薯叶片比一些主要牧草的蛋白质含量也高得多(表 3-11)，是一种优质饲料。

表 3-10　木薯叶片的营养成分

成分	含量	成分	含量
食物能/(J/100 g)	251	磷/(mg/100 g)	68.00
水分/%	61.00	铁/(mg/100 g)	2.80
蛋白质/(g/100 g)	6.90	钾/(mg/100 g)	409.00
脂肪/(g/100 g)	1.30	胡萝卜素 B/(mg/100 g)	8 280.00
碳水化合物/(g/100 g)	9.20	维生素 B_1/(mg/100 g)	0.16
粗纤维/(g/100 g)	2.10	维生素 B_2/(mg/100 g)	0.32
灰分/(g/100 g)	1.60	烟酸/(mg/100 g)	1.80
钙/(mg/100 g)	144.00	维生素 C/(mg/100 g)	82.00

表 3-11　木薯叶片与几种牧草的蛋白质含量比较(干重)　　%

饲料(牧草)	蛋白质	粗纤维
旗草	10	27
坚尼草	7	38
象草	11	36
笔花豆	14	35
木薯叶片	23	20

华南热带作物科学研究院(1962)对木薯各部位的叶片进行分析，发现上、中部叶片的蛋白质、淀粉和氢氰酸的含量较下部叶片为高，粗脂肪则是下部叶片稍高(表 3-12)，1985 年又分析了华南 205 等 8 个品种的叶片的主要成分，其干片的蛋白质的含量为 16.2%～22.4%。叶片中氮、钾、钙的含量较多，而磷的含量很少，仅 0.2%～0.4%。

表 3-12　木薯植株各部位叶片的主要成分

部位	水分(鲜叶)/%	粗蛋白/%		可溶性糖/%		淀粉/%		脂肪/%		氢氰酸(鲜叶)/(mg/100 g)
		鲜叶	干叶	鲜叶	干叶	鲜叶	干叶	鲜叶	干叶	
上部叶片	70.50	8.90	30.4	2.60	8.06	2.92	9.90	2.25	6.90	23.10
中部叶片	69.10	9.45	30.6	2.88	9.30	1.93	6.25	2.95	10.0	21.60
下部叶片	68.40	7.40	23.5	2.54	8.05	4.91	4.91	3.42	11.0	15.70

二、木薯产品的利用

(一)食用

世界上木薯全部产量的 65% 用做人类食物的能量来源，是热带地区低收入农户的一种传统食用作物。在非洲几乎所有的木薯都作为粮食消耗，在拉丁美洲约 40% 作为粮食，多半是加工成木薯粉、西米或淀粉制成食品而食用。在亚洲木薯作为粮食食用的国家主要是印度和印度尼西亚，其他国家少食用，主要做饲料和工业原料或提供出口。在热带非洲的国家中，每人每天要从木薯产品中获得 961 J 的热能甚至更多，例如扎伊尔和刚果每人每天平均的吸收量为 4.18×10^3 J 以上，即每人每天食用 1 kg 鲜木薯，其量之大是惊人的。在印度尼西亚每人每天从木薯产品中获得 836 J 的热能，在印度有 2 000 万～3 000 万人以木薯为主要粮食，每人每天需从木薯中摄取 3.1×10^3 J 热能。在美洲以木薯作为主要粮食的国家主要有巴西、巴拉圭、玻利维亚、秘鲁和厄瓜多尔等，在巴西估计有 1.25 亿人每人每天从木薯中得到 836 J 以上的能量。

我国木薯产区，木薯产品主要做饲料和加工原料或提供出口，在当地人民的食料中并不重要和普遍，只是在个别地区稻作产量甚少或因天灾减产时，木薯才会在一个时期内作为粮食的补充，如海南琼山的羊山地区和乐东的部分地区，常以木薯作为粮食不足的补充。

作为粮食食用，木薯只能给人们提供碳水化合物，难于满足人体对蛋白质的要求，因此以木薯为主食的地区，必须补充蛋白质丰富的食物，才能满足生理要求，否则会造成营养不良，影响健康，甚至发生水肿和癞皮病。但在习惯上吃木薯的地区常吃木薯叶，很少发生因蛋白质不足引起的疾病，因为木薯叶里含有丰富的蛋白质和维生素 A，恰好补充块根这些营养成分的不足，是一种良好的食品。如每人每天吃木薯叶 30 g，最少含有蛋白质 21 g，维生素 A 3 000 个国际单位(约 150 mg)，超过成人日常需要量的 10 倍以上，所含的维生素 B 和维生素 C 也足够成年人的日常需要。热带非洲国家如扎伊尔和刚果等习惯吃鲜木薯叶或叶片干粉。

在世界热带地区，用木薯制成食品种类很多，常作为日常粮食食用的主要方法和种类有如下几种：

1. *蒸煮块根直接食用*

直接以块根为口粮食用的一般是块根肉质中氢氰酸含量少的甜品种，食用时须将皮层剥去，然后切成小段在锅里蒸煮，熟后松软可口，吃用时同其他蔬菜和肉类配合更为甜美，非洲国家多采用这种食用方法。剥皮后的块根亦可切成小块，放入水中加进油盐酱料、青菜和肉类或加糖煮成木薯粥，亦甚可口，拉美国家常用这种食用方法。

2. *木薯粿和木薯糕*

如果是甜品种，可直接擦碎或桩烂，然后用树叶包扎成粽子状；要是苦品种桩烂前须浸水去毒和发酵，然后桩烂，用香蕉叶包成球状或条状，蒸煮后吃用。木薯粿可保存 7 d 左右，这是非洲各地较普遍的食用方式。木薯糕是用木薯块根擦烂后加入糖或其他配料，放在盘子里蒸熟而成，是印度尼西亚等亚非国家常用的食用方式，味道像年糕，是木薯直接食用的一种很好的形式。

3. *薯片和薯丝*

木薯干片和干丝是便于贮藏的一种半成品，干片和干丝在食用时，一般都要先磨成粉，然后制成糕点、丸子汤和汤丸粥等各类形式的食品或掺进面粉制成各类食品，如饼干、糕点等。

作为食用的薯片和薯丝在加工制作前应将块根去皮、清洗，苦品种应浸水去毒，以清除杂质和氢氰酸。木薯干片和干丝是木薯食用和加工贮藏的最好形式。

4. 粉块

鲜薯擦碎，压榨去水，过筛炒干而制成，可藏数月而不败，食用时可加入肉类在热水中煮成粥，或加冷水使其膨大，然后做成煎饼或蒸糕、丸子等各种食品。

5. 木薯面包

木薯粉黏性较差，缺乏麦类所含的面筋蛋白，不易发酵制成松软有弹性的面包，因此在烤制时须加入适量(约 25%)的面粉。近年来，英国、德国、比利时和巴西等国家都进行了用木薯淀粉代替面粉烤制面包的研究，认为在少量助发剂如戊聚糖、硬脂酰-2-乳酸钠、维生素 C 等，同时加入适量面粉，使其增大体积、改善结构和黏性，就能烤制美味可口的面包。

6. 木薯叶片的食用

在非洲和印度尼西亚等地区，木薯叶片也是一种食物，尤其在刚果盆地、坦桑尼亚和西非等地，食用木薯叶较为普遍。木薯叶片中含有丰富的蛋白质、维生素 A、维生素 B 和维生素 C 等，其营养价值与大豆相似，是一种较好的植物蛋白来源。在以木薯为主食的地区，吃木薯叶可以补充块根在这方面的不足。但是木薯叶中所含的固体物质较一般蔬菜高数倍，煮熟后不像一般蔬菜那样柔软，故宜在煮食前将叶片桩烂或擦烂，然后作为煮汤和炒菜的原料。在非洲的扎伊尔每人每天食用木薯叶片高达 500 g，刚果 40～170 g，喀麦隆为 100 g。在东南亚一带如印度尼西亚常用木薯叶作为蔬菜食用。

此外，木薯还可以制作粉丝、饼干、虾片和酱料等食物。

(二)饲用

利用木薯作为畜禽饲料，发展养殖业具有良好的社会经济效益和发展潜力。在几个主要薯类作物中，木薯的干物质含量和淀粉率也是最高的(表 3-13)。

表 3-13　几种块根(茎)作物的干物质、淀粉和蛋白质含量　　%

作物	干物质	碳水化合物(干重)	蛋白质(干重)
木薯	37.5	92.5	3.2
马铃薯	22.0	85.9	9.1
甘薯	30.0	91.0	4.3
大薯	27.6	87.3	8.7
芋头	27.5	84.4	6.9

近年来国际上已经相当普遍地利用木薯作为畜禽饲料。西欧各国已大量进口木薯代替玉米粗粉，作为与大豆粗粉配制成奶牛、猪和其他畜禽的配合饲料。试验和饲养的实践证明，只要注意木薯在配合饲料中的用量和营养平衡，所有畜禽饲料中的碳水化合物的成分都可以用木薯粗粉代替。试验表明，在含有 50% 木薯的混合饲料中添加 0.2% 蛋氨酸和葡萄糖，可进一步提高猪的日增重和食物转化率，这样每千克增重的成本较喂玉米的降低 3%。菲律宾等国家用木薯粗粉代替谷物类饲料，对大小猪做了代用价值试验，结果证明，在注意营养平衡的前提下，在小猪的口粮中，木薯粗粉可用至 60%，大猪可用至 70%。泰国研究的结果指出，对成长前、中、后期的猪，可分别在混合饲料中加入 50%、60% 和 70% 的木薯粗粉。德国的试

验证明，肥育的猪，在口粮中木薯粗粉占 40%～60%，对猪的生长和增重无不良影响。据我国广东省的试验表明，用木薯粗粉喂猪，其肉料比为 123.74，与用谷类喂猪无差异。广西西江农场 1959 年曾用木薯粗粉进行喂猪试验，认为小猪的口粮粗粉可占 25%～35%，大猪可用至 50%。

木薯也可以作为牛的饲料，据彼利斯顿（Preston）等对 18 月龄的公牛用 80% 甘蔗和 20% 木薯粗粉为主要食料，另外每天加喂木薯粗粉 500 g。喂养 84 d，结果每天平均增重 307 g，较常规饲料喂养的每天增重 204 g 提高了 103 g，有明显的饲养效果。加纳利用木薯根皮和糖蜜混合做小公牛的补充饲料，获得良好的效果，使小公牛的增重提高了 3 倍以上。

据菲律宾的研究认为，木薯粗粉作为鸡饲料时，所得到的能量与玉米相等。墨西哥的研究指出，用木薯粗粉代替大豆-玉米型饲料中全部玉米时，对鸡的产蛋率、蛋量和重量以及饲料转换率方面均无影响。

木薯的叶片也是一种良好的饲料，在不少国家里，利用木薯叶片做饲料也颇为普遍，木薯叶片营养丰富，将其制成粉状，按不同比例配入各种饲料中，能为饲料业带来多方面的经济效益。如斯里兰卡的研究表明，将木薯叶粉代替 30% 的常规饲料，喂养成长期的猪，结果发现比用椰子粉为主的饲料更为显著地促进了猪的成长速度，并能提高饲料的转换率。

斯里兰卡（1979）用木薯叶粉进行喂鸡试验，在以玉米为主的饲料中掺入适量的木薯叶粉，不但比喂纯玉米的鸡加速成长而且饲料的转换率也显著提高，用 20% 的木薯叶粉代替玉米喂养小鸡，4 周后鸡的体重为 699.6 g，比喂纯玉米的增重 234.6 g，而每千克耗料量较喂纯玉米的少 0.15 kg，具有显著的经济效益。

（三）木薯淀粉在工业上的开发利用

1. 木薯淀粉的性质

木薯淀粉为白色粉末，呈颗粒状、圆形或椭圆形，直径 5～40 μm，大多数在 30 μm 以下，其比重大于水，约为 1.6，容易在水中沉淀。木薯淀粉颗粒较大，体积膨胀大，与水分接触好，容易糊化，糊化温度较低，为 59～70℃，在淀粉糖和发酵产品（如酒精等）生产的液化过程中可使用较高浓度的淀粉乳液，这样可提高生产能力，降低热能消耗，增加经济效益。

木薯淀粉是由大量的葡萄糖单体组成的，分子式为 $(C_6H_{11}O_6)_n$，其直链淀粉含量适中，为 17%，直链淀粉分子中的单糖由 α-1，4-糖苷键聚合，聚合度为 1 000～3 000 000。由于木薯淀粉含有直链淀粉，故有“沉凝”性，即直链淀粉分子间的结合现象。木薯淀粉加热到 59℃时开始糊化，至 70℃时黏度很快降低，2 h 后就变成黏度很低的流体，冷却后生成凝胶，凝胶的强度低，透明，因此在应用于食品生产时，必须用化学方法改变木薯淀粉的糊化特性、黏度和含水量等，即“变性”。制备变性淀粉的化学方法一般有交联、酯化和氧化等。

2. 木薯淀粉的提取

木薯淀粉的提取方法有手工加工、半机械加工和机械化加工 3 种。少量生产常用手工和半机械加工。生产工序是：刮皮→粉碎→过筛→沉淀→干燥。大量生产需采用大型机械进行工厂化生产。国内的旧式工厂多采用锤式粉碎、曲筛过筛、流槽沉淀工艺，其工艺流程是：原料→清洗→粉碎→浸泡→过筛（3 次）→中和 →一级沉淀→漂白→二级沉淀→离心脱水→干燥包装。这种工艺较落后，淀粉的回收率低，只有 60%～65%，已逐渐被现代化加工工艺所取代。现代工艺采用全部流水配套，多段淀粉提取器和高速离心机代替流槽沉淀和淀粉精制，不需中间贮缸，使加工时间从原来的几小时乃至几天减少到几分钟，而且淀粉的商品回收率可达

90% 以上，有很大的经济效益。现代化加工工艺流程是：原料→清洗→细筛→除沙过滤→精制淀粉→脱水→干燥包装。下面以瑞典阿法拉伐的鲜木薯加工工艺简述其一般过程：

(1)洗涤和剥皮。进料加工前应将薯柄除去，过大的薯块应切半以保证去皮。然后将薯块通过传送带和提升机送升洗涤，除去泥沙，去掉表皮，洗涤笼里用水洗，洗水与薯块成逆流，剥皮是在淋水下用排状铁桨进行。剥皮(表皮)后，薯块由提升机送往下一段进行粉碎。

(2)粉碎。为了提高粉碎率和节约电力，薯块要先切成 30 cm 厚的薄片，然后送进粉碎机粉碎。粉碎后，氢氰酸就会分解溶进浆水中，氢氰酸若与铁接触，会形成铁氰化物而使淀粉带色。因此，从粉碎开始，所有产品接触的机器、管路都用高级不锈钢制造。

(3)提取。淀粉粉碎后的粉浆送到提取工段，使淀粉和纤维分离。提取在多段提取机中进行，一般分为 3 段，各段相互直接连接，不装中间贮缸。抽提机全由不锈钢制成，带有旋转的圆锥形筛，装有筛板，上有长形筛孔，孔宽 125～250 μm。粉浆送入锥形筛中，当粉浆沿圆锥边上流过时，喷淋器将水喷淋到粉浆上，可以充分回收淀粉。第二段抽提采用 1 台或 2 台抽提机，筛板筛孔为 60～80 μm，这段抽提为细筛，将纤维除去。

(4)精制。淀粉经过细筛的粗淀粉浆含有蛋白质、脂肪、糖和细小纤维等杂质，这些杂质很快会发生化学反应和酶反应，使淀粉、蛋白质、脂肪等形成稳定的复合物，难于分离出纯正的淀粉，因此必须及时分离。旧时用流槽分离，现代工艺用分离机分离，进行精制。细筛过的淀粉通过安全粗滤器和除沙器，使杂质残渣连续地排除。然后粉浆进入分离机分离，进行除杂浓缩等操作，分离出来的浓缩淀粉进入精制淀粉乳贮槽，再送往脱水干燥工段。

(5)淀粉脱水、干燥和包装。在干燥前用机械方法脱水可大大降低生产成本。较大的淀粉加工厂常采用离心机脱水，脱水后的淀粉用一个可以连续进料的螺旋输送器送进干燥器，让含水淀粉与热空气接触而蒸发，进行气流干燥；干燥器装有专门的冷却旋风分离器，使干燥后的淀粉立即冷却。同时装有一个自动调节器，使淀粉产品的含水量精确地保持在 12%～13%。干燥冷却的淀粉，可用自动装袋机装袋包装。

3. 木薯产品在发酵工业上的应用

(1)制酒精。木薯干片磨碎后，与水混合进行蒸煮，使其吸水膨胀，进行糊化和液化，并使淀粉断裂水解生成含葡萄糖的低分子糊精和寡糖，然后进一步糖化生成酒精：$C_6H_{12}OH \rightarrow 2C_2H_5OH + 2CO_2\uparrow$。再经过蒸馏就可以把酒精分离出来。每 100 kg 的木薯干片可制工业酒精 36～37 kg 或生产 30 度的饮料酒 55～60 kg。

(2)制柠檬酸。以木薯淀粉为碳源，黑曲霉为菌种，进行通风连续发酵可以生产柠檬酸。我国已投入工业化生产，每 2.5～2.8 t 木薯干片可以生产 1 t 柠檬酸，柠檬酸是饮料及食品的酸味剂和调香剂，也可做特种钢材的清洗剂。

(3)制谷氨酸。木薯淀粉通过酸法、酶法或直接法糖化，所得糖化液不需脱色精制便可供发酵生产谷氨酸(味精)，发酵液中葡萄糖浓度为 10%～15%，发酵时间为 40 h 左右，产酸率可以达到 5%～8%，糖转化率为 45% 左右，3 t 干木薯淀粉可生产 1 t 谷氨酸。谷氨酸除作调味剂外，还可制聚谷氨树脂。聚谷氨树脂具有天然皮革等性能，可以用来制造耐季节气候变化的人造皮革和涂料，还可以制造人造纤维，在医药上也有一定用途。

(4)生产赖氨酸。用木薯淀粉经过液化酶和糖化酶生成的葡萄糖为碳源，以谷氨酸棒状杆菌为菌种，可以发酵生成赖氨酸。赖氨酸是饲料的主要添增剂，可以促进饲料中蛋白质的平衡利用，提高饲料的利用率。

(5)生产木薯蛋白。将木薯块根去皮、洗净、切丝，在消毒槽内用水和匀，加入浓度为0.75% 的盐酸溶液，在 100℃中加热 2 h，然后加入少量$(NN_4)_2HPO_4$ 和 $MgSO_4 \cdot 7H_2O$，再用氨水调节 pH 值使之为 4～5.5；加入酵母，在强烈通风、温度 30～35℃的反应罐中连续发酵，再经过真空蒸发，即可根据需要得到 13%～40% 的饲用或食用木薯蛋白。如用两段发酵法，可以制备出含蛋白质高达 42%～51% 的木薯蛋白产品。木薯蛋白含有各种必要的氨基酸，特别是富含赖氨酸和苏氨酸，还含有丰富的维生素 B 等，只要加钙与蛋氨酸，就可成为全价蛋白，质量相当于二级进口鱼粉，完全可以代替进口鱼粉。也可以用淀粉厂废弃的木薯渣，经过微生物接种，进行固体发酵，生成固体蛋白，以此产品为蛋白源，配合成全价饲料，养育猪、鸡、鸭，可使之鲜嫩细滑，且节省饲料 10.36%，降低饲料成本 26%。

此外，采用发酵的方法，还可以生产苯丙氨酸、色氨酸、亮氨酸、缬氨酸等多种氨基酸。

4. 制糖工业的利用

(1)制葡萄糖。用木薯淀粉通过糖化、中和、脱水、压滤、浓缩、结晶、分蜜、干燥等过程可以制造粉状、洁白、纯度很高的口服或药用葡萄糖。用酶法使淀粉糖化，其葡萄糖含量达 95%～97%，其纯度高、甜味纯正，能省略结晶工序。可直接喷雾成颗粒状产品，称为全糖；也可凝固，切削成粉末状产品，称粉末葡萄糖。适用于食品工业和其他工业。

(2)制果糖。果葡萄糖浆是近年来迅速发展起来的一种新型甜味剂，以木薯淀粉为原料，酶法水解生成葡萄糖，再经过异构化，一部分葡萄糖转化为果糖，生成含有葡萄糖、果糖和寡糖的混合物，即果葡萄糖浆。其生产工序是：木薯淀粉→液化→糖化→精制→异构化→精制→浓缩→果葡萄糖浆。如果在反应混合物中加进硼酸盐转化率可提高 80%～90%，但成本高，目前工业化生产尚不普遍。现在生产果葡萄糖的工厂一般只把转化率控制在 42% 左右，叫做第一代果葡萄糖浆，简称 42 糖，甜度与蔗糖相似。

以果葡萄糖浆为原料，通过各种分离技术，可以生产 90% 的高纯度果糖，又叫第三代果糖，简称 90 糖，是 20 世纪 70 年代后期才迅速发展起来的一种新型的淀粉糖产品，它的甜度是蔗糖的 1.5 倍，不易结晶，风味好，是一种理想的甜味剂，是肥胖和糖尿病人的健康饮料。在食品、医疗保健上有多方面用途。

5. 在化学工业上的应用

木薯淀粉是化学工业的重要原料之一，以其为原料可以制成多种精细的化工产品。

(1)制山梨醇。直接以木薯为原料，用液化酶和糖化酶的双酶法糖化和氢化制造山梨醇。其工艺流程为：木薯片→粉碎→浸泡→液化→过滤→糖化→脱色→过滤→离子交换→浓缩→氢化→沉降→离子交换→山梨醇。据广西南宁有机化工厂实践认为，以木薯为原料，经酶法、氢化，用 1.6～1.8 t 木薯干片可以生产 1 t 山梨醇，成本可降低 30%。

山梨醇清甜，具有保湿性、化学稳定性等特点，在化学合成、医药、果品和一般工业中均有重要的用途。

(2)制甘露醇。以木薯干片为原料，制得第一代果葡萄糖或高纯度果糖浆，经精制净化，高压催化加氢，然后分离，可制得甘露醇。其工艺流程是：木薯片→粉碎→浸泡→调浆→液化→过滤除杂→糖化→一次脱色→过滤→浓缩→二次脱色→过滤→离子交换→浓缩→异构化→第一代果糖混合糖浆→分离→果糖→催化加氢→甘露醇。采用这种工艺，每吨甘露醇产品约需木薯干片 2.5 t，投产后工厂成本约为 2 600 元 /t，比用海带或海藻制碘同时提出甘露醇工艺，成本要低得多。

甘露醇在医药、食品、化工等有重要用途，在农业上可用作植物生长调节剂，在饲料中可做增添剂。

6. 其他用途

(1)制粉丝。方法是，先以木薯淀粉 1～1.5 kg 加水煮熟成稀糊状，再加入 50 kg 木薯淀粉充分搓匀成生熟粉团，使其带有黏性，再加水稀释成糊状粉浆，然后将粉浆通过带有小孔的铁瓢，漏入沸水中煮几分钟，熟后捞起，再经过干燥便成透明的粉丝，如加入 20%～30% 的豆粉为原料，粉丝的质量更佳。

(2)制焦糖。木薯淀粉经过糖化、焦化、中和稀释等过程，可制得食品工业常用作着色剂的焦糖，每 150 kg 木薯淀粉可制得 2 100 kg 焦糖。

此外，在纺织、造纸、糊料、涂料、矿山等工业也有重要用途，如在造纸过程中加入木薯淀粉可增加厚度、硬度和光滑度，提高印刷书写性能。

技能实训　木薯丰产栽培管理技术

一、实训目的

培养学生经营管理木薯的能力。

二、材料与用具

(1)场所　设施完善的木薯地一块(平均每个学生 100 株以上)。

(2)用具　铲、锄头，每人一套。

(3)材料　复合肥、有机肥适量。

三、实训内容

(1)老师指导，学生分组制订木薯种植管理工作计划。

(2)每组学生在组长带领下开展木薯日常管理工作。

(3)按组开展木薯采收处理与营销活动。

四、成绩评定

(1)木薯种植管理工作计划(20 分)。

(2)木薯生产管理水平(20 分)。

(3)单株平均产量、质量与销售收入(50 分)。

[复习思考题]

1. 木薯有哪些经济价值?

2. 木薯对环境有哪些要求?

3. 在木薯的生长过程中有哪些需肥规律?

4. 如何选择木薯的栽培制度?

5. 木薯的主要病害有哪些?

6. 如何实现木薯栽培高产、稳产?

第四章　剑　麻

【学习目标】

了解剑麻生产概况；熟悉剑麻生长发育规律及栽培特性；掌握剑麻高产栽培的关键技术及其理论依据；能独立进行麻田选地、整地、种植、田间管理、收获等环节的技术操作；能管理生产麻田。

剑麻是多年生的热带纤维作物，其纤维洁白、质地坚韧、富有弹性、拉力强，且耐酸碱、耐摩擦、耐低温、不易脆断、不易打滑，是国防、渔捞航海、交通运输、石油、工矿、冶金、林业等领域的重要原料。剑麻纤维的用途很广，广泛用于制作舰艇、远洋轮船等的绳缆、绳网、帆布、防水布，飞机、汽车等轮胎的帘布，起重机、钻探、伐木用的钢索绳芯，机器的传送带、防护网等。近年来，随着加工技术水平的提高，人们充分利用剑麻纤维特性以及它不污染环境、不易产生静电等优点，开发出了许多新的纤维制品，如剑麻地毯、剑麻抛光轮、剑麻墙纸、特种布等，纤维制品已广泛用于金属抛光、运输、家庭装饰、地毯、工艺和汽车工业中。利用纤维经特殊处理制成的特种纸浆，可制成造币纸、电解纸等高级纸张。利用剑麻纤维制造特种服装面料和生产剑麻纤维电工复合材料、剑麻纤维建筑复合材料等方面的研究已获得了良好的进展，随着新一代产品的研发成功，必将为剑麻纤维综合利用开辟一个崭新的领域。剑麻除抽取纤维外，其麻渣和液汁等副产物也有广泛的开发利用价值。如利用剑麻的液汁可提取贵重药物的生产原料——海柯吉宁、替柯吉宁等，液汁还可提取草酸、果胶、硬蜡和制取酒精及动力燃料；麻渣既是一种良好的饲料和肥料，还可用于生产沼气发电。随着深加工技术的不断提高和综合开发力度的加大，剑麻的经济价值将会进一步显现。

第一节　剑麻栽培学基础

一、剑麻生物学特性

(一)植物学特征

剑麻是多年生、肉质、旱生的草本植物，茎粗而短，没有分枝。叶片无叶柄，螺旋状簇生在短茎上。茎基部的潜伏芽可发育生长为地下走茎及其吸芽。品种 H. 11648 定植后 2～3 年以上才可以割叶，经过 8 年甚至 10 多年或 20 年以上才抽轴开花(少数植株不到 8 年也会开花)，花后植株结果(有些不结果)并长出珠芽就逐渐干枯死亡。

1. 根

剑麻的根属须根系。无主根,其唯一的主根是在种子萌发时最先突破种皮的胚根(即初生根),当子叶伸展后,它就停止生长,并逐渐枯萎,这时从茎基部的根点长出许多粗细相似的不定根(即次生根)。无性繁殖和大田定植种苗长出的根都是次生根。

次生根可分为次生固定根和次生营养根两种。幼苗定植后7～10 d,从茎基部长出的不定根就是次生固定根,较粗,直径0.2～0.4 cm,幼嫩时呈白色,其前部(长15～40 cm)长出许多根毛,专营吸收水分养分作用;成熟时其表皮和皮层脱落,中柱鞘木质化而变成红褐色,没有吸收功能,主要起固定植株的作用。次生营养根从次生固定根的中柱鞘长出,直径0.1～0.2 cm,是次生固定根的一级支根,其上可长出二级支根,在二级支根上又长出三级支根,依此类推,从而形成强大的须根系。其主要功能是吸收水分和养分,兼营固定作用。

剑麻根系好气而浅生,在土壤中呈水平分布,根幅一般在1.5 ～3.0 m,分布深度多集中在0～40 cm的土层中,往下逐渐减少。

2. 茎

剑麻的茎是植株的主轴,是叶片和花轴着生的地方。茎近似圆形,幼龄时为螺旋排列的叶片所环抱,割叶后逐渐露出,生长缓慢。剑麻茎粗而短,未开花前,茎高90～120 cm,直径15～20 cm。成龄植株茎的纵剖面是圆柱形,最外面为皮层,营保护作用。皮层以内为白色的基本组织,其中散生许多维管束。基本组织是贮藏淀粉的器官,而维管束主要起输导和支固作用。茎端呈圆锥形,称生长锥,尖端是生长点。在生长锥上孕育着许多叶原基及腋芽原基,它们生长发育成为叶片和腋芽。在生长点下方由一层具有分裂能力的细胞所组成的分生组织,它不断向上下两方分裂,使茎干缓慢向上及加粗生长。生长点能合成生长调节物质,不断从生长点向腋芽输送、累积,在高浓度情况下抑制腋芽的萌发,即植物生理学上的"顶端优势"。因而人们在麻田上只能看到叶片的生长,而叶腋中的腋芽呈休眠状态。在剑麻种苗繁殖过程中,人们采用钻心的方法破坏幼苗的生长点,解除顶芽的优势,促进腋芽萌发,从而达到快速繁殖种苗的目的。

3. 地下走茎和吸芽

剑麻的地下走茎从埋在地下的茎的腋芽发育而成,条状,扁圆形,肉质柔软,白色或淡黄色,遇光后变成绿色。多节,节上有根点,能生根,节上具鳞片,鳞片里有一个潜伏芽。剑麻地下走茎是茎的延续,其内部构造与茎部相同。走茎的顶芽露出土面生长发育而成为吸芽。一个吸芽具有叶片、幼茎和不定根3个部分。吸芽和走茎切段都可以用作繁殖材料。

4. 叶

剑麻叶片由茎端生长锥上的叶原基生长发育而成。在未开展时叶片互相包卷成叶轴,展开的叶片螺旋状簇生在短茎上,形成莲座式叶丛。剑麻叶片没有叶柄,剑形、肉质、刚硬、狭长,叶尖端有长1～2 cm的硬刺,叶缘无刺或有刺,叶面上有白色蜡粉,叶色灰绿至深绿,品种H.11648一般叶长100～150 cm,叶宽10～15 cm。叶腋中有一个腋芽,呈休眠状态。剑麻种类不同,其叶的长短,蜡粉的多少,叶色的深浅,有无叶缘刺,叶片的多少均有差异。

在叶片横切面上,最外层是角质层,上有蜡粉,能防止叶内水分过度蒸发及叶面积水;上下表皮分布有许多深陷的气孔,气孔开口处有很细的纤毛。气孔昼闭夜开,具有保水防旱的生理机能。上下表皮内为4～7层柱状的薄壁细胞所组成的栅栏组织,其中富含叶绿体,营光合作用。叶片中间部分是海绵组织，由多层近似六角形的薄壁细胞所组成，富含水分（约占70%）和叶绿体，其细胞间形成较窄的间隙，是叶片内部气体交换的渠道。在海绵组织中着生许多有规则排列紧密的维管束。维管束由木质部和韧皮部组成，是叶片内部水分和养分的输导组织。其一侧或两侧分布着由纤维细胞组成的维管束鞘（生产上称纤维束），在叶片中起支持作用，人们所利用的纤维是从纤维束抽取出来的。剑麻叶片基部的维管束与茎内的维管束相连接，没有离层，不能自动落叶。剑麻叶片肥厚多汁，其外部具有较厚含蜡的角质层，气孔下陷，气室开口处有纤毛，海绵组织发达，富含水分，这些都是典型的旱生植物结构。因此，剑麻是耐旱能力很强的叶纤维作物。

叶片在茎上排列的次序称叶序。剑麻叶片依一定的排列方式和数目着生于茎上，从一片叶的位置沿螺旋上升，绕茎一周回到原叶片上侧方的曲线上，叶片排列形成一个斜轮，称叶轮。在这一个螺旋形的叶轮边线上着生的叶片数称叶序数。叶轮与麻茎水平线相交的角度不同，其叶序数亦不同。相交的角度大于45°而小于90°的叶轮上着生13片叶，即叶序数是13，亦称"逢13展叶线"。这个展叶线在麻株上容易看得清楚，生产上多用其来估计麻株的叶片数及单位面积产量。

5.花

剑麻是多年生一稔植物，一个生命周期仅开一次花，花后结果至珠芽脱落，生命便结束。花期因品种不同而异。在我国，剑麻H.11648植后约13年即抽轴开花，群体花期在每年的6～8月份。植株从抽轴到开花一般需要2个月时间，每株花序花期30～40 d。

剑麻在抽轴开花前，新展开叶片变窄，短而薄，色黄，最后展开的叶片呈长三角形，同时从茎端叶丛中抽出花轴。一般成熟花轴高5～7 m，乃至9 m，中部直径8～15 cm，绿色，有节，节上有紫褐色苞片保护着呈休眠的腋芽。花轴初期生长快，平均每天增长10～15 cm，后期只有数厘米。花轴抽出2.5～4 m高时，离地面2～2.5 m处的腋芽才抽出花梗。一株剑麻可抽出25～40个花梗，从花梗上再抽出三叉状小花梗，分枝5～6次，从而形成巨大的圆锥花序。花着生在小花梗上。一个花序约有数百至2 000朵花，甚至更多。

剑麻的花为完全花（雌雄同花）。花蕾长3～4 cm，无花冠，由6个萼片组成花萼，基部联合成短萼筒，上部浅裂成6片花被；雄蕊6枚，基部与萼筒联合，花丝细长，丁字着药，花粉囊浅棕色，花粉球状，淡黄色；雌蕊1枚，柱头浅3裂，子房下位，中轴胎座，3室，每室着生两列中轴胚珠，内有胚珠约300枚。开花时，雄蕊先熟，雌蕊后熟，为异花授粉植物。

6.果实、种子和珠芽

剑麻果实为蒴果，长圆形，长约4.5 cm，宽约3 cm，未成熟时绿色，成熟时黑褐色。内有种子100～200粒。胚珠受精后发育的种子黑色，有光泽，扁平，纸质，千粒重14～20 g；未受精的种子灰白色，约占全数的1/2，甚至3/4。

剑麻开花结果后，位于花柄离层下方的芽点逐渐发育成珠芽。一株剑麻可产生数百乃至2 000个珠芽不等。珠芽靠母株的养分长大，经3～4个月，具3～4片叶，珠芽高5～10 cm时，长出气根，基部产生离层，落地后气根伸入土壤中成为须根，开始独立生活。收集珠芽可作为繁殖材料。

（二）剑麻生长和发育

剑麻从种子发芽或从珠芽、腋芽萌发出的幼苗，生长发育到幼龄、壮龄、老龄直至开花、结果（有的种类只开花不结果）、长出珠芽，就结束生命，这一过程称为生命周期。生命周期长短因品种、气候、管理水平等条件不同而有所差别，一般 8～10 年，甚至长达 20 年之久。剑麻是叶纤维作物，栽培的目的是收割叶片，抽取纤维。因此，了解和掌握剑麻生长发育的规律性，可以为栽培技术措施提供科学理论依据。

1. 苗期

种子萌发后，从第一片真叶或从珠芽、腋芽萌发出的幼苗生长发育到出圃种植为苗期。剑麻种子没有休眠期，采下可立即播种。种子发芽要求温度为 22～25℃，种子在适宜的水分和温度下 7～10 d 开始萌发。可采用秋播和春播，一般以 3～5 月份播种较好。剑麻苗期较长，在苗床上从种子萌发到第一片真叶出现，约需 1 个月时间；到长出 5～6 片真叶、高约 10 cm 时需半年时间左右，此时须移栽到密植苗圃培育。珠芽、腋芽萌发出的幼苗待长至高 10～15 cm 时移植到密植苗圃，经密植苗圃、疏植苗圃培育，直到长叶片 35～45 片，高 60～70 cm 的定植苗，需 12～18 个月。

2. 幼龄期

剑麻从定植到第一次割叶的时期需 2～3 年。这个时期的麻株营养生长较为突出，植株吸收能力强，生长旺盛，每年增加的叶片数在整个生长期中为最多，养分消耗大，因而在增施有机肥的基础上，要注意调节营养元素间的平衡，促进速生，提高抗性。

3. 壮龄期

一般从开割至割后第 6 年。这个时期的麻株营养生长旺盛，叶片数增长量虽比幼龄期低，但叶片长度、宽度、厚度及纤维重量均高于幼龄麻，单产逐年增加。由于割叶带走了养分，麻株营养生长又需要养分，致使吸收与消耗出现不平衡，直接影响了产叶量，故应及时追肥。

4. 老龄期

定植后 8 年至抽出花轴。这个时期的麻株营养生长明显减弱，增叶数逐年下降，生殖生长逐渐加强，最后导致抽轴开花。

剑麻叶片的生长量受气温、雨量等因素的影响较大，在一年中高温、多雨季节长叶数较多。叶片展开的速度也因麻龄不同而异，株龄小的展开快，株龄大的展开慢；叶片展开后其长度已接近全长，通过细胞的扩大和胞壁的增厚进行居间生长，其与叶轴形成的角度逐渐加大，当与叶轴形成的夹角达 45°时居间生长基本停止（即叶片已达成熟）。一般叶片展开后生长发育至与叶轴形成的夹角成 45°需 9 个月，至 90°需要 3～4 个月，共需 11～13 个月。因而一般剑麻生产上每年只割叶一次。

二、剑麻对环境条件的要求

（一）剑麻对气候条件的要求

1. 温度

剑麻原产于热带、亚热带高温少雨地区，在系统发育过程中形成了喜高温耐干旱的生态习性。一般在年平均气温 19℃以上，极端低温多年平均在 0℃以上的地区都能生长。最适月均温为 25～28℃，当月均温下降到 12～15℃时，生长转慢；气温在 10℃以下时，植株基本停止生长。对短期的低温（2～3℃）有一定的抵抗力，极端低温在 0℃以下时将产生寒害，其程度随植地环境、低温持续期、株龄和栽培管理水平的不同而异。

2. 雨量

剑麻是热带旱生、肉质植物，能耐长期干旱。其适生的年降雨量为 800～2 000 mm，最适为 1 200～1 500 mm。全年中有明显旱季，又不时下阵骤雨的天气，对剑麻叶片生长及纤维品质均有良好的影响。但年雨量过多，雨季太集中，或排水不良时，则不但影响其根系生长及养分吸收，且易感染斑马纹病。此外，阴雨天气过长也会加重寒害，诱发炭疽病。

3. 光照

剑麻是阳性植物，需要充足的光照才能正常生长发育。在充足阳光下，麻株长势健壮，展叶数多且宽厚，颜色灰绿，蜡粉多，叶片质地坚硬，抗性强，纤维发育良好，拉力强；反之阴雨天太多，麻株生长在荫蔽条件下，阳光不足，长叶数少，叶片窄而薄，蜡粉少，颜色深绿，质地柔软，栅栏组织发达，纤维拉力差，抗性弱。

4. 风

剑麻对风有一定的适应能力。微风可以促进麻田内部的空气流通，调节麻田的土壤湿度，减轻或防止幼龄麻田斑马纹病的侵染。同时增进土壤中气体的交换，促进根系的吸收。强风对麻株影响不大，而台风可使叶片摩擦损伤或折断，甚至连根拔起。因此，麻田设置防护林，对易受台风侵袭的地区是很有必要的。

（二）剑麻对土壤条件的要求

1. 土层深度、土壤质地和土壤肥力

剑麻是一种较为粗生的纤维作物，耐旱耐瘠，对土壤质地要求不高，在沙土、壤土、黏土上均可生长。但剑麻根系发达，年生长量大，在土层深厚、土壤肥沃、通透性好的中壤土到轻黏土上生长更好。在瘦瘠的沙土上种植应注重土壤培肥和加大肥料投入。

2. 土壤酸碱度

剑麻能适应较宽的土壤酸碱范围。但由于剑麻原产于高温干旱的半荒漠地带，原产地年蒸发量数倍于年降雨量，使得土壤中钾、钙、镁等基性元素含量较高，土壤 pH 接近中性。因此，剑麻喜欢中性的土壤环境，多个试验结果表明在 pH 值为 7 时生长最好。我国植麻区的土壤，绝大多数为酸性土壤，pH 值在 5 左右，尽管剑麻可以生长，但适当施用石灰提高土壤 pH 有助于提高产量。

3. 土壤排水性能

剑麻喜排水良好的土壤环境，土壤积水时容易感染斑马纹病等病害。因此，适宜在缓坡地和容易排水的平地栽培，不宜在排水不良的低洼地种植。在土壤质地黏重的平地上种植时，应修好排水沟。

三、剑麻栽培品种及其特征

剑麻属于龙舌兰科（Agavaceae）龙舌兰属（*Agave* L.）剑麻种，原产于中美洲一带，分布在美洲、非洲、亚洲、大洋洲等热带、亚热带地区。目前世界上有 20 多个国家进行剑麻种植，栽培品种不多，比较常见的有剑麻（*Agave sisalana* Perr）、灰叶剑麻（*A. fourcroydes* Lem）、龙舌兰麻杂种第 11648 号（*A. hybrid* No. 11648）、马盖麻（*A. camtala* Roxb）、番麻（*A. americana* L.）、蓝剑麻（*A. amanieusis* J. et N.）和假菠萝麻（*A. angnstifoliu* Haw）等。

（一）世界主要栽培品种及其特点

1. 剑麻（西沙尔麻）

为区别其他剑麻类，常在名称前加“普通”两字，称“普通剑麻”。原产中美洲，叶厚，狭长，长 1～1.5 m，宽 8～13 cm，厚 0.6～0.8 cm，直立呈剑形，边缘无刺或具微刺。生命周期 6～10 年，长叶 230～280 片，年长叶 30～40 片，纤维率 4.0%～4.5%，一般每公顷产纤维 1.125～1.875 t，纤维粗硬洁白，具光泽，束纤维拉力达 85～90 kg/(g·30 cm)，为龙舌兰麻类纤维拉力最强的一种。五倍体，自交不育，人工截短花轴可得到成熟的蒴果。耐寒力较差，易发生生理性叶斑病。叶汁可提取海柯皂甙元、红光皂甙元、海南皂甙元、剑麻皂甙元和格罗里沃皂甙元等皂素，可以制造可的松等贵重药品。

2. 灰叶剑麻

原产于墨西哥。莲座叶丛大、茎粗，叶片刚直、疏生、剑形，叶长 1.0～1.5 m，宽 10～13 cm，叶灰绿色，叶缘着生暗褐色粗、长边刺，长 3～6 mm，顶刺粗壮，圆锥状，长 2～3 cm。一个生命周期 10～25 年，在墨西哥长达 30 年。生命周期可产叶 270～330 片，年产叶 20～30 片。纤维率约 4%，每公顷产纤维 1.5～1.875 t，束纤维拉力 50～60 kg/(g·30 cm)。五倍体，杂交后代不育。但海南岛和雷州半岛却能产成熟的蒴果。抗寒、抗病虫害力强，叶汁含海柯、替柯、绿莲、芰脱等数种皂甙元。

3. H.11648

是 20 世纪 70 年代以来中国大面积推广的高产、较耐寒的当家良种。H.11648 由东非坦桑尼亚剑麻试验站育成。以假菠萝麻为母本，蓝剑麻为父本进行杂交，获得有性杂种第一代(F_1)，再利用开花的 F_1 作为亲本与蓝剑麻回交而获得有性杂种回交一代(BC_1)，通过系比、选择、培育而成的。这个良种叶片多，叶色蓝绿，叶缘无刺，叶密生，刚直，比普通剑麻稍短而宽，叶长 1～1.4 m，宽 10～15 cm，一个生命周期产叶一般 550～660 片，年长叶片 50～70 片，生命周期 10～13 年，具丰产性，纤维率 5%，每公顷产纤维 2.7～3.75 t，小面积高达 4.5～7.5 t。产量比剑麻高 1～2 倍。纤维较细有光泽。束纤维拉力 80～85 kg/(g·30 cm)，仅次于剑麻。耐寒力强，能耐 −3.5℃的辐射低温和 380℃的积寒。但易感染斑马纹病(Zebra disease)，在麻田管理差，土壤肥力下降时，亦易感染黑曲霉引起的茎腐病。体细胞染色体数目为 60，为二倍体，后代可育，可作杂交亲本。叶汁可提取替柯皂甙元、海柯皂甙元、绿莲皂甙元及曼诺皂甙元等甾体皂甙元。

4. 马盖麻

马盖麻又称亚洲马盖麻或狭叶龙舌兰。原产于东印度。叶绿色或灰绿色，较窄、薄，长 120～150 cm，宽 6～9 cm。叶缘具暗褐色的钩状刺，顶刺长 1～2 cm。生命周期 6～10 年。长叶 250～300 片，年产叶 35～45 片。纤维率高，一般 5%～6%，高达 7%～8%，每公顷产纤维 1.875～2.25 t。纤维洁白，强韧，富有弹性。束纤维拉力约 76 kg/(g·30 cm)。三倍体，后代不育，自然授粉不结果，经人工截短花轴后能结少量蒴果。叶汁可提取乃谷甾醇、新替柯、海柯、芰脱、绿莲、曼诺等甾体皂甙元。

5. 番麻

番麻又称宽叶龙舌兰、世纪树。原产中美洲。番麻叶片少而宽，叶缘有钩齿，一个生命周期 15 年以上，产叶仅 150～200 片，年产叶 20～25 片。叶长 1～1.5 m，宽 15～20 cm。纤维率 2.5%～3.0%，每公顷产纤维 0.525～0.75 t。束纤维拉力 45～55 kg/(g·30 cm)，拉力较差，但耐寒力、抗病虫害力强，一般温差和零下低温均不受害，分布甚广。体细胞染色体数目为 60、120、180 及 240，分别为二、四、六及八倍体。后代可育，可产生成熟的蒴果，可作杂交亲本。叶汁可提取海柯、曼诺、12-表罗克、9-脱氢海柯、绿莲、芰脱、罗克、替柯等 8 种甾体皂甙元，其中海柯吉宁含量较高，经济价值较好。

6. 蓝剑麻

原产于东非洲，叶片蜡粉厚，呈灰蓝色，故称蓝剑麻。叶片大，长 1.5～2 m，宽约 15 cm，具纵沟，叶缘无刺，顶刺较短，但基部宽大，下有一细条黄色组织，生命周期长叶约 200 片，年长叶 25～30 片，纤维率 3.5%～4%，束纤维拉力约 80 kg/(g · 30 cm)。纤维长且细，较抗寒，但夏季易发生日灼病。体细胞染色体数目 60，为二倍体，是良好的杂交亲本。

7. 假菠萝麻

假菠萝麻又称短叶龙舌兰。一个生命周期 10 年以上。叶片特多，生命周期产叶 1 000 片以上，年产叶 90～100 片。纤维率约 4%。叶密生，短而多刺，叶长 50～70 cm，为常见龙舌兰品种中叶片最短的一种。束纤维拉力约 80 kg/(g · 30 cm)。因叶片短、叶缘有刺而没有集约栽培价值。但由于叶片特多，可作杂交亲本。体细胞染色体数目为 60 或 120，为二倍体或四倍体，杂交后代可育。叶汁可提取替柯皂甙元和绿莲皂甙元。

(二)我国培育的优良品种

1. 粤西 114 麻

中国热带农业科学院南亚热带作物研究所用 H. 11648 麻为母本，普通剑麻为父本进行杂交选育的 F_1 代株系。具有比较强的抗斑马纹病能力。生长周期 8 年，株型高大，单株叶片比 H. 11648 麻少，叶大而长，叶基较厚，单叶重，叶深绿色，粗生耐瘦瘠，抗风，适应性广。纤维率约 4%，叶片产量与 H. 11648 麻差异不显著，具有一定的丰产性。缺点是生命周期短，幼苗期叶缘有刺，叶基厚，管理、收割和加工比较困难。

2. 龙舌兰杂种 76416

广西亚热带作物研究所用有刺番麻为母本，以 H. 11648 麻为父本，进行有性杂交初步培育的 F1 代单株株系，具有较强的抗斑马纹病能力，粗生快长，适应性强，单株生长周期 11 年，周期生长叶片 534 片。割叶 475 片，叶片产量和干纤维产量与 H. 11648 麻差异不显著，基本接近 H. 11648 麻的产量水平。但周期平均纤维率 3.8%比 H. 11648 麻低，周期平均纤维拉力 59.5 kg，比 H. 11648 麻差。龙舌兰杂种 76416 麻的剑麻皂素中的海柯吉宁含量比 H. 11648 麻高 2.84 倍。栽培 76416 麻既可收获纤维，又可提取海柯吉宁，具有较高的综合利用价值。

粤西 114 麻、龙舌兰杂种 76416 麻的抗斑马纹病能力优于 H. 11648 麻，但纤维产量性状尚不及 H. 11648 麻，可用于 H. 11648 麻田因发生斑马纹病死亡缺株的病穴补植，弥补麻田因病缺株造成的损失，以保持 H. 11648 麻田高产量水平，还可作为重病区大量缺株淘汰后的麻田种植，在低洼积水或易冲刷的麻地也可种植。

第二节 剑麻种苗繁育

一、种苗繁殖材料

剑麻种苗繁殖材料包括吸芽、珠芽、地下走茎，地下走茎顶端着生吸芽，茎上潜伏着腋芽，凡有芽点的部位都可作为繁殖种苗之用。

1.吸芽

吸芽就是麻株地下走茎顶端长出地面的小植株，这小植株通称为吸芽苗。吸芽苗长高25 cm左右时就可以切取移植苗圃培育成种苗。其优点是幼苗粗壮、生长快、出圃快；缺点是取自麻田不同植株个体，株间差异大，而且数量不多，收集时间不集中，育苗数量和时间无法人为控制。

2.珠芽

剑麻植株生命周期即将结束时，抽生花轴，在花轴上分枝形成花芽，开花结果后，位于小花梗离层下方的芽点逐渐发育而形成珠芽。珠芽有小叶数片和气根数条，待珠芽长成后，其着生基部逐渐形成离层，轻摇花轴，珠芽即大量脱落，此时可收集作为繁殖的种苗材料，成熟一批收集一批，有利于母株集中养分供以后抽生珠芽生长。

由于珠芽细小，只有10～15 cm，所以需经密植苗圃培育，待苗长高到25 cm左右，再移到疏植苗圃培育成大苗。珠芽育苗时间长，出圃慢，受时间和数量限制。但珠芽苗生长和抽轴开花较整齐一致，便于管理和更新，抗逆性也较好。

3.腋芽

腋芽是潜伏小芽，存在于麻株茎叶之间，故称腋芽。剑麻的茎很短，在未割叶前为簇生叶片所包围，每片叶的叶腋内均有一腋芽。剑麻的地下走茎也有腋芽，地下走茎是茎基部节上的休眠状态，一旦打破休眠状态即可萌发成苗。

二、苗圃地规划与设计

（一）苗圃地规划

1.规划原则

根据生产发展规模和每年更新任务确定苗圃基地的建设面积。新的种麻单位，由于开始阶段全部是新植麻，麻苗用量大，苗圃面积一般占大田规划应种植面积的20%～25%，内含母株苗圃2%～3%。对于已稳定发展剑麻生产的单位来说，通过有计划合理安排每年麻园更新面积，每年新种剑麻少而稳定，因此苗圃面积约占剑麻总生产面积的5%。生产规模较大的单位还应根据育苗时间长短和发展规模的安排做好多年育苗规划。

2.规划步骤

(1)确定年度种植面积和规格；

(2)确定种植种苗数量；

(3)确定育苗规格及单位面积的育苗数；

(4)确定所需苗圃地面积。

例 某单位计划将一片缓坡荒地发展剑麻2 000 hm^2，要求用疏植剑麻苗种植，并分两年时间完成，问应如何做好苗圃地的安排？

第一步 根据《剑麻栽培技术规程》，缓坡地种植剑麻每公顷可种4 800株，2 000 hm^2共需种苗960万株，每年需480万株。

第二步 母株苗圃采用双行育苗，规格：株距×行距＝50 cm×50 cm，床距0.8 m，每公顷母株苗1.8万株，按标准每母株苗周期采苗10株，则每公顷母株育苗18万株，约需苗圃地54 hm^2。

第三步 疏植苗圃采用3行育苗，规格：株距×行距＝50 cm ×50 cm ，床距0.8 m，每公顷育苗 2.4 万株，年需疏植苗圃地 200 hm^2。

第四步　合计需要剑麻苗圃地面积 454 hm^2，约占剑麻种植总面积的 22.7%。但因分两年种植，头一年的疏植苗圃地出苗后可接着种麻，所以最少应另外配备苗圃地面积不少于 254 hm^2。

3. 规划要求

(1)每个种植单位要建立自己的苗圃基地，做到自繁、自育、自用，保证种苗的数量、质量，减少运输费用和消耗。

(2)母株苗圃和疏植苗圃是培育大壮嫩苗的两个重要环节，两圃应建立在同一基地上。

(3)苗圃地尤其是疏植苗圃应安排靠近种植区(但注意不要靠近病区)，以方便管理和运输。

(二)苗圃地设计

苗圃地要合理设计安排道路、排水系统和沤肥池。1 hm^2 以上苗圃要设计 3 m 宽的“十”字路以利运输，道路所占面积 36%左右。每管区(0.3～0.4 hm^2)修建一个沤肥池。苗圃外围挖沟筑埂以截径流和防止禽畜进入。

苗床设置应视地形而定，长度一般 10～20 m，平坦地可长些，地形复杂的可短些。苗床高度视排水和冲刷情况而定，排水不良、易冲刷的地要高些，一般以 10～20 cm 为宜，床距(人行道)80 cm。

三、各种苗圃的建立

(一)母株苗圃的建立

1. 选地及整地

要选择经 1～2 年轮作，彻底清除恶草(硬骨草、香附子、茅草等)的熟地，或者选用有机质丰富、质地疏松的新荒地作苗圃。尽量避免选用剑麻连作地，以减少病虫害，就是连作的苗圃地也要实行轮作或休闲制度。

苗圃整地要提前翻耕晒地，一般秋冬进行，3 犁 3 耙，深耕 30 cm，土粒细碎，土地平整，起畦设床。苗床高度视排水和冲刷情况而定，排水不良、易冲刷的地要高些，一般以 20～25 cm 为宜，床距(行间)80 cm。

每 0.3～0.4 hm^2 修建一个沤水肥池。苗圃外围挖沟筑埂以截径流和防止禽畜进入。

2. 育苗规格

要距林带 7～10 m 外育苗，畦宽 1 m，高 25～25 cm，沟宽 80 cm，每畦两行，株行距 50 cm×50 cm，每公顷育 2.1 万株。此规格有利通风透光，降低田间湿度，减少斑马纹病为害和便于管理，能早出圃。

3. 选苗

选择头批出圃的珠芽苗或首批腋芽苗，苗高 25～30 cm，株重 0.25 kg 以上的嫩壮无病虫苗作母株。母株按疏植苗的 10%配比。

无性快速繁殖种苗需要大量母株苗，建立母株苗圃是必不可少的。母株苗来源，可取自大田的珠芽、吸芽苗，已有育苗基地的，最理想的是取自母株苗钻心后第一批萌发的壮苗作母株苗，这种苗质量更有保证。株苗的选择，要求母株根系发达，贮藏养分丰富，腋芽多。所以要选麻头大、叶片多、苗高25 cm以上(不要超过50 cm),无病虫害、健壮的小苗作母株。

4.母株苗种植

母株苗种植,按种苗大小分级、分床种植,植前把全部根切去,从根茎交界处平切,这样新根萌发快,增长叶片多。由于繁殖幼苗在苗圃时间长,一般1年多,消耗养分较多,故必须施足基肥。土壤肥力高可以适当少施,肥力低应多施。一般每床施有机肥300～400 kg、过磷酸钙4～5 kg、石灰5～6 kg(次灰加倍)。可采用撒施,基肥少时也可采用条施或穴施,撒施要均匀并注意与床面表土充分拌匀。种植时要浅种,种稳,种植深度以不超过叶片生长带(麻头白绿交界处)为宜。种好后在床面上再盖上一层火烧土,以保证苗床疏松,有利于走茎和吸芽萌发。

5.追肥

钻心前追两次肥,第1次在小苗长出1～2片新叶时株施尿素、氯化钾各0.02 kg;第2次在小行封行前株施尿素0.025～0.035 kg,氯化钾0.02～0.03 kg。钻心后每公顷于畦面撒施麻渣或其他优质有机肥140 t(有机肥要经高温堆沤腐熟),并盖少量表土,以便松土,保水保肥,有利腋芽萌发。母株每年采苗2～3次,每次采苗后追施一次肥,每公顷施尿素375～420 kg、过磷酸钙225～300 kg、氯化钾375～420 kg,腐熟有机肥22.5 t,穴施,干旱季节淋水施。石灰每年撒施1次,每公顷750 kg,石灰不能与化肥混施。冬季前每公顷覆盖腐熟有机肥(如麻渣、泥滤等)75 t,并盖少量表土。

6.母株钻心

母株培育半年后,当苗高达40 cm,鲜叶达20～23片时即可钻心,要求成功率98%以上,宜11～12月份钻心,严禁高温或雨季钻心,以免感病。

7.种苗出圃

采苗时间要视母株壮弱情况和繁殖出来的小苗而定。健壮母株繁殖出来的幼苗一般较壮,苗高20 cm时就开始展叶,待展3片叶即采收,这样的小苗可直接移植到疏植苗圃培育。而弱小母株繁殖出来的幼苗较弱,不到10 cm高就开始展叶,若留其长至20 cm高时再采收,就成了苗头小、叶片长的弱苗。这类苗应在展叶3片,株高10多厘米时即采收。但采收后要在密植苗圃培育至20～25 cm高的小苗,再移植到疏植苗圃继续培育。这样做就要增加用地和财力、劳力方面的开支。故积极的办法还是要提高母株苗圃的质量,争取培育健壮母株,以便多出苗出壮苗。在种苗紧缺的情况下,当幼苗长至15～20 cm高时,也可采收,有利提高母株的出苗率。但这种幼苗要经密植苗圃培育才好用。

采苗时要用手把小苗和母株分开,再用小刀把小苗从基部切下。注意切取时不要伤及母株和小苗,并保留茎基1～1.5 cm不受伤,以增加腋芽萌发的小苗数。一般母株苗,可采苗1～2年。当母株衰老接近淘汰时,将母株枯叶剥去,露出腋芽,也可提高母株出苗率。一般1个母株生命周期内可采苗8～15株,多的可达20～30株,但为了保证质量,采收苗应控制在10株左右,以去弱留强。每2个月左右采苗1次。

(二)密植苗圃的建立

1.选地及整地

选用水浇地、排水良好,阳光充足,土地肥沃,无茅草、香附子和硬骨草等恶草,无斑马纹病史的熟地作剑麻密植苗圃。整地要求二犁二耙并旋耕1次,达到土壤疏松、细碎和土地平整。

2. 育苗规格

各植麻地区及不同的土壤类型、坡度选择的育苗规格不尽相同。这里介绍广东省东方剑麻集团有限公司目前采用的剑麻育苗规格供参考。畦宽 1.2 m，高 15 cm（水旱田 25 cm），沟宽 60 cm，每畦 8 行，株行距 15 cm×20 cm，每公顷育 21 万株。

3. 基肥

每公顷施优质腐熟有机肥 130 t，过磷酸钙 750 kg，氯化钾 265 kg，石灰 1 125 kg，石灰在整地前撒施。

4. 选苗

选择 H. 11648 麻高产田，生势健壮，周期展叶 600 片以上的植株留珠芽，采苗高 8 cm 以上的头一、二批粗壮、无病虫害苗，依苗头部大小、植株高矮分级（分区、分床）进行育苗。

5. 追肥

当麻苗长新叶 1～2 片时，温度在 20℃ 以上便进行追肥，通过水肥形式施下，每公顷 5 000 kg 水＋尿素 60～75 kg＋氯化钾 52.5～75 kg＋过磷酸钙 60～75 kg（提前浸 20 h 以上，取清液）。共淋 3～4 次，或开沟施化肥，酌情淋水。

6. 除草

要抓紧在杂草尚小间及时除净，长年保持苗圃无草和土壤疏松。为了抑制杂草，最好在育苗后及时用除草剂进行土壤封闭，可以保持苗圃 3～4 个月不长草。

7. 出圃标准

根据剑麻开花习性，珠芽苗于 10～11 月份密植，半年后当苗高 25～30 cm，株重 0.25 kg 以上时，便可出圃作母株或直接作疏植苗用。

（三）疏植苗圃的建立

1. 选地及整地

（1）选地　疏植苗圃地选择与母株苗圃地的选择要求是相一致的，但应尽量避免选用剑麻连作地，及低洼地、林边、山边、屋边等荫蔽度大的土地作苗圃地，以减少病虫害；同时要充分考虑到能满足阳光充足、排水良好、交通方便和水源充足等条件；另外苗圃地应选择开阔、平整、集中连片的地块，便于机械耕作、管理和运输，降低育苗生产成本。

（2）整地　疏植苗圃的整地要求同母株苗圃的整地一样，但需合理设计安排道路和排水系统，道路所占面积 36%左右。苗圃外围挖沟筑埂以截径流和防止禽畜进入。

2. 基肥

每公顷施麻渣或滤泥或其他优质有机肥 140 t，有机肥要高温堆沤腐熟，过磷酸钙 750～1 125 kg，氯化钾 525 kg，石灰 1 125 kg，石灰在整地前撒施。

3. 育苗规格

要求基本上与母株苗圃地一样，应距林带 7～10 m 外育苗，畦宽 1.4 m，高 25～25 cm，沟宽 80 cm，每畦 3 行，株行距 50 cm×50 cm，每公顷育 2.4 万株。若在新剑麻大行间间种，则只育 2 行。株行距同上。

4. 疏植苗的选择

母株苗繁殖出来的小苗，苗高 20～25 cm 时（最高不超过 30 cm）可采收移植于疏植苗圃，供培育大、壮、嫩苗。种苗来自母株苗圃的，一般只需严格分级、分床，剔除病弱株即可种植。如从密植苗圃培育的小苗和从大田采回的吸芽苗或购进的小苗，则一定要严格选苗。选取苗高 20～25 cm、麻头大叶片多而厚的壮苗，然后分级、分床，进行疏植。

5. 育苗时间

一般安排在上半年育苗，此时定植后，温度逐步升高、雨季来临，利于麻苗快速生长。要求 7 月份前完成全年育苗任务的 70%，10 月份前完成剩余的 30%。雨天不要从事采苗、钻心等有伤麻株的田间作业，以免感病。

6. 种苗抚管

当麻苗种后恢复生机，开始抽出新叶时便可追肥管理。一般先施氮肥，后施钾肥，氮、钾肥轮换施。氮肥每床每次施硫酸铵 1 kg，控制在高温多雨季节施，冬季少施或不施；钾肥每床每次施氯化钾 1 kg，在秋末必须增施 1 次钾肥或草木灰以增加抗寒力。根据麻苗生长情况，每年追施火烧土 1～2 次，每床 50～100 kg，使土壤疏松，幼苗生长苗壮。施肥应在雨后进行，穴施或沟施，不应撒施，以免肥料撒在叶片上，烧伤麻苗并造成流失浪费；遇干旱天气，应结合抗旱施以水肥。每次施肥都要结合除草松土，并在封行前把杂草除净，以免造成荒芜。雨季要培高苗床，疏通排水渠道，以防止斑马纹病发生。此外，各地可根据土壤条件和肥源情况，可适当增加施肥次数和分量，特别是生长旺季最好每月施肥管理 1 次。待种苗达到定植标准即可出圃，一般育苗时间 8～16 个月。

7. 出圃标准

疏植苗经 1～1.5 年培育达出圃标准，即苗高 60～70 cm，叶片 35 片以上、苗重 5 kg 以上，无病害；如果管理到位出圃率可达 95%以上。但不同地区及不同的育苗与管理水平，培育的剑麻种苗质量是有差异的。

四、种苗快速繁殖

1. 种苗快速繁殖的原理

剑麻种苗的无性快速繁殖是根据我国剑麻生产发展需要研究开发出来的成果，是目前生产上较为可行的种苗繁殖方法。无性快速繁殖充分利用剑麻植株上的腋芽（也称侧芽），因侧芽数量较多，繁殖系数大。但它在正常状况下呈休眠潜伏状态，这是由于剑麻植株因顶芽存在而抑制侧芽萌发的作用，在植物学上称之为"顶端优势"。快速繁殖就是通过人为的方法，打破其休眠状态，使剑麻植株顶端生长点受到破坏（即解除顶端优势），使侧芽（失去束缚）得以萌发，从而达到快速繁殖种苗的目的。

无性快速繁殖种苗不仅数量多、速度快，而且质量好，侧芽依附母株生长，养分也较充足，只要加强母株管理，就可获得较苗壮的种苗。此外，其抗逆性也较好。

2. 种苗快速繁殖方法

种苗无性快速繁殖方法主要有钻心繁殖法、破头繁殖法和钻心剥叶法 3 种，3 种方法都要通过母株来繁殖。从 3 种不同繁殖法所繁殖出来的小苗，在苗高 20 cm 时，种苗质量差异不是很大，但随着麻苗生长便出现差异。钻心法繁殖苗比较粗壮、后期生长快，但母株出苗较少。其他两法因出苗早，数量多，小苗生长密度大，不如钻心法获得的苗壮。

钻心繁殖法是当母株苗圃的母株苗高达 35 cm，叶片数达 25 片时，选择生长健壮、无病虫害的植株进行钻心，以彻底破坏其生长点来促进吸芽、腋芽萌发形成种苗的方法。该方法繁殖的小苗较粗壮，生长快，数量多，寿命较长，故生产上普遍应用。

3. 钻心繁殖操作

操作时先用手拔除母株苗的心叶(叶轴),然后用工具破坏其生长点。所用工具是三角扁心铁钻。将铁钻顺麻株中轴插入茎端顶芽内,当手感达到硬处为止,然后反复旋转数次,并用力稍向下旋,力求准确破坏生长点(图 4-1、图 4-2)。钻心半个月后应检查一次,如心叶仍继续生长,还要及时复钻,以彻底破坏其生长点。也可改用扁头弧形铁钻,即钻头为弧形铲刀(图 4-3),顺着麻株中轴插入茎端。在叶轴周围插 3 刀后把带生长点的叶轴拔起,此法不用复钻(图 4-4)。在水肥管理好的条件下,2 个月左右母株苗便开始陆续长出幼苗。

图 4-1 三角扁心铁钻钻心(1)

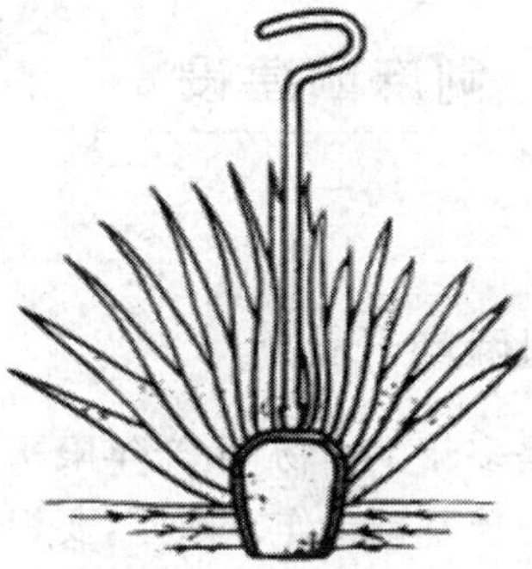

图 4-2 三角扁心铁钻钻心(2)

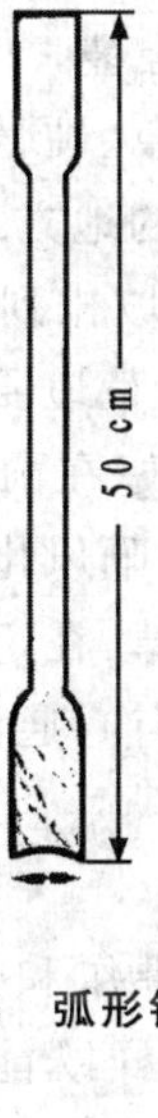

图 4-3 弧形铲刀

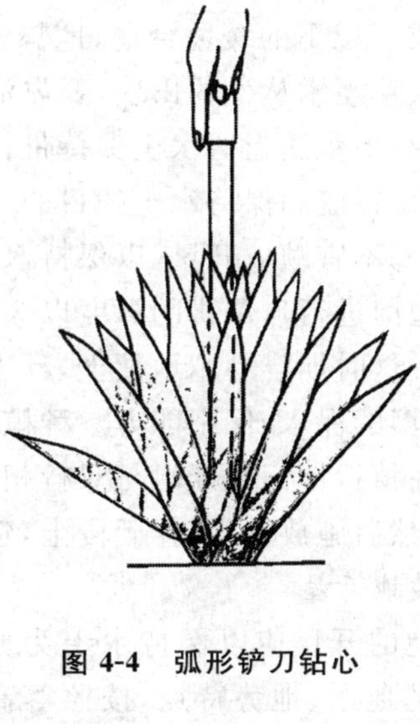

图 4-4 弧形铲刀钻心

钻心法操作简便,工人容易掌握,工效高,不伤害母株根系和叶片,母株有较充足的水分和养分,有利于腋芽萌发和走茎生长;萌发出来的小苗较粗壮,生长快,而且走茎吸芽较多。吸芽苗比腋芽苗发根快,数量多,母株寿命较长。

4. 组织培养快速繁殖

剑麻组织培养技术是近年来发展起来的种苗快速繁殖方法,剑麻组织培养的腋芽成苗途径出苗速度快，数量多，不易发生变异。可利用其快速增殖建立无性繁殖系。组培苗有其优越的地方，一是种源选自优良品种的优生植株，种性纯、质量高；二是个体均匀，群体生长一致，有利于管理；三是不带病毒、病菌。但组培苗与吸芽苗、珠芽苗、腋芽苗在生长、产量、抗性、开花等方面是否有差异，还有待以后继续观察研究。

利用组织培养进行种苗繁殖的关键是选好母株。母株选择应在正常的生产大田中进行，选择生长健壮、叶缘平滑无刺、无病虫害、生产周期长、割叶 600 片以上的植株，选取其健壮的吸芽或开花植株花轴中上部珠芽作为外植体，通过增殖与生根培养获得大量试管苗，经移栽培育成高达 15～20 cm 时即可移植到疏植苗圃，继续培育成可供大田种植的优质种苗。

第三节 剑麻园建设

一、剑麻园开垦

剑麻是多年生作物，生产年限达 10 年以上，一经种植，便不宜搬动。开垦与整地是剑麻大田栽培的一项基础工作。因此，要根据当地的气候、土壤与植被条件合理开垦，以水土保持为中心。按照不同的坡度，充分利用地形、地势，合理利用土地，注意整地质量。根据剑麻根系浅生、好气、怕涝的特点，植麻地均需全面深犁松土，平整地面，避免因土壤冲刷引起露根而造成麻株早衰，防止麻田积水而诱发斑马纹病，为高产稳产打好基础。

1. 平地(包括缓坡台地)的开垦

平地或 5°以下的缓坡台地，地势较平坦，宜于机械耕作，应进行全垦。但易冲刷地则要等高开垦。杂草灌木丛生的田块，要先清理后进行耕地；如植被不是茅草、硬骨草等恶草，开垦时可根据地形、地势适当留水土保持带，即在隔几行剑麻或坡度变化大的地方筑土埂防止水土流失，达到拦蓄径流和保持水土的目的。在这类地区，剑麻植行不能顺坡排列，无论机械耕作或人力耕作，都不宜顺坡开垦，以保持水土。熟荒地一般应二犁二耙，生荒地要求三犁三耙(最后一耙在种植前进行)，犁耕的深度以 30～40 cm 为宜。犁耕的时间最好在雨季后期进行，避免暴雨冲刷。这时期容易犁地翻土，且土壤可有一段较长的时间进行日晒风化，改良土壤物理性质，提高土壤的保水、保肥能力。种植前要清除麻田的茅根及其他恶草，在定好大行距之后，可用深耕犁在植行标记处开出与双行相适应的宽 1.5 m、深 0.4 m 的通沟，通沟开好后让其风化一段时间，然后施放基肥，拌肥覆土，建立种植畦。

2. 丘陵地开垦

丘陵地的开垦应以保持水土为原则，坡度小的还应考虑机械耕作和运输。因此，要根据丘陵地的地形、地势特点，按照等高开垦，先机耕后修筑梯田，这样既能消灭恶草又可保持水土。

搞好梯田建设是丘陵地栽培剑麻实现高产稳产的关键措施之一。修造梯田时，田面规格应视坡度大小而定。掌握以等高为主，基本等宽，能行走手扶机为原则。规划好排水系统，开好排水沟，以利雨季排水，阻止径流和冲刷，切实做好水土保持。保证剑麻速生、丰产、稳产。修筑梯田要因地制宜，应在不同类型的坡地上，修筑不同形式规格的水土保持工程。不同坡度的丘陵地修筑水土保持工程的要求分述如下：

坡度5°～10°的丘陵地，开垦时实行全等高开垦，每隔12～16 m修1条等高田埂，拦截径流，以保持水土，做到田面等宽，每一梯级基本等高，保留表土，以提高土壤肥力，用等高定植。

坡度10°～15°的坡地，应先修筑等高梯田，梯田面宽4～4.5 m，开成反倾斜的梯田，且要内倾3°～5°，排水沟深宽为15～20 cm。梯田修好后，可用小型拖拉机距梯田埂外缘1 m处开出双行种植沟，沟宽1.5 m、深0.4 m。梯田面种麻2行，麻株距内壁2.5 m，距外壁1 m(图4-5)。

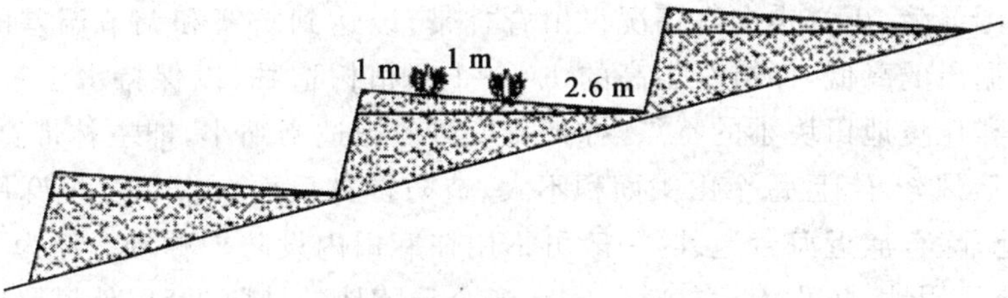

图4-5 坡度10°～15°梯田

坡度在15°以上的梯田面宽2.5～3 m。梯田面稍向内倾斜，内倾3°～5°，外侧比内侧高15～20 cm。梯壁要保持一定的斜度，不与田面垂直，以防塌陷。田面种麻1行，麻株距外侧1 m，离内侧1.5～2 m，外侧可种1行绿肥(图4-6)。

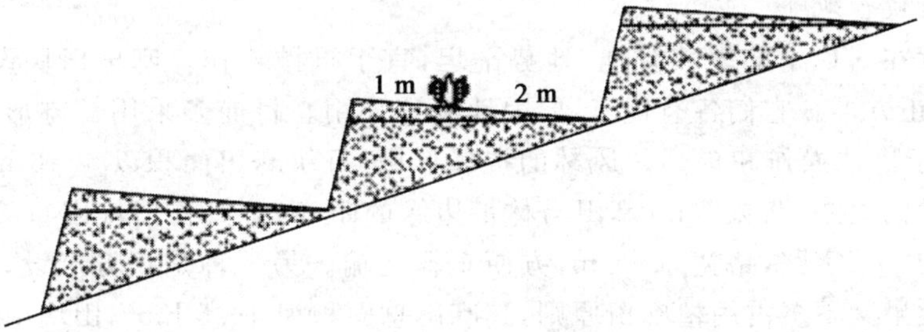

图4-6 坡度15°以上梯田

二、剑麻园规划和设计

(一)剑麻园规划

剑麻园的面积应根据地形地貌等情况来确定面积的大小，原则上每块麻园面积不小于1 hm^2。对于平地来说应考虑方便机械作业，面积宜规划大一些；对于重风地区，每块麻园面积最大应少于5 hm^2。

(二)防护林的规划设计

为了有效地减轻冬春寒流侵袭和强台风造成对剑麻的为害，调节小气候，一般在平地(包括缓坡台地)的麻田四周交通道路外侧设置林带。因此，防护林的规划设计，必须根据当地的地形、地势和风向等自然条件的实际情况，按照因地制宜，因害设防的原则，在弄清当地自然环境的特点和自然灾害规律的情况下，采取相应的防护措施。因为防护林的防护效果取决于它的结构配置和林带结构配置、走向、宽度及带向距离是否恰当合理，故平地和坡度小于5°的缓坡地，一般都根据主害风出现的方向来设计；坡度大于 10°的丘陵地，则按坡向的变化设计主林带，同时按等高线与水流垂直方向设计副林带；坡度在 5°～10°之间的地区，可根据当地具体情况来确定林带的走向。一般主林带宽 10～15 m，副林带宽 6～8 m，其树种应选当地速生、抗风、冬季不落叶和经济价值高的树种。例如，广东省麻田主林带大都采用木麻黄、小叶桉、窿缘桉、刚果 12 号桉、雷林 1 号桉等，副林带为台湾相思、油茶或选用经济树种母生等。种植的行距为 1.5 m、株距为 1～2 m。丘陵地营造防护林不仅能防寒潮和温差过大引起白斑病的发生，而且也能保持水土，防止土壤冲刷，其林带应以防东北风为主。坡度在 5°以上的地方，应按地形高低、周围屏障、山脊走向等情况设山脊林带，以达到防寒和调节温差的目的。山顶可造块状林，可根据山的高低，保持全山高的 1/5～1/4 植树造林，以保持水土。同时，根据麻株较矮、抗风力强和丘陵地田块小的特点，林带宽度可考虑适当缩小，即主林带宽 9 m，副林带宽 6 m。但广西植区风较小，且每个山头面积不大，造防护林反而会占用了植麻用地和造成麻田局部荫蔽。因此，除合浦近海台地外，一般可不用在麻田内设防护林带。但为了改造植区的生态环境和区别农村用地，防止人、畜破坏，宜在各个丘陵地的坡脚、麻田外道路的两旁和整个植麻大区的周边种上防护林。防护林的树种可采用湿地松、巨尾桉和小叶桉等。

(三)剑麻园与道路设计

剑麻园和道路的设计应根据当地自然地理条件而设置，一般可分为平地(包括缓坡台地)和丘陵地两种类型。

1. 平地及缓坡台地

平地和坡度在 5°以下的缓坡台地，地势平坦，宜于机械耕作。麻田田块设计一般有两种形式：长方形和正方形。它们各有优点，要因地制宜采用。目前多采用长方形设计，即长宽比为 3∶2。为便于机械操作和提高防风林的抗风作用，每块麻田面积以 4～6 hm^2 为宜。田块周围设置交通运输道路，路宽 7 m(麻田与林带边缘的距离)。另在田块内每隔 50～100 m 处设置横直相通的“十”字路，路宽 6～7 m，方便车辆运输。另一种是正方形设计。遵循林带具有最好的防护效果又不多占用植麻田原则，其麻田总面积为 4～6 hm^2，田块中间的走道(麻头到麻头)宽为 6 m，四周林缘路(麻头到林头)宽为 7 m 左右。

2. 丘陵地

丘陵地麻田设计应搞好梯田及道路的规划，做到因地制宜，讲求实效。一般较小的山头(1.3 hm^2 左右)，麻田可分成 2 块，较大的山头(2 hm^2 左右)则分为 4 块，其田块划分则以道路为分界线。丘陵地麻田道路系统应给车辆行驶和机械耕作创造方便条件，保证运输畅通无阻。要根据地形修筑迂回的盘道，做到山山相连、块块相通、路路相接。同时要在路的内侧修筑排水沟，路面也要向内倾斜，避免水土冲刷。道路分主干路(山脊路)、支干路(等高环山路)和人行道 3 种。构成纵横道路网。3 种道路所占面积应控制在 15%～20%为宜。主干路：从山顶到山脚，每个山头设置 1～2 条宽 5 m 的纵行道路，便于汽车和拖拉机上下行驶。支干路：根据坡度、坡长和田块上窄下宽的特点，一般从山脚到山顶，每隔 4～6 个梯田设置宽 5 m 的横行道(环山路)，便于机械运输。在沿环山道路外侧一边，则可种植单行林，以阻止水土流失和充分利用土地。人行道：根据麻田情况，横行每隔 50 m 左右垂直设置人行道，宽 3～3.5 m，与梯田走向垂直。但不要从山顶直通山脚，以利保持水土。主干路、人行道与环山路交接处，应少种两株麻，以便机械转弯。关于丘陵地麻田道路的设计，则因地制宜。坡度在 5°以下的麻田，亦可采取按 50 m 宽度划为 1 个种植区，每区间设有 6 m 宽的主通道，通道与麻行垂直。如果植区的坡面过长，可在坡面的中部加设 1～2 条 4 m 宽的横道，以方便机车耕作运行和运输。坡度在 10°以上的丘陵地，面积在 1.3 hm^2 左右的小山头可划为 1 个种植区。为了方便作业，应视山头面积的大小，每个山头可沿山脊加设“一”字形或“十”字形，放射状与坡面垂直的步行通道，通道宽 2.5～3 m，丘陵地通机车的道路都应以螺旋形盘丘陵而上，并在适当的地点设置方便车辆掉头的场地。各山头之间应设有道路互相连接起来(图 4-7)。

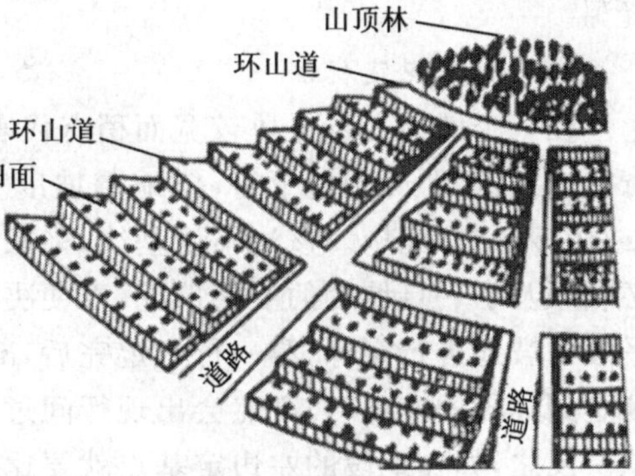

图 4-7 丘陵梯田

(四)水土保持工程与排水系统

华南植麻地区年降雨量大，而且雨量集中，每年 5～9 月份雨季中的降雨量占年雨量的 70%～80%。广东省雷州半岛和海南省一带，台风来临时带来暴雨，降雨强度大，形成地面径流。广西地处南亚热带，雨量也较为集中，在连续降雨期间，缓坡台地和丘陵地的麻田，往往在坡地上引起土壤冲刷，局部低洼处则积水或造成排水不良。因此，在麻田开垦时应重视水土保持工作，除尽快在剑麻行间种植覆盖作物，避免地面裸露外，必须修筑水土保持工程，才能有效地防止水土流失，减少斑马纹病的发生和传播。剑麻田修筑水土保持工程应根据当地地形、地势和地面坡度的不同，采用不同类型的梯田形式。

排水设施的设计要根据平地或丘陵的地形、地势不同而设置不同排水系统。其目的主要是防止地势低洼处积水、裸露处土壤冲刷以及雨季易发生斑马纹病。因此，必须按麻田的地形、地势设置排水沟和防冲刷沟。沟的宽度和深度以能排除积水为宜，如麻田局部积水不易排出时，可在麻田外缘或林带中挖坑，把积水引入坑内，以达排水防病的目的。丘陵地梯田，在内壁挖 1 条深、宽各为 15～20 cm 的排水沟，挖出的土可放在上一级梯田埂的外缘，梯田窄的不开排水沟，而把梯田面修筑成向内倾斜。在汇水面大的地方，除挖排水沟外，还应挖防冲刷沟。

三、剑麻园定标

(一)剑麻园定标方法

1.“十”字线定标法

先在靠近林段的一边按行距定出一条基线，然后离基线一定距离(约为麻园宽度的 1/3)，按行距定出第二条基线(与第一条基线平行)，以这两条基线为基准，在相同位置的行标上拉线，按株距定出植穴位置，麻园形状不规则时，可先从规则的一边定起，再向不规则的地段延伸。

2.坡地基线定标法

在坡面上选一具代表性的地段，从上到下或自下而上地先定出一条基线，在基线上按规定行距(大行距＋小行距)测出每一行的标点，然后由这一标点开始，向左右两侧水平等高延伸，定出每一梯田带标志，并用石灰粉标示清晰，以便于修筑梯田。

基线定标法简单，易于掌握。当上下两行植麻带的距离小于规定的行距(大行距＋小行距)时就要断行；当上下两行距离大于行距 1.6 倍时，则要加入插行，以此来充分利用土地资源。

3.坡地基点定标法

在一个坡面上选一块较宽而稍有代表性的地方,先定出一条等高的植麻梯带,从定好第一行植麻梯带,照顾到上下行,依地形坡度变化情况,确定行距(在规定范围内),直至整个坡段(或山岭)定标完毕。该法不设基线,采取逐行灵活选择代表性基点的办法。在定上一行标时必须顾及下一行坡度的变化情况,以便决定下一行基点的位置。如对左侧坡度较陡,右侧比较平缓的坡地进行定标,第一行标定完后,准备定第二行标时,在山坡右侧按规定行距设定基点,则定到林段的左侧时,必然会出现行间过窄而断行,在这种情况下应把右侧基点的行距适当放宽。反之,如在地段的左边定基点就要比规定的行距适当缩小,否则定到坡度较缓的右侧时,就会出现行距太宽而需加插行的现象。

4.坡地"三分之一"定标法

在一个坡面上,既要保证单位面积的种植密度,又要不出现断、插行。据其标准行距应选在坡度为"最小坡度加上大小坡度差数的三分之一处"为最合适,故此法暂定名为三分之一定标法。

(1)判别一个坡面是否会出现断、插行的近似计算公式

$$\text{最大坡度} \leqslant \text{最小坡度的 } 2.5 \text{ 倍} + 2 \qquad ①$$

应用上述公式时,先测定一个坡面上的最小和最大坡度的数值。如代入公式①能成立,则表明在此坡面上定标可以避免断、插行。如由于坡度大小差值过大,则断、插行不可避免。那时,将采取其他办法加以弥补。

通过公式①运算,可以得出下列规律,即随着坡度的增大,公式中大小坡度差值的幅度也愈宽,其出现断、插行的几率随之降低。如最小坡度在5°时,最大坡度超过14.5°即可出现断、插行;而最小坡度在15°时,最大坡度要陡至39.5°以上,才可能出现断插行。

(2)确定一个坡面"标准坡度"的近似计算公式

$$\text{标准坡度} = \text{最小坡度} + \frac{\text{最大最小坡度差值}}{3} \qquad ②$$

标准坡度指"基线定标法"中应确定的基线坡度的计算方法。例如,在一坡面上,先实测得最大坡度为27°,最小坡度为10°,按上式计算,其标准坡度为16°。

(3)确定"定标起点行距"的近似计算公式　如定标起点不是在标准坡度处,则应先实测定标起点处的坡度,代入下式,以确定定标起点行距。

$$\text{定标起点行距} = \text{设计的行距} \times \frac{\text{标准坡度}}{\text{定标起点处的坡度}} \qquad ③$$

定标起点行距指"基点定标法"中具体确定基点的位置的计算方法。例如,由式②已知标准坡度为16°,设计行距为4 m,实测定标起点处的坡度25°,按上式计算,定标起点行距应为2.6 m。

(二)剑麻园定标作业

做好定标工作,可以充分利用土地,合理安排每株麻株的空间和土壤的面积。定标时先按麻园规划的要求将麻园车辆运输道(或环山道)、人行道作出标示,然后在距离标志好的车辆运

输道边线 1 m 处，用标尺或皮尺按规定的株行距定标。植穴间的距离按照设计的种植形式密度规格而定。不同地形、地势的剑麻园的定标技术要求不同。在平地上定标时一般采用"十"字线定标法，采用长方形的种植形式，植行为南北走向，以充分利用光照和有利于麻园割叶作业。定基线时应离林带边缘 6 m 以上，以免防护林影响麻株生长。在坡度 5°以上的坡地定标时应采用等高定标法，既有利于保持水土，也有利于抚管和割叶。但由于山地、丘陵的地形变化大，在进行等高定标时，随着坡度的变化，行间距离也在变，当由坡陡处定标到坡缓处时，行距必拉大，以至行距过宽时，需在其间增加插行；而由坡缓处定标至坡陡的一侧时，行距变窄，以至过窄时，就成为断行。因此，在坡地上定标，应视地形的变化状况，采用相应的等高定标方法，尽量减少断、插行。若坡度差异过于悬殊或地形太破碎，按公式①判别，不可避免地要出现断、插行时，其弥补的方法：一是改变原设计的株行距。二是在局部地段调整株距，以保证单位面积的株数；如在行距过窄时，可把株距加宽，而行距过宽时，可把株距相对缩小。三是宁要插行而不要断行，因为插行处坡度相对较缓，利于上下环山行的衔接和通行。

四、剑麻园建立

(一)整地与起畦

剑麻地在种植前要耙地一次，把刚萌发的杂草除去，把土块耙碎，清除大芒、茅草、硬骨草等恶草的根系，以利定植作业。平地或缓坡地标好大、小行距后，于小行标记处开一条宽 120 cm、深 35 cm 的施肥沟(或开两条深度各 35 cm 的施肥沟)，施下基肥后进行起畦，平地起畦要求宽 200～220 cm，畦高 20～30 cm，畦面略显龟背形。缓坡地以及排水良好的地块和无斑马纹病的地区可低起畦种植，但畦高不少于 15 cm；坡地起穴种植，穴堆高不少于 25 cm；雨水多且集中、斑马病易发区则应起高畦种植，高度以不少于 30 cm 为好。丘陵地梯田上，在标记好的种植小行上开两条(深度各 35 cm)或深、宽各 40 cm 的施肥穴，然后起 25 cm 高的种植畦，畦面略显龟背形，以免土壤下陷积水。

有条件的可实行机械化整地起畦，方法是：先横直深松然后横直两犁两耙，接着用一铧犁起畦，然后加上少量的人工修整剑麻畦后即可种植。对于山坡地、丘陵地，则采用挖掘机整地起畦。剑麻整地包括挖树头、推土地、深松、犁地、耙地、起畦等均以机械化操作能达到高效率高质量。

(二)施基肥

剑麻是多年生作物，其根系发达，生长期长，生长量大，需肥量多，生产实践证明，定植时施足基肥是促进剑麻速生丰产的重要措施。定植前按照技术措施计算基肥施用量，安排施放基肥。施基肥以有机肥为主(即猪、牛、鸡粪，土杂肥、绿肥、糖厂滤泥或麸饼等)，适当加磷、钾、钙肥，磷、钾肥及有机肥进行穴施或沟施。穴施的穴长 50 cm，宽 50 cm，深 25～30 cm；沟施的沟宽 50 cm，深 25～30 cm。钙肥可选用石灰，应在土地备耕前撒施再机耕，钙肥(石灰)若能通过机械撒施则效果更好。施肥量一般每公顷施有机肥 45～75 t，钙镁磷肥 750 kg，氯化钾或硫酸钾 450～600 kg。基肥要混合均匀，土肥要混合均匀，基肥要均匀施放。基肥施放后要覆盖 10～15 cm 厚的碎土，以免麻头与肥料直接接触，然后在标好的定植行内撒施石灰，每公顷撒施 2 250 kg，再起种植畦。磷肥要提前和有机肥一起堆沤再施用。

(三)种苗准备

起苗、选苗及种苗处理是剑麻定植前的必要工作，植前准备工作的好坏直接关系到剑麻定植后的生长势，整齐度以至产量的高低。种苗应选择经过疏植培育后达到苗高 60～70 cm，存叶 35 片以上，株重 4 kg 以上，无病虫害的大、壮、嫩麻苗。种苗应提前起苗，让苗自然风干 2～3 d 后种植。起、运苗时不能伤叶片、叶轴和麻头；雨天不起苗，挖苗后及时分级、运输、种植。

1. 剑麻苗起苗

起苗就是用合适的工具把符合标准定植的麻苗从苗圃移出。在定植前应计算好所需种苗的数量，然后用锋利的锄或铲从麻苗的头部(根茎交界处)锄(铲)断，注意不伤或少伤叶片和麻茎，特别是心叶。起苗应选晴天进行，起苗后不能堆放过久，尤其是雨季，易引起腐烂或感染斑马纹病。

2. 种苗分级和处理

起苗时可将选苗及种苗分级同时进行，把不符合标准的(弱小、带病的)麻苗淘汰，将符合标准的种苗按大小(主要是高矮)分别堆放，一般可分为大、中、小 3 个级别堆放。然后切去老根，切平老茎，保留老茎 1～1.5 cm(似碗底形)为宜，有利于促进多发新根。麻茎不处理或处理不当都不利于麻株生长。如留茎过短，茎部被切去过长(过多)，甚至切到茎部白色部分，也不利于早发根。实践证明，起苗或麻苗处理时伤害茎部的定植苗，植后 3 个月才恢复生机，10 个月后长叶 22 片；而不伤麻茎的(保留老麻茎长 1～1.5 cm 的)，植后 2 个月就开始展新叶，10 个月后就长新叶 47 片，长势良好。

种苗处理时，不伤麻茎并且留麻茎适中平滑，土壤水分可以渗透到茎部导管，同时切去老根还能刺激根原点，有利于萌生新根。在切去老根的同时可以剥掉已干枯的叶片，但尽量可能多保留叶片定植。尽量多保留叶片，有利增加麻苗光合作用的叶面积，增强光合作用能力，光合作用产物运输到麻株根部后，可促进根系生长，加速麻株生长。

麻苗在定植前要用 80%疫霜灵 800 倍液和 40%灭病威 150～200 倍液混合均匀后消毒麻苗切口，以预防麻株斑马纹病及茎腐病的发生。经药物处理后的麻苗，要及时运往定植地点，并按定植规格(事先定好标)均匀散开，种苗要按分好的大、中、小规格分别种植，一般将较小的麻苗分开单独整行或整片种植，便于今后加强管理，加速小苗的生长，以避免植后麻苗高矮、大小参差不齐，影响管理和麻田整齐度。

(四)定植作业

1. 定植时间

剑麻一年四季都可定植，但最适宜定植时间应考虑定植后易于成活，早发新根。剑麻在不同季节定植，对麻株生长的影响不同：种得早，使麻株在一年中生长时间长，多长叶片，有利于过冬，也为早投产、夺高产打下基础；如种得过迟(9 月份后)，定植后不久即逢干旱、低温，麻株恢复生机缓慢，如当年冬天遇到大寒潮则易受害；在雨季，特别是 7～8 月份台风雨季节，因种苗有伤口，容易感染斑马纹病，造成缺株断行。

在我国植麻区，根据当地的气候条件，一般在当年 5 月份前定植较好，最宜在 3～4 月份定植，力争在 6 月份前完成当年的种植任务，最迟不超过 9 月份。在春季定植剑麻，种植后气温回升快，雨季来临时易促使麻株根系早发，麻叶长叶快，长势健壮，抗性强。生产实践证明，3 月份定植的剑麻要比 9 月份定植多长近 1 倍叶片(指当年)，晚定植的剑麻因遇干旱季节，阳光猛烈，5～8 月份红土壤的地表温度平均在 32.4℃，最高时达 74.5℃。在高温烈日的气候条件下，新定植的麻苗往往会叶片萎蔫、下垂，重者干枯，以致久久不能恢复生机。而早种的则由于气温土温比较适宜剑麻的生长，种后遇上春雨，则迅速恢复生机，很少发生叶片失水、干枯现象;若在台风雨季(7～9月份)定植,则容易感染斑马纹病,造成缺株断行。

在受斑马纹病为害的地区或地块,特别是在原斑马纹病区更新麻园时,为了预防斑马纹病,要尽量避免在雨季种植,宜在旱季定植较好。

2. 种植规格

剑麻的种植规格即采用的种植密度和形式。种植密度是指在单位面积上种植株数,种植形式是指剑麻种植时植株间的距离和排列的方式。目前剑麻的种植形式主要有以下两种。

(1)单行植　适合于丘陵、山区坡度大、无机械耕作、运输条件差的地方。这一种植形式利于人工田间操作,尤其便于割叶(相对双行植而言),植株之间的温、光、水、气、肥等条件基本相同,便于管理。但株数少,单位面积产量低,土地裸露面大,除草用工多,成本高。丘陵地种植的行距应根据坡度灵活掌握,一般种植行距为3.5 m,株距0.9～1.0 m。

(2)双行植　在具备机械耕作、运输条件较好的平原、缓坡地区宜采用双行植的种植形式。其优点是利于田间的通风透光、便于大中型农机具的田间耕作和运输,适应剑麻生产的机械化,提高劳动生产率,减轻工人劳动强度,单位面积产量高。缺点是工人割叶时操作上有些困难,尤其是第一刀麻,因小行间比较窄,株间叶片互相交织,难于下手。

采用哪种种植密度要根据品种特性、气候、土壤、栽培管理水平和机械化作业的要求来定,并兼顾土地充分利用,实行合理密植,以提高单位面积产量为目的。一般来说,土壤肥力较高、适合机械耕作的地区可适当种疏一些,且小行间密度不宜太大,以便利机械作业和必要的人工操作为度;相反,凡土壤肥力较低的地区可适当种密一些;不适合机械耕作的丘陵、山地宜采用等高种植的形式,种植密度可适当密些。在相同的环境条件下,不同的品种其种植密度应有区别。对剑麻H.11648生长效应与密度的关系观测试验结果表明:随着密度的提高,剑麻株年增叶量、叶长、叶宽等指标逐渐降低。密度较低时由于光、热条件较好,利于麻株生长发育,生长良好;随着密度的提高,增叶量减少,叶片变短,变窄。当密度增大到一定程度时,剑麻叶片生长会受到严重抑制。不同种植密度对剑麻叶片生长、产量及经济效益等方面都产生影响。不同品种种植密度也不相同,一般叶片长、冠幅大和粗生的品种宜疏植些,反之则宜密植。H.11648麻的种植密度为:大行距3.8～4.0 m,小行距1.0～1.2 m,株距0.9～1.0 m,每公顷3 750～4 800株。新品种究竟采用哪种密度和形式,必须通过栽培试验来确定。

3. 大田种植

剑麻生长周期较长,为了便于抚育管理,割叶、机械化中耕及运输等操作,在定植前必须根据麻田地形,坡度按规划的株行距进行拉线等高拉线定标,横直成行,做到种植规格化。一般以南北行向为好,以利于充分利用阳光,促进麻株生长。定植时先把麻苗按大小分排到定好标的位置上,种植时将种苗插下,覆土压实,麻头不要直接接触肥料,覆土深以不超过茎干绿白交界处2 cm为宜。一般将相对小的麻苗定植在地头(行头)地边、南北行向的南端,遇到有一定坡度的麻田宜将较小的麻苗定植在坡的下方,大苗定植在坡的上方,使小苗处相对较好的阳光等外界条件下生长,以利以后麻苗生长一致。剑麻定植时要注意不能种得过深及泥土不掉入麻心,以免影响生长。种苗定植要求做到"浅、正、稳、齐"。

"浅"——剑麻是须根作物,根系好气性强。浅种有利剑麻早出新根,恢复生长。

"正"——剑麻种植时要求麻苗种正,不得歪斜。如歪向大行间,会影响今后的机耕作业工作。如歪向小行内,会影响麻株间的生长,也会给今后的除草、割叶等作业带来障碍。

"稳"——剑麻种植时既要种得浅又要种得稳,即种植深度以茎绿白交界处为度,并用力压实。

“齐”——剑麻的大行或小行都要种植整齐，不能种植得参差不齐。种植整齐有利于今后的作业管理，通风透光，也使麻园整齐美观，悦人心目。

4. 补换植和扶苗

为了使植株生长整齐，植后3个月内，要经常查苗，及时把因风吹倒或牲畜践踏而倒伏的麻苗扶正种好，埋土过深的要把土扒开或拔起再植。对因起苗运输过程中损伤而难于恢复生机的麻苗进行换植。

第四节 剑麻营养与施肥

一、我国主要植麻土壤理化特性

我国主要植麻土壤有：玄武岩发育的砖红壤，花岗岩、花岗片麻岩发育的赤红壤，第四纪红土发育的赤红壤，浅海沉积物发育的砖红壤等。各类土壤的主要理化特性如下。

1. 玄武岩发育的砖红壤

在漫长的土壤发育过程中，由于高温高湿的气候环境，母岩彻底风化，K、Ca、Mg等盐基离子淋溶迁移率高，Fe、Al高度富集，黏土矿物以高岭土、三水铝石及赤铁矿为主(黏土矿物是土壤母质风化和成土过程中形成的次生矿物，对土壤肥力有重大影响)。土层深厚、质地黏重，黏粒达50%以上。由于三、二氧化物的胶结作用，土壤中有大量稳定性很好的微团聚体，土壤通气、透水、持水、保肥性都较好。许能琨等在广东雷州半岛的金星、东方红、海鸥、勇士和福建白竹湖等农场采样分析结果表明，土壤有机质含量2.6%～3.5%，全氮0.11%～0.13%，速效磷0.8～3.0 mg/kg，速效钾38～73 mg/kg，代换性钙0.4～4.8 cmol/kg，代换性镁0.13～7.5 cmol/kg，土壤pH 4.6～5.8。除了磷含量较低外，其他养分含量都较高，微量元素含量也属正常。砖红壤是我国植麻土壤中肥力较高的一种。生产上除了重视氮、磷肥的使用外，由于剑麻是喜钾、喜钙作物，也应注重钾、钙肥的施用。

2. 花岗岩、花岗片麻岩发育的赤红壤

土壤发育程度较高，盐基高度不饱和，呈酸性反应。土层深浅不一，颗粒组成较粗，粗沙和沙粒占30%～60%，黏土矿物以高岭土为主。由于原生植被破坏较早，开垦利用时间较长，水土流失严重，土壤肥力甚低。土壤有机质含量1.2%～2.5%，全氮0.05%～0.10%，速效磷1.2～47 mg/kg，速效钾13～51 mg/kg，代换性钙0.05～1.9 cmol/kg，代换性镁0.004～0.62 cmol/kg，土壤pH 4.7～5.5。大量元素含量普遍较低，微量元素硼的含量也不足，既缺钾又缺镁是此类麻田营养的一个特点。植株缺硼也时有发生。

3. 第四纪红土发育的赤红壤

土层较深，质地较黏，黏粒占30%～50%，Fe、Al富集程度相对较低。土壤有机质含量2.2%～3.1%，全氮0.06%～0.12%，速效磷0.26～4.8 mg/kg，速效钾15～127 mg/kg，代换性钙0.69～2.5 cmol/kg，代换性镁0.18～0.21 cmol/kg，土壤pH 4.5～5.3。此类剑麻园土壤有机质含量较高，土壤肥力相对较高，但由于习惯大量施用石灰，钾、镁、硼的缺素症状时有发生，铜营养水平较低。

4. 浅海沉积物发育的砖红壤

土壤质地较轻，含有60%～70%的沙粒，土体由大量的石英沙和高岭土组成，黏土矿物由80%的高岭土和20%的铁铝氧化物组成。土体松散，保水保肥能力弱，土壤肥力较低。土壤有机质含量1.5%～1.9%，全氮0.06%～0.08%，速效磷2.5～9.8 mg/kg，速效钾13～23 mg/kg，代换性钙0.05～0.13 cmol/kg，代换性镁0.01～0.02 cmol/kg，土壤pH 4.7～4.9。可见，土壤氮、钾、钙、镁养分均很低，生产上应特别注意各种肥料的平衡使用。

二、剑麻营养特性

剑麻原产地高温干旱，年蒸发量数倍于年降雨量，使得土壤中的基性元素逐渐向表土聚集，表土中钾、钙、镁等基性元素含量较高，土壤酸碱度接近中性。在这种环境条件下，剑麻在长期的系统发育中形成其独特的营养特性。

1. 喜欢中性的土壤环境

G. W. Lock在东非的试验得出，普通剑麻在pH7时生长最好。林苾等对H.11648麻进行不同pH水培试验，其结果是，当pH为7时麻苗生长最好，吸收养分最多。

2. 根系浅而发达

据许能琨等的调查，剑麻司养分、水分吸收作用的细根，多集中在麻田0～20 cm的表层中，而且在大、小行间都广泛分布。因此，麻田施肥的面要宽些，施肥深度宜浅些。

3. 对钾、钙、镁需要量高

A. Jucob等曾报道，普通剑麻每吨鲜叶含：N 0.987 kg，P 0.163 kg，K 1.77 kg，Ca 2.72 kg，Mg 1.05 kg。G. W. Lock在东非的调查得出，在不施肥的情况下，普通剑麻叶片养分平均含量为：N 0.8%，P 0.13%，K 2.1%，Ca 1.8%，Mg 1.0%。许能琨等通过全国剑麻营养调查、在不同植麻土壤上进行各种肥料试验，得出我国剑麻叶片养分适宜含量为：N 0.85%～1.10%，P 0.10%～0.18%，K 1.30%～1.80%，Ca 3.0%～4.0%，Mg 0.55%～0.80%。可见，剑麻对钾、钙、镁需要量很高。在东非，他们选择钾、钙、镁含量高的土壤种植剑麻。我国主要植麻土壤的钾、钙、镁含量普遍较低，为了满足剑麻高产的需要，必须注重钾、钙、镁肥的施用。

4. 我国剑麻营养状况

由于土壤肥力及施肥习惯的不同，我国各类土壤麻田植株养分差异较大。玄武岩砖红壤植麻区长期偏施钾肥而忽略磷、钙肥的施用，植株钾含量特高而磷、钙营养不足；花岗岩和第四纪红土赤红壤区部分农场因大量施用石灰而钾肥补充不足，使麻株钙含量偏高而钾素营养缺乏；燥红土区剑麻较少施肥，但该类土壤的淋溶作用弱，土壤富含钾、钙、镁，麻株中这3种养分含量较高，而氮、磷则显不足。我国麻田较少施用镁肥，麻田镁素营养不足，花岗岩和第四纪红土赤红壤区的不少麻田，缺镁已成为剑麻高产的主要障碍。

三、剑麻营养诊断

(一)营养诊断与平衡施肥

合理施肥是提高产量、改善品质、降低成本的主要措施之一。合理施肥就是要求施肥能达到下列3方面的目的：①施肥能使植物获得高产和优质；②以最少的投入获得最好的经济效益;③改善土壤条件为高产稳产创造良好的基础。合理施肥的方法有测土平衡施肥和植物营养诊断指导施肥等。

农作物的生长离不开土壤,植物养分60%~70%是从土壤中吸收的。当土壤营养供应不足时,就要靠施肥来补充,以达到供肥和农作物需肥的平衡。

平衡施肥,是一项科学施肥技术。在进行土壤诊断,分析作物需肥规律、掌握土壤供肥和肥料释放特点的基础上,确定施用肥料的种类,合理搭配肥料用量,按方配肥、科学施用。

实践表明,平衡施肥具有明显的经济效益、社会效益和生态效益。具体有以下4个方面好处:①有效提高肥料利用率;②降低农业生产成本;③增产增收效果明显;④有利于提高农产品质量,减少肥料污染环境。

在平衡施肥过程中,确定施肥量的方法主要有地力分区(级)配方法、目标产量配方法(包括养分平衡法和地力差减法)、田间试验配方法(包括肥料效应函数法和养分丰缺指标法)、营养诊断配方法等。根据植物营养特性和土壤性状调整肥料养分配比,实现平衡施肥。

由于剑麻是一种长期作物,常常采用穴施或沟施的施肥方法,致使土壤肥力不均匀,这就给测土施肥的土壤样品采集带来很多麻烦,因此营养诊断是剑麻合理施肥的一项重要内容。其原理是,作物产量与植株养分含量之间存在某种相关关系,在一定范围内,作物产量随着养分含量的提高而增加,当作物的养分含量达到一定值时作物产量达到最高。此后,产量不再随着养分含量的提高而增加,有时还会因养分的过多而减产。通过大量调查和采样分析,配合肥料试验,经过作物产量与养分含量的相关性分析便可得到获得最佳效益的养分含量,并以此作为标准指标,诊断生产上作物哪些养分不足,需要增施肥料,哪些养分过多,需要减少肥料用量。营养诊断的方法有临界值法、综合诊断施肥法等。

临界值法对植株养分丰缺的诊断指标由作物产量与养分含量的相关曲线产生;综合诊断施肥法的诊断指标取高产样品群的平均值或由边界曲线法产生。临界值法在作物营养诊断指导施肥方面曾起到非常重要的作用。但是,由于作物产量不仅受养分含量的影响,同时还受土壤性质、水分状况和气候条件等外在因素的限制,在其他条件不利的情况下,即使各种养分处于最佳水平,作物也不可能高产。此外,即使其他条件处于最适宜状态,作物产量仍受最小养分律的支配。也就是说,当一个或者多个养分不足或过多时,即使其他养分均达到最适水平,作物产量仍受不足或过多的元素的限制。在实际生产中,作物生长的外界条件难以全部达到最适合的状态,所有养分也不可能全部达到平衡,经常出现某些养分不足而另一些养分却过多的现象,因而作物产量与养分含量之间并不普遍存在准确的相关关系,按临界值法很难准确制定营养诊断指标,其诊断的准确性也就受到影响。综合诊断施肥法的养分标准值由高产样品群产生,或者通过边界曲线筛选出养分含量与作物产量关系密切的样品产生,显然高产样品受外界不利因素的影响较小,也不存在严重的养分不平衡问题,其诊断指标的制定很大程度上避免了临界值法所受到的干扰。此外,临界值法的诊断指标只考虑到单个养分的绝对含量,而综合诊断法则顾及各养分元素的平衡关系,根据某一元素的含量及其与其他养分的平衡程度来判断其丰缺,使诊断的准确性得到提高。

(二)剑麻主要营养元素缺乏症状

植物需要足够的矿质养分才能正常生长,如果植株体内某种养分含量低于一定水平,就会因为代谢不正常而在外观上表现出特定的症状，即矿质营养缺乏症。一旦出现缺素症状，就表明该种元素严重不足，剑麻产量会大大降低。正确识别缺乏各种营养的生理病症状和及时掌握植株营养状况，便可及时发现和准确判断麻田出现的缺素症状，及时采取有效措施，减少生产损失。不同植物，其缺素症状不尽相同。余让水等采用水培、沙培与大田调查相结合的方法，对剑麻矿质营养缺乏症进行了较为系统的研究，剑麻主要营养元素缺素症状如下。

1. 缺氮

氮是氨基酸、蛋白质合成的基础，是叶绿素及多种生物碱、激素、酶的成分。缺氮，植物体内氨基酸、蛋白质的代谢受阻，叶绿素不能合成，全株叶色变黄，叶缘发紫，老叶提前干枯，生长缓慢，植株矮小。严重时植株停止生长。

2. 缺磷

磷是植物体内核酸和核蛋白的结构元素，是生物膜主要成分磷脂类化合物的组成元素，是ATP等高能化合物的组成成分，参与植物体内许多代谢过程。缺磷植株先在老叶中部边缘出现紫黑色，逐渐向两端发展，叶片上半部纵向翻卷，直至卷成筒状并干枯，称紫色先端卷叶病。严重时会出现大部分叶片干枯。缺磷植株会提前开花。

3. 缺钾

钾在植株体内以游离态形式存在，不是植株体内有机物质的组成成分。但在促进光合作用、蛋白质的合成、糖的代谢与运转，提高酶活性，增强抗逆性等方面发挥重要作用。钾在剑麻叶片中的含量仅次于钙。缺钾初期，麻株基部叶片的颈部出现黄色小斑点，以后斑点横向扩大连成一片，形成斑块布满整个颈部，随着症状的加重，斑点内部组织坏死变黑，呈带状干枯，坏死的斑点一般不向纵向蔓延，叶片从带状干枯处折断，俗称“带枯病”。

4. 缺钙

钙是植物细胞壁和胞间连体的组成部分，钙在调节细胞 pH、光合作用、糖分运输和信息传递中起到重要作用。钙在植物体中移动性小，主要集中在较老的组织中，很少向幼嫩器官运送，因此作物缺钙症状首先在根尖、顶尖、顶芽或心叶发生。剑麻缺钙时，麻株长势很差，叶片较黄，植株矮小。缺钙时，剑麻根系首先受害，新根很少，而且迅速老化、黏化，根组织坏死，使根系越来越小。同时，新叶变短、变厚，有时叶尖枯焦卷曲，基部出现黄斑，继而斑块溃烂，并蔓及叶轴，致使叶轴腐烂，生长点坏死，最后整株死亡。我国麻园普遍有使用石灰的习惯，生产上尚未发现缺钙现象。

5. 缺镁

镁是叶绿素的组成部分，也是多种酶的组成成分与活化剂。麻株缺镁时，首先在老叶基部出现黄色水渍状长条形或椭圆形斑点，以后逐渐扩展连成一片并向叶片上部蔓延，随着缺镁病症的加重，斑块组织坏死，叶片干枯。有时叶片病斑向上延伸呈舌形，并伴有黄色环纹。

剑麻缺镁症状与缺钾症状有些相似，都发生在老叶基部，容易混淆。两者的主要区别在于：①枯斑位置不尽相同，缺钾带枯病呈窄带状干枯，位于叶颈，即叶片基部最窄处，从干枯部位到叶片在叶轴着生处尚有几厘米的健康组织；缺镁则整个叶基枯烂，直至叶片在叶轴着生处，有时延伸到全叶的 1/3 以上。②缺镁往往有椭圆形的黄色斑点出现，斑点颜色鲜明，枯烂部位与健康部位交接处往往有鲜黄色斑环出现；而缺钾则少有黄斑出现，有时带状干枯处的边缘也变黄,但颜色较暗。

缺镁麻园以含镁丰富的白云石灰或白云石灰石粉代替石灰、石灰石粉便可消除缺镁现象。没有白云石灰的地区则需施用硫酸镁、氯化镁等含镁肥料。

6.缺硫

硫几乎是所有蛋白质和多种酶的组成成分。缺硫会引起蛋白质合成受阻。剑麻缺硫前期,老叶变黄,严重时叶片上半部褪绿,进而叶肉失水,呈现均匀白色,最后变黑,症状逐渐向叶片的中下部蔓延。我国麻园尚未出现缺硫症状。

7.缺硼

硼是植物生长必需的一种微量元素,促进碳水化合物的合成与运转,影响植物分生组织细胞的生长与分化。虽然植株对硼的需要量不大,但是若果长期不注意补充,也会产生缺乏。我国福建、广西等地的麻园,曾多次出现缺硼症状。缺硼初期,新长出的叶片中上部出现横向褪绿斑点,斑点继而扩展形成纵向 3~4 cm 的斑带,较严重时,一片叶多处出现一节节黄绿相间的斑带,随着病症的发展,斑带皱缩,出现细碎网状皱纹,有的叶片从叶缘开始破裂,使叶缘出现“V”形缺陷,有的叶片边缘生长不均匀使叶片向一边弯曲,向叶面或叶背翻卷。同时新生叶片增多,但短而窄,整个植株呈中央下陷的锅底形。病情特别严重的植株叶轴基部坏死折断。对于缺硼植株,每株穴施硼砂 5 g,或叶面喷施 0.5%的硼砂水溶液若干次可使植株恢复正常生长。

8.剑麻缺素症的诊断、验证与矫正

首先用肉眼观察不正常的植株,根据上文所描述的缺素症状初步认定可能缺乏哪一种元素,然后分别采集正常植株与不正常植株的叶片样品,送化验室进行化学分析,参照下表所列数据便可确定属于缺乏哪种或哪几种元素。一旦确定缺乏哪种元素,便可选择少量植株追施该种肥料,进行验证与矫正试验,经过一定时间后,如果症状减轻或者完全消失,说明诊断准确。否则需要另找原因。有时植株同时缺乏两种或多种元素,这种情况下,如果只追施一种元素的肥料,就会加剧另外一种或几种元素的缺乏症。如种植在花岗岩发育的土壤上的剑麻容易同时缺乏钾和镁,这时单施钾肥会加剧缺镁,单施镁肥则使缺钾更加严重,必须钾镁肥同时施用才能矫正缺素症状。为了争取时间,不一定待到化验结果出来才进行验证与矫正试验。只要肉眼观察觉得诊断把握较大,就应该立即进行矫正试验,尽早修正施肥方案,以减少因养分不平衡而造成的生产损失。

应该注意的是,当剑麻出现缺素症状时,其生长已严重受到影响。从表 4-1 可以看出,出现缺素症状时剑麻养分含量远远低于正常含量,因此生产上绝对不能等到缺素症状出现才施肥。

表 4-1 剑麻叶片主要养分正常含量与出现缺素症状时的含量

元素	N/%	P/%	K/%	Ca/%	Mg/%	S/%	B/(mg/kg)
正常含量	0.85~1.10	0.10~0.18	1.30~1.80	3.0~4.0	0.55~0.80		
出现缺素症状含量	<0.5	<0.04	<0.6	<0.5	<0.28	<0.06	<11

(三)剑麻叶片养分含量变化规律

了解剑麻叶片养分变化规律是开展剑麻营养诊断工作的基础。余让水等通过多年采样分析,基本探明了剑麻叶片养分变化的几个规律,其结果如下:

1. 叶片中不同部位养分差异

养分元素在叶片中的横向分布变化较小,从中间到叶缘养分含量没有显著差异。而纵向分布则有明显差异,从叶基到叶尖 N、K、Mg、Cu、Fe 含量呈递增趋势;P、Ca 含量由叶基到叶片中部逐步递增,此后变化平缓,到叶尾有所下降;Zn 的分布是叶基含量较低,叶中和叶尾较高;而 B 则在全叶均匀分布。

2. 同一植株新老叶片养分差异

新老叶片养分含量差异极其显著。N、P、K 在新叶含量较高,老叶含量较低,叶片越老含量越低;Ca 的分布则与此相反,叶片越老含量越高;Mg 的分布与 Ca 基本相似。刚从叶轴开裂出来而尚未老化的嫩叶,各种养分的含量均低于成熟叶片。

3. 一天中不同时间养分变化

一天中不同时间采集的叶片样品,养分差别不太大。总趋势是上午叶片养分较低而下午略高,上午 8～12 时养分含量的变化最小。

剑麻养分含量在一年中不同月份没有规律性的变化,不同时间种植的剑麻,其养分含量也不随麻龄的增加而发生规律性变化。

(四)诊断样品的要求

供诊断分析的样品必须符合如下要求:

1. 代表性

从采样时间来说,刚施肥的麻园植株养分含量偏高,不能反映正常情况下麻株营养水平,一般不在施肥后 1 个月内采样。就植株长势而言,长势太好或太差的植株其养分含量均不正常,只有与大多数植株长势一致才具有代表性。由于新老叶片养分含量差别很大,所以要按照诊断分析的要求采样。

2. 敏感性

供诊断分析的样品,必须能够忠实地反映不同麻园土壤和施肥管理措施下植株的营养状况,否则诊断将失去意义。由于不同养分元素的迁移能力不一,因此,新老叶片对不同的养分的敏感性也不一样。对于迁移力强的元素(如 N、P、K),当外部养分供应不足时,就会从代谢弱的部位迁移到代谢强的部位,剑麻是从老叶转移到新叶,以供正常的生长发育。因此,当养分供应不足时,短时间内在剑麻的新叶并不能反映出来。相反,对于迁移力弱的元素(如 Ca、Zn、B),原来通过吸收运转在老叶保存下来的养分不会因外部养分供应不足而转移到新叶,即使土壤供应不足,老叶中的含量仍然较高,而新叶中的含量却会因土壤供应的降低而降低,因此采样部位应依诊断目的而定。

3. 稳定性

由于采样工作往往不可能在一天中很短的时间内完成,如果植株体内养分含量在短时间内变化很大,那么不同时间采集的样品就不能进行比较。这就需要选择养分含量相对稳定的植物组织和时间段采样。根据余让水等的研究,在不施肥的情况下,剑麻叶片养分含量在一年中的不同月份变化不大,在每天上午 8～12 时也比较稳定,故适宜在上午采样。

(五)剑麻营养诊断实施程序

1. 采样点的确定

由于植株样品的化学分析费工、费时、需消耗大量化学药品。因此开展诊断施肥时，不可能每一块地均采样分析，而是采集具有代表性的样品进行分析即可。为了保证诊断的准确性，采样点的选择非常关键。如果送诊断分析的样品不能真实反映所需要诊断的麻田的营养水平，就会导致错误的诊断结论，不仅费工费时，还可能因错误的诊断而造成减产。下面以一个农场为例介绍采样点的确定方法。

按土壤类型、土壤肥力、地形、施肥习惯、麻株生长情况，将全场麻园划分为若干诊断单元，一般以 20～60 hm^2 为一个单元。因为不同类型的土壤其养分含量差别很大，土壤肥力不同供应养分的能力也不一样，地形不同土壤养分、水分含量均不一致，施肥习惯不同自然导致植株和土壤养分的差异，麻株生长不一致本身可能就是由于土壤养分不同所致，另外长势不同的植株其养分吸收能力也不同。所以划分诊断单元时，要求同一单元内土壤类型、土壤肥力、地形、施肥习惯、麻株长势基本一致。为了便于管理，如果一个行政管理单位内的土壤类型、土壤肥力、地形、施肥习惯、麻株生长基本一致，也可以生产队等行政管理单位为一个单元。每个单元选 5 个采样点，采样点要求均匀分布，不宜选在地边、路边、肥堆边，每个采样点选一株剑麻作为样株，样株的长势必须与单元内大多数麻株长势一致。

2. 剑麻营养诊断样品的采集与制备

确定采样麻株后，在第 30～35 片叶(自上往下)任选一片割下，每个单元选 5 个采样点的 5 片叶组成一个样品。将采好的样品带回室内，用干净湿布抹去叶片上的尘埃并用清水冲洗干净，每片叶样纵剖为两半，任取一半。将剩下的半片叶纵切成若干条块，相邻的条块弃一留一，自然晾干或在 60℃烘干，送化验室分析。

3. 根据化验结果诊断分析并制定施肥方案

就某一元素而言，把叶片样品实测结果与诊断指标比较，如果实测值高于适宜指标，下次施肥应减少或暂时停止该养分的施用。若实测值在适宜指标范围内，则不需调整该元素肥料的用量。当实测值低于适宜指标时，应增加该种肥料的用量。

各元素叶片含量的适宜指标值为：N 0.85%～1.10%，P 0.10%～0.18%，K 1.30%～1.80%，Ca 3.0%～4.0%，Mg 0.55%～0.80%。

诊断施肥时，肥料用量的增加，可参考如下公式：

$$增加施肥量=\frac{(适宜值低限-实测值)\times 叶片干重\times(1+C)}{肥料养分含量\times 肥料利用率\times 100}$$

$$C=\frac{茎的养分含量+根的养分含量}{叶片养分含量}$$

剑麻不同养分的 C 值各不相同，许能琨等测得 N 的 C 值约为 1.0，P 的 C 值约为 0.92，K 的 C 值约为 0.54，Ca 的 C 值约为 0.67，Mg 的 C 值约为 0.29。

$$叶片干重= 叶片鲜重\times 14\%= 叶片数(割叶前)\times 单叶重\times 14\%$$

磷肥利用率按 15%计，其他肥料利用率按 50%计。

为了应用方便，许能琨等计算出不同产量和不同养分含量麻园的养分增加量。其中，氮肥为尿素，磷肥为过磷酸钙，钾肥为氯化钾，钙肥为石灰，镁肥为硫酸镁。见表 4-2。

表 4-2　剑麻营养诊断养分差值与应增施肥料量　　g/(株·年)

养分	产量/(t/亩)	差值						
		0.05	0.10	0.15	0.20	0.30	0.40	0.50
N	3	12	23	35	47	70	93	116
	4	16	31	47	62	93	124	155
	5	19	37	56	75	112	149	186
	6	23	46	70	93	139	186	232
	7	27	54	81	109	163	217	271
P	差值	0.01	0.02	0.03	0.04	0.05	0.06	0.07
	3	51	103	154	205	256	308	359
	4	68	137	205	273	341	410	478
	5	83	165	248	330	413	495	578
	6	102	205	307	409	511	614	716
	7	120	239	359	478	598	717	837
K	差值	0.10	0.20	0.30	0.40	0.50	0.60	0.70
	3	16	33	49	65	82	98	114
	4	22	43	65	87	109	130	152
	5	26	52	78	104	130	155	181
	6	33	65	98	130	163	195	228
	7	38	76	114	152	190	228	266
Ca	差值	0.20	0.40	0.60	0.80	1.00	1.20	1.40
	3	44	88	132	176	220	263	307
	4	59	112	175	234	292	351	409
	5	70	140	210	281	351	421	491
	6	88	175	263	351	439	526	614
	7	102	205	307	409	512	614	716
Mg	差值	0.05	0.10	0.15	0.20	0.25	0.30	0.35
	3	31	61	92	123	153	184	215
	4	41	82	122	163	204	245	286
	5	49	99	148	197	247	296	345
	6	61	122	184	245	306	367	428
	7	72	143	215	286	358	429	501

例　有一剑麻园，近几年每年每株的施肥量为：尿素 50 g，过磷酸钙 50 g，氯化钾 100 g，石灰 1 000 g，不施镁肥。经营养诊断测得叶片养分含量分别为 N 0.65%，P 0.085%，K 1.50%，Ca 5.1%，Mg 0.40%。测得该麻园平均每株叶片数为 70 片叶，平均单叶重为 300 g，问该麻园应如何调整施肥方案？

与各元素的适宜指标值比较，该麻园 N、P、Mg 低于适宜值，应增加施肥量；K 含量适中，钾肥施用量可不做调整；Ca 含量偏高应减少施用量或者停施一年，N、P、Mg 增加量由上式计算(尿素含 N 量为 46%，过磷酸钙含 P 量为 6.5%，硫酸镁含 Mg 量为 11%)：

$$\text{尿素增加量}=\frac{(0.85-0.65)\times 70\times 300\times 14\%\times(1+1.04)}{46\%\times 50\%\times 100}$$

$$=52(\text{g})\approx 50\ \text{g}$$

$$\text{过磷酸钙增加量}=\frac{(0.10-0.085)\times 70\times 300\times 14\%\times(1+0.92)}{6.5\%\times 15\%\times 100}$$

$$=87(\text{g})\approx 90\ \text{g}$$

$$\text{硫酸镁增加量}=\frac{(0.55-0.40)\times 70\times 300\times 14\%\times(1+0.29)}{11\%\times 50\%\times 100}$$

$$=103(\text{g})\approx 100\ \text{g}$$

因此，该麻园施肥方案可调整为每年每株：尿素 100 g，过磷酸钙 140 g，氯化钾 100 g，硫酸镁 100 g。或者尿素 100 g，过磷酸钙 140 g，氯化钾 100 g，白云石灰 250 g。

四、肥料配制

由于氮磷钾、氮钙、钾钙、钾镁等营养元素之间，其肥效有相互促进的作用，如果搭配得当，多种肥料同时施用效果优于各种肥料单独使用。因此，生产上常将多种肥料混合施用，同时满足作物所需要的多种养分，利用养分元素之间的相互促进作用获得更高产量。多种肥料混合施用，还可以减少施肥操作次数，提高劳动效率，节省劳力开支。然而，并非所有的肥料都可以任意掺和在一起施用。选用基础肥料配制专用肥料时必须遵循下列几个原则：①作物生长所需要而土壤中有效含量较少，不能满足作物的需求。②几种基础肥料掺和后不会产生不良的物理性质。③混合后不会造成养分损失。④混合后有利于提高肥效和工效。

(一)养分比例的确定

只有合适的养分比例才能满足剑麻生长的营养需求，通过多种养分的协同作用提高肥效，达到提高产量节省肥料的目的。不同麻园所需养分比例不同，需根据营养诊断和肥料试验的结果而定，也可以根据以往的施肥经验来定。

(二)肥料品种的选择

有些肥料混合会发生化学反应，从而改变肥料的物理化学性质，而有些物理化学性质的改变是有利的，有些改变则是不利的。如果将几种可发生不利反应的肥料混合，不但不能发挥肥料的相互促进的作用，还会造成肥料资源浪费，甚至破坏麻园土壤。因此肥料配制应注意：

1. 利用肥料之间有利的化学反应

如硫酸铵和过磷酸钙分别为生理酸性肥料和化学酸性肥料，在酸性土壤上单独使用均会增加土壤酸性。而两者混合后，产生化学反应，生成中性的磷酸二氢铵与硫酸钙，施入土壤后，不会产生不良影响。

硝酸铵吸湿性较强，容易结块或潮解，而硝酸铵与氯化钾混合后生成氯化铵和硝酸钾，不易吸湿，潮解性小。

2.避免肥料之间不利的化学反应

硫酸铵、硝酸铵、碳酸氢铵等铵态氮肥与草木灰、石灰、钙镁磷肥等碱性肥料混合会产生 NH_3,后者容易挥发造成氮素损失。

硝态氮肥与过磷酸钙混合易生成 N_2O,使氮素损失。

过磷酸钙与碱性肥料混合会形成难溶性磷,降低利用率。

各种肥料混合的宜忌情况见图 4-8。

□ 可以混合
△ 混合后不宜久放
× 不宜混合

		1 硫酸铵	2 硝酸铵	3 碳酸氢铵	4 尿素	5 氯化铵	6 过磷酸钙	7 钙镁磷肥	8 磷矿粉	9 硫酸钾	10 氯化钾	11 磷铵	12 硝酸磷肥
1	硫酸铵												
2	硝酸铵	△											
3	碳酸氢铵	×	△										
4	尿素	□	△	×									
5	氯化铵	□	△	×	□								
6	过磷酸钙	□	△	□	□	□							
7	钙镁磷肥	△	△	×	□	×	×						
8	磷矿粉	□	△	×	□	□	△	□					
9	硫酸钾	□	△	×	□	□	□	□	□				
10	氯化钾	□	△	×	□	□	□	□	□	□			
11	磷铵	□	△	×	□	□	□	×	×	□	□		
12	硝酸磷肥	△	△	×	△	△	△	×	△	△	△	△	

图 4-8 常见肥料的相互可混性

(三)根据混合肥料养分比例计算单质肥料用量

混合肥料养分含量确定后,配制 1 t 混合肥料所需氮、磷、钾肥的数量可用下列公式计算:

$$N/[N]+P_2O_5/[P_2O_5]+K_2O/[K_2O]+D=1$$

式中:N 为复混肥中含 N 百分数;[N]为单质肥中含 N 百分数;N/[N]为配制 1 t 复混肥所需氮肥数量(t),其他肥料依此类推;D 为要使复混肥达到 1 t 时必须使用的辅助添加剂(填充料),它不含氮磷钾养分,一般可以选用白云石粉、沸石粉、泥粉等。表 4-3 列出根据单质肥料养分含量与混合肥所需某种养分含量计算出单质肥料的数量。

例 1 用尿素(含氮 46%)、钙镁磷肥(含五氧化二磷 16%)和氯化钾(含氧化钾 60%)配制 1 t 含氮 10%、含五氧化二磷 6%、含氧化钾 10%的专用肥,以沸石粉与泥粉为填料,如何配制?

由上表查得尿素用量为 217 kg,钙镁磷肥用量为 375 kg;氯化钾用量按下式计算:

$$K_2O/[K_2O]=10\div 60=0.167(t)=167\ kg$$

$$沸石粉与泥粉用量=1\,000-217-375-167=241(kg)$$

表 4-3　配制专用复混肥所需单质肥料数量　kg/t

单质肥料养分含量/%	专用复混肥中所需的某种养分的含量/%							
	6	8	10	12	14	16	18	20
14	428	571	714	857	1 000	—	—	—
16	375	500	625	750	875	1 000	—	—
18	333	444	555	666	778	889	1 000	—
20	300	400	500	600	700	800	900	1 000
22	272	363	454	545	636	727	818	909
24	250	333	416	500	583	666	750	833
26	231	307	384	461	538	615	692	769
28	214	285	357	428	500	571	643	769
30	200	266	334	400	466	533	600	666
32	187	250	312	375	437	500	562	625
34	176	235	294	353	414	470	529	588
36	166	222	278	334	389	444	500	555
38	158	210	263	316	368	421	473	527
40	150	200	250	300	350	400	450	500
42	143	190	238	285	334	381	428	476
44	136	182	227	272	318	363	409	454
46	130	174	217	261	304	348	391	435
48	125	166	208	250	291	334	375	416
50	120	160	200	240	280	320	360	400

例 2　要配制专用肥 1 t，所用原材料是尿素（含氮 46%）、钙镁磷肥（含五氧化二磷 16%）和氯化钾（含氧化钾 60%），其营养配方氮、五氧化二磷、氧化钾为 1∶0.20∶ 1.50 如何配制？

第一步　按营养配方的含量计算所需的各种物料量。

尿素：1÷46%=2.17 (kg)

钙镁磷肥：0.20÷16%=1.25 (kg)

氯化钾：1.50÷60%=2.5 (kg)

即按配方配制的混合肥料总量为 2.17+1.25+2.5=5.92 (kg)。

第二步　计算 3 种物料配制 1 t 混合肥所需用量。

尿素：2.17×1 000÷5.92=367 (kg)

钙镁磷肥：1.25×1 000÷5.92=211 (kg)

氯化钾：2.5×1 000÷5.92= 422 (kg)

第三步　计算配成的混合肥的养分含量。

氮：367×46%×100/1 000=16.9%

五氧化二磷：211×16%×100/1 000=3.4%

氧化钾：422×60%×100/1 000=25.3%

即配制的混合肥养分含量为 16.9-3.4-25.3，比例为 1∶ 0.20∶1.50。

(四)肥料混合操作

配制肥料时,必须将几种肥料充分混合均匀,否则会造成有些养分过多,而别的养分过少。

肥料混合操作:首先将结块的肥料打碎过筛,然后按所需肥料用量过秤。在平整结实的地面上铺上一块塑料薄膜,先将用量最多的肥料平铺在塑料薄膜上,再依次均匀撒上用量较少的肥料,用铲将几种肥料混匀起堆,反复混匀起堆几次即可。

五、不同肥料施用方法

施肥的方法有叶面喷施,如磷酸二氢钾与硼、锌、钼等微量元素肥料;地面撒施并与土壤充分混匀,如石灰、白云石灰、磷矿粉、石灰粉;穴施或沟施,有机肥和大多数化肥均可采用这两种施肥方法。此外,如果人力和时间允许,有机肥与多数化肥可采取畦面撒施覆土的方法,以促进剑麻大量细根的形成,促进植株生长。但是,割叶第 2 刀前的幼龄麻园,剑麻叶片贴近地面,一般不提倡肥料畦面撒施培土,以免幼麻叶片接触土壤而染病。

肥料施用后,容易通过土壤固定、挥发、下渗和淋洗等途径丧失肥效。为了充分发挥肥效,提高施肥效益,应根据具体情况,采取不同措施提高肥料利用率。如叶面喷施肥料需 4 h 以上才能被叶子吸收,如果喷施后短时间内下雨,则被雨水冲走,所以不应在雨天喷施肥料。尿素、硫酸铵等氮肥在土壤中可形成 NH_3、NO_2 等气体挥发掉,施肥后覆土以及氮肥与硝化抑制剂配合使用,可减少氮肥损失。磷肥与有机肥堆沤可减少土壤对磷的固定提高磷肥的利用率。磷矿粉、石灰粉与土壤接触面越大越容易发挥作用,因此应与土壤混匀。肥料在土壤中容易被杂草吸收,故施肥前后应及时除草。土壤过于干燥时不利于肥料溶解,也不利于剑麻根系生长,肥料难被植株吸收,下雨之前或下了透雨之后施肥效果更好。

各种肥料具有不同的特点,我们只有根据不同肥料的特点,采用不同的施用方法方可获得最佳的施肥效果。微量元素肥料每次用量很少,在土壤中容易被有机质、铁锰氧化物等固定或包蔽。因此,除了在一些复合肥中添加微量元素,或植株严重缺乏某种微量元素需要大量补充外,微量元素肥料一般采用根外追肥的方法,将其溶解于水进行叶面喷施。根外追肥的常用浓度是 0.1%~0.5%,采用叶面施肥时加入 1%的尿素可促进植株的吸收,提高肥效。此外市面上有一些添加了植株生长调节剂或活性营养物质的营养物质如喷施宝等,只适合根外追肥。

速效肥料如尿素、硫酸铵、碳酸铵、氯化钾、硫酸钾等,只要土壤水分充足,施入土壤后很快溶解、转化。氮素养分主要以 NH_4^+、NO_3^- 的形式存在,钾则以 K^+ 的形式存在,容易挥发或淋失,不但损失肥效而且会污染水域和大气。这些肥料最好采用穴施或沟施的方法,以减少养分的挥发和流失。

磷肥在土壤中溶解释放后,先以 HPO_4^{2-}、$H_2PO_4^-$ 等形式存在,然后与土壤中的 Fe^{3+}、Al^{3+} 和铁铝氧化物结合形成铁结合态磷(Fe-P)、铝结合态磷(Al-P)或闭蓄态磷(O-P),从而形成不能被植株吸收的难溶性磷。钙镁磷肥、节酸磷肥和磷矿粉的有效磷主要为枸溶性磷,这些磷肥与土壤充分接触后缓慢释放出来,土壤中长期保持低浓度的 HPO_4^{2-}、$H_2PO_4^-$ 被植株慢慢吸收,土壤固定的比率也就相对低一些;而过磷酸钙施入土壤后很快溶解,土壤中短时间内存在高浓度的 HPO_4^{2-}、$H_2PO_4^-$,还来不及被植株吸收便被土壤中的 Fe^{3+}、Al^{3+} 和铁铝氧化物固定,这就是酸性土壤磷肥利用率低的原因。过磷酸钙最好与有机肥堆沤或与有机肥混合施用减少土壤固定,或者集中穴施避免与土壤过多接触以减少固定。钙镁磷肥、节酸磷肥和磷矿粉的枸溶性磷只有与土壤充分接触后才缓慢释放出来，因此不宜集中施用，采用撒施后通过犁耙使其与土壤混匀，才能被土壤中的酸缓慢溶解，供植株吸收。

许能琨等在玄武岩砖红壤上进行了磷肥品种和施用方法比较试验，结果表明，钙镁磷肥混土施显著优于集中条施，但两者均优于过磷酸钙条施或混土施，过磷酸钙与有机肥堆沤 1 个月后施用效果最佳，其剑麻吸收利用率比过磷酸钙条施高出 10 倍以上。

石灰需要与土壤充分接触才能中和土壤酸性，应将其撒在肥穴、肥沟四周，回土时与土壤混匀，或结合中耕在大行间撒施再行耕耙混匀。石灰与有机肥堆沤，既可中和有机肥的酸度又可加速有机肥的分解向植株释放养分，也可获得好的效果。

石灰粉、磷矿粉等矿物肥料释放缓慢，可将 3 年用量一次性使用。绿肥采用开沟压青的方法，逐渐向大行间扩展，既可改良土壤，又能为麻株提供养分。腐熟的有机肥穴施、沟施均可，在畦面撒施覆土可诱导出大量新根，效果更佳。

为了促进剑麻生长，未开割麻应多施有机肥，每株每年施肥量为：有机肥 10～15 kg，氮、磷、钾肥各 0.1～0.15 kg，石灰或白云石灰 0.25～0.5 kg。开割成龄麻每株每年施有机肥 5～10 kg，氮肥 0.1～0.2 kg，磷肥 0.1～0.2 kg，钾肥 0.1～0.15 kg，镁肥 0.1 kg，石灰或石灰石粉（或者白云石灰、白云石灰石粉）0.25～0.5 kg。碳酸法制糖的糖厂其滤泥含钙量高，如果长期施用这种滤泥，可少施或不施石灰。

六、剑麻园施肥

一般而言，土壤不能为剑麻快速生长提供足够的养分，往往需要通过施肥补充足够的营养来达到高产，以获取更高的经济效益。麻园施肥包括有机肥（如农家肥、麻渣、糖厂滤泥及绿肥等）、化肥（如尿素、硫酸铵、碳酸铵、过磷酸钙、钙镁磷肥、氯化钾、硫酸钾、氯化镁、硫酸镁、石灰、白云石灰等）和矿物肥料（如硫磺、磷矿粉、石灰石粉、白云石粉等）。施肥量依土壤肥力和剑麻生长情况而定。一般来说，未开割的幼龄麻每株每年施有机肥 10～15 kg，氮、磷、钾肥各 0.1～0.15 kg，石灰或白云石灰 0.25～0.5 kg。成龄剑麻每年每株施肥量为有机肥 5～10 kg，尿素 0.1～0.15 kg，过磷酸钙或钙镁磷肥 0.15～0.2 kg，氯化钾或硫酸钾 0.15～0.2 kg，氯化镁或硫酸镁 0.1 kg（在施钙镁磷肥时已含有镁元素，可不用施其他镁肥），石灰或白云石灰 0.25～0.5 kg。

施肥时间的确定，一看麻株长势，二看天气情况。每年 5～10 月份，气温较高，加上雨水充足，剑麻在这段时间生长最快，是产量形成的重要时段，需要保证有足够的养分供应，在这段时间施肥可获高产高效。而每年 12 月份至翌年 3 月份，气温低，而且干旱，不利于剑麻生长，此时施肥不易发挥肥效。一般情况下，有机肥、磷肥与石灰每年施一次，在每年 4～5 月份施下；氮、钾肥分两次施，第 1 次与有机肥一起施下，第 2 次在 8～9 月份施下。对于长势较弱或出现缺素症状的植株或麻园则应及时对症施肥。即使在 5～10 月份，如果遇上较长时间干旱，土壤水分不足，施下的肥料也难被植株吸收，施肥效果不佳，最好选择在一场透雨后或将要下雨之前施肥，才能充分发挥肥效。

肥料种类的选择则根据不同肥料成分、肥料价格、麻园土壤养分的丰缺以及剑麻生长的需要而定。我国植麻土壤 N、P、K、Ca 含量普遍不足，需要通过施肥补充才能满足剑麻生长的需求。氮肥种类很多，有尿素、硫酸铵、碳酸铵等，尿素是使用最为普遍的氮肥。常用的磷肥有过磷酸钙、钙镁磷肥、节酸磷肥（又称部分酸化磷肥）和磷矿粉等，过磷酸钙是目前使用最为普遍的磷肥，但是在酸性土壤中极易被土壤中的铁铝固定，加上剑麻喜欢中性土壤环境，使用碱性而且缓效的钙镁磷肥效果优于酸性的过磷酸钙；钙镁磷肥、节酸磷肥和磷矿粉含有大量枸溶性磷（即弱酸可溶解的磷素成分），而我国麻园土壤多呈酸性，利用土壤中的酸慢慢溶解这些磷肥中的枸溶性磷，磷肥的利用率高而且经济实惠；剑麻是一种长期作物，如果条件许可，建议尽量使用长效的磷矿粉。钾肥有氯化钾、硫酸钾等，剑麻为喜氯作物，选用氯化钾既便宜，效果又好。多个试验结果表明，剑麻在 pH 7 时生长最好，而且剑麻是喜钙作物，使用石灰或石灰粉即可中和土壤酸度，又可提供钙素营养。由花岗岩、花岗片麻岩和浅海沉积物发育麻园土壤普遍缺镁，可使用氯化镁、硫酸镁。白云石灰、白云石灰粉富含碳酸钙、碳酸镁，用它们代替石灰或石灰粉可同时提供钙、镁两种养分，还可改良土壤酸性，有助于获取高产。

七、施肥作业

1.挖施肥穴或开施肥沟

当采用穴施方式施肥时需挖施肥穴，肥穴的大小与深浅依施肥量而定。有机肥用量较大，一般肥穴的长×宽×深为 80 cm×40 cm×（20～25）cm；如果仅仅施用化肥，一般肥穴的长×宽×深为 40 cm×20 cm×（10～15）cm。植后不足一年半的幼龄麻，其根系还不发达，需每株挖一肥穴；肥穴位置在大行间一侧，其中心位置正对麻株，并在叶片伸出最远处的正下方。当两株麻叶片相交或几乎相交时，可每两株麻挖一肥穴；其中心位置在两株麻的正中间，并在叶片伸出最远处的正下方；遇到长势较弱的麻株，应单独挖穴施肥以促其生长。挖穴作业应尽量避免损伤叶片。施肥沟可用牛犁或机械在大行间一侧开沟，深度以 30～40 m 为宜，施肥沟应尽量靠近叶片伸出最远处的正下方。

2.有机肥、化肥的施放和覆土

有机肥、化肥应按计划用量均匀施放。若单独使用化肥，可将速效氮、磷、钾肥如尿素、硫酸铵、碳酸氢铵、硫酸钾、氯化钾、过磷酸钙集中施放于穴底、沟底；将缓效、长效的钙镁磷肥、磷矿粉撒在肥穴或肥沟以及四周挖起的土壤上，石灰、石灰粉撒在肥穴或肥沟四周挖起的土壤上，尽量混匀后覆土 10～15 cm。需要注意的是，过磷酸钙不能与土壤混合，以减少土壤对速效磷的固定；氮肥不能与石灰接触，否则石灰会加快氮肥的挥发。有机肥与化肥同时施用时，将磷肥和石灰均匀撒在有机肥的肥堆上，施肥时将其混匀。先将氮肥、钾肥均匀撒在穴底或沟底，将混匀了的有机肥、磷肥和石灰放在氮肥、钾肥之上然后覆土（注意：未与有机肥混匀的石灰不能直接与氮肥施在一起）。覆土时，遇到大的土块应将其敲碎，并使土壤完全盖住肥料，以避免肥料有效成分的挥发丧失肥效，也有利于剑麻根系伸长到肥穴、肥沟吸取肥料的养分。如果条件许可，使用施肥培土机施肥既省工高效，又有利于剑麻根系培育。

第五节 病虫害防治

一、剑麻主要病虫害

剑麻生长的适应性较广，但需要有适当的环境条件，当不适宜的环境条件超越了其适应范围，或受到其他生物的侵染时，剑麻就不能正常地生长和发育，发生病害，并表现出不同程度的病态，甚至死亡。剑麻的病虫害种类不多，比较常见的有斑马纹病、剑麻茎腐病、剑麻炭疽病和剑麻黑斑病，虫害有红蜘蛛、粉蚧等。其中剑麻斑马纹病和剑麻茎腐病的发生最为普遍，是目前剑麻植区的主要病害。及时防治病虫害是剑麻获得高产稳产的重要措施。因此，了解和掌握病害的发生、发展规律和害虫的生活习性等，以预防为主，采取综合防治措施，才能有效地控制剑麻病虫害的为害。

(一)斑马纹病

剑麻斑马纹病是真菌引起的一种传染性病害。其病原菌主要是烟草疫霉菌。病菌可以侵害麻株地上各个部分，感染后引起叶斑、茎腐和轴腐 3 种症状类型。这 3 种类型可以单独或合并出现，一种类型可以引发另一种类型，或 3 种类型在一个植株上同时出现，故称为斑马纹复合病。田间发病一般先从基部叶片开始，进而感染茎、轴。叶片感病后，会逐渐溃烂，损失大量叶片，茎和叶轴感病会整株死亡，造成麻田严重缺株，周期减产。

1. 斑马纹病症状

叶片感病后，初期在叶面上出现黄豆大小的水渍状斑点并有水珠状的流胶，不久变为淡紫色的圆斑，病斑扩展很快，一天内可扩展 2～3 cm。由于昼夜温差的影响，病斑继续发展成深紫色和灰绿色相间的同心环，边缘呈淡绿色，并逐渐向健康组织扩展，病斑中间组织逐渐变黑，有时溢出褐色黏液。当病斑老化时，坏死组织皱缩，呈深褐色和淡黄色相间的同心轮纹，形成典型的斑马纹叶斑。即使叶片失水干枯，同心轮纹仍然很明显。茎部感病后，初期外部表现是叶片失水，褪色和纵卷，继而出现萎蔫、下垂，严重茎腐的病株全部叶片下垂，贴在地面上，只剩下孤立的叶轴。纵剖病茎，可以看出发病组织呈褐色，并在病健交界处出现一条粉红色的分界线，以后茎部组织逐渐变黑，腐烂部分发出一股臭味。茎腐病株很容易摇动和倒伏。叶轴感病后引起轴腐，是由茎腐或叶腐继续向叶轴扩展的结果。开始叶片褪色，卷起；未展开的嫩叶在叶轴上腐烂发臭，剥开叶轴，上有灰白和黄白色相间的螺旋形轮纹，后期用手轻拉叶轴先端，叶轴即从基部断折。

2. 斑马纹病发病规律

(1)侵染循环　病菌主要以菌丝体在病组织内越冬。带菌土壤、麻渣及病组织都是病菌的越冬场所。凡新发病麻田，种苗及野生寄主都是初侵染来源。菌量大时，游动孢子能在寄主的完整叶面上直接侵染；菌量较小时，则需要通过伤口才能侵入叶片组织。病菌借风、雨和雨水在地面径流进行传播，带菌泥沙借风雨溅触或直接接触基部叶片，使叶片发病，形成中心病株，从中心病株叶片上产生的孢子囊，又侵染周围的植株。环境条件适宜时，潜育期很短，一般为 2～3 d。所以病菌在病害发生季节重复侵染，造成病害流行。

(2)发病条件

①气候　降雨或高湿度是本病发生和流行的主要条件。由于降雨提供了高湿条件，有利于病菌的繁殖、侵染和传播。本病只在雨季发生和流行，5～6 月小雨季初发，到 8～9 月大雨季时盛发。因此，我国斑马纹病的流行多在夏秋两季。

②立地环境　麻田环境条件对本病的发生和流行影响很大，凡在地势低洼、积水、冲刷沟边、土质黏重、雨水径流淹过的麻田，居民点附近，人、畜、车辆来往多和近防护林的林行或麻田，发病较严重，这是由于这些局部环境有利病菌的生长繁殖。

③栽培管理　病害发生与定植季节、割叶时间、中耕除草、施肥都有关系，一般在雨季定植、割叶、中耕除草和施肥的发病重；1～3 年内的幼龄苗比较容易感病。若偏施氮肥，发病也

较重。麻田荒芜，通风透光差，湿度大亦易发生斑马纹病。

④品种　不同品种感病性有很大差异，H. 11648 麻最易感病，而 ML487、灰叶剑麻、假菠萝麻等中抗，无刺番麻、有刺番麻抗病，皮带麻、毛里求斯麻不感此病。

剑麻斑马纹病 1 年有 3 个发展阶段，即由点片发病、扩展流行和流行势下降。无论是一块病田或一个病区的病害流行，都有一个由点到面、由轻到重的发展过程，很少是突发的。第 1 阶段，7 月份以前，只在少数麻株上发病；第 2 阶段，8 月份以后发病的病株、病叶增多，9～10 月份病情急剧上升，并出现大量茎腐、轴腐植株，达到流行高峰；第 3 阶段，10 月份以后病势下降，不再出现新的病株、病叶，只是流行期染病的植株还会发展为茎腐、轴腐。各阶段出现的迟早、流行强度的大小及持续时间的长短，依田间基础菌量、各年气候条件和土壤含水量等不同而异。在头年发过病的田块，始病期出现早；发病季节雨水集中，发病明显加重。

(二)剑麻茎腐病

剑麻茎腐病是由真菌引起的一种传染性病害。其致病的病原菌是黑曲霉菌。病原菌主要从割叶后的叶基新伤口入侵，使叶基感病腐烂，并逐渐扩展到茎部、叶轴。此病来势猛，蔓延快，多发生于高温季节，中、老龄麻田较为严重，坡地及排水良好的麻田也发病，对剑麻危害性较大。

1. 剑麻茎腐病症状

病原菌主要通过开割麻株的割叶伤口侵入，引起发病。病组织初期有发酵酒味，后期组织腐烂，在病组织表面产生大量白色的菌丝体和黑色霉点状的子实体，子实体内会有大量分生孢子。发病早期纵剖茎，可见病健交界处有明显的红褐色分界线。急性型病斑初期在侵入伤口处呈浅红色，然后变为浅黄色水渍状。病组织腐烂，并有大量混浊溢出。病原菌通过叶基伤口侵入到茎部，并纵向扩展，致茎部组织腐烂，造成叶片失水，整株凋萎，最后死亡。慢性型病斑在被侵入伤口处呈黑褐色或红褐色水渍状，病菌扩展较慢，不易造成整株死亡。

2. 茎腐病发病规律

(1)侵染循环　黑曲霉菌主要以菌丝体在已感病的病株残体中越冬，成为次年麻田发病的主要侵染来源。同时土壤中亦广泛存在黑曲霉，通过雨水飞溅为害剑麻。空气也是黑曲霉菌传播的主要媒介，分生孢子由空气传播到新鲜的伤口后，在适宜的条件下，孢子迅速萌发、侵入，然后在寄主组织内扩展。在温度适宜的条件下，潜育期为 15 d，最长可达半年以上。那些新老发病的病株产生分生孢子可继续进行频繁的再侵染。

(2)发生及流行规律　剑麻茎腐病的发生和流行与剑麻品种的抗病性、麻株的营养水平、割叶的气候条件以及平时的管理水平有密切的关系。

①气候条件　黑曲霉菌属于高温型的真菌，多发生于高温、高湿季节，夏秋季节气温高、湿度大，对病害的发生流行极为有利。在气象因素中，温度是引起发病的主要条件，一般月平均温度超过 20℃以上的高温期割叶，都能满足黑曲霉菌侵入、发病的条件，如遇下雨则更有利于病菌的侵染。虽然黑曲霉菌要求高湿的环境，但在刚割叶的叶基伤口处，从植株体内分泌出的水分较多，即使空气湿度较小也能满足病菌分生孢子萌发和侵入的条件，因而在高温、干旱期间割麻时病害也严重。

②土壤质地、酸碱度　剑麻茎腐病发生与麻株含钙量有关，麻株含钙量低会降低麻株的抗病力。病害发生的严重程度是由植株钙的养分状态而定，一般土壤瘦瘠，酸性大或土壤缺钙的麻田，发病较重。

③栽培管理　一般栽培管理差，麻田有机质少，偏施氮肥、钾肥，土壤瘦瘠，酸性大，缺钙的麻田，植株生势衰弱，抗病能力差。特别是荒芜失管的落后麻田，发病严重。加强管理、合理施肥或土壤肥沃、有机质含量高的麻田，植株生势好，抗病能力强，而较少发病。割叶时间与发病的关系极为密切，一般在高温、高湿季节（3～11月份）割叶的植株发病较重，强度割叶发病也重。12月份至翌年2月份割叶的麻田发病较轻。

④麻龄和品种　该病主要集中在中老龄麻田发生，而幼龄麻很少发病。目前，我国尚未发现有对茎腐病抗性好的品种，但据初观察粤西114比H.11648剑麻抗病性较强些。

剑麻茎腐病在1年中的发生流行可分为越冬、始发、流行和病情下降4个阶段。越冬期指温度较低，不适宜黑曲霉菌生长的时期，一般为12月至翌年2月份；始发期指月平均温度高于20℃以上，温度逐渐上升，麻田开始发病，但发病率尚低的时期，一般在3～4月份；流行期指随着温度的升高，发病率和死亡率开始急速上升的时期，一般在5～9月份。这一阶段病害能否流行与植株的抗病性关系较大。若植株抗性低，又在高温期大量割叶，造成众多伤口，则有利于茎腐病的发生与流行。病情下降期是指10～11月份，发病率和死亡率随着温度的逐渐下降而下降。茎腐病的发生，温度是主要条件。虽然黑曲霉菌分生孢子的萌发需要100%的湿度（即在水浸中才能萌发），但在大田小行间，特别是割叶时，叶基割口处有大量的组织液溢出，有足够的湿度供分生孢子萌发，因此只要在高于20℃以上的高温期割叶，都能满足黑曲霉菌侵入、发病的条件，如遇下雨则更高有利于病菌的侵染。

（三）剑麻炭疽病

剑麻炭疽病分布较为普遍，多发生在老叶上，感病组织腐烂，纤维变褐色而易折断，对纤维质量有一定影响。

1. 炭疽病症状

此病可在叶片正反两面发生，最初表现为淡绿色或暗褐色的略为凹陷的斑点，病斑外围有一灰绿色晕圈，以后病斑逐渐扩展达数厘米，由浅褐色变成黑褐色，干燥以后起皱呈不规则形，表面散生出许多小黑点，或小黑点排成同心环而呈轮纹状，潮湿时病斑上有粉红色黏液。

2. 发病条件

炭疽病的发生与气候、栽培管理和割叶有关。一般在台风雨和寒害后发生。引起炭疽病的病原真菌为兼性寄生菌，借风雨传播，经伤口侵入剑麻叶片组织，病情发展迅速，高温多雨季节发病较为严重，而在高温干旱季节发病较少。麻田管理正常，植株生长健壮发病较轻，反之则较重。未开割麻田植株郁蔽度大，株行距密的及排水不良的麻田发病较重。

（四）剑麻黑斑病

剑麻黑斑病分布较为普遍，感病植株纤维变黑、皱缩，纤维拉力降低，使纤维质量受到影响。

1. 黑斑病症状

最初在叶面散生黑色小斑点，直径约1 mm，斑点逐渐扩展，形成2 cm以上的病斑，黑色，圆形或长圆形，下陷。病斑可贯穿叶的两面，致使纤维受到严重损坏。加工后的病叶纤维，其感病部分纤维皱缩，如同粘上水泥或沥青一样。

2. 发病条件

黑斑病的发生与栽培管理有关。引起黑斑病的病原真菌为兼性寄生菌，常在被丢弃的病叶上生长。病原菌多在雨季侵染剑麻叶片,旱季病害发展缓慢。麻田管理正常,植株生长健壮的发病较轻,清洁差及排水不良的麻田发病较重。

(五)红蜘蛛

红蜘蛛为“朱甲螨”类害虫,是剑麻主要的虫害。红蜘蛛主要吸取叶片汁液,使叶片逐渐干枯,影响剑麻的产量和纤维品质。

1. 红蜘蛛形态特征

虫体的形态特征:初孵化的幼虫白色,透明发亮,足3对。成虫体微小,足4对,头部尖,腹部宽,尾部近似卵圆形。雄虫比雌虫体略小,呈红褐色。雌虫呈黑色发亮,雌雄虫体均长有刚毛。

虫斑的形态特征:红蜘蛛为害剑麻叶片,初期在叶面上出现少数水渍状小斑点,尔后斑点凸起,呈棕色米粒状,破裂,扩大而成虫斑。虫斑褐色,呈圆形乃至椭圆形,直径为2~3 cm,为若干同心环所构成,环间有裂缝,深浅不等,同心环为起伏不平的木栓组织所组成,表面粗糙,木栓化组织为叶片表皮和栅栏组织被“红蜘蛛”咬伤后为保护自己而产生的愈伤组织。

2. 为害规律

红蜘蛛主要为害叶片,尤以45°以下(叶片与地面的夹角)的老叶发生较多,受害的位置多位于叶片基部,严重时蔓延到叶片中上部,受害叶片正反面均出现虫斑。红蜘蛛吸取叶片汁液,使叶片逐渐干枯。受害初期,仅在叶面上出现少许虫斑,随后受害叶片上虫斑数目逐渐增加,光合面积递减,木栓化组织从表皮深入到栅栏组织,此时叶片的光合作用受到影响,生长受到抑制,但位于海绵组织中的纤维束仍少受或不受影响。在阴雨连绵、气温高、小行间郁蔽度高的情况下,此虫活动频繁,虫口剧增,虫斑数目亦随之剧增,严重时叶面上布满虫斑,光合面积显著减少,叶面呈深褐色,叶片因之失水干枯,此时木栓化组织深入到海绵组织,从而影响纤维的产量和品质。

(六)剑麻粉蚧

剑麻粉蚧属同翅目粉蚧科新菠萝灰粉蚧(*Dysmicoccus neobrevipes*(Beardsley))。该虫生殖方式属胎生。若虫体呈淡黄色至淡红色,触角及足发达,1龄体长约0.8 mm,2龄体长1.1~1.3 mm,此龄可产生白色蜡粉,3龄体长约2.0 mm。成虫体呈淡红色,体长2~3 mm,卵形而稍扁平,披白色蜡粉,触角退化,行走缓慢。若虫期是粉蚧类昆虫最初的散布阶段。若虫在发育为成虫之前要经过3个若虫期,发育历期(从第1次蜕皮到成虫死亡)59~117 d,平均90 d。第1、第2和第3若虫期分别为11~13 d,6~20 d和7~28 d。整个若虫期为26~52 d,平均约35 d。每个雌虫大约产350头若虫,最多可达1 000头。雌性成虫在它们停止产生若虫后4 d死亡。雌性成虫寿命为48~72 d,平均约是61 d。雄虫寿命为2~7 d。该虫通常寄生在剑麻的叶、茎、气根中,吸食剑麻汁液,消耗植株养分,导致叶片发黄、干枯,并诱发煤烟病和紫色卷叶病(一种未知病原的新病害)。在广东湛江地区每年发生3~5代,并有世代重叠现象,为害高峰期为每年的9~11月份。

二、病虫害预测预报

(一)剑麻病虫害调查

1. 剑麻斑马纹病的调查

斑马纹病的调查一般在高温多雨季节,在连日降雨或台风雨后进行。一般先进行病害普查，发现有病害发生或流行后，才进行详细的调查作业。

(1)调查地点　主要以苗圃和幼龄期及壮龄前期(已开割3刀之前)的麻株为对象，根据不同环境条件选择田块，又以低洼积水的田块为重点。

(2)调查株的确定　把要调查的田块按东、南、西、北、中5个部位确定5个调查点，每个调查点按隔行隔株法确定调查株，若调查点较大时可隔若干行若干株的办法，使所选样株能遍及整个调查点，一般每个调查点取样20株。

(3)调查记录方法　观察每个样株病害发生情况，记录每株的感病叶片数，叶基部感病状况，茎腐或轴腐情况等，按斑马纹病分级标准填写大田病害记录表。

剑麻斑马纹病分级标准如下：

0级：无感病；

1级：感病叶片在5片以下；

2级：感病叶片在6片以上；

3级：病斑出现在叶片基部；

4级：茎腐或轴腐。

2. 剑麻茎腐病的调查

茎腐病的调查一般在每年7～9月份的高温季节进行，也应在普查工作的基础上才进行详细的调查作业。

(1)调查对象的确定　主要以中老龄麻(已开割3刀之后的麻园)为调查对象，根据不同的管理水平和环境条件选择田块。在每块田块选择调查样本的方法参照斑马纹病进行。

(2)调查方法　调查一般在割叶后进行。观察每个样株的病害发生情况，记录每株割叶刀口叶基发病的数量、发病叶基数占新割刀口叶基数的比例、叶片凋萎状况等，并依据茎腐病分级标准填写大田病害记录表。

剑麻茎腐病分级标准如下：

0级：无感病；

1级：1～3个叶基发病；

2级：1/4以下的叶基发病；

3级：1/4～1/2的叶基发病；

4级：1/2以上的叶基发病；

5级：叶片凋萎。

3. 剑麻虫害的调查方法

(1)取样方式　采用随机、5点或隔行隔株法取样。

(2)取样数量　一般虫口密度大时样点数量可适当少些，每个样点可稍大些，相反则应增加样点数而每个样点可稍小些。

(3)调查方法　从调查株45°角上取一定数量的叶片如3片，调查其虫数。

(二)剑麻常见病虫害发生原因分析

剑麻病害的发生离不开3个方面的基本条件：病原物、寄主和环境条件。因此，在探究病害的发生原因时，可以从这3个方面进行分析。

1. 剑麻斑马纹病发生的原因分析

引起斑马纹病的疫霉菌在土壤中长期存在，带菌土壤、麻渣及病组织都是病原菌的越冬场所。因而斑马纹病的发生流行取决于寄主植物和环境条件。根据病原菌的特性和侵染途径，病害发生的原因主要有以下几个方面。

(1)降雨是病害侵染的主要条件。降雨提供了高湿的条件，有利于病菌的繁殖、侵染和传播。麻田地势低洼积水、排水不良，地下水位高、土壤较潮湿的田块，均易引起病害。

(2)从病害传播途径看，若人为增加伤口，可以增加病害传播机会而引发病害流行。如雨天割叶、幼龄麻田中耕除草、施肥等，都会人为增加伤口，促进病害扩散。

(3)定植季节和种苗质量与病害发生关系密切。如在雨季定植，种苗经过挖、砍、剥及运输等一系列操作，造成许多伤口，为病菌侵入提供了机会。同时，若种苗混入少量病菌，在运输过程中经堆放更扩大了传染机会。

2.剑麻茎腐病发生的原因分析

引起茎腐病的黑曲霉菌亦广泛存在于土壤中，通过雨水飞溅为害剑麻，也可通过空气进行传播。因而茎腐病的发生流行也主要取决于寄主植物和环境条件。

(1)植株的营养状况　茎腐病能否发生与流行，首先取决于植株的抗性。若植株营养失去平衡，抗性降低，则容易发病。营养状况主要看叶片钙素含量和钙、钾比例，若植株营养平衡，含钙量高，抗病力增强，则不易发病。因而麻田的管理水平对病害发生起关键作用。

(2)气象条件　茎腐病的发生与流行与气象因素关系很大。若气温高、湿度大有利于病害的流行。温度是引起发病的主要条件，在月均温超过20℃以上进行割叶都会引起发病。

(3)割叶伤口　黑曲霉菌只能从伤口侵入麻株，不能直接从自然孔口侵入。伤口新鲜、湿度大，病菌侵入就快。割叶伤口溢出的组织液有足够的湿度供病菌孢子萌发。因而，割叶伤口是病菌主要的入侵途径，若植株营养不良，且温度适宜，通过割叶伤口极容易引发病害的流行。

3.红蜘蛛为害分析

红蜘蛛可整年为害剑麻，但气象条件变化，为害亦有差异，一般冬季气温低，湿度小，多藏在叶片的褐色虫斑中越冬，活动力弱，为害较小。来年春季以后，温度回升，逐渐开始活动，尤其在夏秋季节，气温高、雨水多、湿度大，适宜其繁殖，此虫发生较多，虫口密度大，为害较严重。一天之中，如晴天露水大，清晨便开始在叶面活动，至上午9时以后，太阳照射使叶面温度升高，便栖息于叶背。中午叶面温度高，多数在叶背面躲藏。红蜘蛛的发生和栽培措施有关。种植过密、叶面郁蔽、近防护林边缘荫蔽的麻株，偏施氮肥及管理差，杂草丛生的剑麻田发生较多。

(三)常见病虫害的预测预报

病虫害的预测预报，就是根据每一种病虫害发生流行规律，在病虫害发生之前，预测病虫害是否发生、发生的时间和发病的程度。特别是要预测是否有大发生的可能，从而提高对病虫害发生发展趋势的预见性和防治工作的计划性，以便及时组织防治工作，提高防治效果，把病虫害消灭在初发或流行之前，争取作物的稳产和高产。

进行病害预测时首先要了解病害发生和流行的规律。对一种病害的规律了解愈彻底，预测就愈可靠，防治工作就愈主动。剑麻病害预测主要从下面4个方面进行。

1.寄主植物

一种病害能否发生或流行，首先决定于寄主的抗病性，而且与寄主不同的发育阶段的生长状况有关。如剑麻H.11648为感病的品种，但斑马纹病主要发生在苗期和幼龄期，而茎腐病则在中、老龄麻发生较多。麻株生势壮旺，抗性强，发病少；反之，麻株营养不良，长势差，则较易感病。因此可根据不同阶段植株的生长情况来预测是否有利于病害的发生。若有中心病株的出现，则可作为预测病害发生的重要依据。

2.病原物

病原物的存在，其数量愈多，病害流行的可能性愈大。病原菌的繁殖能力、生活史的长短与病害的流行速度均有密切关系。引起剑麻斑马纹病的疫霉菌和剑麻茎腐病的黑曲霉菌在土壤中大量存在，因而可根据适合病原菌繁殖的外界条件来进行“两病”的预测。

3.环境条件

主要是气候条件，尤其是温度、湿度、降雨量和持续降雨天数。剑麻斑马纹病的发生与流行与气候条件(温度，特别是雨量)密切相关。可根据气象预报进行预测，若在高温期雨水频繁，田间湿度大，可作为预测病害发生的重要依据。

4.栽培管理

栽培管理措施不当，与病害流行也有一定的关系。如偏施氮、钾肥，植株缺钙等容易引发剑麻茎腐病。在出现剑麻茎腐病病株的麻田取样，按营养诊断的方法分析其钙含量和钙、钾比例，定出发生病害的养分临界指标，然后通过测定大田剑麻叶片的钙含量和钙、钾比例，可以对剑麻茎腐病进行预测预报。目前，初步的钙养分指标是：取45°角(第30～40片叶之间)的成熟叶片分析，如钙含量低于2.6%时，或氮(正常值0.85%～1.1%)、钾(正常值1.3%～1.8%)超出正常值时，都是茎腐病流行的前兆。出现这种情况的田块，都应及时采取措施，增施钙肥，调整割叶时间，并加强管理，提高麻株的抗病能力。

三、主要病虫害的防治

(一)剑麻病虫害防治基本知识

1.剑麻病害防治基本知识

剑麻病害主要是由于植株抗性下降，在一定的外界环境条件下受到病原菌的侵染而发生的。因此，在进行防治时一般要从3个方面着手。

(1)清除传染源。病原菌是病害发生的基础，带菌土壤、病株、病叶及其加工后的麻渣都是病原菌的越冬场所。因此，在冬旱季节必须清理麻园，减少田间菌量，特别是出现中心病株的麻田，必须及时清除和搞好麻园卫生，消灭已传入的病原菌，防止其传播和蔓延。

(2)切断传播途径。病原菌必须通过一定的传播途径才能到达寄主并完成侵染，如疫霉菌通过雨水、径流、农具等进行传播并通过孔口侵入植株；黑曲霉通过空气传播并从伤口侵入麻株。因此，可以通过改善栽培技术和环境条件，打破传播途径，防止病原菌的传入。

(3)增强植株抗性。培育抗病品种或加强田间管理，提高植株抗病能力。田间荒芜容易发病，要做好田间管理工作，实施平衡施肥，创造有利于作物生长而不利于病原菌繁殖和侵染的环境，促进植株生长健壮，提高抗病能力。

2.剑麻常用农药

(1)剑麻病害防治常用农药

①防治剑麻斑马纹病　1%乙膦铝、0.5%敌克松、0.2%瑞毒霉、1%的波尔多液或1%的疫霜灵，喷施下层叶片、割叶刀口或上山麻苗麻头。

病穴和病区地面的土壤消毒用1%硫酸铜、1%乙膦铝、0.5%敌克松或1%疫霜灵喷洒。

②防治剑麻茎腐病　40%灭病威200倍液、50%多菌灵800倍液，喷割叶刀口。

③防治剑麻炭疽病 在雨季喷施1%波尔多液保护麻株，或喷50%多菌灵800倍液防治。

④防治剑麻黑斑病 喷1%波尔多液防治。

(2)剑麻虫害防治常用农药 防治红蜘蛛，0.3～0.5波美度的石硫合剂或三氯杀螨醇喷施。

(3)麻田常用除草剂 草甘膦、克芜踪、阿特拉津、苯达松、二甲四氯、敌二莠等。应该注意的是，近年发现在幼龄麻园中使用草甘膦除草会引起麻株提前开花，在幼龄麻园中最好不用草甘膦；克芜踪对剑麻叶片药害严重，剑麻除草应慎用。

3.剑麻常用农药喷药作业注意事项

(1)敌克松见光易分解，使用时应选择阴天进行，避免在晴天中午喷药，施在地面的要随即用土壤覆盖。

(2)胶悬剂和可湿性粉剂因颗粒较大，其溶液易发生沉淀，应随配随用，放置时间稍长也要混拌后再喷。

(3)喷药要均匀，特别是所有割叶刀口都要喷到药液，喷后4 h内如遇雨水冲，应在雨后补喷。

(二)主要病虫害的防治

1.斑马纹病

(1)剑麻斑马纹病感病植株的处理

①发病初期的植株只有少量叶片感染发病，抓紧在晴天割除病叶，并运出麻田外烧毁或深埋。对于割叶刀口、下层叶片及病株邻近的麻株，用1%乙膦铝、0.5%敌克松或1%的波尔多液喷雾进行消毒，每亩每次喷施75 kg药液，每7～10 d喷一次，连续喷3～4次。

②对于叶片基部出现病斑，有较多叶片感病，或已出现茎腐或轴腐的植株，选择晴天将病株挖除并清理出麻田外烧毁或深埋；对病株附近和病穴的土壤进行翻晒，用1%硫酸铜、1%乙膦铝或0.5%敌克松喷洒消毒。

③麻田出现大量病株，又遇上连续雨天时，在病区四周开隔离沟。病叶、病株到每年冬旱季节再清理，包括挖除死植株，割除病叶，并喷药消毒，以减少田间菌源。

(2)剑麻斑马纹病的综合防治措施 根据本病发生特点和流行规律，应贯彻"预防为主，综合防治"的方针，采取以农业栽培措施为主、化学药剂防治为辅的综合防治措施。

①定期检查麻田，做好预报工作，及时清除和控制发病中心。头3年的"敏感期"麻田，尤其是低洼积水和冲刷沟的地方要经常巡视，发现病株应立即进行处理，病株较多的病区麻田，雨季严禁人畜车辆入内，避免病菌传播，在病区使用过的工具应进行消毒。

②结合麻田基本建设，搞好排水设置，创造不利发病环境。采用起畦种植，控制流水传病机会，预防病害发生。开好排水沟、防冲刷沟和隔离沟，防止病害传播。低洼积水、土壤黏重排水不良和地下水位高的地方应起高畦种植，并采取降低地下水位的措施；整地时应尽量使土地平整。在麻田除草、管理时要注意小麻行间避免积水，以降低麻田湿度。丘陵地应修筑梯田，搞好排水系统、防止冲刷。雨天尽量减少田间作业。

③幼龄麻或易发病的麻田割叶应掌握在雨季前或旱季进行，使麻行通风透光、降低湿度并减少叶片与地面的接触。割叶应根据具体情况进行，合理安排，发病严重已郁蔽又未开割的麻田和已开割的3～4龄麻，应提前在旱季割叶。雨天不割，防止病菌侵染，引起茎腐。

④培育和使用无病种苗，加强田间管理，提高麻株抗病力。定植后的幼龄麻田，应注意合

理施肥、清除田间杂草，以利通风透光，减少病害。田间间作时，不应采用易感病的作物如烟草、茄子、番茄等。因病害严重而淘汰的麻田，淘汰后需经1～2年或2～3年轮作，搞好防病措施，才能种麻，轮作物也不能选择易感病的品种。

⑤搞好麻田清洁，清除病原物。在冬春季低温干旱季节，不利病菌繁殖和传播，应进行割除病叶，挖除田间茎腐和轴腐的植株，挖除后烧毁。

⑥化学药物防治。采用农业措施防治的基础上结合药物处理，如病区割除病叶后，对于割叶刀口、下层叶片及病株邻近的麻株，用1%乙膦铝、0.5%敌克松或1%的波尔多液喷雾进行消毒；对于病穴及附近的土壤，用1%硫酸铜、1%乙膦铝或0.5%敌克松喷洒消毒。

2.剑麻茎腐病

(1)剑麻茎腐病感病植株的处理

①发现感病植株，要马上清除病株，进行烧毁或深埋。

②病株挖除后，对病株附近的地面和麻株喷40%灭病威胶悬剂200倍液、25%多菌灵可湿性粉剂400倍液，每亩喷施40 kg药液以上。

③病穴的土壤要翻晒，并喷洒40%灭病威胶悬剂200倍液、25%多菌灵可湿性粉剂400倍液进行消毒，土壤消毒后施用石灰。

(2)剑麻茎腐病的综合防治措施　贯彻“预防为主，综合防治”的原则，应以提高抗病性为主，并辅以避病措施、化学防治和其他农业防治措施。

①增施钙肥，提高植株抗病能力。

②采用避病措施，调整割叶时间。把抗病较差的麻田和已发病麻田的割叶时间，由高温多雨季节调整到低温干旱季节。

③化学防治。发生剑麻茎腐病的麻田，在割叶后两天内用40%灭病威胶悬剂200倍液喷割叶刀口，预防感染。

④其他农业措施，包括控制割叶强度，增施有机肥，提高割麻技术水平，加强麻田田间管理。

3.其他病害的防治

(1)剑麻炭疽病、黑斑病感病植株的处理

①割除感病叶片，集中烧毁。

②病害严重的麻田在雨季喷施1%的波尔多液等杀菌剂进行防治。

(2)剑麻炭疽病、黑斑病综合防治措施　发生剑麻炭疽病、黑斑病的麻田，应清除荒芜，促进麻田通风透光，在冬旱季节把全部病叶、枯叶、死株、杂草等清出麻田，集中烧毁。对病害严重的麻田在雨季喷施1%的波尔多液等杀菌剂进行防治。

4.剑麻红蜘蛛的防治

防治红蜘蛛的措施主要是割除虫叶。为害严重的麻田应适当提前割叶，缩短割叶间距。合理密植，铲除田间杂草，加强麻田管理，使麻田通风透光，可减少红蜘蛛为害。

(三)剑麻病虫害综合防治

剑麻病虫害的综合防治是根据病虫害的发生发展规律，在整个生产过程中，采取有利于作物生长而不利于病原物的侵染与蔓延的农业栽培措施，以预防为主，多种防治方式并存，把病虫为害消灭在萌芽状态。综合防治是群众性运动，必须统一思想，提高防病意识，把栽培技术和防病措施结合起来，贯穿到各生产环节中，做到群防群治，才能获得最佳防治效果。

(1)搞好以“治水”为主的麻田基本建设，修建排水沟，防冲刷沟，隔离沟，以防径流和麻田积水。

(2)采用自繁自育的健壮种苗，外来种苗必须经严格检疫，确保不在病区调入种苗。

(3)大田定植实行起畦种植，低洼积水、排水不良和地下水位高的地方起高畦种植。

(4)来源于病区的麻渣、麻汁必须经过堆沤(或沤制)充分腐熟后才能施用。

(5)合理施肥，以有机肥为主，不偏施氮肥，推行营养诊断指导施肥，注意钾、钙和其他微量元素的补充施用，保持麻株的营养平衡。

(6)及时中耕除草，消灭荒芜，促使麻行通风透光；及时培土，防止植穴低洼积水。

(7)田间作业要小心细致，避免伤及叶片；雨天不在田间作业。

(8)第一次开割的麻田在低温干旱时期进行割叶；开割后的麻田按麻株长势、天气情况而定，长势差和发过病的麻田安排在冬春季割叶，做到冬旱季多割，雨季少割，雨天不割。

(9)合理割叶，不强割，不反刀割叶，病区割叶时适当多留叶。

(10)及时进行药剂防治。经常检查麻田，发现感病植株及时处理，并辅以药剂防治。

(11)选育抗病品种，在病区和低洼积水、排水不良的地区推广种植。

(12)合理轮作，防止土壤养分失衡，同时可打破病害传播途径，严防病虫害的严重发生。

第六节 剑麻园杂草管理

杂草是农业生产中的一大危害。千百年来我国勤劳智慧的农民采用各种农业生产措施来灭除杂草，积累了丰富的经验。如清除作物种子中混杂的杂草种子，施用腐熟后的有机肥料，合理轮作，消灭杂草，耙地培土，中耕锄草等，都能减少农田杂草的危害。随着农业技术向现代化的发展，工业对农业支援的增强，机械除草和化学除草也迅速发展起来。其中化学除草就是使用化学药剂来防除杂草的一种有效方法。

一、杂草对剑麻的危害

剑麻生长周期长，种植后直至更新前，麻田是不可能也不宜全面翻耕的，加上剑麻单位面积植株数少，株行距较宽，特别是定植初期，地面暴露大，荫蔽度小，多种杂草极易滋生。此时，一旦放松管理，就会酿成草荒为害，给麻田抚管带来严重困难。杂草对剑麻的危害主要体现在如下几个方面。

1.竞争阳光、水分和养分，抑制剑麻生长

许多杂草都有强大的根系或地下走茎，与剑麻争夺土壤水分及养分，如不及时控制，会不同程度地荫蔽剑麻的光照，严重影响生长。麻行间通风不良，冷空气易沉积在麻行间而加重剑麻寒害。

2.传播病虫害

许多杂草和杂木是藏匿病虫害的场所和寄主，帮助病虫害蔓延传播。由于草荒严重，麻株行间通风不良，相对湿度大，容易引发病害。

3.增加了生产管理成本

由于杂草杂木的危害，妨碍了剑麻生产管理上的一些作业进行。如杂草丛生的麻田施肥就得先除草，从而增加了管理用工和费用。

二、剑麻园恶草

剑麻田中比较常见的杂草有以下几种：

(1)白茅　又称茅草，为禾本科多年生，具有走茎的草本植物。我国南北各地均有生长，是剑麻田的主要恶草之一。自然生长的白茅，一般2月份即开始萌生新株，4～6月份达到高峰，而单株绿色叶片以7～10月份最多，为4～7片，夏秋间抽穗。

(2)香附子　又名回头青，为莎草科多年生根茎类草本植物，全年都可抽穗，适应性广，在平原和高山的潮湿和干旱土壤以及各种气候条件下均可生长，但适生于湿润环境。

(3)铺地黍　别名硬骨草，为禾本科多年生草本宿根性杂草，多为散生，夏秋抽穗，适应性广，具有膨大地下走茎，生命力强，抗逆性大，并具有惊人的繁殖能力，其种子和地下每节根茎切断后都能形成新株或新根茎，对剑麻的危害极大。

(4)狗芽根　又名绊根草，为禾本科多年生杂草，在我国黄河以南各省均有分布。具根状茎或匍匐茎，平卧地面，花枝直立，抽穗时间长，5～6月份生长并为抽穗最盛时期。因其生长迅速，根茎蔓延力强，为麻田难除的有害杂草。

(5)马唐　1年生禾本科杂草，分布于全国各地，为旱地作物的主要杂草，秆基部倾斜或横卧，着土后节易生根。

(6)耳草　又名日本草，为茜草科1年生披散性双子叶草本植物，分布于广东、云南的南部，通常生长于高海拔的山谷、森林边缘、坡地及旷草地上。在麻田里大量萌生的耳草为害剑麻，6～9月份间生长最茂盛，4～9月份为花期。

(7)胜红蓟　又名藿香蓟、咸虾花，为菊科1年生草本植物，分布于我国东南至西南部，主要生长于坡地、旱地及荒草地上。5～10月份生长茂盛，全年都能开花，种子多得惊人，且能借风力广为传播。

(8)小白酒草　又名小飞蓬，越年生或1年生草本。茎直立，高50～100 cm，有细条纹及粗糙毛。叶互生，叶柄不明显，叶片条状披针形或长圆状条形，全缘或有微锯齿，有长睫毛。

三、剑麻园常用除草剂

我国剑麻植区应用除草剂始于20世纪70年代初期，主要使用达拉硼灭除茅草，到70年代末期普遍推广使用草甘膦，但对剑麻植株药害较重，从80年代中期开始引进了克芜踪除草剂，到80年代末期又开始引进阿特拉津、二甲四氯等系列除草剂。

1.草甘膦

通用名：Glyphosate

商品名：草甘膦 Rokundup(美国商品名)

其他名：镇草宁、甘氨膦

理化性质：纯品为白色固体。25℃时的水溶度为1.2%。本品没有挥发性，无气味，易分解，不会积累。草甘膦是低毒除草剂。对人畜安全，对人眼有轻微刺激性，对鱼类基本无害。

剂型有10%水剂、20%水剂、40%水剂。

草甘膦是有机磷类内吸传导型芽后除草剂，主要用于叶面处理，能从叶传导到根，使杂草地上、地下部死去。毒效反应初期较慢，1 年生杂草为 1～4 d，多年生杂草要 7～10 d。症状先是在地上部分变黄、枯萎，进而变褐，最后地下茎死亡腐解。草甘膦对农作物的选择性差，在麻田上使用要特别注意，不能直接喷洒到植株上。

2. 克芜踪

通用名：Paraquat

商品名：克芜踪 Grmoxone

其他名：对草快、百草枯

理化性质：纯品为白色晶体，在 300℃高温下分解，不挥发，易溶于水，不溶于烷烃等非极性溶剂，极易潮解，在中性或酸性溶液中稳定，遇碱（pH＞11）不稳定，与阳离子表面活性剂和土壤混合极易失去活性，对铁、铝等金属有腐蚀作用。

剂型有 20％水剂。

克芜踪是季氨盐类触杀型灭生性除草剂，药物与杂草组织接触后，在植物体内降解速度很快，48 h 内几乎全部分解。此药能防除豆科、禾本科和莎草科的一年生杂草，对多年生杂草则只能杀死其地上绿色部分，不会损伤根部，在麻田使用时尽量少接触剑麻，而少量接触不会产生药害。

3. 阿特拉津

通用名：Atrazine

商品名：阿特拉津 Gesaqrim

其他名：莠去津

理化性质：纯品和工业品都是无色结晶，无臭味，溶点 137～175℃，20℃时的水溶度为 70 mg/kg，微溶于有机溶剂，化学性质稳定，无腐蚀性，在酸性或碱性溶液中加热可被分解而失效。阿特拉津为低毒除草剂。

剂型有 40％胶悬剂、50％混悬剂、50％可湿性粉剂。

阿特拉津是三氮苯类内吸传导型除草剂，易被杂草根、叶所吸收，并在体内传导，能抑制光合作用中的希尔反应，使植物失绿，阻碍养分形成，使植物饥饿而死。由于溶解度大，残效期短，在土壤中易被雨水淋洗至较深的土层，故对深根性的多种单、双子叶杂草防效较好。

4. 西玛津

通用名：Simuzine

商品名：西玛津 Gesatop

理化性质：纯品为白色结晶，熔点 225～227℃，工业品熔点 224℃，20～22℃时的水溶度为 5 mg/kg，化学性质稳定，在中性、弱酸性及弱碱性溶液中稳定。在强碱或强酸性溶液中加热可水解为羟基衍生物而失去杀草作用。不燃烧，不爆炸，无腐蚀性，对人畜均为低毒。

剂型有 40％胶悬剂和 50％可湿性粉剂。

西玛津是三氮苯类高度选择性内吸传导型除草剂，可被根系吸收而传导至地上部。这种吸收、传导的速度与气温和湿度有关。当气温从 26℃上升到 37℃时，吸收和传导速度加快 2 倍。此药由于有一个内吸传导过程，所以药效发挥较慢，药物进入杂草体内之后，叶片会产生缺绿症状，光合作用受抑制，植物因饥饿而死去。

5. 苯达松

通用名：Bentazon

商品名：苯达松、排草丹 Basagran

其他名：灭草松、百草克、噻草平

理化性质：纯品为白色无臭味粉末，制剂为棕色水溶液，带有轻微特殊气味，比重 1∶21，易溶于水，并能与其他除草剂或肥料相混合，挥发性少，50℃以下产品性质可 2 年稳定不变。苯达松是低毒除草剂。

剂型有 25％水剂、48％水剂和 505 可湿性粉剂。

苯达松属杂环类除草剂，具有触杀和内吸传导作用，通过杂草幼苗、根、叶、茎吸收、传导，能阻止杂草光合作用和水分代谢进行，并抑制酶的活性。它的药效较迟缓，通常喷药后杂草死亡需要 10 d 左右，但在高温、高湿与阳光充足的条件下，喷药后 2 d 左右杂草便会死亡。因此一般中午施药的效果常比早晚施用效果要好。

6. 二甲四氯

商品名：MCPA

理化性质：二甲四氯纯品为白色结晶，溶点 120℃，无气味，在 25℃水中溶解度为 0.15％，但它在各种碱类作用下生成相应的盐是易溶于水的，如二甲四氯钠盐在 20℃水中溶解度为 25％。对人、畜低毒。

剂型有 20％水剂和 70％钠盐原粉。

原粉为红褐色粉末，易吸潮结块，但不变质，不影响药效。

二甲四氯是植物激素型选择性除草剂，主要通过杂草的茎叶吸收，亦能被根吸收，并传导全株，破坏植物正常生理机能。该药适用于旱地作物防除阔叶杂草和三棱草，防除杂草通常与其他除草剂混用效果较好。

四、化学除草

(一)除草方案制订

剑麻田用好除草剂的标准是高效、安全和经济。有了好的除草剂还需要科学地加以应用，才能达到上述目的。实践证明，必须抓好以下几个环节。

1. 对症下药

首先要调查清楚待防治的有些什么种类的杂草，它们是单子叶还是双子叶杂草？或是兼而有之？是 1 年生杂草，还是多年生杂草？是草本植物还是木本植物？其次要了解除草剂的性质及其杀除的主要对象。更重要的是明确施药的是什么作物，以及生长发育阶段，选用哪种除草剂才比较适宜。综合以上情况，选择安全、有效的除草剂进行单施或 2 种以上除草剂混施。

2. 适量用药

所谓适量用药，就是选用最低的有效剂量，既能毒杀杂草，又不伤害作物，达到花费少，收获大的目的。化学除草剂用量并不是愈多效果愈好，在用药防治任何杂草时，都有一个选用最适药量的问题。用药少了达不到预期效果，用药多了，可能伤害作物，经济上也不合算。如用草甘膦除茅草，每公顷用药 1.87～2.25 kg 最适量，年喷 1～2 次即可，低于或高于此量效果均差。适量用药，还需视地里杂草的种类、草龄和立地荫蔽度等客观情况。一般荫蔽度大的地方和对药剂敏感的杂草，用药量就宜少些，反之则用药量宜多些。

3.适时用药

适时用药能及时有效地灭除杂草，特别是灭除多年生根茎类杂草。苗圃土壤处理一般应在作物播种后出苗前施药。1年生杂草的处理，通常在大多数杂草生长早期的敏感阶段，而作物耐药性较强之时施药，可收到灭除大量杂草却不伤害作物的效果。输导性除草剂防除多年生深根性杂草，在晚春或早秋施药较好。此外，在考虑怎样用好除草剂的同时，还应考虑环境因素的影响，如温、湿度和降雨、光照强度、土壤含水量和土壤质地以及耕作条件等对施药的影响。

(二)除草剂在麻田中的具体应用

根据麻田不同的麻龄，应采取不同的化学除草方法。

1.苗圃地

在麻田苗圃地中大多是1年生的杂草。但苗圃地裸露空间少，使用除草剂时要注意使用的品种。

(1)萌前土壤处理　对新种下的疏植苗圃地，在裸露的地面上，杂草未出土或3叶期前，可进行萌前土壤处理。每公顷可使用40%阿特拉津胶悬剂，3～3.75 kg加70%二甲四氯粉剂0.9 kg。每公顷用配好的药液500 kg，均匀地进行土壤喷雾，防效在95%以上，残效期在2.5～3个月。这种处理方法对麻苗是安全的，直喷到麻上不会产生药害。注意喷药的时候土壤最好要有较高的湿度，过于干燥会影响药效。

(2)萌后茎叶处理　剑麻育苗一般要在苗圃2～2.5年时间，在育苗期间要多次除草。对在3叶期前的一年生单、双子叶杂草的防除，可用40%阿特拉津胶悬剂，每公顷3～3.5 kg加70%二甲四氯，0.75 kg加0.03%溶液量的YZ-901增效剂，每公顷用药液量600～750 kg，均匀地进行茎叶喷雾，防除效果在90%以上，对剑麻安全。

2.幼龄麻田

在幼龄麻田中，因种植时间短，土地裸露面积较大，加上剑麻根系仍不发达，大小行间杂草生长较快也较多，与剑麻争肥、争水较突出，对剑麻生长影响较大。

(1)萌前土壤处理　在刚种下的新麻田中，可采用萌前土壤处理，对一般的单、双子叶杂草每公顷用40%阿特拉津胶悬剂3 kg加70%二甲四氯粉剂0.75 kg，用600～750 kg水配好药，均匀地喷洒到地面。喷药时，要求土壤湿润，这样就能有效地抑制杂草的生长。

(2)萌后茎叶处理　对种下后约1年以上麻田的杂草防除，可用20%克芜踪水剂，每公顷1.5～2 kg，加水750～1 125 kg直接喷雾，2～3 d后杂草便枯死，防效达95%以上，除草时要求在夏、秋季进行，并选择有太阳的晴天进行，施药效果较理想。在使用该药时注意不要把药液喷到剑麻叶片上，以免产生药害。杂草在3叶期前也可使用阿特拉津加二甲四氯，每公顷用阿特拉津3 kg，二甲四氯1 kg，加水750 kg左右直接喷雾即可，此药对剑麻安全，但对较大的草及一些恶草效果较差。针对香附草或一些恶性禾本科杂草可用苯达松加稳杀得混合喷洒，每公顷用25%苯达松4.5 kg、35%稳杀得乳油3 kg加水750 kg，直接喷雾于杂草茎上，可获得95%以上的防除效果。这2种药剂对剑麻安全，喷药时机宜选择在4～6叶期。

3.成龄麻田

成龄麻田是指已开割2刀以上的麻田。对成龄麻田的杂草防除主要是作茎叶处理。这时的茎叶处理可使用克芜踪、阿特拉津、二甲四氯、苯达松、稳杀得和草甘膦等到药剂。

(1)2 刀麻到 6 刀麻　麻株较嫩,生长旺盛,离地面较低,喷药操作较易喷到麻叶上,因此可用阿特拉津、二甲四氯、苯达松、稳杀得或克芜踪等药剂。

40%阿特拉津每公顷 3 kg、70%二甲四氯粉剂 1 kg 加水 750 kg 喷雾。喷药选择在杂草 3 叶期,超过此期效果较差。

如果麻田香附草、硬骨草、马唐类杂草较多,则可用苯达松、稳杀得、二甲四氯等除草剂。每公顷可单独用 70%二甲四氯粉剂 3 kg,或每公顷 25%苯达松 4.5 kg、5%稳杀得 3 kg,药液 750 kg 左右,直接喷到 4～6 叶期杂草上,效果较好。这几种药对剑麻均无药害。

(2)6 刀以上　6 刀以上麻田,在田间施药不易喷到麻叶,可使用一些价格较低的灭生性的除草剂,如草甘膦或克芜踪等药剂。

对一般性杂草,可选用 20%克芜踪水剂喷雾。每公顷用药 1.5～2 kg,加水 750 kg 喷雾,防效可达 90%以上,喷药时要选择有太阳天气进行。

对一些恶性杂草和高秆杂草,如香附草、硬骨草、马唐、小飞蓬等,可用 10%草甘膦,每公顷 7.5 kg 加水中容量 500～700 kg 喷雾,每年 2 次,基本可控制麻田杂草。注意喷药时选择有太阳天气和喷药量不能超过,喷后 6 d 遇雨不需重喷。

在幼龄麻园中使用草甘膦除草易产生药害,药害重的麻株在喷药后 3～4 年内发生麻株提前开花现象,故此在幼龄麻园、麻苗圃中要严禁使用草甘膦除草剂,以免发生药害。在开割 6 刀以上的成龄麻田中使用草甘膦除草剂时,也要控制用药量,并尽是不要喷到剑麻叶片上,以免发生药害。克芜踪对剑麻叶片药害严重,应尽量不要选用克芜踪在剑麻田中除草。

第七节　麻叶收获

割叶是将麻株的叶片割下,用于抽取纤维。如果人们对剑麻能有计划、有节制地割叶,并能按割叶措施割叶,做到不过度割叶、不割伤麻,才能有足够的叶片持久地制造养分供麻株生长新叶片,使剑麻在整个经济寿命中,获得最高的累计产量。所以割叶质量的好坏将直接影响到剑麻的健康生产,从而影响周期的经济效益。为此,在剑麻割叶生产中,应认真掌握割叶时间,严格控制割叶强度,禁止割伤麻现象出现。

一、割叶设计

(一)剑麻园产量调查

剑麻产量主要以纤维产量来衡量。而纤维产量由单位面积有效株数、单株叶片数、叶片长度、重量和叶片纤维率构成。由于剑麻是多年生作物,全周期的纤维总产量又取决于每年的纤维产量和生命周期的长短。一般品种的生命周期和纤维率是相对恒定的,因而影响纤维产量的主要因素是单位面积有效株数、单株叶片数、叶片长度、重量,通过测定这些因子可以对剑麻园进行产量估测。

在植株叶片收获期,从每个调查小区一行连续取样 5 株,3 次重复,收获心叶以下大于 45°展叶线的完整叶片,清点叶片数量并称取鲜叶总重量,计算平均单株割叶重量和单叶重量。其纤维率和生产周期可采用往年平均进行估算。根据单位面积种植株数、植株年增长叶片数可推算纤维产量。平均单株纤维重量＝平均单株割叶重量×纤维率；单位面积纤维产量＝平均单株纤维重量×单位面积种植株数；单株周期纤维产量＝单叶重量×植株年增长叶片数×纤维率×生产周期。

(二)割叶标准和强度的确定

1. 开割标准的确定

剑麻定植后2～3年一般可进行割叶。第一次割叶对植株生长发育的影响较大，因此必须注意掌握开割的标准，做到适时开割。早割则叶片幼嫩、短小，纤维率低、拉力差。并影响植株的生长，特别是麻茎(头)增粗和展叶缓慢。迟割则因叶片自然干枯损失浪费、影响产量。剑麻开割的迟早，与品种、土壤、气候条件、种苗的大小和管理水平有关。一般采用嫩、壮、大苗定植，管理水平高和气候条件好，开割时间就早一些，反之则迟一些。开割的标准，一般剑麻H.11648以定植后2～3年，叶长90～100 cm，叶片数达100片，便可进行割叶。

确定一个麻园是否达到开割标准，必须进行大田调查。调查方法是在大田中排除边行边株后，随机抽取10株，计算植株叶片的数量。一般用目测法观察"逢13展叶线"上的叶轮数，若达7轮以上即认为已达开割标准。

2. 割叶周期和强度

(1)割叶周期　割叶周期的确定主要根据剑麻叶片增长、自然条件、麻株长势和管理水平等而定。由于各地气候、土壤肥力、管理水平不同，植株展叶数和叶片成熟的时间有所差异。在一般管理水平条件下，已开割的麻田，一年可以割一次叶。如土壤肥沃、营养充足、生长旺盛的麻田，剑麻叶片增长快，可8～10个月割1次，即2年割3次。要根据劳力的具体情况而定，但一定要注意不能强割，两次割叶相隔的时间也不宜过长，以免叶片干枯损失。割叶周期过短，抚育管理跟不上，也会影响产量。

(2)割叶强度　割叶强度是指单位时间内一次割下叶片的数量，通常以割后留叶的多少来表示。割叶多，留叶少则割叶强度大，反之则强度小。收割叶片提取纤维是剑麻生产的目的，但叶片又是光合作用，制造植株继续生长所需有机养分的场所，过度割叶必然导致光合作用降低，养分供给不足，植株生长受阻。因此，割叶必须考虑留叶，留叶是为了更多的割叶，"割、管、养"相结合，使一个生长周期能获得更高的产量。适宜的割叶强度是在保证植株周期的正常生长的前提下，获得年年增产，是速生、高产、稳产的重要措施之一。

割叶强度应视品种、长势及管理水平而定。根据生产经验，H.11648叶片多，第一次开割一般留55～60片叶，以后留叶不少于50片。如果第一次割叶强度大，管理又跟不上，则植株体内养分失调，影响麻茎(头)和叶的生长，难以形成丰产株型，周期产量就低。如果土壤肥力高、施肥多，植株长势健壮，则割叶强度可适当大些，反之应小些。由于各地气候、土壤、管理水平和植株生长的差异，留叶的标准也有所不同，原则上麻茎大头线以下的叶可割，大头线以上的叶不割，割叶多少，必须根据各地情况，通过试验因地制宜确定。

(三)割叶时间的调整

剑麻是一次种植多年收获的作物，而且收获的器官是进行光合作用的营养器官，割叶直接影响到麻株的生长发育，因此适时割叶尤为重要。当叶片与地面成45°角或小于45°角，叶色变浅，蜡粉消失时叶片即可收获，应进行割叶。由于其叶片抽出后从中心逐步向下层生长，叶片成熟度没有明显的界线，所以一年四季都可割叶。但具体割叶时间因品种、地区、长势和加工等条件酌情来确定。根据一年中叶片生长规律，如以叶片增长为依据，冬季割叶最好，因为割叶后麻株会损失一部分水分，并抑制剑麻的生长。据观测割叶后约有 20 d 的停止生长期。因此，冬季长叶少，影响也小。以秋季割叶留叶 55 片为例，秋割比夏、冬割分别减产 25.9%～28.5%。在生产实践中，由于加工等原因是不可能都集中在一个季节割叶的，尤其面积较大的植麻场，现代化加工设备需要春夏秋冬都要进行割叶。因此必须根据具体情况调整割叶时间。

割叶时间的调整主要根据工厂的加工能力和防病治病的栽培技术措施统筹安排。冬春季由于低温寒潮，麻株易发生寒害，寒害严重的田块应在冬季前期割叶；高温、高湿的气候条件易引发剑麻病害的发生，因此剑麻茎腐病、斑马纹病病区应集中在冬春季低温期割叶；叶斑病严重的麻田也应集中在冬季低温期割叶，由于割叶后植株水分和养分损失了一部分，抑制其生长，叶斑病显著降低。此外，易发生斑马纹病的麻田，应在雨季前的早期割叶。实践证明，边下雨边割叶，降雨前、后抢割叶，均会加重斑马纹病的发生。在易发生斑马纹病的麻田中，虽未达到开割标准，为了防病亦应在雨季前割去脚叶（即基部叶片）2～3 轮。使植株基部通风透光，减少叶片与地面接触，避过开割前 2～3 年易感斑马纹病的敏感期，减少损失。

(四)年度割叶计划的制订

割叶是将每年积存的叶片割下，使麻株不断新增叶片，然后继续割叶。因此，有规则而合理的割叶，才能持久地制造养分供麻株增长叶片，使剑麻在整个经济寿命中，获得最高的累计产量。生产实践证明，过早（未达到开割标准）、过迟（“脚叶”干枯）或强度割叶都会影响麻株的生长、纤维的产量和质量。因此，科学合理地安排剑麻的割叶，将能在最大限度地获得叶片产量的同时，又能保证剑麻的健康生长，并可减少因不科学割叶导致的病害的发生，从而取得最佳生产效果和经济效益。

年度割叶计划必须考虑植麻区的气候条件、麻龄结构、易感病麻田及工厂加工以及市场对纤维质量等级的要求等情况进行合理的割叶计划安排。割叶原则是：秋冬季多割，春夏季少割；低温少雨季节多割，高温多雨季少割，雨天最好停割；老病麻田先割，健康旺盛麻田迟割。制定年度割叶计划可按下列步骤进行。

(1)首先要在上年 12 月底前调查摸清下一年度本单位可开割的剑麻面积与产量，并按不同麻龄分类统计。应通过统计表进行登记（表 4-4）。

表 4-4 ________单位________年开割麻田面积及产量情况调查表
________岗位

地号	种植年度	种植面积	结存面积	上年割叶时间	上年割叶产量	估计单产	估计总产	备注

(2)确定每季度的割叶量。一般第一、四季度割叶占全年计划的 65%～70%，第二、三季度割叶占全年计划的 30%～35%。

(3)确定本单位剑麻的割叶周期。一般情况下是1年割1次,如果剑麻叶片易干枯可安排10个月割1次。

(4)确定新开割麻田、感病和易感病麻田务必在春季低温和雨季前割叶,淘汰麻田安排在年底割叶。

(5)根据麻龄、产量及上次的割叶时间合理安排每一块麻田的割叶时间,并作出割叶计划表(表4-5)。

表4-5 ________单位________年开割叶计划安排
________岗位

地号	麻龄	面积	估产	上年割叶时间	本年割叶时间	备注

二、割叶作业

(一)叶片分级

1.剑麻叶片分级依据

种植剑麻的主要目的是获取剑麻纤维,而剑麻纤维是从剑麻叶片中抽取的,因而剑麻纤维的质量主要取决于剑麻叶片的质量。叶片的长短,叶片的虫伤、冻伤、机械损伤等对剑麻纤维的质量均有很大影响,剑麻叶片的分级应依据剑麻纤维物理分级标准去制订。剑麻纤维国家标准GB/T15031—94的物理指标分级标准见表4-6。

表4-6 剑麻纤维国家标准

项目	优等品	一等品	合格品
长度/cm	≥95	≥85	≥70
束纤维强力/N	≥880	≥830	≥780
含杂率/%	≤2.5	≤3.5	≤5.0

一般情况下,剑麻叶片长,其纤维就长,反之则短;刚投产1、2年的剑麻,其叶片纤维发育成熟度较差,其纤维强力就较差,叶片纤维含量也较少;而麻龄较大的剑麻,纤维发育成熟度好,纤维拉力强,叶片含纤维量也较多;剑麻叶片患红蜘蛛严重时,纤维拉力差,纤维色泽差;剑麻叶片腐烂霉变时,加工出来的纤维色泽差;剑麻叶片如干枯的,加工时就难剥离叶肉,最终就会导致剑麻纤维含杂率超标。所以剑麻叶片分级时就要依据上述情况进行分级。

2.剑麻叶片分级标准

一级:开割三刀以上叶片且叶长100 cm以上,无干枯、无腐烂,红蜘蛛斑块占叶面积1/10以内,削除叶刺;

二级:叶长80～100 cm,无干枯、无腐烂,红蜘蛛斑块占叶面积1/10～3/10,削除叶刺(有些开割第二刀的麻片，即使其质量超过此标准，但因其叶片纤维含量相对较低，所以也只能定为二级叶片）；

三级：叶长60～80 cm，无干枯、无腐烂，红蜘蛛斑块占叶面积50%以内，削除叶刺（有些开割第一刀的麻片，即使其质量超过此标准，但由于其叶片纤维含量低、纤维强力差，所以也只能定为三级叶片）。

（二）割叶作业

1. 割叶准备

（1）磨割麻刀。剑麻割叶使用镰刀，规格要求刀口锋利，不缺口，刀长适中（含刀柄长度37～40 cm），便于活动操作；刀柄表面粗糙，操作时不致滑手，刀柄牢固。在割叶作业时，割麻刀口钝后要及时磨利刀口，然后再进行割叶。

磨割麻刀可采用粗、细两种磨刀石磨刀。粗石质地与一般细砂轮相似，主要用于磨新刀开凿口；细石质地较细腻，主要用于磨光滑、锋利。磨刀时，新刀开凿口要斜顺，先用粗石磨，后用细石磨光滑、锋利。磨好割麻刀时，用目光看刀口，如刀口没有白点、白线，只是一条细线时，则刀口锋利，否则要重新磨刀。

（2）准备叶片捆绑材料。剑麻叶片捆绑材料，一般使用剑麻叶片撕成带状作捆绑材料。一般在开割前1～2 d用1 m长的剑麻叶片，最好用开花麻株的绉缩叶片，撕成2～2.5 cm宽的条状带，绑带要求不霉、不变质。一般根据当天割叶数量多少而适当准备捆扎材料。

2. 割叶操作

剑麻割叶操作有5个主要技术要点：看、割、削、绑、放。

（1）看　要割好麻要求做到“三会看”，一会看麻株大小割叶；二会看麻龄（幼、壮、老）留叶；三会看麻株叶片重量捆绑。

（2）割　割麻行刀要掌握“三步骤”、“五要领”，达到“五要求”。“三步骤”是割开缺口，从左到右，转身割后。“五要领”是正刀割麻，两手配合，从上割下，压带拉刀，一刀几片。按以上步骤要领，蹲一个位置割前后两株麻。“五要求”是一要下刀准；二要稳，安全操作，忙而不乱；三要割口平，不破裂，麻株周围留叶平衡；四要匀，即株间留叶多少要均匀，叶基留长2～3 cm；五要割麻刀快，捡麻绑麻快。

割叶留叶基不宜过长或过短，过长或者斜切会浪费叶片降低产量，而且影响以后的割叶操作；过短会引起回枯及易伤麻茎，影响麻茎的增大。割叶时要从上向下割。如果切口向上，会增加蒸发量或因雨淋而造成腐烂，切口向上割还易拉伤未割的叶片。

（3）削　割下的麻片，要削除叶片尾尖部2～3 cm（连带叶尖刺一起削除），如果叶片尾尖部有干枯的，也要将干枯部分削除。这一工作的目的是方便叶片加工，提高纤维质量。

（4）绑　割下叶片要按叶片分级标准分级并捆绑整齐，重量适中（一般每捆重量约15 kg左右），便于搬运。

（5）放（麻片捆绑后摆放的位置）　要求做到放在大行间两边，叶基向前，叶尖放后，不准放在小行内或大行中间，以便割麻、装车操作和车辆运输不受阻。应注意把病叶分开另放，以便对病叶统一加工，统一处理。

叶片割下后要及时运往加工，以免堆放过久（一般要求两天内加工完毕）引起叶片干枯或腐烂，从而影响纤维的质量。

3. 割叶操作技术质量要求

剑麻割叶操作技术质量要求有 4 点：一要割口平，不破裂，麻株周围留叶平衡。二要匀，即株间留叶多少要均匀，留叶基长 2～3 cm 为宜，不应过短或过长。留叶基过短会引起回枯及易伤麻茎，影响麻茎的增大，留叶基过长或者斜切会浪费叶片，而且影响以后割叶操作。三要割叶的切口向下，不得切口向上。切口向上会增加伤口的蒸发量或因雨淋而造成腐烂，切口向上还易拉伤未割的叶片。四要按留叶标准割麻，不得强割。

技能实训　实地定植剑麻

一、实训目的

掌握种植剑麻的技术。

二、实训时间

利用一个星期六、星期日的时间。

三、实训内容

(1)定植前的准备工作。

(2)定植的操作。

四、训练方法

教师联系好准备定植剑麻的农场，学生实地察看，并进行实际定植，最后教师根据定植的过程及结果考核。

五、作业

写一份定植剑麻的心得体会。

[复习思考题]

一、填空题

1. 剑麻定植时要做到“____________”

2. 剑麻开割适宜时机足：剑麻长叶____片，叶长____ cm 时即可开割。

二、问答题

1. 如何处理准备种植的种苗？

2. 剑麻如何施肥？

3. 剑麻粉蚧虫害，为何难防治？

4. 喷除草剂时要注意什么问题？

5. 割叶需要注意什么问题？

第五章　八　　角

【学习目标】

了解八角生产概况及国内优良品种；熟悉八角生长结果特性及生态特性；掌握八角优质高效生产的关键技术；掌握独立进行八角常规管理工作的方法和能力。

第一节　概述

八角是我国亚热带特有的重要树种，因其果实规则排列成八角星状，故称八角，有些地方称之为“福星”。我国在《本草纲目》中名八角茴香，在中草药杂志又称为大茴香，北方多数人叫大料，也有茴香、大茴、红八角、元茴等叫法。产区的广西壮语叫“麦角”。八角树，学名 *Illicium verum* HOOK. f.，产品在国际上通用英名为 Stai CnineS AniSeea，其主要产品为八角干果和茴油。

一、八角的经济价值和栽培意义

（一）八角的经济价值

1. 八角干果

八角主要产品是果实，其鲜果经过杀青后晒干或烘（烤）干而得到的产品即为干果。由于八角干果有一种特殊的芳香气味，在人们日常生活中，常用作食用香料，有“味王”之美称，用来煮、炖、焖、烤、卤各种动物肉类时，能较好地消除肉类的腥味。在北方，八角除了传统的烧、卤各种肉类常用外，在焖鱼、焖土豆、炖汤、烤瓜子上使用普遍。用八角干果加工粉碎的八角粉，用八角作主要配料的五香粉、八大香、十三香，历来在市场畅销。八角干果也可直接作为药材，有补热、驱虫、促乳、健胃、止咳等功效，在止咳药品中使用较多，八角生果还有止血收敛的功效。在动物饲料加工中，有用八角粉作添加剂，既可诱食又可驱虫，对促进动物食欲和长膘有良好作用。八角干果出口到国外，除直接作为调味品外，常被加工成辛香料油树脂，广泛用于食品加工业和轻工业上。从八角果中提取出来的莽草酸是当前生产某些抗菌药物的一种主要原料之一，如由瑞士罗氏公司生产的药品“达菲”（即磷酸奥司他韦达菲），在禽流感暴发阶段发现对禽流感病毒有抑制作用，目前被世界卫生组织向各国推荐为对付甲型 H1N1 流感疫情的唯一特效药物。

2. 八角茴油

八角树其枝、叶和果实含有芳香油，俗称茴香油或八角油。其中，鲜果皮含油量为5%～6%，鲜种子1.7%～2.7%，鲜枝叶0.75%～0.95%。茴香油是一种透明无色的、具有浓郁、温醇香味的芳香油，其主要成分为大茴香脑、大茴香醛、大茴香醇等。在食品工业上，常用作烈性甜香酒、啤酒、饮料和糖果等的增香剂，法国一些城市有爱喝八角茴油酒的传统习惯。在轻化工业上，茴油及其深加工产品茴香脑、茴香醇、茴香腈等，都作为一种高级香料，广泛用作制香水、香皂、化妆品、牙膏等的主要香料，闻名世界的法国巴黎香水和美国的可口可乐就是以八角茴油作为主要香料配制而成。在制药工业上，是合成阴性荷尔蒙己烷雌酚和抗癌药(派洛克萨隆)的主要原料，日常用的中成药十滴水，也是以八角茴油作为主要原料，其有祛风、健胃、祛痰、止咳功效，可治疗神经衰弱、消化不良、疥癣等症，还可作杀虱、驱蚊之用。在工业上，在无氰的电镀上添加大茴香醛可以提高电镀质量，还可作为一些涂料的填充剂。

3. 木材

八角木材为散孔材，淡红褐色至红褐色，纹理直行美观，结构细密，材质轻软，不易变形，有香气，可避虫，是供作家具、农具柄和细木工料的优良材料。其枝条是很好的燃料，火焰大，焚烧后的火炭持久耐用。

4. 生态价值

八角树四季常绿，叶片繁茂，寿命很长，适生于丘陵山坡，对保持水土，改良土壤、调节气候、涵养水源、改善大自然的生态环境，为人类提供良好的自然环境，具有重大的立木价值。

(二)发展八角生产在国民经济建设中的意义

种植八角不仅可绿化荒山，提高森林覆盖率，维护生态平衡，而且经济价值高，见效快，收益长，在适宜的环境条件下，容易种植，八角叶用林种植3～5年可以蒸油，果用林一般为8～10年开始投产，20～30年为旺产期，寿命长达百年以上。国家一直很重视八角树的发展，经营八角林业生产可以直接向国家提供产品，创造财富，增加出口量，对提高丘陵山地的经济效益，改变山区经济结构，使山区农民富裕起来，是帮助农民脱贫致富奔小康的一条好门路。

二、八角的栽培历史与分布

八角原产于我国广西西南部和云南东部，主产于我国及东南亚一些国家，我国的八角产量占世界产量的85%以上，国内以广西栽培的历史较长，产量最多，广西八角的产量占全国总产量的90%以上。

我国以广西的德保、防城、龙州、宁明、凭祥、凌云、百色、那坡等县栽培历史最悠久。据考证，八角树是广西西部土山地区天然林中的原生树种，野生于杂木林中，结果少，品质不佳，后经人们发现可以提取茴油后，才开始注意采收、栽培和利用，估计这一段时间在400～500年以前，以龙州、宁明为最早，以后逐步向南往北发展，当时只局限于广西的壮族和其他少数民族的部分山区中。据资料记载，云南省富宁县在公元1279年前后(元朝)由广西引进八角种植，随后在广南、麻栗坡等县发展。

鸦片战争以后五口通商，据资料记载，早在1897年就有德保八角茴油经南宁输往欧美各国，以后每年广西都有大量的八角和八角茴油出口，但只能达到国际市场需要量的一半，逐步形成了有名望的、在国际市场上“南宁八角”、“天保茴油”的声誉，并有“没有广西八角茴油，就没有法国巴黎香水香”的称赞。随着我国的土特产被帝国主义国家收购，八角在国际需求量较大，当时成为一种畅销商品，由于市场的驱动，引起一些资本家投资八角开发，促进了广西南部八角生产的普遍栽培和发展。如广西东部的藤县、苍梧、岑溪等县靠近广州、香港地区，运输方便，有的资本家为了发财，雇工开垦山地栽培，但栽培的面积不大，而且是零星种植。第二次世界大战直到新中国成立前，由于国际市场对我国的封锁，战争连年，民不聊生，对八角的需求量较少，直接影响到八角生产的发展，致使广西解放时，八角树的种植面积只有 333.33 hm^2，基本是处于半野生状态，管理很粗放。

新中国成立后，党和政府历来都重视八角生产的发展和产业的壮大，1960 年广西八角面积达到 1.33 万 hm^2，1973 年广西八角普查时有 3.6 万 hm^2，1983 年八角普查时有 6.89 万 hm^2。20 世纪 90 年代初，广西林业部门加大调整林种结构力度，加快发展经济效益高、具有明显地方特色的八角树种，使八角生产得到快速发展。

八角原产于广西的南亚热带地区，分布地带很狭窄。广西有“世界八角之乡”的美称。广西八角分布除了老产区以外，百色市的田东、田林、乐业，崇左市的大新、天等，河池市的东兰、凤山、天峨，钦州市的钦北、上思、浦北等县，玉林、梧州、柳州、桂林等市的部分县都有八角栽培。云南省八角开始栽于富宁，以后发展到广南、西畴、文山、马关、河口、麻栗坡、屏边、玉溪、墨江等县(市)。广东省的阳春、高州等县及福建省南部也有八角栽培。湖南省南部的道县与广西东北部的灌阳县交界处，在海拔 1 700 m 地带的山区有天然的八角混交林。贵州、湖北、台湾均有八角引种栽培。

八角由于不耐严寒，所以在世界上分布的范围比较窄，除我国生产比较多外，还有越南、泰国、印度尼西亚等国有生产，但产量不多。在产量和面积上，我国均居世界第一位。

三、八角生产现状

20 世纪 90 年代以来，我国八角生产随着林业生产向优质、高产、高效益方向发展，极大地促进了八角生产的发展。据不完全统计，2010 年我国八角种植面积约 55 万 hm^2，八角干果产量约为 10 万 t，茴油产量约为 3 000 t，其中广西栽培面积约 46 万 hm^2，最高年产量达 8 万多 t 干果，茴油产量约为 2 500 t，广西面积与产量分别占全国的 85% 和 90%。其现种植面积超过 0.67 万 hm^2 有防城、苍梧、宁明、德保、那坡、藤县、百色、金秀、浦北、岑溪、容县、凌云等县(市)，成为广西八角重要生产基地。防城、藤县、苍梧、金秀、宁明、德保、那坡等县区被国家林业局命名为“中国八角之乡”。云南省是我国八角种植面积和产量第二大省，主要分布在富宁、广南、西畴、文山、马关、河口、麻栗坡、屏边、玉溪、墨江等县(市)。广东省主要分布在茂名地区。福建、四川、浙江、江西、贵州、台湾等省有少量八角引种栽培。

目前，我国八角生产中还存在以下一些问题：①品种问题。目前生产上绝大多数是种植一般自然种子，没有经过选择，随采随播，导致品种混杂，良莠不齐，产量不高，经济效益低。②种植材料问题。一般生产上使用的种植材料是实生苗，非生产期长，要 8～10 年才开花结果，大小年明显，且树型高大，采果不方便，单位面积产量低，全区平均亩产 20 kg 左右。③管理粗放。八角生产发展很快，但有些地方没有进行可行性论证，盲目上马种植；缺乏科学管理，生产资金投入少，片面追求种植数量，不顾种植质量，只种不管，强求集中，连片纯林生产，忽视混交林经营等，这些都会影响到八角的生长、产量和产品质量。④落花落果严重。八角落花落果严重的原因较多，除选择造林地不妥以外，主要抚育水平低，一般只是每年采果前铲草一次，极少施肥，导致养分不足，营养失调，同时没有做好预防病虫害工作所致。⑤产品质量差。市场上交易的八角干果瘦果多，外观差，主要是由于采果时间过早和加工处理方法不妥所致。茴油掺入矿物油和植物油假冒，严重地影响茴油的销路和竞争能力，造成不必要的经济损失。

四、八角生产的发展趋势

我国八角资源极为丰富，在八角生产中具有得天独厚的区位优势，在国际市场贸易上有悠久的历史和稳定的销售网络，这是我国八角最具竞争力的优势所在。从世界范围来看，八角产业是我国传统的优势产业。我国加入世界贸易组织之后，这种优势将进一步扩大。今后八角产业发展总的趋势如下：

1. 加强八角品种选育种研究

在八角品种方面，理论上研究和实践上应用都没有取得较大的突破，目前生产上八角品种都是以花色为主命名，没有根本从植物内部生理结构等微观方面进行加以区分，建议今后应加强八角品种选育种研究，以提高其品质和产量。

2. 发展无性系八角林，推进八角园艺化经营

一要因地制宜，适地适种；二要建设好八角无性系种苗生产基地，为生产提供良种的无性系壮苗；三要依靠科技兴林，大力推广应用先进技术，推进八角园艺化经营；四要适当延长采收时间，这是提高八角产品质量的一个重要条件，可提高产品的等级和市场竞争力，为此要加强八角产区治安综合治理，维护林农的利益；五是为了八角出口持续稳定发展，应注意施用化肥、农药残留问题，使产品质量和卫生标准符合国际要求，发展八角绿色食品。

3. 加强对八角病虫害的研究和预防工作

在发展八角生产的同时，必须注重病虫害的研究和预防工作，使损失减轻到最低限度，否则会导致八角林病虫发生严重、保存率低和产量低，影响群众种植八角生产积极性。主要措施有：一是做好八角病虫害的预测预报工作；二是对种苗实行严格检疫制度；三要合理施肥，提高植株的抗病能力；四是配方施药，病虫兼治；五是发展八角混交林生产，提高林地生态综合防治功能。

4. 提高八角产品加工水平，增加八角产品的附加值

一要不断开发八角系列产品深度加工和综合利用，不断扩大八角产品的应用领域，尤其是在食品、医药、保健品等领域的应用；二要对八角产品应进行分级包装并向高档化发展；三要加快建立完整的八角产品质量标准体系。这是我国八角产业健康持续快速发展的必然要求，我们制定的产品质量标准要与国际接轨，特别是要与现在的和潜在的贸易大国的质量标准接轨，如中国八角能通过 FDA(美国食品与药物管理局的英文简称)认证，无疑是中国八角进入美国市场的金钥匙，从而利于扩大八角产品的出口。为此，应当利用目前对外开放的有利时机，主动寻求国际合作，借助国外的资金、先进的生产技术和科学的管理经验，使我国八角产品的加工水平和开发能力尽快上一个新台阶。

5. 实施“公司加农户”的经营格局，推进八角产业化经营

目前，林农与市场之间还没有建立起稳定的联系，买难卖难、资金短缺、缺乏技术指导等问题常困扰着林农，如何将林农引向市场，把千家万户分散经营与统一大市场连接起来，是生产上急需解决的问题。因此，八角产区各级政府应进行引导和组织，采取“公司加农户”的现代化经营管理模式，公司提供资金、技术、加工、销售、信息等服务，林农提供土地、劳力，二者结合起来，各受其益，从根本上实现林工贸一体化、产供销一条龙的生产经营格局，有效地解决了林农

小生产与大市场、家庭经营与社会化的矛盾，为不断扩大生产规模，以高投入换取高产出，实现八角产业化经营创造了条件。

第二节　八角生物学特性和品种资源

一、形态特征

(一)根

八角根系具有如下特点：

(1)八角根系属浅根性树种。据调查，八角 8 个月的实生苗木，株高 10～13 cm，地径 0.2～0.3 cm，主根长 10～13 cm，最长侧根 3～6 cm，其主根明显，侧根多，须根细；20～32 个月的实生幼苗，株高 100～150 cm，地径 0.8～1.7 cm，主根长 20～38 cm，最长侧根 27～43 cm，其主根明显，2～3 级侧根增多，形成了一个网状的根系；25～30 年生的成龄树，树高 7～10 m，胸径 10～19 cm，枝下高 1.7～4.5 m，冠幅 1.5～4.0 m，主根长 60～110 cm，一般为 80 cm 左右，主根细，分布浅，侧根粗，发达，大多数分布在 30 cm 深左右。这要求在栽培八角时，一要选择避风环境种植；二要挖大坑，并施足基肥，诱导根系向下生长；三是追肥时，植穴不要太深，以 20 cm 左右为宜。

(2)八角根系喜欢酸性土壤。一般八角根系在土壤中 pH 4.5～5.5 时生长最适宜。这要求在栽培八角时，不要选择碱性环境种植。

(3)不耐涝。如种在地下水位较高的低洼地，或排水不良的地方，由于其根系分布浅，会影响根系的呼吸，导致生长缓慢。

(4)不耐旱。由于八角根系分布浅，同时叶片为革质，水分蒸腾量大，容易凋萎，故在低丘平地和缺水、植被覆盖差的干旱地区，不宜种植。

(5)不耐肥。由于八角根系分布浅，一次性大量施肥时，往往会造成伤根，出现黄叶、落叶现象，故施肥以少量多次为好。

(6)八角树根系再生能力强。通过垦复、间种或老林复壮等措施，可促进根系生长发育，因此八角老弱病残树的改造复壮，由于根系再生能力强，容易恢复生势，收到的效果比较快。这也是八角树寿命长的原因之一。

(7)根幅大于冠幅。一般成龄树根系主要集中分布在 30～40 cm 以内的土层中，根幅比冠幅大 2～3 倍。这要求在八角施肥时，施肥位置在树冠投影以外，肥料利用率才高。

(8)八角根系无论主根和侧根都有浓郁的茴香味道。一般八角根系极少发生病虫危害。

八角根系的生长规律：通常八角根系 1 年有 3 次生长高峰，往往与新梢交替生长，新根生长高峰多数出现在新梢萌动之前或老熟之后。当土温高于 15℃时，新根开始活动；20～25℃为最适温度，长根最快；高于 25℃生长趋慢，高于 32℃根系不生长。此外，新根生长还与土质、产量、树势、管理水平等因素有关。垦复改土，增施有机肥等，均能促进根系生长。

(二)茎

八角属于常绿乔木，主干通直，多数有 1 条明显的主干，少数有 2～3 条主干，树皮较厚，并有八角特有的芳香气味。30 年生的八角树，株高达 12～16 m，胸径 15～25 cm，皮厚 0.5～1.0 cm，1 分枝部位较高，一般 2～4 m 分枝。壮年树皮灰白色，表皮稍粗糙；老龄树皮灰黑色，并有不规则的浅裂。其枝条比较密集而纤细，木质脆弱，呈平伸或下垂，少有上举。树冠呈圆锥形或卵圆形，生长旺盛的大树，冠幅可达 3～5 m，株高大于冠幅。

(三)叶

八角叶片为单叶互生，没有托叶，在枝梢顶端常呈簇生或螺旋状排列，嫩叶肉质，老叶半革质或革质，浅绿至绿色，长椭圆形或披针形，叶子顶端尖，基部尖形或楔形，叶缘没有锯齿也不开裂，叶柄短，长约 1 mm。叶面光滑油亮，嫩叶为淡绿色，老叶为深绿色，具有透明的油点，叶背面淡绿色，并有稀疏茸毛，但不太明显。叶有芳香味。一般老树叶长 6～9 cm，宽 2.5～4 cm。旺盛幼树叶子较大，长 6～12 cm，宽 3～5 cm(图 5-1)。叶脉为羽状，中脉下凹，侧脉凸起，并伸延至叶子边缘。侧脉有 3～7 对，细脉网状，极不明显。叶片寿命一般为 1.5～2 年。大量落叶时间一般为冬春之交，但旱情严重或地下水位较高，根系受浸渍时，也会造成大量落叶。

延长叶片寿命是提高八角产量的重要措施之一。可通过合理挂果、增施有机肥、喷叶面肥来有效提高叶片寿命。据观测，八角合理的叶果比为 3：1，即每 3 张叶片养 1 个果。如 2 张叶片养 1 个果，则会推迟第 2 年的花期和出现大小年现象；如 4 张叶片养 1 个果，则不能成为高产树。

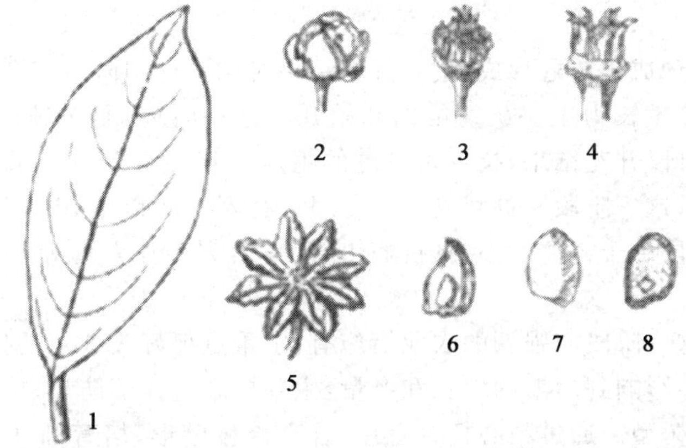

图 5-1 八角各形态特征示意图

1.叶片 2.花 3.雄蕊 4.雌蕊 5.果实 6.果角纵剖面 7.种子侧面 8.种子纵剖面

(四)花

八角花为两性花，生于叶腋。八角花量大，叶腋成花率高达 80%以上。花具苞片，花柄长 1.5～3 cm，开花时直伸，果实成熟时果柄弯曲。萼片 2～3 个，分离，其中有 1～2 片较大，覆瓦状排列，形成斗状的花萼。花冠球形，花有红色、淡红、白色和黄色 4 种，覆瓦状排列，一般是 6～9 瓣，排成 2～3 轮。花瓣长 0.7～1.5 cm，宽 0.3～1.2 cm，广卵圆形或长圆形。雄蕊着生于子房之下，通常 15～19 个。花丝离生，排列成为 2～3 轮。花丝极短，长约 0.5 mm；花药长约 2 mm，长卵圆形，花药内向，二室纵裂。雌蕊分离，通常有 8 个，少则 7 个，多则 9 个，着生于花的中央。雌蕊基部肥厚即子房，子房内1室，胚珠直立倒生，内生1颗种子。

(五)果实和种子

八角果实排列成星状，呈八角形(图5-1)，故称八角。鲜果绿色或青绿色，老熟后淡黄色或黄褐色。经加工干燥后呈棕红色、棕褐或棕红、褐红、黑红等颜色，有光泽，气味芳香浓郁。果实直径2～4 cm，厚约1 cm，成熟时开裂。八角树结实率很高，可达70%以上。但生理落果也相当严重，通常1年有3次生理落果，1次为收花后的生理落果，1次为春梢抽生期的生理落果，再有1次为采前落果。因此，采取综合性保花保果措施，如环扎、喷坐果灵、合理配肥等，才能获得高产。

八角种子藏于角瓣内，广椭圆形，成熟的种子呈棕黄色，种壳角质，坚硬、光滑、有光泽，种仁乳白色。种子千粒重0.15～0.2 kg，每50 kg鲜果可取得种子4.5～6 kg。八角种子没有休眠期，种仁内含有大量挥发性芳香油，如保管不当，油分挥发后，种子发芽率就会降低，甚至丧失。因此，要妥善贮藏保管好种子。

二、生物学特性

(一)八角生长发育阶段划分

根据八角从种子萌发开始，生长发育至开花结果阶段，直至衰老死亡为止，在这整个生命个体发育过程中，各个阶段固有的生理特性不同，可分为如下3个生长发育阶段。

1.幼龄期

是指从幼苗栽植到成年树冠形成，进入开花结果时期。这一阶段需8～10年。

其特点有：①营养生长为主。从幼苗到开始开花这一时期，是单纯的生长阶段。一般来说，种植后8年左右可以开花结果，抚育水平高的植后4年便可开花结果。②根系生长快，冠幅形成快。一般来说，这一阶段树高可达7 m以上，冠幅3 m以上，并形成完整的塔形树冠。③抗逆力差。这一阶段由于树体幼小，抵抗病虫害、自然灾害和人畜等危害能力差，需要精心管理。

针对上述特点，这一阶段应强调的农业措施有：①重点抓好头3年的抚育管理。头3年的抚育管理好坏，直接会影响到后期的生长和产量，主要措施有遮荫防旱、覆盖、补种、扩穴改土、施肥等。②培育丰产树型。通过精心抚育管理，合理修枝整形，培育圆柱形或塔形树冠，为今后丰产奠定基础。③防御各种灾害。一要加强病虫害预测预报，预防为主，综合防治；二要封山育林，禁止在林地放牧，保护生态环境。

2.壮龄期

是指八角树大量开花结果的时期。这一阶段的长短，决定于立地条件和抚育管理的情况。在立地条件好、抚育管理水平高的情况下，可以达到50～70年，反之20～30年后产量就开始下降。

其特点有：①结果为主，产量高。一般来说，种植15年以后可以大量开花结果。②营养生长缓慢。一般来说，这一阶段树高可达10 m以上，抽梢次数比幼林少，抽梢长度比幼林短，并有结构较稳定的树冠。③病虫害多。这一阶段由于大量开花结果，产量高，树体营养消耗大，如施肥管理跟不上时，病虫害发生严重，所造成的经济损失较大。

针对上述特点，这一阶段应强调的农业措施有：①加强施肥管理。由于大量开花结果，树体营养消耗大，应及时加以补充施肥，才能克服大小年结果，保证丰产稳产。②搞好水土保持。由于经常采摘果实，梯田等水土保持工程受到一定程度的破坏，如不及时维修，则水土流失严重，导致植株生长不良，产量下降。③加强病虫害综合防治。要从栽培措施、生物防治、物理防治和化学防治等多种措施，加强病虫害无公害综合防治，确保八角绿色食品。

3. 衰老期

是指从产量开始下降到结果极少的时候，虽然进行抚育，也不能挽救其衰老趋势。这一阶段的长短，也决定于其立地条件。好的可以维持 50～60 年，立地条件不好，20～30 年后即衰退枯死。但有些条件好的百年大树也果实累累。所以在造林时，一定要选择立地条件比较好，水肥条件优良的土壤种植，才能稳产高产。

其特点有：①生长缓慢，产量低。这一阶段抽梢次数少，通常每年抽 1～2 次，树冠结构松散，不够稳定。②树大枝粗，疏枝亮节多。由于树体衰老，根系退化，树体营养跟不上，故疏枝亮节多。

针对上述特点，这一阶段应强调的农业措施有：①维持肥力。通过加强施肥管理，老林复壮，搞好水土保持，尽量挖掘生产潜力，延长采收期，达到增产增收。②搞好更新改造。要按计划做好老林更新改造工作，做到挖掘生产潜力与更新改造两不误。③搞好木材综合利用。八角木材材质好、无虫害，是一种很高档的用材林，要做好综合利用计划，提升其产值和效益。

(二)八角抽梢习性

(1)一主几副，即一条主梢，几条副梢，通常副梢有 3～5 条(图 5-2)。一般八角幼树顶部主梢可长达 25～90 cm，侧部副梢则为 10～20 cm。

图 5-2　八角枝梢生长

1. 主梢　2. 副梢

(2)八角枝梢老熟时间长，一般需要 50 d 左右，顶端优势明显。

(3)每年的夏梢或秋梢是翌年的主要结果母枝。八角幼树每年可抽 3 次梢，即春梢、夏梢和秋梢，春梢在 2 月底至 3 月初萌动，3 月中下旬至 4 月初展叶，5 月中下旬枝梢老熟；夏梢在

5月初开始萌动，6月下旬至7月上旬展叶，8月底至9月初枝梢老熟；秋梢在8月中下旬萌动，9月上中旬展叶，10月下旬至11月上旬枝梢老熟。在肥水充足、高温多雨年份，八角幼树每年可抽4次梢，即有冬梢。八角树每次新枝梢通常有叶子8～11片。幼树每次梢的抽生量相差不大，春梢占全年抽梢数量的50%～60%，秋梢占40%～50%。八角成龄树每年只抽梢1～2次，枝梢较短，顶部主梢一般不超过15 cm，副梢则为5～10 cm，同一株树抽梢也不齐，顶部可抽2次梢，即春梢、秋梢各1次，侧部多数仅在春季抽1次梢。八角成龄树每次梢的抽生量有较大差异，春梢占全年抽梢数量的60%～70%，秋梢只占30%～40%，其中秋梢多数在树冠中上部抽生，下部树冠及弱枝、内膛枝不抽生。

(三)八角开花结果习性

八角树的开花结果现象是比较复杂的，八角开花结果随不同地区纬度、气候条件和海拔而有差异。一般情况下，八角为1年1次花2次果，即7～11月份为花期，翌年3～4月份春果成熟，9～10月份秋果成熟。8月份中旬以前开花，由于水热条件好，已经发育成幼果，但秋末冬初天气干燥，气温低，果实发育不良，果实瘦小，即春果，又叫四季果或小造果或角花，不能作为种子播种。8月份中旬以后开花，由于秋末冬初气候干冷，花朵干枯，并且紧包幼果越冬，翌年2～3月份干枯花朵脱落，经过春、夏、秋3个季节的生长发育，果实肥花饱满，即秋果，又叫大造果，其产量约占全年的90%，产量多而果肥大，质量好，种子可作为播种用。有些书籍将八角描述为每年开2次花结2次果的说法是错误的。在种植八角纬度较北的地区，八角为1年1次花1次果，即没有春果，同时花期推迟。据广西植物研究所八角北移栽培试验，八角原产区花期始于6月下旬，花末期出现在11月下旬，而引种区的桂林雁山比原产区开花晚25～30 d，花末期基本相同，果熟期引种区没有春果，只有秋果。

三、对生长环境的要求

八角树是南亚热带的树种，习惯生长于冬暖夏凉的山区气候环境中，八角对环境条件有其独特的要求，喜欢温暖潮湿、静风、肥沃的生态环境，其对各种生态因子要求比较苛刻，因此八角在世界上分布很有限。

1. 光照

八角树是一种半阴树种，其分布地区的日照时数为1 200～2 000 h。八角树对光照要求因树龄不同而有差异。在苗期需要荫蔽的环境，才能正常生长，否则阳光充足时幼苗就会被灼伤，引起死苗或生长缓慢。因此，播种育苗时，必须搭好遮荫棚或拉上遮阳网。产区林农培育八角苗时，通常选择在荫蔽度80%左右的坡地上作苗圃地，在空旷地育苗时，都搭好遮荫棚或在苗床上插芒箕遮荫或拉上遮阳网。遮荫时不能太疏，如荫蔽度40%以下时幼苗生长不良，叶子枯黄以至于死亡。幼苗遮荫时期一般需要1年的时间，随着苗木的不断长大，对阳光的需求有所增加，在下半年时遮荫物可逐渐减少，以锻炼幼苗对阳光的忍耐性，保证苗木健康生长。幼林时也需要比较荫蔽的环境，要求光照时间比较短，喜欢散射光。如广西德保县是八角茴油的主产地，经营的八角林以采叶为目的，根据八角喜荫的特性，选择湿润肥沃的阴坡，种植株行距采用(1～1.5) m×(1～1.5) m，每亩株数达375～500株，利用密度大，植株之间互相遮荫，以促进枝叶的生长，提高单位面积的产油量。但八角到了成年树，尤其是果用林，则要求有充足的光照，才有利于果枝的生长、花芽分化和提高座果率，有利于物质积累和芳香物质的形成，从而有利于提高产量和品质。根据八角对光照条件的要求，在生产上利用这一规律，掌握好八角树在各个生长发育阶段对光的需要，如在育苗时适当的调节荫蔽度大小，在疏伐密林时逐渐地砍伐，防止日灼病等，才确保它的正常生长发育。

2. 温度

温度是八角生长发育和开花结果的重要因素，八角对温度要求比较严格。从八角各产地来说，在年均温度 18～23℃，最冷月均温不低于 10℃，绝对最低温在－6℃以上，极端最高温 39.5℃，大于 10℃的有效积温 6 500～8 000℃的地区都有适宜八角生长发育。据观察，0℃为八角发生寒害的临界温度，当温度降为 0℃时，八角春果果柄受害，易形成缺角果；－2℃时春果易被冻死，小造果无收；－4℃时秋果大部分被冻死，大造果减产；－6℃时大树枝条受害，部分植株死亡。因此，在八角北移时，首先要考虑适生温度的临界值，在八角抗寒新品种未应用到生产之前，新种植八角的地方绝对最低温度不宜低于－6℃，否则冻害严重，会导致种植失败。

八角从初春到秋末均有花开，甚至在冬季仍有少数的花开放，但以 7～8 月份花期最集中。据观察，八角从现蕾至果成熟要求月平均气温 15℃以上，而开花以月平均气温高于 20℃最适宜。

3. 雨量和湿度

八角树是一种浅根系性树种，不耐干旱，其叶片革质，水分蒸腾量大，易凋萎，因此其对雨量和湿度要求特别丰富，并且要分布均匀。一般种植在年降雨量 1 500～2 800 mm，相对湿度 80％以上的地方才适宜八角树生长。从各产地来看，年降雨量 80％左右都集中在 5～9 月份，11 月份至翌年 3 月份雨量较少，属于旱季，但此时不同的地形条件，如山区与丘陵台地，二者的小环境生态条件完全不同，对八角的生长起着关键的作用。实践证明，山区在 11 月份至翌年 3 月份旱季，常有大雾，在一定程度上可弥补雨量的不足，加上山区日照短，阴天也多，湿度大，为八角正常生长创造了阴湿环境的有利条件，因此山区是八角生长发育的好环境。而低缓丘陵和台地地区，阳光强烈直射，缺乏植物覆盖，水分蒸发量大，大气和土壤都比较干燥，加上雨季雨量少，无大雾弥补，因此不利于八角树的生长和发育。

4. 土壤

由于八角树花果时间长，结果多，因此要求土壤有充足的养分和水分。从我国八角产区分布的土壤类型上看，以砂岩、砂页岩、页岩、花岗岩等母岩类型发育而成的红壤土和黄壤土最多。这些土壤类型，土层深厚(约 1.5 m)，腐殖质含量较高(一般达到 2％～5％)，土质疏松、湿润、通气良好，最适宜栽种八角。在土层太浅、此较干燥或水分过多、通气不良的土壤上，八角生长不良。适宜八角生长的土壤 pH 值为 4.5～5.5 的酸性土壤，但在南方部分地区，石灰岩发育而成的土壤则不适宜种植八角。总的来说，八角对土壤的要求可归纳为“三喜三怕”，即喜酸怕碱、喜疏松怕坚硬、喜湿润怕干旱。因此，在种植八角时，需选择适宜的环境条件，还需注意选择适于它生长的土壤才能达到丰产的目的。

5. 风

风对八角树的生长和结果有很大的影响。由于八角树是浅根性树种，侧根较少，且主要分布在 40 cm 左右的土层中，主根不发达，材质比较松软，枝条脆弱，因此八角树抗风能力比较弱，容易被风刮倒，风是八角生产的大敌之一。一般在风力 6～7 级时，花和嫩果被吹落，影响收成；在风力 8～9 级时，多数花和果被吹落，严重减产或是颗粒无收；在风力 9 级以上时，大树可被风吹倒或折断。因此，在风口处和山顶常受到风害袭击的地方，不宜种植八角。必要时，要种植好防护林。对选择种植八角地点时，应尽量选择山谷、山脚、山腰坡地避风处，以确保八角丰收。

6. 地形

影响八角生产的地形因素主要有海拔、坡位、坡向。因为这些因素会导致光照、雨量、温度、风速、土壤理化性质以及土壤厚度等变化，直接或间接影响着八角的生长和产量。

(1)海拔　一般种植八角的海拔高度以 300～1 000 m 为好。因为在 300 m 以下的低海拔丘陵台地，光照强、蒸发大、云雾少、湿度低，较难满足八角树生长所需的阴湿环境要求，八角树长势差，产量低。在高于 1 000 m 的高海拔山区，霜雪多，温度低，八角树生长会受到抑制，投产迟，花果容易因为冻害而提早脱落，大面积发展八角生产是不适宜的。

(2)坡向　由于八角产区降雨量从东南向西北递减，从大地形来说，应选择阳坡（南坡）、半阳坡（东南坡、西南坡）种植八角最好。但从小地形来说，阴坡（北坡）、半阴坡（东北坡、西北坡）日照时间较短，相对湿度较大，有利于八角生长结果。

(3)坡位　坡位不同会影响其水热条件和土壤条件的差异。在同一块山，上坡、中坡、下坡对八角生长的影响也各不相同，上坡太阳直射时间长，相对湿度低，土层浅薄，综合条件要比中坡、下坡差一些，但若满足了八角树对肥水的要求，则可以开花挂果。另外，在坡度超过 30°的地方、未充分风化的土壤、容易积水和地下水位较高的洼地、沼泽地，都不宜栽种八角。

综上所述，影响八角树生长的因素，在自然界里不是孤立的存在，而是错综复杂的，相互依赖和相互影响的，同时八角对环境条件的要求也是综合性的，因此上述各个条件必须全部具备才符合八角树的生长发育需要。

四、八角品种资源

(一)八角品种资源情况

我国八角品种资源丰富，目前生产上八角品种的划分，主要依据花的颜色，将八角分为 4 个品种群，即红花品种群、淡红花品种群、黄花品种群、白花品种群。然后根据八角果、枝、叶、树形和生育特点，再将八角划分为 30 多个品种。但常见的栽培品种为 17 个，如普通红花八角、柔枝红花八角、大果红花八角、小果红花八角、多角红花八角、鹰嘴红花八角、厚叶红花八角、矮型红花八角、普通淡红花八角、柔枝淡红花八角、厚叶淡红花八角、多角淡红花八角、红萼八角、普通白花八角、柔枝白花八角、多角白花八角、普通黄花八角等。其中以普通红花八角、柔枝红花八角和普通淡红花八角种植面积最大。

(二)主要八角优良品种

1. 普通红花八角

普通红花八角是我国栽培面积最大的品种，也是我国大力推广的果用林主要栽培品种。该品种分布广，适应性强，分枝较多，枝粗叶大，产量较高，盛果期和树体寿命都较长，现普及全国各八角产区。

该品种为常绿乔木，树高 10～16 m，胸径 23～40 cm。主干明显，壮年树皮灰白色，表皮稍粗糙，老年树皮灰黑色，并附藻斑，树皮厚 0.8～1.0 cm，树皮剖面呈白或朱红色。树圆柱形或圆锥形，冠幅 3.5～3.8 m。侧枝平展或上举，与主枝夹角 50°～90°，小枝粗短，与侧枝夹角 35°～50°（图 5-3）。叶为单叶，新叶肉质，老叶革质，一般叶长 9～13 cm，叶宽 3～5 cm，浅绿色或绿色，叶子长椭圆形或披针形，先端急尖，基部尖形，叶脉为羽状，叶脉呈规则的波浪状凸起，叶柄长 0.8～1.5 cm。花红色，萼片 3～4 枚，浅绿色，花瓣 7～9 片，覆瓦状排列，多数 2 轮，少数 3 轮。雄蕊 12～22 枚，花药粉红色，覆瓦状排成 2～3 轮；雌蕊分离，常有 8 枚，也有 9～11 枚，多数作规则星状排列。果径 2.5～3.4 cm。果柄长 2.2～3.2 cm。每千克鲜果约 200 个，每千克干果 700～1 000 个。

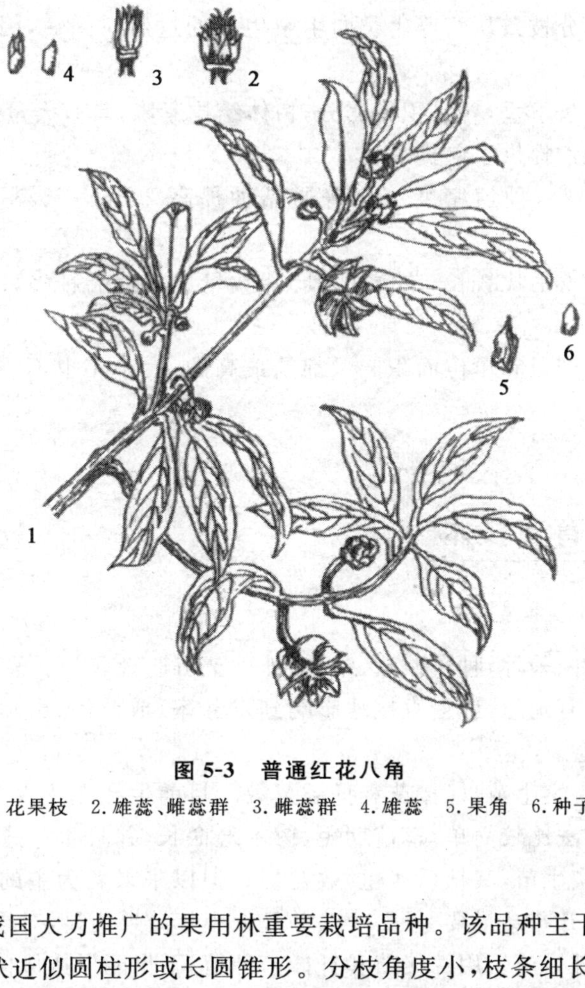

图 5-3 普通红花八角

1.花果枝 2.雄蕊、雌蕊群 3.雌蕊群 4.雄蕊 5.果角 6.种子

2.柔枝红花八角

柔枝红花八角是我国大力推广的果用林重要栽培品种。该品种主干明显，冠幅窄，一般为 2.9～3.0 m。树冠形状近似圆柱形或长圆锥形。分枝角度小，枝条细长且密生，小枝较多，呈柳枝状柔软下垂。叶片革质，长椭圆形，老叶保存期长。果实肥大端正，果柄长 3.0～4.8 cm，内向着生，分布均匀，大小年不明显。分布于八角主产区的广西防城、德保、龙州、凌云、金秀、藤县等地。

3.柔枝淡红花八角

柔枝淡红花八角是我国大力推广的果用林重要栽培品种。花淡红色。枝条性状与柔枝红花八角相似，其他性状与淡红花八角相同，但产量较高，大小年不明显。分布于广西防城、宁明、德保、凌云、藤县等地。

4.柔枝白花八角

柔枝白花八角是我国大力推广的果用林和叶用林两用主栽品种。花白色，枝条性状与柔枝红花八角相似，其他性状与白花八角相同，其果用林产量较高，大小年不明显，叶用林叶片宽大，萌芽能力强，枝叶产量高。分布于广西德保、防城、宁明、藤县等地。

（三）八角优良品种共性特点

上述柔枝红花八角、柔枝淡红花八角、柔枝白花八角，统称为柔枝八角，它们的共同优点如下：

(1)柔枝品种仅有顶枝向上直立生长，侧枝稍向上举或平展，顶端优势不明显，不容易形成徒长枝或直立枝，大部分枝条从营养生长向生殖生长的过渡时间短，因此容易开花挂果，从而实现早产。

(2)柔枝品种细枝条下垂，容易积累养分，树体结构紧凑，具有大量挂果的骨架基础和充分利用光能的条件，为丰产提供了前提。

(3)柔枝品种冠幅窄，种植密度可比普通品种提高 20%～25%，单位面积产量也随之提高。

(4)柔枝品种叶片寿命比较长，单位面积叶片数量比其他品种多，同样的叶果比其产量要比其他品种高。

(5)柔枝品种单株产量和单位面积产量都是最高的，大小年也不明显，容易早结、丰产、稳产，深受人们的喜爱。

第三节　八角的育苗技术

八角育苗包括选种、采种、种子贮藏、整地、播种至苗期管理等一整套技术性比较强的工作流程，任何一项工作稍有疏忽，就会直接地影响到发芽率、成苗率、出圃率的高低，也会影响到苗木的质量和经济效益。

八角的种植材料有实生苗、嫁接苗和扦插苗等。目前生产上绝大多数使用实生苗种植为主，主要是因为育苗方法比较简单，育苗期短，树木寿命长，并且生产成本低，对以采枝叶蒸油为主的叶用林可种植实生苗，其植后速生，效益好。但以采果实为主的果用林来说，其不能保持母树优良性状，通常开花结果要 8～10 年，并且大小年结果明显，对果用林生产很不利，应大力推广种植嫁接苗和扦插苗。用嫁接苗和扦插苗种植，不仅能保持母树优良性状，容易早结丰产，可提前 3～5 年开花结果，但育苗时优质接穗的供应难以保证，育苗成本偏高。上述几种苗木各有优缺点，种植者可根据自己的经济实力和种植规划来选购苗木。

一、采种与种子贮藏

1. 选种

用于八角育苗的种子，首先要选择优良品种或优良母树的种子，如种植果用林以柔枝八角品种类型和普通八角品种类型都较理想，尤其以柔枝八角品种类型更佳；如种植叶用林则以白花八角品种类型为好；如果是用来培育嫁接苗作砧木用的种子，应选择矮型八角为好。其次，采种的母树应选择 20～50 年生的树龄为宜。再次，采种的母树树势应选择生长旺盛、具有丰产树型、高产稳产、果形肥大端正、抗逆性强的树体。

2.采种

应选择秋季大造果采种，因春季小造果发育时间太短，个体小，种子内容物较稀，手捏即破，不能用作育苗种子。一般在每年10月份上旬左右，当果实由青绿色转黄绿色或黄褐色时，就可以采果取种了，此时的种子已充分成熟，品质好，发芽率高。如果采收太晚，在10月下旬以后采收，果实会不断地自然脱落，要经常捡果，花工多，同时因气温逐渐变凉，会降低种子发芽率。

3.脱种

当果实采回后，要进行脱种处理，方法有3种：第1种是室内晾干，即放在室内摊开晾干，几天后果实开裂，种子自行脱出。第2种是室外晒干，即放在室外晒场摊开晾晒，厚度以15 cm左右为宜，要经常翻动。3 d左右，果实会陆续开裂，种子脱出。脱出的种子要及时拾回，不能长时间暴晒，否则会因油分挥发而降低发芽率；对未脱出种子的果实要继续晾晒，直至种子大部分脱出为止。第3种是人工脱种，即在紧急用种的时候、在晾晒过程中遇上阴雨天气时和经室内外晾晒干尚未脱出种子的果实，须用小刀、镊子等把种子取出，动作要轻，不能刺破种皮。

4.种子贮藏

脱出的种子要进行净种分级，淘汰一些不够成熟、个体小、有病虫害的种子，然后及时贮藏或播种。八角种子的发芽能力保存期较短，在无霜地区种子经催芽后即采即播，在有霜雪的地区要留到翌年春天才能播种。

八角种子贮藏处理常有以下2种方法。

(1)湿润贮藏法　在就地采种就地育苗地方多用这种方法。首先，对贮藏前的种子和贮种材料分别进行消毒，目的是减轻贮藏阶段种子的腐烂。一般筛取粗细均匀的湿润细沙或湿润黄泥心土贮藏种子。先把种子浸在2%～5%高锰酸钾溶液或300倍70%甲基托布津溶液中，进行消毒，时间为5～8 min。对细沙或黄泥心土进行消毒，以1 000∶1的比例拌入70%甲基托布津粉剂或50%多菌灵粉剂，搅拌均匀，然后洒水，使细沙或黄泥心土等贮种材料达到手捏成团、松手散开的程度。其次，是种子贮藏。即可把种子拌入消毒好的沙土中，分厢堆好，厢面撒一层2～3 cm厚的净沙，每厢高度不超过20 cm，宽度、长度视场地而定。贮藏过程中，要保持沙土湿润偏干，太湿会使种子发霉腐烂，太干会降低种子质量。经40～60 d，并有50%种子露白裂开时，就不能再贮藏下去了，就应抓紧时间播种。再次，对播种前的种子还要进行消毒，目的是减轻苗床阶段的种子腐烂和幼苗阶段病害的发生。即播种前还要把种子浸在0.2%～0.5%高锰酸钾溶液或300倍70%甲基托布津溶液中5～8 min，再次进行消毒。同时，在消毒过程中，应捞出浮于水面的种子。种子沉于水下面说明贮藏得当，种子质量好，可放心播种；种子浮于水面说明贮藏不当，种子质量差，不能播种。

(2)干燥贮藏法　用4～5倍的细沙或黄泥心土与八角种子搅拌均匀，拌种时，要将沙土和种子压实，以抑制种子的呼吸和减少油分的挥发，保持种子的发芽能力。干沙土和种子拌好后，若就近育苗者，可贮藏于室内干燥的地穴中，穴口填满干细沙土，并用木板封闭穴口，以防鼠害和减少通气。如需远途运输，可用木箱包装密封。可先将拌有沙土的种子放入布袋中，袋口缚牢，然后放入木箱，以防止在车上振动，种子与泥土分离。这种处理方法，种子不会霉烂，保管妥善，播种后半个月或1个月就可以发芽，发芽率可达70%以上。

贮藏过程中应注意：①保持室内通风阴凉，避免风吹、太阳晒和雨淋。对贮藏种子数量不多时，可堆放在室内水缸旁边，因水缸旁边比较阴凉，种子内的油分不易挥发，可保持种子较高的发芽能力。②经常检查沙土的湿润程度，适时淋水。③适时翻动沙土，保持沙土通透性。④预防老鼠为害。

二、实生苗的培育

1. 苗圃地选择

八角苗圃地选择本着就地育苗和交通运输便利的原则来进行选地。苗圃地通常选择在山脚或缓坡地，最好是生荒地。土层深厚、疏松、有机质含量高，要靠近水源，以便淋水、施肥等管理。低洼地容易积水，高坡地容易缺水，沙质地泥土瘦，过分黏重的园地不利根系生长，这些类型的土壤均不是理想的苗圃地，不要用于育苗。

2. 整地

选定苗圃地后，每年在秋末冬初进行除去杂草、灌木，然后进行翻晒，耙平耙细，增施有机肥，以改良土壤理化性状和提高土壤肥力。每亩施基肥用量为：土杂肥 1 500～2 000 kg、畜禽肥 1 000 kg、过磷酸钙 30～50 kg，也可因地制宜选用其他肥料。肥料混合堆沤腐熟后，均匀撒在苗圃地上，再次耙平耙匀，使肥料与畦土充分拌匀，然后起畦。并开好小区道路和排水道。畦面高 20～25 cm、宽 1.0～1.2 m、长 8～10 m 或视田地情况而定。畦间留 30～40 cm 宽的工作道。

3. 播种

(1)时间　八角播种最好随采随播，但生产上习惯在开春前后播种，在广西八角播种时间一般为 1～3 月份，最迟不宜超过 3 月中旬。在无霜地区，播种越早对幼苗生长越有利，长得越快越壮；在有霜雪的地区，要春天气温回暖时播种，并注意防倒春寒害。

(2)方法　可采用条点播进行，每隔 15～20 cm 开一条播种沟，沟深 3～4 cm，按株距 3～4 cm 播种 1～2 粒，每亩播种量为 5～8 kg，播种后用新鲜黄泥细土覆盖，厚度约 3 cm。播种前如用生根菌肥拌种，可促进长根，种、肥比例为 1∶1。播种后如遇上干旱天气应及时淋水，保持土壤湿润。通常在气温 18℃以上时，八角播种后约经 20 d，便有嫩芽出土，但发芽不一致，持续时间多为 20～40 d。

4. 苗圃管理

八角苗圃管理关系到保苗和壮苗的效果，是育苗工作中重要的一个关键环节，通常的苗圃管理工作有搭遮荫棚、施肥、除草、间苗、松土和病虫防治等方面。

(1)搭遮荫棚。八角苗木的特点是木质化时间长，通常八角苗木出土后要经 2～3 个月茎部可完全木质化。因此，播种后要及时搭遮荫棚或拉遮阳网遮荫，并在畦面上用草或稻草铺盖，经常淋水保湿。要求开始时要保证荫蔽度在 70%以上，以后随着苗木的生长，可以不断地降低荫蔽度，逐渐减少至 60%、50%、40%、30%，直到秋季 11 月份光照短而弱，可把遮荫棚拆除。

(2)施肥。第 1 次追肥在 5 月份苗高 4～5 cm 时进行，6～7 月份是生长旺盛季节应进行第 2 次追肥，往后每次抽新梢追肥 1～2 次，施追肥原则是先稀后浓，先少后多。常用的追肥肥料及浓度为：尿素 0.2%～0.3%、复合肥 0.3%～ 0.4%、过磷酸钙(浸提滤液)0.4%～0.8%，施肥方法可淋施或沟施。为了加速新梢老熟和抽梢，在新梢抽生期、展叶期、老熟期都应喷洒叶面肥，如用台湾卢博士有机液肥 1 号 500 倍液或快丰收 6 000 倍液等。在新梢老熟期用台湾卢博士有机液肥1号500倍液加上活性细胞分裂素2 500倍共喷，可促进下次新梢提前抽生。

(3)除草和松土。八角苗圃地应经常保持土壤疏松，无杂草，为此要进行除草和松土工作。通常除草和松土工作同时进行。在八角幼苗出土前，喷1次除草剂，如百草枯、丁草胺等，可减轻苗圃除草压力。八角除草本着除小、除了的原则进行，不能让杂草滋生，影响苗木的生长。刚开始松土时不宜过深，随着苗木的生长，松土才逐渐加深。

(4)间苗和补苗。当八角苗木长到15～20 cm高时，应视苗木疏密程度，开展间苗工作。对于过密的苗木要除弃细苗、弱苗和病苗。要求每亩有效苗木有5万株左右。间出的苗要补入稀疏的地方，使苗木株间距离均匀，生长健壮。

(5)病虫害防治。要经常检查苗圃地苗木病虫害发生情况，做到早检查，早发现，早防治，防止病虫害蔓延。详见八角病虫害防治部分。

5. 实生苗出圃规格

(1)八角实生苗出圃规格　1年生实生苗与2年生实生苗出圃规格各不相同。

1年生一级实生苗：株高67 cm以上，地径0.8 cm以上，根系发达，叶色浓绿，无病虫害。

1年生二级实生苗：株高38 cm以上，地径0.45 cm以上，根系完整，叶色青绿，无病虫害。

2年生一级实生苗：株高115 cm以上，地径1.1 cm以上，根系发达，叶色浓绿，无病虫害。

2年生二级实生苗：株高80 cm以上，地径0.8 cm以上，根系完整，叶色浓绿，无病虫害。

(2)八角实生苗圃产量　1年生八角苗每亩可产苗3万株，2年生苗每亩可产苗高60 cm 2万株，3年生苗每亩可产苗高1.3 m以上的1万～1.5万株。一般生产上用2～3年生的苗木造林成活率较高。

6. 起苗

在出圃前2～3 d，苗圃应灌1次水，使土壤湿润松软，以利于起苗，减少根系损伤。挖苗可用锄头或起苗器。如用锄头，应先从苗床的一端开始，挖一条略深于根系的沟，然后依次向苗畦掘进。挖出的苗木堆放在一处，并进行分级。八角是常绿树种，为了减少苗木本身水分的消耗，应在起苗前剪去每片叶子的3/4和大部分侧枝，以减少蒸腾作用。挖苗时要尽量保护根系，起苗后要立即分级浆根，并将1～2级苗分别每50株为一捆。运往造林地后，再用黄泥浆水浆根一次，放置于阴凉处，当日起苗当日栽完。没有栽完的要放置在湿泥地上，并用湿草盖根，次日栽完。

7. 苗木运输

挖出的每批苗木应挂上标签，注明品种、级别、数量、起苗日期，装运时要按品种、级别堆放，分层直立装上车，车顶盖帆布篷。车启程前要喷少量水，保持一定的湿度。切忌日晒、风吹、雨淋和堆叠过高。苗木运到目的地后，要及时定植。

三、容器苗培育

一般生产上八角采用2年生裸根苗造林，但苗木占地时间长，造林成活率低，生长缓慢。为改变这种传统的育苗方法，20世纪90年代初广西八角产区已经开始八角容器苗培育技术的研究，育出1年生八角容器苗上山造林成活率比2年生裸根苗高，当年主杆净增高快，1年生容器苗明显优于2年生裸根苗。采用容器育苗与传统的2年生裸根苗相比，其优点有：①用地少，每亩产裸根苗12万～16万株，而培育2年生裸根苗才2万～3万株；②育苗周期缩短1/2，减少管理用工，成本低；③可提高苗圃地利用率和八角苗的繁殖速度；④苗木生长整齐，出圃率高；⑤造林时间长，成活率高，生长快，没有恢复期。

1. 培育小苗

(1)苗床的选择与整地。选择排水良好、近水源、质地疏松的沙质土作播种地，播前要细致整地，把泥土打碎，捡净石块、草根，苗床的长、宽一般 10 m×1 m 为宜。为有利于种子发芽，苗床面上应铺一层 2～3 cm 厚的细森林表土。

(2)播种。播种季节最好在 2～3 月份。播种时种子要经过消毒处理，即选用 0.3%的福尔马林浸泡 1 min，取出种子再封 2 h，然后用清水浸种 12 h，就可以播种。

(3)抚育管理。播后用竹片做成苗床中央高 45～50 cm 的弧形棚架，盖上农膜，四周压实，以防鼠害和提高气温加速发芽。或先对种子进行防鼠药剂处理再播，可不盖农膜，改盖草于畦面也行，经常保持湿润，盖农膜的要打开盖淋水，不盖农膜天旱时要注意淋水；盖农膜的还要注意调温，八角最适宜的发芽温度为 20～25℃，天冷时盖好，天热时应将薄膜两头揭开，或全部揭开。

2. 移苗入容器

(1)容器的选择。容器可用塑料袋或纸杯，过去常用规格为直径 8～10 cm，高 15～20 cm 的塑料袋，单株苗木重，造林增加运输量，工效低，实践证明一年生苗的八角容器不需要这么大的规格。为了方便操作，减少配制营养土，减少运输量和降低成本，现八角一年生容器常用的规格是直径 5 cm，高 10 cm。

(2)营养土的配制。营养土可用水田表土或森林表土 80%左右，加火烧土 15%～20%，磷肥 3%。先将火烧土与磷肥加适量水拌匀堆沤，用草或农膜盖好，让其发酵。水田表土或森林表土打碎过筛(1 cm 筛孔)，与堆沤过的火烧土拌匀，于移苗前装杯摆整齐。

(3)移植。当八角苗叶子如黄豆般大小，侧根长约 0.5 cm 时，可移苗入容器。移前先配好黄泥水，用黄泥心土与水充搅拌成稀浆，加 ABT-3 号生根粉 25 mg/kg 即可，起苗时，用锋利的剪刀剪去主根的 1/3，再放盛有黄泥浆的盆中(浆水深 1～1.5 cm)。移植时，用手指大小的竹片于中央打一小洞，然后放入小苗，扶正，压实(用竹片从侧面压或手指压均可)，淋透定根水即可。

(4)苗期管理。主要是搭荫棚、淋水、施肥和防治病虫害。日常苗期管理工作与实生苗苗期管理工作相同。第 2 年春天，苗高一般达到 15 cm 以上，地径达 0.3 cm 以上，根系发达，生势良好，可出圃造林。

四、嫁接苗培育

1. 八角嫁接苗种植的优点

广西防城果菜公司于 1976 年开始八角嫁接试验，主要采用枝腹接，成活率达 63.4%，1983 年后，广西百色、南宁等地陆续进行嫁接试验，取得不同程度成功。1991 年开始，广西区林科院推广以切接方法为主的八角一整套嫁接技术，一般成活率在 70%以上，若有采穗圃枝条可达 85%。

嫁接苗具有如下的优点：①嫁接苗保持良种母树的优良性状，能快速推广优良品种。②嫁接苗造林后，生长速度比实生苗快，而且矮化树冠，分枝多，枝叶茂密，具有较多挂果的基础。③嫁接苗开花结果时间比实生苗提早 4～5 年，表现早结丰产。④嫁接操作简单易学、管理方便、愈合快、成本低。目前，种植嫁接苗已在八角各产区得到迅速推广。

2. 砧木的培育

砧木的质量与嫁接成活率、嫁接苗的生长直接相关。砧木应以 1～2 年生的粗壮实生苗最好，当砧木长高 40 cm，根径 0.5 cm 以上时，即可用于嫁接。但最好能选择根系发达、抗性强、无病虫害的矮化八角品种作为砧木，以利于矮化密植。如无矮化八角品种作砧木，可选择本地八角品种作砧木进行嫁接，以利于提高亲和力和嫁接成活率。

3. 嫁接时间

除冬季寒冷天气外，一年四季均可进行嫁接。但最好嫁接时间在 1 月份至 3 月份上旬春梢未萌发前进行，成活率最高。嫁接时，必须选在晴天或阴天进行，雨天和烈日中午不能嫁接，以免影响成活率。据经验，最佳的嫁接时间为春季雨水至惊蛰间，选择气温在 15℃以上的阴天嫁接，气温过低或雨天都不宜嫁接。嫁接前 2～3 d 砧木要淋透水，以利于提高嫁接成活率。

4. 接穗的选择

采穗时，首先要选择优良丰产的母树选采接穗，如柔枝红花八角、柔枝淡红花八角、柔枝白花八角、普通红花八角为优良品种类型，在条件允许时，可选择广西选出的优树如大企 1 号、派阳 2 号、共青 23 号、共青 1 号、防城 1 号、宁楠 8201 号、龙角 8204 号、凌城 8104 号、高峰优 1 号等的枝条作为接穗。其次，选择无病虫害的优良母树中，还应选其中下部外围生长充实健壮、老熟、芽眼饱满的去年生枝条作接穗，最好随采随用。如需远途运输或不能在 2 d 内嫁接完毕，可用湿润细沙贮藏或用湿苔藓包裹，以防接穗失水，降低嫁接成活率。但接穗保管贮藏时间一般不能超过 1 周。

5. 嫁接方法

八角含单宁较多，皮层松软，木质部较硬，髓部较大，给嫁接造成困难，最佳的嫁接方法主要用切接法，也有少量用腹接。下面简单叙述切接(图 5-4)的具体方法。

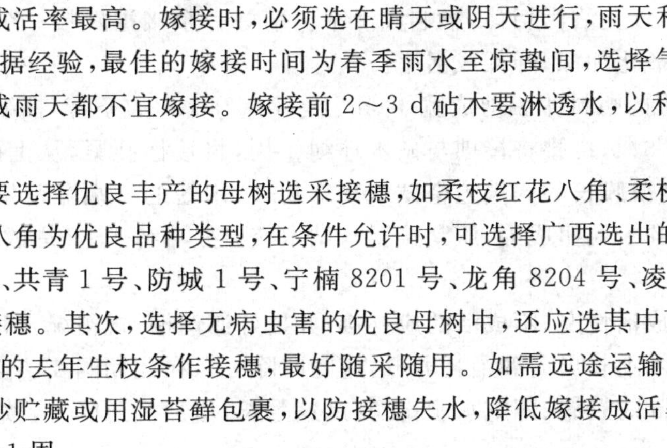

图 5-4 八角切接

1. 接穗削面 2. 砧木削面 3. 纵切接口
4. 接穗播入 5. 捆绑 6. 形成层对准

(1)削接穗。削八角接穗时，左手持接穗枝条，选择枝条最平滑的一面紧贴左手食指，在离芽眼 1.5～2 cm 处，以 40°～45°角向下斜削一刀，把枝条下部削断即削出接穗的短削面；然后翻转枝条，在离芽眼 2 mm 处向下平削一刀，把皮层削去，切口深度以刚刚削到形成层为宜，切口要求平直，光滑无毛，削去的皮层不带木质部，这样就可削出接穗的长削面，削面长 1.5～

2 cm；再在芽眼上的上方 2 mm 处，以 45°角斜削一刀(如是枝切接应留 2～3 个芽眼)，把接穗削于干净无水的盘中。八角树体含单宁较多，不宜把接穗削于放有水的盘中，以免伤口迅速氧化而降低嫁接成活率。

(2)切砧木。嫁接前，先把砧木苗离地 15 cm 以上的茎叶剪去，在离地 6～8 cm 处选择平滑的一面，沿着形成层，垂直纵切一刀，切口的长度与接穗的削面长相等或稍短，切口要求平直，光滑无毛，以刚切到形成层为度。

(3)插嵌接穗。将已削好的接穗迅速插入切好的砧木切口中，形成层对准形成层。拿接穗时手不能接触长削面，以免沾污切口，影响成活率。削好一个接穗嫁接一个，以免切口面与空气接触时间长而单宁氧化加深，降低成活率。

(4)捆缚。嫁接前把塑料薄膜剪成宽 1 cm、长 30～35 cm 的条带，捆缚接穗时，以左手拿薄膜带的 1/4，右手拿 3/4，拦腰将接穗与砧木环缚 1 周，将接穗扎紧，从上而下将接穗与砧木接触部分均匀缚密；用薄膜长的一端盖密砧木顶部切口；用短的一端盖密接穗顶部接口(留芽眼不包)；再将薄膜长的一端扭成绳，压紧接穗与砧木交界处再缚 1～2 周收结。

6. 嫁接后的管理

嫁接后及时检查成活情况，不成活的应补接，并搭好遮荫棚，视情况及时解绑与定干，干旱时常淋水。嫁接后砧木上长出萌蘖消耗养分，应随时除去。在此期间要防止虫害和牲畜践踏，成活生长到 10～15 cm 时勤施、薄施水肥，促其迅速生长，增加抗逆能力，做好整形工作。嫁接 1 年后上山定植。

7. 嫁接苗的出圃规格

一级嫁接苗：株高 30 cm 以上，嫁接口往上 1 cm 处茎粗 0.4 cm 以上，愈合良好，生长健壮，芽眼饱满，根系发达，无病虫害。

二级嫁接苗：株高 25 cm 以上，嫁接口往上 1 cm 处茎粗 0.35 cm 以上，愈合较高好，芽眼饱满，根系发达，无病虫害。

三级嫁接苗：指嫁接成活的低矮植株。

第四节　八角的种植技术

八角树属于多年生植物，其一次种植，百年受益，经济寿命长。生产上应针对八角对生态条件的要求，选择适宜的环境条件种植，提高开垦质量，掌握好定植技术以及施足基肥等关键技术措施是十分重要的。

一、宜林地选择

选择八角造林地应考虑土壤、植被、气候和地形等条件。

1. 土壤

土壤是八角根系生长的场所，它供给八角生长发育所必需的水分和养分。八角喜欢生长在砂岩、砂页岩、花岗岩、变质岩等风化发育的酸性土壤，土壤 pH 值以 4.0～5.5 最适宜。土层深要求 1 m 左右，土质以壤土、轻黏壤土或砂黏土，疏松、湿润，排水良好、腐殖质含量丰富的山地为好。

2. 气候

八角是一种半耐阴性树种，其对光照要求因树龄不同而有差异，幼林要求光照短，喜欢散射光照，成林则要求较充足的光照，才能提高产量和品质。年平均气温在19～23℃，最冷月均温不低于10℃，绝对低温在－6℃以上，冬暖夏凉的山区气候八角才能正常生长。年降雨量1 500～2 800 mm，大气相对湿度80%以上最适宜。

3. 地形

地形会导致造林地小气候的变化，影响土壤中物质（水、肥、气）和能量（热量）的重新分配。八角种植以山区云雾飘荡，空气湿度大，土壤湿润，阳光充足，无寒害、台风侵入，排水良好，海拔1 000 m以下，坡度30°以下和无冲刷的山腹地为好。一般认为种在起伏的山区里面中山或低山地带是最适宜八角生长的环境，在中山和低山的中下坡造林，以东坡、东北坡为好；西坡日照强烈，树皮易被灼伤，导致枯枝或枯死。

4. 植被

以五节芒为主的高草群落，土壤肥沃湿润，最适宜八角生长；土壤湿润的灌木林地以及有铁芒萁群落生长茂盛的酸性土地区均可造林。

二、开垦整地

1. 开垦整地的作用

开垦整地的作用可归纳为：①可以改善八角种植点周围的立地环境条件，如光照、温度、养分等。②可以保持水土，减少水土流失，提高林地的蓄水能力。③提高造林成活率，促进幼林生长发育。④有利于造林施工。

2. 开垦整地的方法

(1)全面整地　即对八角造林所用土地全面进行翻垦。适用于坡度15°以下的缓坡地。

1 hm^2 以下的造林地，要求全垦，并修好土埂和防洪沟；3 hm^2 左右的造林地，要求等高带状全垦，带宽15 m，带间留原生植被（即保护带）2 m，并修好防冲沟和排灌沟。

(2)局部整地　即对造林地的部分土地，按照一定技术规格，有秩序地进行翻垦。坡度15°以上的中高丘陵地适用，坚持等高垦种或种垦，宽度大的叫梯田，小的叫植带。

随坡度的大小设计适当的垦带宽度，一般15°以下带宽10～15 m，15°～20°带宽不宜超过10 m，20°以上带宽1 m左右，只能单行种植八角。广西八角产区常见采用杂木林下整地种八角的办法，即产区群众一般利用杂木林作八角苗木的遮阴树，整地时仅把杂木林中的藤本植物和有刺的植物砍除，然后在遮荫树的旁边1～2 m处，挖宽、深各50 cm的穴，挖穴的行或穴距，因受杂木林的限制，多不规则，而是因地制宜种植。对于在坡度很大、地形很复杂、坡面乱石裸露、不容易修筑梯田的陡坡上种八角时，可采用修筑鱼鳞坑的形式来整地，鱼鳞坑的作用主要在于是能够减慢坡面径流速度，减少表土冲刷，将水土保留在坑内，满足八角树的生长发育和开花结果的需要。其修筑方法是：首先测出等高线，按八角树的株距在等高线上定种植点，以种植点为中心，将上下坡1 m、横坡2 m范围内的表土翻起堆放在上坡，将1 m深的底土挖出放在坑的下坡筑成一个半月形的土台，最后用绿肥等有机物和表土将挖出的坑填满，使整个坑面向内倾斜呈鱼鳞状，以后有条件时，逐渐按等高线修筑成等高梯田。在地形很复杂，难以划出等高线的地方，可根据坡面情况，按一定距离，灵活定点修筑鱼鳞坑。

3. 开垦整地的要求

(1)整地前，要劈山和炼山，先把杂草灌木砍倒，晒干后放火烧掉，注意做好防火工作。

(2)整地时，要坚持高标准，高质量，严要求，平缓坡地采用带状开垦，坡度大的采用坑状整地或修筑鱼鳞坑，保证整地深度 20 cm 以下。整地时要把树根、树头、石头等清除干净。

(3)整地后，按株行距要求，拉线定标，挖穴，穴径 40～50 cm，穴深 50 cm。

4. 开垦整地的时间

开垦整地时间应比种植苗木时间提前 6～12 个月，夏季比春季好，一般在头 1 年秋、冬进行整地，最好经过 1 个雨季，以利于底土和坑壁充分风化。

三、种植密度

种植密度指单位面积上种植的株数。种植密度会影响八角林郁闭时间、产量和品质。八角的造林密度，按经营目的、抚育管理水平和土壤情况而异；果用林种疏些，叶用林种密些，土壤肥沃宜稍稀些，土壤较贫瘠宜稍密些。

1. 果用林种植密度

一般八角种植密度为每亩 30～80 株。株行距可用 3 m× 3 m、3 m× 4 m、3 m× 5 m、4 m× 4 m、4 m× 5 m、4 m× 6 m 等。由于八角前期生长速度比较慢，树冠冠幅窄，为了提高前期产量和确保单位面积的株数，目前生产上多数采用株行距 3 m× 3 m，每亩种植 74 株。

2. 叶用林种植密度

叶用林是一种矮林作业，以采枝叶蒸取茴油为目的。目前生产上多数采用株行距 1.33 m× 1.33 m，每亩种植 375 株。

四、定植技术

1. 定植时间

八角定植季节主要在春季或秋季。一般以早春 2 月下旬至 4 月上旬，新芽尚未萌发前定植，这时气温逐渐升高，雨水逐渐增多，树苗最容易成活。栽植应选在阴雨天种植。

2. 植穴回土施基肥

在定植前半个月将表土填回植穴，要改变过去种植八角“一锄一苗一脚”和不施基肥的习惯，结合回土每穴放腐熟堆杂肥 2.5 kg 左右，磷肥 0.25 kg 与表土拌匀填满植穴，如果缺乏有机肥，也可以用复合肥代替，每个植穴 1～2 kg，也要与表土充分混匀后再回填坑内。由于回填后的土质疏松，会慢慢下陷，因此回填土应略高于植穴面 10～15 cm。

3. 定植技术

目前生产上多数采用深坑种植法，即挖穴 50 cm×50 cm×50 cm，深植不填满土，坑面下陷地面 10 cm 左右，这样有利于八角生长。深坑种植的好处有：①能抵抗干旱。因为坑内有 10 cm 左右深度的空间，下雨时能蓄水，干旱时阳光直射坑内时间较短，土壤水分蒸发较少，起抗旱作用。②能防止日灼。八角幼苗皮层幼嫩，浅坑土温高，常灼伤苗木，深坑则土温大为降低，可有效地防止日灼发生。③有利于苗木生存。深坑坑面日照短，杂草种子难以生长，而且坑外杂草又不能向坑内蔓延，给八角幼苗初期生长创造有利的条件。④能积肥。下雨时，雨水把地面的腐殖质冲入坑内积蓄起来，增加土壤肥力。

种植时要求根系舒展，不弯曲，严格执行“三埋两踩一提苗”的栽培技术，即将穴挖到一定深度(视八角苗根系幅度大小而定)将苗木放进穴中央,直立,然后埋地表土至穴深1/2处,提苗使根舒展,踏实,再埋虚土,使之形成上虚下实状态,以防土壤水分蒸发。

一般1个栽植点中只植1株苗。对于种植八角较弱的苗木,为提高对不良环境抵抗能力,每个穴可植2株苗木,但植株要有一定间隔距离。定植深度一般比在苗圃内深2～5 cm为宜。

采用容器苗定植,要在植穴内先撕开袋子,小心勿使苗根土块破碎散开。采用嫁接苗定植,接穗应离地面3～5 cm,并且要统一朝同一方向,以便管理。

植后一般应淋定根水,穴面盖草保湿,以提高成活率。在无荫蔽地方要插临时荫蔽树枝叶,以免小苗晒枯,保证成活。

五、定植后初期管理

定植后初期管理是造林成败的关键环节,必须做好如下几项工作。

(1)遮荫。植后如遇久旱天气,必须经常检查植穴土壤湿度,掌握情况,及时淋灌保活,小苗定植的必须注意保持遮荫物的完整无缺,保证幼小苗木有50%左右荫蔽。防止小苗被旱、晒致死。

(2)间作。适于混农间作的幼林行间,应在早春季及时种上花生、黄豆等覆盖豆科作物,以利改良土壤。需要农作物作荫蔽物的地块,可及时播种玉米,木豆、灰叶豆、田青等高秆绿肥作物。

(3)覆盖。对八角树盘覆盖一是可以减少树盘土中水分蒸发,保持土壤湿润;二是可以减轻杂草在树盘内生长;三是可以防止树盘土壤板结。所以,八角苗种下去后,应尽快用绿肥、稻草、杂草等覆盖树盘。

(4)补种。八角苗种植后由于各种原因会引起死苗,必须要抓紧时间进行补种,总的要求是死苗多少株,就补种多少株。

(5)施肥。新植八角苗的施肥原则是勤施薄施,少量多次。因为苗小根弱,每次施肥浓度不宜过大,但施肥次数可以增多。从萌动、展叶到老熟都应各施1次水肥。可用30%的腐熟人畜粪尿或0.3%尿素溶液等进行淋施,每株每次淋6～8 kg。

(6)防治病虫害。初植的八角苗常有炭疽病、叶甲、象鼻虫、尺蠖、蚂蚁、蟋蟀等病虫危害,必须及时加以防治。具体措施参照病虫害防治部分。

六、八角林经营模式

1.果用林

八角果用林又称乔木,其经营目的主要是生产果实和种子。8～9月份采收未充分成熟的果实,晒干即为大红八角产品。10月中下旬待种子成熟后采收,即可作为种子。

对于八角果用林作业,应加强施肥和抚育管理。幼林期宜混种农作物,成林树则需要充足的光照,保证合理的密度,才能提高产量和品质。

2.叶用林

八角叶用林又称矮林,其经营目的主要是采收枝叶蒸油。造林3～5年后,平均每亩每年可采收枝叶蒸油4～8 kg。

苗木定植后,在加强抚育管理条件下,3年生树高2 m左右,即可进行第1次采收枝叶蒸油。采收枝叶时间春季为宜,因为这时萌芽生长很快。白花八角的萌芽力强,采收枝叶后重新萌芽成林快，利用这个特性，八角一次种植可以多次采收，并以白花八角品种为主。

采收枝叶控制树高1.2～1.5 m，并且全垦林地1次，并重施1次氮肥。可选择采收枝叶伐或分区采收枝叶，以便每年都有稳定收益。一般可更新数10代，因为肥力下降，根系衰老的缘故，应挖除老树桩，另行造林。

3. 果用林、叶用林混交

为了集约经营八角林，充分利用肥沃土地，提高单位面积产量，可以进行果用林和叶用林混交栽植。因为果用林的种植原则是要求稀疏，而叶用林的种植原则是要求稠密，混交种植互不影响其生长和产量，同时可以节省抚育的劳动力。这种混交种植方法，能达到长短结合的目的。因为叶用林作业经过多年的采枝叶后，八角林就不能开花结实，也不能改为果用林。果用林也不能改为矮林，因经过大量采割枝叶后，八角树常会生长衰退，甚至枯死。所以，果用林、叶用林混交造林，可达到青山常在，永续利用，这样可以充分利用地力，增加经济效益。

第五节　八角林抚育管理

一、果用林抚育管理

八角果用林在加强抚育管理条件下，一般八角嫁接苗和扦插苗在植后3～4年，实生苗在植后8～10年开始投产，试产期产量为每株2～3 kg，高产树可达5 kg以上，试产7～8年后即进入盛产期。八角果用林抚育管理的重点工作是通过土壤管理、肥水管理、整形修剪、保花保果、病虫害防治等综合技术措施，培育丰产稳产的骨架和圆柱形树冠，提高树体营养水平，并使其尽快投产结果，达到早结、丰产、稳产、优质的目标。

(一)果用幼龄树抚育管理

八角幼龄树抚育管理目标是力争1年生、2年长、3年成林。为此应重点强化头3年抚育管理工作，应着手抓好如下措施。

1. 搞好遮荫与保湿

八角树营养生长需要比较荫蔽的环境，生殖生长需要比较充足的阳光。种植下去后，可在植穴周围覆盖植被或枝叶，也可应用薄膜覆盖，并适当栽种一些高秆作物如玉米、高粱等；建园时有意识保留一些遮荫树；除草时，把树盘外的杂草、杂木酌情留下。这些措施均能达到遮荫与保湿效果，有利于幼树生长。适当遮荫还能减轻日灼病的发生和增加湿度，保水防旱。没有遮荫措施的幼树，生长缓慢，夏、秋季出梢迟，新梢弱，易患日灼病，进入投产期时间延长，难以达到早结丰产。

2. 间作套种

主要在幼龄八角园进行。间作套种的好处有：①可以对土壤起到覆盖作用，减轻土壤水分蒸发和降低土壤夏季温度；②可以防止土壤水土流失；③可以抑制杂草滋生；④可以增加土壤团粒结构，改善土壤理化性状，提高土壤肥力；⑤可以增加土壤有机质含量，有利于土壤微生物活动；⑥可以增加八角园收入，达到以短养长的目的。间作套种的主要作物有花生、黄豆、玉米、绿豆、豌豆、绿肥、茶叶、木薯、药材、果树、蔬菜等。间作套种注意事项有:①不要把作物种得太靠近树盘,至少离树盘 1 m 以上;②不能间作套种攀援作物和缠绕作物;③不能间作套种与八角有共同病虫害的作物。

3.除草培土

八角幼龄树株行距宽,加上南方天气高温、高湿,杂草容易滋长,与八角树争水争肥;此外,一些杂草又是病虫的中间寄主或栖身场所,因此必须重视除草工作。除草的方法主要有人工除草和化学除草等两种。要求把树盘内的杂草除净,暂不影响树体生长的树盘外或树冠滴水线外的杂草,应加以保留,以便给八角幼树提供适当荫蔽的生长环境,并能有效地防止水土流失。

八角幼龄树培土是土壤管理的一项重要工作。因为幼龄八角园尚未成林,容易被雨水冲刷泥土,尤其是种植后 3~5 年特别严重。培土的好处:①可增厚土层,防止雨水冲刷造成根系裸露,夏季可防旱保湿,冬季可保温防寒。②增加土壤的营养物质,有利于八角生长发育。一般在培土前要进行中耕,中耕深度为 15~20 cm。培土最好用垃圾土或塘泥,也可选用疏松的肥土。培土要求不能太厚,否则会影响根系生长。3~5 年生的幼龄八角树,通常每年每株培 100~200 kg 土。

4.扩穴改土

通过扩穴改土,增施有机肥,以达到全园土壤熟化,扩大根系的目的。八角幼树扩穴改土时间以秋季枝梢老熟后进行比较理想,因为秋季气温较高,断根后伤口容易愈合,有利于长出新根,而且秋季雨水较少,减少水土流失。其方法是:在定植坑外围对应两侧各挖一个长 100~120 cm,宽、深各 50 cm 的条沟,次年轮换方向,逐年外移,3~4 年完成。扩穴时可根据不同树龄的幼树而采用不同的施肥量,一般 3 龄前的幼树,每株可施氮肥或复合肥 50~150 g,3 龄后的幼树,每株可施复合肥或八角专用肥 150~250 g,在树冠投影下挖浅沟施下即可。

5.整形修剪

八角幼龄树顶端优势很强,整形修剪的目的是为了培育丰产树型,集中养分,提早结果。整形修剪的主要工作:①截顶和留干。八角幼龄树长到 3~4 年后,一般高度达到 1.5~2 m 时应截顶促其分枝,并选留 1~2 条最粗壮的顶枝作为主干去培养即留干,把主干以外的顶枝要剪去,同时要保护好主干的顶芽,不能碰断。②抹芽。抹芽的目的主要是扩大树冠,培育丰产树型。具体方法是除留 1~2 条主干的主梢加以培养外,其余顶枝萌发的主梢全部抹去,只留下副梢,但以留 2~3 条副梢为宜。③拉枝。拉枝可使分枝结构合理,上下枝不重叠,以保证树体通风透气,调节结果枝和营养枝的比例。一般对于坡度小、密植、土肥供应不良的八角树开张枝条角度宜小些;对于坡度大、稀植、土壤肥沃的开张枝条角度可大些,这样才有利于八角树的丰产。④弱枝、病虫枝的修剪。对于八角幼龄树的内膛枝、荫蔽枝、弱枝会过多,应进行适当的疏剪,以达到通风透光的目的;对于病虫枝、枯枝,应进行全部剪去,以达到防止病虫害蔓延。

6.施肥

(1)实生苗造林幼树施肥　造林后,连续抚育 7 年,第 1 年施肥管理 1 次,在 6~7 月份进行,砍灌除杂草,结合深翻扩穴,每株施氮肥或复合肥 50~150 g;第 2 年后每年抚育施肥管理 2 次,第 1 次在 1~3 月份进行,第 2 次在 7~8 月份进行,每次每株施复合肥或八角专用肥

100～150 g；以后每年抚育2次直到第7年，施肥量随着植株的长大而适当加大施肥量，第8年开始开花结果，挂果后按结果树要求进行抚育管理。

(2)嫁接苗造林幼树施肥　造林后连续抚育3年，第1年施肥管理2次，第1次在5～6月份进行，砍除杂草，结合深翻扩穴，每株施氮肥或复合肥50 g，注意除掉砧木上长出的萌芽条，第2次在9～10月份进行，每株施复合肥50～100 g；第2年以后每年抚育2次，第1次在1～3月份进行，第2次在7～8月份进行，每次每株施复合肥或八角专用肥100～150 g；以后每年抚育2次，施肥量随着植株的长大而适当增加，第3～4年开始开花结果，第4～5年收果后按结果树抚育管理要求进行。

八角幼龄树除土壤施肥外，还可以通过叶面根外施肥的方法来补充养分。一般在展叶期、老熟期各喷一次0.2%磷酸二氢钾+0.3%尿素水溶液或台湾卢博士有机液肥1号500倍液等高级优质叶面肥。在新梢老熟后或芽眼萌动前，加入赤霉素共喷，浓度为每克赤霉素对水50 kg，可加速下次抽梢和促使抽梢比较整齐。由于叶背吸收能力比叶面强，喷叶面肥应以喷叶背为主或者两面都喷，效果更好。

(二)果用成林树抚育管理

八角成龄树抚育管理目标是高产稳产，延长经济寿命，因此必须强化如下抚育管理工作。

1. 土壤管理

八角根系要求水分充足、通气良好、有机质丰富的土壤环境，八角果用林应通过扩穴、深翻改土、中耕、培土、间作套种、除草、树盘覆盖、维修梯田和排灌系统等工作，改善八角园土壤的理化性状和根系的生态环境条件，达到保水、保土、保肥的目标，提高土壤肥力，为八角根系生长发育创造一个良好的土壤环境条件。

(1)深翻扩穴。八角结果树通过深翻扩穴，增施有机肥，以达到全园土壤熟化，扩大根系的目的。

①时间　八角扩穴改土工作以秋冬季枝梢老熟后进行比较理想。原因是：秋季气温较高，断根后伤口容易愈合，有利于长出新根；扩穴断根不会影响秋梢的质量，还能抑制八角树在暖冬年份萌发冬梢；秋季雨水较少，减少水土流失。

②方法　对于八角成龄树扩穴改土的主要目的是改善土壤结构，提高根系吸收水分和养分功能。技术上要求突出"中浅翻"，即扩穴的深度不能太深，因为这时花果挂在树上，如断根太多，会因突然间肥水供应不足，造成大量落花落果，导致减产。扩穴改土的方法主要有环状沟法和对称沟。由于八角成龄树的根幅大于冠幅，为树冠的2～3倍，大部分根系分布在树冠滴水线外面，因此，不能在树冠滴水线以内扩穴，通常在树冠滴水线外面1 m左右挖沟，深20 cm、宽50 cm，长度视树龄、树冠大小而定，通常为1～2 m。但对于山地梯田面较窄的八角树，扩穴沟应开在株与株之间或梯田内侧。

扩穴开沟时表土、心土分开堆放，填土时通常采用分层填入法，即先将绿肥、杂草、农家肥、化肥等填入坑内，厚15～20 cm，并在上面撒一些石灰，再盖一层表土。这样一层一层地将扩穴坑填满，满坑后要稍高出地面。同时，还要注意挖坑时注意与上次扩穴处相连接好。

③施肥量　应根据不同树龄而采用不同的施肥量。每株可施腐熟猪牛粪5～50 kg、土杂肥5～50 kg、磷肥0.05～1.5 kg。或施用八角专用肥，每株施0.5～3 kg八角专用肥，或用农家肥、土杂肥加少量复合肥混合使用。回坑时，绿肥、土杂肥和表土放在下层，猪牛粪放在中、上层，底土放在最上层。

④次数 八角园深翻扩穴次数应根据不同树龄而采用不同的次数。对于10年树龄以前的八角幼龄树，每年都进行深翻扩穴1～2次；对于10年树龄以后的八角成龄树，一般1年进行1次，达到全园土壤熟化后，扩穴工作就不用每年都进行了，每隔1～2年进行1次。

(2)除草培土。八角树株行距宽，加上南方天气高温高湿，杂草容易滋长，与八角树争水争肥；此外，一些杂草又是病虫的中间寄主或栖身场所，因此必须重视除草工作。除草培土的方法基本同幼林措施。

(3)覆盖。应结合中耕除草将树盘内的杂草铲除干净，将铲下的杂草或割下的绿肥盖在树盘上。好处有：①可以防止杂草丛生；②减少水土流失；③有利于抗旱保湿；④有利于改善土壤结构。覆盖要求覆盖物应与树干距离10 cm左右。

(4)梯田和排灌系统的维修。八角园开始建园时，若由于资金、劳力、时间等多种因素的限制，梯田和排灌系统等工作未能按时完成，总的要求在投产前要把整个八角园整理成设施完善的梯田式八角园。同时，加上八角园一般建在山坡上，地表径流容易引起水土流失，导致土层变薄，保肥、保水能力降低，影响八角根系的生长和产量的提高。所以，日常工作要加强梯田和排灌系统的维修。

2.施肥管理

由于八角通常是每年开1次花，结2次果，终年花果不离枝，需要从土壤带走大量的养分，据研究分析，每生产100 kg八角果或120 kg的枝叶，需要从土壤中摄取氮1.2 kg、磷0.31 kg、钾0.77 kg、钙0.03 kg、镁0.1 kg、锌20.22 μg、铁122.96 μg、硼14.59 μg。因此，单靠土壤在风化过程中释放出来的养分是远远不够的，由于长期得不到应有的营养补充，严重缺乏营养，植株供求失调，造成八角植株大量落花落果。合理施肥是八角树抚育管理的关键环节，给八角结果树施足肥料，能保证大量开花结果所需的营养物质供应，有效地减少落花落果，提高坐果率，缩短大小年结果，延长其经常寿命，提高经常效益。

(1)施肥时间 八角需肥期与物候期有关，了解八角物候期与养分分配规律，才能为适时施肥提供依据。

①促花壮果肥 在5～6月份施用，这时花芽尚未形成，幼果正处在迅速膨大阶段，这个时期施肥能促进花芽分化和幼果(大造果)膨大。

②壮花壮果肥 在7～8月份施用，这时花蕾已经出现，果实还未成熟，还会继续膨大增重，这个时期施肥能促使花朵健壮，减轻花后的生理落果，提高坐果率，还能促进大造果最后一段时间的壮果和减轻采前落果。

③采果肥 在9～10月份施用，这对花朵已经开放或已出现幼果，再加上已采摘的大造果经过一年时间的生长，已大量消耗了树体中的养分，这个时期施肥，能促使恢复树势，减轻幼果的前期落果和促进返秋果膨大。

④返秋果壮果肥和过冬肥 在10～11月份施用。这时已有部分抢先发育的幼果开始膨大，这部分幼果有可能变成返秋果，这个时期施肥能促进返秋果壮果，并为树体补充养分，进一步恢复和增强树势，提高抗寒能力。

⑤保果壮梢肥 在翌年2～3月份施用。这时已进入春季，返秋果接近或开始采果，附着在大造果上干枯的花瓣开始脱落，大造果开始膨大，春捎开始抽生，这个时期施肥，能减轻第二次生理落果和促使春梢健壮。

实践表明，每年生产上至少要施肥2次，第1次在每年1～3月份，这时气温回升，新根和新梢萌发，果实开始膨大，消耗养分多，及时施肥可促进春梢生长和幼果发育，减少生理落果；第 2 次在每年 5～7 月份，此时果实迅速长大，花芽分化萌动前，消耗养分多，若得不到补充，就会造成少开花和落叶落果，影响当年和来年的产量。

(2)施肥种类和施肥量　八角施肥肥料可分为有机肥、无机肥、复合肥和微生物肥料 4 大类。有机肥料有人畜禽粪尿、饼肥、堆肥、绿肥、厩肥等；无机肥料有尿素、碳酸氢铵、过磷酸钙、钙镁磷肥、氯化钾、硫酸钾、硫酸镁、硫酸锌、硼砂等；复合肥还可分为有机复合肥、无机复合肥和八角专用肥 3 种，如广西桂林生产的正丰有机生态肥，广西林业科学研究院根据八角生长特点、用肥要求、土壤特性等配制而成的专供八角使用的八角专用肥；微生物肥料有生物钾、生物磷、生根菌肥等。生产上，为了减轻劳动强度，林农多数喜欢施用复合肥或八角专用肥，在复合肥的选择上以进口芬兰、德国复合肥为好；在八角专用肥上多数使用广西林业科学研究院生产的八角专用肥；也有林农自行配肥，每株每年使用复合肥（500～1 000）g＋（25～50）g 硼砂＋（25～50）g 硫酸镁＋（20～30）g 硫酸锌，添加 2 年，停用 1 年，增产效果较好。

八角缺氮时叶色由深绿变淡绿，缺磷则叶片有紫斑而卷曲，缺钾则叶片褪色卷曲枯萎，因此八角施肥应视其树龄大小、长势、结果量、肥料种类、土壤肥力、气候环境及其他管理条件综合考虑，做到合理施肥和科学施肥，一般幼树少施，壮龄树多施，幼树宜氮、磷为主，成林宜磷、钾为主；大年以磷、钾为主，小年以磷、氮为主的原则。在不产生肥害的前提下，一般来说施肥量与树体生长量、产量成正比，肥多果多，肥少果少。

根据以上施肥原则，八角 10 年生以下幼龄树每株每次施复合肥或八角专用肥 0.5～1 kg；初果期（11～20 年生）每株每次施复合肥或八角专用肥 1～2 kg，盛果期（20 年以上）每株每次施复合肥或八角专用肥 2～3 kg 为宜。

(3)施肥方法　土壤施肥应根据八角树生长情况、根系分布、树龄、地形地势以及土壤条件等而分别采取不同的施肥方法。一般八角盛产期根系最密集的地方为树冠滴水线外面 1～3 m，所以这个地段即为施肥最理想的地方，但事实上，盛产期八角树已经封行，根系密布整个园地，施肥地点一般在两株中间。同时，盛产期八角树根系分布最密集的深度为 10～35 cm，施肥沟深度最好不要超过 20 cm，宽度、长度可适当增加，以利于扩大吸收面积，因为此时八角树长年花果不离枝，如开深沟施肥，会造成断根过多，落花落果严重。

①环状施肥　在树冠外围垂直的地面上挖一环状，宽、深各 20 cm 左右，碎土后捡净草根，将肥均匀撒入沟内覆土埋好，还要将两边 1 m 处的杂草铲除，以免降低肥效，以后随着树冠的扩大，每年的施肥沟也逐渐向外移。采用此法，既起着深翻扩穴的作用，又达到施肥的目的，适用于较平坦的地方；如果坡度较大，可采用半圆形沟施肥法，即是上坡树冠外垂直线下挖一半圆形沟槽，将肥料均匀施入沟中，然后覆土压实。

②放射状施肥　在离树干一定距离处，向外围挖 2～3 m 放射状沟，宽、深各 20 cm 左右，内浅外深，长与树冠相等，将肥料均匀撒入沟中，第 2 次变换开沟位置。

③穴施法　自树冠下 1/2 处向外均匀地挖若干个小穴，穴数多少视树木大小而定，较简单的有“品”字形状（或梅花状穴），即在树冠投影处上坡部位和左右各挖一个 20～30 cm 宽，深约 20 cm 的“品”字形穴，把肥料施入穴内覆土压实即可，此法适宜于徒坡地。

④洞施法　如果是老龄植株根多，坡陡，部分根已露出地面，或石头山多，土层薄，不宜挖穴或挖沟时，可以用钢钎，以植株为中心，在树冠内周围打炮眼洞穴 15～20 个，深 50 cm，然后

将拌有肥料的肥泥放入炮眼洞内，填满为止，上面覆盖一层泥土。

⑤撒施 对已经封行的八角园，可将肥料均匀地撒布全园；尚未封行的八角园，可将肥料撒在树盘内和外面约 1 m 处，然后翻入土中。要抓紧时间在雨天撒施，让雨水把肥料淋入土中，而不再需要翻土。撒施一般结合中耕除草等工作同时进行。这种方法施肥较浅，容易使根系上浮，一般每年只应用 1～2 次。

(4)根外追肥 根外追肥主要是指叶面追肥，即利用叶片能够吸收肥水的特性进行施肥的一种方法。叶面追肥方法简单，用肥量少，肥效快，可及时补充八角树对养分的需求。

叶面追肥常用的肥料有尿素、磷酸二氢钾、过磷酸钙、氯化钾、硫酸锌、硫酸镁、硼砂等各种无机肥和喷施宝、喷丰收、肥霸、台湾卢博士有机液肥、保得、正丰生态肥、998 植物高级营养等叶面肥。

施用时期：在花蕾期喷施可以壮花，在幼果期喷施可以保果壮果，在新梢期喷施可以壮梢和加速新梢老熟，在冬季喷施可提高树体抗冷能力。

由于八角树长得比较高，要用高压喷枪才能喷到树顶，树高山高路远，加上用水困难，一般喷叶面肥都与喷防治病虫害药物、喷保花保果激素等，混合在一起喷洒。叶面、叶背两面都喷，能达到最佳效果。

3. 整形修剪

八角成龄树整形修剪的目的是为了枝条分布均匀，使树冠通风透光，减轻病虫为害，控制养分的无效消耗，提高产量与品质。整形修剪的主要工作包括截顶留干、抹芽、扭梢、拉枝和弱枝、病虫枝的修剪等。

(1)截顶留干 截顶留干即截除八角树体的顶端优势，保留一定高度的八角树主干。其目的：①便于集中养分供给主干生长，容易培育成丰产树型；②由于八角树枝条脆弱，容易折断，为了采果时的安全。方法是在幼龄树时要选留 1～2 条最粗壮的顶枝作为主干去培养，把主干以外的顶枝要剪去，同时要保护好主干的顶芽，不能碰断。八角树顶端优势明显，留干后树冠容易培养出长圆柱形的高产树型。此外，对八角树的高度不能任其长高，树太高，给采果、树形管理、病虫防治等带来不便，一般控制在 6～8 m 为宜。

(2)抹芽 根据八角树的抽梢特点为一主几副，其中中间 1 条最长、最粗壮的新梢叫做主梢，主梢旁边的几条新稍短一些、弱一些的新梢都叫做副梢。抹芽的目的：①可以控制植株高度，培养主干；②有利于扩大树冠，培育丰产树型；③集中养分，提高产量；④防止树冠内部过早荫蔽，减轻病虫害发生。抹芽法的具体方法有两种：一种是抹主留副，主要适用于树冠顶部枝条，将树冠顶部枝条除留 1～2 条主干的主梢加以培养外，其余顶枝萌发的主梢全部抹去，只留下副梢，但以留 2～3 条副梢为宜。另一种是抹副留主，主要适用于树冠中下部枝条，即将树冠中下部萌发的新梢要保留主梢，并把超过 2 条以上的副梢抹去。抹梢时间为新梢长 2～3 cm 时进行，梢短不易抹，梢长时损失养分。

(3)扭梢 扭梢一般每年进行 2 次，通常在 5～6 月份和 8～9 月份进行，在新梢还没有木质化时，将荫蔽梢、徒长梢等无效枝梢从其基部 3～6 cm 处轻轻扭转 180°，使木质部和韧皮部受损伤但又不至于折断，这是控制 1 年生枝梢的有效措施，这样经扭梢后八角的营养生长态势可以缓和，可促使这些枝梢翌年转为结果母枝。扭梢是八角增产的一项重要技术措施。扭梢时间最好在晴天的中午，因为这个时段的枝梢较软，容易操作，效果较好。

(4)拉枝 拉枝是八角修枝整形的重要手段，其优点有：①可以减缓直立枝的顶端优势，利于枝条中、下部芽的萌发和成枝，防止下部光秃；②可以控制枝条内养分的分配，调节结果枝和营养枝的比例。开张枝条角度，可用钉桩或株间用绳子斜拉，或用重物吊住枝条，拉大树枝角度，培养丰产树型，增大树体和枝叶的受光面积，促进增产。当枝条成形时要取走钉桩、石头、绳子等工具。

(5)弱枝、病虫枝的修剪　对于八角幼龄树的内膛枝、荫蔽枝、弱枝会过多，应进行适当的疏剪，以达到通风透光的目的；但内膛枝、荫蔽枝、弱枝不能全部剪去，因为它们也都是结果母枝，如全部剪光，就会造成产量下降；对于八角幼龄树的病虫枝、枯枝，应进行全部剪去，以达到防止病虫害蔓延的目的；对于八角幼龄树的徒长枝要根据不同部位分别采用不同的处理方法，树冠下部的徒长枝多数应该剪去，而树冠中、上部的徒长枝可以通过扭枝、环割，促使开花结果。

对于八角成龄树修剪的主要任务是：主干短截，主枝、侧枝回缩修剪，细弱枝、枯枝、病虫枝全部剪去，合理留用内膛枝，以改善光照，提高光合效能，减少养分消耗，减轻病虫害发生。

4.保花保果技术

目前在八角生产中，果用林单位面积产量不高的原因之一，主要是落花落果发生普遍而且较严重。要提高产量，必须找出落花落果原因，进而采取相应的保花保果技术，达到高产稳产的目的。

(1)落花落果的原因　八角落花落果原因是比较复杂，归纳起来，主要原因有：①遗传上的因素。八角树具有花期长，花量多，花果几乎终年不离枝这一习性，其到每年干冷季节都有不同程度生理落果现象，其轻重程度视具体情况而定。②造林地较差。按广西八角造林地类型五级划分标准，八角落花落果多发生在海拔 300 m 以下的中下坡造林地，属于四级较差的造林地。③营养亏损。八角树终年花果不离枝，消耗养分大，因此每年必须补足足够养分。然而，多数八角落花落果林地由于缺乏施肥管理，叶片淡黄，营养不良，导致大量落花落果。营养不良是造成落花落果极其重要的原因。④害虫引起。当前我国八角林地害虫种类较多，有一些没有报道过的八角害虫新种，是引起落花落果的一个主要因素。⑤气候引起。由于八角林地在山顶、山口、山坳，易受强风袭击，而引起落花落果。八角花期遇上高温干旱和长时间阴雨天气，其落花落果也严重。此外，霜冻、长期阴雨等，都能造成不同程度的落花落果。⑥胚和胚乳发育停止。主要发生在每年 11 月份至翌年 2 月份干冷季节，由于造林地较差，水分不足，亦有受低温寒害的影响，使受精后的胚乳发育停止或退化而导致落果，不少产地常因此而大量落果。⑦养分供应不平衡。八角花、果、梢任何一方的过量生长，均可打破养分的平衡供应。如春梢的大量抽生就会把大量养分供应到春梢上去，春梢抽生量太大，造成养分供应不平衡，春季落果也比较严重。⑧缺素。缺素是指缺少某一种或几种微量元素。容易引起八角微量元素缺乏，主要是硼、锌、镁、钼、铜等元素。八角对微量元素的需求量虽然很少，但其作用和效果却很大，不可代替。

(2)保花保果技术　八角保花保果技术是根据造成落花落果原因制定的，是有针对性的综合技术措施，而不是单一的措施，要几项措施结合在一起使用，才能达到良好的保花保果效果。

①合理选地。八角树是一种生态区域窄的山区树种。选择造林地时，要充分考虑到八角喜阴凉、好水肥、不需强光、怕旱、怕渍、怕风的生态习性，以选择海拔 300 m 以上的中下坡为好。

②科学调节树体营养水平。首先，要加强头1年夏秋季的管理，提高树体营养水平，保证花芽健壮饱满。即在7～8月份，结合中耕除草，每株结果树施1～1.5 kg复合肥或八角专用肥和少量微量元素如硼、镁、锌等，在树冠投影下浅沟施下盖土即可。其次，调节春季营养水平。即在3～4月份开花前，每株施复合肥1～1.5 kg和尿素、氯化钾各0.5 kg，以促进正常开花结果，减少后期落果，提高产量。再次，适时进行根外施肥。即在谢花后，幼果发育期间，每隔半个月左右喷台湾卢博士有机液肥2号300倍液或0.3%尿素加0.2%磷酸二氢钾2～3次，能提高八角坐果率，减少落果。

③应用植物生长调节剂。在每年11月份至翌年2月份干冷季节，由于雨水减少，早春严寒、干冷同在等因素，加重了八角生理落果，为此条件允许的应进行喷水和树盘覆盖。同时，连喷3次八角保花保果激素如卢博士有机液肥2号＋细胞分裂素、肥霸、正丰生态肥、广增素、988植物高级营养素等，使用浓度参照说明书，这样既可调节树体水分平衡，又可提高抗寒力，效果较好。

④预防病虫害。炭疽病、煤烟病在花蕾期大暴发，都可以造成大量落花，如果病情得不到控制，会造成大量落果，可在发病初期，喷1∶1∶100的波尔多液或70%甲基托布津800倍液防治。在八角开花前和幼果期间，用40%甲胺磷乳油1 000倍或80%敌敌畏1 000倍与40%氧化乐果1 000倍混合液喷杀，每半个月1次，连喷2～3次，效果很好。

⑤施用微量元素。微量元素的施用并不是越多越好，当其超过一定值时，会使八角发生中毒现象。广西有些产区，曾有大量八角园使用添加硼、锌、镁等微量元素的有机质八角专用肥，促花、保花、保果效果明显。如果在肥料中没有添加微量元素，就应该通过叶面喷洒，在花蕾期、生理落果期各喷1次，各种微量元素使用的浓度为：硼砂0.15%、硫酸锌0.2%、硫酸镁0.2%、硫酸铜0.1%、钼酸铵0.1%。

⑥环割或环扎。环割或环扎主要是使八角的韧皮部受到损伤，在伤口愈合之前阻碍或缓和养分的上下流动，抑制八角营养生长而促进其生殖生长。在花蕾期环割可以保花，在幼果膨大期环割可以保果。环割保果主要在2～3月份进行，这时候环割能减少春梢抽生量，从而减轻因春梢抢夺养分造成的落果，维持梢果养分供应的基本平衡。环割主要采用"S"形，且环割两个端口不要相连，一般环割1.5～2个圈，多数选择主干下端进行，深度以刚割穿皮层并触及木质部为标准，环割宽度0.3～0.4 cm，螺旋形螺距约5 cm。树势中等的树全年环割不超过3次，壮旺树不超过4次，严重干旱时，忌进行环割；冬季也不宜环割；老弱病残树严禁环割。环扎以铁丝陷入皮层的1/3为适度，但春梢老熟后要把铁丝解除，否则会导致树势衰退。

⑦控梢。春梢大量抽生会加剧落果，但春梢又是翌年的结果母枝，必须培育健壮的春梢，才能保证明年的产量。对此，每条枝条抽梢3条以上的，只留下2条梢，在副梢长度2～3 cm时进行抹梢。此外，也可采用化学药物进行控梢，也能减少抽生量。如用多效唑25 g对水15 kg，在少量春梢萌动时喷洒，能减少春捎抽生量，降低这段时间的养分消耗高峰，避免了抽梢与幼果发育争夺养分，减轻了落果，效果较好。或在土壤中，每株淋施20～30 g多效唑，也收到同样的效果。

(三)八角低产林改造技术

我国八角种植历史悠久，由于其寿命长，盛产期也长，虽然目前种植面积大，但是普遍存在生势差、投产迟、效益低的现象。多数产区只种不管或少管，多处于半野生状态，病虫害发生严重，大小年结果明显，产量和品质不稳定，平均每亩产量不足 60 kg，有的甚至不到 10 kg/亩，并且树势衰退，新梢萌发少，有的未老先衰，落花落果严重，这些统称低产林，必须加以技术改造，延长寿命，提高产量和效益。

1. 八角低产林形成的主要原因

(1)品种混杂，良莠不齐。我国种植的八角普遍是实生树，品种混杂，良莠不齐，导致产量较低，大小年结果明显。

(2)管理粗放。大部分八角林经营管理相当粗放，广种薄收，重视造林数量，忽视造林质量，少施肥或不施肥，导致八角营养不良，树势弱，投产迟，产量低，有的种植后 20 多年仍未开花结果。

(3)种植密度过大。八角种植时，密度过大，有的成龄树每亩种植 100 多株，林地早已封行，树体之间枝条交叉重叠，长期荫蔽，树体长势较差、产量较低，必须进行疏伐处理。

(4)落花落果严重。八角树由于抚育管理水平低，缺乏施肥管理或施肥不合理，致使树体营养不良，这是造成大量落花落果重要的原因。同时，由于管理粗放，树体抵抗病虫害能力弱，也容易诱导病虫害的发生。

(5)基地建设缺乏科学性。有些地方盲目上马种植八角，没有进行可行性论证，选择种植八角的基地环境条件差，如风大、土层薄、碱性大、大气和土壤湿度不足等各种各样不利因素，都会导致八角生长缓慢，开花结果少，甚至终年不结果，即所谓的“公树”八角。

2. 八角低产林改造技术措施

(1)密林疏伐。八角林 8～10 年龄以后树冠枝条伸展较快，若林木过密，透光和透气不良，树木的光合作用将会减弱，制造养分能力将会降低，从而影响树木的生长发育，使得八角产量降低，此时八角林正进入初果期，需要大量的养分，应进行适当的疏伐，去劣留优，去小留大，并将八角林内及林缘 3 m 内的杂灌木砍掉，以增加林木的透光度和透风度，每公顷保留 375～450 株，具体情况视品种、树龄大小和抚育管理水平而定，且以树冠间距 2 m 左右为宜。疏伐时间在 9～10 月份八角采收后进行。密林疏伐时应注意：①要分批分次地进行，疏伐强度不宜突然间过大，以免发生日灼病。②按照优胜劣汰，尽量让优良单株保留下来，但不强调疏伐后的八角株行距的整齐一致。③疏伐时除考虑优胜劣汰外，还应考虑去弱小、留壮旺，去枝少、留枝多，去高矮、留中等。

(2)除草垦覆。杂木杂草与八角争水争肥，应及早清除，可结合施肥同时进行。每年八角树至少除草 2～3 次，春、夏、秋或春、秋季各除 1 次，将除下的草覆盖在树盘或者在扩穴改土时作为绿肥埋进土中。也可使用化学除草剂如草甘膦、百草枯等进行除草。

八角林多营造在山上，土质多为黄壤或黄红壤，易板结，且多年的林地经人畜行踏、草木根须纠缠，土壤吸水性及透气性大为减弱。八角林地垦覆的作用：①可以改善土壤结构，增强土壤透气性和吸水能力，促进根系生长。②可以起到断根作用，促使八角开花结果，提高坐果率。一般八角林地垦覆在 5～6 月份抚育铲草后进行，坡度在 25°以下的林地采用块状垦覆，坡度稍大的可采取冠幅内垦覆，深度以 10～15 cm 为宜，每 3～4 年进行 1 次。

(3)施八角专用肥。八角是常年开花常年结果植物，一年四季均有开花结果，常以 7～11 月份开花最多，9～10 月份成熟采收，其他时间也有开花和结果，因此八角开花结果期长，所需养分较多，且要求较全面。要使八角果能获高产就必须满足其营养需要。八角专用肥一般是根据八角所需营养而生产的，如广西区林业科学研究院营养诊断学配方而生产的八角专用肥，营养较全面，每年施 2 次，第 1 次在 1～3 月份进行，以保果壮芽，施肥量为 1～1.5 kg/株；第 2 次在 5～7 月份进行，以促正常开花和壮果，施肥量为 1.5～2 kg/株，实践证明，增产效果显著。

二、叶用林抚育管理

八角叶用林在加强抚育管理条件下，一般在植后 3～5 年开始试产，每亩可产茴油 4～6 kg，8～12 年后即进入盛产期，每亩可产茴油 10～14 kg。八角叶用林抚育管理的重点工作是通过土壤管理、肥水管理、整形修剪、病虫害防治等农业技术措施，以增加分枝级数，形成丰产稳产的骨架，达到丰产、稳产、优质的栽培目标。

1. 深耕改土，重施有机肥

深耕改土结合施基肥进行，每年 11～12 月份全园深耕 1 次，技术上要求深耕深度 15～20 cm，靠近树盘周围宜浅一些，通过深耕损伤部分根系，以促进新根生长，扩大根系数量，以利于养分吸收；但深耕不宜频繁，因为根系损伤恢复需要消耗大量的水分和养分，会影响到八角的生长发育，一般每 4 年深耕 1 次。同时，结合深耕重施有机肥，有机肥施用后会产生大量的有机胶体，使土粒形成稳定的团粒结构，改良土壤的结构，而且营养全面，肥效缓慢、持久，可不断供给八角枝叶生长的需要。通常，每亩施用茶子麸或桐麸 150 kg，磷肥 10 kg，土杂肥 500 kg，混合沤制施下。另外，在深耕改土施肥时，还应加强梯田和排灌系统的维护工作。

2. 配方追肥

因为八角叶用林是采收枝叶为主，每次采摘的枝叶都带走大量的营养元素，需要及时补充，因此八角叶用林在重施有机肥的基础上，每次采收枝叶前后都应及时地追肥，追肥既可保证土壤良好的生产性能，又能满足八角生理需要；追肥原则应以氮肥为主，配合施用磷钾肥。实践证明，追肥以氮∶磷∶钾为(3～4)∶1∶1 为好或施专门配制的八角叶用肥。一般每次每株施 0.5～1 kg。另外，在追肥下还应配施叶面肥，通常每采收 1～2 批枝叶，喷 1 次叶面肥，主要的叶面肥有喷施宝、磷酸二氢钾、丰产灵、台湾卢博士有机液肥 1 号等，这些叶面肥应轮流使用，不能长期单一使用某种叶面肥。

3. 树盘覆盖

八角园常在山坡上，容易被雨水冲刷泥土，因此常结合中耕除草将树盘内的杂草铲除干净，将铲下的杂草或割下的绿肥盖在树盘或全园上。覆盖是提高八角叶用林产量的重要措施之一，其作用可以减少水土流失，防止杂草丛生，达到保水、保土、保肥的目的，促进八角园良性生态循环。

4. 合理修剪

八角叶用成龄树整形修剪的目的是为了使树冠通风透光，减轻病虫为害，清除病虫枝，减少养分的无效消耗，提高枝叶产量。主要方法：①通过抹芽，增加枝条级数，进而扩大树冠，增加产量。②加强对病虫枝的修剪工作。③对一些产枝叶少的衰老树，在采收完第 1 次春枝叶时，进行深度修剪。即在离地 50～60 cm 处将主干砍(或锯)下，砍(或锯)口要求平滑，无撕裂，剪后全园高度最好整齐一致。深度修剪后要增施肥料，以促使新梢萌发，并选取 2～3 条粗壮的枝梢作为骨干枝加以培育，当年不允许采收，留作翌年的生产枝。通过上述办法，对叶用林衰老树进行深度修剪后，可以大幅度地提高枝叶产量。

第六节 八角主要病虫害及防治

八角虽然分布很窄，但病虫害仍相当多。据资料报道，八角病害有 20 多种，大面积发生的主要有炭疽病和煤烟病 2 种；八角虫害有 36 种，大面积发生的主要有八角叶甲和尺蠖 2 种。其他的病虫害时有或个别地方发生。

一、主要病害及防治

(一)八角炭疽病

【症状】炭疽病是八角树最常见、危害最严重的病害之一。从八角苗木到幼树、盛产树、衰老树整个生命过程都可发病，主要为害叶片、嫩梢、花、幼果。在树体不同部位呈现不同症状，叶片发病多从叶尖、叶缘开始，逐渐蔓延到叶片中部，初期呈现暗褐色水渍状小斑点，逐渐扩大成不规则的褐色大斑。后期病斑中部变成灰褐色，其上密布小黑点，病斑随之呈现轮纹状。后期和危害严重时，叶片全部脱落，似火烧，严重影响叶片产量，使果实全无收成。嫩梢染病主要发生在苗木和幼树，发病部位先是呈水渍状褐色小斑，随后扩大成黑腐斑，并使八角小苗和嫩梢迅速枯死。花、果染病主要发生在花梗和果梗，症状与嫩梢感病相同。若果皮受害，病健部分界明显，病变部位有时发生皱缩。木质化的枝条和树干如有机械伤口，也可能感病。

【病原】目前已知主要由半知菌类黑盘孢目刺盘孢菌 *Colletotrichum* sp. 或盘长孢菌 *Gloeosporium* sp. 引起。

【发病规律】炭疽病以菌丝和分生孢子附着在枝梢、树皮缝隙、机械伤口等处越冬，翌年春季借风雨传播，当温度上升、空气湿度比较大时，开始侵入植株内。一般 4 月下旬至 5 月初开始发病，只要温湿度适合，就能迅速形成发病高峰。7～8 月份出现花蕾或开花的时候，正是最严重的发病高峰期，造成大量落花。在雨水分布均匀，冬季温暖的地区，几乎全年均可发病。管理粗放，树冠荫蔽，也有利于该病的发生。

【防治方法】应加强综合防治措施，才能达到理想效果。

(1)种子消毒。种子播种前要用 70％甲基托布津粉剂 500 倍液或 50％多菌灵粉剂 300 倍液浸泡种子 10～15 min，捞起晾干后再进行播种。

(2)苗木上山前消毒。苗木上山前要用 65％蓝焰可湿性粉剂 800 倍或 1 000 倍农抗-120 喷洒苗木 1 次，然后才能上山种植。

(3)搞好林内卫生。一是间伐、砍除过密植株、枝条，保持林内通风透光，可有效地降低八角林内的相对湿度，减少病害发生；对病虫枝要进行集中烧毁；对过密的内膛枝、荫蔽枝、交叉重叠枝要剪去，用作蒸茴油的原料。二是要清扫落叶，减少病原。新鲜的可用作蒸茴油，已腐烂的可用作覆盖的肥源，清扫要反复进行。三是铲除林内杂草和灌木，使林内通风透光，减少与八角争夺养分。

(4)加强施肥，增强树势。八角炭疽病的发展蔓延与林地缺肥、树体衰弱有一定关系，因此要增施磷、钾肥和有机质肥料，忌偏施氮肥，促使树体生长旺盛，提高抗病能力。

(5)药物防治。苗木发病期可用1∶2∶100倍量式波尔多液或70%甲基托布津粉剂800倍液进行全株喷洒，直到枝叶全湿为宜。成龄树发病初期可用1∶2∶100倍量式波尔多液，或65%蓝焰可湿性粉剂800倍，或75%百菌清可湿性粉剂800倍，或1 000倍农抗-120等，用机动喷雾机均匀喷至枝叶全湿，严重时每隔10 d喷1次，轮换使用药剂连喷2～3次即可。也可使用安林杀菌烟剂2号，每次每公顷使用6 kg药剂，选择晴天入夜后静风时放烟，多点分散烟火，要求烟雾在林内维持10 min以上即可。目前有的产区试用美国罗门哈斯公司生产的80%大生M-45可湿性粉剂500～600倍进行喷洒，每隔10 d喷1次，连喷2～3次，防治效果显著，值得推广应用。

(二)八角煤烟病

【症状】该病主要发生在叶片两面、枝梢和果实的表面，初为小圆点辐射状，后向四周扩展，呈黑色煤烟状，或为一层灰黑色薄纸状，四周有时翘起。从翘起处可剥离叶面，也可用手擦落。叶片受害会影响植株正常的光合作用及气体交换，从而影响植株的正常生长，严重时叶片褪绿，导致树势衰退。

【病原】主要病原是煤炱属的1种 *Capnodium* sp.菌，属于纯表面寄生菌。

【发病规律】该病分布较广，主要发生在成年树，其诱病虫害主要是介壳虫和蚜虫。其以菌丝体、子囊壳、分生孢子器在病部越冬，翌年春季，飞散孢子，以蚧类、蚜虫等害虫分泌的蜜汁为营养，生长繁殖，辗转为害。以10～20℃最适宜病菌生长。在这个范围内，湿度越大，病菌繁殖越快。因此，凡是管理不善，树冠荫蔽、潮湿，气流通透性差，介壳虫、蚜虫为害严重的八角园，均有利于该病发生与蔓延。

【防治方法】

(1)造林前要苗木进行检查，严防用带虫的苗木上山。

(2)保持林内合理郁闭度。对八角树进行合理的修剪，保持林内通风透光，降低林内湿度。低洼地和地下水位高的林地，要做好排水工作。

(3)对介壳虫、蚜虫等害虫进行防治。在若虫孵化盛期，可用50%敌敌畏乳油800倍液，或50%马拉松1 000倍液，或80%比克粉剂1 000倍液防治。

二、主要虫害及防治

(一)八角叶甲

八角叶甲又叫八角金花虫，属昆虫纲鞘翅目叶甲科，是八角生产上重要的害虫之一。

该虫主要啃食八角当年抽出的新梢、嫩叶，嫩叶吃光后，还会啃食稍老的叶片，受害严重的八角林整片树林叶子和新梢被吃光，只留下主干和硬枝，受害后的八角林如同被火烧过一样，造成八角果连年减产，甚至植株枯死。一次成灾后，其后几年的生长和产量都受到影响。

【形态特征】

成虫：雌虫体长约12 mm，雄虫体长约10 mm，椭圆形，青绿色，具有金属光泽，头顶有黑斑1对，复眼黑色，椭圆形，较突出。前胸背板有黑斑1对，2个鞘翅上有12块黑斑，横排列成3行，每行4个，以上、中两行中间4斑最大，下行黑斑连接成为2斑(图5-5)。

卵：椭圆形，直径0.8～1.0 mm，蛋黄色，常30～50粒聚集成块状，外有一层较硬的胶状

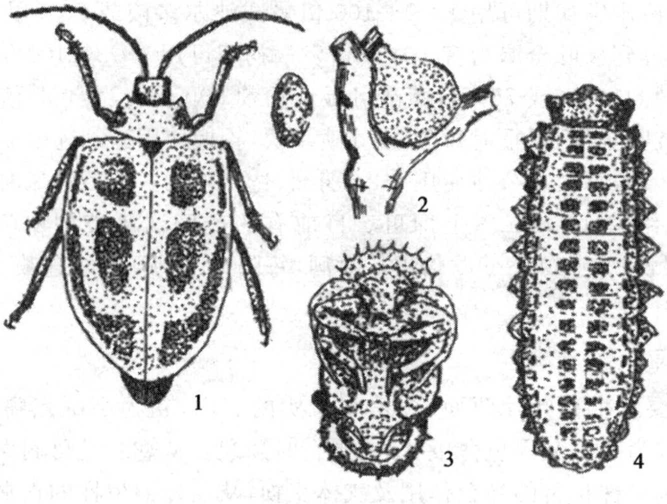

图 5-5 八角叶甲

1.成虫 2.卵块 3.幼虫 4.蛹

物构成卵块囊。

幼虫：刚卵化出的幼虫全成黑色，1～2 d后逐渐呈淡黄色，2～3 龄幼虫头部和腹背呈蓝黑色，并具有金属光泽，老熟幼虫体长 10～17 mm，扁圆形，体上斑点蓝黑色，有光泽。

蛹：长 9～11 mm，淡黄色。头部、胸、腹、尾端均有刺。

【生活习性】1 年发生 1 代，以卵在树杈或叶腋间越冬，翌年 3 月份上、中旬开始孵化，3 月份下旬至 4 月上、中旬为幼虫危害期，幼虫开始大量啃吃叶片。4 月底幼虫老熟后，钻入浅土层中化蛹，蛹离地表 1～3 cm。5 月中、下旬至 8 月上旬为成虫危害期，成虫羽化后即吃叶片，但食量小于幼虫。6～8 月份上旬为成虫产卵期，卵多产在小枝杈或叶腋内，堆集成束状，卵囊颜色与树干颜色相近，产卵完毕，成虫死亡。卵要经 7～8 个月时间才能孵化。

成虫飞行距离短，1 次最多能飞 5～10 m 远的距离，故短期内不能四处迁飞扩散危害。成虫在一天中，以白天上午和下午活动能力最强，中午和晚上基本静止于叶背，有假死性，受惊或碰触即掉落，但在掉落过程中可恢复飞行，极少落到地面。

幼虫孵化后 3～6 h 即可开始取食叶片，1～2 龄幼虫食量较小，一般每只吃叶片 1～3 cm^2，3 龄幼虫食量大增，每只吃叶片 4～8 cm^2，此时是八角叶甲一生中危害最重的阶段。3 龄幼虫有假死性，且比成虫假死时间长，受触即蜷缩下落，3～5 min 才能恢复活动。

【防治方法】防治八角叶甲，主要是根据其生长规律，采取灵活有效的综合防治方法。

(1)幼虫孵化期生物防治。3 月上旬，八角叶甲幼虫即将孵化的前 10 d 内，选择清晨或雨后湿度较大时喷撒白僵菌粉剂，使幼虫孵化出来后逐渐被感染致死。也可使用“621”烟剂喷杀。

(2)幼虫危害期药物防治。每年 4 月为防治八角叶甲幼虫最好时期。八角树长得较高，防治工作有一定的难度，可采用喷粉喷雾结合法或人工高压喷雾法进行防治。喷粉喷雾结合法，是先用配制好的 800～1 000 倍敌杀死粉剂进行电动喷粉喷杀幼虫，待幼虫掉到林地表面之后，再用 10%杀虫威乳油 1 000 倍液或氧化乐果溶液对地面进行 1 次喷雾触杀；人工高压喷雾法，是采用人工手摇板式高压喷雾机，加长喷管，用长竹竿捆绑喷管或直接爬上树逐株进行喷雾触杀。采用这两种方法防治叶甲幼虫效果可达80%以上。

(3)蛹期防治。4月底至5月中旬,90%幼虫下地化蛹时,可结合铲草、刮地皮或松土等抚育方法破坏幼虫正常化蛹。

(4)成虫期防治。防治八角叶甲成虫的最佳时期在每年的6月份,方法与防治幼虫相同。因八角叶甲成虫可作短距离飞行,所以在防治时要发动林农统一防治,整块防治才能有效。

(5)加强林间抚育管理,提高八角林抗病虫能力。可合理砍除八角林中衰老、病、弱小林木,保持林分的良好生长状态。结合铲草、松地抚育,适时施放八角配方肥,既促进树木的健康生长,增强树林抗病虫能力,又提高八角单产量,增加农户经济收入。

(6)人工除虫。在产卵期摘除卵块、入土化蛹期挖土灭蛹、成虫阶段人工捕捉等,3种方法结合,能有效地控制叶甲的为害。

(二)八角尺蠖

八角尺蠖属鳞翅目尺蠖科。以幼虫啃食八角叶片,严重时可把整片八角树的叶片吃光,被连续为害的树,生长不良,造成减产或全株枯死,是八角历史性大害虫。

【形态特征】

成虫:体长20～25 mm,翅展55～60 mm,触角丝状,体翅灰白,密布黑斑,雄蛾腹端有簇生灰黑色绒毛,雌蛾腹端无绒毛簇(图5-6)。

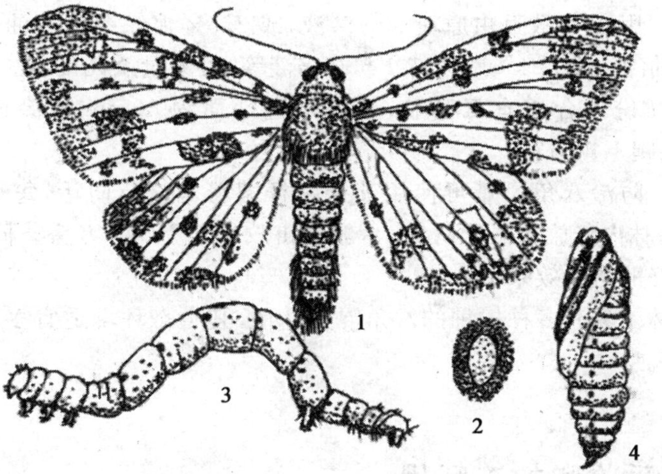

图5-6 八角尺蠖

1.成虫 2.卵 3.幼虫 4.蛹

卵:椭圆形,长约1.0 mm,宽0.7 mm,初产时乳白色,后变淡黄色,近孵化时灰褐色,并出现红点,有光泽。

幼虫:有6～7龄,1～2龄幼虫红褐色,3～4龄幼虫青绿色或黄绿色,5～6龄幼虫淡黄色。老龄幼虫体长30～40 mm,体态肥胖,体壁光滑,体侧和腹部各有两排较大的黑斑,各斑中有1根毛。

蛹:棕褐色,近羽化时暗褐色。腹端有一分叉臀刺。

【生活习性】其生活史因地区及气候不同而有差异，在广西桂南地区每年发生4～5代，以蛹和幼虫越冬。越冬幼虫在次年2月份开始活动，3月份化蛹，3月下旬成虫出现。第1代幼虫出现在4～5月份，第2代出现在6～7月份，第3代出现在8～9月份，第4代出现在10～11月份。以蛹越冬者，翌年2月下旬羽化。

幼虫一般6～7龄，每龄4～10 d，成虫寿命7～20 d，卵期3～13 d。卵散产于叶背，多数1叶1卵，少数1叶3～8粒卵。

幼虫食性专一，1～2龄幼虫只食叶肉，留下叶面表皮，表皮干枯后致使叶片穿孔。3龄幼虫从叶缘取食，以后随着龄期增加食量增大，能吃尽全叶，一条幼虫食叶19片左右。缺食时还啃食花蕾、嫩果和嫩枝，停食时，栖息于叶背或叶缘下，有时吊丝悬空，静止不动，受惊扰时，即吐丝下垂。老熟后入土化蛹，深度3～4 cm。

成虫有昼伏夜出和趋光习性，雌虫一生产卵85～500粒。其天敌主要有赤眼蜂、寄生蝇、黑蚁及鸟类等。

【防治方法】

(1)人工除虫。包括人工捕捉幼虫和挖蛹。根据幼虫受惊吐丝下垂的习性，用力摇动树木，幼虫震落到地面，及时弄断悬丝，全株震动完毕后，开始收集地面幼虫，扫拢杀死。挖蛹时，可结合除草、松土、施肥等抚育管理，挖出虫蛹并踩死，以减少虫源。

(2)物理防治。利用成虫的趋光性，每公顷左右八角林地设1盏40瓦黑光灯，利用黑光灯诱杀成虫，减轻害虫危害。

(3)化学防治。用90%敌百虫原粉800倍液，或2.5%溴氰菊酯乳油1 500倍液，或10%杀虫威乳油1 200倍液，或2.4%威力特1 500倍液等，可大量杀死幼虫。用桐油1份、松香1份、敌百虫原粉0.5份混合成有毒涂胶，在树干离地面约50 cm处涂成闭合的环圈，宽约10 cm，可防止幼虫爬上树为害。

(4)生物防治。防治八角尺蠖可使用苏云金杆菌粉炮进行防治，每亩放粉炮5只(折合1 kg原粉)；也可在林内释放赤眼蜂防治，一般每亩放蜂2万～5万头。同时，禁止林内打鸟，以鸟治虫，均有较好的防治效果。

(5)营造混交林。具有多种树种的八角混交林地，其生态环境适宜多种天敌生存，有利于控制八角尺蠖发生。

第七节　八角采收和加工利用

发展八角生产，主要目的是获取八角果和八角油。八角果将采收下的鲜八角果经杀青处理后，置于阳光下暴晒或用火或用机械烘烤，即可得到干八角果。然后，作为商品供给国内外市场的需求。

经营八角叶用林的目的是生产枝叶用以蒸取茴油。八角枝叶的采收与加工工艺，直接关系到茴油质量的好坏，设法提高茴油蒸馏出油率和产品深度加工利用，是本章所讲述的问题。

一、八角果的采收和加工

(一)八角果的采收

1. 采收时间

大多数八角产区八角树通常1年结2次果，春造果(又称小造果、返秋果)3～4月份成熟，由于春季气温低，光照少的影响，果实发育不良，瘦小角尖，产量少，占全年产量的10%～20%，加工后的干果色泽差，通常称为“角花”；秋造果(又称大造果)在9～10月份成熟，质量好，产量高，占全年产量的80%～90%，加工后的干果色泽红，通常称为“大红八角”。但地处纬度较高的少数八角产区，如在北纬25°11′的桂林市郊雁山广西植物研究所引种的八角树，一年只有秋造果，没有春造果。八角果的成熟期，随着纬度的北移而有所推迟。成熟的八角果，其特征是果实由青变黄，这时即可采收。据笔者试验测定，8月中旬采收八角生果，干果率为22.3%，9月中旬为27.1%，10月中旬为31.9%。过早采收，果实不饱满，含水量高，晒干率低，果瘦小，果实品质与外观差；过迟采收，果实掉落地下后会被沤坏，果皮易变黑，果实受到损失，降低产品质量和产量，同时也难加工成优质八角，且晒干率不高。一般果用林的八角树，最理想的采收期是春造果在清明节前后1周，秋造果在中秋节前后1周。这时期采收的果，秋造果晒干率可达30%～33%，但作种子用的八角果，必须在10月下旬至11月中旬果实充分达到生理成熟后，果实开裂时采收，才能保证种子的质量。

2. 采收前的准备工作

(1)清理林地。在八角果实成熟前，要先清理八角林地，将树木下的杂草、灌木铲光，以便于捡收部分掉落的八角果。

(2)搞好厂房、晒场、烘炕等场地清洁卫生，最好能经消毒处理后再使用。

(3)准备足够的柴火。主要用来烧水杀青，通常每加工2 kg的生八角果要备足1 kg的生柴火。

(4)认真准备好用具。如采摘用的篮篓、长钩、麻绳等，运输用的扁担、编织袋、箩筐等，加工用的齿耙、铲、扫帚、塑料薄膜等，这些用具虽然属于细小物品，但都是小物大用，缺一不可。

3. 八角果的采收方法

生产上，根据不同季节成熟的八角果实，采用不同的采收方法。

(1)春造果的采收方法　对于产量较低的春造果，一般是待八角充分成熟自然落地后，通过人工地面捡收的方法，直接晒干或加工成茴油。这种方法省工、方便，但由于八角每朵花开放的时间不同，其果实成熟期也不一致，一般从成熟开始到落果完毕，大约1个月，人工捡收很费时间，同时落地的果实因时间长易霉坏，降低含油量，不易加工成优质产品。

(2)秋造果的采收方法　八角果的采收方式得当与否，直接影响翌年八角产量的好坏。对于产量较高的秋造果，采收方法主要有如下2种。

①上树采摘　对于产量较高的秋造果，产区的群众大部分是上树摘果。这个方法虽然费工、费时、工作量大，但是从树上采摘的果实容易加工成优质八角。通常每个工每天可采收50～100 kg。由于八角树较高，而且枝条细而脆，容易折断，因此上树摘果必须特别注意安全，采果时要携带安全带、竹钩、高枝剪。近处用手摘取，远处用竹钩轻轻将果枝拉近再摘或用高枝剪剪摘。将摘下的果放在竹篮里，竹篮放满后即用绳子把竹篮吊下来，地上铺放竹笆，竹篮到地后即自动倒置出来，然后将竹篮再提上树去用(图5-7)。

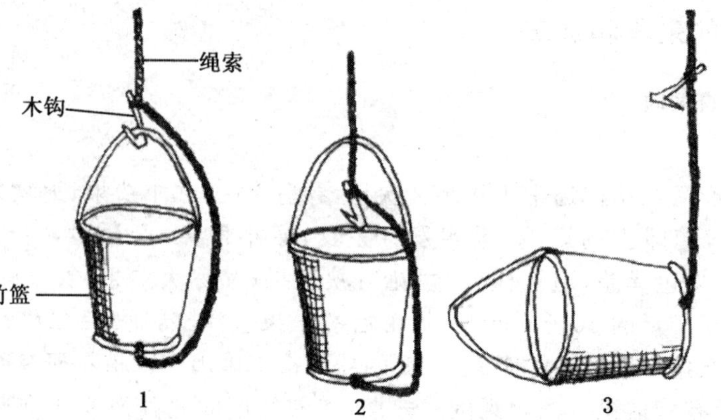

图 5-7　八角采果用竹篮

1.放果　2.脱钩　3.倒果

采摘顺序最好从坡上到坡下，从西面到东面，有次序地采完 1 株再采另 1 株，装满编织袋或箩筐后，收工时搬回加工厂处理即可。

②弹动捡收　由于八角果柄较脆，容易脱落，可采用弹动枝条的方法，待果落地后再捡收。广西金秀县产区的群众喜欢采用这种方法采收果实。这个方法工效高，每个工每天可采收 150～250 kg，少损伤枝条和小果，并且可弹下树上 70%～90%的生果。具体做法是：从顶枝开始，顶枝和较小的枝条用手拍打，粗枝以脚用力一下一下地撞击，使枝条产生较强烈的震动，迫使果实脱柄落地。几天后再弹动 1 次基本落完，剩下弹动不落的可用手摘下。

(3)八角果采收时注意事项

①应选择晴天进行采摘，动作要轻，以增加安全系数和便于果实干燥加工。阴雨天既不便上树采果，也不便于果实的加工处理，因为果实堆集起来容易发热、霉变，质量会降低。

②采收时期，八角树上同时有幼果和正在开放的花，所以采果时既不可用竹竿敲打果枝，也不要碰落花朵和幼果，钩枝不能用力过猛，以免折断枝条，影响翌年产量。

③采果时可顺手把过密枝、病虫枝、枯枝、过高植株的顶部枝条等折断，即采果与修枝整型结合在一起，以提高工作效率，减轻单纯修枝整型的工作量。

④为防止八角树上的各种昆虫，采摘时要扣紧领口和衣袖，以防昆虫爬入，同时配备一些止痒消肿药物，如清凉油、风油精等。

⑤高大八角树外围果实较难采摘，用力钩枝会把枝条钩断，木棍敲打会打落花朵和幼果，这部分果实让其自然老熟落地再去捡回。

(二)八角果的加工处理

八角果实采收后要及时进行加工处理，不能久留。因为跌坏的伤口会变黑，不能加工成优质八角。八角加工处理方法分为自然干燥法和烘烤干燥法两大类。

1.自然干燥法

自然干燥法是指八角在太阳照射下直接晒干或借助风和高温使八角逐渐干爽的最简单、经济的干燥方法。该方法是生产上最常用的方法，其优点有成品颜色好、干鲜率较高、操作简单易行、成本低等，但缺点是晒(烘)干时间长，一般要 4～5 d，受气候条件影响比较大，中途如遇上阴雨天气时容易使八角变质、腐烂，同时需要较宽阔场地，手工操作，机械化程度低、工效低等。自然干燥法包括直接晒干、杀青晒干和薄膜覆盖晒干 3 种。

(1)直接干燥法 将鲜八角直接摊在干净晒场上，在太阳光下晒 4～5 d 可干燥为成品。直接干燥需要场地较阔，在收果旺期，场地不足时，可采用晒 1 d 后先堆放起来，然后边收边分期分批地晒干。直接干燥法成品率高，香味持久，但干品颜色和光泽较差，售价稍低。

(2)杀青干燥法 将鲜八角放入 90 ～100℃水中，不断用木棒搅拌，经 5～8 min 杀青后，八角颜色由青绿色一转为淡黄色时马上要取出，在太阳光下晒 4～5 d 可干燥为成品。杀青的目的是提高细胞的通透性，有利于加快果实干燥。杀青的时间要控制好，杀青不透，干燥后果实偏黑；杀青过久，果肉会溃烂；只有适宜的杀青，干燥后果实的颜色才有光泽，棕红色，质量好，销售价较高，但芳香油挥发大，香味散失快。若遇阴雨天气，也一定要杀青后才能堆放。

(3)薄膜覆盖干燥法 将鲜八角摊在晒场上暴晒至果身发热，收拢堆成长方形畦状，长度视场地而定，宽 70～100 cm，高 20 cm，然后用薄膜覆盖，周围用砖块、木板等把薄膜四边压贴，以达到相对密封的要求。继续暴晒 4～5 h，待薄膜内层凝结有大量水珠，果实颜色由青绿转为黄绿时，除去薄膜，重新摊开翻晒，晚上拢堆成圆锥形，不加盖薄膜。第二天再按此法操作，但薄膜覆盖时间减为 2～3 h，第三天不再覆盖薄膜，4～5 d 即可干燥为成品。

薄膜覆盖干燥法兼有自然干燥法和杀青干燥法的优点，既能使八角颜色棕红漂亮，又能保持八角香味持久，这种方法是较理想的方法。

2. 烘烤干燥法

烘烤干燥法是指八角鲜果在柴火、火炭、热风、高炉蒸汽等烘烤作用下，使八角鲜果逐渐干爽的一种干燥方法。八角属于南亚热带地区山区树种，山区云雾多、雨水多，每年八角果收获季节(8 月中旬至 9 月中旬)都遇上不同程度的阴雨天气，八角果常因来不及加工而变质腐烂。为此，烘烤干燥法主要在遇到阴雨天不能晒时使用，其具有不受天气变化影响，能避免八角果变质腐烂的优点，在生产实际中具有重要的现实意义。烘烤干燥法包括柴火烘烤炉烘干、八角烘干机烘干和高炉烘房烘干 3 种。

(1)柴火烘烤炉烘干 是指建造烘烤炉，用柴火将鲜八角烤干一种方法。建烘烤炉各地形状、规格大小有所不同，要因地制宜。一般烤炉的结构是：炉身四周用耐火砖和三合土砌成，炉高 120 cm、长 200 cm、宽 150 cm，在离地 100 cm 处用 4～5 cm 粗的木条，每隔 20 cm 铺放一条，上面铺放竹笆，四周再用砖砌高 20 cm，以防八角掉下地。1 炉可装杀青的八角果实 100～150 kg。然后，用木炭或柴火烘烤，用 50℃的温度烘烤，经常翻果、烤 2～3 d 即成干品。此法烘出的八角虽然颜色紫红，暗淡无光泽，但品质好，香味浓，容易保管。

(2)高炉烘房烘干 将八角鲜果放入 45～55℃高炉蒸气烘房中，18～24 h 后即可干燥为成品。蒸气烘房可视果实容量和蒸气量大小而定。

(3)八角烘干机烘干 广西职业技术学院研制出八角烘干机主要由热风炉和手拉式百叶箱烘干机两大部件，可使用柴火、煤、电等燃料，每次烘干时间 7～13 h，每次烘干鲜八角 150～300 kg。使用时将八角烘干机加温至 90～100℃时，放入八角鲜果 10～15 min 后，调节温度至 50～60℃，恒温 7～9 h 即可干燥为成品。

(三)八角果的质量要求

1. 常用的几个名词解释

角花八角：指春季成熟期采收、经杀青处理后晒干或烤干的八角果实。

大红八角：指秋季成熟期采收、经杀青处理后晒干或烤干的八角果实。

干枝八角：指落地自然干燥的果实。

杂质：指八角果实外的其他物质，包括果梗。

碎口：指八角破裂后 1～4 瓣连接在一起的碎体。

灰分：指八角高温下炽灼更完全灰化的残渣。

2. 八角干果品质指标

衡量八角干果品质优劣的因素有：①感官性状，如颜色、气味、果形等；②理化指标，如杂质、水分、芳香油、灰分含量和碎口率等。目前八角产品的品质规格各省不同，具体有地区标准、国家标准和国际标准 3 种。如《中华人民共和国八角标准》、《八角国际标准》，参照这些标准加工和销售，有利于八角产品的流通，提高经济效益。各产区种植者和营销户可参照执行（表 5-1、表 5-2）。

表 5-1 八角感官指标

类别	级别	颜色	气味	果形特征
大红八角	一	棕红或褐红	芳香	角瓣粗短、果壮肉厚、无黑果、无霉变、干爽
	二	棕红或褐红	芳香	角瓣粗短、果壮肉厚、无黑果、无霉变、干爽
	三	棕红或褐红	芳香	角瓣粗短、果壮肉厚、无黑果、无霉变、干爽
角花八角	一	褐红	芳香	角瓣瘦长、果小肉薄、无黑果、无霉变、干爽
	二	褐红	芳香	角瓣瘦长、果小肉薄、无黑果、无霉变、干爽
干枝八角	统级	黑红	微香	壮瘦兼备、碎角多、无霉变、干爽

表 5-2 八角理化指标

类别	级别	物理指标				化学指标	
		果体大小/(个/kg)	碎口率/%	杂质含量/%	水分含量/%	芳香油含量/%	灰分含量/%
大红八角	一	不超过 850	6 以下	不超过 0.5	低于 13.5	不低于 7	不超过 2.5
	二	不超过 1 200	10 以下	不超过 1.0	低于 13.5	不低于 7	不超过 2.5
	三	不限	20 以下	不超过 1.5	低于 13.5	不低于 7	不超过 2.5
角花八角	一	不超过 1 200	3.0 以下	不超过 1.0	低于 13.5	不低于 7	不超过 2.5
	二	不限	15.0 以下	不超过 1.5	低于 13.5	不低于 7	不超过 2.5
干枝八角	统级	不限	不限	不超过 2	低于 13.5	不低于 7	不超过 3.0

二、茴油的加工与利用

（一）八角枝叶的采收

1. 八角枝叶的采收时间

通常在八角造林后第 4 年开始即采叶蒸油。叶子的含油量是老叶多，嫩叶少。一般是采收 1 年生以上的老枝叶，采叶的季节以秋后为好，即 11 月份开始，随采随蒸，直采蒸至翌年

2月份为止。这时采的枝叶出油率高,油的品质好。如果采收嫩枝叶和采收时间过早,则蒸得的茴油就少。据测定,8月下旬采收叶子用土法木甑蒸油,100 kg 鲜叶蒸得茴油 0.354～0.384 kg,而11月份则蒸得茴油 0.4～0.5 kg,高出 11.5%～23.2%。现在多用的不锈钢板或铝板蒸馏锅(甑)蒸油,100 kg 鲜叶蒸得茴油 0.6～1.2 kg。

2.八角枝叶的采收方式

采收方式方法得当与否,对叶用林寿命的长短有很大关系。八角树是常绿树种,一张叶片的寿命约3年。小面积经营的茴油林常是隔1年采蒸1次。大面积经营者可分若干个作业区,每区隔1～2年循环采叶1次。不管哪种方式,采叶时不能将整株树的枝叶采光,应该每株树至少留1/3的枝叶。这样,每株树上在任何时候都有少量枝叶进行光合作用,以维持它的生长。如果1次就把枝叶采光,由于树身没有枝叶进行光合作用,树体萌芽就少,甚至不萌芽,林子就很快衰败。广西德保县东关的群众经营茴油林,就是进行合理采摘枝叶,每株树留1/3～1/2的枝叶,这样,不但年年有叶子蒸油,而且茴油林寿命长达60多年,长势旺盛,至今不衰。采收枝叶的方法是用锋利的柴刀,从枝条的基部割断,切口要整齐平滑,才容易愈合而生新枝。同时,使茴油林的高度保持在1.3～1.5 m,树冠70～100 cm宽,才利于管护。

(二)八角茴油的生产工艺

茴油蒸馏的原理是:通过加热产生水蒸气,使茴油随水蒸气一起蒸馏出来,然后利用油水不溶的特点,通过冷凝冷却后,茴油比重比水轻,茴油分布在上层,水在下层,而将茴油分离出来。

1.茴油蒸馏设备

茴油蒸馏设备包括灶、蒸馏锅(甑)、冷凝器和油水分离器4个部分(图5-8)。

图5-8 八角茴油蒸馏示意图

1.灶口 2.铁锅 3.蒸馏锅 4.出水口 5.进水口
6.冷凝器 7.油水分离器 8.油出口 9.水出口

(1)灶 用砖头砌成,一般应选在有水源的地方砌灶。为便于操作,炉灶的2/3应砌在地下。

(2)蒸馏锅(甑) 以前多用木甑作蒸馏锅(甑),现已经淘汰了,目前生产上多用厚 0.5 cm 左右的不锈钢板或铝板做成的蒸馏锅(甑),其主要用途是作为盛枝叶的容器,是蒸汽与枝叶接触的场所,茴油即在此汽化蒸出。

(3)冷凝器 冷凝管一般用铝管或用锡管制成。用不锈钢板或铝板作外壳,混合蒸汽在管内冷凝冷却,冷却水在管外桶内流动。冷凝面积视蒸馏锅(甑)的大小而定,一般蒸馏锅(甑)容量为 300 kg 的,冷凝器面积约 1 m^2;容量为 500～1 000 kg 的蒸馏锅(甑),冷凝面积约用 2 m^2。

(4)油水分离器 油水分离器的大小应根据生产能力确定,一般油水分离器的容积是蒸馏锅(甑)的 3%左右。分离器用不锈钢板或铝板制作。必须使油流出管的管口与水排出管的管口有一定高差。

2.茴油蒸馏工艺流程

八角茴油蒸馏工艺流程可概括为:备料—装料—密封—蒸馏—油水分离—卸料。

3.茴油蒸馏操作要点

(1)备料 为了提高出油率和装锅量,先将枝叶中过粗(围径超过 2 cm 的)、过长(一般以长 40 cm 左右为宜)的枝条除掉。

(2)装料 装锅前,锅内先加满水,然后将原料加入蒸馏锅(甑)。要求装得均匀紧密。装完后,盖上盖,将漏气的空隙塞封好。

(3)蒸馏 装完锅后,应加大火力,使锅内的水保持全面沸腾状态,注意调节火力。要经常检查注水管,如冒气,应及时加水,防火因干锅烧焦而使油变黄,降低等级。

(4)卸料 茴油蒸馏设备一般不太高大,而茴叶枝条较长,所以蒸馏锅(甑)一般不另开卸料口,而是将锅盖打开后,用铁叉将废料掏出来。这种出渣方法,劳动强度较大。

卸料后,应检查蒸馏锅(甑)。每蒸 3～4 锅(甑)要清洗 1 次锅(甑)。土法木甑蒸馏,一般 1 锅需用 10～12 h,不锈钢板或铝板蒸锅(甑)需用 4～6 h。

(三)提高八角茴油蒸馏得油率的技术措施

八角茴油是由八角枝叶经水蒸气蒸馏而得。当前,产区八角茴油生产仍以土法蒸馏为主,土法蒸馏一般选择山脚有河溪长期流水的地方生产,以木柴作燃料,甑身采用木板或铝板制作,甑盖上安装 1 只瓦质冷却器,以竹管或铝管为导液管,以铝制桶为油水分离器,接口处均用黄泥密封。这种土法蒸馏设备对于山区八角产地,交通不便、原料运输困难的地区,具有现实意义。但是采用土法蒸馏得油率只有 0.4%～0.6%,不及采用锅炉工业化得油率 1.0%～1.5%的一半,其主要原因陈设备原始落后外,还与原料处理不当、接口漏气严重、冷却面积不够、油水分离不彻底等因素有关。根据实地调查分析,采取如下几项措施可以提高茴油蒸馏得油率。

1.处理好枝叶

茴油蒸油一般采用鲜枝叶,有时也采用干枝叶。枝叶处理好坏与否,也会影响蒸馏得油率。用(干)八角鲜枝叶蒸油时,一要认真检查好八角枝叶,不能使杂草或其他枝叶掺入,以免影响茴油得袖率和质量。二要切碎八角枝叶。据试验,枝叶切碎蒸油比不切碎得油率提高 10%以上,切碎枝叶长度以 10～20 cm 为宜。三要尽量避免鲜、干枝叶混合蒸馏,因鲜干枝叶蒸油所需时间不同,若二者混合蒸馏,不仅造成燃料的浪费,而且得油率也不高,效益欠佳。四是若用干枝叶蒸油时,应提前 2～3 d 将干枝叶切碎,并放入水池浸泡 1～2 d,这样既有利于缩短蒸油时间，节省燃料，又有利于提高得油率。

2.讲究装料技术

蒸馏装料应将处理过的碎枝叶装在离蒸锅水面上5～10 cm处，如果将原料浸泡在水中蒸馏，得油率会减少15％～30％，蒸馏时间要延长0.5～1 h。同时，装料时要求松紧一致，锅的四周要稍加压紧，以利于蒸汽均匀上升，使各部位的原料均能与水蒸气接触，可以提高得油率和缩短蒸馏时间。若装料不均匀，松紧程度不一样，就会出现空隙，水蒸气不与八角枝叶接触，而直接从空隙流出，这样浪费大量的蒸汽，降低得油率，延长蒸馏时间。另外，尽可能把枝头与叶片分开蒸馏，如要同甑蒸馏时，应把叶片放在甑下层，枝头放上层。

3.掌握好火候

茴油土法蒸馏所采用的燃料为木柴，为使木柴能充分燃烧，提高热效率，炉灶应安装有炉桥。同时，要严格控制好火候，火候强弱是影响茴油得油率的因素之一，总的要求是初生火时火候要猛，目的是使锅内的水尽快沸腾，产生蒸汽使原料受热均匀，待看到有馏出液流出时，火候可弱些，但要均匀稳定，确保锅内水常沸，最后在停火前12～20 min时，火候要稍加大，使残余的茴油尽量蒸出来。

4.防止接口漏气

茴油土法蒸馏设备落后，组成部件多，接口多以黄泥作主要密封材料，漏气现象普遍严重，影响得油率的提高。为此，对组成部位尽量做到能连不分，对使用密封材料视连接时间长短而定。一般来说，对固定时间较长的永久性接口处可选用水泥作密封材料，对临时固定的暂时性接口处应改用石灰、黄泥、草木灰等混合材料，条件允许的地方可改用橡胶密封圈密封。

5.增加冷却面积

增加冷却面积是提高得油率的一条重要措施。土法蒸馏一般使用蒸盖进行1次冷却，面积小，效果差，如在馏出液出口管上再安装上1个蛇管型或列管型冷却器，进行2次冷却，加大冷却面积，得油效果较好。在条件不成熟地方，可通过延长馏出液出口管浸泡时间，加大冷却用水流量，也取得一定效果。

6.控制蒸油时间

土法蒸取茴油时间一般每锅鲜枝叶4 h左右，干枝叶6 h左右。时间太短，得油率低，时间太长，则增加成本，因此正确判断蒸馏终点，才能获得理想的效益。常用判断终点方法有2种：①看馏出液的油珠从大变小，从小变“油花”，取少许于指尖上嗅其味道；②取1只500 mL容量的烧杯装400 mL馏出液，观察是否有细小油珠上浮。

7.改进油水分离器

目前土法蒸馏油水分离器一般采用1只直径约30 cm、高40 cm的铝制桶，因茴油比重小于水，油浮于桶面上，水从桶底溢口处流出。由于分离出来的水没有及时收集复蒸，加上桶没有油、水流出口，致使已蒸出的茴油流失较多，影响到得油率的提高，因此需对油水分离器进行改进，建议采用有梯度的3～5级分油器，进行连续多次分离，对分离出来的水加以收集，及时进行复蒸，以提高茴油蒸馏得油率。

通过上述改进和完善，八角茴油土法蒸馏得油率由原来0.4％～0.6％提高到0.8％～1.2％，产生较高的经济效益。

(四)茴油的性质与质量标准

1.茴油的性质

八角茴油是一种成分复杂的芳香油,具有天然八角茴香的芬芳香气。无色或淡黄色的液体。暴露空气中容易氧化,颜色变深,质地变黏稠。其主要成分为反式茴香脑,其次是茴香醛,还有少量的桉树脑、烯、α-蒎烯等,详见表5-3。

表5-3 八角茴油主要成分

序号	化合物名称	相对分子质量	分子式	相对含量/%
1	α-蒎烯	136	$C_{10}H_{16}$	0.34
2	香叶烯	136	$C_{10}H_{16}$	0.10
3	α-水芹烯	136	$C_{10}H_{16}$	0.08
4	Δ^{8}-蒈烯	136	$C_{10}H_{16}$	0.40
5	对伞花径	134	$C_{10}H_{14}$	0.22
6	烯	136	$C_{10}H_{16}$	0.58
7	桉树脑	154	$C_{10}H_{18}O$	0.67
8	T-萜品烯	136	$C_{10}H_{16}$	0.07
9	芳樟醇	154	$C_{10}H_{18}O$	0.12
10	α-萜品醇	154	$C_{10}H_{18}O$	0.41
11	草蒿脑	148	$C_{10}H_{12}O$	0.38
12	茴香醛	136	$C_8H_8O_2$	2.27
13	反式茴香脑	148	$C_{10}H_{12}O$	90.72
14	茴香酮	164	$C_{10}H_{12}O_2$	0.06
15	α-芭烯	204	$C_{15}H_{24}$	0.26
16	石竹烯	204	$C_{15}H_{24}$	0.50
17	β-香柠檬烯	204	$C_{15}H_{24}$	0.30
18	甲基异丁香酚	178	$C_{11}H_{14}O_2$	0.16
19	甜没药烯	204	$C_{15}H_{24}$	0.01
20	对丙烯基苯酚异戊烯醚	202	$C_{14}H_{18}O$	0.41

2.茴油的质量标准

茴油是我国传统出口商品之一,其出口的规格是:比重,20℃时是0.98~0.99,25℃时是0.978~0.988;折光率(n^{20}),1.553 0~1.557;光度(α_{20}),$-2°\sim+0°36'$;凝固点,15~18℃;乙醇溶解度,90%乙醇溶解度1:(1.5~3)或以上;茴脑含量,80%~90%;颜色,无色或淡黄色,略具黏性;沸点,233℃(茴脑)。

(五)茴油深度加工利用

目前,国内对茴油浓度加工尚处于开发研究阶段,茴油深度加工的品种屈指可数,主要有茴香脑、茴香醛、茴香酮、茴香醇、茴香腈、茴香基丙酮等一些深度加工品种,其经济效益可观,市场广阔。

技能实训1　八角嫁接

一、实训目的

学会芽的识别和两种嫁接技术，了解提高嫁接成活率的主要措施。

二、材料与工具

(1)材料　适龄八角树。

(2)用具　每人切片刀、芽接刀各1把，磨刀石2个，芽接箱1个，塑料带若干。

三、实训内容

先由老师讲解和示范，然后分头练习，定时检查与考核。

1.芽接法

芽接法适用于茎粗1.5 cm以上砧木和接穗的嫁接法，采用单芽腹接的方法进行嫁接，它的简要过程是：①选择高产优质母树培育芽木，作为嫁接的基础；②培育生长势良好的实生苗作为嫁接用的砧木；③从母树上和采穗圃的采穗树上锯取芽木；④从芽木上切取芽片；⑤修整芽片；⑥在砧木上开芽接口，拉开腹皮，将修整好的芽片放置于接口内；⑦捆绑；⑧解绑；⑨逐渐锯断砧木枝干，及时摘除砧木萌芽；⑩护芽成苗，培育成优良芽接树。

2.短穗切接法(简称穗接法)

用穗接法嫁接的接穗裸露部位较多，宜于荫蔽条件较好的地段进行，一般是于有荫蔽的苗圃内嫁接，对于大面积林地嫁接，则应注意选择凉爽季节，即3～5月份和9～11月上旬，才能提高接活率。用穗接法嫁接可以充分利用青绿和芽眼密集的小接穗，也是一种较好的嫁接方法。嫁接操作分为以下5步：

(1)切削接穗。选用茎粗0.7～1.2 cm的优树向阳部位结果枝作为接穗，用芽接刀在离准备选用的芽点下方约0.5 cm处向下平削，刚深及木质部、削去的皮层，成长约2 cm的大切面，接穗上端留2～3个芽点，切断成长5～6 cm的短穗，断口斜向主芽的背面，斜度25°左右。切口接面修削必须平滑，而且保持清洁，切削好的短穗，必须迅速插入砧木切口，接面与切口吻合，形成层对准。

(2)选用适合的砧木、开接口。选与接穗粗细相近的实生苗(树)，保留有1～2个叶蓬或叶片的高部位，再切削好待接的短穗接面，即在砧木上作平面截去上部主干，在断面的一侧用芽接刀深及木质部纵切接口，接口深宽比备好的短穗大切面要宽长一些。一般约深长2.5 cm以下，以便插入接穗。插入的插穗必须与砧木切接口吻合，形成层对准。

(3)捆绑。将插入砧木切接口的短穗，使切面对准，如接穗比砧木小，接穗切面对准切面的一边形成层，然后用宽约1.5 cm的塑料带将接穗与砧木捆绑紧贴在一起。捆绑时，先从砧木切接位下部捆绑一圈固定接穗位置，然后逐圈向上捆绑3～4圈，把接位密封起来，并将塑料带绕过接穗顶端切口，再拉下来缠紧在砧木上。捆绑时注意检查，密封程度达到紧固和防止雨水渗入的目的，而且绑好后芽点要露出来，不妨碍接活后芽点的萌动抽出。

(4)解绑护芽。嫁接后25 d左右，接口基本愈合，接穗良好的芽已开始萌动，此时就可以解开捆绑的塑料带。先解脱绑在接穗点附近的塑料带，使接芽萌动生长，待生长抽出的叶蓬稳定老化后35～40 d，就可以逐步解除捆绑，并且注意护芽及时修摘砧木芽，使营养集中，接穗生长健壮。

(5)嫁接管理应注意事项：①分地段芽接不同品系，嫁接前做好品系分配的地段规划，嫁接后要做好记录，写明品系、株数，分别记录嫁接、解绑、截干处理的日期和嫁接成活株数，以利生产安排。②加强施肥、管理，对提供接穗的母树和嫁接苗，要注意施肥在有条件的地段(尤其是苗圃)要保持适当的荫蔽。

四、考核方法与标准

(1)考核方法　单人考核。

(2)考核标准　见表表。

序号	考核内容	考核标准	分值	得分	综合评价
1	实训态度	实训认真，积极主动，操作认真	20		
2	相关知识	懂得嫁接的作用与原理及方法	10		
3	操作技能	熟练使用嫁接刀及其他捆绑； 嫁接熟练； 嫁接部位合理，接穗的长度及剪口部位恰当； 成活率高	40		
4	实训报告	内容完整，书写规范、正确	30		
5	合计		100		

技能实训 2　参观调查八角茴油蒸馏生产情况

一、实训目的

掌握八角茴油蒸馏生产主要方法。

二、材料与用具

(1)材料　交通工具(或交通费)、交通图，调查八角茴油蒸馏企业情况。

(2)用具　笔、记录本、数码相机。

三、训练步骤

(1)5人一组，在教师指导下制订调查计划和调查项目记录本。

(2)按计划分组对所调查八角茴油蒸馏生产企业进行现场调研，拍照记录调查八角茴油蒸馏情况，笔录调查项目并及时对调查材料加以整理。

(3)分析调查结果，将不同小组的调查材料整理汇总成文。

四、成绩评定

(1)小组调查原始记录资料及其整理文稿。(40分)

(2)小组调查结果分析汇报(PPT)。(40分)

(3)全部调查资料整理汇总材料。(20分)

[复习思考题]

1. 柔枝型八角和普通型八角各有什么主要特点？

2.八角树开花结果有什么规律？
3.八角树对环境条件有什么要求？
4.影响八角树落花落果的主要因素是什么？
5.提高八角树嫁接成活率的主要措施是什么？
6.八角结果树何时施追肥？怎样施追肥？
7.炭疽病危害八角树有何症状？怎样防治？
8.煤烟病危害八角树有何特点？怎样防治？
9.八角金花虫危害八角树有何特点？怎样防治？
10.八角尺蠖危害八角树有何特点？怎样防治？
11.八角果的加工处理主要有哪些方法？各有何优缺点？

第六章 肉　　桂

【学习目标】

了解肉桂生产概况及国内优良品种；熟悉肉桂生长发育特性及生态特性；掌握肉桂优质高效标准化生产的关键技术；学会独立进行肉桂常规管理工作的方法和能力。

第一节 概述

肉桂（*Cinnamomum cassia* Presl.）是樟科樟属的热带、南亚热带常绿乔木，是华南地区特有的经济树种。其别名有玉桂、广西桂、牡桂、天竺桂、桂树等，主要产品有桂皮和桂油，广泛用于医药、食品及轻工业，除供国内需要外，还是我国传统出口创汇物资之一。

一、肉桂的经济价值

肉桂树全身是宝，集香料、药材及用材于一身。其枝叶可蒸油；提炼桂油后的残渣还可制碱；树皮可制成各种规格的桂皮；小枝、叶柄、叶芽、果实及宿存的花被均可入药；木材优质，全树无废弃物，有较高的经济价值。

桂皮是我国及东方一些国家和地区（如日本、新加坡、香港等）传统的珍贵中药，其性味辛、甘、大热，药理作用为温中补肾，散寒止痛，扩张血管和使血液循环旺盛，对胃肠有缓和的刺激作用，促进胃液分泌，增强消化机能，缓解胃肠痉挛性疼痛等功效，主治腰膝冷痛，虚寒胃痛，慢性消化不良，肚痛吐泻，受寒经闭等症。据报道，锡兰桂皮尚有抗癌、防癌作用。民间常将含油分多的桂皮收藏备用，据说久藏后治腹痛、感冒和老年气喘咳嗽有特效，久服可延年益寿。桂皮被视为医药中的珍品，为著名国药，常与人参、鹿茸并称，称之为“参、茸、桂”，在中药配方中广为使用，对老年弱者有奇效。

另外，桂皮还普遍作为贵重香料，在食品工业和轻化工业广泛使用。西方国家的主食面包、炸面饼圈及烤制点心前都要把香料揉入生面中，然后进行烤制，需要用一些对热性质比较稳定的香料，如肉桂、香兰素等作为主要辛类香料使用。桂皮还用作腌制食品和制饮料增香剂，配制咖喱粉。北欧国家还广泛用于增添麦片粥和烈酒的风味。欧美国家有名的维也纳香肠、火腿、汉堡肉饼及咖喱粉的配料中，肉桂均占有一定的比例，在维也纳香肠中占5%，汉堡肉饼中占9%等。在墨西哥则用来配制食品的浸制，大量肉桂粉已进入食用肉类产品中。在国内,也是重要的食品香料之一,如五香粉等调料和五香豆、五香豆腐干等食品,均少不了肉桂。

桂油泛指从桂皮、桂枝叶、果实和根皮提取出来的芳香油,常说的主要是枝叶蒸油。它是一种成分复杂的芳香油,主要成分是肉桂醛,还含有水杨醛、香豆素、乙酸桂酯、苯乙酮等几十种以上成分。桂油既可直接用于调配食品饮料,也可合成各种高级香料,医药上使用也很广泛。在饮料和食品工业中,桂油可作增香剂和防腐剂,凡是“可口可乐”、“百事可乐”等可乐类饮料均不能缺少桂油。欧洲国家流行的“冬青油饮料”、“利口酒”、“姜汁酒”等,也必用桂油作配料。

桂油内服可做健胃祛风剂,外敷可治胃痛、胀气绞痛、风湿、皮肤瘙痒及汤火灼伤等症。如长期窖藏,药用效果更好。桂油有强大的杀菌药理作用,尤其是对革兰氏阳性菌的杀灭效果比对阴性菌好;对葡萄球菌、痢疾杆菌等有奇效。广泛使用的清凉油、麝香风湿油、黑鬼油、红花油等均含有桂油成分。凡是各种祛风油类药物皆含有桂油。治麻风病的“苯丙砜”也以桂油为主要成分之一。在西方国家,用桂油合成的桂醇、桂酸、溴代苏合香烯、桂酸酯作为香精,是配制名烟、名酒、高级化妆品、牙膏和香皂等的贵重香料。

从肉桂树上采集 2～10 mm 粗的枝条,晾晒干后,切成 40 cm 长,便成中药用的桂枝;采收未成熟的果实,晒干后就是柱子;采集叶片从基部剪下叶柄晒干后成为桂丁;采刚抽出尚展叶的嫩芽晒干,又是中药上的桂尖;果实成熟脱落后宿存的花被晒干即为桂盅。这些产品,各自的药理作用皆不尽相同,在中药调方中均不可缺少。桂叶还可作为肉类罐头的香料。

蒸制桂油后的枝叶,过去都作为废弃物或做燃烧料用。现在把叶片收集晒干,粉碎成饲用桂叶粉。据报道,在饲料中添加桂叶粉可增强牲畜的抗病性,促进长膘,还可减少牲畜粪便的恶臭味。澳大利亚和加拿大均要求大量进口。

肉桂树木材材质优良,边材为黄褐色或灰黄褐色,心材浅红褐色,结构细致,干燥后不易开裂,木板变形小,是优质板材之一,可制作高档家具和开发多种高档木制品。在山林中常见肉桂和松、杉、竹、杂木等混种,针阔混交,具有一定的涵养水源作用,因此肉桂既是一种经济树种,又是一种防护树种,具有较好的生态效益功能。此外,肉桂还具有树形美观、常年浓荫茂密、花果气味芳香的特点,还可作为庭园绿化树种。

肉桂原产于我国广西、广东两省(区)湿热山区,栽培历史悠久。我国肉桂生产主要分布在广西、广东,其次为海南、云南、福建,四川、江西、贵州、湖南、台湾、浙江等省南部都有少量种植。

二、国内外肉桂生产贸易现状

世界肉桂种植区主要集中于亚洲的印度尼西亚、中国、斯里兰卡、越南和非洲的塞舌尔、马达加斯加等几个国家和地区。肉桂的栽培品种和野生品种较多,现在国际市场上的肉桂,实际上主要指樟科樟属肉桂组 21 种树种中的中国肉桂与锡兰肉桂,虽然两者是不同的树种,但都可作为香料用。我国是肉桂原产地和主产国,大面积人工种植主要是中国肉桂,按产地分为两大类:防城桂和西江桂;我国种植的还有少量越南肉桂,锡兰桂只是引种试种。越南多数种植的主要还是中国肉桂。我国学者将越南清化桂、安南桂、芒罗桂等这些皮层和含油量都高于中国肉桂的品种统一定名为南肉桂,认为是中国肉桂的大叶变型,但这些品种的种植面积和产量十分有限。

据不完全统计，2009 年我国肉桂保有面积为 33 多万 hm^2，桂皮产量 4 万多 t，桂油产量 1 000 多 t。我国肉桂主产区是广西、广东、云南和福建等地。广西是肉桂的重要产区，广西肉桂保有面积 16.7 万 hm^2，桂皮产量 2 万～3 万 t，桂油 600～700 t，桂皮产量约占全国总产量的 50%，桂油产量约占全国的 60%。广西主要分布桂西南和桂东，国家质检总局于 2008 年 9 月公告批准对广西肉桂实施地理标志产品保护，我区的防城港市防城区、东兴市、上思县；梧州市蝶山区、蒙山县、藤县、岑溪市、苍梧县；玉林市福棉区、博白县、容县、北流市、兴业县、陆川县；贵港市平南县、桂平市、百色市那坡县；贺州市昭平县等 18 县(市、区)的肉桂主产区被列入保护范围，是目前我区保护地域范围最广的地理标志产品。广东是我国肉桂生产发展较大的一个省，其主要分布在西南部的西江流域。近年来，在肉桂产品加工业上，由于产品多渠道出口和中小企业的崛起，各产地都兴办一些桂皮和桂油加工厂。据不完全资料统计，目前我国桂皮加工厂约 60 家，桂油加工厂约 20 家，桂类加工厂约 15 家。

我国的桂皮销路大致是 80%出口，20%为国内销售。我国桂皮产品是传统的出口物资之一，国际市场上 90%的桂皮用作香料，10%用于药用。2009 年中国桂皮出口贸易数量 4.18 万 t，贸易额 4 069 万美元，平均出口单价 0.97 美元/kg，出口销售量前 10 名的国家和地区有印度、孟加拉国、阿拉伯联合酋长国、巴基斯坦、沙特阿拉伯、苏丹、日本、新加坡、香港、也门。其中香港、阿拉伯联合酋长国和新加坡 3 个国家和地区是桂皮国际贸易的中转站，这前 10 名国家和地区的出口贸易数量占全年总出口量的 90%左右。

我国桂油主要销往欧洲、亚洲和北美洲等 20 个国家和地区。2009 年桂油出口数量为 26.922 万 kg，金额为 47.584 7 亿美元。平均出口单价为 17.68 美元/kg。出口国家和地区数量为 20 家。2009 年我国桂油出口到前 10 名的国家和地区有英国、墨西哥、日本、美国、新加坡、香港、荷兰、德国、法国、印度尼西亚。

据业内人士估计，国内市场每年桂皮和桂类需求量 8 000～10 000 t，销售市场以北方为主，70%作为香料，30%作为药用。每年桂油需求量 1 000 t 左右，以轻化、食品工业和药用为主。近几年来，国内市场桂类产品的销售形势一直较好，价格稳中有升，桂皮由 2005 年的市场收购价 0.8 万元/t 上升到 2010 年春的 1.3 万元/t；桂油 2005 年的市场价 8 万元/t 上升到 2001 年春的 14 万元/t，随着中国—东盟自由贸易区的建成和人民生活水平的提高，国内肉桂产品的需求量必定增加。

三、肉桂生产发展趋势

1. 加强肉桂品种选育种研究，提高肉桂种管水平和品质

一要加强肉桂品种选育种研究，以提高其品质和产量。二要因地制宜，适地适种，建设好肉桂种苗生产基地，为生产提供良种壮苗。三要依靠科技兴林，大力推广应用先进技术。四要适当延长采收时间。这是提高肉桂产品质量的一个重要条件，要保留一部分桂树在树龄 8～10 年甚至更长时间再采收，这样可以提高产品的品质，调整等级结构，提高产品在国际市场上的竞争力。五是为了肉桂出口持续稳定发展，应注意施用化肥、农药残留问题，使产品质量和卫生标准符合国际要求，发展肉桂绿色食品。六要加强对肉桂病虫害的研究和预防工作。做好肉桂病虫害的预测预报工作，发展肉桂混交林生产，提高林地生态综合防治功能，使损失减轻到最低限度。

2. 提高肉桂产品加工水平，增加肉桂产品的附加值

一要不断开发肉桂系列产品深度加工和综合利用，不断扩大肉桂产品的应用领域，尤其是在食品、医药、保健品等领域的应用。二要对肉桂产品应进行分级包装并向高档化发展。三要主动寻求国际合作，借助国外的资金、先进的生产技术和科学的管理经验，使我国肉桂产品的加工水平和开发能力尽快上一个新台阶。

3. 制定优惠政策，推进肉桂产业化经营

一是制定一套鼓励和扶持改良低产肉桂林、淘汰更新落后桂油蒸馏设备的优惠政策；建立政府对肉桂产业的信贷扶持和优惠利率贷款政策；提供低息贷款，协助桂农改善生产、加工和经营条件，提高效益。二是推进肉桂产业化经营。目前，桂农与市场之间还没有建立起稳定的联系，买难卖难、资金短缺、缺乏技术指导等常困扰着桂农，如何将桂农引向市场，把千家万户分散经营与统一大市场连接起来，是生产上急需解决的问题。因此，肉桂产区各级政府应进行引导和组织，采取“公司加农户”的现代化经营管理模式，公司提供资金、技术、加工、销售、信息等服务，桂农提供土地、劳力，二者结合起来，实现林工贸一体化、产供销一条龙的生产经营格局，为实现肉桂产业化经营创造了条件。

4. 建立肉桂市场预测预报系统，开拓国内外市场

一是开展国内外市场调研，建立肉桂国内外生产、供给、需求、市场价格变动的预测预报系统。二是加大国内市场的宣传力度，扩大国内市场需求，实现国内外市场“双赢”的策略。三是要成立肉桂产业协会，由种植企业和个人、加工企业和个人、贸易企业和个人组成。协会的主要工作是对内交流技术、信息，对外实施肉桂出口商品招标、出口协调、组织反倾销应诉、开展对外促销和参加广交会组馆工作等方面工作，起到协调、指导和服务作用，维护生产经营者的利益。

第二节 肉桂生物学特性和品种资源

一、肉桂的生物学特性

(一)形态特征

1. 根

肉桂为直根系深根性植物，其根系可分为主根和侧根。

(1)主根　苗圃 1 年生幼苗的主根长 10～15 cm，地下部分等长于或稍长于地上部分(根冠比 1∶0.8 或 1∶1)。大田 2 年生幼林，主根深达 57 cm，根冠比 1∶3 左右。16 龄生肉桂树，主根深达 1 m 以上，根冠比 1∶(6～8)，有主根三叉生长现象(图 6-1)。

(2)侧根　幼龄肉桂树侧根细长，层次不明显，成龄肉桂树侧根分生等级多，层次明显，形成圆锥状分布侧根群。垂直分布：1 年生幼苗侧根多在土层 0～5 cm 之间，大田定植的 2 年生幼苗侧根多在土层 5～20 cm 之间，16 年成龄肉桂树，侧根多在土层 35～40 cm 之间。水平分布：以主根为中心，侧根的水平分布为 1 龄幼苗 6～12 cm，已分生 2 级侧根，2 年生幼苗侧根长达 30～43 cm，16 成龄肉桂树侧根长达 60～80 cm。

肉桂根系无论主根和侧根都有浓郁的肉桂香味。据报道，肉桂根系有菌根，有固氮作用。肉桂长期生长在山区森林环境下，并同各种灌杂森林木混生，使其根系形成较顽强的生命力。机械倒状或土壤冲刷而露根的5龄以上树，虽只有30%根系接触土壤，久经风吹日晒仍能维持植株生长。

肉桂再生萌蘖植株基部能长出不定侧根吸收水养分。因此，砍剥后萌蘖更新可以连续剥皮更新5～10代，如加强培土施肥，不定根生长良好，更可延续经营收获更多的世代数。

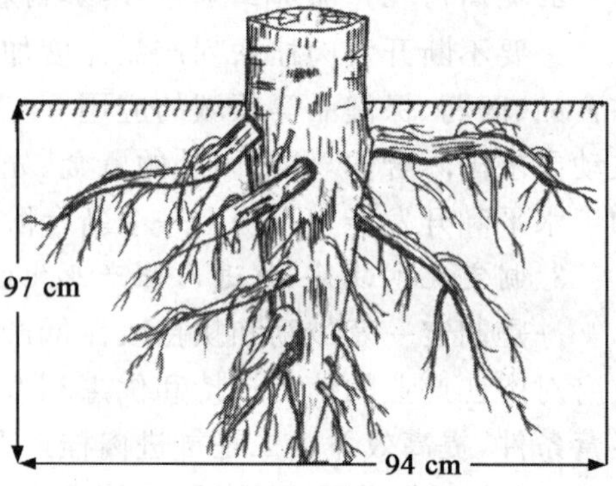

图 6-1　肉桂树根系

2. 茎

肉桂主干通直，在分枝以下主干粗度变化较小，树皮较厚，并有肉桂特有的芳香气味。13年生的肉桂树，株高达8～16 m，胸径25～30 cm，皮厚0.6～0.9 cm，一分枝部位较高，一般2 m左右分枝，2 m以下枝条多自然枯落。主枝呈层次互生向上，幼龄枝分枝角度约45°，成龄树主枝平伸。1年生枝条圆柱形，当年生枝条呈四棱形，均具纵向条纹。树冠圆锥形，株高大于冠幅，幼苗树干为黄绿色，成龄树为灰褐色，树皮表面密布灰白色斑块。

肉桂高大圆直的主干和粗壮的枝条给剥取桂皮和采叶蒸油提供良好的条件，主干和枝条砍伐后都有很强的萌芽生长能力。

3. 叶

肉桂叶片为单叶，其变叶性和可塑性较大，互生、对生或近于对生，有的品种如清化肉桂同一株上几种叶序兼而有之。叶形有披针形、广披针形、长圆形、椭圆形和阔椭圆形等，先端尖或楔形或钝形，叶的大小因品种而异，一般长8～20 cm，宽4～6 cm，大叶的品种（如清化肉桂）一般长20～26 cm，宽8～9 cm，最大的长36～47 cm，宽11～14 cm，嫩叶淡绿或紫红色，老叶深绿，厚而革质。主脉多为离基三出脉，在背面突起，少数品种为3～5条突出于叶之两面（如锡兰肉桂），叶表面多光滑油亮，细脉不明显，背面较淡绿而疏生短茸毛，并可见细脉微突。叶柄粗短而有沟，长1.5 cm左右，被黄褐色柔毛，嚼之有浓烈香气。其甜辣味和叶形态在品种识别上是个主要的鉴别依据（图6-2）。

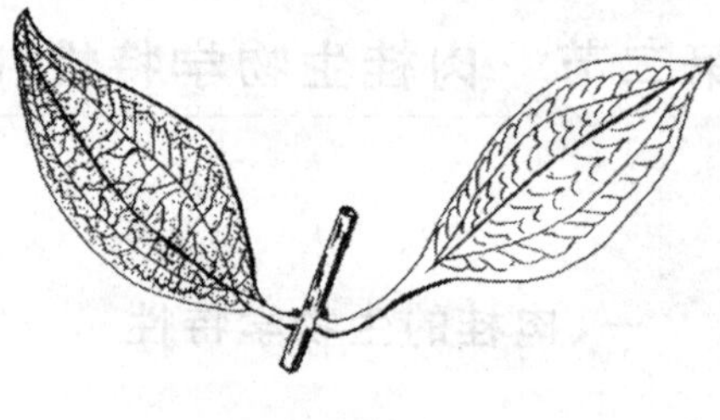
图 6-2　肉桂叶片

4. 花和果实

肉桂花为圆锥花序，近顶生、顶生或腋生，长8～17 cm，3级分枝，总花梗的长度为花序的1/2或略大于1/2，各级序轴淡黄色。两性花，花朵很小，白色或黄绿色，个别品种为黄色，花梗长2～8 mm，花被管长2～3 mm，6裂片与花被管近于等长。发育的雄蕊9枚，3轮排列，与花柱等长而略短于花被裂片，花药4室、瓣裂，退化雄蕊心形，紫色，长约雄蕊的1/2，腺体带白色，长约雄蕊的1/3，子房1室。核果（亦有认为属于浆果），椭圆形或近球形，长0.8～1.5 cm，直径0.5～1 cm，成熟时黑色或紫黑色，内具棕褐色种子1枚。种子千粒重250～385 g，花被裂片脱落后，果下宿存的花被形成边截平或略呈齿裂的浅杯状果托，花期因栽培环境和品种不同而有差异，一般两广在 6～8 月份，果实成熟期为翌年 2～3 月份(图 6-3)。

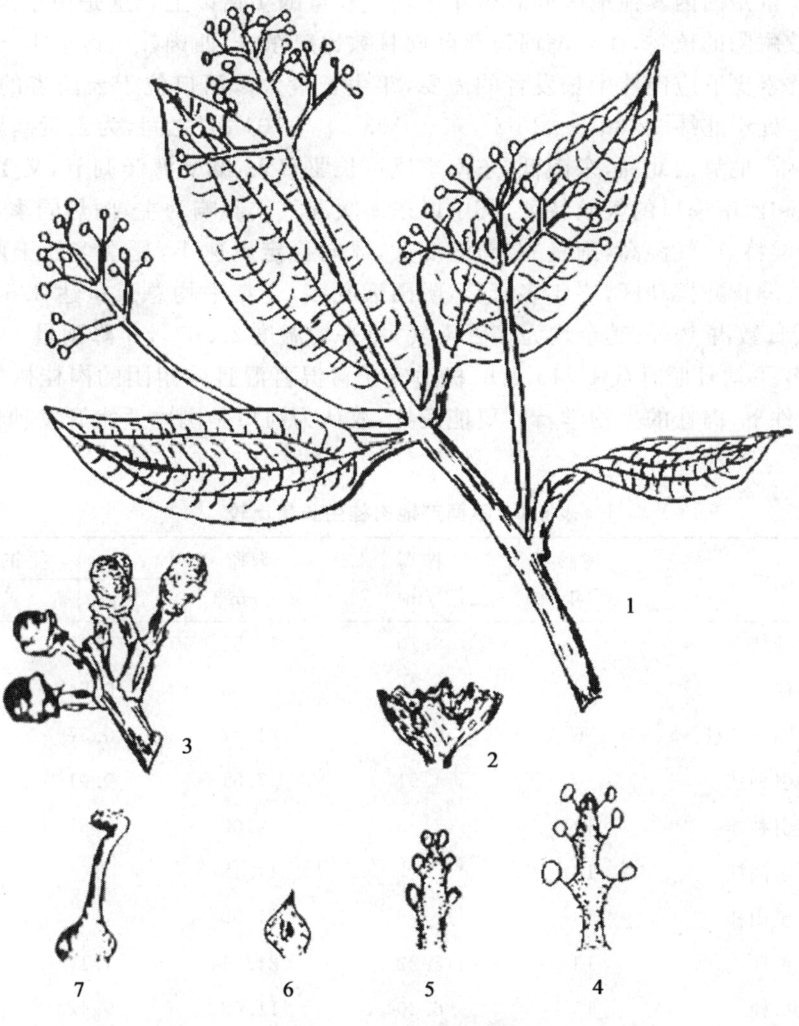

图 6-3　肉桂花和果实

1. 花枝　2. 花　3. 果序　4. 第 1、2 轮雄蕊　5. 第 3 轮雄蕊　6. 退化雄蕊　7. 雄蕊

(二)生物学特征

肉桂原产于热带、亚热带季风气候区内的丘陵山地，生长在土壤湿润、肥沃和静风的环境条件下，在长期系统发育过程中形成了喜温暖潮润气候和深肥土壤，幼龄期需要适当荫蔽度的半阴性植物。

1. 年间高粗生长发育规律

在幼龄阶段，肉桂生长很缓慢。3 年以后开始迅速生长，10 年后又渐趋缓慢。育苗 1 年生的苗高 38 cm 左右；定植后，1 年的实生小树平均高度仅 45 cm 左右，2～4 年生高 1.5 m 左右，年平均增高 35 cm，5 年以后生长加快，11 年生树一般高 4～7 m、胸径 4.5～6.5 cm，5～11 年树年均增高 40～80 cm；较速生的引进越南肉桂种，定植后 5 年高 2 m 左右，12 年高 6～9 m，胸径 6～10 cm，6～12 年平均增高 50～100 cm。

不同产区、不同气候和土壤条件，对肉桂生长量影响很大。从表 6-1 中看出，云南河口肉桂的高、粗生长量是国内其他地区同龄树年平均生长量的 1 倍以上。这是由于肉桂性喜温暖、湿润、怕风而较耐阴的植物，在云南河口年降雨日数比广东、广西肉桂植区多 10～22 d，热、水、风、光等气候要素更适应肉桂生长发育的需要，年生长量大。河口位于云南省的东南部，属衰牢山以东地区，处于北纬 22°30′～23°02′，东经 103°24′～104°17′之间，为云贵高原向河谷丘陵过渡的斜坡地带，地势西北高，东南低，东南季风可长驱直入，既受海洋调节，又受高原影响，兼备了东南季风和西南季风的气候特征，其中以东南暖湿气候影响为主，雨热同季，干冷同期，形成了独特的气候特点，气温高，雨量充沛，湿度大，风向稳定风速小，夏季多处于西太平洋副高边缘，冬季又属静止峰摆动区，终年多云雾，阴雨天气多，全年平均总云量达 8.5 成，晴天日数仅占 4%，阴天日数占 40%，其余均为多云天气，年平均温度 22.6℃，年降雨量 1 784.7 mm，相对湿度 86%，年平均日照时数 1 716.9 h，极适宜于喜温喜湿且较耐阴的肉桂树生长。在河口独特的气候条件下，肉桂的生物学特性更能发挥，故认为河口是国内适宜开发种植肉桂的地区之一。

表 6-1 不同产地肉桂生长量比较

地点与品种	树龄/年	株高/m	胸径/cm	年生长量	
				高/m	粗/cm
云南红河州引种桂	6	8.70	14.55	1.45	2.43
海南兴隆引种桂	6	3.23	4.30	0.54	0.72
广西平南县六陈西江桂	6	2.24	1.27	0.37	0.21
浙江苍南马站引种桂	6	4.91	7.51	0.91	0.81
浙江苍南马站引种桂	13	7.35	9.07	0.57	0.69
福建同安县汀溪肉桂	13		11.18		0.86
福建同安县汀溪山桂	13		11.50		0.88
云南河口县引种桂	13	15.22	24.71	1.17	1.90
广西防城区进口桂	15	6.30	11.03	0.42	0.67
防城区那良本地桂	15	6.30	11.67	0.42	0.78

2.年内高粗生长发育规律

肉桂年内高粗生长速度主要受水热条件的变化所制约，其次亦受抚管水平的影响。我国肉桂产区 11 月份至翌年 2 月份为低温、干旱季节，肉桂生长缓慢、渐趋停滞。4～5 月份温度虽不很高，植物体内经过长期的营养积累，高粗生长亦较快。7～8 月份间，温度高，其高生长不呈直线上升，这说明肉桂的高生长全过程与温度不是成直线相关，而是呈倒“W”形，这也符合一般亚热带常绿阔叶林树木高生长规律。在我国肉桂产区每年 5～10 月份为季雨，11 月份至翌年 2 月份为旱季，在雨季中肉桂高生长占全年的 70%左右，其中有 5 月份和 9 月份为 2 个生长高峰期。但在 7～8 月份间，肉桂粗生长则为高峰期，说明肉桂的高粗生长并不完全同步并行，而是间隔交互增长，一年中有一次明显的粗生长高峰期，11 月份以后，气温逐渐下降，肉桂高粗生长都缓慢。

我国引种的锡兰肉桂生长期为每年 2～10 月份，停止生长期为 11 月份至翌年 1 月份，在

2月份温度高于17℃时，植株开始生长，以高温多雨的季节生长最快，11月份以后，温度低于17℃时植株停止生长。

3.抽梢习性

肉桂枝梢呈蓬次式生长，枝条一般从主干叶腋或主枝上端的叶腋中抽生枝梢，枝梢萌动抽芽略比主干顶端缓慢。

肉桂在两广、海南一般每年抽梢4次，2～4月份抽春梢，6～7月份抽夏梢，7～9月份抽秋梢，10～11月份抽冬梢，以春梢生长量最大，一般达30 cm左右。在云南河口地区，幼龄肉桂树一年中可抽梢7～8次，成龄树3～4次。在浙江温州1年抽梢3次，3月下旬至4月上旬开始萌动抽春梢，时间比两广推迟，5～6月份抽夏梢，8～9月份抽秋梢，有的年份秋冬气温在15℃以上，10～11月份也能抽冬梢。

我国引种的锡兰肉桂一般每年抽4次梢，第1次于2月中、下旬，第2次于4月下旬至5月上旬，第3次于6月中、下旬，第4次为8月中旬至9月上旬，锡兰肉桂新梢生长和每次发出玫瑰红嫩叶，这种特性显然不同于樟属的其他植物。

4.开花结果习性

肉桂开花结果随不同地区气候条件和海拔而有差异。肉桂定植后5～8年即可开花结实，花期在6～8月份，如广西防城县花期为6～7月份，浙江温州地区为7～8月份，6月份抽花序，7月份开花，花期为1个月左右，8月份结幼果。而广州市引种的越南肉桂花期在6月上旬至下旬，自花谢落到果实形成为每年8月到翌年2月。据观察，花开放时间一般在上午8～12时，由初花到末花为20～25 d。果实成熟翌年1～4月份间，往南的产地较早成熟，北部产区较迟熟，云南1～2月份，两广2～3月份，浙江3～4月份。从稔实开始到果实成熟共需7～9个月，坐果率在25%～30%。

锡兰肉桂种植后4～5年即可开花结果，花期在原产地为1～3月份，我国引产地为3～4月份，在11月下旬至翌年1月份现蕾，常因气温低，寒流危害，花蕾均脱落，至2月气温回升至17℃以上，这时现蕾的可发育成熟开花，始花期在3月中旬，盛花期在3月下旬，末花期在4月中旬，每朵花从开放至花谢，一般历时1～2 d。果实成熟期，原产地为7～8月份，我国引种地为8～10月份。锡兰肉桂为虫媒花，昆虫的活动频率会影响结果率。

二、肉桂对生长环境的要求

(一)温度

在暖湿的热带和亚热带季风气候区内，年平均温度在18℃以上，最高月平均温度在30℃以下，最低月平均温度在7℃左右，绝对最高不超过40℃，绝对最低温不低于－2.5℃的地方是肉桂适生的温度范围。年均温在20℃以上时，肉桂生长正常。而以4～10月份气温在21～27℃之间为最适宜的生长温度。11月份以后，气温逐渐下降，降到15℃以下时肉桂停止生长。

些地区曾出现0～5℃低温，未见冻害。能耐－2℃的短期低温，生长与开花结果正常。国产肉桂在短期的－4～6℃低温下虽有一定的寒害，但不至于全株冻死。说明肉桂具有较强的适应性和对低温的忍受力。主要产地和引种栽培区气温情况见表6-2。

表 6-2　肉桂生产区及引种区气温情况　℃

项目	广西平南县	广东罗定市	云南河口县	浙江温州地区	广西岑溪县	广西东兴市
年平均气温	21～21.2	22.1	22.6	18	21.3	22.4
最低月均温	9	13.3	15.2	8.1	12.3	14.7
绝对最高气温	39.5	38.5	40.9	39.2	38.2	37.8
绝对最低气温	－1.8	－1.3	1.9	－4.7	－3.0	0.9

温度与肉桂种子发芽有密切关系。据试验，3 月上旬采成熟种子随采随播种，在日平均气温 17℃左右情况下，播后 20 d 开始发芽，发芽持续 30 多天，出芽后 10 d 的发芽势为 60.2%；而 4 月上旬未采的后期成熟种子，随采种随播，日均气温在 25℃左右，播后 15 d 即开始发芽，发芽持续时间只有 10 d，出芽后 10 d 的发芽势达 95%。

(二)光照

肉桂由于长期与各种阔叶林木混生，壮龄期又需要充足的阳光，因而表现为与其他树种竞争中的优势。但由于野生状况下自然落种的幼树长期在林下和母树荫蔽下生长，形成了幼树对荫蔽条件有一定的依赖性。因此，幼龄期不耐强光，以苗圃育苗期和定植小苗 3 年内要有 60%左右的荫蔽度才能生长良好，阳光过大时易灼伤甚至枯死，因而适度的荫蔽成为肉桂幼树生长发育的重要条件。据调查，定植后一年的幼树在株行间间种木薯，利用木薯枝叶荫蔽的比没有荫蔽的裸露地高生长快 30%，粗生长大 28%(表 6-3)。

表 6-3　肉桂幼树荫蔽情况与生产关系　cm

荫蔽情况	高生长			粗生长			生长势
	最高	最低	平均	最高	最低	平均	
亩间种木薯 800 株，荫蔽度 60%	58	20	46	0.7	0.3	0.55	青绿苗壮
裸露无荫蔽	42	20	35.5	0.5	0.3	0.43	生长不良

注：调查地点，广西防城小峰农场；苗龄，定植后一年实生树；调查株数，10。

随着树龄的增长，肉桂对光照量的需要逐渐增多，适宜的光照条件，有利于肉桂树开花结实和桂皮的增厚，促进油层和色泽的形成；10 龄以上肉桂树，如无充足的阳光，皮层薄、油分少、品质差。

(三)雨量和湿度

肉桂生产区的年雨量在 1 270～2 160 mm 之间，年降雨天数 108～175 d，天气相对湿度 80%左右(表 6-4)。肉桂耐阴湿而不耐干旱，从各产地的生长发育表现看，以年降雨量 1 700～2 000 mm，天气相对湿度 80%以上为最适宜，一般认为种在山区多雾潮湿地方比平地好。如广西防城区，广东省罗定市以及浙江省南部平阳、文成等地山区，肉桂的生长发育情况与各该地邻近比较干旱的产地和引种区都比较好。

表 6-4　肉桂主产区和引种地雨量、湿度情况

项目	广西平南县	广东罗定市	云南河口县	浙江文成县	广西岑溪县	广西防城港	广西龙州县
年降雨量/mm	1 410	1 352	1 778	1 668	1 441.8	2 904	1 550
年降雨时间/d	135～160	146	180.4	174	154.5	178	153
相对湿度/%	62	79	85	—	81	83	80

(四)地形地貌和海拔

肉桂野生种的自然分布,从低海拔 50 m 到 2 500 m 的高海拔都有。广东的高要、广西的东兴等低海拔产地,海拔高度仅 50~80 m,但人工栽培的肉桂一般多在 100~500 m。山区复杂的地形地貌和较高的海拔处栽培的肉桂,其皮层含油量和质量比平地低海拔处的好(表 6-5)。

表 6-5 不同地形、海拔桂皮油含量及含醛量比较

产地	植地类型	海拔/m	桂皮油含量/%	桂醛含量/%	品种
海南岛屯昌药材场	平地	113.2	0.96	95	引进越南肉桂
海南岛屯昌药材场	山地	350.2	3.02	98	引进越南肉桂
云南省富宁县	山地	800~920	1.65	65.65	引进越南肉桂
防城县那梭乡	山地	770	2.305	98.8	广西肉桂
那梭乡平木山	山地	700	1.74	98.8	广西肉桂

从表 6-5 看出,在海拔较高的山地种植肉桂可得到产量较高和质量较好的桂油。从地形地貌看,我国产区大致可以分为大山脉水源林区(以下简称大山区)和中低丘陵草坡灌杂木区(简称丘陵区)两大类型,平缓草坡地种植的只是极少数。

大山区多为县或省区交界处大山脉的主脉范围内。如广西防城、上思两县(区)间的十万大山,桂平、容县、北流三县(市)的大容山,平南、金秀两县间的大瑶山,苍梧、岑溪两地与广东罗定等县(市)间的云开大山等水源林区的产地,这些山地内峰岔起伏,主高峰海拔 500~1 000 m 以上,沟涧纵横,地形复杂,深谷狭沟两侧的林缘地,山峭坡陡。坡度在 35°左右;其中的山腹浅沟谷地坡度较缓,一般 20°左右,肉桂就多栽培在海拔 200~500 m 的这些山腹谷地部位,少数在深沟狭谷的林缘陡坡上。这些肉桂林地,原为次生阔叶杂木林和灌丛高草所覆盖,对温度起很好的作用,土壤较深肥,腐殖质含量丰富,最适于肉桂树生长发育,是肉桂速生高产优质的最优环境。

丘陵产区多为上述大山区的山前丘陵,海拔一般 200~500 m,近海低处,如广西的防城区、东兴市、广东省的高要市和海南岛等地则海拔更低,50~200 m,这些丘陵地低谷部位多为农耕粮作基地或小河流,坡度为 15°~25°,肉桂多分布在丘陵的坡腰以下,山顶山脊少有种植。由于这些地坡度较缓,面积广阔,既有附近大山区的森林气候影响,又有丘陵间的相互屏障,虽不如大山区肥沃湿润,但因邻近人烟交通方便,利于加强管理,基本上都适于肉桂的生长环境,因而栽培面积扩大发展较快,是国内目前肉桂生产面积最大、产量最多的产区。

(五)土壤植被

肉桂喜欢生长在花岗岩、砂页岩、砾岩、变质岩等风化发育的微酸性或酸性土壤,pH4.5~5.5 为最适宜。在广西、广东多为砖红壤和黄红土壤、山地黄壤等。土层深要求 1 m 左右,有些地方土层中夹杂有石英粗砂肉桂也能正常生长。据资料介绍,在黄泥土上生长的桂皮质软,有油分,质优,砂砾土上生长的桂皮质硬,又称砂底桂,质差。土质以壤土、轻黏壤土或沙黏土为多。同时要求土质疏松湿润,腐殖质含量在 3%~5%为佳。石灰岩地区,特别是壤土 pH 值大于 6 的石灰土或盐碱土少有肉桂生长,据反映,这种地区引种过肉桂均告失败。土层瘠

薄、干旱和排水不良处，植株生长不良。

植被方面，从产区情况看，大山区产地乔木类是以樟、椎、荷木、枫香、泡桐等为主，也有与针叶树类构成针阔叶混交的水源林植被的。乔林林缘多为次生青岗、山杨海、油桐、盐肤木、女贞、九节木等灌杂木类与大芒草、大芒萁及多种藤蔓植物构成的灌丛高草层。原生和次生覆盖率都在90%左右，是肉桂最适宜的植地植被类型。中低丘陵产地的植被类型比较简单、山丘的中高部位和山顶山脊多为稀生人工松杉林，坡腰坡脚以桃金娘、野牡丹、油甘果、漆树、山芝麻等为主的次生灌杂木类。这些植物同坡脚到坡顶普遍生长的矮蕨类、岗松、禾本科矮草等构成丘陵稀树草坡的植被类型，只要注意开垦利用，肉桂也能正常生长发育。

三、肉桂的品种资源

肉桂在植物分类学位置是樟科（Lauraceae）樟属（*Cinnamomum*）常绿乔木或亚乔木。肉桂的栽培品种和野生品种较多，现在国际市场上通常称的肉桂，实际上主要指樟科樟属肉桂组21种中的肉桂与锡兰肉桂2种树种，虽然二者不完全相同，但其用途与功能完全一致，可以互相交换使用。在我国分布广阔，自然资源丰富，大面积人工栽培的主要是肉桂。有些种如西贡肉桂（*Cinnamomum loureirii* Ness）目前国内尚无栽培，野生分布于云南东部；两广的纯叶肉桂（*Cinnamomum obtusifolium* Ness），产于四川省的川桂（*Cinnamomum argenteum* Gambli）等一般不入药，用途与肉桂有差异，这里不作详细介绍。现着重介绍国内肉桂主要栽培的3个种类与品种。

（一）中国肉桂（*Cinnmomum cassia* Presl）

原产于广西南部，又名广西桂，为我国主要的人工栽培药用种。除广西和广东外，云南、福建、海南、浙江等也有栽培。其为多年生常绿乔木，树高10～17 m；树皮灰褐色或棕色，粗糙，多具皮孔，老树皮厚1～1.3 cm，树皮和枝叶含挥发油，有肉桂的特殊芳香；其幼枝略呈方形，有褐色茸毛；叶互生或近对生，广披针形或长椭圆形，先端渐尖，长12～25 cm、宽3～6 cm，叶面光滑深绿色，叶背淡绿并被细茸毛，离基三出脉，叶背显著突起，叶柄粗壮，长1.2～2 cm；圆锥花序，腋生或顶生，长12～15 mm，花黄绿色或白色；果实椭圆形，浆果，果托浅碗状，果皮成熟时由红色转为紫红色或紫黑色，长12～15 mm，直径9 mm，内有种子1粒，种子黑褐色（图6-4）。

图6-4　中国肉桂

两广的产区群众以肉桂新芽颜色划分为红芽肉桂、白芽肉桂和沙质肉桂3个品种。

1. 红芽肉桂

红芽肉桂又称黄油桂，新芽与嫩叶均呈红色，叶片较大且向上弯翘；花序总柄较长，花较疏散，结果量少，果形亦较少。皮部油层较薄而呈黄色。生长较快，但耐旱力较弱，桂皮、桂油的品质较次。

2. 白芽肉桂

白芽肉桂又称黑油桂，新芽和嫩叶淡绿色，叶柄水平伸展，叶片较小而下垂，老叶主脉两边的叶面挠起呈鸡胸状。花序总柄较短，结果量较多，皮部油层厚而呈黑褐色。界线分明，品质较优。除幼苗期外，需要较多的光照，故较耐旱。

3. 沙质肉桂

沙质肉桂又称糠桂，嫩芽呈棕色，表皮粗糙，韧皮部不显油层，桂皮品质差。

广西肉桂按产地分为两大类：一是东兴桂，主产于防城、龙州、大新等县；二是西江桂，主产于平南、桂平、容县、藤县、岑溪等县，古称浔桂，后有陈桂之称。

中国肉桂适生性强，分布广，自然资源丰富，是目前国内主要当家品种，但其桂皮较薄，桂油含量一般只在10%左右。

（二）南肉桂（*Cinnamomum cassia* Bl. forma macrophylla）

南肉桂是樟科樟属肉桂的大叶变型。原产越南清化省，又叫清化桂。我国从20世纪50年代末开始少量引种，获得成功；1967年以来，又从越南广宁省多次引入本种的种子、苗木，分别种植在粤、桂、云、闽、浙等省（区）。1982年中国医药公司召开有关专家会议，对它进行鉴定，鉴定结果认为其质量比我国广西、广东所产的肉桂优良，又比越南进口肉桂稍差，是肉桂中的佼佼者。商品名定为“南肉桂”。本种与中国肉桂在植物形态、解剖结构、显微结构、化学成分、花粉电镜扫描均有差别，经中山大学、广州中医学院、中药研究所、华南植物研究所鉴定，南肉桂的分类位置属中国肉桂的大叶变型，南肉桂、肉桂主要差别比较见表6-6。

表6-6 南肉桂与肉桂的主要区别

项目	南肉桂	肉桂
树冠	松散，不整齐	卵状椭圆形，较整齐
枝条	伸展	紧密
叶形	长椭圆形至长圆状披针形	椭圆状披针形
叶大小	(20～25) cm×(7～9) cm	(10～19) cm×(4～6) cm
叶脉	叶面平或下陷，在叶背明显突出	叶面平或下陷，在叶背明显突出
叶序	互生，少数近对生	互生
花序长	7～16 cm	8～16 cm
结实率	20%	25%～30%
桂皮	4 mm	2～4 mm

本种为多年生常绿乔木，高12～17 m，树皮灰棕色，有细小皱纹和裂纹，皮孔椭圆形，纵裂；枝条伸展，树冠不甚整齐；幼枝略呈不规则四棱形，嫩时有黄褐色绒毛。叶互生，少数近对生，革质，叶柄长1～2 cm，长椭圆形至广披针形，偶有阔倒卵圆形，通常长15～25 cm，宽4～9 cm，亦有长达47 cm、宽15 cm的大型叶片。叶面深绿色，光亮，叶背淡绿色；离基三出脉，叶面平或稍下陷，在叶背明显突出，疏披柔毛。圆锥花序，腋生或顶生，长7～18 cm；花小，黄绿色，花被片6，宽卵形，长2～2.5 mm，与花被管等长，两面被毛，有雄蕊9枚，长约1.5 mm，退化雄蕊箭镞形；雌蕊1枚，柱头3裂或连合；浆果，长圆形，长1～1.5 cm，直径1 cm，初为绿色，成熟时紫黑色，果托浅杯状，边缘平截或略具6齿裂；内有种子1枚，呈卵圆形，长0.8～0.9 cm，宽0.7～0.8 cm，黄褐色，顶具细尖。花期5～7月份，果期12月份到翌年2月份。

南肉桂主要特点：香气浓、甜味重、含渣少，先甜后辣，色泽近似进口越南清化桂。其无论桂皮厚度，还是桂油含量，都高于中国肉桂，适生性又强于锡兰肉桂，是国内种植较为理想的栽培种，值得推广使用。

（三）锡兰肉桂（*Cinnamoum zeylanicum* Blume）

锡兰肉桂又称斯里兰卡桂，原产地在斯里兰卡，是国际上著名的质量较优的品种。我国广州、海南、云南、广西等地有引种栽培。常绿中大乔木，树高 10～18 m，树干直立，直生枝多而丛生状；树皮灰褐色，厚且粗糙，内皮有浓烈芳香气味；枝条繁盛粗壮，分枝多，一般平展，有的下垂，幼枝稍四棱形，灰色，有白斑。叶为革质或近革质，单叶，全绿，通常对生，卵形或长椭圆形，长 7～16 cm，宽 4.5～8.5 cm，先端渐尖或钝圆，叶基似心脏形，成熟叶面深绿色，有光泽，叶背后淡绿白色，无毛，叶脉 3～5 条明显突出于两面，小叶脉也清晰可见，叶柄长 2 cm，光滑有沟。圆锥花序，顶生，长 10～12 cm，花梗长 3～4 mm，有绢状毛，花蕾卵圆形，花小而整齐，长 5～7 mm，直径 3 mm，白色或淡黄色，花托成圆杯形，边缘着生花被和雄蕊。雌蕊着生在花托底部，花萼基部合生，上有 6 个几乎等长的裂片，裂片 2 列；雄蕊 12 枚，排列成 4 行，每行 3 枚；子房上位，单室，只有 1 个胚珠。果实为核果状的浆果，椭圆形，长 1～15 cm，直径 1～1.1 cm，皮薄肉薄，成熟时为黑红色，果皮浆状且甜，为鸟类所喜食，果托杯状，具 6 齿裂，齿端截形或锐尖，内有种子 1 枚，大而硬实，近卵形，外种皮纸质状，有子叶 3 片（图 6-5）。

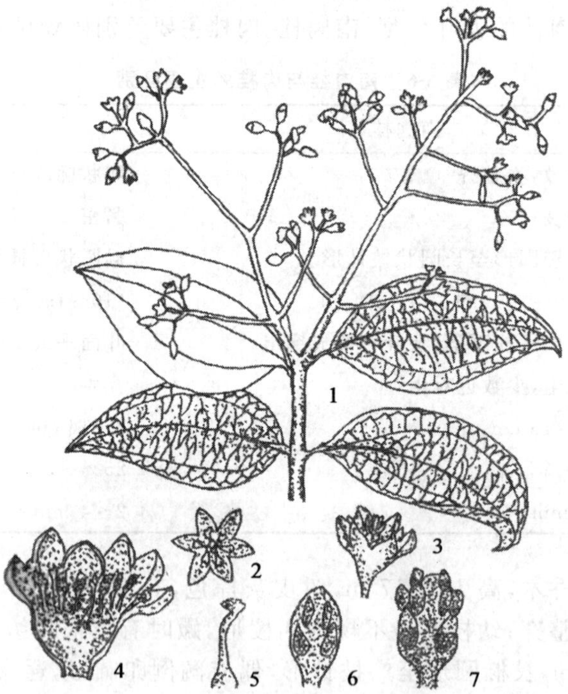

图 6-5 锡兰肉桂及花形态示意图

1.花枝 2.花（平面） 3.花（侧面） 4.花（纵剖面） 5.柱头 6.花药（花粉囊闭着） 7.花药（花粉囊裂开）

锡兰肉桂目前国内还处于小规模试种，没有大面积种植，该种需要生境有较高的热量水平，纬度偏北地区不宜种植，因此其种植范围受到一定限制。

第三节 肉桂的育苗技术

一、苗圃的建立与播种育苗

苗圃是培育苗木的基地，苗圃地条件和耕作技术，直接影响苗木的产量、质量和育苗成本。要育好苗，就应选好苗圃地，精耕细作，为培育优质树苗打好基础。所以，在建立苗圃时，要进行全面调查，综合分析，做出科学的结论至关重要。

(一)苗圃的种类和特点

肉桂苗圃地依据使用年限长短和规模，可分为固定苗圃和临时苗圃两大类。

1. 固定苗圃

固定苗圃使用年限长，投资较大，能长期为生产上提供苗木，人力、物力充足，技术水平高，多采用先进技术和机械化集约经营，培育的苗木数量大、质量高，成本低。因此，在选点和规划设计时要注重科学，作长远打算。

2. 临时苗圃

临时苗圃多用于就地育苗，就地造林，造林工作结束，苗圃撤销。这类苗圃使用年限短，投资少，育苗工作简单，节省运输费用，苗木成本低，尤其在交通不便地区，临时苗圃已被广泛应用。这类苗圃培育出来的苗木，适应性强，造林成活率高。

另外，还有一种现代化智能温室苗圃，其采用先进的育苗生产设备，如自动喷雾、弥雾机、自动空调机、电脑配方施肥等，在国内一些科研机构和大专院校已经有应用，不久将会显示出其广泛的发展前景。

(二)苗圃地的选择

选择苗圃地一定要慎重，对苗圃地各种条件要进行仔细调查分析，特别是影响苗木质量的因子，如经营条件和自然条件等。

1. 经营条件

苗圃地最好建立在距造林地近、交通方便之处，这样能减少苗木长途运输，提高造林成活率。同时减少运费，降低造林成本。另外，应靠近居民点，以保证劳动力的来源。

2. 地势和坡向

最好选在地势平坦，排水良好，湿润肥沃，土层深厚，坡度5°以下，坡向朝东南方向的平缓地为好。但肉桂宜林地多在丘陵山地，确难找到理想的平缓坡地时，那就尽量在坡度较小(15°左右)的坡面上作苗圃，并筑成梯田式的苗床。苗圃的坡向是各有利弊的，如北坡日照时间短较寒冷，南坡日照时间长并且多直射强光，土壤最易干旱，易惹日灼病，西坡当西北风易遭风害，东坡往往是苗根还在冻土层时地上部分开始萌芽，对苗木生长不利。因此只能因地制宜，搭盖荫棚霜棚等，广东广西的肉桂苗圃，除了深沟山谷有屏障遮挡或利用林边小块地做苗圃，有自然荫蔽者以外，几乎无论在什么地方育苗都必须搭盖荫棚，苗木才得以正常发育。因而选用阴坡作苗圃地还比较普遍的。

3. 土壤

肉桂苗的生长土壤最忌碱性过大，千万不要在土壤 pH 值在 6 以上的石灰土和盐碱地作苗圃。应在 pH 4.5～5.5，土层较深(1 m 左右)，肥沃疏松而湿润，排水良好，腐殖质丰富的沙质壤土，轻黏质黄红土壤和山地黄壤土地方作苗圃为好。母岩为花岗岩风化的土壤最佳。玄武岩风化的土壤过于黏，沙岩、页岩风化的土壤石头太多，质量次之。

肥力以生荒地最好，有机质含量丰富，撂荒地(即种过一下，又生荒)次之，熟地应考虑是否有地下害虫或有病菌感染，如长期种烟草、棉花、蔬菜的土地不宜作苗圃，如必须选用，应做好灭菌及杀虫工作。

4. 水源

建立苗圃的地方，应具备灌溉条件，特别是夏秋高温干旱地区，灌溉降温保湿尤为需要充足的水源，选择苗圃地必须靠近河溪塘堰或大水渠等水源有保证和灌溉方便的地方。而水的含盐量不超过 0.1%～0.15%。苗圃地下水位一般沙壤土以 1.5～2.0 m 为宜，轻黏壤土应为 2.5 m 以下为宜。过高会引起苗木后期贪青徒长，难以木质化，易受寒害，还有会引起土壤盐渍化的可能。过低，会增加灌溉次数和灌溉量，提高苗木成本。

5. 病虫害

在苗圃调查中，应当特别注意病虫害调查，往往因病虫害给育苗工作带来很大损失。因此在病虫害严重的地段不宜选作苗圃。如果由于条件所限，必须建苗圃时，应预先采取防治措施，消灭病虫后可做苗圃。

(三)苗圃开垦整地

1. 苗圃整地作用

开垦整地是育苗的重要技术环节，它是保证壮苗丰产的基础，其作用有以下几点。

(1)疏松和加厚耕作层，改善土壤的理化性质，增强土壤吸水性，割断毛细血管，减少蒸发提高保墒抗旱能力。还可增加土壤中的空气交换，有益根系伸长和促进有机质的分解和吸收，并能提高土壤温度，有利于苗木生长。

(2)使土层上下交换，将有机质翻入地下，增强土壤肥力，改进土壤结构，预防病虫害和消灭部分杂草，促进苗木健康生长。

(3)整平土地便于播种和灌溉，为幼苗出土创造良好环境，可以提高出苗率。

开垦整地指导思想是搞好水土保持，维护生态平衡，做到科学、合理。

2. 开垦整地要求

(1)平缓坡地(坡度小于 5°)　全垦，有条件的以机械作业为主，搞好田、林、路、水、土综合规划，注意苗床设计与道路垂直，以便运输。要求碎土，清除杂木、恶草、草根、石头。杀灭地下害虫。

(2)丘陵坡地(坡度 5°～20°)　等高梯田带垦，严禁顺坡全垦，搞好水土保持。坡度 5°～10°，修田(带)面宽度为 3 m；10°～15°，修 2 m；15°～20°，修 1.5 m。其他要求同缓地平地一样。

3. 开垦整地方法

(1)耕地　一般多在前一年春秋两季进行，秋季好于春季，可以减少病虫害的发生和加速土壤的熟化，有利苗木生长。耕地次数，依据一是土壤黏重程度，二是杂草多少，一般采用三犁三耙，至少要一犁一耙。整地深度要因时因地制宜，秋耕要深，春耕宜浅；干旱的地方要深，河滩沙地宜浅；移杆苗及培育大苗要深，播种苗宜浅。一般深度 20～30 cm。

(2)耙地　目的主要使地整平,粉碎土粒,清除杂草,混拌肥料,轻微镇压借以达到保墒的目的。

(3)播种前的整地　作床和作垄之前还需要对地进行平整,为种子发芽创造良好条件,以提高种子的出苗率。

播种区的土壤必须上松下实,才有利于幼苗出土,减少下层水分蒸发,满足种子萌发时所需用的水分。

(四)苗床设计和施基肥

1.苗床设计要求

(1)平缓地、平地　要东西走向起畦,一般畦长 10 m,宽 1 m,高 15 cm,小苗床与大苗床要分区安排,搞好田、林、路、水、土规划,每小区 0.5 亩左右,道路网分主干(3 m)、支干(2 m)、步道(1 m)、工作道(0.5 m)、篱笆,防护林要与道路结合区划。具体参照表 6-7。

表 6-7　肉桂苗床设计技术参数

育苗形式	株行距/cm	成苗标准		每公顷地苗床(畦)设计参数			
		苗高/cm	基部茎粗/cm	苗床面宽×长/m	可设苗床畦数	适宜播种株数/万株	需用种子量/kg
实生苗圃	10×20	30～35	0.3～0.4	1×10	615	30.75	120～150
催芽移播	20×25	80～100	0.7～1.0	1×10	615	12.30	52.5～60
营养袋播	12×12	15～20	0.25	1×10	615	34.05	187.5
嫁接苗圃砧木区	30×40	50～30	0.7～1.0	1.2×10	540	0.05	22.5～30
嫁接大苗培育区	30×40	50～80	0.7～1.0	1.2×10	540	5.40	15～18(用营养砖苗)
芽穗增殖区	60×80	150 以上	2～3	1.3×16	255	1.53	

(2)丘陵坡地　要求修梯田(带),按 1～1.2 m 面宽,横向,等高筑床,苗床用表土。

2.苗床形式与应用

(1)高床　床面高出步道 15～30 cm,床面宽 1～1.3 m,长短视地形确定。优点:有利于排水,容易提高土温,增加土层厚度。一般在雨水过多地区和低洼地应用。

(2)低床　床面低于步道 15～25 cm,床面宽 1～1.6 m,长 5～10 m。优点:有利于保蓄土壤水分,也便于灌溉。一般在气候干旱地区和苗圃水源不足的地方应用。

3.施基肥

(1)以有机肥为主,适当加些 P、K 肥。要求每公顷苗圃地施优质有机肥 30 000～32 500 kg,过磷酸钙 600～750 kg,钾肥(氯化钾)375～600 kg。

(2)化肥要与有机肥混合均匀,撒翻于畦面土壤里。

(3)为了预防立枯病、腐烂病等病害,播种前结合整地每公顷撒施黑白灰 000 kg(即石灰粉、草木灰要 1∶1,各 450 kg)。地下害虫(蛴螬、蟋蟀、地老虎等)和蚂蚁为害严重的地方,播种时用 50%辛硫磷拌种后再播,防治效果较好。

(五)采种

1.母树的选择

肉桂树通常种植6～8年后开花结果,应选10～15年以上的母株留种。肉桂有白芽肉桂(黑油桂)、红芽肉桂(黄油桂)和沙皮肉桂(糠桂)3个品种,其中以白芽肉桂最好,有条件的地方,亦可选择用南肉桂作母树。母树应选择生长迅速,主干直、分枝较高,树冠完整,皮厚油多,无病虫害,无寄生物的白芽肉桂或南肉桂。

2.种子的采集

肉桂树每年5～6月份开花,翌年2月中旬至4月下旬果实陆续成熟,若冬季气温高,雨量多,果实提前成熟,气温低或遇连续干旱,果实成熟期延迟。果成熟时果皮呈紫黑色,果肉变软。要及时采收,随熟随采,以防鸟类、松鼠偷食。采种时,待大批果实成熟后,上树采集,或待果实落地后及时捡收。同一植株上,凡早期成熟的种子,其种仁较饱满,发芽率高,培育出苗木健壮,抗病虫及而耐旱力均强,迟熟的种子品质较差,不应留作种子。广西近年从越南进口批量南肉桂种子,植后可提高桂品质量。

3.种子处理

肉桂果实属浆果,采回后,应及时除净果皮,以免发热,降低发芽率。去果皮的方法:将采回的果实堆放3～4 d后,装入谷箩浸清水半天,同时将果皮、果肉搓脱,并用清水冲洗,浮去果皮,冲净浆质,然后阴干,拣去黄色不够成熟的种子。每100 kg果实得种子50～60 kg,每500 g种子1 200～1 500粒。

4.种子贮藏

肉桂种子无休眠期,并含有油分,种壳较薄,极易干缩,因此不耐暴晒和干藏。最好随采随播,如天气不适,或苗圃地没有整好,必须将种子进行湿沙贮藏。

贮藏时应选择干燥、通风、阳光直射不到的房子或草棚。首先在地面上洒上一些水,再铺一层约10 cm的湿沙,然后按种子1份、湿沙2份的比例混合堆放,堆高0.5 m左右,最后在堆顶盖一层湿沙。若种子数量不多,可把种子混沙装在有孔的木箱中,置于通风的室内。注意:①湿沙的含水量以40%为宜,即用手握成团不出水,松手触之即散开。②每隔4 d要翻动检查一次,及时去掉霉粒,并注意调节湿度。③贮藏期不宜超过1个月。贮藏1个月发芽率为70%以上,2个月不到50%,超过8个月则全部丧失发芽能力。④注意防鼠。

(六)播种育苗

播种育苗,就是用种子繁殖苗木的方法。肉桂播种苗的根系发达,苗木生长健壮,适应性强,寿命长,桂农乐于接受。据报道,肉桂有性繁殖后代,基本保持母本特性。因此,目前生产上普遍采用。

1.播种时间

按照各产区种子成熟采种时间,以随采随播最佳。两广、云南一般2～3月份,较北省区稍迟一些,最迟不要超过5月上旬。

2.播种前的种子处理

(1)精选种子。为了培育壮苗,必须对肉桂种子进行精选。选择发育健全、纯净、粒大而饱满,发芽率高,生活力强,无病虫害的种子。

(2)种子消毒与浸种。为预防肉桂苗木发生病害,在播种前需要进行种子消毒。用0.3%

福尔马林浸肉桂种子 0.5 min，然后倒出多余药液，密封 2 h，再用水浸 24 h，使种子吸水膨胀，这样播种后就能提早发芽，出芽整齐。

3.催芽

为加快种子发芽，使出苗整齐和方便管理，可催芽后播种。催芽地点可选择地势高，向阳排水良好处，用清洁干细沙 5 kg，加水 1.5 kg，以用手捏不滴水放不松散为宜，将种子和湿沙以 1：(3～4)比例混拌均匀，经过 8～10 d 后，当种子基本出芽时即可播种，如发芽过长，不但操作不便，且易损伤幼芽，降低出苗率。

4.播种的方法

肉桂播种可分为撒播、条播、点播、营养袋(砖)播种 4 种。

(1)撒播　把肉桂种子均匀撒在苗圃上。优点：出土容易，分布均匀，产苗量高。缺点：管理不便，苗木密集，透光差，通风不佳，生长不良，用种量大，一般用种量是条播的 2 倍，目前少用此法。

(2)条播　按一定行间距离，开沟播种，把种子均匀地撒在沟内。优点：管理方便，因行间通风透光，所以苗木生长健壮质量好，成活率高，并比撒播用种量省。目前生产上较为应用。

(3)点播　在苗床上按一定株行距进行挖穴播种。肉桂以条点播为宜，行距 20～25 cm，株距 5～7 cm，每亩播种量为 12～16 kg。

(4)营养袋(砖)播种　可缩短育苗时间，提高种子利用率和保证造林成活最好的办法。详见容器育苗部分。

5.覆土

覆土要适当，以刚盖过种面为好，并加草覆盖。3～4 周开始发芽，出土 1/3 后要及时揭草和搭荫棚。覆盖土过厚、过薄对种子发芽出土均不利。

6.播种量

播种量就是单位面积上播种的数量。播种的原则，就是用最少的种子，达到最大的产苗量。播种量视种子质量和播种方法而定。一般条播每亩播种量为 15～18 kg，点播每亩播种量为 12～16 kg，撒播每亩播种量为 20～30 kg。播种量一定要适中，播种量偏多，会造成种子浪费，出苗过密，间苗费工，提高育苗成本，偏少，产苗量低，因此，掌握好播种量很重要。

7.幼苗特征

肉桂幼苗生长过程见图 6-6。一般经过催芽的种子播后 8～10 d 即可出苗，不经过催芽的种子则需要 20～30 d 才能出苗。

肉桂幼苗具有如下形态特征：肉桂幼苗留土萌发，子叶 2 片，黄白色，椭圆状倒卵形，肥厚。幼茎地下部分黄白色或微带红色，地上部分绿带紫色或紫色。幼茎具初生不育叶 5～7 片，互生，线形，长 1.5～2.5 mm，茎长 4.5～6.5 cm 以上生发育叶。叶近对生，第 1、2 两叶卵形至长卵形，长 2.2～4.4 cm，宽 1.6～2.2 cm，先端渐尖，基部楔形，全缘，离基三出脉，上面主脉在中部以下隆起，中部以上凹下，网脉明显，叶革质，上面光绿色，无毛，下面黄绿色，有白粉及平伏短毛，叶柄长 5 mm。下胚轴短，长仅 2～5 mm，根颈径 1.8 mm。主根发达，侧根疏生，淡褐色。

(七)播种苗圃的抚育管理

1.搭盖荫棚

荫蔽条件是肉桂育苗成败的关键之一，除了日照时间短，湿润而荫凉的两大高山狭谷间或

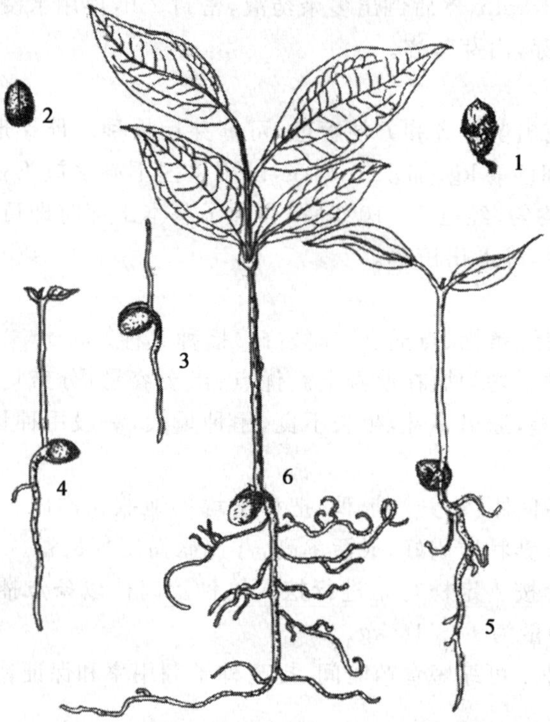

图 6-6　肉桂幼苗生长过程

1.浆果　2.种子　3.幼芽直伸，初生不育叶互生　4，5.发育叶互生　6.幼苗形成

林边小块苗圃，或有自然荫蔽树（荫蔽度 60%以上）的地方不用搭盖荫棚外，其余地段一律要搭盖荫棚。

产区群众总结经验为先搭荫棚而后播种。但要搭盖高大荫棚才方便于人工棚下作业。一般低棚高度以棚顶离苗顶（成苗）50 cm 左右为宜，嫁接苗圃和年限长的苗圃区以搭盖高 180 cm 的连片棚为好，这样既利于播种操作又方便管理。

肉桂苗对荫蔽度要求随苗龄增大而逐步减小，从开始时的 80%荫蔽度逐步减少到 30%左右。因此荫棚的遮盖物以采用便于增减荫蔽度的材料为好，如遮阳网、竹片、木皮、蕨草等。有霜冻的地方，苗木过冬可利用荫棚加盖塑料薄膜等办法以兼作防寒保暖之用。

2.淋水保湿和拨开盖草

催芽移播在保湿情况下 7～10 d 幼芽出土，此后要逐步揭开盖草，或将盖草放于苗行间以保湿调温，并能防止雨水冲刷和抑制杂草丛生，这样利于苗芽出土，以免受阻而变畸形。小苗长到 2 对真叶时供水量可适当减少，视天气和土壤湿度而定。容易干旱的苗圃地可始终保留行间盖草，施肥时揭开，施肥后重盖回来。

3.中耕除草

中耕除草目的是减少土壤水分蒸发，增强土壤的透气性，促进有机质分解，提高肥力，加速苗木的生长。掌握“除早、除小、除了”的原则，做到不伤幼苗，不留草根。一般一年要松土除草 4～6 次，松土深度 5 cm 左右。

4.补间苗

幼苗出土 2 周左右，苗高 8～10 cm 时，进行第 1 次间苗。要求行间株 20 cm×15 cm，每亩育苗 1 万余株。第 1 次间苗后 1～2 周内定苗，这时对缺苗的地段可以补植，以保证全苗，提高单位面积产苗量。过稠或细弱苗要拔除，并使苗木分布均匀。

5. 施肥

幼苗开放 3～5 片真叶后，子叶养分消耗将完，宜开始追施液肥，以稀释 20% 人粪尿淋施为宜，第 1 次叫扎根肥。第 2 次追肥应在苗木旺盛生长之初，一般在 6 月下旬或 7 月上旬，以每亩施稀粪尿肥 2 000 kg，每 50 kg 加尿素 150～300 g 为宜，以促进生长，叫壮苗肥。其后每隔 1～2 个月再追施一次，秋后停施，以防徒长或来不及木质化而遭受冻害。在苗期，适当喷施些叶面肥，如磷酸二氢钾、喷施宝、肥霸等，对肉桂生长更佳。

每次追肥后，都要用清水冲洗苗叶，以免肥渣或其溶液黏附叶面，引起叶枯、芽枯或烂根。

6. 病虫害的防治

贯彻"防重于治"原则，如有发生病虫害，要本着"治早、治了"的方针，减少经济损失。一般常见发生的病虫害有如下 3 种。

(1)根腐病　一般发生在 5～7 月份，症状为病苗根部腐烂，最后枯死。防治方法：一是选择易于排水的地方作苗圃地。二是及时排除苗圃地里的积水。三是一旦发现有病株，应及时拔掉烧毁，并用石灰粉消毒，每亩苗圃地用 50 kg 新鲜石灰粉均匀地撒于行间。

(2)地老虎　又名地蚕，主要伤害根部，可人工捕杀，或用糖醋液诱杀。

(3)蝼蛄　主要伤害根部，可用毒饵诱杀，每亩苗圃地撒毒饵 2.5 kg。毒饵的制法：敌百虫 500 g 加水 5 kg 与炒香的花生麸 50 kg 混合而成。

(八)苗木出圃

苗木生长发育达到所要求的标准时，即可出圃造林。苗木出圃是育苗工作的最后一道工序，包括起苗(也叫挖苗、掘苗)、分级、假植和包装运输等。这些工作进行的好坏，直接影响苗木质量的好坏、栽植成活率的高低和造林后幼树生长发育状况。因此，必须十分重视苗木出圃的各项工作。

1. 起苗

起苗时间要根据肉桂苗木生长特性、上山定植苗标准和造林时间而定，一般在秋季苗木休眠到春季树液流动为止。而雨季造林易活，可随起随造。

肉桂上山定植苗标准各产区不同，一般认为以 2 年生裸根苗(树高达 80 cm 以上，茎粗 1 cm 以上)或 1 年生容器苗(树高 30 cm 以上，茎粗 0.4 cm 以上)上山定植为好。1 年生的裸根苗，木质化不高，树皮较薄，水分蒸腾较快，种植后较易死亡。另外，上山定植裸苗一定要山地苗，一般不宜要水田苗，因为水苗田生长快，根系少，木质化程度不高，根系像萝卜状，种植后容易枯死。区别山地苗与水田苗方法如下：水田苗，根系黑色，主根长，侧根少；山地苗，根系褐色，主根短，侧根多。

此外，据桂农经验介绍，用生势中等苗定植比生长势好、差苗成活率都高。

起苗有机械起苗和人工起苗。不论哪种方法，都要注意以下几点：

(1)植苗成活关键是保持苗木根系和地上部分水分平衡。若根系吸水可满足地上部分蒸腾水分需要，则苗木成活，否则吸水小于蒸腾水分需要，则苗木死亡。因此除容器育苗外，对裸根苗木地上部分与地下部分必须进行处理。地上部分(叶)处理：在起苗前先剪叶，保留顶芽和 1～2 片叶片，其他全剪掉，因为留叶过多，水分蒸腾大，留 1～2 片叶片，能促进根生长发育。容器育苗不用剪叶。地下部分(根)处理：起出的苗木尽量保证根系完整，有伤根、病虫害根应剪掉，而且要经过浆根。浆根时，需用新鲜黄泥浆，用旧黄泥会有细菌，容易感染，烂根。另外，不能来回拉浆根，只能正反面浆根，以免伤根。

(2)起苗一般在雨水至清明期间选择阴天或雨后进行，要避开大风、阳光太强等不良天气，以免根系失水干枯。起苗方法：在苗行外侧，距苗 20 cm 左右处挖深、宽各 30～50 cm 的沟，按起苗深度挖一斜槽，然后在第 1、2 两行苗木之间用铁锹直插，使第 1 行苗木和悬空的土层落入沟内，再将苗木轻轻提起。继续第 2 行的清沟、切槽和取苗。切不可乱挖乱拔，以免损伤苗木的根系和茎。

(3)如果苗圃地土壤干燥，起苗前应适当浇水，这样起苗既省力，伤根也少。一般提前 2 d 进行淋水。

2. 苗木分级

起苗后，应及时进行苗木分级，也叫选苗。根据肉桂苗木根系、高度、地径、病虫害和机械损伤程度，把苗木分为Ⅰ级苗（壮苗）、Ⅱ级苗（合格苗）、不合格苗（小苗和废苗）3 类。其Ⅰ级壮苗标准：①根系发达，主根短而粗，侧根须根多。②苗茎通直，饱满，充分木质化，并达到一定高度。③具有健壮，饱满的顶芽。④没有机械损伤和病虫害。

对于受病虫害、发生不健全、苗茎过于细长、枯黄没有须根及严重受机械损伤的应列为废苗。对有培育前途的小苗要移植或留圃继续培育。

3. 苗木假植

假植是将苗木的根系暂时埋植。肉桂分蘖育苗和高枝压条常需要假植。目的是防止根系干燥，促进根系生长发达，保护苗木的生命力，提高造林成活率。假植分长期假植和临时假植。起苗后或造林前进行的假植叫临时假植；在秋季起苗后，要通过假植越冬，叫长期假植。

4. 包装和运输

肉桂苗木包装目的是为了防止苗根干燥，避免在运输过程中碰伤苗木而降低苗木质量。包装的方法可根据运输时间长短而异。运输时间不超过 1 d，可用筐篓或大车散装。篓或大车底垫放湿草等物，根对根与湿草分层堆积，装满后外盖一层湿润物以避风吹日晒。运输时间较长时，必须将苗木细致包装。常用的包装材料有草包、蒲包、席子及塑料薄膜等，先将湿润物放在包装材料上，然后将苗木根对根的放在上面，将苗木卷成捆住，包装完后，上附标签，注明树种、苗木数量、等级和苗圃名称。

在运输期间，要经常检查包内湿度，如果温度高要打开包适当通风，如湿度不够，要适当加水，运到目的地后，要立即假植，以保证苗木质量，提高造林成活率。

二、容器育苗

肉桂种子于每年 2～3 月份成熟，播种迟，生长期短，苗木矮小，因此生产上一般采用 2 年生裸根苗造林，但苗木占地时间长，造林成活率低，生长缓慢。为改变这种传统的育苗方法，1992 年起广西苍梧县林业局和白楠林场开始肉桂容器苗培育技术的研究，育出 1 年生肉桂容器苗上山造林成活率达 96%，当年主杆净增高 23.9 cm，而同时用 2 年生苗造林成活率只 86.7%，当年主杆净增高 10.2 cm，1 年生容器明显优于 2 年生裸根苗。采用容器育苗与传统的 2 年生裸根苗相比，其优点是：①用地少，每亩产裸根苗 16 万株，而培育 2 年生裸根苗才 3 万株；②育苗周期缩短 1/2，减少管理用工，成本低；③可提高苗圃地利用率和肉桂苗的繁殖速度；④苗木生长整齐，出圃率高；⑤造林时间长，成活率高，生长快，没有恢复期。

(一)培育小苗

1. 苗床的选择与整地

选择排水良好、近水源、质地疏松的沙质土作播种地，播前要细致整地，把泥土打碎，捡净石块、草根，苗床的长宽一般 10 m×1 m 为宜。为有利于种子发芽，苗床面上应铺一层 2～3 cm 厚的细森林表土。

2. 播种

播种季节在 3 月中旬至 5 月中旬，最好是随采随播。采回的果实，应随即除去外果皮，取出种子，把种子洗净，经过选用 0.3%的福尔马林浸泡 1 min，取出种子再封 2 h，然后用清水浸种 12 h，即可播种。撒播每平方米 1.5～2 kg 种子，播后覆盖细土厚 1～1.5 cm，用水花洒淋透即可。

3. 管护

播后用竹片做成苗床中央高 45～50 cm 的弧形棚架，盖上农膜，四周压实，以防鼠害和提高气温加速发芽。或先对种子进行防鼠药剂处理再播，可不盖农膜，改盖草于畦面也行，经常保持湿润，盖农膜的要打开盖淋水，不盖农膜天旱时要注意淋水；盖农膜的还要注意调温，肉桂最适宜的发芽温度为 25～30℃，天冷时盖好，天热时应将薄膜两头揭开，或全部揭开。

(二)移苗入容器

1. 容器的选择

容器可用塑料袋或纸杯，过去常用规格为直径 8～10 cm，高 15～20 cm 的塑料袋，单株苗木重，造林增加运输量，工效低，实践证明 1 年生苗的肉桂容器不需要这么大的规格。为了方便操作，减少配制营养土，减少运输量和降低成本，现肉桂 1 年生容器常用的规格是直径 5 cm，高 10 cm。

2. 营养土的配制

营养土可用水田表土或森林表土 80%左右，加火烧土 15%～20%，磷肥 3%。先将火烧土与磷肥加适量水拌匀堆沤，用草或农膜盖好，让其发酵。水田表土或森林表土打碎过筛(1 cm 筛孔)，与堆沤过的火烧土拌匀，于移苗前装杯摆整齐。

3. 移植

当肉桂苗叶子如黄豆般大小，侧根长约 0.5 cm 时，可移苗入容器。移前先配好黄泥水，用黄泥心土与水充搅拌成稀浆，加 ABT3 号生根粉 25 mg/kg 即可，起苗时，用锋利的剪刀剪去主根的 1/3，再放盛有黄泥浆的盆中(浆水深 1～1.5 cm)。移植时，用手指大小的竹片于中央打一小洞，然后放入小苗，扶正，压实(用竹片从侧面压或手指压均可)，淋透定根水即可。

4. 苗期管理

主要是搭荫棚、淋水、施肥和防治病虫害。肉桂幼苗期需搭棚遮荫，在离地面 1.8～1.9 m 搭木架，上面盖铁芒萁、黄茅草、杉树枝、遮阳网等均可，透光度 30%～40%，不仅可遮荫，冬季还达到防霜的效果。

经常保持土壤湿润，天旱要及时淋水。当幼苗长出 4～5 片真叶时，用 500 倍复合肥液喷施，再喷清水洗苗；苗木进入正常生长期时，每 15～20 d 追肥 1 次，以充分沤熟的农家肥加少量复合肥效果较好；10 月下旬后施 1 次磷、钾肥，浓度 500 倍液，少淋水，促进苗木硬化。注意病虫害防治，应以防为主，经常喷些波尔多液(0.5%～1.0%)，可防病和增加铜素肥料。第 2

年春天，苗高一般达到 15 cm 以上，地径达 0.3 cm 以上，根系发达，生势良好，可出圃造林。

第四节 肉桂的种植技术

肉桂上山定植造林要求成活率裸根苗达 90%以上，营养土容器苗达 99%以上，定植后 3 年成林，5 年后投产。因此必须选择好造林地，提高开垦质量，掌握好定植技术以及施足基肥等关键技术措施。

一、宜林地选择

选择肉桂宜林地应考虑土壤条件、气候条件和地形条件。

1. 土壤

土壤是肉桂根系生长的场所，它供给肉桂生长发育所必需的水分和养分。肉桂喜欢生长在花岗岩、砂页岩等风化发育的微酸性或酸性土壤，pH4.5～5.5 最适宜。土层深要求 1 m 左右，一般黄壤、黄红壤及沙壤土都可种植，砂土、石砾土不宜种植。土质以壤土、轻黏壤土或沙黏土、疏松而排水良好、腐殖质含量 3%～5%为好。在黄泥土生长的桂皮质软，有油分，质量优良；砂砾土生长的桂皮质硬，又称砂底桂，质量较差。

2. 气候

气候对肉桂生长发育起着决定性作用，幼龄期不耐强光，随着树龄增长，肉桂对光照量需要逐渐增多。年平均气温在 20℃以上肉桂能正常生长。年雨量 1 700～2 000 mm，大气相对湿度 80%以上最适宜。

3. 地形

地形会导致造林地少气候的变化，影响土壤中物质(水、肥、气)和能量(热量)的重新分配。一般认为种在山区比平原质量好，大山区是肉桂速生高产的最优环境，丘陵区是目前肉桂生产面积最大、产量最多的产区。肉桂种植以阳光充足，无寒风侵害，排水良好，土壤湿润的海拔 800 m 以下，坡度 30°以下和无冲刷的山腹地为好。

二、开垦整地

1. 开垦整地的作用

(1)可以改善肉桂种植点周围的立地环境条件，如光照、温度、养分等。

(2)可以保持水土，减少水土流失，提高林地的蓄水能力。

(3)提高造林成活率，促进幼林生长发育。

(4)有利于造林施工。

2. 开垦整地的方法

(1)全面整地　全面整地即对肉桂造林所用土地全面进行翻垦。适用于坡度 15°以下的缓坡地。

①1 hm^2 以下的造林地，要求全垦，并修好土埂和防洪沟。②3 hm^2 左右的造林地，要求等高带状全垦，带宽 15 m，带间留原生植被(即保护带)2 m，并修好防冲沟和排灌沟。

(2)局部整地　局部整地即对造林地的部分土地，按照一定技术规格，有秩序地进行翻垦。坡度15°以上的中高丘陵地适用，坚持等高垦种或种垦，宽度大的叫梯田，小的叫植带。

随坡度的大小设计适当的垦带宽度，一般15°以下带宽10～15 m，15～20°带宽不宜超过10 m，20°以上带宽1 m左右，只能单行种植肉桂。广西肉桂产区常见采用等高带状斩芭开山种桂的办法。密植，株行距1 m×1.2 m左右，等高种植，3～7 m为一垦带，利用2 m宽左右的保护带原植被（灌杂木或高草）为小苗挡光遮荫；也有些覆盖层厚而土壤肥润的中低草坡或类似疏林草坡的地方，采用宽行（2 m左右）密株（0.8～1 m）等高条垦或穴垦种植的办法，利用带间厚草层或穴周杂草遮荫，以后逐步扩大条带种植穴，修成小梯田或梯式小平台植行。这些办法创造了荫蔽条件，有利于肉桂幼苗成活生长，又防止土壤冲刷，效果很好，值得推广。

3. 开垦整地要求

(1)整地前，要斩芭清山，俗称炼山，把杂草灌木砍倒，晒干后放火烧掉，注意做好防火工作。

(2)整地时，要坚持高标准，高质量，严要求，平缓坡地采用带状开垦，坡度大的采用坑状整地，保证整地深度20 cm以下。

(3)整地后，按株行距要求，拉线定标，挖穴，穴径40～50 cm，穴深40 cm。

4. 开垦整地时间

开垦整地时间应比种植苗木时间提前6～12个月，夏季比春季好，一般在头1年秋、冬进行整地，最好经过1个雨季。

三、定植密度和种植点配置

定植密度指单位面积上种植的株数。定植密度影响肉桂林郁闭（树冠彼此相接）时间、桂皮产量和质量。那么，定植密度怎样才算合理呢？在一般情况下，要求肉桂造成后5年左右，幼树达到郁闭是比较适宜的。按照这个标准，根据立地条件、造林目的、作业方式等的不同，因地因树制宜地设计定植密度，过稀、过密都是不妥当的。

一般乔林作业是以培养大树生长高档桂皮为目的，株行距2 m×6 m或2.5 m×5 m，平缓地可用3 m×4 m、4 m×4 m或2.5 m×5 m，一般每亩植40～80株。矮林作业以生产普通桂皮、桂叶油等为目的，株行距1 m×1.5 m，平缓地1 m×1 m或1.3 m×1.3 m或0.8 m×2 m或1 m×1.2 m种植，一般每亩种植在400～700株为宜，山区可密，平地宜稀，易受风害地区宜密。

种植点配置指肉桂在造林地上的排列方式。在密度已确定情况下，肉桂树木怎样在宜林地上进行分配对其生长发育有较大的影响，这是因为合理的分配能充分利用光能和地力，促进肉桂生长。

在肉桂定植中，通常采用的配置形式有正方形配置、长方形配置和三角形配置。

(1)正方形配置　株距等于行距，有利于形成良好的树形，便于实行机械化作业。适用于平坦的造林地。

(2)长方形配置　行距大于株距，行的走向要因地制宜地确定，平坦地多为南北向，山区谷地与河谷走向相一致，坡地与等高线相一致。适用于平坦地及坡面缓平、整齐的坡地。

(3)三角形配置　种植点呈三角形或品字形排列。有利于树冠发育均匀和保持水土。

四、定植技术

1.定植时间

肉桂定植时期随各地气候而定。肉桂定植季节主要在春季或秋季。以早春2月下旬至4月上旬，新芽尚未萌发前定植最易成活。广西宜在雨水至清明间进行。海南秋季雨量集中，也可秋季定植，以后气温逐渐下降，蒸发减少，地温高，时有小雨，有利于苗木萌发新根。云南西双版纳6～7月份雨季定植，当年生长季节较长，幼苗扎根好，有利于度过冬春旱季。

2.植穴回土施基肥

在定植前半个月将表面回填植穴，要改变过去植桂不施基肥的旧习，结合回土每穴放腐熟堆杂肥2.5 kg左右，P肥0.25 kg与表土拌匀填满植穴，压实后略高于地面。

3.栽培技术

栽植应选在阴雨天种植，要求根系舒展，严格执行“三埋两踩一提苗”的栽培技术，即将穴挖到一定深度(视肉桂苗根系幅度大小而定)将苗木放进穴中央，直立，然后埋地表土至穴深1/2处，提苗使根舒展，踏实，再埋虚土，使之形成上虚下实状态，以防土壤水分蒸发。

一般1个栽植点中只植1株苗。因苗期植株小，为提高对不良环境抵抗能力，每个穴可植2～3株苗木，但植株要有一定间隔距离。定植深度一般比在苗圃内深2～5 cm为宜。

采用容器苗定植，要在植穴内先撕开袋子，小心勿使苗根土块破碎散开。采用经过促根的萌蘖，在起苗要保护根系和切除嫩梢。

植后一般应淋定根水，穴面盖草保湿，以提高成活率。在无荫蔽地方要插临时荫蔽树枝叶，以免小苗晒枯，保证成活。

定植肉桂技术关键是：穴大根舒，根土密接，深浅得当。

五、定植后初期管理

定植后初期管理是造林成败的关键环节，必须注意做好如下几项工作。

1.抗旱保苗和幼苗遮荫

植后如遇久旱天气，必须经常检查植穴土壤湿度，掌握情况，及时淋灌保活，小苗定植的必须注意保持遮荫物的完整无缺，保证幼小苗木有50%左右荫蔽。防止小苗被旱、晒致死。

2.混农间作和绿肥遮荫

适于混农间作的幼林行间，应在早春季及时种上花生、黄豆等覆盖豆科作物，以利改良土壤。需要农作物作荫蔽物的地块，可及时播种玉米，木豆、灰叶豆、田青等高秆绿肥作物。有些山区习惯种木薯作荫蔽物，荫蔽作用很好，但木薯消耗地力大，对改土不利，因此只能在无其他作物可种时用，并应施足基肥，以免抢夺土壤肥力过多。

3.防治病虫害及其他管理

初植小苗常有蚂蚁、蟋蟀等咬害，应注意检查，发现害虫即以毒饵诱杀；芽接苗植后砧木芽萌发快要经常检查抹除，以利接芽苗快长；截干定植苗，多余的芽也同样要抹除去，仅留壮直的1芽，使养分集中，促进留的芽迅速长成植株。

六、肉桂混交林营造

随着新的产业革命到来，肉桂经济林生产发展必然要走向优质、高产、高效新路子上来，这是历史发展的必然趋势，为此要大胆地突破现有传统的种植模式，建立起既能充分利用土地潜力和光、热、水多种潜能，又能产生很高的经济效益新的人工生态群落模式，这是当前生产上急需研究的课题。根据广西肉桂主产区防城、玉林、梧州等地桂农种植习惯，营造成肉桂混交林是一个很好的生产经营模式。其混交类型有：肉桂与八角混交，肉桂与橡胶混交，肉桂与三木药材（黄伯、杜仲、厚伯）混交，肉桂与松、杉混交等，其中肉桂与橡胶混交在广西防城各农场推广应用，肉桂与八角混交林多见而且成功。因此，肉桂与八角混交林无论生态效益还是经济效益都有所改善与提高，群众乐于接受。

广西八角肉桂产区历来都是以纯林种植和混杂种植为主，经济效益低。20 世纪 80 年代以来，农林多层次混交日益引起人们的兴趣，显示出其强大的生命力。目前生产上八角与肉桂混交模式大致可分为如下 4 种类型。

1. 八角乔林与肉桂矮林混交

这种模式乔林种植要求稀疏，矮林种植要求稠密，两者植株高度一高一矮搭配，根系一浅一深，既能充分利用太阳光能，又能提高土地利用率，混交种植互不影响其生长和产量，可以长期共存，相互促进，取得最佳的生态效益和最高的经济效益，是营造八角肉桂高效益最理想模式。

2. 八角矮林与肉桂乔林混交

这种模式可在广西德保、岑溪县以生产茴香油为主的产区应用。但考虑到目前市场价格及销售，八角干果 12～24 元/kg 高于桂皮 8～10 元/kg，桂油 120～160 元/kg 高于茴油 60～80 元/kg，经济收入低于模式一，同时由于桂皮剥皮时需要砍树，也会影响到混交林生态效益的稳定性，其经济与生态效益都不及模式一。

3. 八角乔林与肉桂乔林混交

这种模式两者乔林种植，其株行距宽，单位面积株数少，影响经济收入，且非生产期长，不能达到以短养长目的，故此模式不理想。

4. 八角矮林与肉桂矮林混交

此模式由于植株高基本一致，其空间利用不够合理，同时两者实行矮林经营，地力消耗大，植株容易衰退，难以达到长期共存，且经济效益欠佳。

由此可见，八角乔林与肉桂矮林混交是营造八角肉桂高效益混交林最理想模式。根据在不同坡度混交种植情况，设计出如下 2 种方案：

(1)平缓林地（坡度$<10°$）混交模式　以株距 5 m，行距 5.2 m 的规格种植八角乔木，每亩种植 25 株，并在八角乔林行距间安排种植肉桂矮林，肉桂株距 1 m，行距 1.3 m，每亩种植 475 株，每亩八角肉桂共计 500 株（图 6-7）。

(2)中高丘陵林地（坡度$>10°$）混交模式　八角乔林株距 3 m，行距（水平距离）7 m，每亩种植 32 株，肉桂矮林安排在行间萌生带种植，株距 1 m，行距 1 m，确保每亩种植 400 株以上（图 6-8）。

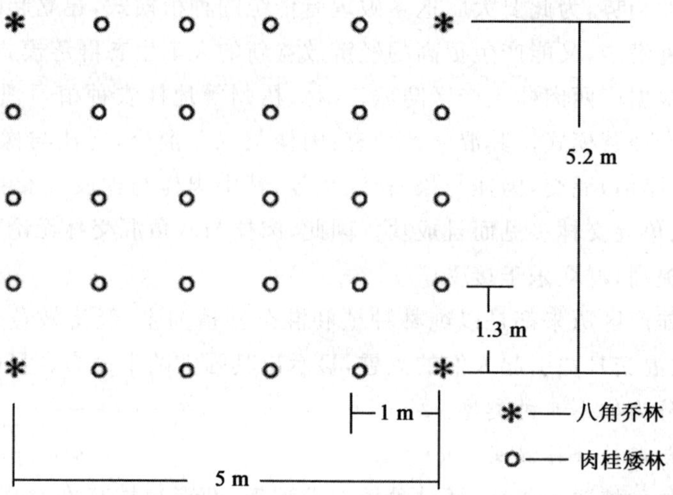

图 6-7 平缓林地(坡度<10°)混交林模式

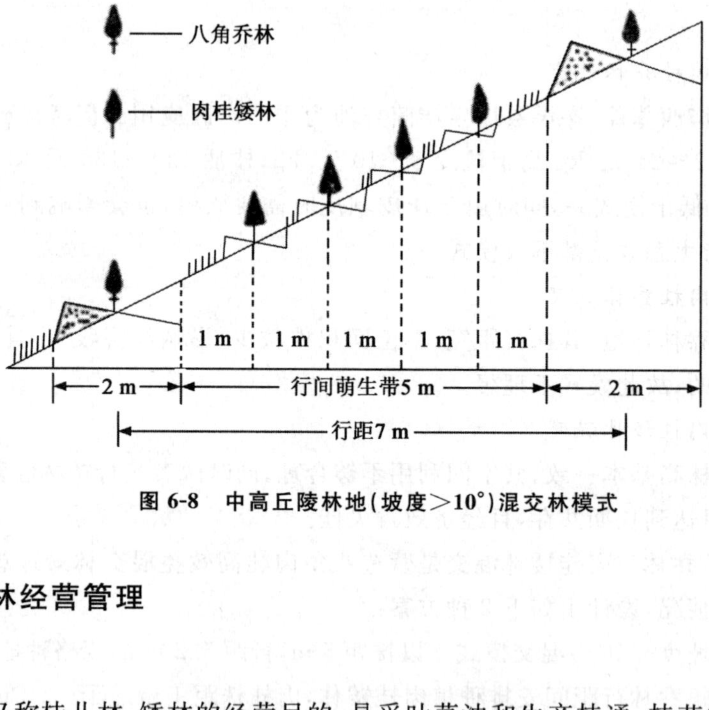

图 6-8 中高丘陵林地(坡度>10°)混交林模式

七、肉桂林经营管理

(一)矮林

肉桂矮林又称桂儿林,矮林的经营目的,是采叶蒸油和生产桂通、桂芯等产品。造林 3~5 年后,平均每亩每年可采剥桂皮 40~50 kg,桂碎 4~5 kg,同时每年还可采收桂叶蒸油 1.5~1.7 kg。

苗木定植后,在加强抚育管理条件下,3 年生树达 2.5 m,胸径 3 cm 以上,可进行第一次采伐剥皮。萌芽更新的采剥时间,以 3 月下旬树液开始流动为宜,这时树皮既易剥脱,而且伐根萌芽又快。砍伐时要平地面,将来萌蘖自土内生长,基部容易生根,不易被风吹倒和感染腐烂菌。肉桂的萌芽力强,采伐后留下的树桩能重新萌芽成林,利用这个特性,肉桂一次种植可以多次采收。

采伐后的树桩，每株保留有新长出健壮萌芽条2～3条，其余的抹除，同时全垦林地1次，并重施1次肥料。根据肉桂的生长速度不同，有的仅需3年，有的需要4～5年达到采剥桂皮标准。因此可择伐或分区轮伐，以便每年都有稳定收益。一般可更新5～10代，因为肥力下降，根系衰老，应挖除老树桩，另行造林。

(二)乔木

乔木又称大桂林，乔林的经营目的是培养高档桂皮、桂子和种子。10月下旬采收未成熟的果实，晒干即为桂子，可入药。利用种子可待成熟后采收。

对于乔林作业，应加强抚育管理和施肥。幼林期宜混种农作物和施草木灰与有机肥，胸径达15 cm以上的大桂，应多施磷肥，以促进油层形成。

(三)中林

从矮林中选择优良肉桂植株培育大桂，使大桂与矮桂混生，可达到青山常在，永续利用，这样可以充分利用地力，增加经济效益。

第五节 肉桂林的抚育管理与更新

发展肉桂生产，造林是基础，管理是关键。认真做好肉桂林抚育管理是巩固造林成果，加速林木生长，提高经济效益的重要措施。

肉桂林抚育管理的主要目的促进其速生快长，缩短非生产期，增多生产世代(更新收获代数多、寿命长)，并获得产量高、品质好的最优经济效益，因此必须克服过去那种极其粗放甚至只种不管就等收的恶习。

一、肉桂林抚育

(一)抗旱保苗和幼苗遮荫

植后2～3个月内如遇久旱天气，必须经常检查植穴湿度，掌握干旱情况，做到及时淋灌保苗。小苗定植后必须注意保持遮荫物的完整无缺，保证小苗木有50%左右荫蔽度，防止小苗被旱、晒致死。同时，对缺苗应及时补植，确保全苗。

(二)种好间作物

肉桂在幼龄期间，需要适当荫蔽和湿润的环境条件，以利于生长；同时幼龄期间，空隙较大，杂草滋长很快，所以通过合理间种作物，既可充分利用地力、空间，又可促进肉桂的生长，达到以间种代替抚育的目的，一举两得。两广肉桂产地采取间种花生、黄豆、玉米、木豆、田菁、巴戟等作物，取得很好效果。有些山区习惯种木薯作荫蔽物，荫蔽作用很好，但木薯消耗地力大，对改土不利，必须施足基肥，以免抢夺土壤肥力过多。但间种一定要科学合理，幼龄期宜在0.5 m外种植；5～6年以后，在1 m以外，当妨碍肉桂生长发育时，要把间种作物清除，不能本末倒置；7～8年时就要疏林和停止间种，减少荫蔽，增加光照，促进肉桂生长良好。

(三)松土除草

肉桂松土的目的是为了切断毛细管，减少土壤中水分的蒸发，增加湿度。除草目的是为了减少杂草对幼树竞争，减少土壤中养分的损失。松土与除草往往是同时进行的，要求做到："一培二净三不伤"。一培就是结合松土，把树穴周围的肥土培在苗木根部；二净是将植株 1 m 范围内的杂草铲除干净(最好不要全部)，碎石块拣干净；三不伤即不伤根、不伤皮、不伤顶芽。中耕时不要碰伤近地面茎皮，以免促使萌发多量萌蘖，使林杈增多，消耗养分，影响主干生长。

松土要求靠近树苗处浅，外围稍深，以不伤根为原则。除草要本着除早、除小、除了的原则进行。

肉桂松土、除草的次数为"1、2、2"，即第 1 年抚育 1 次，第 2 年为 2 次，第 3 年为 2 次。造林当年以 11 月份进行抚育 1 次为好。每次除草后，将杂草覆盖于根际周围或压青，以有利于增加有机质和改善林地生态条件。

松土深度一般 5～10 cm，除草亦可用化学除草剂如百草枯、草甘膦等进行。

(四)修枝整形

全部桂产品中，以桂皮的产量最有价值，高等级的桂皮，必须是通体完滑，无死节疙瘩。因此，对此认真进行修枝整形，保持桂树主干通直光滑，是肉桂抚管中一项十分重要的工作。

1. 矮桂林修枝整形

矮桂林以生长香料肉桂及桂油为主，修枝整形工作虽不如乔林一样重要，但及时修除下部枝条，保证主干生长，对提高主干树皮量极为重要。一般从定植第 2 年起，每年在秋冬季进行修枝 1 次。将萌蘖枝、病虫枝、过密枝、纤弱枝、下部的枝条剪去，有利于通风透光，保证水分、养分供给，满足肉桂植株高、粗生长需要。可用锋利的刀子紧靠主干削除枝条，使削口平滑，不能劈裂，保证主干有 2.5～3 m 光滑通直，生产出更多桂皮产品。如果是利用枝叶蒸油为主的矮林，则应在这植后 2 年内摘顶，促使多枝萌蘖、增加枝叶产量。

2. 大桂林修枝整形

大桂林以生产价值较高的药用桂皮为主，因此修枝整形十分重要。主干通直高大，则树皮产量高，生产企边桂和板桂等高级桂皮，要求树干无死节疙瘩。因此大桂林修整要求"一早二光滑"。一般应在植后第 3 年起，每年进行 1～2 次，每次修除从地面到树冠的 1/3 以内的枝条为限；小枝条用利刀紧靠主干削平，但不能伤及主干树皮；较大枝条不能一刀削除的，可用锯子锯，保证切口平滑以利愈合。枝条越小，伤口越易愈合，故修剪应在秋冬季进行，宜早不宜晚。修下来的枝条收集起来蒸制桂油或作其他产品。若种植 10 年后，植株密度过大，甚至郁闭，影响到正常生长，则要进行疏伐、间伐，把生长差的、不直的、有病虫害的、高密度的植株砍去，把树头挖去，增加光照和营养，促进其他植株健康生长。

(五)施肥

对肉桂林施肥，不仅可以提高肉桂生长量，缩短幼林抚育期，使之早投产，还可以改良林地肥力状况，降低抚育成本，收到明显的增产效益和经济效益。肉桂施肥重点在种植后头 3 年，要求实现 1 年生 2 年长 3 年成林的管理目标，必须强化施肥管理技术，重点抓好植前施基肥，植后合理追肥两大技术环节。

1. 植前施基肥

植穴要规范化，规格一般穴径 40～50 cm，穴深 40 cm，并把表土与心土分开堆放，结合回土，每穴施有机肥 2.5 kg 或复合肥 0.5 kg，加上磷肥 0.25 kg 作基肥用，并在植穴下坡筑起高 10～15 cm 的土埂，以利于保水保肥。有条件的地方，最好每植穴施 25～50 g 硼砂，对预防肉桂枝枯病有一定效果。

2. 植后合理追肥

根据不同树龄采用不同施肥方案，对1～3龄幼林肉桂以施氮肥效果为好，氮磷钾配合更佳，每年追肥1～2次，每株每次施尿素或碳铵0.1～0.25 kg，有条件的地方可加施有机肥或复合肥2.5～5 kg更好，氮肥以少量多次施，每年在3～4月份春季抽梢前施第1次肥料，8～9月份秋季抽梢前施第2次肥料，施肥方法是在树冠投影下对称沟施、半月形沟施或穴施即可，施后应覆土。对3龄后成林肉桂，以氮磷钾配合施用效果好，一般每年每株施尿素或碳铵1～1.5 kg，过磷酸钙0.5～1 kg，氯化钾0.25～0.5 kg，或施复合肥2.5～5 kg，有条件的地方结合压青进行施肥效果更好。每年施2次，在3～4月份春季抽梢前施第1次肥料，8～9月份秋季抽梢前施第2次肥料，对称沟施、半月形沟施或穴施均可，施后覆土踩实，以防止肥效散失。亦可根据肉桂叶片营养诊断和土壤养分分析结果，制订因树、因土配方施肥方案，以便获得最佳经济效益，目前有关科研单位正在开展这方面的研究工作。

(六)修筑梯田

坡度15°以上的条垦、穴垦种植地，每年应在不影响肉桂幼苗所需荫蔽和株周种荫蔽物的情况下，逐步扩大垦带或植穴，并修筑成略向内倾的小梯田，以利三保一护(即保水、保土、保肥和护根)，促进肉桂树生长，方便于施肥管理。

二、肉桂林管理

农谚说得好：光栽不护，苗不成树。造林后，肉桂的管理保护工作要跟上，尤其在造林后的头几年，幼林容易遭受牲口、病虫、野兽的危害和人为损伤，影响幼林保存率和生长，因此必须加强对肉桂林的管理保护。

(1)封山育林，禁止在肉桂林地内放牧、砍柴和铲草皮，以防人、畜践踏林木。

(2)对病虫、鸟兽造成的危害，必须坚持"预防为主，积极消灭"方针，有效地加以防治，保证肉桂树健壮生长。

(3)以法治林，做好防火、防偷工作。山地肉桂林，特别保留有植被保护带的林地，保护带内杂草丛生，极易引火，必须注意防火，在与林外接界处铲草成隔火带，以免界外山火引燃到林内来。同时，要增加林业警力，进一步搞好社会治安综合治理工作，防止造成不应有的损失与破坏。

(4)搞好肉桂造林地的检查验收工作，填写好造林技术档案资料。

三、肉桂林萌芽更新

肉桂树具有伐根萌芽(蘖)力强、萌蘖多、生长快和基部培土易发不定根等特性。因此，生产上利用这一特性，进行培育伐根萌蘖以达到更新换代的目的。一般砍伐后1个月左右，便会从树头不定芽中萌生新芽，待长到30 cm左右，选留1～2根健壮的植株，进行抚育，这比重新整地种植要快、要好。通常更新有2种做法：一是在肉桂植后5～10年成片砍伐剥皮，轮换更新，年年有收，生产一般薄桂皮和采叶蒸油；二是培育10年以上大桂，分片轮换，一次全部砍伐剥皮，生产较高档桂皮和采叶蒸油。但一次全部砍伐做法不能连年有收，须等更新萌蘖长大后方能砍伐，生产有周期性。

种植多年后，由于肉桂林地肥力的消耗和老树根系的衰退，萌蘖更新8～10代后，伐根的萌蘖也会生长纤弱、缓慢。特别是土壤较瘦和管理不善的林地，萌蘖生长衰退更快，这时，挖除老树头重新翻土改土种植也就必要了。重种更新有连作和轮作 2 种方法。

1. 连作

在土地有限，要求生长面积较大情况下，采用连作更新方法。在全部砍伐后，清理迹地，挖掉老根头，重新整地挖穴，重施基肥种植新苗。也可在伐根的株(行)间先挖穴，重施基肥种上小苗，以后在抚育阶段再逐步挖除老树头。2 种做法都须在种植头 3 年内，间种临时荫蔽用的高秆绿肥作物或豆科农作物等，以作压青改土用，这样做可以尽快恢复地力，利于幼树生长。

2. 轮作

在宜林荒地多，生产面积需要不大的情况下，最好采用轮作更新方法。在砍收全部老林之后，整理迹地种植豆科农作物或绿肥作物，连续压青耕种 3 年以上，然后挖穴重种肉桂。为了保证连年生产收获，可以把大片老林预先规划分段、分片砍伐轮作，也可以砍伐轮作一片，另外开新荒种植一片，精心做好规划，保持每年有一定的收获面积，便可不断生产收获，这样做可以有稳定的经济收入来源。

第六节　肉桂主要病虫害及防治

一、肉桂主要病害与防治

(一)枝枯病

肉桂枝枯病群众称“桂瘟”，是肉桂产区常见的一种主要病害。在 20 世纪 90 年代两广肉桂产区发病率高，一些林地严重的达 80%以上。病株从树梢顶端向下干枯 1/5～4/5，严重的整株枯死，可使桂皮产量降低 20%～50%。

【症状】通常病菌主要从枝干的虫伤、自然伤口或垂死组织处侵染肉桂植株，感病后植株大多在梢顶 10～80 cm 处干枯，叶变为红褐色而不脱落，这时林分似被火烧。枝枯病的典型症状有 2 种类型，即枝枯型和溃疡型。

(1)枝枯型　感病枝条初出现黄色针头状水渍斑，渐变褐至黑褐色，环境条件适宜时，病斑上下迅速扩展，环绕枝干干枯，病健交界处明显。干枯部分因失水而稍下陷。

(2)溃疡型　病菌侵染枝条后，初出现水渍小点，渐变成圆形或菱形稍凹陷的病斑，病斑不断扩大，边缘组织增生，形成四周凸起，中间下陷的溃疡斑。病部皮层粗糙开裂，部分脱落，大多病枝从感病部分以上干枯。

【病原】枝枯病的病原复杂，但主要是由色二孢(*Diplodia* sp.)真菌侵染所致。这是一种致病性较弱的寄生菌，需要在寄主由于有伤口或营养失调影响了生势的情况下侵染为害。

【发病规律】枝枯病除在温度较低的 1～2 月份外，几乎全年均见发生。6～9 月份为病害流行盛发期。病害发生与昆虫蛀食和自然损伤、土壤干旱瘠薄以及经营管理水平有密切的关系。

受木蛾、双瓣卷蛾和天牛枝干害虫为害严重的，病害发生也越严重。经接种试验证实，病菌不能侵染无伤口的肉桂枝干，而伤口的深浅程度与侵入扩展的严重程度很有关系。土壤瘦瘠尤其是缺乏某些微量元素,也与发病有关。产区有的农户曾以石灰、硫酸铜、硼砂混合施于病区肉桂的根部,其枝枯病发病率比未经施药的明显下降。从土壤化验分析结果看,凡是病害严重地区的土壤,硼的有效含量是比植株需硼量的临界点低 2～5 倍,而在病区作施硼试验发现,硼能促使部分病株生势好转,减少发病。新栽植的肉桂林在 2～3 年后严重发病,究其原因是周围大多是肉桂病区,造林前没有清除附近有病的枯枝,尤其没有注意清理同样能感染枝枯病的野生灌木石槁(*Litsea verticillota*)的病枯枝,而成为病害发生的初侵染源。广东高要市大陇林场是个病区,但在白水区约 7 hm^2 的 3 年生肉桂林,因周围无病树,不存在侵染源,未见发病。广东罗定市飞马林场肉桂枝枯病发病轻微,与该场注意及时灭虫、清除枯枝、保持良好林地卫生状况、控制减少了初侵染源有关。

【防治方法】

(1)严格检疫制度。防止带病种子、苗木等繁殖材料从疫区外运,以减少扩展蔓延。

(2)选用抗性品种。目前,生产上有少数较抗病品种如南肉桂、安南桂等,可通过无性或有性繁殖手段,扩大种植面积。尚无免疫或高抗品种,应加紧选育,推广应用。

(3)种子消毒。一是用 0.3%福尔马林或 0.1%强氯精浸种子 0.5 min,然后倒出多余药液,密封 2 h,再用水浸 24 h,达到杀菌消毒目的。二是用 1%硫酸铜或 0.1%高锰酸钾溶液浸种 10 min 消毒即可。

(4)苗木消毒。凡是上山定植的肉桂苗木,应严格检查,病苗不得上山造林。同时应提前 1 周结合修剪枝叶,喷 1 次 50%多菌灵加 50%磷胺乳油 1 000 倍混合液,防止苗木带病上山。

(5)搞好林分卫生。造林前对感病的野生灌木石槁要清除,集中处理。应保持林分内通风透光,及时清除病虫枯枝落叶,集中烧毁,减少侵染来源。

(6)注意施肥方法。一是在施基肥时,加上适量硼砂,有预防效果。二是控制氮肥用量,增施磷钾肥,提高植株抗病虫能力。三是肉桂为喜钾树种,多施草木灰,效果较好。

(7)消灭传播虫源。每年 6～10 月份是肉桂泡盾盲蝽危害猖狂期,喷 2～3 次 45%马拉硫磷乳油 1 000 倍液,能有效地切断病原传播途径。

(8)药剂防治。在肉桂抽新梢期间,喷洒 50%多菌灵加 50%磷胺乳油 1 000 倍混合液或 50%多菌灵加 50%巴丹乳剂 1 000 倍混合液。10～15 d 1 次,连续 3 次,防治效果达 90%以上。另外,用广西施绿工程有限责任公司生产的桂树宝 1 号防治剂,效果较好。

(9)生物防治。在肉桂林地放赤眼蜂,能有效地控制肉桂泡盾盲蝽等害虫危害,值得生产推广应用。

(10)发展肉桂混交林生产。据调查,肉桂混交林发病较轻,而纯林则发病严重。其主要原因是肉桂混交林天敌种类和数量比纯林多 2～3 倍,对害虫有抑制作用。生产上,值得推荐的肉桂混交林模式有肉桂与八角混交、肉桂与茶叶混交、肉桂与橡胶混交、肉桂与松、杉木混交等。

(二)炭疽病

炭疽病发生于肉桂的叶片、嫩梢,发病率为 10%～30%,严重的地方常成片枯黄,似被火烧,对肉桂幼林生长造成很大的影响。

【病原】本病是由长胞刺盘孢菌(*Colletotrichum gloeosporioides*)侵染所致。病菌生在病部表皮下,后突破表皮外露,呈黑色小点,如在潮湿天气,病菌孢子座增多,聚集在一起,成粉红色分生孢子座。

【症状】病菌侵染叶片和嫩梢。幼嫩部分感病后皱缩、扭曲变黑，叶片脱落。老叶多在叶尖、叶缘或叶脉间初出现黄褐色斑点，逐渐扩大为圆形、长条形或不规则形斑块，病斑褐至黑褐色，有不甚明显的云纹，最后全叶干枯。

【发病规律】高温、高湿有利于本病的发生和流行，春、夏、秋季发病较多。病菌在被侵染的叶片、嫩枝上产生大量的分生孢子，再通过风雨溅散飘扬传播，冬末低温时病菌在病树和落叶上越冬。土壤干旱、贫瘠处，发病较重。幼树林地裸露、植被少的地方，发病较多。林地郁闭，间种作物或混交的地方，发病较少。

【防治方法】

(1)选择土壤湿润、肥沃而不板结的林地种植肉桂，以免生长不良，招致病害流行。

(2)结合采收桂皮，剪除病枝叶和收集地下落叶，集中处理，以减少侵染来源。在生长期间，可喷洒65%代森锌600倍液或50%退菌特800倍液。每周1次，连续2～3次。

(三)粉实病

粉实病发生于肉桂的果实，一般感染率5%～35%。影响种实的质量和繁殖苗木。

【症状】肉桂果实感病后，初生黄色小点，逐渐扩大和突起，先成痂状，最终全果肿大，呈球形或不规则形，直径1.0～1.8 cm。病果表面初生白色粉状物，从外及内，以后变青褐色。病果有一层赤褐色外壳，干缩，内部全是褐色粉状物。

【病原】本病是由泽田外担子菌(*Exodasidium sauadae*)侵染所致。

【发病规律】外担子菌是一种强寄生菌，以菌丝或孢子在病树上或地下的病果越冬，翌年春夏间，从果实形成时起，以担子孢子侵染发病。病菌随风雨传播，扩展为害。

【防治方法】结合每年的采种摘除树上病果和清除地下落果，集中烧毁或作深埋处理。

(四)煤污病

煤污病是一类极其普遍的病害。主要为害枝、叶，妨碍肉桂林木正常的光合作用，影响其健康生长。

【病原】煤污病主要是由小煤炱属(*Meliola* sp.)真菌侵染引起的。病部上的黑色煤污即病菌的菌丝和孢子体。

【症状】感病的叶片或枝条表面初出现密集圆形斑点，后渐聚集合成片，成为一层黑色烟煤物。

【发病规律】每年的3～6月份和9～12月份是肉桂煤污病的发病盛期。病害发生的严重程度与温度、湿度和昆虫虫口密度有关。林分过密、阴湿、通风不良，有利于病害发生。蚜虫和介壳虫为害严重时，煤污病也随着大发生，因病菌多从这些昆虫分泌的蜜露中吸取营养，而虫体本身又是病菌的传播媒介。

【防治方法】

(1)合理栽植，避免闷热环境，使林地通风透光。

(2)发病时，可用40%乐果乳剂防除蚜虫、介壳虫。

二、肉桂主要虫害与防治

肉桂害虫从受害部位划分为3大类型：第1种类型是蛀干性害虫，主要有天牛、木囊蛾、透翅蛾等；第2种类型是食叶性害虫，主要有潜叶甲、介壳虫、带蛾、蓟马、毒蛾等；第3种类型是为害果实害虫,主要有桂实象鼻虫、松毛虫等。其中以第1种类型天牛为害最严重。现将肉桂常见的主要害虫特性与防治方法介绍如下。

(一)肉桂泡盾盲蝽

肉桂泡盾盲蝽(*Pseudodoniella chiaensis* Zheng)属半翅目盲蝽科,是近年为害肉桂引起桂瘟的新害虫,主要分布在广西岑溪、容县、平南、藤县和广东郁南、罗定、高要、德庆等老产地。该虫为刺吸式口器,其成虫、若虫刺吸肉桂幼嫩组织汁液,造成幼芽、幼梢皱缩、畸形,严重时整株干枯。同时,该虫还是球二孢菌等多种病菌的传播媒介,由于其活动,使肉桂大面积感病枯死(即桂瘟)。此虫1年发生5～6个世代,一年四季均发生,为害严重时期是6～9月份。据调查,该虫对3～4年生肉桂树为害最严重,新植林地受害较轻。为害者枝叶干枯,重者则整株枯死。

【防治方法】

(1)选无病虫壮苗上山定植。对新植产地尤其重要,以减少病虫初侵来源。

(2)合理修剪,清除寄主。泡盾盲蝽为喜阴性害虫,对荫蔽的林分应适当地进行修剪,对林分内外各种野生植物应砍净除光,破坏其滋生场所。

(3)药物防治。在6～10月份夏秋梢发时,喷50%林病威可湿性粉剂500倍液,或45%马拉硫磷乳油800～1 000倍液,或90%敌百虫晶体800～1 000倍稀释液2～3次,每次间隔10～15 d。在越冬代若虫发生末期再喷洒1次,效果更好。

(二)肉桂蛀梢虫

肉桂蛀梢虫(种名待定)又称桂螟。主要为害肉桂嫩芽,从嫩芽顶端下部0.5 cm处蛀入芽心向下蛀食,把芽心中间蛀成坑道,直至桂芽枯死。轻者嫩芽枯死,重者肉桂生势衰弱,导致枯梢。此虫1年发生4代,在春、夏、秋、冬梢抽发期为害,以春、夏梢最严重。

【防治方法】

(1)合理修剪。在少数肉桂发生为害、虫口密度小时,及时将为害枝梢剪除烧毁或深埋,以减少虫源蔓延为害。

(2)药物防治。在每次抽新梢期,喷40%氧化乐果乳油800～1 000倍液,或2.5%敌杀死乳油4 000～5 000倍稀释液,毒杀初孵幼虫。

(三)天牛

天牛属鞘翅目天牛科昆虫,为害肉桂的天牛主要有樟红天牛和褐色天牛2种,桂农统称为桂豹。该虫以其幼虫蛀食肉桂树的木质部,形成孔洞,受害植枝叶干枯,遇强风易被吹断,严重时整株枯死。1年发生1代,以幼虫在树干内越冬,在翌年4月下旬至5月上旬化蛹,5月上旬至下旬羽化出成虫,产卵前咬破树皮产于其中,6月为幼虫盛孵期。初孵幼虫为害韧皮部,为时约3个月,至9月份后蛀入木质部为害。

【防治方法】

(1)涂白树干。在成虫产卵期内,用生石灰粉10份、硫磺1份、水40份混合均匀制成树干涂白剂,配好后用毛刷均匀地涂到树干上,从根茎处涂到木栓化部分为止,以防止成虫在树皮上产卵。

(2)堵塞虫孔。9月份后经常检查树干,将新鲜虫孔的虫粪清除干净,用药棉蘸或用注射器注入2.5%敌杀死乳油或40%乐果乳油或汽油等原液塞入蛀孔内,再用泥封口,毒杀幼虫。

北京农学院化保教研室研制的克牛灵胶丸，是一种安全、省工、方便、无污染、高效制剂，对钻蛀性害虫有特效。其主要成分是磷化锌，胶丸直径为 5 mm，使用时由于天牛蛀道直径小，为 2～3 mm，可用锋利小刀扩大孔口再将胶丸塞入，无需封泥，值得推广使用。

(3)杀灭幼虫。在 6～7 月份幼虫孵化时，用 40％氧化乐果乳油 800～1 000 倍或 50％速灭松 1 000 倍稀释液喷杀。

(4)人工捕杀。在 5 月成虫羽化盛期，实行人工捕杀。及时检查树干，清除虫卵，减少虫源。

(四)木蠹蛾

木蠹蛾是一种鳞翅目昆虫，幼虫为害肉桂幼龄植株和大树枝条。刚孵化出的幼虫先在嫩枝啃食，钻蛀浅坑道，随着虫龄增大，转到较粗的枝条蛀食，一般蛀食树皮表面粗糙部分，蛀食过的坑道口堆着幼虫吐丝黏结虫粪等物。老龄幼虫钻入木质部蛀食。枝干被害后极易折断，干枯，同时该虫往往把道口周围的树皮啃食一圈，使被害部位上下两端形成瘤状突起。虫口密度大时，严重破坏肉桂生长。据调查，纯林幼龄肉桂比混交林受害比较严重。

该虫 1 年 1 代，以老龄幼虫在坑道中越冬。4 月份开始羽化，5 月份出现成虫。成虫白天不动，晚上活跃，有趋光性。卵一般产于枝条分叉处，叶柄基部，或树皮裂缝中。

【防治方法】

(1)剪除虫枝。发现树干有虫孔口，结合修剪，把被害枝干剪去。

(2)人工捕捉。当成虫盛发期，可进行人工捕捉灭杀。

(3)药剂毒杀。将新鲜虫孔的虫粪清除干净，然后用药棉蘸或用注射器注入 2.5％敌杀死乳油或 40％乐果乳油等原液塞入蛀孔内，再用黄泥封口，毒杀洞口幼虫。

(4)药剂防治。幼虫孵化盛期，可用 90％敌百虫 1 000 倍稀释液，或 50％辛硫磷乳油 1 000 倍稀释液喷杀，每 7～10 d 1 次，连续 2～3 次，效果很好。

第七节　肉桂的采收与加工

一、桂品的采收与加工

(一)收获

肉桂采收有较严格的季节性，技术操作要求比较高。一般山区桂农砍伐剥桂有具体要求，由有经验者负责。肉桂收获根据不同经营目的采取不同方法。

1. 矮林作业

矮林作业即采收桂皮、生产桂通、桂芯和采叶蒸油为目的。定植后 5 年左右、树高 2.5 m 以上、胸围 10 cm 以上时即可开始收获。在 3～4 月份间，树液开始流动旺盛季节进行砍剥，一般宜在春分至谷雨节令进行，不超过立夏，因这时树皮容易剥脱，伐后萌蘖再生也较茁壮。采取每年间伐或分片轮伐达到剥皮标准要求的植株，伐口尽量靠近地面，刀(锯)口平滑，根株不撕裂，以利萌芽在近地面或根茎交界处发芽，便于基部培土生根，增强次生植株的抗风抗病能力。伐根萌生的数条萌芽株，一般选留 1 条壮直的(如以采叶为主则可多留 2～3 条)。加强施肥管理以缩短再生产周期。

2. 乔林作业

乔林作业即采剥厚皮，生产各类板桂、桂子等为主要目的。一般树龄 10～15 年以上，胸围超过 40 cm，即可待其开花结果采种或砍伐剥皮，10 月份采收未成熟果实生产桂子，如要种子则等果实成熟(3～4 月份)后采收，剥桂皮在 3～4 月份剥取的叫春桂，8～9 月份剥取的叫秋桂，秋桂质量比春桂好。在越南肉桂产区有句谚语："春生，夏长，足晒秋冬"，意即秋冬的桂皮含有丰富营养物质，质量最好，晒干率高。一般秋季剥皮宜在白露至秋分节令进行。据测定，16 年生肉桂树，其主干要剥干桂皮 3.75～4.25 kg，干鲜比约为 1：2。

要制成桂板、油桂、企边桂等高档产品时，须采剥自 20 年以上的肉桂树，采剥时一般先在离地 1.5～5 cm 处环割一圈，再在 35 cm 处环割一圈，在两环割线之间再纵割一垂直线，生产上常用此法剥取桂皮。剥皮刀可用牛角制成，有关肉桂树收获所用工具见图 6-9。

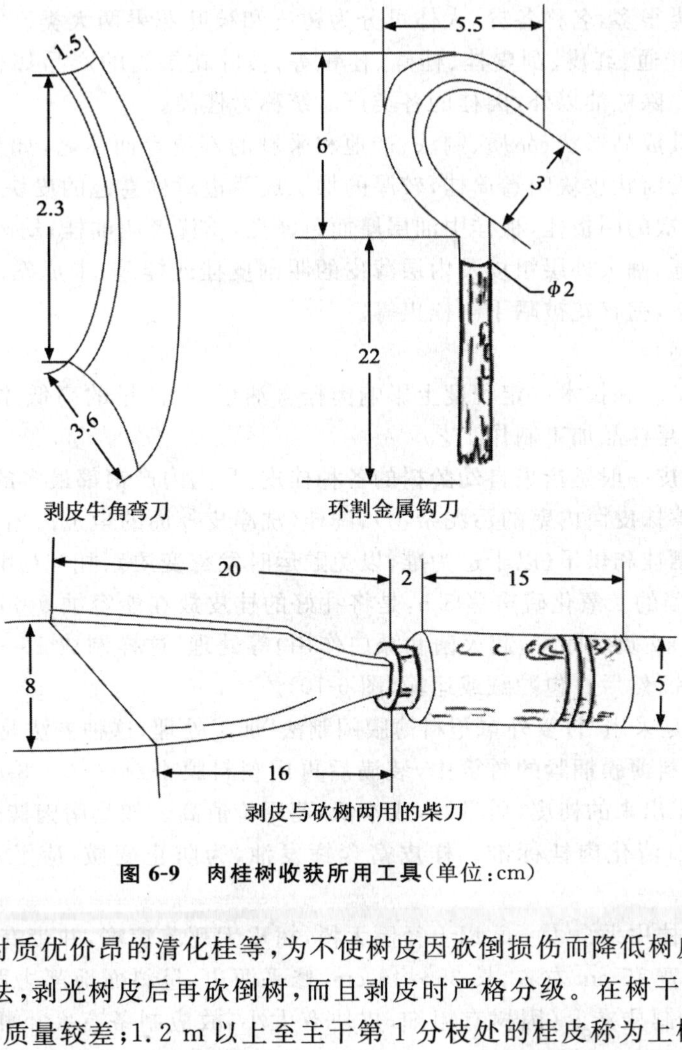

图 6-9 肉桂树收获所用工具(单位：cm)

据资料介绍，对质优价昂的清化桂等，为不使树皮因砍倒损伤而降低树皮质量，多采用搭高架立木活剥的办法，剥光树皮后再砍倒树，而且剥皮时严格分级。在树干高 1.2 m 高度以下的桂皮称为下根，质量较差；1.2 m 以上至主干第 1 分枝处的桂皮称为上株，质量最好。主干皮每 40～50 cm 为一段，环割剥取，并根据树干粗细，将每段皮纵割为 40、30、20、10 cm 等多种宽度的皮块，然后分别晾晒干。这种做法可供种植优良品种肉桂树剥皮砍收时参考。

老肉桂树剥取主干后，树冠上枝条可剥取薄皮制桂通等产品。小枝叶收集阴干贮藏供蒸取桂油。

3. 中林作业法

中林作业即从矮林作业中选取优壮植株以培育成乔木肉桂树，让其同矮林树混生，分别轮换收获，这样更能充分利用土地，增加产量和收益。

肉桂树皮再生产力强，可考虑在树干上间隔取皮，涂以生长素，让其再生，每年在不同部位轮换取皮，并加以保养，不行砍伐。国内已有一些研究所进行过肉桂树皮再生试验研究，取得一定阶段性成果，但也存在一些问题，如再生树皮不平整，油层不厚等，都有待今后加以研究解决。

(二)加工制作

1. 肉桂产品种类

肉桂产品种类很多，名称各异，大体可分为树皮和枝叶花果两大类。树皮类产品如油桂、企边桂、卷筒桂、桂通、红皮、刮皮桂、桂碎、桂粉等；枝叶花果类的产品如桂枝、桂子、桂盅、桂丁、桂尖、桂油等。除桂油以外，肉桂的各类产品统称为桂品。

桂品一般以其成品形状、品质、制法、产地和采剥的部位等而命名，如从大树剥取的桂皮，较薄的制成多层卷筒状皮块叫卷筒桂，较厚的加工成两边对称卷起的皮块叫企边桂，形似企边桂而皮较粗，质较次的叫板桂，板桂中油层厚而色泽亮，质优者叫油桂；幼龄树剥取的薄皮制成单筒状皮块叫桂通，刮去外层粗皮及内层薄皮的叫刮皮桂或桂芯；未成熟果实晒干叫桂子；叶柄加工晒干叫桂丁，宿存花被晒干叫桂盅等。

2. 桂品加工制作

桂品的加工工艺和技术一定程度上影响肉桂含油量，含油量的高低才是衡量桂品品质的关键，因此必须注意桂品加工制作工艺。

(1)桂皮　桂皮一般是指采自幼龄树的各种桂皮，是国内产销都最多的品种。将剥下的薄皮，经过抹桂通(擦抹皮筒内壁的污泥杂物)、洗桂(洗净皮外面的尘土污垢)、刮桂(刮光外皮使表面美观一致)、晒桂和烘干(以干透为准，以免贮运时发霉变质)、扎桂(用竹篾捆绑成重 1 kg 1 束)、熏桂(用硫磺的二氧化硫熏蒸 8 h，是将扎好的桂皮放在能容纳 9 000 kg 桂束的熏蒸室内，每次燃用 3.5 kg 硫磺即可，起灭菌和漂白作用)等处理，这样制成 15～40 cm 不同长度的糟状或卷筒状块片，然后打包贮藏或运输(图 6-10)。

桂皮另一种是采用“竹箩外罩塑料薄膜闷制法”加工处理，这种方法是把采收回来的生桂皮，放在外围用塑料薄膜捆紧的竹箩中，装满后再用塑料膜密封好，2～3 d 后取出晒干即成。经这样“发汗”加工出来的桂皮，质量好，成本低，药用价值高。如是南肉桂桂皮，其色、香、味及内含物均接近进口清化肉桂标准。桂皮富含挥发油，为防止变质，应贮藏于干爽阴凉的库室内。

(2)企边桂　桂皮采自 40 cm 以上径围大树，树皮无死节疙瘩，并带有彩纹的主干或粗大枝条的皮块，每块宽 15 cm 左右，长 35～45 cm，修平两边，呈斜面地削去两端的外皮(削的斜度约 30°)，放在木制桂夹上(因树有粗细，皮块有大小，故应制备有大小相适应的 2～3 种桂夹)，先放在底板，再放上压板，如此一块桂皮加一块压板地叠放，最后加上木楔子压紧，每天用

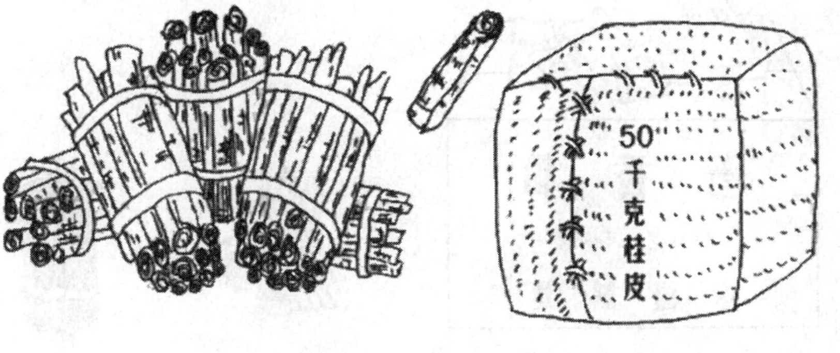

图 6-10 桂皮产品

手压数次，自下而上，先重后轻。每次手压后总要压缩下去一些，再加木楔压紧，待稍干后手压次数加多以加干燥，头 2 d 要在阳光下暴晒半天，然后置放室内，等回潮 1～2 d 后再继续压晒，约 1 个月后，直至用指甲刮不出内皮证明全部已干燥即成(图 6-11)。

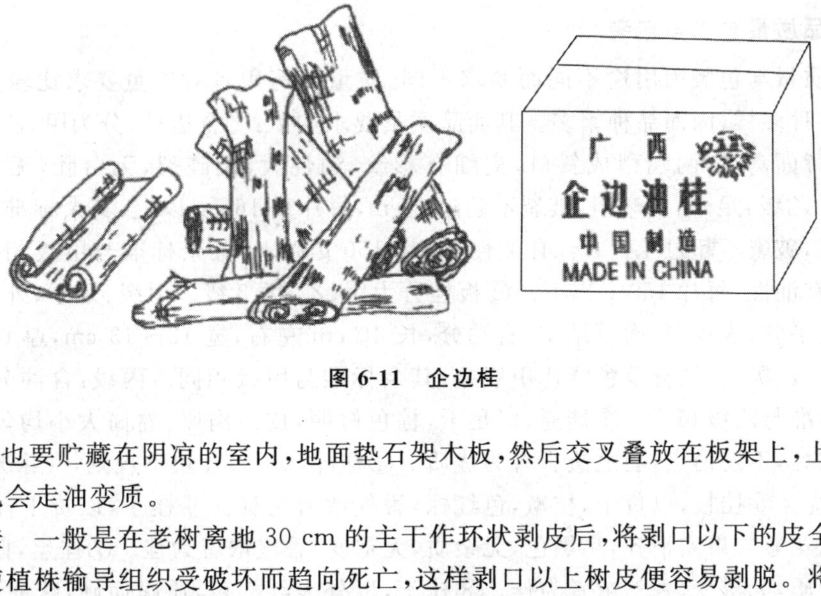

图 6-11 企边桂

企边桂也要贮藏在阴凉的室内，地面垫石架木板，然后交叉叠放在板架上，上面再盖木板压实，否则也会走油变质。

(3)板桂 一般是在老树离地 30 cm 的主干作环状剥皮后，将剥口以下的皮全部用大棍打碎刷净，以使植株输导组织受破坏而趋向死亡，这样剥口以上树皮便容易剥脱。将剥下的皮块夹在木夹内晒 30～40 d 后达九成干，取出纵横堆叠，以木板压面加石头重压，约 1 个月后全部干透即成。其质量要求有 4 mm 以上厚度，宽 5～10 cm，多肉。板桂中凡油量充足，皮层油润光滑者即为油桂，是药用珍品。

(4)桂通 桂通又称桂尔通、条桂和官桂，是桂皮，因其皮薄(约 4 mm 以下)而不适于制成板状而呈单筒形，亦因皮薄而油质较少而差。

(5)桂枝 采自肉桂树主枝上的枯枝或细枝晒干燥而成。要求枝条粗 2～10 mm，长 40 cm，外表红褐色而具细小的圆点状皮孔和细枝残迹，内部土黄色，晒干后用竹篾捆成 2～3 kg 1 把，商品上常用嫩枝晒制即成，老质枝条制成的是次品(图 6-12)。

(6)桂碎 是桂品加工时碎块不成形的下脚料，常用于蒸取桂油成桂皮油，或加工粉碎末即为桂粉。

(7)桂子、桂盅和桂丁 9～10 月份间，采未成熟果实尚在内的子房晒干即成桂子，果实成

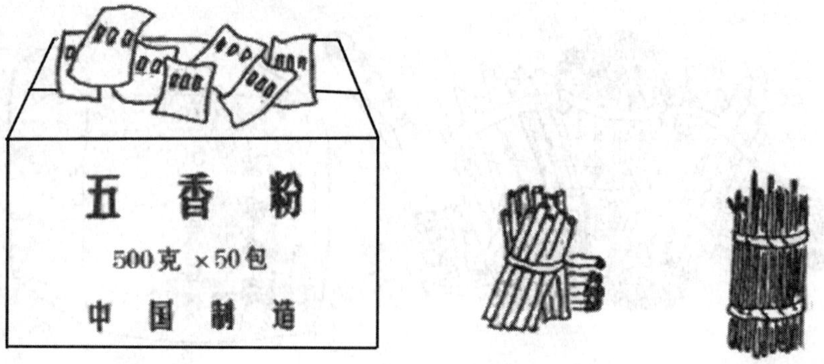

1. 五香粉　　2. 桂芯　　3. 桂枝

图 6-12　桂品

熟脱落后宿存花晒干被称为桂盅，带少许叶片基部的叶柄晒干即成桂丁，还有未开放叶芽晒干后叫桂尖，小粗枝干切片叫桂枝片等。

(三)桂品质量要求与包装

桂品的质量与包装因用途不同而要求不同，质量上药用者对质量要求比较严格，加工复杂，造成型多种多样，因而品种繁多。其商品质量要求如下：①企边桂，分为甲、乙、丙、丁 4 级。甲级：足干，背面窝状，两端稍成斜口，皮细有彩纹，油性大，无破裂，无白肚，无霉坏，每片重 175 g 以上。乙级：足干，皮略粗，破裂不超过 3 cm，每片重 160 g 以上，其余标准与甲级相同。丙级：皮略粗，破裂不超过 4.5 cm，有油性，每片 150 g 以上，其余标准与甲级相同。丁级：皮粗，多破裂，有油性，每片 150 g 以下。②板桂分为甲、乙、丙 3 级。甲级：足干，外皮灰褐色，光滑鲜明，卷边平整，表皮薄，肉厚结实，有油分，长 40 cm 左右，宽 12～13 cm，厚 0.6 cm 以上，香甜有辣味。乙级：含油分及色泽比甲级差，其余标准与甲级相同。丙级：含油分及色泽比乙级差，其余标准与乙级相同。③桂通，以足干，棕色鲜明，皮薄肉厚，卷筒大小均匀，有油分，气味甜辣，无霉坏，不发白点，嚼之渣少者为优质。④桂碎，足干，片块不规则，气味芳香，味辛甜，无杂质者为优。⑤桂枝，以货干，枝嫩，色红棕，香气浓者为佳。⑥桂子，以货干，除净枝梗，花萼包住幼果，花萼与果实平齐，乌黑色，无杂质，无霉变，香气浓者为佳。⑦桂盅，以盅大，色黑，不带果，无杂质，无霉变，香气浓者为佳。⑧桂丁，以外表红褐色，质脆而硬，味甜而辛辣为佳。而出口桂品对质量要求不甚严格，加工简便，品类甚少，其出口标准如下：①桂皮、桂碎，要求水分不超过 19%，灰分不超过 4%，芳香油不低于 1.7 mL/100 cm。②桂叶粉，要求水分不高于 16%。③桂芯，要求清洁无霉即可。

在包装上，药用桂品对造型要求完整无缺，由于桂品经加工晒干后，受压容易开裂破碎，导致成品等级降低，因此桂品包装最好用木箱，也可以用竹编方筐或较坚硬的纸箱。而出口桂品包装上不大讲究，多用压桂机压成块状，每块 50 kg，用蒲席或麻袋包装，以便于运输。

二、桂油的生产工艺与深度加工

(一)桂油的理化性质

肉桂树皮、枝叶、果实和根皮都可以提取芳香油，统称为桂油。据分析，干枝叶含油量为

1.0%～1.5%，树皮为1%～2%，籽为1.5%。实际上，在我国传统生产的桂油，主要是用肉桂的枝叶蒸馏而得，因而本章所谈及的桂油无特殊指明外，都是指枝叶蒸取的桂油。桂皮油成分与桂枝叶油基本相同，只有含量上有些差异。

桂油为微黄或棕黄色液体，置于空气中极易氧化，颜色变深，质地变厚，有肉桂的特殊香味，味辛而甜。比重为(15℃)1.055～1.070，折光指数(20℃)1.600～1.606，旋光度－1°～＋6°。

桂油是一种成分复杂的芳香精油。据广州化学研究所分析，其主要成分见表6-8。从表6-8中看出，桂油主要成分为反式肉桂醛，分子式 C_9H_8O，相对分子质量132，总含醛量在80%以上。

表6-8 桂油的主要化学成分 %

化学成分	含量	化学成分	含量
反式-肉桂醛	78.90	乙酸-2-甲氧基肉桂酸	0.28
反式-2-甲氧基肉桂醛	9.60	烯	0.10
顺式-肉桂醛	2.50	水杨醛	0.09
香豆素	2.17	乙烯基苯	0.09
顺式-2-甲氧基肉桂醛	0.94	苯甲酸苯乙酯	0.08
苯甲醛	0.90	苯甲酸苯乙酯	0.08
2-甲氧基肉桂醛	0.75	苯乙酮	0.05
苯丙醛	0.49	苯乙醇	0.01
乙酸肉桂酯	0.46	桂醇	微量

(二)桂油的种类和枝叶的采收

生产上，肉桂桂油因蒸馏季节或所用原料的部位不同，可分为如下3种。

1.春油

即春季在剥树皮的同时，将枝叶收集晾干，蒸出的油叫春油，此时所采收的枝叶叫春叶，也叫剥叶，其鲜枝叶含油量较低(0.23%～0.26%)，但油质量较好，含醛量在85%～90%。一般在清明节前后采收枝叶。

2.秋油

秋季采的枝叶叫秋叶，蒸取的油叫秋油，其鲜枝叶含油量较高(0.33%～0.37%)，但油质较差，含醛量在80%～88%。一般普遍在9～12月份采收枝叶蒸油。夏季采的枝叶蒸油，出油率和油质均差，故不宜在夏季采收枝叶蒸油。

3.黄梗油

黄梗油又叫桂盅油，在9月份以后，摘桂籽时，用桂籽顶端的黄梗作原料蒸馏的油。每50 kg黄梗可蒸油0.5～0.6 kg，油含醛率高达90%～95%，但因黄梗数量有限，黄梗油产量也较少。

采收枝叶方法是用锋利的柴刀(或锯)，从枝条的基部割断。如果肉桂林从修枝整形中获得枝叶，则要求切口整齐平滑，才有利愈合。采收的枝叶，晒干或晾干后，扎成大捆，每捆干重6～10 kg，要统一集中，露天堆放于屋旁空地，俗称叠叶，贮藏6 d以上便可蒸油。最好是在枝叶半干时堆积起来发酵1个月，使枝叶变黑色，这样蒸出的油量多，质量亦好。

(三)桂油的生产设备

我国桂油生产已有100多年的历史，随着时代的发展，科技的进步，生产设备不断得到更新改造，桂油出油率也得到了应有的提高，目前桂油生产仍然是以土法生产为主，在一些肉桂资源比较丰富的地区，已经采用工业锅炉生产，取得良好的经济效益。

1. 早期的木甑蒸馏设备

木甑蒸馏设备在我国是传统的古老蒸馏肉桂桂油的主要设备，一般是在山边有长流水的地方进行生产，其装置如图6-13所示。首先挖一火灶，灶上置一只铁锅，铁锅即是蒸甑的甑底，直径为90～126 cm，甑身用4～7 cm厚的杉树或松板制作，内帖一层锡片或薄铝板，高度为70～90 cm，直径为80～110 cm。盖是用一只铁锅倒置，铁锅中心开一个25 cm左右的圆孔，上面装上一个木制或瓷制的圆筒，再加上一个瓷质、铜质或铝质的脸盆封顶，并作冷却器使用。冷凝液和余汽由下端装的导液管导出。蒸架用木方条或竹条制作，并加竹席，以免原料落入锅里。蒸馏时每甑装入气干肉桂枝叶50 kg，加水120～180 kg，用火蒸馏3 h，出油率为0.3%～0.6%。这套设备主要缺点是几个部件组成，结构复杂，接口不严密，容易漏气，出油率低，同时热效率低，一般在18%～30%，耗柴多。蒸馏速度慢，一部分高沸点的成分未能蒸馏出来。由于桂油生产原料都分布在山区，交通不便，运输困难，当前土法生产还有其现实意义，不能忽视。

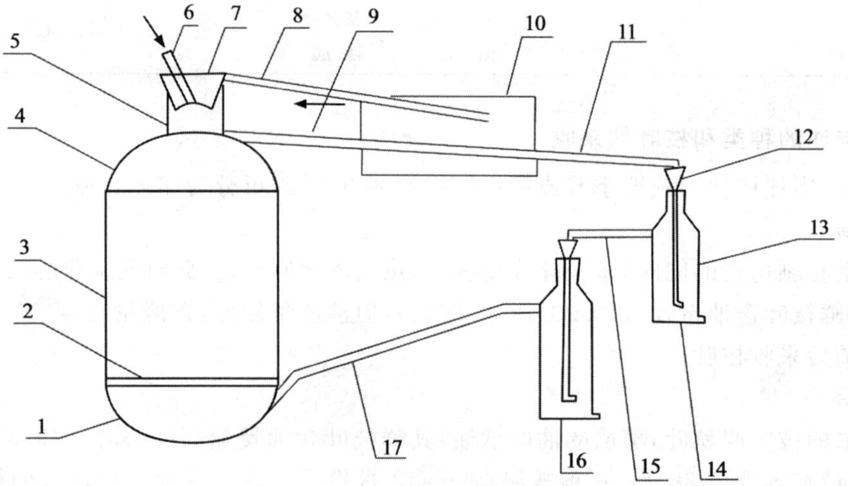

图6-13 木甑蒸馏装置示意图

1. 铁锅 2. 蒸架 3. 木甑 4. 甑盖 5. 圆筒 6、8、9. 冷却水管
7. 冷却盆 10. 冷却池 11、12、15. 导液管 13、16. 油水分离器
14. 放油阀 17. 回水管

2. 改良后金属蒸馏设备

由于早期蒸馏设备存在不少缺点，后来改进成图6-14所示的设备，这种设备主要是对蒸甑的材料及其结构加以改造而成。蒸馏甑底用一只直径为90～126 cm的铁锅，嵌于土灶内。甑身用1.5～3.0 mm铝板卷为圆筒焊接而成，用直径为8 mm钢条或薄铁条加固，直径为80～100 cm，高为70～90 cm，外用麻袋等包裹以保温。甑盖为2次曲面，上半部用1.2 mm的软质铝板压制而成，以利于蒸气冷却，下半部分和集油裙用1.5 mm的铝板焊制，最下端焊接

1个冷凝液出口管。冷却槽采用薄铁皮制作，并用8 mm直径的钢条加固。蒸架用木方条或竹子制作，加放一块竹席，以免肉桂枝、叶落入锅里，并有利于蒸汽均匀上升。目前，广西梧州市多采用这种结构的铝质蒸馏甑。广东也有采用，但多数采用铜质材料制作半球面甑顶的蒸馏甑。用这种设备蒸馏出油率比早期蒸馏甑有所提高，但还存在冷凝器置于甑上，冷凝液易滴回甑内，冷凝面积不够，易漏气等缺点。

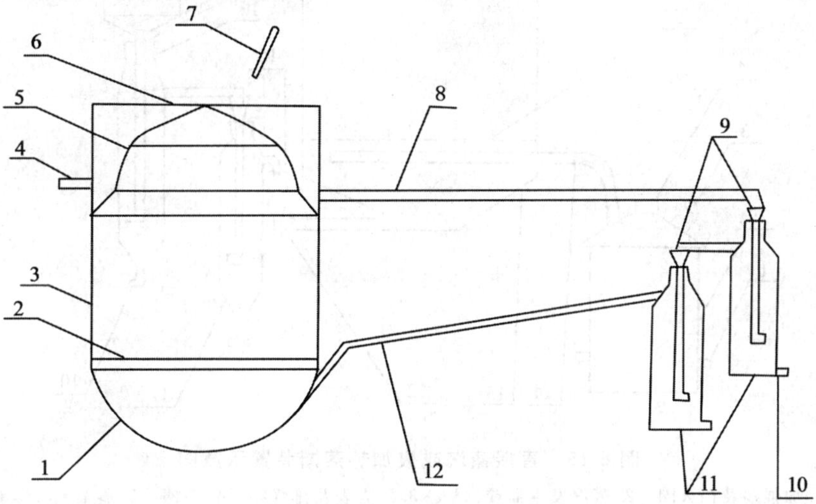

图 6-14 改良后金属蒸馏装置示意图

1. 铁锅 2. 甑架 3. 甑身 4、7. 冷却水管 5. 甑盖 6. 冷却槽 8、9. 导液管 10. 放油阀 11. 油水分离器 12. 回水管

3. 直接蒸汽或火加热蒸馏设备

直接蒸汽或火加热蒸馏设备，是一种适用于肉桂油及其他植物精油蒸馏的设备，如图6-15所示。

直接蒸汽或火加热蒸馏设备与前2种蒸馏设备不同的是甑底与甑身连为一体，制作材料使用不锈钢或铝板，可直接用火加热，同时也可附加简易蒸汽发生器的蒸汽加热，或直接使用蒸汽加热。此设备适用于工业化生产，也适用于交通不便的山区。用锅炉蒸馏热效率高，一般可达60%～80%。据试验，燃料用量可大大节约，同时锅炉可采用煤或其他能源作燃料，有利于保护森林资源。此外，用蒸汽生产，还有容易控制，提高蒸馏温度，缩短蒸馏时间，增大容量。前2种蒸馏设备每批投料量只有30～50 kg，蒸汽往往不足，影响肉桂油高沸点物质的蒸出，容易漏气，得油率较低，而此设备每批投料可以提高到100～500 kg，大大提高生产能力，由于设备密封性能好，并有足够的蒸汽供给，提高了肉桂油的出油率。当然，工业化生产的设备较复杂，运费高，投资大，应视具体情况，进行可行性论证，确定生产规模。

4. 冷却器

前2种小型蒸馏设备，其冷却器一般使用甑盖进行冷却，冷却效果较差。第3种蒸馏装置是采用蛇管形或列管形的冷却器，也可用简易的球形或筒形冷却器，这些冷却器冷却效果较好。

5. 油水分离器

油水分离器是将冷凝出来的液体，根据其油与水的比重不同，进行适当的低速移动，使其

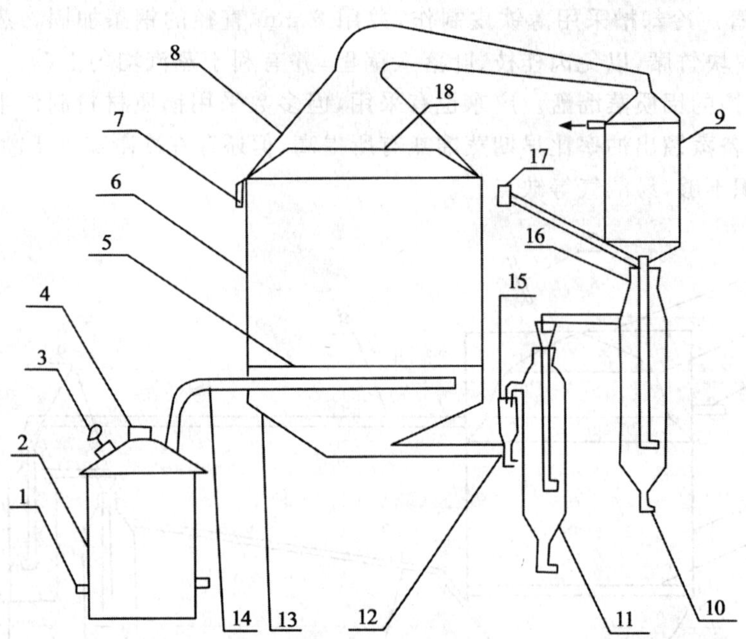

图 6-15　直接蒸汽或火加热蒸馏装置示意图

1.加强圈及挡火圈　2.蒸汽发生器或锅炉　3.压力表及排气阀　4.手柄　5.蒸架　6.蒸甑　7.水封及集油槽　8.甑盖　9.冷却器　10.油水分离器　11、17.放油阀　12.排废液口　14.蒸汽管　15.回水管　16.导液管　18.集油槽

自然分开,油重沉底,水轻上浮溢出。油水分离器像一个桶,肉桂油几天才出 1 次,油在桶底与水接触面大,且时间也长,水解肉桂油也多。如果冷凝液由一导液管导致筒体的下半部,筒体两端为圆锥体,筒身长些,这样分油效果会较好。筒体的直径一般为 20～30 cm,高度 40～60 cm,制作材料应选用铝板或不锈钢板,不能用铁器盛油,因桂油遇铁易变色。沿用的筒型分油器,底端应加装收油阀,以利于及时出油。

上述的 3 种蒸馏装置的肉桂得油率,第 1 种木甑蒸馏为 0.3%～0.6%,第 2 种改进型简易金属甑蒸馏 0.7%～0.9%,第 3 种蒸馏装置可达到 1.0%～1.4%。

(四)桂油生产工艺操作要点

桂油的生产工艺操作十分重要,往往影响到肉桂油提取得油率和产品的质量以及生产成本。

1.原料的处理

用新鲜的肉桂枝叶进行蒸馏,产品质量较差,得油率也低,故需要经过一段时间发酵处理。其方法是将新采收的枝叶晒至半干,叶色大部分变黄即可贮藏进行发酵。贮藏时应在早晨露水未干时进行,将枝叶 20 kg 左右捆成 1 把,然后放入仓库。堆放要紧密,孔隙越小越好,四周紧闭不透风。露天贮藏发酵时,应枝头朝外,叶梢向内,堆成屋形,并用茅草或塑料薄膜盖好,以防雨淋,日晒和风吹。一般 1 个月左右时间叶面即可发酵变为黑色,若能隔数天洒 1 次水可缩短发酵期,如添加发酵剂效果会更好。蒸油时应先将原料喷水使其湿润,有条件的最好将枝叶适当切碎,果梗在蒸油前也应湿润发酵数天,以利肉桂油蒸出,缩短蒸油时间,节省燃料,提高出油率和产品质量。

2. 加热与加水

用明火直接加热，蒸锅应适当加水，一般加水到距离蒸架 15 cm 左右。如水量过多则使汽化空间变小，影响水蒸气量以及水蒸气均匀上升，甚至会使蒸架底层的枝叶被沸水浸泡到而加强水解作用。水量过少，不仅水蒸气量少，出油率降低，而且容易烧干，造成锅底变形，甚至烧坏，并使肉桂油带糊焦气味而影响桂油产品质量，生产过程中一般要适量回水加以控制，连续蒸馏 1～2 d 后，应清刷锅底换水 1 次。

3. 装甑

蒸锅加水后，将蒸架竹席放好，然后将肉桂枝叶装入甑内。装甑时应注意枝头朝下，叶梢向上，或者交叉横装，切碎的散装。四周要稍紧，中间要稍松，以利蒸汽均匀上升。如果梗与枝叶同蒸，应将果梗装在最上层。装完甑后，将各有关部位密封好，水封要加足水，并在生产过程中经常检查是否漏气，及时处理。

据陈尊典等研究，水上蒸馏比水中蒸馏可提高出油率 33%，桂油含醛量提高 2.6%，每锅可缩短蒸馏时间 0.8 h，切碎的比不切碎的可提高出油率约 15%。

4. 蒸汽量的控制

明火蒸馏时，炉灶通风要好，以利原料充分燃烧。蒸馏开始时，火力要猛，使锅内的水尽快沸腾，当蒸出油时，火力力求平稳，使馏出液流量每分钟保持 1 000 mL 左右。采用直接蒸汽加热时，蒸汽加入量应由小到大，以利原料受热均匀润透，待馏出液流出时保持平稳。

5. 蒸馏终止

合理地选择和确定蒸馏终止，关系到节省燃料、时间、人力，提高设备利用率和降低生产成本。一般 1 锅蒸馏 3 h 左右。检定的方法：一是取冷凝液少许于指尖，嗅其气味浓度。二是用 1 只透明的玻璃杯装满冷凝液，观察是否有细小油珠下沉。停火停气前 12 min，应加大火力或蒸汽，以便将原料中和设备壁的残余肉桂油尽量蒸出来。

6. 桂油与水的分离

使桂油与水分离，一般要进行 2 次。第 2 次分离出来的水应回流到蒸锅中，使用直接蒸汽蒸馏时，应将分离出来的水收集起来进行复蒸。油水分离器下端所收集的桂油，应收集于玻璃瓶或分液漏斗中，静置 0.5～1 d，将水分离出来。为了确保产品质量，最好往桂油中加入其重量 3%经过干燥的无水硫酸钠，充分振摇后再静止 1 d，然后用滤布将精油滤出，除去水分的肉桂油才不易氧化变质。用后的滤布应装入甑中，将黏附的肉桂油蒸出。硫酸钠则放在热水中把精油洗出回收，硫酸钠经干燥后可重新使用。

(五)桂油的质量标准

桂油质量规格是以含桂醛量多少为标准，国内桂油一般可分 3 等级：甲级桂油含醛量在 80%以上，乙级在 75%～80%，丙级在 70%～75%。出口标准以甲级为最低标准，一般上也分 3 等级：一级含桂醛 90%以上，二级 85%以上，三级 80%以上。出口包装标准有 2 种规格：一种是 200 kg 盛，锡桶装；另一种是 185 kg 盛，锡桶装。

我国桂油生产，各产地的含醛量差异颇大，因大多数是分散土法蒸馏，设备落后，质量没保证，并常有掺杂假冒现象发生，同时桂油保存不当，容易树脂化，往往使桂醛含量降低，或久放变质，达不到出口标准。为此，可用分馏方法把含醛量低的桂油加工成为符合出口要求的产品，也可把久放变质甚至某些掺杂的桂油加工成为合格的产品，变废为宝。

(六)桂油的深度加工产品

桂油是一种初级产品，其主要成分桂醛，含有活泼的双键和醛基，可与许多物质起缩合、氢化、氧化、酯化等反应，生成桂醛、桂醇、桂酸、桂腈、桂酸桂酯等一系列高级深度加工的精细化学品，从而大大提高其经济效益。

技能实训1　肉桂林地生产情况调查

一、实训目的

掌握肉桂林基本生产情况的调查、方法。

二、调查对象和用具

(1)调查对象　肉桂林地。

(2)用具　卷尺(1～5 m,20 m)、测皮器、测坡器、指南针、照度计、标本夹、标签。

三、实训内容

1.立地基本情况

(1)坡向、坡位、坡度。

(2)土壤:土类、母岩、土层深度、质地、肥力。

(3)植被:原生植被、林下植被。

(4)水土保持工事、类型、完好情况。

2.林木基本情况

(1)品种:育苗年月、定植年月。

(2)种植形式:密度。

(3)林木现状:每亩正常株、缺株、风病残株。

(4)林木管理方式情况:①树高(m),平均、最高、最低。②树围(cm),平均、最粗、最小。③冠幅,东西向、南北向(各分平均、最宽、最小)。④树皮厚度(cm),平均、最厚、最薄。

(5)郁闭度:在林间有代表的地方,测定3个点(用照度计测定示范)。

(6)根系生长情况。

3.抚育管理情况

(1)施肥:时期、种类、数量、方法。

(2)植被管理。

(3)树身管理。

4.产量情况

收获时间、亩产量、平均单株产量、最高单株产量、最低单株产量。

四、考核方法与标准

(1)考核方法　小组考核。

(2)考核标准　见下表。

序号	考核内容	考核标准	分值	得分	综合评价
1	实训态度	实训认真,积极主动,团队合作好,操作认真	20		
2	相关知识	懂得调查方法	10		
3	操作技能	计量熟练,精确度高	30		
4	实训报告	内容完整,书写规范、正确	40		
5	合计		100		

技能实训 2　肉桂林丰产栽培管理技术

一、实训目的

培养学生经营管理肉桂林的能力。

二、材料与用具

(1)场所　设施完善的肉桂林一片(平均每个学生 10 株以上肉桂)。

(2)用具　枝剪、手锯、喷雾器、放大镜、锄头,每人一套。

(3)材料　复合肥、农药、有机肥适量。

三、训练步骤

(1)老师指导,学生分组制订肉桂林管理工作计划。

(2)每组学生在组长带领下开展肉桂林日常管理工作。

(3)肉桂林按组开展采收处理与营销活动。

四、成绩评定

(1)肉桂林管理工作计划。(20 分)

(2)肉桂林管理水平。(20 分)

(3)单株平均产量、桂品质量与销售收入。(50 分)

[复习思考题]

1. 中国肉桂主要品种有什么主要特点?
2. 肉桂对环境条件有什么要求?
3. 提高肉桂造林技术成活率的主要措施是什么?
4. 为什么说肉桂林管理关键是在头 3 年?
5. 肉桂修枝整形为何重点放在幼树阶段?
6. 肉桂林何时施追肥? 怎样施追肥?
7. 肉桂枝枯病危害有何症状? 怎样防治?
8. 炭疽病危害肉桂树有何特点? 怎样防治?
9. 天牛危害肉桂树有何特点? 怎样防治?
10. 优质桂皮外形和内质上与其他桂皮有何不同?
11. 从提高经济效益角度出发,谈谈肉桂采收时应注意哪些问题。

第七章　罗　汉　果

【学习目标】

掌握罗汉果组培脱毒的技术过程和罗汉果组织苗的生产种植技术。

第一节　概述

罗汉果 *Siraitia grosvenororii*(Swile)C. Jeffrey 原产中国的广西桂林地区，属葫芦科藤本落叶植物，雌雄异株，具有多年生的块根状宿根性。罗汉果是桂北山区的特产珍品，已有几百年的栽培史，被国家列为药食两用品，在国际市场久负盛名，被誉为“东方神果”，具有极高的开发利用价值。

罗汉果中甜甙含量高达4%，且不含热量，其甜度是蔗糖的300多倍，是人类迄今发现的最理想的天然保健型甜味剂，能广泛应用于饮料、糕点及其他食品中，已成为全球研究开发的新热点。数十家最具国际影响力的跨国公司已在应用方面取得重大突破。甜甙用量正逐年成倍增长。

罗汉果清热润肺、止咳化痰、润肠通便、健脾和胃、抗炎保肝的作用已广为人知。现代研究还表明，罗汉果在防癌抗癌、抗击非典、抑菌护齿、降压降糖方面都具有明显的药理作用。国内外100多家制药企业以罗汉果为原料生产的药品深受消费者信赖，用量大增。

罗汉果富含多种净化剂物质，能有效清除人体内的活性氧自由基，分解过氧化脂质，增强人体免疫力，提高生命活力，排毒养颜，延缓衰老。在抗氧化剂QRAC测试中位居第一，抗氧化效力是石榴、红浆果、蓝莓和酸果蔓的2倍多。医学界对其推崇备至，专利产品即将投产。

罗汉果含有丰富的蛋白质、氨基酸、微量元素、广泛元素和多种维生素，其中维生素C含量是“维生素C之王”的猕猴桃含量的近1倍。常吃罗汉果对人体十分有益，许多食品专家正在进行产品的研发。

随着国际市场的逐步打开，国内消费者的广泛认知，罗汉果的需求量将会迅速增长。当前，产业化的模式已初步形成，只要广大种植户不断摸索经验，提高种植技术水平，按市场状况确定种植面积，定能取得良好的经济效益。

第二节 罗汉果的生物学特性

一、形态特征

罗汉果为多年生草质藤本宿茎植物，根系发达，茎分为地下块茎与地上茎两种，地下块茎是重要的营养贮藏器官，地上茎即主蔓，长 3～10 m，呈暗紫色（不同品种有较大差异），有数条纵棱，嫩蔓 5 棱形，被柔毛或间有红腺毛。卷须先端 2 裂。单叶互生，卵形或心形，顶端急尖或渐尖，基部心形，全缘，上面被短柔毛，下面密布红棕色腺毛。花单性，雌雄异株，雄花组成腋生的总状花序，每序有花 5～7 朵，长 8～16 cm；萼筒钟状，上部 5 浅裂，尖端线状；花瓣 5，分离，黄色，与花萼同被红腺毛；雄蕊 5 枚，药室 S 形曲折，花药分离，1 枚 1 室。雌花单生或簇生于叶腋，子房下位，与萼管合生；花柱 3 枚，柱头 2 裂，有 3 枚退化雄蕊。果实圆形、长椭圆形、梨形、短梨状圆形，长 4～7 cm，宽 3～6 cm，具 10 条纵线。种子淡黄色，扁长圆形，每果内有种子 30～80 粒不等。花期 6～8 月份，果期 8～10 月份。

以前栽培的罗汉果大致分为 3 个种系，分别是红毛果、青皮果和拉江果，它们在外观特征、产量、品质等都有一定的差异，但近年来对罗汉果的单株选育种和杂交选育，这 3 大种系典型特征有所混杂，已不作为产生种或商品名，特别是罗汉果组培苗的单株快繁的推广种植，生产上已以组培品种名命名。

二、生长特性

1. 生长发育特性

春分清明时节，气温达 15℃以上，块茎上休眠芽萌动，萌芽时间长短不一，受气候、温度等因素和块茎贮藏营养状况的影响。一般从萌动到抽梢需 15～30 d 时间，新蔓生长较慢，随着气温升高到 25～28℃藤蔓迅速生长，每昼夜可伸长 3～10 cm。到 6～9 月份，藤蔓陆续或间隙现蕾、开花。7 月份为感花期。花期长约 120 d，9 月下旬，气温降至 24℃以下，所开的花为无效花，不能膨大成果。8 月下旬至 11 月份，果实分批成熟。11 月中旬以后，气温低于 15℃以下时，逐渐枯萎倒苗，以地下块茎越冬。全生长期为 240～260 d。

2. 开花结果习性

罗汉果为单性花，雌雄异株。在盛花期，一般在早晨 6:30～8:30 时雌、雄花同时开放，雄花药开裂散粉基本上与开花同步。一般上午开花，下午萎蔫，次日清早脱落。罗汉果授粉后的雌花第 3 天子房开始膨大，前 15 d 为幼果迅速生长期，后 15 d 体积增长减缓，逐渐进入各种营养物质积累、转化，种子饱满时期，从花谢至果熟需 60～70 d。罗汉果为蔓性植物，主蔓上可抽生出若干级侧蔓，侧蔓上连续或间隙形成花蕾开花结果，主要的结果蔓是三级和二级侧蔓。

3. 对环境条件的要求

（1）温度　罗汉果喜温暖，但不耐高温，怕霜冻。最适生长温度在 25～30℃之间，低于 20℃生长缓慢，5℃以下生长停止，出现枯梢；35℃以上高温也同样抑制生长，坐果率明显下降。冬季温度不得低于－4℃，宿根可越冬。

(2)水分　罗汉果叶面积大，花、果期长，年降雨量 1 500～2 000 mm，空气湿度 80%左右才能满足生长发育的要求。在秋季果实发育迅速阶段，如遇干旱，需加强灌溉；雨季要注意排涝。

(3)光照　罗汉果生长在林间，攀缘于竹木杂林之中，在发育过程中形成喜光而忌强光的特点，属短日照植物，每日光照 6～7 h 为宜。幼苗耐阴，喜生活在半阴条件下；成年植株喜光，如光照不足，植株生长纤细，叶片薄，影响结果；如在强光下暴晒，又会导致花粉不育，叶片受灼。

(4)土壤　喜欢生长于土层深厚、疏松肥沃、通气排水良好的土壤。以富含腐殖质、疏松、湿润的壤土或红黄壤为佳。沙土或排水不良的黏土，植株生长不好，易遭遇根结线虫为害，造成块茎腐烂。

第三节　罗汉果的组培快繁技术

一、罗汉果组培的价值

罗汉果传统的生产中主要采取薯块和压蔓等营养繁殖的方式生产种苗，繁殖系数低，且长期的无性繁殖易累积病毒病。在主产区广西永福、兴安等 10 多个县 90%以上的罗汉果植株感染病毒病，病毒在植物体内世代累积，导致品种退化，质量下降，产量锐减。离体脱毒培养是解决罗汉果病毒病的根本途径，同时也能生产大量种苗供种植需要。

二、罗汉果组织培养研究及生产应用

罗汉果的组织培养研究始于 1980 年，林荣等以罗汉果胚轴、茎尖等材料为外植体，进行了离体培养的初步研究，用愈伤组织成苗法成功的诱导出了完整植株。1989 年周琦丽等以带节茎段为材料，使腋芽在适宜的培养条件萌发分化，形成一至数条丛生的腋芽苗。1995 年林治良等研究了茎尖分生组织培养脱毒苗，结果表明，离体培养的罗汉果茎尖小于 1 mm 的脱毒率为 100%。同时林治良等研究了热处理加茎尖培养的脱毒方法，结果是罗汉果试管苗在 38.5℃条件培养 1 周后，切取 2 mm 茎尖正常条件下培养得到试管苗脱毒率达到 100%。近几年，在广西的罗汉果产区已进行了工厂化规模育苗和组培苗产业化生产。经几年的种植实践证明，使用脱毒的罗汉果组培苗种植，产量和品质都有大幅度的提高，目前已完全代替了以往的传统种植方式，成为一种常规的生产种植方法。后又经多人的研究和生产实践，使罗汉果的组培快繁和脱毒成为一项较为成熟的技术。

在罗汉果的病毒方面，蔡健和等(2001)鉴定出了罗汉果花叶病病原病毒是西瓜花叶病毒-2 的一个株系，暂定为罗汉果株系(WMV-2-Luo)。并认为在产区普遍感染花叶病且缺乏有效抗病品种的情况下，脱毒培养罗汉果种苗是去除花叶病一种有效措施。

经过 10 多年的罗汉果组培苗的生产推广应用，取得良好的经济效益，有效地控制罗汉果病毒的发生和流行。无病毒的罗汉果植株生长明显健壮，挂果量增加，由原来的宿根薯块苗种植产量 2 000～3 000 个/亩，组培苗种植后增加到 5 000～10 000 个/亩以上，且果实大，品质

好，经济收入增加2～3倍。目前在所有的罗汉果产区，果农都自觉地选择组培苗种植，每年更新种苗，已经完全淘汰了几百年来的传统栽培方法。组培新技术在农业上的应用推广，在罗汉果的应用上是最成功的例子之一。

三、罗汉果组培快繁工艺流程

(1)茎段芽再生法快繁的工艺流程　罗汉果茎段→化学灭菌→接种培养→单芽→继代增殖培养→生根培养→炼苗→营养袋育苗→大田种植(或商品苗)。

(2)微茎尖培养脱毒和快繁的工艺流程　罗汉果顶芽→化学灭菌→切取微茎尖培养→分化成苗→病毒检测→无毒苗继代增殖培养→生根培养→炼苗→营养袋育苗→大田种植(或商品苗)。

四、离体快繁技术

(一)茎段芽再生法快繁

1. 材料选择及灭菌

在有防虫网的无病毒种植棚或确认无病毒的大田中，选取健壮、已有花芽分化的无病虫害嫩梢，取已有花芽分化的枝条作离体快繁的材料。根据大多组培生产厂家的经验认为，这些枝条组培快繁出来的苗其种植开花率更高。取回的材料剪去叶片，自来水冲洗干净，在净化工作台上用70%乙醇浸泡30 s，然后在0.1%的升汞溶液中浸泡8～10 min，再用无菌水冲洗3～5次，沥干水分。

2. 接种和培养

诱导芽分化培养基：①MS＋BA(0.5～1) mg/L＋NAA(0.05～0.1) mg/L＋糖3%，②MS＋ BA 1.0 mg/L＋IBA 0.2 mg/L＋糖3%。茎段切成1～2 cm，带腋芽1～2个，接入诱导分化固体培养基中，每瓶接种1个材料。培养温度为25～30℃，光照强度为1 000～2 000 lx，光照时间12 h/d。

3. 增殖培养

正常条件下外植体在30 d左右腋芽萌动生长，诱导率可达80%以上。当芽长至6～8 cm高、带几个腋芽时可继代增殖。继代时采用微扦插法接种，方法是：将芽苗切割成带一个腋芽0.5～1.0 cm长，转移至增殖培养基中培养，每瓶接8～10个。待又长成几个以上茎节芽时继续切割转接增殖培养，所以苗长成的茎节数多，增殖率就高。

经黄燕芬等做了继代不同配方增殖试验，以MS为基本培养基加入不同浓度的BA、IAA和IBA，结果见表7-1。

表7-1　不同BA浓度对罗汉果芽苗增殖效果的影响

处理	激素浓度/(mg/L)	接种芽数	增殖芽数	平均增殖倍数
1	0.1BA＋0.1IBA＋0.1IAA	30	90	3.0
2	0.3BA＋0.1IBA＋0.1IAA	30	18	6.0
3	0.5BA＋0.1IBA＋0.1IAA	30	255	8.5
4	1.0BA＋0.1IBA＋0.1IAA	30	165	5.5

可见以处理3效果最好，可达到8.5倍增殖倍数，所以以MS＋BA0.5/L＋IBA0.1 mg/L＋IAA0.1 mg/L作为罗汉果的继代培养基是合适的，可以达到快繁的增殖效果。但据试验，在不同的罗汉果品种中对激素敏感程度是不同的，在上述的培养基基础上应有所调整，一般的原则是能够达到增殖快繁的效果时，尽量减少激素的浓度。

在继代培养中，外植体都是先在基部长出一团较大的愈伤组织，然后才开始腋芽萌动生长，这是罗汉果的基本生长特性，为利于愈伤组织的形成，培养的头几天，可用比较低的光照强度。同时如果苗的节间比较短，也可降低光照强度，以利于长成较长的节间，便于继代接种；相反苗太细长则应加大光照强度，使苗长得较粗壮。

4.生根培养

培养基：MS＋BA0.1 mg/L＋IBA0.2 mg/L＋NAA0.2 mg/L＋糖3％。将增殖后长3～5 cm高的较壮的芽苗，以单株转接至生根培养基中培养，每瓶接种8～10条芽苗。培养温度为25～30℃，光照强度为1 000～2 000 lx。培养20 d后一般都长出2～5条1～3 cm长的根，可进入下一步的炼苗和移栽。

(二)微茎尖培养脱毒和快繁

如没有无病毒温棚或隔离种质园，无病毒苗的第一代无菌苗要从初代开始，即直接从普通的大田中选取材料进行脱毒培养，这一技术过程主要是：

1.材料选择及灭菌

在生长旺盛的大田苗中，选取生长健壮、已有花芽分化的无病虫害嫩梢，去除叶片，切取1～2 cm的顶芽，用洗衣粉、清水认真清洗干净，在净化工作台上用70％乙醇浸泡30 s，然后在0.1％的升汞溶液中浸泡8～10 min，再用无菌水冲洗3～5次，沥干水分。

2.微茎尖接种和培养

将已充分进行灭菌处理(75％酒精擦，紫外照射，载物台高温灭菌)的体视显微镜置于净化工作台上，在显微镜下用刀片切取1 mm左右的微茎尖，接种于分化培养基中，培养基用MS＋BA1.0 mg/L＋ IAA0.1 mg/L＋糖3％。

林治良等的研究结果表明，离体培养的罗汉果茎尖越小，脱毒效果越好，但越不易成活，成苗时间也越长。小于1 mm的茎尖脱毒率为100％，0.1～0.2 mm茎尖成活率约为65％，培养17周才能成苗，1 mm茎尖也需要7周才能成苗。杭玲等也证明了上述研究。

热处理结合茎尖分生组织培养脱毒苗：此方法的优点在于经热处理后可培养较大茎尖获得脱毒苗，克服了利用茎尖分生组织培养罗汉果脱毒苗时剥离小茎尖分生组织耗时耗力、容易死亡、成苗时间长等不足。研究表明罗汉果试管苗在38.5℃条件培养1周后，切取2 mm茎尖于正常条件下培养，试管苗脱毒率达到100％，效果最好。同温度处理延长，或提高处理温度，成活苗脱毒率为100％，但组织损伤严重，成苗周期延长。

得到微茎尖脱毒苗后，其继代增殖及生根培养过程与上述茎段芽再生法相同。

3.脱毒苗检测

脱毒处理的罗汉果试管苗须经严格检测，证明没有病毒粒体存在后，才能作为脱毒苗。目前主要通过以下2种方法检测罗汉果试管苗中是否去除花叶病毒。

(1)直接检测法　对脱毒处理得到的罗汉果试管苗移栽后与感染花叶病毒的植株进行植物形态比较，脱毒的种苗应生长健壮、无花叶病毒特有的可见症状。

(2)指示植物法　以黄瓜作为指示植物，脱毒处理的罗汉果组培苗隔离土培2个月后，将未出现染病症状的植株的叶片与明显染病植株的叶片用汁液摩擦法接种于黄瓜上，一段时间后观察无病叶接种黄瓜是否有病毒症状，从而鉴定相应植株是否脱毒。

(三)炼苗和移栽

将已生根良好的瓶苗搬到炼苗棚内，以2 000～4 000 lx散射光炼苗，7 d后将瓶盖打开，从培养瓶中取出，用清水洗掉培养基，然后用0.01%高锰酸钾溶液浸泡消毒1 min，再用清水冲洗1次，然后种植在装有60%塘泥＋20%溉泥＋10%河沙的营养杯中。因幼苗细嫩，在整个洗苗、种植过程均要注意小心操作，以防机械损伤形成感染烂苗。种植好的苗放置在50%透光率的大棚内培养，棚内温度为20～30℃。移植后7 d内保持空气湿度95%以上。每2～3 d喷一次杀菌剂，以后逐渐加强光照，及时补苗，植后50 d后要让其在全光照下生长，并给以适当的干旱，以提高出苗圃以后上山种植的成活率。

第四节　罗汉果组培苗的栽培技术

一、选地

选择海拔700 m以下，背风向阳、昼夜温差大、排水良好、土层深厚疏松肥沃、水源方便的山地、旱地或旱田种植罗汉果，所选地块最好在近2～3年内未种过瓜菜、辣椒、茄子、西红柿、豆类(花生除外)及罗汉果等作物，因为种过这些作物的地块容易引发罗汉果病害。所选地块土壤不能太沙或太黏，太沙不耐旱，植株易早衰并且容易发生根结线虫病；太黏，土壤容易板结，通透性差，易引起沤根。所选地块周围最好林木多。

二、选种苗

种植户可根据近几年来各供苗公司提供的组培种苗质量表现慎重选择种苗，不同的组培公司提供的苗品种有较大的差异，选苗中要注意：①要选择好组培苗的品种，考察该品种的挂果及果的特性这几年的表现。②要选择生长健壮的组培苗，一般要苗高7～8 cm以上，叶片无感病特征(花斑纹)。③购苗最好是由供苗公司拉到田头，保证买到的苗无损伤。

三、整地和土壤处理

1. 整地

用山地或旱地种植的，先将地上树木或杂草除净，再按种植规格(行距2.5～2.6 m、株距2.2～2.4 m，每亩种植110～120株)挖长宽各1 m、深30～40 cm的种植坑(有条件的可把地开成梯地种植)，将坑内泥土敲碎。用旱田种植的，将土壤犁翻耙碎起畦，畦宽1.8～2.0 m，高0.3～0.4 m，四周开好排水沟，田块大的还需开好“十”字沟。

2. 土壤消毒

挖好种植坑或将地块犁翻耙碎后，每坑用0.5 kg或每亩用50 kg左右的生石灰撒施地面，并将石灰翻入土中，进行土壤消毒及中和土壤酸度，隔一段时间后，用干草堆到坑中或铺在地面上放火燃烧。整地及土壤消毒应在种植前1个月完成。

四、种植前的准备

1. 基肥的准备

罗汉果是喜肥和耐肥作物，在它生长发育的一生中需要较多的养分，要使罗汉果植株能健壮生长和获得优质高产，必须施足基肥。基肥以有机肥为主，化肥为辅，各种禽粪、畜粪、桐麸、茶麸及沼渣等都是较好的有机肥料，基肥的化肥以磷肥、硅钙肥和硫酸钾复合肥为主。在施放前可将以上肥料混合堆沤。

2. 种苗的准备

将购回的种苗放在屋里或棚内（如气温低于 12℃时，一定要在棚内保温）炼苗，当种苗有 3 片叶子以上，气温稳定在 12℃以上时，即可种植。

五、种植

一般在 3 月底 4 月初清明节前后种植，培育壮苗提早种植，有利于果实提早成熟，夺取优质高产，提高经济效益。种植前，先将堆于种植坑上的农家肥与土壤充分混匀，堆成高出地面约 20 cm、大小 80～100 cm 的土肥堆。种植时在土堆中央扒出一个种植窝，其深度和营养杯高度一致，大小 30～40 cm，若土壤过干，应适当淋一次水，使其湿润，以免种植时伤根，不利于小苗成活。扒好种植窝后用防治线虫的药物按照说明书制成药土，每个种植窝内撒施药土 0.25～0.5 kg，并与窝内土壤拌匀。种植时脱去种苗的营养杯，将带有营养土的种苗置于种植窝中部，用细碎肥土培稳种苗并压实，让泥土与种苗根系充分接触，淋一次定根水。种植完成后，在种苗周围等距离插上 4 根小木棒或竹扦，套上专用的尼龙套袋防虫。另外，在种植前最好用 600～800 倍的敌百虫或其他药液进行一次全园地面喷雾，消灭地面害虫。

罗汉果是雌雄异株植物，要保证授粉挂果在种植上要有一定的雌雄植株搭配，一般采用雌雄株比例 100∶3，定植时最好是将雌、雄株种苗分开种，以方便加强对雄株的管护，确保有雄花授粉。

六、搭棚

罗汉果是藤本攀缘植物，必须要搭棚引蔓上棚才方便管理和获得优质高产。搭棚工作应在藤蔓长至 1 m 高前完成。

搭棚用的桩材料可因地选用，山区的林木材料多可选用木桩，有条件的也可用水泥桩，用木桩最好选用尾径 4～6 cm 的杉木，长度为 2.2～2.4 m，使棚高达到 1.7～1.9 m。埋桩的密度约为 3 m×3 m 或 2.5 m×3 m，每亩备桩约 90 个，埋桩要稳，在木桩上端中央钉 1 颗约 2 寸长的铁钉，用 14～16 号铁丝拉直拉紧系于木桩尾部铁钉处，将木桩纵横紧密连接起来，拉成主经纬线，再用 20 号铁丝在主经纬线之间拉 2～3 道次经纬线，形成棚面骨架，然后将专用尼龙网铺于棚上，并将网用细铁丝系紧。

七、田间管理

1. 套袋管理

种植初期，注意加强对幼苗的管护，如遇低温阴雨或下大雨将套袋上端开口用别针扎紧，以保温或防雨水冲刷小苗；长期阴雨天气，要每隔 2 d 无雨时打开袋口 2 h 左右。晴天袋口要打开，如发现小苗有萎蔫现象，应用树枝等物遮荫，遇高温天气，将套袋放平至泥面。一般果苗长至 20 cm 时，即可将套袋去除。

2.水分管理

幼苗期间春雨多，要防止植株根部积水，如晴天土壤干燥，要常淋小水，保持幼苗根部湿润。

幼苗定植成活后，要根据天气和土壤水分情况进行管水。罗汉果生长前期一般雨水多，重点加强田间排水防涝，否则容易引起沤根和诱发根部病害。7 月份以后，气温较高，光照较强，雨水逐渐减少，天气进入高温干旱季节，这时罗汉果藤蔓也长满棚面，叶子多，水分消耗大，重点是抗旱，如植株受旱既影响正常生长，降低植株抗性，诱发病害，又影响开花授粉和果实膨大。可用杂草覆盖根部周围(根部 20 cm 范围不盖)，并视干旱情况常浇水。用田种植的，可灌水进田，让水进沟自然渗入土中，保持土壤湿润。但要注意久旱不能突然浇(灌)猛水，否则易引发病害和造成大量生理裂果。罗汉果植株现蕾(即"来籽")前要适当控制水分，以促进花芽的分化和生长，若此时土壤水分过多，会造成植株贪长，花期推迟，不利于早结丰产。

3.合理施肥

罗汉果生长旺盛，需肥较多，必须施足基肥，勤施追肥。

(1)基肥　每株罗汉果施熟猪牛栏粪 10～20 kg(鸡、羊粪减半)，若单施麸类肥则每株用 1.5～3.0 kg，磷肥、高效硫酸钾复合肥及硅钙肥每株施 0.5～1.0 kg，以上肥料可在种植前混合沤制施用。

(2)提苗肥　从小苗定植后 5 d 左右开始，用 2%～3%的腐熟稀人粪尿或沼气水加 0.2%的硫酸钾复合肥淋施(长势差、生长慢的植株还可加入 0.2%的尿素)，每隔 5～7 d 淋施一次，直至罗汉果藤蔓长至离棚顶 30 cm 左右时停止施用。一般施 5～7 次，在规定的浓度范围内要掌握"先稀后浓、先少后多"的原则，后面几次尽量少用尿素等氮肥，防止植株徒长(跑苗)，推迟结果，甚至不结果。

(3)促花肥　当藤蔓长到距棚顶 30 cm 左右时施用促花肥，以促使植株能及早进行花芽分化。每株用硫酸钾复合肥(阳丰、艳阳天、狮马牌)0.15～0.25 kg、纯硫酸钾 0.2 kg、硼砂 10 g 充分混匀，在离根部 40 cm 左右地方开一条深约 10 cm 的环形沟，将肥料均匀施入沟内并盖土，藤蔓上棚后结合防治病虫喷施 3～4 次 0.3%纯品磷酸二氢钾，隔 5 d 左右喷 1 次。

(4)壮籽和壮果肥　当全园现蕾株数(来籽)达 40%～50%时施壮籽肥，全园开花株数达 40%～50%时施壮果肥。每次淋施 3%～5%腐熟稀人粪尿或沼气水，加 0.4%～0.6%的硫酸钾复合肥。也可在现蕾时距根部 50 cm 左右开环沟，每株施用 0.5 kg 左右的高效硫酸钾复合肥。

总之，施肥的原则是：前期(藤蔓离棚顶 30 cm 前)以促苗为目的，以施用速效氮肥的水肥为主，要勤施薄施；后期以促花促果为目的，主要以磷钾肥为主，切忌再多施氮肥，否则会引起营养生长过旺，枝蔓徒长，不开花。用组培苗为种植苗时更要注意。后期的施肥方法是水肥和撒施相结合，要重施多施，以达到高产的目的。

4.绑蔓引蔓、抹芽整蔓，培育高产株型

此项工作是促进罗汉果藤蔓早上棚形成丰产骨架，夺取高产的一项非常重要的技术措施。

(1)插扦绑蔓　小苗定植后，在离根部 10 cm 处插一根竹(木)扦，其长度要比棚略高。当苗高 20 cm 左右时，用绳索将其绑于扦上，以后每长 30 cm 左右绑 1 次，直至主蔓上棚。

(2)抹芽整蔓　主蔓上棚前的侧芽(侧蔓)在长到 5 cm 左右长度时,用两手指拿住向外将其折断。抹芽工作应选在晴天露水干后进行。

(3)打顶整蔓　主蔓上棚后长至 7～10 叶时,从 4～6 叶处打顶,抹掉尾芽顶端约 3 个节,促发一级侧蔓,选留 4 条左右健壮的一级侧蔓继续生长,其余抹掉。当一级侧蔓长至 7～10 叶时打顶,去掉 2～3 个节,促发二级侧蔓,每条一级侧蔓上选留 3～4 条健壮的二级侧蔓生长结果,其余抹掉,但若二级侧蔓长至 15 叶左右时仍未见现蕾(来籽),应立即进行打顶促发三级侧蔓结果,每条二级侧蔓上留 2～3 条健壮的三级侧蔓结果。对于长势差、上棚慢的植株,当主蔓长至平棚面时可摘心打顶,在棚下促发 2～3 条一级侧蔓上棚后,再按上述方法进行打顶整蔓。当每株结果量达 150 个左右时,可把藤蔓摘心打顶,其他不来籽结果的枝条也及时剪去,减少营养消耗和遮阴。

(4)摆蔓和引蔓　将主蔓摆向上坡方向或顺风方向,将各级侧蔓均匀地引导摆放于棚面上,尽量避免藤蔓过多交叉重叠,以提高植株功能叶的光照面积。

抹芽、打顶和整枝摆蔓工作也要选择在晴天进行,先处理健康无病的植株,最后再整理有病的植株,防止病菌交叉感染。

5.人工授粉

罗汉果属雌雄异株作物,花粉因特殊的生理没有昆虫光顾采集,不能完成虫媒或风媒授粉,必须进行人工授粉才能挂果,获得产量。大量的生产证明,不进行人工授粉,几乎是 100%不能挂果。因此罗汉果的生产种植上,人工授粉的工作量比较大。

罗汉果的授粉方法是:在雄花开花期,每天清晨 5～7 时采摘发育良好含苞待放的雄花花朵,置于阴凉处备用,待雌花开放时,用竹签刮取花粉,轻抹在雌花柱头(花心)上,进行单朵雌花逐一授粉。授粉操作一般在上午进行,主要是上午雄花花药开裂、花粉粒露出多,生活力强,同时雌花柱头黏着力强,授粉结实率高,下午授粉结实率低,因此应力争在上午授完粉,若下午需继续授粉,可用 15%～20%蜂蜜水蘸着花粉授粉,对提高坐果率有一定效果。

一般情况下,同时种植的果苗,雌株比雄株开花早 5～7 d,这种情况叫雌雄花期不遇,不同年份出现花期不遇时间的长短差异很大,一般早期挂的果因生长期长,果实都比较大,品质好,早开的雌花没能及时授粉的挂果是很大损失,这是目前罗汉果生产上一大问题。为避免雌雄花期不遇的情况出现,可采取以下方法预防:①配置一定数量的不同品种雄株种植,使在不同年份气候条件下都能有雄花成熟;②选用上年种植的罗汉果无病雄株,同时选择较好的地单独种植;③加强对新种果苗雄株的肥水管理,增施磷钾肥,不偏施氮肥。

6.病虫害防治

(1)根结线虫病　由根结线虫为害引起,使植株根部呈结节状膨大,轻者影响植株正常生长,重者造成植株死亡,是当前罗汉果生产中的主要病害。

防治措施:①轮作;②提早翻晒种植地,搞好果园排水;③不施未腐熟农家肥,增施磷钾肥,增强植株抵抗力;④及时清除病株,集中烧毁;⑤小苗定植时,用杀线虫药物制成药土撒于根部,一般施用 1 次,若发现病株,可在发病初期再施药 1 次。

(2)病毒病　由病毒感染引起,是当前罗汉果生产中的最主要病害。植株受害后叶片呈黄绿相间的花叶、蕨叶、疱叶、卷叶等,有的腋芽早发成丛枝,果子畸形,易裂果,严重的不能开花结果。

防治措施:①建立无病种苗基地,选用经严格脱毒的苗木种植;②加强肥水管理,多施有机肥和磷钾肥，增强植株抗性；③实行轮作，清除病源，果园劳动先操作健康植株，后操作病株，并用肥皂水洗手，防止交叉感染；④杀灭传毒昆虫（主要是蚜虫）；⑤药剂防治，从植株长至 1 m 左右时开始，用防治病毒病的药物（有关药物品名多，请具体咨询当地农技部门）进行防治，每隔 10～15 d 喷一次，并可结合喷施叶面肥（如磷酸二氢钾、绿芬威、神露一号、基因活化剂等）。

(3)白绢病　由半知菌（真菌的一种）侵染引起的罗汉果茎基和块茎病害。严重时被害部位产生棉毛状白色菌丝体，并向四周地表蔓延呈辐射状，受病植株枯萎，最后死亡。

防治措施：①选择地势高的地块种植，不用菜地或沙质土种植，加强果园排水和中耕除草；②增施磷钾肥，结合整地施用石灰；③发病初期用粉锈宁、甲基托布津、多菌灵等药剂灌根；④及时清除严重病株集中烧毁，并用石灰水对病穴消毒。

(4)疫病　由真菌引起的病害，高温高湿条件下易发病，感病植株晴天中午萎蔫，下午不恢复，叶片先形成水渍状病斑，空气湿度大时，叶片腐烂，干燥时病叶变黄干脆。

防治措施：①搞好果园排水，降低果园土壤湿度；②施用充分腐熟有机肥，增施磷钾肥；③拔除病重植株销毁；④用果病特净、代森锰锌、雷多米尔等药剂灌根或喷雾。

(5)根腐病　由真菌引起的病害，用熟地、瓜菜地、黏性大和低洼的地种植易发生。主要为害根和茎基部，病株矮小，初期不明显，随病情加重，植株长势越来越差，底叶变黄，最后整株叶片萎蔫，植株枯死，易从土中拔出，须根完全腐烂，主根变黑亦渐腐烂。

防治措施：①选择排水方便的地种植，不选用瓜菜地和黏性重的地种植；②要高畦深沟种植，搞好田间排水；③施肥勿太接近根部；④种植时淋施敌克松，发病初期用根腐灵加克毒纳斯兑水喷施根部，发病严重时用扑海因或代森锰锌 1 000 倍液灌根。

(6)芽枯病　是这几年来新发生的一种生理性病害，是由于气温过高、日久干旱引起罗汉果植株生理产生障碍，从而造成的一种以生理性失调为主的复合病害。发病植株嫩叶黄化，顶芽枯死，枯死前顶芽多呈红棕色，死后呈黑褐色。

防治措施：①选择凉爽湿润、昼夜温差大的地块种植；②施用石灰，增施农家肥和磷钾肥；③高温干旱季节适当保留果园杂草，降低园内温度，增加湿度；④施用硼肥，喷施叶面肥。

(7)生理性裂果　是由于土壤水分失调，气温急剧变化引起的。果实膨大期高温、生理性缺钙、偏施氮肥以及病毒病和果实受害虫为害的果园裂果严重。

防治措施：①施用石灰或硅钙肥，不偏施氮肥；②加强水分管理，保持土壤水分平衡；③加强病毒病等病虫害的防治。

(8)虫害的防治　罗汉果的虫害主要有蟋蟀、蝼蛄、黄守瓜、红蜘蛛、天牛、蚜虫、果实蝇及家白蚁等。

防治措施：可根据实际情况采取人工捕抓、药剂防治、使用诱虫灯和黄板等，在此不一一列举，可咨询当地农技部门。

第五节　罗汉果的采收与加工

罗汉果含有丰富的葡萄糖、果糖、蛋白质和多种维生素，尤其维生素 C 的含量比当前引人注目的新型果品猕猴桃还要高。但要保持罗汉果的天然品质，采收和加工方法是关键。

一、罗汉果的采收

罗汉果一般在10～11月份成熟。应注意适时采收，采收过早，果皮脆薄，烤果时易破果（爆果），响果（果肉与果壳分离）多，果带苦味，质量低劣；采收过迟，植株养分消耗大，总产量下降。当果皮毛变硬，果皮变为老青色，果柄枯黄时为最佳采收期，即可选晴天的下午采摘（早晨露水未干时和雨天不宜采收）。采收时用手轻拿用剪刀剪断果柄，注意将果柄和果蒂剪平，轻放于箩筐中，以免互相挤碰时刺伤果皮，切勿粗放操作，损伤果实，影响以后的后熟作用和引起烂果。罗汉果有一定的后熟作用，收回后摊于通风阴凉处或地板上，发汗10～15 d，果皮渐呈黄色，此时果内的甜甙增加，口感更甜，此时即可加工。由于罗汉果开花授粉时间不一，果实成熟期也不相同，一般于授粉后60～75 d即可成熟，所以应分批进行采收。

二、罗汉果的加工

罗汉果采收后，果实含水量高，可摊放在楼板或竹垫上，任其水分蒸发和后熟（俗称糖化）。摊凉时，每1～2 d翻动一次，5～6 d后，见果皮有50%转黄时，即可按大小分级装箱，进行烘烤。如遇晴天，也可在白天晒果，晚上烘果。但晒果和烘果应力求温度稳定，不能时冷时热，应连续进行，一气烘干，否则会影响果品质量。罗汉果的干燥，使用烘房、烘炉均可。烘果温度一般是前期和后期温度宜低，中期温度宜高。即第1～2天控制在35～40℃，因此时果实水分多，逐步升温有利于水分慢慢蒸发，避免爆果；第3～4天温度可升到45～60℃，此时果实内水分减少，果内温度均匀，适当增温有利于加速果实干燥；第5～6天后，温度应降到50℃以下，因为这时果实接近干燥，适当降温可减少响果、爆果和焦果，保证果品质量。烘烤期间，要严格控制烘房温度，温差不能过大，以免造成破果和斑点果。每天早晚各翻果一次，注意将上、中、下、边缘和中间等部位的果实交换位置，使果实受热均匀。见果皮颜色转黄时，翻动宜勤，以免烘焦。一般烘7～8 d后即可干燥。

三、成品的检验

检查果品是否干燥的方法是：干透的果实重量轻，轻落地面有弹性，用手指轻轻弹果皮或者两果相碰，会发出清脆的声音。未干的果实比较重，落地后无弹性。烘干的罗汉果刷去果皮毛绒后，即为成品。以果形端正、果大、干爽、果皮黄褐色、果干而不焦、壳不破、摇不响、味甜而不苦者为佳。

罗汉果传统的加工方法是做成干果，以前大部分生产的鲜果都用于做干果，随着对罗汉果的开发利用研究深入还会研制出更多的产品，目前已有如冲剂、饮料等。提取罗汉果甜甙更是罗汉果产品打开销路的一大途径，目前已有桂林莱茵生物技术有限公司、桂林吉福思生物技术有限公司2家大公司以罗汉果鲜果为原料生产罗汉果甜甙纯品。生产提取的基本工艺流程是：鲜果打浆→溶剂浸提→过滤去渣→离子交换分离提纯→真空浓缩干燥。生产出的罗汉果甜甙纯品产品主要是出口外销，主要用于食品添加剂，起代替蔗糖的作用，减少因蔗糖过量食用引起的肥胖症等。

技能实训 罗汉果花粉的人工培养基萌发实验

一、实训目的

罗汉果栽培生产上，人工授粉是一个重要的环节，检验花粉是否还具有生活力对花粉判断能否使用的重要依据，掌握罗汉果花粉的生活力测定方法，可对花粉的贮藏，使用有重要意义，可研究解决生产上的花期不遇，远距离运送花粉授粉等问题。

二、仪器与试剂

天平，显微镜，培养皿，凹槽载玻片，蔗糖（食用），硼酸（A. R），解剖针，吸滴管，滤纸。

三、实训内容

（1）花粉培养液的配制　分别称取 15 g 蔗糖和 10 mg 硼酸，水溶解后，定容到 100 mL。

（2）花粉培养　在凹槽载玻片上滴入花粉培养液 2～3 滴，用解剖针刮取少量罗汉果花粉放入培养液中，适当搅散，放入有滤纸保湿的培养皿中盖上，在 25～35℃ 中培养 1 h。

（3）镜检　取出培养的花粉玻片，在 100 倍的显微镜下观察，取几个视野点数，统计花粉的萌发率，并取几个有代表性的萌发花粉，测量花粉管的长度，填入下表。

视野	1	2	3	4	5	合计
视野内花粉总数						
其中萌发花粉数						
萌发率						
平均花粉管的长度 （花粉管是花粉直径的倍数）						

[复习思考题]

1. 罗汉果栽培生产上使用组培苗种植有哪些意义？
2. 罗汉果栽培上的施肥主要要注意哪些问题？
3. 罗汉果的授粉是如何进行的？

第八章 油 梨

【学习目标】

了解油梨的营养价值、生产概况及当地栽培的优良品种；熟悉油梨生长结果特性；掌握油梨生产的理论基础和关键技术；具备独立完成油梨园常规管理的能力。

第一节 概述

油梨，又称鳄梨、酪梨、牛油果。因其果实富含不饱和脂肪酸、果形多为梨形，有的品种果皮有瘤状突起、粗糙不平，酷似鳄鱼皮而得名。油梨营养丰富，保健作用好，不饱和脂肪酸和蛋白质含量较高，味如奶酪而有“森林黄油”之美称，是一种营养型、保健型水果。

一、油梨营养价值和保健作用

(一)营养价值

油梨果实富含人体必需的脂肪、蛋白质、矿物质和多种维生素。脂肪不仅提供能源，并且提供维持身体复杂生理机能的脂肪酸，对促进脂溶性物质(如维生素 A、维生素 D、维生素 E、维生素 K 等)的吸收具有重要的作用。据分析，优质油梨果实每 100 g 可食部分的脂肪含量 18.7 g，蛋白质 2.5 g，糖分 5.2 g，纤维 2.1 g，灰分 1.4 g。油梨是高能食品，每 100 g 果肉发热值达 191 kcal 以上，是一般果蔬的 2～4 倍。油梨中的脂肪酸 80%是不饱和脂肪酸，其中亚油酸和亚麻酸含量 27.5%。油梨的脂肪酸容易被人体吸收，吸收率高达 93.7%，营养价值与奶油相仿，但不含胆固醇，被誉为高脂低糖保健水果。常食油梨不仅不会引起肥胖，还有降低血清胆固醇及磷脂的作用。油梨果实还含有丰富的蛋白质，其含量为一般果蔬的 2～4 倍(表 8-1)。

油梨果实还含有铁、钾、钙、磷等多种矿质营养素和维生素 A、维生素 B_1、维生素 B_2、维生素 B_5、维生素 C、维生素 E 等多种维生素(表 8-2)。

表 8-1 油梨与部分果蔬主要营养成分比较(每 100 g 果肉含量)

成分	油梨	苹果	桃	香蕉	草莓	梨	萝卜	黄瓜	甘蓝	南瓜
热能/kcal	191	50	37	87	35	18	18	11	24	36
水分/g	70.1	85.8	89.3	75.0	90.1	94.1	94.5	96.2	92.4	88.9
蛋白质/g	2.5	0.2	0.6	1.1	0.9	1.1	0.8	1.0	1.4	1.3
脂质/g	18.7	0.1	0.1	0.1	0.2	0.1	0.1	0.2	0.1	0.1
糖质/g	5.2	13.1	9.2	22.6	7.5	3.4	3.4	1.6	4.9	7.9
纤维/g	2.1	0.5	0.4	0.3	0.8	0.7	0.6	0.4	0.6	1.0
灰分/g	1.4	0.3	0.4	0.9	0.5	0.6	0.6	0.6	0.6	0.8

注:引自钟思强《油梨的营养价值和保健作用》。

表 8-2 油梨与部分果蔬的矿物营养与维生素含量比较(每 100 g 果肉含量)

成分	油梨	苹果	桃	香蕉	草莓	梨	萝卜	黄瓜	甘蓝	南瓜
钙/mg	0.21	0.01	0.02	0.04	0.03	0.04	0.02	0.04	0.05	0.06
磷/mg	55	8	14	22	28	27	22	37	27	35
铁/mg	0.7	0.1	0.2	0.3	0.4	0.4	0.3	0.4	0.4	0.4
钠/mg	7	1	1	1	1	1	14	2	6	1
钾/mg	720	110	170	390	200	220	240	210	210	330
维生素 A/IU	65	0	0	15	0	23	0	85	10	340
维生素 B_1/IU	0.10	0.01	0.01	0.04	0.02	0.04	0.03	0.04	0.05	0.07
维生素 B_2/IU	0.21	0.01	0.02	0.04	0.03	0.04	0.02	0.04	0.05	0.06
维生素 B_5/IU	2.0	0.1	0.5	0.6	0.3	0.5	0.3	0.2	0.2	0.6
维生素 C/IU	15	3	10	10	80	5	15	13	44	15
维生素 E/IU	3.3	0.2	0.9	0.5	0.4	0.3	0	0.4	0.1	1.6

注:引自钟思强《油梨的营养价值和保健作用》。

(二)保健作用

1. 油梨有美肤、护发作用

从油梨中提取的油梨油是不干性油,酸度小,其中的维生素 E 及维生素 A 对皮肤有良好的滋养作用。油梨油与皮肤的亲和性好,容易被皮肤吸收,能保持皮肤的润滑;对紫外线还有较强的吸收性,对皮肤有良好的防晒保护作用。油梨油还可作为多种营养物质的载体渗入皮肤,是多种护肤品的优良基础油。油梨油应用于护肤霜中具有抑制暗疮、滋润保湿、去死皮以及抗衰老等功能,使肌肤润滑细嫩;应用于沐浴产品和香皂中具有优越的抗刺激性和滋润功能;在洗发香波中添加油梨油可增加稳定性,具有良好的增泡、杀菌消炎、润滑和去头屑等功效,使毛发柔软、疏松、光亮。

2. 油梨有防衰老和对多种疾病的辅助治疗作用

油梨中的果酸成分可阻止皮肤皱纹的出现,能够延缓皮肤衰老、增加弹性。果肉中的维生素 E 可平衡体内性荷尔蒙,增强皮下脂肪的新陈代谢,扩张毛细血管,使血液流畅,防止组织衰老;维生素 E 还具有抗氧化作用,抑制过氧化脂质的生成,从而具有预防癌症、脑中风、心肌梗塞等疾病的作用;维生素 E 可防止血液凝固,防止因心脏病而引起的血管损伤,对心脏病患者康复有益;对于消化系统病患者,摄取足够的维生素 E,可促进肠胃功能的恢复，防止黏膜损伤。油梨富含铁元素和维生素B族、维生素C，经常食用可以预防贫血。油梨含糖量很低，是糖尿病患者的理想果品；用油梨果皮泡茶饮用对糖尿病有一定的缓解作用。

据吴宏斌等报道，油梨中的非皂化物有促进软骨缺损修复的作用，可作为治疗骨关节炎疾病的辅助食品。日本静冈大学研究人员发现，油梨对损害肝脏健康的病毒有特殊的杀伤力，经常食用对肝病患者有益。

二、油梨生产概况

(一)世界油梨生产概况

油梨原产于中、南美洲。1492 年当哥伦布发现新大陆时，美洲的热带和中、南亚热带地区已广泛种植油梨，作为商业性生产则是从 20 世纪初期才开始。近几十年推广了 Hass、Fuerte 等优良品种和防治油梨根腐病研究工作取得了较大进展，世界油梨生产得到了迅猛发展。根据联合国粮农组织统计，2000 年全世界油梨种植面积已达 327 645 hm^2，产量 233 765 t，在水果生产中排第 11 位。

目前世界上南北纬 30°范围内有近 40 个国家大规模生产油梨。最大的油梨生产国是墨西哥、美国、巴西、哥伦比亚、委内瑞拉、智利、以色列、澳大利亚、西班牙和南非。

(二)我国油梨科研和种植概况

1918 年油梨就已经引种到我国台湾省，至今我国广西、广东、海南、福建、云南、四川、浙江、贵州、湖南等省(区)都种植有油梨。

我国 20 世纪 80 年代以前种植的油梨大多数是实生树，果实品质差、产量低，而且多为零星分散种植。80 年代后期开始对引种试种、选育种、丰产栽培、病虫害防治和果实保鲜加工等方面进行较系统的研究。广西壮族自治区 1987 年开始由广西职业技术学院、广西亚热带作物研究所龙州试验站和广西国营山圩农场等单位分别在扶绥县、南宁市和龙州县陆续建立油梨良种选育试验基地约 40 hm^2，在开展品种选育工作的同时，进行油梨丰产栽培、贮运保鲜加工和油梨油提取技术等多项试验，取得了一系列的科研成果。原华南热带作物学院于 1988 年与国防科工委海南通讯站联合在海南省白沙县建立了 37 hm^2 的品种试验园，其中有多个品种表现出早结、丰产的特性。此外，广东、福建、云南、四川、贵州等省也进行了油梨引种试种研究，为推动油梨生产发展进行了大量卓有成效的工作。

通过几十年的引种试种实践证明，油梨在我国南部、西南部亚热带山地有良好的适应性，可以正常开花结果。

第二节　油梨生物学特性

一、生态特性

油梨属樟科鳄梨属。根据原产地生态条件的不同，油梨分为西印度系、危地马拉系和墨西哥系3个种系。

1. 西印度系

西印度系油梨原产于中美洲海拔800 m以下的地区，属于热带型种系。适应高温高湿的热带气候，耐寒能力差，一般温度下降至0℃时就会产生冻害。果实较大型，果皮薄而光滑，单果重可达1 kg以上；果肉脂肪含量7%～10%；花少有纤毛；新叶揉碎无茴香味。

2. 危地马拉系

危地马拉系油梨原产于危地马拉和墨西哥南部海拔1 800 m以下的丘陵山地，属于亚热带型种系。耐寒能力较强，辐射低温降至−2.2℃时会出现冻害，−6.1℃时才会严重受害。果实的外观和品质因品种而有较大差异，果形有梨形、圆形、椭圆形、长椭圆形等，单果重从0.2～1 kg不等，果皮表面或光滑或粗糙或瘤状突起，后熟时果皮有绿色、黄绿色、红色和紫黑色等不同颜色；果肉脂肪含量10%～30%；花少有纤毛；嫩叶揉碎无茴香味。

3. 墨西哥系

墨西哥系油梨原产于墨西哥2 400～2 800 m的高山地区，属于亚热带型种系。耐寒能力强，辐射低温降至−6～−10℃时会造成幼芽和枝叶冻害。果实小型，单果重在0.25 kg以下，果皮薄且光滑，大部分品种种子比例较大，可食率低；果肉脂肪含量18%～30%；花多纤毛；嫩叶红色，揉碎有强烈的茴香气味，这是区别于西印度系和危地马拉系油梨的最重要特征之一。

此外，在生产中还有危地马拉系×墨西哥系和危地马拉系×西印度系等杂交品种。

二、生物学特性

油梨为常绿阔叶高大乔木，在自然生长条件下，实生树高达10～20 m，寿命可在100年以上，经济寿命40～50年。

（一）根

油梨根系浅生，垂直分布多在1 m以内，绝大部分在30 cm的土层以内。根部无根毛，由菌根代替根毛吸收水分和养分，菌根共生于根尖端，粗约1 mm，在通气良好的湿润土壤中，菌根容易迅速形成。土壤过于干旱，对根系生长不利。但如果土壤排水不良，水分含量过多，根系不仅生长不好，还容易导致根腐病。

（二）茎

大多数油梨品种枝干直立，分枝较多，枝条开张，多为阔圆锥形、圆头形或半圆头形树冠，也有些品种树冠直立而不开张的。一年生枝梢表皮绿色、光滑，枝条质地柔软而松脆，易折断。主干及大枝条表皮灰褐色、粗糙，木质部质地疏松。

油梨幼树一年可抽生4～5次梢，结果树可抽生3～4次梢。在开花的枝梢上，新梢从花穗顶部抽生。

（三）叶

油梨叶片较大型，单叶互生，螺旋状排列。叶全缘，革质，叶面深绿色，光滑，叶背灰白色，有茸毛。嫩叶颜色因品种不同而各异，有淡绿色、紫红色或古铜色等。叶形多为椭圆形、长椭圆形、披针形、倒卵形等，叶尖端急尖或渐尖，基部楔形。叶面凹陷或平展。叶脉为羽状网脉，一般有6～7对侧脉，突起于叶背。墨西哥系品种的叶片揉碎时有强烈的茴香香气，这是区别于其他两个种系的重要特征之一。

油梨叶片寿命10～20个月，幼龄树或不开花的植株叶片寿命较长，结果树在每年春季开花期有明显的换叶期，此时部分老叶逐渐褪绿黄化，并陆续脱落，开花量大或肥水不足的植株绝大部分老叶会在开花期黄化脱落。与此同时，在花穗顶端抽生新梢，接替老化脱落的叶片。

(四)花

我国大多数油梨品种开花期在3～4月份。圆锥花序，着生于一年生枝条的顶端或叶腋。一个花序由几十朵至几百朵小花组成。属于完全花，直径约1 cm，淡黄色，花柄淡绿色，长5～7 mm，花被外多茸毛；花萼与花瓣连成花被6枚，分内外两层排列；雄蕊12枚，排列成3轮，其中9枚发育正常(外轮6枚，内轮3枚)，退化的3枚与内轮雄蕊对生。花药4室，上边2室较小，每室都具有透明的花粉室盖；外轮雄蕊的药室向内着生，内轮雄蕊的药室向外着生；内轮雄蕊基部着生6个蜜腺，橙黄色，与外轮雄蕊相间着生；子房1室上位，具有1个侧生胚珠；花柱细长，浅绿色，长5～7 mm，伸直或弯曲，有细小的白色茸毛，柱头1个，呈盘状。

油梨花雌雄同花异熟，根据雌蕊和雄蕊成熟的时间和顺序不同，可把油梨的花分为A型花和B型花。A型花：花朵第1次开放是在当天上午，此时花中的雌蕊已成熟，可以接受传粉受精，但该花的雄蕊还未成熟，没有散发出花粉粒，花朵于当天下午第1次闭合；花朵第2次再开放是在第2天下午，此时雄蕊已经成熟，花药散发出花粉粒，但雌蕊已经失去了接受花粉受精的能力，傍晚花朵永久闭合。B型花：花朵第1次开放是在当天下午，此时雌蕊已经成熟，可以接受传粉受精，但该花的雄蕊尚未成熟，没有散发出花粉粒，花朵于当天傍晚第1次闭合；花朵第2次再开放是在第2天上午，此时雄蕊已经成熟，花药散发出花粉粒，但雌蕊已经失去了接受花粉受精的能力，下午花朵永久闭合。

油梨同一品种或同一花型品种的花朵之间相互授粉的几率低，结实率也低。因此，在栽培中要考虑A型、B型两种花型的品种适当搭配，才有利于授粉结实(图8-1)。也有些油梨品种的花有A、B交叉混合型的，可以自花授粉结实，但是结实率也较低，因此生产上大面积种植时还是应该搭配种植A型和B型两种花型的品种，才能实现高产稳产。

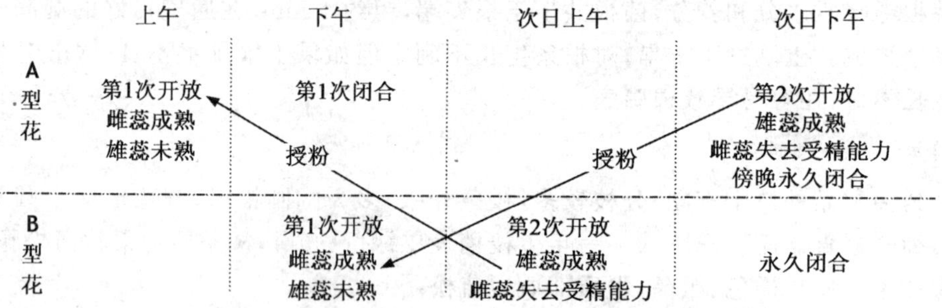

图8-1 油梨A、B型花开放顺序和相互授粉示意图

(五)果实和种子

油梨果实为肉质核果。形状因品种而异，有梨形、卵形、椭圆形、球形等；单果重也有很大差异，小型果实仅20～30 g，大型果实可达1 500 g，最大型可达2 000 g以上；果皮革质，果实未后熟时一般为绿色或黄绿色，后熟以后有绿色、黄绿色、紫色、暗红色、黑褐色等；外果皮厚度不同品种间也有很大差异，薄的不足0.1 mm，厚的可达2 mm以上，有的光滑，有的粗糙，有的表面有许多瘤状突起；中果皮为食用部分，浅黄色到深黄色，近似牛油状，靠近外果皮部分因含有叶绿素而略带青绿色；内果皮与种皮结合在一起，呈褐色，果实成熟时有的紧紧黏附在种子上，有的则较疏松，易从种子上剥离。

油梨坐果率低，大多数品种在幼果期有两次明显的生理落果高峰，第 1 次生理落果在谢花后的第 1～2 周（在广西南宁 4 月中下旬）开始，主要是授粉受精不良造成幼果脱落；第 2 次生理落果在谢花后 1 个月左右（在广西南宁 6 月份）开始，主要是树体养分供应不足所致。此外，受台风影响或严重缺水时，也会引起采前落果。

油梨果实发育期的长短因品种而异，通常从坐果到果实成熟，早熟品种需 120 d 左右，中熟品种需 150 d 左右，晚熟品种需 180～240 d。在广西南宁，大多数品种的果实生长高峰期在 6 月下旬至 8 月中旬，果实成熟期在 8 月下旬至 12 月份。大多数品种果实成熟后，如不及时采收，即会自然脱落，尤其是果实成熟期遇到高温干旱天气，采前落果会加剧。而 Hass 品种的果实成熟后不容易脱落，成熟果实可留树保鲜 2～3 个月。

油梨果实内有种子 1 颗，大型，占果重的 10％～30％，多为扁圆形或心形，子叶 2 枚，黄白色，多胚或单胚。

三、对环境条件的要求

油梨的不同种系对温度特别对低温的适应性有较大差异，而对土壤、雨量、风和光照等的要求基本一致。

1. 温度

油梨最适宜的生长温度在 25～30℃之间。温度过高，油梨生长发育受阻，在干旱条件下温度超过 44℃时，叶片容易被灼伤；开花坐果期还会引起落花落果；果实膨大期遇到高温干旱将严重影响果实生长；果实成熟期遇高温，向阳果面容易被灼伤。

不同油梨种系对低温的适应性能力有差异。墨西哥系品种能忍耐－10～－6℃的低温，危地马拉系品种在－6℃低温下会严重受害，西印度系品种 0℃以下就有可能受害。油梨开花期间如遇到 13℃以下低温，会严重影响花朵的授粉受精，大大降低了坐果率。迟熟的油梨品种在冬季遇到低温霜冻天气，会引起果实冻伤，严重时造成大量落果。

2. 雨量

油梨原产地年均降雨量一般在 1 200 mm 以上，并且有明显的干湿季节。一般油梨在年降雨量 1 000 mm 以上的地区均可正常生长发育。如年降雨量在 900 mm 以下，或一年中有 4～5 个月连续无降雨的地区，则需要有灌溉条件才能正常生长。

油梨在开花期和幼果生长期对水分最为敏感，如果缺水容易引起花穗萎蔫，结实率低，并会引起幼果大量脱落。果实迅速膨大期缺水，会严重影响产量。

油梨的吸收根为好气性菌根，土壤含水量过多，会造成油梨根系生长不良，严重的还会引起根系腐烂。

3. 光照

光照的长短对油梨的生长没有显著的影响。但充足的光照有利于花芽分化，树冠中光照充足的部位花量多，坐果率高而且果实发育正常；荫蔽的枝条则花量少，结果少。

4. 风

油梨树的抗风力差。由于油梨植株速生，木质松脆，枝叶茂密，树冠高大，同时油梨的根系浅生，遇到强度大于 8 级的大风容易引起枝干折断或植株倒伏；结果期如遇大风还会造成大量落果。

根据多年观察，油梨在常风强度小于 3 级、阵风强度小于 8 级的地区种植较有保障。

5. 土壤

油梨对土壤适应性较广。但在土层深厚、有机质丰富、土质疏松、排水良好的壤土中种植生长最好。在排水不良的黏性土或低洼地、地下水位高的土壤中油梨根系生长不良，并易引起根腐病。因此，选择油梨园地要求排水良好、土层深 1 m 以上，地下水位 1.5 m 以下，pH 值在 5.5～6.5，并且含有丰富有机质的土壤最为适宜。

就地势而言，以 10°以下的缓坡地为好，坡度大于 10°以上的山地，则需做成梯田，以减少水土冲刷；平地油梨园则要做好排水系统的规划，确保雨季园内无积水。

第三节　油梨主要栽培品种

一、国外主要栽培品种

(一)墨西哥系

1. 墨西科拉(Mexicola)

树形直立，树冠大小中等，较丰产。A 型花，开花期 4～5 月份；属早熟种；果实梨形，单果重 120～200 g，果皮黑紫色；种子大，可食部分少。抗病性和耐寒性强，可耐 −10℃ 低温，是理想的砧木品种。

2. 巴康(Bacon)

树形高大，较直立，叶色浓绿。B 型花，开花期 2～3 月份；果实成熟期在 10～11 月份；果实卵形，单果重 170～340 g，果皮薄，绿色而光滑；果肉质地细腻，纤维少，风味较好。耐寒性较强，可耐短时 −6℃ 低温。

3. 祖坦诺(Zntano)

植株高大，树形直立。B 型花，开花期 2～3 月份；果实成熟期在 10 月到次年 3 月份；果实梨形，单果重 150～400 g，果皮薄而光滑，黄绿色，有黄色小斑点；果肉淡黄色，品质中等。可耐 −3℃ 的低温。

4. 杜克(Duke)

植株高大，生长势强，树冠开张，丰产。B 型花，开花期 3 月份；果实呈长圆梨形，单果重 100～200 g，果皮亮绿色，有浅色斑点；果肉淡黄色，脂肪含量 21%～22%；种子较小。耐寒抗风，可耐 −5.5℃ 低温。

(二)危地马拉系

1. 哈斯(Hass)

植株中等 ，树形开展。A 型花，但可自花结实，产量稳定。开花期 3～4 月份；果实于 11 月下旬至次年 2 月份成熟；果实卵形，单果重 140～340 g，果皮厚度中等，坚韧，有瘤状突起，粗糙不平，未后熟时果皮为绿色，后熟果皮为黑褐色。果实较耐贮运，品质佳，脂肪含量 18%～

22%。耐寒性中等,可耐-4.5℃低温。是目前世界主要栽培品种。

2. 奈伯尔(Nabal)

植株强壮,分枝均匀。B型花,开花期4～5月份;果实于花后12个月成熟;果实近圆形,单果重340～510 g,果皮厚,暗绿色,光滑,果肉奶黄色,近皮处绿色,味道香美,品质极佳,脂肪含量18%～25%。有隔年结果现象。抗寒性和抗风能力较差。

3. 里德(Reed)

树形较直立。A型花,开花期较晚,次年7～10月份果实成熟;果实球形,单果重220～510 g,果皮呈绿色,较粗糙,果肉风味好。耐寒性较差,-1.1℃以下即受害。

4. 奎因或皇后(Queen)

树形开展。B型花,果实成熟期在美国加利福尼亚州为5～10月份;果实大,呈梨形,平均单果重700 g,果皮粗糙,有瘤状突起,未成熟时为暗绿色,成熟时为紫色;果肉黄色,纤维少,香味浓,品质佳,脂肪含量12%～15%;种子小。抗寒性较差,-3.5℃以下即受害。

(三)西印度系

1. 波洛克(Pollock)

B型花,开花期2～3月份,果实成熟期8月份。果实倒卵形或长梨形,单果重约1 000 g,最重可达2 400 g;果皮薄,革质,淡黄绿色;果肉淡黄色,细腻,近果皮处黄绿色,脂肪含量3%～6%。种子重约100 g,圆锥形,不易与种皮分离。抗寒能力差。

2. 特雷普(Trapp)

植株生势较弱,为高产迟熟种。B型花,果实成熟期10月份,可留树保存到次年3月份;果实扁圆形,上部较小,下部较宽果较大,果柄短,单果重450～700 g,果皮光滑,淡黄绿色,有许多形状不规则的斑点;果肉细腻,深黄色,近皮处淡绿色,纤维少,香味中等,风味好,品质佳;种子宽扁圆锥形,重约140 g。耐寒力和抗病力较差。

3. 沙怀尔(Sharwil)

果实球形,果皮绿色,种子小,果肉多,品质优良,是美国夏威夷州最受欢迎的品种之一。但对根腐病敏感,不耐寒,温度降至0℃时即受害。

(四)杂交种系

1. 富尔特(Fuerte)

是危地马拉系×墨西哥系的自然杂交种,1911年在墨西哥城南部发现。树形开展,分枝角度大。B型花,开花期2～3月份,果实成熟期10～11月份。果实梨形,单果重170～400 g,果皮深绿色,较粗糙,上有许多黄色小斑点;果肉奶黄色,近皮处绿色,质地细腻,香味较浓,脂肪含量18%～30%;种子心形,大小中等,与果肉紧密结合。有较强的耐寒力,可耐-4℃的低温。果实对炭疽病敏感。

2. 路拉(Lula)

是危地马拉系×墨西哥系的杂交种。A型花,2～4月份开花,果实成熟期10月份。丰产性能好。果实梨形,单果重400～680 g,果皮绿色,脂肪含量12%～16%。对疮痂病敏感。

3. 韦尔丁(Waldin)

是危地马拉系×西印度系的杂交种。B型花,开花期3～4月份,果实成熟期10～12月份。果实卵形,单果重400～680 g,果皮绿色,脂肪含量6%～10%。产量中等,耐寒力较差。

4. 哈尔(Hall)

是危地马拉系×西印度系的杂交种。B型花，开花期3～4月份，果实成熟期11月至次年2月份。果实长梨形，单果重570～850 g，果皮暗绿色，脂肪含量12%～16%。耐寒性中等。产量高，适合于庭院种植。

5. 博思7(Booth7)

是危地马拉系×西印度系的杂交种。B型花，开花期3～4月份，果实成熟期10～12月份。果实球形，单果重280～560 g，果皮黄绿色，风味佳，脂肪含量10%～14%。产量高，耐寒力中等。

6. 博思8(Booth8)

是危地马拉系×西印度系的杂交种。B型花，开花期2～4月份，果实成熟期10～12月份。果实卵形，单果重400～570 g，果皮绿色，脂肪含量6%～10%。产量高，耐寒力中等。

二、国内选育的油梨优良品种

我国20世纪80年代前引种的都是未经选择的实生树，变异大，品质低劣。80年代后广西职业技术学院、广西热带作物研究所、中国热带农业科学院和中国热带农业大学、海南省农垦定安热带作物研究所、福建省亚热带植物研究所等单位先后选育出部分优良株系，进行品种比较试验和推广试种。在国内自选油梨品种中，以广西职业技术学院选育出的桂垦大2号、桂垦大3号和桂研10号3个品种的综合性状较好。

1. 桂垦大2号

选自危地马拉系油梨实生树。该品种较速生，主干粗壮，分枝均匀。B型花，开花期3月上旬至4月中旬，花量中等。果实成熟期9月中旬至10月中旬。果实圆形至椭圆形，平均单果重约420 g，果皮革质，表面较光滑，油绿色，后熟时黄绿色；果肉黄色、油润、细腻，有较浓的蛋黄香味。种子较大，扁圆形。可食率76.2%。果肉含粗脂肪11.21%，粗蛋白1.66%，总糖2.9%。适于鲜食。抗寒能力中等，可耐－2℃低温霜冻。

2. 桂垦大3号

选自危地马拉系油梨实生树。该品种速生，主干型树冠，分枝角度大，树冠下部的枝条往往是水平方向伸展，甚至向下垂；叶片长椭圆形，较大型。B型花，开花期3月中旬到5月初，花多而密。果实成熟期在10月下旬至11月中旬。果实呈不对称椭圆形，背隆起，果实有较明显而平坦的棱角数条，平均单果重460 g，最大达1 200 g；成熟时果皮仍为绿色；果肉黄色、油润、细腻，有蛋黄香味；种子较大，扁圆形，可食率78%。果肉含粗脂肪9.16%，粗蛋白1.06%，总糖3.09%。抗寒力中等，可耐－2℃低温霜冻。

3. 桂研10号

选自危地马拉系油梨实生树。该品种树形高大，分枝匀称。A型花，开花期3～4月份。果实成熟期8月下旬至9月中旬；果实椭圆形，平均单果重320～550 g，果皮绿色，光滑，有黄白色小斑点，后熟时黄青色；果肉质地细腻，有香味，品质优良，粗脂肪含量10%～12%；种子较小，可食率达79%。耐寒性较强，可耐－3℃的低温。

第四节 油梨育苗技术

种苗繁育是油梨生产的基础，苗木的优劣不仅直接影响定植的成活率、果园植株生长的整齐度和进入投产期的迟早，还影响到以后果园的管理、生产成本、果实的产量和品质等。因此，生产上要重视种苗的繁育工作，培育适应当地自然条件、无检疫对象、丰产、优质的油梨种苗。

一、苗圃地的选择与规划

(一)苗圃地的选择

1. 地理位置

应选择在交通便利、水源充足的地块做苗圃。苗圃地与老果园之间应保持一定的距离，以防止病虫害的近距离传播。最好是选择以前没有种过油梨的地块，或者至少已经过 3 年以上轮作的地块做油梨育苗地。

以下地块不宜作为油梨苗圃用地：处于大风口处，灰尘多的公路边，易受牲畜践踏、易受水淹的地段，冷空气容易积聚和容易受洪水冲刷的低洼地。

2. 地势

应选择地势平缓、开阔、背风向阳、排灌条件好、地下水位低、冬季不易受寒潮袭击的缓坡地做油梨苗圃。

3. 土壤条件

油梨苗圃地以土层深厚、疏松肥沃、有机质丰富的沙质壤土为宜。排水不良的黏性土、有机质含量低的土壤不宜用做苗圃地。

(二)苗圃地的规划

大型专业性油梨苗圃的规划一般包括母本园区(良种母本园、砧木母本园)、实生苗繁殖区、嫁接苗培育区、道路及排灌系统和房舍建筑等。非专业性油梨苗圃一般面积较小，可以不分区，以畦为单位培育不同品种的油梨种苗。

为了减少病虫害、恢复土壤肥力，育苗地不宜长期连作，应注意轮作，一般轮作期至少 3 年以上。

(三)苗圃地的准备

苗圃要精细整地。首先要提早犁翻晾晒，清除杂草、石砾、碎砖等杂物，每公顷撒施腐熟的厩肥或堆肥 22 500～30 000 kg 或优质复合肥 1 500～2 250 kg、过磷酸钙 300 kg，再犁翻耙平，务必使土块细碎，并整成高出地面 25～30 cm 的高畦。有条件的在畦面施以适量的液体基肥(如腐熟的人畜粪尿水或沤制发酵过的麸肥水等)。

地下害虫多的地块，每公顷可用 3%的呋喃丹 30 kg 拌 375 kg 细土均匀撒入土中，再犁耙整地。根腐病严重的地区，土壤要进行消毒后再播种；用营养袋育苗的，营养土、肥料也要消毒后再装袋。消毒药剂可选用 70%敌克松可湿性粉剂 1 000 倍液或 25%甲霜灵可湿性粉剂 1 000 倍液或 40%三乙膦酸铝可湿性粉剂 1 000 倍液等进行淋洒。

二、育苗技术

油梨的育苗方法有实生繁殖、嫁接繁殖、扦插繁殖、组织培养繁殖等。目前生产上以嫁接繁殖为主。

(一)实生苗的培育

实生苗是指用种子播种培育的苗木。实生苗根系发达、生长健壮,抗逆性强;具有明显的童期,进入结果期迟;存在较强的变异性和明显的分离现象,不能保持母本的优良性状。因此,实生苗不宜直接用于生产,主要用于油梨嫁接苗的砧木和杂交育种材料。

1.种子的采集与处理

(1)种子的采集。在我国适宜作砧木的危地马拉系油梨品种多在8～11月份成熟,此时采种最为合适。选择没有病虫害、充分成熟的果实,将果实剖成两半,取出种子。

(2)种子的处理。种子越大,发芽率越高,幼苗生长势越旺,所以要选择颗粒大且饱满的种子为好。并按照种子大小进行分级,以方便播种后苗圃的管理。从果实中取出种子后,去掉残肉,用清水洗净,剥去种皮。用0.1%～0.2%的高锰酸钾溶液或40%三乙膦酸铝可湿性粉剂1 000倍液浸泡3～5 min消毒,捞出种子,用清水冲洗干净,阴干。

油梨种子不耐贮藏,最好是随采随播。如果不能立即播种,应置于阴凉处,用湿润的细沙、锯屑或苔藓埋藏。

(3)纵剖种子,增加育苗系数。在种子紧缺的情况下,可通过纵剖种子来增加苗木数量,即将种子剖成2～4块,每块必须带有一部分的胚,这样可使每块种子都能长出一株苗,增加繁殖系数。

具体做法是:选择新鲜、粒大饱满(直径在4.5 cm以上)的种子,尖端向下倒放种子,用利刀对准胚芽中心一刀切下,将种子切成两半,再根据种子的大小确定是否再行切分,每一块种子都要带有一部分的胚。用0.1%～0.2%高锰酸钾溶液或600～800倍75%百菌清等杀菌剂溶液浸泡消毒3～5 min,取出用清水洗净后,在阴凉处晾干,再进行催芽。也可以先把种子催芽2周,待种胚膨大后进行纵剖,这时候胚芽较大,纵剖时容易确保每块种子均带有种胚。

因纵剖后子叶分割成几块,幼芽萌发初期每株幼苗所得的营养大大减少,会使长出的幼苗较纤弱,必须加强幼苗期的抚育管理,才能成苗。纵剖种子法培育的苗木因幼茎较小,不适合做幼芽嫁接的砧木,只能做大苗嫁接的砧木。

2.催芽与播种

为确保出苗率高、出苗整齐,在播种前先进行催芽,根据种子萌动的先后分期分批播种。

(1)催芽。选择地势平坦、排水良好、阴凉的地块,将苗床整平,铺上3～5 cm的河沙,将处理好的种子尖端朝上摆在沙床上,每粒种子之间距离约2 cm,用湿润的河沙盖过种子2 cm左右,然后用干草等材料覆盖于苗床上。根据天气情况酌情淋水,保持苗床湿润。经过20 d左右,待胚根伸出种子,胚芽膨大,子叶开裂即可播种。最好是在胚根刚露出种子时播种,如果胚根过长,播种时容易造成断根,影响幼苗的生长速度。

(2)播种。如果油梨实生苗是用作幼芽嫁接砧木,嫁接成活后立即移栽的,株行距以10 cm×(20～25) cm为宜;如果要培育成大苗嫁接的,株行距则以(20～30) cm×(30～40) cm为宜。播种时,先在苗床上按照行距开深约10 cm的条沟,再按株距将种子摆放于沟底,尖端朝上,用砂质细泥土或火烧土覆盖于种子上,以盖过种子1 cm左右为宜,用稻草或其他秸秆、干草等材料覆盖床面保湿，并淋足定根水。

新鲜的油梨种子发芽率很高，一般可达95%以上。经过催芽的油梨种子播后10～20 d即可发芽，未经催芽的种子则需要30～40 d才发芽。

3. 播种后的管理

(1)覆盖。用稻草或其他秸秆做好苗床畦面覆盖，以防止土壤板结，保湿保温，有利于提高发芽率，缩短出苗期。当有50%左右的幼苗出土时，要及时揭开覆盖物，以免晴天中午太阳暴晒，温度过高，造成幼苗灼伤。

(2)淋水保湿。视天气情况酌情淋水，保持苗圃土壤湿润。如遇大雨则要及时做好排水工作，雨后如不能及时排除积水极易引起幼苗根系腐烂，造成幼苗生长不良，甚至死苗。

(3)疏芽定苗。大多数油梨种子具有多胚现象，一粒种子可以长出多个幼芽。萌芽后，选留一个生长健壮、直生的幼芽，其他全部除掉。

(4)追肥。当幼苗长出3～4张叶片转绿时，即可进行追肥。油梨幼苗施肥以腐熟厩肥水施为好，要少量多次，以免烧根。每月施1～2次浓度为0.1%的腐熟人粪尿或0.2%左右的尿素或复合肥。

(5)中耕除草。及时松土除草，做到圃地疏松无杂草。苗圃周围及畦间的杂草太多时也可以通过喷洒除草剂来除草，但要注意除草剂不要喷到幼苗的茎叶上，以免影响幼苗的生长。

(6)防治病虫害。油梨幼苗期最常见的病害是猝倒病和炭疽病。要做好苗圃地的排水工作，发现病株要及时清除，并用杀菌剂喷洒或淋根。杀菌剂可先用80%代森锰锌800倍液或70%甲基托布津1 000～1 500倍液或50%多菌灵800倍液或75%百菌清800倍液等。

油梨幼苗期常见的主要害虫是地老虎和食叶虫类。地老虎危害严重的苗圃，可用嫩草、鲜菜叶切碎拌以10∶1的敌百虫撒在苗木附近诱杀或早晨8点钟前在被咬苗附近的土层中人工捕捉；发现有毒蛾幼虫、尺蠖幼虫等食叶虫类，可用杀虫剂喷杀。杀虫剂可选用80%敌敌畏或90%敌百虫800倍液或4.5%高效氯氰菊酯2 000倍液等。

(二)嫁接苗的培育

1. 砧木苗的培育

参见实生苗的培育。

2. 接穗选择及处理

油梨嫁接用的接穗要从优良品种的健壮母树上选取。优良接穗应采自粗0.6～0.8 cm、长25 cm以上的1年生枝条，优质的接穗应该是枝条组织充实但尚未老化，弯曲时不致折断，芽眼饱满。

接穗以即采即嫁接为好，若要远途运输或需暂时存放，应贮藏于湿润的青苔、锯末或河沙中，置于阴凉处。

3. 嫁接方法

油梨苗嫁接的方法很多，有幼芽嫁接、切接、合接、劈接、芽片接、腹接等。这里重点介绍幼芽嫁接技术。

(1)幼芽嫁接　幼芽嫁接是指在砧木幼茎尚未木质化、叶片转绿前即进行嫁接的一种嫁接方法。也称为核接法或籽苗嫁接法。

油梨幼芽嫁接技术：

①切砧木。砧木幼芽长出地面5～15 cm时，在幼茎离地面3～5 cm处切断，从中间垂直

纵切一刀,深 1.5～2 cm。

②削接穗。取生长稳定、老熟充实的当年生枝条做接穗。接穗下端斜切成楔形斜面,削面长 1.5～2 cm,削面平滑,保留 2～3 个芽。

③插入接穗。将削好的接穗插入砧木切口,并确保二者至少有一边以上的形成层对准。

④绑缚。利用薄型的条形塑料薄膜(厚度约 0.01 cm,宽约 2.5 cm,长约 30 cm)由下而上覆瓦状将嫁接口和接穗全部包裹。注意接穗芽眼处只包一层薄膜,以利于芽眼萌发破膜而出。

一般嫁接后 25～30 d 接穗即可萌芽。待幼芽长至 5 cm 以上,叶片尚未完全展开时即可移入营养袋中。移栽时注意不要弄断根系,由于此时种子的营养物质还比较丰富,移植的成活率很高。此后加强肥水管理,一般从接穗抽芽到第一次梢老熟需要 30～40 d,此时,苗高已达到 30 cm 左右,叶片老熟后即可出圃。

与传统的嫁接方法相比,油梨幼芽嫁接育苗有如下优点:

①嫁接时间不受低温天气的影响,只要有适合的砧木和接穗,即使是在华南地区最冷的 1～2 月份嫁接,也可以获得较高的成活率。

②嫁接成活率高。根据广西职业技术学院油梨科研组多年的资料统计,嫁接成活率高达 96%以上。而且第一次嫁接不成活的苗木,及时补接,也可获得较高的成活率。

③嫁接苗抽芽快,生长迅速。在适宜温度条件下,接后 25～30 d 即可抽芽,而且抽芽整齐、粗壮,生长迅速。一般从抽芽到第一次梢老熟仅需 30～40 d,此时苗高已达 30 cm 以上,即可做定植材料。

④缩短苗圃管理周期。幼芽嫁接苗从播种到出圃仅需要 5～6 个月,育苗周期比常规育苗方法缩短一年左右。

⑤嫁接苗种植成活率高,恢复生长快。油梨幼芽嫁接技术结合营养袋育苗,因苗木生长时间短,在主根尚未穿出营养袋时就已经起苗定植,定植过程中不损伤或很少损伤根系,所以定植成活率高,苗木恢复生长快。

同时,由于苗木的嫁接位低,接穗一般带 2～3 个芽,因此,嫁接苗分枝早,幼树树冠生长均匀端正,分枝部位低,对矮化及提早开花结果都有好处。

(2)嫁接后的管理

①防蚁害。嫁接后常有蚂蚁咬食嫁接薄膜,导致接穗失水干枯死亡。在蚁害严重的苗圃,嫁接前最好先消灭蚂蚁。如果嫁接前不能灭蚁,嫁接后应立即施药防治,可以撒施灭蚁灵粉剂或喷洒 800 倍液的敌敌畏、2 000 倍液的敌杀死等杀虫药剂。

②做好淋水保湿和防涝工作。嫁接后,如遇干旱天气要及时淋水保湿。大雨过后要及时做好排水工作,避免苗圃积水。保持苗圃土壤湿润通气。

③检查成活,及时补接。一般嫁接后 15～20 d 就可以判断是否成活。如果接穗继续保持不变色,芽眼新鲜,表明嫁接已成活。反之,如果接穗变色干缩,说明接口没有愈合,应及时补接。

④适时剪砧。芽接(腹接)可结合检查成活率在接后 15 d 左右折砧,这样既可遮荫又能促进萌芽。在新梢长到约 10 cm 时剪砧,剪口在接穗上方约 0.5 cm 处,切忌剪口过高或过低,更不能压伤或挤伤剪口附近的皮层,否则不利新梢生长。

⑤除蘖芽、丛苗。嫁接后,砧木上常有蘖芽萌发或长出多胚丛苗,应及时抹除,以免与接芽争夺水分、养分,影响接芽的生长。

⑥及时解绑。嫁接成活后幼芽可自行顶破嫁接薄膜生长，待一次新梢老熟后，注意观察嫁接口的生长情况，绑缚的薄膜带影响到嫁接口茎部生长时，要及时解绑，以免出现薄膜带缢陷现象。解绑时，用嫁接刀尖竖向划破绑扎的塑料薄膜带即可。

⑦施肥。第一次新梢老熟后即可开始施肥，要薄施勤施，一般 1 个月施肥 1～2 次。前期用腐熟人畜粪尿（10∶1）或速效氮肥，后期增施磷、钾肥，促进苗木充实健壮。

⑧中耕除草与病虫害防治。苗圃地要注意及时松土除草，保持土壤疏松无草，有利苗木生长。接穗萌芽后要及时喷杀虫剂和杀菌剂保护新梢（具体方法见实生苗圃病虫害防治）。

（三）扦插繁殖

扦插繁殖是指利用植物的器官（如枝条、根、叶等）进行扦插使之产生不定根或不定芽从而形成新植株的一种繁殖方法。扦插繁殖苗木的优点：能保持母本的遗传性状，变异小，进入结果期早，操作方法简单。但扦插苗无主根，根系浅，抗性弱，适应性比实生苗和实生砧嫁接苗差。扦插苗可直接作种苗，也可以作为嫁接的砧木。

油梨扦插繁殖可以解决种子不足的问题，可快速繁育抗病砧木。据报道，扦插一般选油梨树上 1 年生或当年生未木栓化的绿枝，剪取约 20 cm 的枝段作插条，下部切成 45°斜面，用 25 mg/L 的吲哚丁酸溶液浸渍插条基部 24 h，斜插于盖有荫棚的沙床，保持苗床湿润，有条件的最好在有自动湿度控制喷雾设备的苗床中进行。在适宜的温度（20～30℃）和湿度（插床湿度 80%～95%）条件下，一般插后 40～50 d 可开始生根，待根系生长稳定后移栽到苗圃或塑料营养袋中，长高到 50 cm 左右即可用做砧木或定植苗。扦插以绿枝扦插较容易成活，老枝则较难成活。品种不同，扦插发根情况有差异，从成龄树上剪取的插条，Zntano 等品种发根率高，常可达 100%，而 Fuerte 种则生根不良，Hass 种完全不能发根。但是，如果从不满 1 龄的实生苗上剪取枝条，不论哪个品种均可发根良好，这可能是由于种子含有生根所必需的某种物质所致。对油梨扦插不易发根的品种，采用黄化枝条扦插，以提高发根率。

（四）组织培养

组织培养是指在无菌条件下将植物离体的器官、组织、细胞接种于培养基上，使其在适宜条件下长成植株的一种繁殖方法。组织培养生产的苗木具有生产周期短、繁殖系数高、能快速提供规格一致的优质脱病毒种苗的特点，是未来油梨工厂化育苗的发展方向。

三、苗木出圃

（一）种苗的质量

合格的油梨种苗要求品种纯正，无混杂现象；根系发达，须根多，分布均匀，茎根比小；枝干充实健壮，茎粗 0.8 cm 以上，苗高在 50 cm 以上，枝叶充分老熟，具有该品种应有的色泽，芽体饱满；嫁接苗的嫁接口愈合良好，表面光滑，无肿瘤；无病虫害和机械损伤。

（二）出圃前的准备

苗木出圃是育苗工作的最后一个环节，出圃苗木的质量关系到苗木定植后能否成活和正常生长。因此，苗木出圃前应将苗木品种、数量、质量进行统计，制定周密的出圃计划和操作流程。如果在旱季出圃，在起苗前 2 d 左右对苗圃进行灌水，使苗圃土壤湿润，以免起苗时过多损伤根系。准备好起苗用具和包装材料，如起苗铲、包装袋、包装绳、塑料薄膜等。

（三）起苗

起苗应在苗木生长缓慢期进行。一般以春季出圃为最好，如果在夏秋季出圃则必须在每次新梢生长停止后并充分老熟时进行。如果是用营养袋等容器育苗，周年均可出圃。起苗时注意避开大风、干燥和降雨天气。

用营养袋培育的苗木出圃时先用起苗铲把营养袋边上的土壤挖开，再用铲子铲至营养袋底部把营养袋撬起，起苗过程中要保持营养袋中的泥土不松动。培育在苗圃地里的苗木最好带土起苗，以尽量减少根系损伤，提高定植成活率。如果苗圃地远离果园，苗木需要长途运输的，为节约运费和方便操作也可挖掘裸根苗，起苗时要使苗圃土壤湿润疏松，尽量减少根系损伤。

（四）苗木分级、修剪和包装

合格的油梨种苗应该是营养袋的土团或带土苗的土团不松动，裸根苗根系完好、健壮、嫁接口愈合良好、枝粗节间短、芽眼饱满、枝叶颜色正常、表现出该品种应有的特征、末级梢枝叶完全老熟、无检疫病虫害。起苗时要根据苗木的质量分级摆放。不合格的苗木应留在苗圃内继续培育。

起苗后，应立即对苗木进行必要的修剪，以减少苗木水分损失，提高苗木出圃质量。用营养袋育苗或带土起苗损伤根系很少的苗木，只剪去长出营养袋或土团的根系，枝叶可不用修剪或只剪去幼嫩部分。用包装袋和包装绳将土团包扎绑紧，避免土团松散，影响苗木定植成活率；挖裸根苗的，要把过长的主根剪除（保留 20 cm 左右），尽量保留须根，并用新鲜黄泥浆（其中加有生根粉更佳）蘸根保水，剪去所有幼嫩枝叶和大部分的叶片，如在高温干旱天气起苗的，则把全部的叶片剪掉，并用薄型塑料薄膜条把茎干全部包扎，以减少水分损失。然后，根据苗木大小每 20～50 株扎成一捆，根部用塑料薄膜或稻草包扎并绑紧，以利保水。在包上挂上标签，标明品种、苗木等级、株数、生产单位及地址等。

（五）苗木的假植

油梨苗木起苗后，如果不能立即定植或外运，应当进行假植，以保护苗木根系和枝叶。根据假植的时间长短分为长期假植和临时假植。临期假植要选用遮阳、避风、排水良好的地块，挖 30～40 cm 深的假植沟，营养杯苗或带土苗的把苗木摆在沟底，每株相隔 5～10 cm，株间用细土或湿沙填平；裸根苗则在沟内倾斜排放苗木 2～3 排，用湿沙或泥土埋住根部并压实，最后浇透水。长期假植，是指假植时间在 1 年以上，假植时株行距（30～40）cm×（40～50）cm。假植时苗木要摆正种植，假植期内注意土肥水的管理。

（六）苗木的运输

油梨苗木在运输过程中，要注意遮荫保湿降温，防止苗木发热引起落叶，避免日晒风吹雨淋，防止苗木干枯或烧苗。如果是远距离运输，应在车厢底部和四周铺一层隔温材料，一般以价廉质轻、坚韧、吸水保湿、不易发霉发热的就地材料为佳。营养杯苗或带土苗堆叠不得超过 2 层，裸根苗捆与捆之间用湿谷壳、锯末、苔藓等材料填充，最上面再覆盖草帘或薄膜，并用帆布罩住车厢，运输途中要给苗木根部适当浇水，保持根部湿润。

第五节 油梨园的建立

一、园地的选择与规划

油梨为多年生木本果树,经济寿命可达50年以上,建立油梨园可以说是一项“百年大计”的工程。因此,园地选择和规划十分重要。

(一)园地选择

油梨忌积水、台风影响及黏性的土壤,园地的选择要考虑下因素:

(1)缓坡丘陵山地。以地势开阔、阳光充足、无严重冻害、排水良好、坡度在20°以下、南向的低丘陵山地为好。如果在平地建园,一定要做好园地排水系统的规划和建设。切忌在低洼积水地段种植油梨。

(2)土壤结构良好。以地下水位在1.5 m以下,土层深1 m以上,土质疏松肥沃,有机质含量丰富,排水良好的微酸性沙质壤土为好。不宜在排水不良的高岭土、重黏土及风化不良、砂石比例过高的土壤种植。

(3)避风。油梨植株生长迅速,枝干质地疏松,根系分布浅,遇强风容易造成枝干折断,甚至连根拔起。油梨果实较大型,遇强风也容易造成采前落果,影响产量。因此,要求种植地区常风在3级以下,阵风在8级以下。不宜在经常受台风侵袭的地区种植油梨。

(4)充足的水源。油梨开花期及果实膨大期需要充足的水分,春、秋季遇干旱时要有充足的水源及相应的灌溉条件。因此,选择园地时要考虑有自然河流、山塘水库或挖井利用地下水进行灌溉。

(5)交通方便,以利于生产资料和果品的运输。

(二)园地规划

油梨园多建在缓坡山地,有地下水位低、水分条件差、雨后径流对地面冲刷严重、土质较差等特点。因此,在方便今后果园管理的前提下,园地建设的工作重点是解决雨后径流所引起的水土流失,改良土壤,引根深生。同时,为了提高工作效率,降低劳动强度,减少劳动力和生产成本,园地规划时应充分考虑机械化操作的可能性。

园地规划包括小区划分、道路规划、排灌系统规划、山地水土保持规划、防护林设置、辅助建筑物规划等内容。

1.小区划分

小区(作业区)是果园的基本生产单位。划分小区有利于果园管理和有效落实生产措施。面积大的园地,可分若干大区,下设小区。划分小区时应遵循以下原则:①同一小区内土壤条件、地势、气候、光照条件应基本一致,以便统一管理;②划分好的小区应有利于防止果园水土流失,山地果园小区的长边与等高线方向一致;③为便于防止风害,有条件的小区的长边应与主风向垂直,果树种植的行向又应与小区长边一致;④有利于果园的运输及机械化管理。

(1)小区面积　一般平地或气候、土壤条件较为一致的园地,每个小区的面积可设计为

3～5 hm^2；缓坡丘陵地 2～4 hm^2；坡度相对较大、地形复杂、气候、土壤差异较大的山地，每一小区可缩小到 1～2 hm^2。小区面积过大不便管理，过小不利于实施机械化作业，还会增加非生产用地面积的比例。

(2)小区形状和位置　小区形状多采用长方形，长边与短边比例为(2～5)∶1。山地与丘陵果园的小区可采用带状长方形，小区的长边与等高线方向一致。由于等高线并非直线，常常随弯就弯，因此小区的形状也不完全为长方形，两个长边也不完全平行。计划采用喷灌的果园小区，应考虑喷灌设置与小区大小的关系，小区的长边必须考虑喷水支管嘴水压的容许变动量。

大型油梨园进行园地规划时，各类用地比例可以参考以下比值：油梨树栽培面积 90%(有强风袭击的地区，用 5%的土地营造防护林)，道路 5%，生产用房屋、包装场、水池、粪池等约占 5%。

2. 道路规划

大、中型油梨园的道路系统由主路、干路和支路组成。

(1)主路　主路与园外公路相通，贯穿全园的主要位置，便于肥料和果品的运输。通常设置在栽植大区之间的主、副林带一侧。平地果园主路要直，山地果园可环山而上，呈“S”形或“之”字形。路面宽度以能并行两辆卡车为限，6～8 m。主路两边要开有排水沟。

(2)干路　干路常设置在大区之内、小区之间，与主路垂直，形成“井”字形路。路面宽度以能行走小型拖拉机等动力作业机械为度，3～4 m。山地果园的干路可沿坡修建。

(3)支路　小区内或环绕果园可根据需要设置支路，路面宽 1～3 m，以人行为主或能通过大型喷雾机械。山地果园的支路可根据需要顺坡修筑，多修在分水线上，亦可在等高梯地行间的梯面修筑。

小型油梨园为减少非生产占地，可不设主路与支路，只设干路即可。平地或沙地果园，为减少道路两侧防护林对果树遮荫，可将道路设在防护林的北侧。主路和干路两侧应设置排水系统，修筑排水沟，并于果树行端保留 8～10 m 机械车辆回转地带。

陡坡地油梨园依靠道路运输困难的，可利用空中索道或单轨运输车道承担生产资料及产品运输任务。

3. 排灌系统规划

(1)灌溉系统的规划　油梨在开花期和果实发育期需要充足的水分。因此，在建立新果园时要做好灌溉系统的规划和建设。灌溉系统包括水源、蓄水池和输水管道 3 个部分。水源可从水库、河流或利用地下水。常用的灌溉方法有地面灌、喷灌和滴灌 3 类。

(2)排水系统的规划　油梨忌积水，如果地下水位过高或雨后排水不及时，极易引起根腐病的发生和蔓延，对果园造成毁灭性危害。因此，在新果园建设时一定要把排水系统作为最重要的园地基本建设项目，确保果园排水畅通。

有以下情况之一的园地，必须做好排水系统建设：①平地或低洼地；②土壤透水性差的园地；③临近江河湖海，地下水位高或雨季易遭淹涝的园地；④山地与丘陵地，雨季容易产生大量地表径流，也需要建立排水系统。

排水系统主要是通过明沟或暗沟进行排水。明沟排水是在地面上挖掘明沟，排除地面径流的水。山地与丘陵果园多用明沟排水。平地果园的明沟排水系统由集水沟、排水支沟与排水干沟组成。暗沟排水是在地下设置管道或其他填充材料，形成地下排水系统，将地下水降低到要求的深度。低洼过湿地和季节性水涝地、地下水位较高地适宜用暗沟排水系统。

4. 山地果园水土保持规划

山地果园下大雨后容易产生径流冲刷，特别是经过耕作过的山地，表层土壤疏松，水土流失更为严重。因此，山地果园在建园时一定要做好水土保持规划和建设。山地果园水土保持的主要措施有建造梯田、鱼鳞坑和植被覆盖等。

5. 辅助建筑物规划

油梨经济寿命长，建园后经营时间较长，因此新果园建设时需要合理规划和建筑必要的管理用房和生产用房等辅助建筑物。合理的辅助建筑物布局，将会给今后的生产和管理带来便利，提高管理和生产效率。例如，办公室、管理人员房舍、仓库、农具室等应设在园内中心位置的主道或干道旁，方便生产资料和果实的运输；守果棚要分布在果园四周和通往果园外的路口处，才能起到守卫果园的作用；水池（配药池或沤粪池）则要均匀分布在果园内，以便生产管理中就近作业，提高工作效率。

二、品种选择和授粉树的配置

（一）品种选择

选择适宜的品种是实现油梨高产、稳产、优质、高效的一项重要决策。

1. 选择适应当地气候条件的品种

我国内陆和高海拔地区，如广东、广西、福建的大部及云南、贵州、四川、浙江等部分地区，气候较冷凉，冬季有寒潮侵袭，偶尔还有霜冻的低温天气，选择品种时应以墨西哥系、危地马拉系或两者的杂交种较好，如我国自行选育的桂垦大 2 号、桂垦大 3 号、桂研 10 号等和 Bacon、Duke、Fuerte、Hass 等外引品种；海南热带气候区一般应选择西印度系或危地马拉系×西印度系的杂交品种等适应热带气候条件的种系，如 Pollock、博思 7、博思 8 等品种。

2. 根据种植的主要目的选择品种

如以鲜食为主要目的，可选择味香色美、口感较好的桂垦大 2 号、Pollock 等品种；如以提取油梨油为主要目的，则应选择含油量高的品种，如 Hass、Fuerte 等；如以出口鲜果为主要目的，则应选择耐贮运、并可在树上留树保鲜期长的 Hass 等品种为主。

3. 早、中、晚熟品种合理搭配，延长油梨鲜果的供应期

根据广西职业技术学院油梨科研组多年试种，在我国华南地区采用桂研 10 号（8 月下旬至 9 月中旬果实成熟）、桂垦大 2 号（9 月下旬至 10 月中旬果实成熟）、桂垦大 3 号（10 月下旬至 11 月中旬果实成熟）和 Hass（11 月下旬至次年 2 月果实成熟）4 个品种搭配种植可使油梨鲜果供应期由 8 月下旬延续到次年 2 月底，长达半年以上。

（二）授粉树的配置

油梨雌雄同花异熟，有 A 型和 B 型花品种之分，如果种植单一花型的品种则授粉受精不良，很难获得正常的经济产量。因此，油梨生产中要采用花期相同、不同花型的品种搭配种植，以便相互授粉。品种搭配的方式可采用 A 型与 B 型，A 型与交叉型（可自花授粉），B 型与交叉型，单一交叉型等。

1. 授粉品种的选择

优良的授粉树应具备如下条件：与主栽品种花期相遇，花量大，花粉发芽率高；与主栽品种

同时进入结果期；与主栽品种互为授粉树，有较高的经济价值。

2.授粉树配置的方式与比例

授粉树在果园中的配置方式可采用以下两种：①中心式，即以1株授粉树为中心，周围栽种8株主栽品种。此方式多用在授粉品种的经济价值不如主栽品种的配置，主栽品种与授粉品种的比例为8∶1。②行列式，大中型果园中配置授粉树，应沿小区长边方向成行栽植，主栽品种与授粉品种的比例为(2～4)∶1(图8-2)。

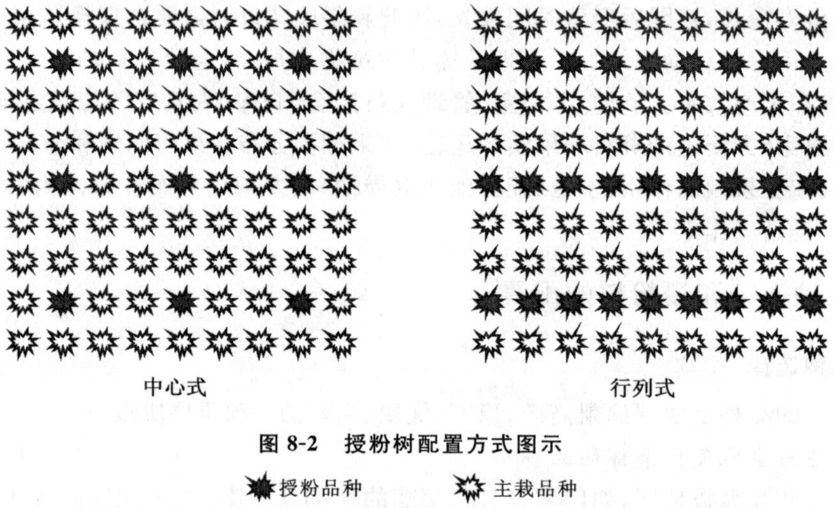

图 8-2 授粉树配置方式图示

授粉树配置的数量因授粉树的特性而异，当主栽品种和授粉品种经济价值相同时，可等量配置，否则就要差量配置。等量配置一般采用行列式种植，如主栽品种和授粉品种隔行种植、双行主栽品种和双行授粉品种交替种植、3行主栽品种和3行授粉品种交替种植等方式；差量配置可采用中心式或行列式，行列式可每隔2～8行配置1行授粉树。

油梨开花期花粉的传播主要依靠蜜蜂等昆虫来传播，在设置授粉树距离时要考虑蜜蜂等昆虫的活动规律，以提高授粉率。据观察，蜜蜂在一次采蜜活动中，活动范围一般都在50～60 m之内，因此授粉树与主栽品种的距离以不超过50 m为宜。

三、种植与植后管理

(一)种植时期与方式

1.种植时期

以营养袋培育的幼芽嫁接苗在我国南方地区一年四季均可种植，但以春植和秋植为好。

春植一般在春梢萌发前或春梢老熟后的2～5月份进行，此时气温回升，雨水充足，适合油梨生长，种植后苗木新根发生快，是种植油梨的最适宜时期。春季雨水多，空气湿度大，可节省种植后淋水的劳动力，特别适合于较干旱或水源缺乏的山地种植。

秋植一般在秋梢老熟后的9～10月份进行，此时天气由热转凉，但气温仍较高，适合油梨萌芽和生根，种植后可长一次新根和一次新梢，老熟后过冬，利于翌年春季萌发新梢，苗林恢复生长快。但秋季空气湿度小，土壤干燥，应适当修剪种植苗木的枝叶、注意遮荫和淋水，使其尽快恢复生长，避免苗木因缺水出现“回水现象”而枯死。秋植宜早进行，种植过迟，因干旱低温，成活率下降。寒冷来得早的地区，秋植成活后，苗木尚弱，抗寒能力差，容易遭受冻害，不宜秋植。

2. 种植方式

油梨园的种植方式多采用长方形种植，这种方式的特点是行距大于株距，通风透气良好，便于机械化管理。也可采用正方形和三角形等种植方式，修筑梯田的山地果园则采用等高线种植(图 8-3)。

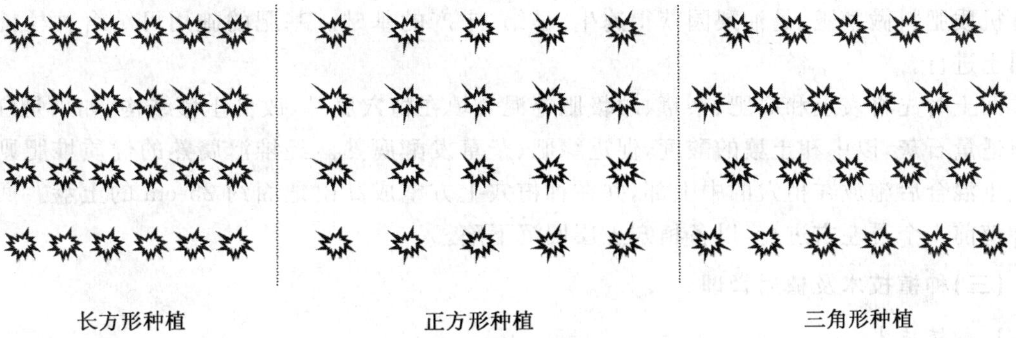

图 8-3 种植方式示意图

3. 种植密度

油梨树为高大乔木，种植密度不宜过密。种植的株行距根据不同品种而异，一般采用(5～6) m×(6～8) m。为充分利用土地，增加初期的单位面积产量，提高前期的经济收益，可以采用计划密植，即前期株行距为 4 m×5 m，待等树体长大、株行间树冠交接后隔株间伐，保留 5 m×8 m 的株行距。国外对一些植株高大的品种，有采用(8～10) m×(8～10) m 的株行距的，或前期采用 5 m×8 m 的种植密度，待封行后隔株间伐，保留 8 m×10 m 的株行距。

(二)种植前的准备

1. 园地开垦

在定植前 6 个月左右即进行园地开垦，最好能全园犁翻，全面清除园地中的树根、杂草、石块等杂物，使土壤翻晒风化。坡度超过 10°的山地，种植前要先修筑梯田。在土壤肥力差的地区，开垦后最好先种植绿肥等先锋作物，绿肥长大后就地翻埋，以改良土壤结构，增加土壤肥力。

2. 肥料准备

种植前要进行定植穴或全园的土壤改良，要提前准备好肥料。肥料种类包括绿肥、垃圾肥、土杂肥、麸肥、腐熟禽畜粪和磷肥等。每株需各种有机肥 50～100 kg，磷肥 1～2 kg，石灰适量。肥料最好经过一段时间堆沤，待其充分发酵腐熟后再施用。

3. 苗木准备

自己培育或购入的苗木，在种植前均应进行品种核对、登记、挂牌，以免造成品种混杂或种植混乱。同时，对苗木进行质量检查和分级。合格的苗木按照大小、健壮程度进行分级，对不合格、质量差的弱苗、病苗、畸形苗等应严格剔除或淘汰，也可经过再培育达到合格苗标准后再种植。外地调入、经长途运输的裸根苗，如失水过多应立即解包，用清水浸泡根部，让根系充分吸水，再次浆根后种植。

4.定点挖穴与改土

(1)定点挖穴　园地平整后,按照预定的种植密度测出种植点,按点挖穴。定植穴最好在定植前3～6个月挖掘,使底土充分风化。定植穴的长、宽、深要求1 m× 1 m× 1 m,土层较疏松的园地也可挖1 m× 1 m× 0.8 m的定植穴。挖掘时将表土和心土分开堆放。

(2)施基肥及回土　油梨是一种速生高产的果树,需要较多的养分,特别是油梨树长大到一定树龄以后要尽量少损伤根系,不宜再挖深沟施肥,以免感染根腐病。因此,施放优质、足量的有机质肥料做基肥,是油梨园获得速生、早结、丰产的基础。基肥的施用可结合种植前的植穴回土进行。

回土时先将表土和绿肥、杂草、垃圾肥等混合填在植穴底部,改良土壤结构,如果是红壤土要施适量石灰,以中和土壤的酸度,促进绿肥、杂草发酵腐熟。经堆沤腐熟的优质堆肥则与部分表土混合后施放在植穴的中上部,并在种植穴上方整成高出地面约25 cm的土盘。回土应在种植前1个月左右进行,以备植穴土层回沉下陷。

(三)种植技术及植后管理

1.种植技术

根据苗木所带土团大小或裸根苗根系的长度,在已回土的植盘中心挖一个宽、深各30 cm左右的种植穴,将苗木放入种植穴中,校正种植位置,使株行之间整齐对正,以营养袋苗或带土苗定植的,小心除去营养袋或包装袋,土团不得松散,用细土回填,分层从四周向中心稍加压实,注意不要压散苗木所带的原土团。以裸根苗定植的,种植前用新鲜的黄泥浆(加有生根粉更佳)再浆根一次(特别是从外地运回的苗木),将苗木放入种植穴内,使根系自然展开,根系不能与肥料直接接触,用细土回填至近一半时,将苗木轻轻上下提动并压实,使根系与土壤紧密接触。最后将心土填入坑内上层,并整成直径约1 m、高出地面20～25 cm的树盘,树盘四周略高。最后,淋足定根水。苗木种植深度以根颈部位与树盘面相平为宜。

2.种植后的管理

(1)做好淋水保湿和排涝工作。种植后1个月内要保持苗木根际土壤湿润,发现土壤变干发白时要及时淋水。如遇晴朗高温天气,以上午9时前或下午4时以后淋水较好。种植后遇降大雨天气,要注意排除积水,水分过多容易造成油梨幼苗烂根死苗。

(2)树盘覆盖。树盘用稻草、秸秆或塑料薄膜覆盖,以减少水分蒸发,保持树盘土壤湿润,减少淋水次数,避免土壤板结。但要注意稻草等覆盖物不要直接接触苗木的嫩茎,以免根颈或茎干在晴天高温时被灼伤。

(3)防倒伏、防晒。风大的果园或苗木带比较多叶片种植的,种植后在苗木旁立支柱,用绳子把苗木枝干固定在支柱上,防止苗木倾斜和摆动。遇晴天高温天气,种植后最好能采取遮荫措施,如搭建小荫棚架或在苗木的西南向插上临时荫蔽物(如树枝等),可以起到降低温度、减少蒸发的作用,从而提高种植成活率。

(4)查检种植成活情况,及时补种。种植后20～30 d,查检苗木成活情况,发现死苗立即补种,确保果园完整和果树生长整齐。

(5)幼树防寒。秋季种植的果园,如遇霜冻寒害天气,可采取霜前灌水、塑料薄膜或稻草覆盖、熏烟等措施,要做好幼树防寒工作。

(6)其他管理。根据幼树生长情况进行施肥、整形修剪、病虫害防治等。

第六节 油梨栽培管理技术

油梨在生长发育过程中,根系不断从土壤中吸收养分、水分,供应树体生长和结果的需要。在栽培管理过程中,必须创造有利于根系生长的土壤环境,不断提高土壤肥力,及时供应树体需要的养分、水分,达到早结、丰产、稳产、优质的目的。

一、幼龄树的栽培管理

幼龄树是指从定植后到第1次结果并有经济产量的树。一般是指种植后3～4年的树。这个阶段油梨植株的生长特点是:营养生长旺盛,枝梢萌发次数多。肥水充足的幼龄树,每年可抽梢4～5次。幼龄树后期树体开始具有开花结果能力,但坐果率不高。幼龄树栽培管理的主要目标是:提高种植成活率,扩大根系生长范围,培养生长健壮、分布均匀的骨干枝,扩大树冠,增加绿叶层,为早结丰产奠定基础。油梨种植3年后,一般要求冠幅和树高达到2 m以上。

(一)土壤管理

我国油梨园多数建立在丘陵、山地上,大多数土层瘠薄,有机质含量少,团粒结构差,土壤肥力低。尽管在定植前进行过土壤改良,但远不能满足油梨生长结果和丰产稳产的要求。因此,种植后对果园土壤进一步改良仍是油梨园栽培管理的一项基础工作。通过土壤改良使油梨园土壤达到"深、松、肥"的管理目标:"深"即要求土层深厚,一般应在1.5 m以上;"松"即土壤疏松透气,结构良好;"肥"即土壤有机质丰富,含量达到2%以上,土壤中氮、磷、钾、钙、镁等元素含量在中等以上。

1.树盘精细管理

树盘是根系分布较集中的地域。油梨幼树根系少,生长势较弱,喜欢湿润、疏松、肥沃的土壤环境。因此,树盘需要进行精细管理。

(1)树盘覆盖　在原产地,油梨是在热带雨林条件下、在竞争阳光中生长的果树,高温、高湿的环境使其快速生长,如果环境条件不能满足上述条件,则生长缓慢。国外油梨栽培多强调幼树期在植株附近生草或种绿肥,并在根际附近大量覆盖,通过覆盖增加表土有机质,形成与原产地相似的雨林环境,稳定根际生态条件,促进能抑制根腐病活动的微生物的繁殖。因此从幼树期到树体本身能通过落叶形成覆盖层前,进行树盘覆盖对油梨幼树特别重要。

树盘覆盖物多采用稻草、秸秆等死覆盖物,厚度一般在10 cm左右。也可以用地膜覆盖。

但是,多雨季节要注意防止因覆盖造成果园土壤湿度过大,影响根系正常生长。冬季有霜冻的地区,要注意干草等覆盖物上容易凝霜,会使树盘周围局部地区温度偏低,如果干草等覆盖物与幼树茎干接触会引起茎干冻伤,因此在霜冻到来之前,应该在覆盖物上盖一层细土,避免幼树受冻。

(2)中耕除草　结合土壤施肥,每年中耕除草3～5次,保持树盘疏松无草,有利于根系生长。中耕深度以不伤根系为原则,一般近树干处要浅,5～10 cm,向外逐渐加深至15～20 cm。

(3)树盘培土　在有土壤流失现象的油梨园,树盘培土可保持水土和避免积水。培土一般在秋末冬初进行。缓坡地可隔2～3年培土1次,冲刷严重的则1年1次。培土不可过厚,一般为 5～10 cm，根系外露时可培厚一些，但不要超过根颈部位。

2.行间间作

新建的油梨园，树体小，株行间空地较多，进行合理间作，不仅可以增加收入，以短养长，还可以抑制杂草生长，改善果园群体环境，增强对不良环境的抵抗能力和提高土壤肥力，有利于油梨的生长。丘陵坡地油梨园间种作物，还能起到覆盖作用，改善果园环境，减轻水土流失。

间作物的要求：①植株要矮小，不影响油梨树的光照。②避免间作物与油梨树争夺养分、水分。如红薯、木薯、贮麻等作物不宜种植。③最好同时具有改良土壤结构，增加土壤养分的作用。如宜种植豆科作物。④与油梨没有共同的病虫害。

适宜间种的作物种类很多，可根据具体情况选择。可以间种经济作物，例如花生、黄豆、绿豆、饭豆等豆科作物；也可种植蔬菜、绿肥、牧草等，如葱蒜类、叶菜类蔬菜和大叶猪屎豆、巴西苜蓿、铺地木兰、苕子、印度豇豆、藿香蓟等绿肥作物。间种作物收获后，秸秆可用于压青或果园覆盖。绿肥生长至开花结实时进行压青，可以增加土壤有机质，改良土壤结构。

3.扩穴改土

从定植后的第 2 年开始，自原种植穴向外扩穴，可挖掘环状沟或长方形沟，沟深 50～60 cm，宽度视压青材料多少而定，施入农家肥、土杂肥、绿肥、作物秸秆、杂树枝叶、磷肥和石灰等。不断改良根际土壤结构，改善土壤中肥、水、气、热的状况，提高土壤肥力。最好在定植后 3～4 年内完成全园的土壤改良工作。

(二)施肥

1.施肥时期

油梨种植后 2 个月内一般不用施肥，此时幼苗根系尚未恢复生长，如果施肥容易引起烧根，这一时期主要以淋水保苗为主。待幼树根系恢复生长，抽出第一蓬叶稳定老熟以后才开始施肥。由于油梨幼树根系少而弱，吸收能力差，因此施肥应以勤施薄施为原则。做到“一梢两肥”，即在枝梢顶芽萌动时施第一次肥，施入以氮为主的速效肥，促使新梢迅速萌发和展叶；当新梢伸长基本停止、叶色转绿时，施第二次肥，促使枝梢迅速转绿，提高光合效能，由营养生长的消耗尽快转为营养物质的积累，增加树体的营养积累，加速树冠扩大。

2.施肥量及施肥方法

施肥量根据肥料的种类、土壤性质、树冠大小而定。一般化肥宜少施，腐熟有机肥、土杂肥宜多施；较肥沃的冲积土宜少施，沙质土及瘦瘠山地宜多施。幼树每一次的施肥量原则上宁少毋多，以免造成肥害。肥料以腐熟的人畜粪尿或沤制腐熟的麸水肥为最好，化肥以优质复合肥和尿素为主。施肥方法以水施为主，雨季也可以在树冠外围开 10～15 cm 的浅沟干施化肥或下雨时撒施化肥。

幼龄树种植当年和第 2 年，以水肥为主，勤施薄施，做到“一梢两肥”：种植当年，于新梢萌发前，每株施腐熟麸肥 20～30 g，加尿素 20～30 g，对水 5～8 kg，充分溶化后淋施于树盘。新梢转绿时，每株用腐熟麸肥 20～30 g，加复合肥 20～30 g，对水 5～8 kg 淋施壮梢。也可用 30%～50%腐熟的人畜粪尿水肥代替麸肥。前期浓度宜稀，以后逐渐加浓。越冬前的最后一次肥料在 11 月左右施用，在上述肥料的基础上，每株增施钾肥 30～40 g，以促进枝梢充实，提高植株抗寒能力。因油梨忌氯，钾肥最好选用硫酸钾，尽量少用氯化钾。促使当年种植的幼树抽梢 3～4 次。

种植第 2 年开始，油梨植株生长明显加快，施肥量要相应增加。于春梢萌发前增施一次追肥，每株施用腐熟鸡粪或猪粪 5 kg，复合肥 0.2 kg，钙镁磷肥 0.5 kg，硫酸钾 0.1～0.2 kg，在树冠滴水线开浅沟施下。全年各次水肥施用量比第一年增加 1 倍，并保证每次梢施 2 次肥，使植株年内抽梢达到 5 次。

种植后第 3 年，有部分植株开始开花结果，营养消耗大，需肥量也增多。在施肥上应减少氮肥施用量，增加钾肥的施用量，后期注意控制水肥，促使树势壮而不旺，积累足够的营养物质，以利花芽分化。在施肥上要注意以下 3 点：①重施萌芽肥。于 2 月份，每株施尿素 0.25 kg，腐熟麸肥 0.3 kg，挖环沟淋施。并分别在春梢转绿和夏梢萌发前另加复合肥 0.25 kg，硫酸钾 0.3 kg。②控制水肥。8 月份以后，对壮旺的树一般不追施氮肥，以控制枝梢生长，使秋梢壮而不旺。11 月份以后控制水肥的施用，使土壤适当干旱，增加树体细胞液浓度，使其顺利进入生殖生长。③巧施钾肥，9～10 月份每株施用生物钾肥 0.25 kg，在末次秋梢转绿时，结合抗旱，每株施生物钾肥或复合肥 0.25 kg 壮梢，促进秋梢充实。

油梨根系极易被化肥灼伤，在施肥时务必注意肥料不宜太过集中。沟施时，肥料与表土拌匀后再盖土；雨季撒施时，不能将肥料直接撒到根颈处，以免灼伤根颈导致死苗。

(三)灌溉和排水

油梨幼龄树根系少且分布浅，受表土水分变化的影响大，干旱季节树体水分供应不足，影响枝梢的萌发和生长，严重的会导致死苗。幼树期的淋水一般结合施用水肥进行，每次新梢生长期淋施水肥 1～2 次。

另一方面，油梨根系忌渍水。如果土壤积水，油梨根系生长缓慢，吸收能力下降，容易感染根腐病，严重的会引起根系腐烂直至死株。因此，雨季要防止果园或植穴四周积水，及时开沟排水，使根际土壤透气良好，保证根系的正常生长。

(四)整形修剪

油梨的经济寿命长，良好的树冠结构是油梨丰产、稳产、优质的基础。油梨的树形因品种而异，理想的树形应是树冠较矮化、枝条开张、紧凑、分布均匀的阔圆锥形、圆头形和半圆头形。树冠整形要从定植当年开始，当幼树长至 80～100 cm 时进行短截，在中心干 50～60 cm 处留 3～4 条生长强壮的新梢培养成主枝，其余枝梢可作为临时辅养枝暂时保留，待其影响到主枝的生长时再剪除。主枝老熟后，留长 30～40 cm 进行短截，促进分枝，抽芽每条主枝后保留 2～3 个健壮的新梢作为副主枝，其余枝梢作为辅养枝。如此重复整形，两年内培养成具有 3～4 条主枝、各级骨干枝分布均匀的树冠骨架。

油梨幼树的修剪原则是宜轻不宜重，主要修剪交叉枝、过密枝和扰乱树形的枝条。在整形修剪过程中，只要不扰乱骨干枝的生长次序、不是过于密集的枝梢，应尽量保留做为辅养枝，以增大植株的光合面积，促进根系快速生长，迅速扩大树冠。待辅养枝过于荫蔽或影响到骨干枝的生长时再进行疏剪。同时，要注意控制植株的垂直高度，促进树冠的横向发展。

(五)防虫保梢

为害油梨幼树的主要害虫有毒蛾幼虫、尺蠖幼虫、刺蛾幼虫、蓑蛾幼虫、金龟子等，这些害虫有暴食的特点，为害严重时，可以把嫩叶的叶肉全部啃食，大大减少绿叶面积，减缓树冠的扩大。因此，在每次新梢萌发生长期，必须密切注意害虫的发生动态，发现虫害及时喷药防治(具体防治方法见本节第三部分“病虫害防治技术”)。

(六)防御台风

沿海地区的油梨园要切实做好防御台风工作。在台风来临前,可在幼树旁立支柱,用绳子将幼树和支柱绑扎在一起,减少植株摆动,避免倒伏。台风过后,及时做好补救措施:①尽快排除果园积水,防止因根际渍水导致植株死亡。②护苗培土,对倾斜倒伏的植株,要趁土壤松软湿润,将其扶正,并培土回定。对于根系已较庞大,倾斜度大的植株,不要急于扶正,以免根系损伤过多,应就植株现状,稍为扶正,顺势就地培土固定。③适当修剪,对根系损伤严重的植株,要适当修剪去部分枝叶,减少蒸腾,避免因失水过多而导致死株。④防治根腐病,根际淋灌70%敌克松可湿性粉剂1 000倍液或40%三乙膦酸铝可湿性粉剂1 000倍等杀菌药液1～2次,以免因根系损伤和渍水感染根腐病。

二、结果树的栽培管理

结果树是指种植后第一次开花结果并具有经济产量开始,到树体衰老丧失经济产量的时期。

油梨是经济寿命较长的果树,在较好的管理条件下,经济寿命可达50年以上。根据油梨生命周期变化的生长发育规律,进入结果期后,可以划分为3个生长发育阶段:生长结果期(青年结果树)、结果生长期(成年结果树)和更新结果期(老年结果树)。不同的发育阶段具有不同的生长、开花、结果特性,生产中要采取不同的管理措施,确保既有利于枝梢生长,又要有利于开花结果,使营养生长和生殖生长达到良性循环。

种植后第一次结果至10年生的树为青年结果树。在此时期,树体承担生长和结果双重任务。树冠和根系继续扩大,树冠下部、内部枝条开始局部结果,但营养生长仍占主导地位,因枝梢生长消耗养分多,同化物质贮存少,开花量少,产量不高。栽培管理上要求协调好营养生长和生殖生长的关系,既要保证树冠发育正常又要有一定的经济产量。在开花结果的同时,由于伴随着过旺的枝叶生长,往往造成严重的落花落果。因此,在栽培技术上,要采取合理施肥、药物控制等措施,适当抑制营养生长,促进生殖生长,才能取得早结丰产的效果。

种植后11～30年的树为成年结果树。这一时期,树冠扩大速度减慢,营养生长减弱,结果多,生殖生长占优势,是油梨开花结果最旺盛的时期。管理上在保证丰产的基础上,要求保持一定的树体营养生长水平,达到丰产稳产、延长经济寿命的目的。在栽培管理上要合理施肥,培养健壮的结果枝,增加树体营养积累,使植株的生殖生长与营养生长形成良性循环。在这一时期的中后期,往往由于经过多年开花结果,消耗树体积累的有机营养多,供给根系的养分逐渐减少,根群生长吸收减弱,当年采果后较难及时恢复树势,新的结果枝营养积累不足,影响到次年的花芽分化,从而导致次年少有或没有花果(即大小年结果)。此时要注意控制植株的结果量,适当促进营养生长,以达到连年丰产的效果。

种植后31年以上的树可称为老年结果树。这些树经过几十年的生长和结果,树体高大,根叶距离大,长途运输养分消耗多,养分运转缓慢,根系吸收能力减退,营养生长减弱,枯枝增多,结果量也在逐年减少。有些20～30年生的成年树,如果长期处于失管状态,也会出现未老先衰现象。管理上要求加强肥水管理,增施有机肥,注重改土或换土,或进行树冠更新复壮,尽量延长树体的结果年限。

(一)土壤管理

1. 果园除草

油梨进入结果期后，形成了茂密的树冠，一般树盘内因荫蔽很少长草，只是在枝叶还未长到的株行间长有杂草。适量的杂草可起到保护土壤，防止水土流失，改良果园小气候的作用。而生长过高的杂草则会与油梨争夺养分和水分，还可能成为某些病虫害的栖身之地，应及时除去。

油梨园除草不提倡铲草或松土除草，以免损伤表层根系，感染根腐病。可采用人工割草和喷洒除草剂的方法。每年从春季到秋季视杂草生长情况，在杂草开花结籽前，用镰刀割除杂草2～3次，割下的杂草覆盖于树盘下，起到保水恒温作用，腐烂后还可增加表土的有机质。为节省劳动力，对园边、道路旁和行间的杂草也可采取喷洒除草剂的方法，于春季和秋季杂草结籽前各使用一次。常用的除草剂有草甘膦和克芜踪(百草枯)。喷洒除草剂应选择在无雨、无风的天气进行，药液不得接触油梨枝叶，以免发生药害。

2. 果园覆盖

油梨枝叶茂盛，每年春季换叶量大，在树冠下形成一层厚厚的天然覆盖物，有良好的保水保肥作用。有条件的可以在树冠滴水线以内加盖厚度10 cm左右的干草、剑麻渣、花生壳或木糠等死覆盖物效果更好。而在裸露的行间可以让其自然长草或种植巴西苜蓿、铺地木兰、日本草等多年生绿肥做活覆盖作物，每年待其长到一定高度后用镰刀割除，覆盖于树盘内。通过长年的地表覆盖，达到减少水土流失、保湿恒温、增加表土有机质的效果，形成与油梨原产地相似的雨林环境，稳定根际生态条件，促进油梨的正常生长和结果。

3. 根际培土

油梨根系分布浅，须根浮生，常因水土流失而造成根群裸露，影响树体的正常生长。培土可以保护根系，增厚根际土层，保持土壤水分，稳定土壤温度，增加土壤养分。培土宜在冬季进行。培土材料可根据油梨园的土壤性质而定，结合改土进行。原则上就地取较肥沃的土壤为好。山地油梨园可取周围的草皮或表土做培土材料，平地缓坡油梨园可挖塘泥、河泥等做培土材料。培土厚度视根系裸露情况而定，一般3～5 cm。

根据果园水土流失和根群系裸露情况，一般2～3年进行一次培土。

(二)施肥

1. 土壤施肥

油梨园进入结果期后，株行间的根系已经相互交叉，为避免伤根感染根腐病，一般不再挖深沟改土或施肥。施肥以水施、铺施和挖浅沟施为主。容易溶解的化肥，以水施为主或在雨天撒施，也可以把麸饼、粪肥等有机肥放入水池中沤制腐熟后再水施；其他有机肥料则在树冠滴水线内侧拨开落叶层和覆盖物，把约5 cm深的表层拨开，将肥料均匀地铺在上面，然后再把表土及覆盖物盖回；也可以在树冠滴水线稍内侧挖深10～15 cm的浅沟把肥料施下。如遇天气干旱，铺施或浅施后还需淋水，以提高肥料利用率。需要注意的是，如果连续多年使用肥料铺施方法，会使油梨的吸收根上浮，集中在表土层，降低油梨的抗旱和抗寒能力。因此，生产中要注意铺施与沟施交替使用。

油梨结果树一般每年施肥3～4次。

(1)花前肥　主要作用是促进花芽分化及花穗发育，供给树体开花和春梢生长所需养分。

在花芽萌动前10～15 d(1～2月份)施用,以钾肥为主,结合有机肥和磷肥,每株施用硫酸钾0.5～1 kg、腐熟的有机肥10～20 kg、过磷酸钙0.5 kg。在开花前施一次促花肥,氮、磷、钾配合施用,每株施复合肥1～2 kg,促进开花。

(2)稳果肥　主要作用是补充幼果和春梢生长发育所需的养分,减少生理落果,提高坐果率,特别是对于多花树、老弱树效果更显著。在第2次生理落果前(5月底左右)施下,每株淋施复合肥1～1.5 kg,或尿素0.5 kg、过磷酸钙0.25～0.5 kg、硫酸钾0.25～0.5 kg。对初结果树和少果的壮旺树,可以少施或不施氮肥,避免抽发大量的夏梢,加重梢果矛盾,引起大量落果。

(3)壮果肥　主要作用是提供果实发育所需的养分,促进果实迅速膨大。在7月中下旬施用,每株施用复合肥0.5～1 kg,或尿素0.25 kg、过磷酸钙0.25 kg、硫酸钾0.25～0.5 kg。老弱树、花果多的树,要重视施壮果肥;树势旺而花果少的树可少施或不施壮果肥,或以根外追肥代替土壤施肥。

(4)采果肥　主要作用是恢复树势,促进秋梢生长和充实,为下一年结果打下基础。在9～11月份施用,中早熟品种在果实采收后施用,迟熟品种宜在果实采收前施用,以尽快恢复树势,促使抽出健壮的秋梢。每株施用复合肥1～2 kg、硫酸钾0.5～1 kg。

2.叶面追肥

油梨的枝、叶和果实等都具有不同程度的吸收肥料的能力,因此可以通过将一定浓度的液肥喷施到叶片或枝条上,达到施肥的目的。叶面追肥简单易行,用肥量小,发挥作用快,肥料利用率高,可及时满足油梨对肥料的急需,还可结合喷洒农药防治病虫害进行,节约劳力,降低生产成本。但由于叶面追肥肥效短,不能代替土壤施肥,只作土壤追肥的补充。

常用的根外追肥肥料(表8-3)有:尿素、磷酸二氢钾、硼砂、硼酸、硫酸镁、硫酸锌、硫酸亚铁、高美施、绿叶宝等无机或有机叶面肥。生产中可根据果园和树体的情况选用适合的肥料。

表8-3　常用叶面肥料种类及其使用浓度　　%

肥料名称	使用浓度	肥料名称	使用浓度
尿素	0.3～0.5	硝酸钾	0.5
硝酸铵	0.1～0.3	硼砂	0.1～0.2
硫酸铵	0.1～0.3	硼酸	0.1～0.5
磷酸铵	0.3～0.5	硫酸亚铁	0.1～0.4
腐熟人粪尿	5～10	硫酸锌	0.1～0.5
过磷酸钙	1～3	柠檬酸铁	0.1～0.2
硫酸钾	0.3～0.5	钼酸铵	0.3
草木灰	1～5	硫酸铜	0.01～0.02
磷酸二氢钾	0.2～0.3	硫酸镁	0.1～0.2

叶面追肥时期与使用的肥料种类不同,其效果也不同。在萌芽、枝梢生长期喷施尿素、磷酸二氢钾等叶面肥,有促进枝梢生长的作用;在开花期和幼果期喷施硼酸、磷酸二氢钾等叶面肥,可减少落果,提高坐果率;在果实发育期喷硫酸钾、磷酸二氢钾、草木灰等叶面肥,可促进果实发育和提高果实品质;采果后对长势衰弱的树喷施尿素等叶面肥,可恢复树势,增加体营养积累;在树体出现缺素时,喷施各种微量元素叶面肥,如硫酸锌、硫酸镁、硫酸亚铁等,可以较快

地纠正缺素症。

根外追肥时以叶片对肥料的吸收速度最快，而叶片主要是通过气孔和角质层吸收肥料的，所以进行根外追肥时要把肥料溶液重点喷在叶背上，以利吸收。在早晨、傍晚和灌溉后叶片气孔开放时进行叶面喷施效果最好。

在喷施叶面肥过程中，要根据植株的生长情况和天气情况，严格控制使用浓度，否则容易导致嫩叶灼伤、幼果脱落等药害现象，尤其是多种肥料混合使用的情况下更容易出现上述情况。

(三)灌溉和排水

油梨果园全年都需要保持根际土壤湿润，一旦缺水，生理机能就会受阻，树势衰弱，叶色褪绿，严重时出现落花、落果，甚至引起叶片脱落。油梨对水分敏感的时期主要在花芽分化期、开花期及果实膨大期。花芽分化期缺水，花芽分化和花穗的发育不良，造成花芽不能按时萌发，花穗短小；开花期往往伴随着集中换叶，如果此时缺水，会影响花朵授粉受精，老叶提前脱落，春梢不能正常抽生；果实膨大期缺水，则会使果实增大受阻，直接影响到产量。因此，旱季要及时灌溉，一般连续 15 d 以上的晴天，油梨园就需要灌溉。果实成熟期，适当的干旱可以提高果实品质和耐贮能力。

灌溉方法最好采用喷灌或滴灌，如果没有条件，也可以用机械喷淋或人工淋灌。地面漫灌耗水量大，而且容易引起根腐病的传播和蔓延，不宜采用。

另一方面，油梨根系忌渍水，如果土壤含水量过高，透气性差，造成根系生长不良，容易感染根腐病，严重的会造成根系腐烂。因此，在管理过程中切忌灌溉过量，雨季要做好油梨园的排水工作，避免果园积水。

(四)树体管理

1.修剪

油梨修剪以疏剪为主，主要剪去过密枝、交叉重叠枝、纤弱枝、枯枝、病虫为害严重枝等，改善树冠通风透光条件，促进开花结果。对突出树冠顶部的个别直立枝条进行短截，可以控制树冠高度，便于生产管理。对一些老弱树，可以通过对较大枝条的短截回缩，促发新梢，达到更新复壮的目的。

2.保花保果

油梨在一般栽培管理条件下，花量多，但坐果率低，有的果园还会出现花而不实的现象。造成油梨坐果率低的原因是多方面的，但主要是授粉受精不良，以及油梨在开花期伴随着大量的老叶脱落和新梢生长，消耗了大量养分，导致树体营养水平急剧下降，引起大量落花落果。因此，做好保花保果工作，是油梨丰产稳产栽培的一个重要环节。

(1)加强油梨园的肥水管理，施足花前肥和保果肥，提高植株营养水平，增强树势，提高花芽质量，促进花器正常发育。

(2)保证授粉受精条件

①合理配置 A 型花和 B 型花品种，确保足够的花粉量。

②花期果园放蜂。油梨花朵为雌雄同花异熟，自花授粉困难，而主要是依靠昆虫传递花粉。油梨花期较长，流蜜量大，花期果园放蜂既可增加经济收入，又可明显地提高授粉率和坐果率，是保花保果的一个既经济又有效的方法。一般每公顷果园摆放 10～20 群蜜蜂较为适

宜，蜂箱最好分散于油梨园中，以缩短蜜蜂采蜜的往返距离，增加蜜蜂接触花朵的机会。在花期切忌喷药，防止蜂群中毒。

③叶面追肥。叶面追肥见效快，能及时补充花果发育所需的养分，减少因营养供应不及时而赞成的落花落果。一般可在开花期至果实膨大期，结合喷施防病虫药或保果药剂施用。如开花期，可喷施0.1%～0.2%尿素＋0.2%～0.3%磷酸二氢钾＋0.1%硼砂；幼果期喷施0.1%～0.2%尿素＋0.2%～0.3%磷酸二氢钾，也可选用腐殖酸、高美施、绿叶宝等复合型叶面肥。如果树势旺，叶色浓绿，可少加或不加尿素。

④应用植物生长调节剂。分别在谢花后、幼果期和果实膨大期各喷洒一次200 mg/L赤霉素或80 mg/L赤霉素＋(5～10) mg/L 2,4-D或200～400倍的"5406"细胞分裂素，可减少落花落果，提高坐果率。但要慎重使用植物生长调节剂，因其使用浓度稀，用药量极小，一般生产者较难掌握配制合适的药量。应严格按照规定的浓度使用，最好先做少量试验，再扩大使用范围，以免造成药害。

⑤在花果发育关键时期做好水分的管理。在开花期和幼果生长期，如遇高温干旱天气，应适当灌水，并进行树冠喷雾，以降低环境温度，避免花朵柱头过快干枯而不能授粉受精或幼果失水脱落。果实发育中后期，一些品种(如桂研10号)果实在久旱后遇雨，往往因裂果造成果实脱落，所以果实膨大期遇旱要保持均衡供水；果实成熟期遇干旱天气，适当灌水可以减少采前落果，延长果实挂树时间，但要注意不要灌水过多，以免对果实品质产生不良影响。

⑥及时防治病虫害。病虫害常常直接或间接危害花芽、花朵或幼果，造成落花落果。因此，及时防治病虫害也是一项保花保果的重要措施(具体防治方法见本节第三部分"病虫害防治技术")。

3.防御台风

油梨生长迅速，木质疏松，植株高大，根系分布浅，果实较大型，造成油梨的抗风能力较差。据多年观察，只要是风力在八级以上的强风，油梨园就会受到较大的影响。成年油梨园遭强风侵袭，往往会造成枝干折断和植株倒伏，或由于强风使植株摆动过于猛烈，损伤根系，容易感染根腐病。我国华南地区一般是7～9月份台风比较频繁，此时油梨果实已比较大，有的品种已接近成熟，遇强风袭击会引起大量落果，严重影响产量。因此在有台风影响的沿海地区或内陆地区两座山体之间形成的"风口"地段的油梨园，要注意做好防御强风工作。

防御台风工作主要包括下几个方面：①重视选址建园，不要在经常有台风影响的地段种植油梨。②营造防护林带，以减弱台风对油梨园的吹袭。③在台风来临前抢收已近成熟的果实，并做好推销和加工工作。④台风过后，及时清园和整理植株。及时清除被台风吹落的果实，以免腐烂在园内，导致某些病害(如果实炭疽病)的滋生和蔓延；修剪被台风吹折、吹断的枝叶，剪口(或锯口)比较大的，剪口处用薄膜包扎或涂上保护剂，以减少伤口的水分蒸发，使树体尽快恢复生势；被风次倾斜的树，稍为扶正，顺势培土固定；对吹断树干或连根拔起的树，应及时挖除，并在原树位置上补种新的油梨苗。⑤台风过后，对全园进行施药防治根腐病(详见本节幼树管理防御台风部分)。

4.防寒保树

油梨的抗寒能力比荔枝、龙眼等亚热带果树强，在华南大部分地区不会产生寒害。在一些偏北地区种植，则要注意防寒保树，要做好以下工作：①选南向丘陵山地建园或营造防护林。②多施有机肥和钾，增强树势，提高抗寒能力。③在霜冻天气到来前，进行果园灌水、喷水，调节环境温湿度。④出现霜冻当晚，进行熏烟。堆放杂草树叶等，在低温来临前焚烧，每公顷60～75堆。⑤树干涂白。用涂白剂于秋季涂抹树干，避免因温差过大引起树皮爆裂，并有防病除虫的作用。涂白剂可用石灰1份、水1份、硫磺粉0.1份，加入少量食盐调和即可应用。

三、病虫害防治技术

(一)主要病害及其防治技术

油梨病害有30多种，其中危害性最大、传播范围最广的是疫霉根腐病。此外，我国油梨种植区还有茎溃疡病、炭疽病、蒂腐病、轮枝孢萎蔫病等病害发生。

1.根腐病

根腐病在油梨种植区广泛发生，严重时会毁灭整个油梨园，是许多地区种植油梨失败的主要原因之一。我国台湾、海南、广东、广西、云南等油梨种植区均有发生。

(1)危害症状　油梨树的幼苗、幼树和成年植株均可能被侵害。病菌主要侵害植株的吸收根，造成吸收根变黑、腐烂。重病树的吸收根全部腐烂，一些较细的侧须根褐变坏死，而直径5 mm以上的支根、主根很少受侵害，这是本病的主要特征，也是与担子菌引起的其他根腐病的主要区别。茎干受害时，树皮坏死，形成溃疡斑，病部溢出一些含糖物质。病树树冠普遍呈现生势不旺盛的表征，叶片比健树小，苍白色或黄绿色，大量萎蔫和脱落，严重时枝条回枯，树冠稀疏，生势逐渐衰退。在病害发展的较早阶段，一些病树常产生异常多的小型果实，无经济价值，而重病树常不再抽生新梢，也不结果，最终整株死亡。一株大树从看到早期症状到整株死亡一般经过一年至数年。

(2)病原菌及其流行条件　病原菌主要是樟疫霉菌，属鞭毛菌亚门腐霉科疫霉属。此菌的寄主范围广泛，主要寄主有油梨、桉树、菠萝、澳洲坚果及松树等。常在田间病株、病残物及土壤中存活和越冬，并能在无寄主植物存在的潮湿土壤中至少存活6年以上，并提供初侵染源。借助雨水径流、灌溉水和黏附病土的种苗、农具、人和动物等媒介传播。潮湿的土壤是主要诱病因子。低洼、透水性差、黏重土壤、排水不良或过量灌溉等导致土壤含水量高、缺乏地面覆盖和有机质含量低的果园发病严重。发病最适土温为21～30℃，33℃以上和12℃以下很少发病。pH值为6.5的土壤最适合病害发生，土壤酸度大不利发病。

(3)防治方法

①选好园地。排水不良是诱发根腐病的主要原因。因此，要选择在土壤疏松、排水良好的缓坡地种植油梨，不能在低洼地或排水不良的高岭土、重黏土中建油梨园。

②培育无病种苗。包括不在病区育苗，选择排水良好的无病土壤育苗，繁殖用的种子用48～52℃热水浸泡30 min，使用通气良好和自由排水的生长基质，苗圃四周设置围墙，出入人员和工具要消毒灭菌等措施。

③加强预防措施。油梨园种植前用威百亩和二氯丙烯混合剂或敌克松处理土壤，有较好防治效果；种植后，在树冠交接前，行间间种巴西苜蓿有预防根腐病的作用；树冠交接后，尽量避免过深中耕，果园中的杂草可以通过喷洒除草剂控制或人工割草，以减少对根系的损伤；在栽培过程中，土壤淋施硫酸铜或叶面喷施乙膦铝等杀菌剂也可防止根腐病的发生。

④做好果园排灌系统的建设，平地果园要筑土墩种植，保持果园地面覆盖，坐果过多时要及时疏果，增施有机肥，增强树势，合理灌溉，防止病苗、病土和病区流水进入无病果园。

⑤在病区可改种Thomas、Duke7等抗性砧木的嫁接苗，病区四周挖隔离沟将流水引入园

外，病区土壤用甲基溴、棉隆或威百亩熏蒸杀菌。

⑥及时处理病株，做好化学防治。对新发病油梨园的个别病株必须尽早挖除，销毁病株，深挖病株周边土壤，撒施石灰或用杀菌剂消毒。对老病区，初发病时，轻病株可择晴天挖开根颈部泥土，让病株根颈处充分暴露，砍去病死根，刮去病灶，喷洒杀菌剂消毒后涂上防腐剂，伤口干后，施腐熟农家肥回土。同时，在病树及其周围健树的树冠下疏松土壤，重复淋灌70%敌克松可湿性粉剂1 000倍液，25%甲霜灵可湿性粉剂1 000倍液或40%三乙膦酸铝可湿性粉剂1 000倍液，2～3个月淋1次，年施药3～5次，或用40%三乙膦酸铝40倍液注射病树茎干，或三乙膦酸铝200倍液喷洒病树叶片，均可在一定程度上控制油梨根腐病的发生和蔓延。

2. 茎溃疡病

在美国加利福尼亚州、澳大利亚、巴西、南非、喀麦隆等地油梨园此病发生较严重。我国云南、广西等地的油梨园也有发生。

(1)危害症状　发病初期，在地表或地表以下根茎交接处树皮褪色、坏死，呈水渍状腐烂，随后病变部为白色粉状物所覆盖，边缘渐变为粉红褐色。患病植株叶片变小，叶色变淡，逐渐脱落，枝条回枯，当溃疡部环缢主干后，导致整株枯死。

(2)病原菌及其流行条件　主要由柑橘生疫霉菌引起。此菌寄主范围广泛，主要有柑橘、丁香、苹果、胡桃、啤酒花和多种观赏植物。在高湿土壤环境中容易发病，一般在高温多雨季节感染，冬季潜伏。多感染10龄以上的油梨树。

(3)防治方法　预防措施同疫霉根腐病。在春季和夏季发病多。发现时立即切除患部，用波尔多浆涂敷伤口进行消毒。用亚甲蓝溶液处理病部，也可取得良好的防治效果。

3. 炭疽病

炭疽病是引起油梨落果和贮运期缩短果实货架寿命的主要原因之一。我国海南、广西油梨产区有发生。

(1)危害症状　油梨的叶、花、果和嫩枝均可受害。叶片受害，在叶尖和叶缘处开始出现锈褐色斑点，斑点逐渐扩大、坏死，最终整张叶片完全枯萎、脱落。嫩枝受害，产生褐色或紫色坏死斑，造成枝条回枯。花朵感病后呈红褐色至深褐色，不能正常发育和授粉受精。果实感病时，病菌主要是通过皮孔或伤口侵入，在绿色品种果皮上出现褐色或者黄褐色斑点，在暗色品种果皮上出现比正常较淡的斑点，病斑有些下陷，常有破裂或有裂缝，有时呈环状斑纹。在潮湿条件下，病斑上出现粉红色物。在树上未成熟的果实感病后，可引起果变小或畸形。一般感病后的果实比正常果实提前成熟，随着斑块不断扩大会引起落果。有的果实在树上时就已被侵染，病菌潜伏侵染在果皮上，并不表现出症状，到采收后变软熟时才表现症状，随着油梨软熟，病部迅速从果皮蔓延至果肉，造成果腐烂，最终呈墨绿色软腐，不堪食用。

(2)病原菌及其流行条件　病原菌为胶孢炭疽菌。此菌在田间病枝、病叶和病果上产生大量分生孢子，通过风雨传播，散落在寄主组织表面的孢子在湿润条件下发芽，在芽管前端形成附着孢和侵入钉，穿入角质层，在细胞内和细胞间形成菌丝，蔓延危害而产生病斑。在多雨、早晨露水重和灌溉过后的高湿果园容易发病。

(3)防治方法

①加强栽培管理，增施有机肥料，增强树势，增强树体的抗病性。

②冬季清园。清除果园内的枯枝落叶，减少病原。

③在新梢抽发期和坐果期，如天气潮湿，喷洒2～3次含铜杀菌剂(波尔多液、氯化亚铜或

碱式硫酸铜)、苯来特、敌菌丹、扑菌唑等药剂,能有效控制炭疽病的发生。

④果实采收后 6 h 内,用 250 mg/L 有效成分的扑菌唑或苯来特、杀菌灵(TBZ)药液浸泡果实 0.5 min,风干后用草纸单果包装,摆放在纸箱中,可有效控制贮运期的炭疽病果腐。

4.蒂腐病

国外油梨产区均有发生,是油梨采后贮运期的一种重要病害。我国油梨种植区也有发病。

(1)危害症状　常常由几种真菌引起的一种复合病症状,病菌在田间侵入幼果,表现为潜伏侵染。到果实采后软熟时,在果蒂部出现褐色或黑色斑块,果蒂皮层轻微皱缩,果肉不同程度地褐变、腐烂,最后整个果实变黑色,果肉软腐有腐臭味。

(2)病原菌及其流行条件　病原菌有可可毛二孢、小穴壳菌等。在不同的种植区有不同的优势菌种。病原菌在天气潮湿时产生孢子,通过雨水和气流传播,造成潜伏侵染,也可以从采收时造成的伤口侵入果实。凡是有利于炭疽病和溃疡病发生的条件也有利于蒂腐病的流行。

(3)防治方法

①加强果园管理,适时适量灌溉,增施有机肥料,提高植株的抗性。

②坐果后至收获前期用纸袋套果,阻隔病原菌,能有效降低果实采后蒂腐病的发生率。

③适时采收。未成熟的果实、下雨天及早上露水未干时不宜采果,采收时不要造成果实机械损伤,尽量保留短果柄,以减少病原菌入侵的途径。

④ 采后迅速用 250～1 000 mg/L 扑菌唑或多菌灵、咪鲜安药液浸泡果实,取出风干后,在适宜的低温下贮藏,可以减少蒂腐病的发生。

5.轮枝孢萎蔫病

此病在油梨幼树和结果树均可能发生,造成小枝顶端枯死,病树一年或数年不结果。受害严重的可导致整株死亡。

(1)危害症状　病菌往往从根系侵入,在维管束系统内蔓延,再经木质部侵入植株枝条顶端。植株表面症状是一支或几支枝条或整株树的叶子突然枯萎,叶片迅速变褐、枯死,但仍挂在枝条上长达数月之久。

(2)病原菌及其寄主　病原菌为大丽花轮枝孢。此菌为土壤习居菌,以微菌核在土中存活长达几十年。寄主范围广,包括茄科蔬菜、核果类、浆果类和杂草等。

(3)防治方法

①选用墨西哥系抗病品种做砧木。

②选择在新开垦的园地种植油梨,果园行间不能间种茄科等感病作物。

③对初发病的植株,在病树枝条停止回枯和开始抽发新梢时剪除枯枝,增施肥料,促进抽生健壮的新梢。

④对发病严重的植株,应及时挖除,并用氯化钴熏蒸土壤消毒。

(二)主要虫害及防治技术

我国对油梨虫害的研究比较少,根据海南、广东、广西等地报道,在油梨园中发生数量较多的虫害有樟脊网蝽、角盲蝽、红带蓟马、梨豹蠹蛾、油桐尺蠖、刺蛾、毒蛾等。

1.樟脊网蝽

属半翅目网蝽科。分布于海南、广西、广东、福建、江西及湖南等地。除为害油梨外还为害樟树。

(1)形态特征

①成虫　虫体长3.5～3.8 mm,宽1.6～1.9 mm,体扁平,椭圆形,茶褐色,头兜卵形网膜状,向上极度延展。中脊亦呈膜状隆起,延伸至三角突末端。三角突白色网状。前翅膜质网状,中部稍前和近末端各有一褐色横斑。胸部腹板中央有一长方形薄片状的突出。雌虫腹部末端尖削黑色,雄虫较钝,黑褐色。

②卵　长0.3 mm左右,宽约0.2 mm,茄形,初产时乳白色,后期淡黄色。

③若虫　共5龄,5龄若虫体长1.7～1.8 mm,宽约0.9 mm,前胸背板向两侧极度扩展,侧角处有枝刺1枚,中胸背板中央两侧各具长刺1枚,三角突近基部具褐色短刺两枚,翅芽达第5肢节中部。

(2)生活习性　一年发生6代左右。成虫、若虫性喜荫蔽,不甚活泼。油梨植株下部叶片比上部叶片受害重,树冠中部叶片比外部叶片受害重。雌虫成行产卵于叶背主脉和第1分脉两侧组织内,疏散排列,卵盖外露,上覆灰褐色胶质或褐色排泄物。

(3)为害状　成虫、若虫群集于油梨叶片背面吸食组织汁液,被害叶片正面呈浅黄白色小点或苍白色斑块,而背面呈褐色小点或锈色斑块,为害严重时,造成叶片干枯脱落。

(4)防治方法　在虫害发生初期,喷洒50%敌敌畏或90%敌百虫或50%三硫磷1 000倍液有良好的防治效果。

2.角盲蝽

属半翅目盲蝽科。分布于海南、云南等地。除为害油梨外还为害可可、芒果、腰果、胡椒及红毛榴莲等多种作物。

(1)形态特征

①成虫　虫体长5～6 mm,宽1.2～1.5 mm。长形,土黄色,头小,后缘黑褐色。触角细长约为体长的2倍,第1节长于头与前胸背板之间。前胸背板前方缩小呈颈状。小盾片后缘圆形,其前端长有一稍向后弯、顶部呈小圆球状的小盾片角。前翅淡灰色,具虹彩。足土黄色,其上散生许多黑色斑点。

②卵　近似圆筒形,乳白色,卵盖两侧具一长一短呈白色丝状的呼吸突。

③若虫　共5龄,5龄若虫体长5.3 mm,体宽1.4 mm,长形,全体土黄色稍带红,复眼黑色,触角上具散生的黑色斑,第3节和第4节触角上部具黑褐色毛。翅芽发达伸至第3腹节背面。小盾片角完整,足的腿节具灰色斑,跗节黑色。

(2)生活习性　在海南一年发生12代,平均一代需时26.1～52.2 d。在冬季照常产卵繁殖。雌成虫产卵于油梨树幼嫩组织上,待若虫孵出后为害嫩叶和幼果,并使其干枯。在抽梢及幼果期以外,可为害附近其他寄主植物。

(3)为害状　成虫、若虫为害油梨树嫩叶,被害部位呈水渍状多角形斑,最后呈现干枯。为害幼果,致使被害部分出现痂状斑并停止生长发育,最后亦呈现干枯状。

(4)防治方法　合理修剪,使树体通风透光。发生初期,喷洒80%敌敌畏1 000倍液或50%杀螟松1 000倍液的方法对此虫进行防治。

3.红带蓟马

属缨翅目蓟马科。分布于华南各省。除为害油梨外还为害芒果、腰果等多种作物。

(1)形态特征

①成虫　虫体长形,黑褐色,体长1～1.5 mm,翅缘缨毛浓密呈灰黑色。卵肾形,黄白色,

长约 0.25 mm。

②若虫　虫体长形，黄色，腹部基部呈带状亮红色，老熟时体长 1 mm。

③蛹　长形，体长 1 mm，体形似若虫，但具完全发育的翅芽。

(2)生活习性　一年约发生 10 代。雌成虫行孤雌生殖，单产卵于油梨树叶片背面且带有一滴类似粪便状物。若虫孵出后即在叶背上取食，常数头聚集在一起于靠近主脉的凹陷处或小沟中生活，外有丝网遮盖，通常虫体将腹部末端翘起，顶部常带有一球状液滴。

(3)为害状　成虫、若虫群集于油梨树叶片吸食组织汁液，致使被害部分呈现锈色斑，为害严重时使整张叶片干枯。

(4)防治方法　在该虫发生初期，可喷洒 40%乐果或 50%杀螟松 1 000 倍液加以防治。

4. 梨豹蠹蛾

属鳞翅目豹蠹蛾科。分布于海南、广东、福建等地。除为害油梨外还为害桃树、梨树、茶树等多种作物。

(1)形态特征

①成虫　虫体长 34 mm，翅展 50～75 mm，全体白色，胸部背面有 6 个黑色斑点，腹部有黑色线纹。前翅密布黑色斑点，前缘、外缘、后缘及中室的斑纹较粗大，其余的较窄小。后翅除后缘区外均密布黑色斑点，外缘中部黑斑稍粗。

②幼虫　幼龄时紫红色，老熟时呈白黄色，体长 40～50 mm，前胸背板具黑斑，黑斑后缘具刺状突起或黑点，中央有一条纵走的黄白色细线，每一体节上均具有黑色毛瘤，瘤上长有一根乳白色长毛。

③蛹　长约 25 mm，黄褐色，头部有一个突起。

(2)生活习性及为害状　在海南一年约发生 2 代。雌成虫产卵于枝梢部叶片叶柄基部，单粒散产，幼虫孵出后便蛀入梢中，致使被蛀害部位以上的枝梢及叶片在第 3 天出现萎蔫，第 15 天左右出现干枯。幼虫老熟时先蛀一羽化孔，然后用粪便木屑等堵塞虫道两端，构筑蛹室在其中化蛹，蛹期约 15 d。

(3)防治方法　及时剪除被害枝条及用钢丝钩杀幼虫等方法加以防治。

5. 油桐尺蠖

属鳞翅目尺蛾科。华南各地均有分布。主要为害油梨、柑橘等果树以及油桐等多种经济林木。幼虫取食寄主叶片，猖獗为害时可将油梨的新叶片全部取食殆尽。

(1)形态特征

①成虫　体长 19～24 mm，灰白色，密布灰黑色小斑点；雌蛾触角丝状，前、后翅各有 3 条不规则黄褐色横纹；雄蛾触角羽状，翅纹内外有 2 条黑褐色，中间 1 条不明显。

②幼虫　老熟时体长约 70 mm，初孵时体色黑褐，以后随环境不同而变化，有黄绿、青绿、灰褐、深褐等色，腹部有腹足和臀足各 1 对。

(2)生活习性　在广西一年发生 3～4 代，以蛹在油梨园土中越冬，翌年 3 月下旬陆续羽化出土，幼虫盛发期分别在 5 月上旬、7 月中旬和 9 月上旬。成虫白天蛰伏，夜晚活动，有趋光性和假死性，产卵于寄主粗糙的树皮或缝隙处以及油梨的叶背上。幼虫孵化后吐丝下坠，飘荡扩散，行动为典型“步曲”状，静止时佯作枯枝状。老熟后入土化蛹。

(3)为害状　低龄幼虫啃食嫩叶叶肉，稍大幼虫可把叶片啃食成缺刻和孔洞，严重时可把嫩枝啃食成光秆。幼虫啃食幼果，造成果皮缺陷，受害部位变为黑褐色，轻者影响果实发育和外观，重者引起幼果脱落。

(4)防治方法

①结合中耕翻土挖蛹，或在产卵盛期刮除卵块，或捕捉幼虫。

②幼虫化蛹前，在树干周围铺设薄膜，上铺湿润的松土，诱集幼虫化蛹，集中杀灭；也可在成虫羽化盛期灯光诱杀。

③在3龄幼虫盛发前施药防治，可选用90%敌百虫晶体1 000倍稀释液或50%杀螟硫磷乳油500倍稀释液或20%克螨虫乳油1 000倍稀释液。

6.刺蛾

属鳞翅目刺蛾科。全国均有发生。除为害油梨外，还可为害柑橘、石榴、李等果树和花卉、茶叶等作物。

(1)形态特征

①成虫　体长13～18 mm，翅展28～39 mm，体暗灰褐色，腹面及足色深，雌触角丝状，基部10多节呈栉齿状，雄羽状。前翅灰褐稍带紫色，中室外侧有一明显的暗褐色斜纹，自前缘近顶角处向后缘中部倾斜；中室上角有一黑点，雄蛾较明显。后翅暗灰褐色。

②卵　扁椭圆形，长1.1 mm，初淡黄绿，后呈灰褐色。

③幼虫　虫体长21～26 mm，体扁椭圆形，背稍隆似龟背，绿色或黄绿色，背线白色、边缘蓝色；体边缘每侧有10个瘤状突起，上生刺毛，各节背面有2根小丛刺毛，第4节背面两侧各有一个红点。

④蛹　体长10～15 mm，前端较肥大，近椭圆形，初乳白色，近羽化时变为黄褐色。茧长12～16 mm，椭圆形，暗褐色。

(2)生活习性　华南地区每年发生2～3代，以末代老熟幼虫在树下3～6 cm土层内结茧越冬。于4月中旬开始化蛹，5月中旬至6月上旬羽化。第1代幼虫发生期为5月下旬至7月中旬，第2代幼虫发生期为7月下旬至9月中旬，第3代幼虫发生期为9月上旬至10月。成虫多在黄昏羽化出土，昼伏夜出，羽化后即可交配，2 d后产卵，多散产于叶面上。卵期7 d左右。幼虫共8龄，6龄起可食全叶，老熟多夜间下树入土结茧。

(3)为害状　与油桐尺蠖的为害状相似。

(4)防治方法

①挖除油梨树干四周土壤中的虫茧，减少虫源。

②在幼虫盛发期喷洒80%敌敌畏乳油1 000倍液或50%辛硫磷乳油1 000倍液或50%马拉硫磷乳油1 000倍液或5%来福灵乳油3 000倍液。

7.毒蛾

属于鳞翅目。毒蛾为杂食性，幼虫容易更换寄主植物，主要寄主有樟科、桑科、大戟科、豆科、壳斗科、山榄科、木棉科、桃金娘科、楝科等植物。

(1)形态特征

①成虫　中型至大型。体粗壮多毛，雌蛾腹端有肛毛簇。口器退化，下唇须小。无单眼。触角双栉齿状，雄蛾的栉齿比雌蛾的长。有鼓膜器。翅发达，大多数种类翅面被鳞片和细毛，有些种类，如古毒蛾属、草毒蛾属，雌蛾翅退化或仅留残迹或完全无翅。成虫大小、色泽往往因性别有显著差异。

②幼虫　体被长短不一的毛，在瘤上形成毛束或毛刷。幼虫具毒毛，因此得科名。幼虫第

6、7腹节或仅第7腹节有翻缩腺，是本科幼虫的重要鉴别特征。

③蛹 为被蛹，体被毛束，体表光滑或有小孔、小瘤，有臀棘。老熟幼虫在地表枯枝落叶中或树皮缝隙中以丝或以丝、叶片和幼虫体毛缠绕成茧，在茧中化蛹。

④卵 多成堆地产在树皮、树枝、树叶背面，林中地被物或雌蛾茧上。卵堆上常覆盖雌蛾的分泌物或雌蛾腹部末端的毛。

(2)生活习性 初孵化的幼虫在树干上群集，有取食卵壳的习性，3～4 d后才分散到树冠叶片上觅食。1～2龄幼虫食量很小，有吐丝下垂随风迁移的习性。3龄以后食量显著增加。幼虫在强烈阳光下有向荫蔽处迁移暂停取食的习性。如猛烈敲击树干，1～2龄幼虫可纷纷吐丝下垂；3～5龄幼虫则立即将头部昂起，左右上下旋转摆动，甚至弹跳落地。老熟幼虫于5月下旬开始，于树洞、树皮缝隙内结茧化蛹，亦可在园内松土、杂草和枯枝落叶层内结茧。蛹期15～20 d，如遇持续高温，蛹期可缩短为10 d左右。6月上旬成虫开始羽化，6月中旬至7月上旬为成虫活动盛期。初羽化的成虫常静伏树干背阴面和叶背等荫蔽处，3～5 d以后于傍晚进行飞翔交尾活动。大多数雌蛾于夜间产卵，15～20粒卵黏结成卵块。

(3)防治方法

①利用幼虫下树潜伏的习性在树干基部堆放石瓦块，诱集2龄后幼虫，进行捕杀。

②发现虫情，及时喷药防治。可选用4.5%高效氯青菊酯或2.5%敌杀死乳油2 000倍液、90%晶体敌百虫或80%敌敌畏乳油或50%辛硫磷乳油1 000倍液等药剂。

第七节 油梨果实采收

一、采收时期

实适时采收是保证油梨产量和质量的重要措施。可以通过以下方法判断油梨果实的成熟度：

(1)根据果实发育时间估算。早熟品种的果实发育期120 d左右，中熟品种150 d左右，晚熟品种180～240 d。

(2)根据果实形态判断。果实已停止增大，发育饱满，果皮开始表现出本品种固有的颜色(如由绿色变成暗绿色或紫色、红色等)，果柄变粗，由绿变黄，表明果实进入成熟阶段。

(3)根据果实相对密度判断。未成熟果实的相对密度大于1，成熟果实相对密度约0.9。把果实放入水中，能浮起水面的，表示已成熟，沉下水面的则未成熟。

(4)根据果实含油量判断。不同的品种达到完全成熟时果实脂肪含量不一样。可以通过实验测定手段测定果实脂肪含量来判断果实成熟度。

(5)根据种子判断。剖开果实察看种皮，种皮已干涸皱缩，呈深褐色时，表明果已成熟。种皮仍为灰白色，紧包种仁，表示尚未成熟。有的品种果实成熟后种子脱离种腔，用手摇动时会感觉到种子松动撞击果肉。

在生产中应根据油梨果实的不同用途选择在不同的成熟度采收。例如，供鲜食用的，要在果实已经充分长大，达到该品种固有的大小和风味时采收；采收后要贮藏和运输用的，应在果实达到可采成熟度时(约 8 成熟)采收;采收后用于制作果汁、果酱的果实,则宜在果实充分成熟、风味最佳时采收;采收后用于提炼油梨油的果实,要在果实达到生理成熟度,脂肪含量达到该品种最高值时采收;用于采种的果实,应在果实完全成熟、种子达到最饱满时采收。

二、采收方法

1. 采收用具的准备

油梨植株高大,除少部分树冠下部的果实可以就地采收外,树冠中上部的果实需要借助专用工具才能采收。因此,在采收前要做好采收用具的准备工作。采果用具要轻便耐用,不损伤果实,包括采果梯、采果剪、长柄网兜、采果袋(篓)、果筐或果箱等。采果梯要轻便,坚固耐用,最好使用铝合金材料的"人"字梯,以便搬动和固定。采果剪要锋利,前端要圆滑,以便采果时不致刺伤果实。树冠顶部及枝条远端的果实则需要用带长竹竿的网兜采收,竹竿的前端配以小钩(位于网兜口边上),以便钩取果实。采果帆布袋或篮(篓)的容量以能装 10 kg 左右为宜,太小影响采收工作效率,太大容易造成果实相互挤压。果筐或箱内部要光滑洁净,并衬垫有报纸或麻布,以免擦伤果皮。

2. 采收方法

可以用采果剪从果柄基部把果实剪下,或直接用手从果柄基部折断;结果部位过高或枝干远端的果实,则用带长竹竿的网兜采收,采收时,把网兜从果实下方往上套,使果实置于网兜中,再用网兜口的铁钩钩住果柄基部或中上部,瞬间用力把果实连同果柄钩落入网兜中,再用采果剪把过长的果柄剪掉,只保留 5 mm 左右的果柄,放入采果袋(篓)中。

国外油梨园多采用升降机械辅助采果,可减少果实采收过程中的机械损伤。

3. 采收注意事项

(1)采前控水。采收前 1 周内不要灌水,如遇降雨,要在停雨后 3 d 以上才能采收。否则,因果实含水量过高,影响果实品质和耐贮性。

(2)选择晴天采收。选择阴天或晴天上午露水干后采收果实,不能在雨天采收。

(3)分批采收,先熟先采。只选摘已成熟的果实,这样采收的果实成熟度相对一致,便于分级包装,避免一次性采收因树冠水分供应不平衡造成叶片失水卷缩,尤其对结果多的树更有必要分批采收。

(4)采收的果实要保留一段果柄。不带果柄的果实,病菌容易从果带处侵入,导致果实在贮运和后熟过程中腐烂变质。但果柄又不能留得太长,以免果实之间相互戳伤,一般保留 5 mm 左右的果柄较适宜。

(5)做到轻拿轻放,减少机械损伤。油梨大多数品种果实大型,单果较重,在采收过程要轻拿轻放,减少机械损伤。严禁将果实用竹竿打下或摇动树枝将果实摇落下地,在转移容器时要单果转移,轻拿轻放,避免整袋、整筐倾倒,以免擦伤或压伤果实。

三、分级、包装和运输

1. 分级

在果园里把果袋或果篮中的果实转装到果筐或果箱时,可以进行初选分级,按果实大小分别装筐或装箱,同时剔除严重病虫害果、畸形果、机械损伤和色泽反常的果实。若是就地销售,果实采收经分级后即可立即包装出售,也可经后熟果实初步软化后再出售。

2. 杀菌处理

炭疽病和蒂腐病是油梨贮藏期的主要病害。采果前用杀菌剂喷洒果面,采后用杀菌剂药液浸泡果实 3～5 min,可以有效防治油梨炭疽病和蒂腐病。杀菌剂可选用多菌灵、苯来特、咪鲜安等。

3. 包装

油梨果实在贮藏和运输前要妥善包装,以减少果实水分蒸发,防止病菌入侵和传播,并使果实在运输过程中不致因松动而相互擦伤,保持果实的新鲜和果面美观。包装材料一般以白色、细软、无味、薄而有韧性的纸或塑料为宜。装果容器可用果箱(木制或纸制)或竹筐,容器内表面用干燥无异味的软纸加以衬垫,装果时每层果实之间还应衬以塑料泡沫垫,以缓冲果实与容器之间、果实与果实之间的摩擦和挤压。装果的容器以能装 5～10 kg 为好,容量过大容易使下层果实受挤压损伤。

4. 预冷

油梨果实采收后应立即预冷。预冷后的果实放在适宜的贮藏温度环境中,可以延缓油梨果实后熟和变软。

5. 运输

果实运输途中应保持低温、干燥、通风。短途运输的车辆最好是带有防晒降温功能的帆布,以降低运输途中车厢的温度。长途运输的最好能用冷藏车装运,运输时的温度要求随品种而异。在美国推荐的运输温度是:加利福尼亚州栽培品种(属于危地马拉系和墨西哥系)4.5～6.6℃,佛罗里达州栽培品种(属于西印度系和危地马拉系)则常用 9～10℃。

四、果实的后熟

油梨果实采收时果肉仍然比较硬实,没有香味,甚至带有苦味,不能立即食用,需要须经过后熟阶段后方能食用。温度对油梨果实的后熟及其品质有显著的影响。根据 Hatton 试验发现,果实后熟变软的最适温度为 15～21℃,在这个温度范围内,不同品种果实后熟变软的时间差异为 2～6 d。温度低于 12.8℃时,西印度系品种如 Pollock 和 Waldin 会在 2～3 周内冻伤。温度太高,对果实后熟也不利,果实在 30℃以上的环境中后熟,果肉软化不均匀,果皮褪色、皱缩、腐烂。果实后熟所需时间的长短也与生理成熟度有密切关系,一般来说,果实生理成熟度愈大,达到食用软熟度所需的时间就愈短。软熟后的果实呈现该品种果实固有的后熟色泽,有的呈黄绿色,有的呈紫红色或紫黑色,用手指轻压果实,感到略有轻软,即可食用。过度后熟的果实,果肉软烂、品质下降。在广西南宁,一般采收后在常温下,早熟品种后熟时间 5 d 左右,中熟品种 7 d 左右,迟熟品种 10 d 左右。

第八节 油梨果实贮藏与加工

一、贮藏保鲜

油梨果实可以通过贮藏保鲜达到延长市场供应期的目的。贮藏保鲜的关键在于抑制果实的呼吸高峰的出现，使呼吸作用降低到最低水平，这样就可以延缓果实衰老，延长保鲜期。最常见的保鲜方法有留树贮藏保鲜、冷藏贮藏保鲜、减压贮藏保鲜和气调贮藏保鲜。

1. 留树贮藏保鲜

油梨最简单的贮藏方法是直接留树保鲜，延期采收。由于油梨在树上不会软熟，呼吸高峰只有在采收后才出现，当其达生理成熟后，可以在树上保留一段时间。油梨果实挂在树上不会后熟的原因一般认为是油梨的叶或茎可产生乙烯抑制物质，抑制了乙烯的生成，从而抑制果实呼吸高峰的出现，只有采收或果实受伤后才会产生大量乙烯，使果实出现呼吸跃变期，促使果实后熟。油梨果实留树保鲜时间的长短因品种不同而有较大差异，如 Hass 品种成熟后可留树保鲜 3 个月左右，一般品种也可留树 0.5～1 个月。但是，西印度系品种果实留树保鲜效果较差，果实成熟后，如不及时采收，往往会造成大量的采前落果。

2. 低温贮藏保鲜

适宜的低温环境，可以使油梨果实的呼吸作用强度减弱 1/3 左右，延缓果实的后熟，同时低温抑制了各种病菌的滋长，从而延长果实的保鲜期。

油梨果实贮藏环境最适宜的温度以使果实的呼吸作用降到最低限度而又不致受冻害为原则。不同的品种对低温的忍受能力不一样，墨西哥系品种的果实最耐低温，一般可在 4～4.5℃的环境中贮藏；西印度系品种的果实耐低温的能力较弱，多数以 10～13℃的环境贮藏为宜；危地马拉系品种介于以上二者之间，以在 7～8℃的环境贮藏为宜。对大多数品种来说为防止果实冻伤，最保险的贮藏温度是 12℃左右，在此温度下，果实可推迟后熟期 2～4 周。贮藏期间相对湿度要求控制在 80%～90%。

经低温贮藏后的油梨果实须在 15～21℃的环境下后熟，若后熟温度超过 30℃，则果实变软不均匀，失去固有风味，果皮褪色，皱缩，腐烂。

贮藏过程中，温度过低果实会出现冷害，主要症状为果皮出现褐烫和凹陷以及出库后果肉软化不均匀，果肉变成灰褐色，有异味，冷害严重时果实变硬、变黑，无法继续后熟。采后果实真空渗钙处理、气调贮藏均可以在不同程度上减轻或避免油梨果实的冷害。

3. 气调贮藏保鲜

油梨果实采收后存放期间会不断产生乙烯，当乙烯达到 0.1～10.0 g/m^2 时就会引起果实出现呼吸高峰，此后 3 d 果实变软，达到可食用的成熟度，以后果实品质日渐衰败。因此，要延长果实的贮藏期，就要减少乙烯的浓度。实验证明，在低氧和高二氧化碳环境下可控制乙烯的产生，从而延缓呼吸高峰的到来。Hatton(1972)的试验表明，在 7.2℃低温下把油梨果实放在 2%氧气和 10%的二氧化碳容器中，能使 Lula、Booth8 和 Fuch 等品种的果实比在正常空气中冷藏的贮藏寿命延长 1 倍，贮藏时间可达 40～60 d 而保持新鲜状态。气调贮藏的最适温度因品种而异，可参照低温贮藏法中各品种的最适温度。

4. 减压贮藏保鲜

油梨还可以采用减压贮藏法。具体方法是：在特定温度下，用真空泵不断抽去密闭容器中的空气，使油梨产生的乙烯和贮藏环境中的氧气浓度下降，从而有效地抑制果实的呼吸作用，减缓后熟的生理进程。根据试验，Hass 品种果实贮藏在 6℃温度、60 mm 水银柱气压中贮藏 70 d，然后转移到 14℃的普通气压下，对后熟并无不利影响。墨西哥系品种的果实在气压在地 20 mm 水银柱、4.5℃的条件下贮藏 3 周后果肉依然坚硬，极少有腐烂和受冷害。而在 760 mm 水银柱下贮藏的，3 周后果实均已变软，而且有相当多的果实发生冷害并腐烂。

5. 后熟果肉的贮藏

(1)果实开始软化后熟时，置于5～8℃条件下贮藏，可保持6～10 d不变质。

(2)把后熟果肉与糖按3∶1混合，装罐密封，在－17.8℃条件下贮藏，可保存数个月不变质。但要随取随吃，一旦在常温下暴露于空气中时间过长，果肉会变色并产生异味。

(3)将果肉切成片或做成酱，并用液氮冷藏，能保持原有质地与风味近一年。如将油梨果肉与洋葱、柠檬、食盐等制成沙拉，装入大口玻璃瓶或锡罐，在瓶或罐中充氮以取代空气，在－18℃ 低温下可保存7个月，色味尚佳。若将其在氮或真空环境下包装，在－18℃条件下贮藏，11个月后仍然鲜美如初。

二、果实鲜食方法

后熟的油梨果肉质地细腻，有核桃香味或鸡蛋黄香味，适宜鲜食。用于鲜食的油梨以刚好后熟、果肉软熟均匀的果实为好。食用时，用刀把果实纵剖切开，去掉种子和果皮即可食用；或纵剖成两半后，去掉种子，用勺子直接食用；也可以根据各人的喜爱，加糖、盐、酱油、胡椒粉、柠檬汁、鲜牛奶或炼乳等调料，拌匀后食用。

三、果实加工与利用

1. 油梨加工食品

油梨除鲜食外，还可以经过简单加工制成各种精美加工食品。油梨配以其他果蔬可以制作成各类油梨食谱，也可以制作油梨饮料、油梨冰淇淋、油梨酸乳等，还可以通过一定的设备把油梨制作成油梨粉。

2. 油梨在护肤、美发方面的利用

油梨含有丰富的甘油酸、蛋白质及维生素，润而不腻，是天然的抗氧衰老剂。它不但能软化和滋润皮肤，而且更能收细毛孔，是美容佳品。油梨果肉与香蕉、酸奶混合可以制作成面膜；与生鸡蛋白、柠檬汁混合可以制作护发膏；与橄榄油混合可以制作美甲油。

3. 油梨油的提取及其综合利用

油梨可以通过离心分离法、压榨法和超临界流体萃取法提取出油梨油。油梨油营养丰富，属于不干性油，与皮肤亲和性好，渗透性强，对皮肤无刺激性，除能保持皮肤的润滑性外，还可作多种营养物质的载体，渗透进皮肤，因而具有良好的护肤作用。油梨油容易形成细腻的乳状液，并适于长期保存，已被人们开发为高级化妆品的优质基础油。美国等国家已将油梨油广泛应用于化妆品，在护肤霜、洗面奶、面膜剂、香皂、洗发香波、防晒霜、剃须膏等多种系列化妆品和日用品中添加了油梨油。许多欧美国家及日本、澳大利亚等国也相继大量进口油梨油，用于高级化妆品及食品工业上。

此外，油梨油富含不饱和脂肪酸和维生素A、维生素D、维生素E等，可作为高级植物食用油和食品工业用油；油梨油中的非皂化物在治疗硬皮病、牙周病等疾病中有辅助疗效；在医药上油梨油可作为软膏药剂的原料；在工业上油梨油可作为机械润滑油等。

技能实训1 油梨主要品种识别

一、实训目的

通过对油梨典型植株树形、叶片、枝梢和果实的详细观察，初步掌握油梨品种的形态特征和描述方法;识别当地主要品种,学会记载方法。

二、材料与用具

(1)材料　当地主要油梨栽培品种成龄植株和果实或标本。

(2)用具　卷尺、卡尺、水果刀、托盘天平、记录用器等。

三、实训内容

(1)植株形态特征的观察　现场观察记载当地主要油梨品种植株的树形、枝条性状和叶片形状。

(2)果实特征的观察　每个品种选择3～5个有代表性的果实,观察其果实形态和果皮的特征,测量果实大小和重量。

(3)种子特征的观察　每个品种选择3～5个有代表性的果实,将果实切开,观察种子的形状,测量种子的大小和重量,计算出可食率。

四、实训提示

本实训可将学生分为若干小组,分别观察记录2～3个代表品种,每品种均有3个小组或3株重复。

五、实训报告

填写当地3～4个油梨品种记载表。

六、考核办法

实训成绩以100分计,其中实训态度与表现20分,油梨品种识别50分,实习报告30分。

技能实训2　油梨开花结果习性观察

一、实训目的

了解油梨开花结果习性,学会果树开花和果实发育阶段的各种性状指标的观察记载方法。

二、材料用具

(1)材料　当地主要油梨栽培品种的开花结果植株。

(2)用具　卷尺、卡尺、计数器、记录用具等。

三、实训内容

(1)花与开花习性的观察　观察不同品种花芽的外部形状、花序类型、每花序花朵数、开花顺序、花期迟早和长短等性状。

(2)果实发育的观察　油梨属于多花果树,落花落果严重,坐果率低。在开花结果正常的植株中部不同方向选择8～12个花序挂牌定点观察。观察落花落果的时期、特点及落果量,观察果实发育的特性。

四、实训提示

(1)本实训观察的时间长,根据各地的情况选择品种和观察的内容;根据观察的内容,由老师或学生本人设计观察记录表格。

(2)本实训可将学生分成若干小组,分别观察不同的品种。

(3)观察前要选择好品种、植株和枝条,并挂好牌观察。

五、实训报告

根据观察结果，总结油梨开花结果习性。

六、考核办法

实训成绩以100分计，其中实训态度与表现20分，观察方法点50分，实习报告40分。

[复习思考题]

1. 油梨有哪些营养价值和保健作用？
2. 油梨有哪些主要种类？目前我国有哪些优良油梨品种？
3. 油梨枝梢的生长有何特点？
4. 油梨开花有哪些特点？如何根据不同花型进行合理的品种搭配？
5. 油梨幼芽嫁接法育苗有哪些优点？
6. 油梨园在果园土壤管理方面有哪些特殊性？
7. 如何根据油梨不同生长阶段采取合理的栽培管理措施？
8. 简述油梨根腐病的危害症状及其防治措施。

第九章　亚热带农产品营销

【学习目标】

通过本章的学习，掌握亚热带农产品营销分析内容与方法技巧，掌握亚热带农产品营销战略与策略相关概念、原理与方法。能够根据实际情况，对亚热带农产品面临的营销环境进行正确的分析，能制定正确的亚热带农产品营销战略与策略并有效地加以实施。

案例 1　亚热带农产品营销　理念先行

亚热带农产品已经成为发展我国农业经济的重要产业，亚热带农产品生产在调整和优化农业的产业结构、增加农业生产经营者收入和提高人民生活质量等方面，发挥了重要作用。但在巨大的发展成就面前，必须清醒地认识到，我国亚热带农产品生产还处在较低发展阶段，产品质量良莠不齐，品种结构不尽合理，采后商品化处理水平低，流通体系不健全，营销理念和手段落后……所有这些，都不同程度地制约着我国亚热带农产品产业的健康持续发展。如何解决这些问题，保持亚热带农产品产业发展的活力，是我们共同面临的严峻挑战。

营销理念落后，是当前我国亚热带农产品产业的弱点，也是造成亚热带农产品“卖难”的一个重要原因。同时，亚热带农产品营销理念也是当前各产区政府和亚热带农产品生产者、经营者都迫切需要了解的知识。

一、品牌营销

品牌形象已成为消费者认知商品的第一要素，亚热带农产品也不例外。当前，我国亚热带农产品品牌建设方面普遍存在的一个问题是：只片面重视把一个产品通过商标注册成为品牌，而忽视了对品牌的苦心经营，并使之发展成为精品名牌，这是造成我国亚热带农产品品牌多而杂，但有影响力品牌少的主要原因。现阶段乃至今后很长一段时间内，亚热带农产品营销量的大小，很大程度上取决于品牌的经营。美国的 Sunkist、以色列的 Jaffa、新西兰的 Zespri 和南非的 Capspan 之所以畅销世界各地乃至供不应求，就在于他们把品牌经营成为世界名牌。如果能静下心来，脚踏实地地对品牌形象进行良好构建，整合和重点培育一批优势亚热带农产品品牌，并坚持苦心经营，营造名牌，必然能在未来的市场上与“狼”共舞。

二、绿色营销

当今世界倡导绿色生产、绿色流通、绿色消费，为此，我们必须与时俱进，树立“绿色”营销理念，通过推广绿色无公害生产技术，不断增加绿色无公害亚热带农产品数量，扩大绿色无公害亚热带农产品生产规模，扩大“绿色”销售市场。目前，我国部分产区已按相应的绿色标准进行生产管理和流通环节质量控制，融入绿色营销的经营理念。

三、知识营销

悄然临近的知识经济时代，使亚热带农产品经营法则开始发生变化，亚热带农产品营销活动不再只关注销售，更强调为消费者提供更多的购买支持，引导消费者产生对亚热带农产品的现实需求。在这一背景下，以知识普及为先导，以知识推动市场的营销新思维，应该为精明的亚热带农产品生产者和经营者所注意和接受。随着知识经济时代的到来和发展，知识营销必将无处不在。

四、包装营销

人靠衣妆，物靠精装。只有重视包装，并将其作为参与市场竞争的重要环节来抓，才能打造出能进入大市场、大超市、大商场以及海外市场的知名亚热带农产品名牌。包装是一门科学和艺术，产品包装有创意才能畅销市场，一个成功的包装也能带动一方经济。因此，我们必须注意包装的重要性，树立包装营销理念。对包装不仅要有一个好的定位，而且要有一个好的名称，要有一个好的商标，要有一句好的广告词。

五、会展营销

现在会展很热。会展营销是指通过展会这个平台，展示展销产品，进行贸易洽谈。会展营销是一个注意力营销，它可以吸引很多人来你这儿看，来注意你。所以，推动亚热带农产品销售，展会是一个非常好的方式，它可以产生非常巨大的效益。随着我国会展业的不断发展，会展营销必将成为促进我国亚热带农产品销售的又一个宽敞舞台。

六、旅游营销

旅游营销是指把亚热带农产品营销和当地的旅游资源结合起来，以旅游搭对营销，旅游观光——休闲亚热带农产品——亚热带农产品销售。生活水平达到一定程度后，每个人都期望旅游，旅游营销以观光拨动消费者的心弦。我国旅游资源丰富，开展旅游营销具有不少优势，但旅游营销与当地政府的引导和扶持是紧密相关的，需要政府重视，各方面支持。

七、特色营销

特色营销是指利用具有独特品位和风格的产品来吸引消费者，满足消费者的猎奇心理，达到促销目的。消费者特别是新成长起来的年轻一代，猎奇心理较强，往往把亚热带农产品是否具有特色(独特品种、品味)作为购买的一个重要标准。为此，亚热带农产品生产者、经营者必须树立特色营销理念，充分利用各自的地域、人文等特色来推介亚热带农产品，提升销售业绩。因此，生产者、经营者也应充分挖掘历史与文化资源，利用文化(人文)搭台、亚热带农产品唱戏的形式推销亚热带农产品。

八、网络营销

随着信息时代的到来和电子商务的发展，亚热带农产品营销出现了渠道创新，其一便是利用因特网进行网络营销，网络当起了“市场红娘”。互联网互动式即时交流，可以打破地域限制，进行远程信息传播，面广量大，其营销内容翔实生动，图文并茂，可以全方位地展示品牌亚热带农产品的形象，提高知名度，为潜在购买者提供了许多方便。可以预见，随着电子商务的进一步发展，网络营销将成为亚热带农产品市场上一种具有相当潜力和发展空间的营销策略。

九、事件营销

事件营销是指通过“借势”和“造势”来提高亚热带农产品的知名度、美誉度，在市场上树立品牌的竞争优势，以达到促销目的。亚热带农产品市场的事件营销可分为以下五策：

一是名人策，即利用名人带队，以名人的影响力去提高产品的知名度，赢得消费者对产品的青睐。

二是荣誉策，即利用产品被授予的荣誉称号（如中华名果、名牌产品、无公害农产品、金奖等）开展宣传活动，吸引消费者和媒体的眼球，以达到传播的目的。

三是娱乐策，即经营行为从娱乐切入，让人感到轻松有趣，拉近了所提供的产品与消费者的距离。

四是体育策，即通过赞助体育活动来推广自己的品牌。体育活动已被越来越多的人所关注和参与，体育赛事也因而成为很好的广告载体。

五是新闻策，即利用社会上有价值的新闻，不失时机地将其与自己的品牌联系在一起，以达到借力发力的效果。

目前，事件营销理念在我国还比较落后，因此，当务之急是认清事件营销的重要性，树立事件营销理念，提高利用事件促销亚热带农产品的能力。

十、诚信营销

诚信是市场经济的基本信条，只有注重信誉的生产者、经营者，才能在市场竞争的多次博弈中获得最大利益。消费者要求的产品质量可靠，货真价实。在亚热带农产品产业进入全面的整体素质竞争的今天，生产者和经营者如果仅仅局限于推出一个品牌，依靠品牌争取消费者，一旦产品质量参差不齐，没有真正按标准销售，就会使消费者感到困惑和反感，让生产者、经营者失去市场口碑。另一方面，对极少数以假冒真、短斤少两的经营者，只能是自断财路。为此，广大亚热带农产品生产者、经营者必须树立诚信营销理念，做到货真价实，兑现承诺，童叟无欺。树立良好的口碑，诚信会为你的亚热带农产品事业书写一个新篇章。

第一节 亚热带农产品营销分析

营销分析是制订营销战略与策略的前提，进行营销分析需要事先开展营销调研，市场调研、营销分析、营销战略与策略制订及执行等构成市场营销整体内容。

一、亚热带农产品市场营销观念

市场营销观念是指营销活动及管理的指导思想，营销观念随着社会经济的发展和市场形势的变化而不断地变化，有 5 种营销观念。

1. 生产观念

即以生产为导向，以生产为中心，“以产定销”。生产观念产生和适用的条件是市场需求超过供给，产品不丰富，竞争少。生产者的任务是降低成本，提高生产效率，以扩大市场。

2. 产品观念

企业十分重视产品质量，认为只要产品质量好，就会有顾客，有市场，而忽视了市场需求。这种观念同样产生于商品经济不发达的年代。那么现代不怎么适用了，因为在当代如果产品不适应市场的需求，再好的产品，也卖不出去。

3. 推销观念

由于科技进步,科学管理和大规模生产的推广,商品产量迅速增加,产品生产由不足进入产品过剩,卖主之间市场竞争激烈。这种情况使企业认识到,企业不能只重视生产,消费者购买通常表现出一种惰性或抗衡心理,如果顺其自然的话,一般不会足量地购买某一企业的产品,因此必须大力推销及促销,企业才能生存和发展。

4. 市场营销观念

随着买方市场的形成和卖方竞争激烈,亚热带农产品生产企业应当首先研究消费者需求,消费者需要什么就生产什么,需要多少,就生产多少,以顾客的需要和欲望为导向。这种观念是企业发现需求并设法满足,而不是制造产品再设法推销出去,以顾客的需求作为基本出发点。

5. 社会市场营销观念

社会市场营销观念需要企业不但要考虑企业的利益,同时要关注消费者利益与社会利益,考虑整个社会长期的可持续性的发展。如是否有利于环境保护,是否有利于消费者身心健康,是否有利于社会文明等。所谓"绿色营销"就是一种重视生态环境的社会市场营销观念,是社会的一大进步。

需要指出的是,亚热带农产品生产与经营者需要的观念是社会营销观念,以市场需求为导向,兼顾企业、消费者及社会三方利益的动态平衡。

二、亚热带农产品市场营销环境分析

市场营销环境是指企业外部不可控制的因素和力量,这些外部因素和力量影响企业的生存和发展。现代企业处于社会大系统中,必然与外界各个构成因素发生联系。环境对企业产生重大影响,达尔文进化论观点"物竞天择,适者生存,不适者淘汰",就是生物与环境的关系。企业同样要适应环境,才能生存和发展,如果企业对环境不了解,预测不准确,不及时,不采取相应的战略和对策,对企业将会是十分不利的。

1. 亚热带农产品宏观市场营销环境分析

宏观环境是大环境,不单是对某个企业发生影响,对所有企业单位都会有影响。包括人口、经济、技术、政治法律、自然、社会文化环境等各个方面,企业受宏观环境的影响和制约。亚热带农产品生产经营单位需要分析人口因素的影响,了解人口规模与发展趋势,从而确定亚热带农产品的品种与数量;需要分析经济发展水平,了解消费者对亚热带农产品的购买能力;需要分析技术发展水平,及时利用先进的生产与经营技术;需要分析国家政策与法律,充分利用政策,运用法律手段保护自身权益;需要分析自然条件对企业生产与经营的影响;需要分析各区域市场文化特征,制订相应亚热带农产品的产品策略、价格策略、渠道与促销策略。

2. 亚热带农产品微观市场营销环境分析

微观市场营销环境包括企业本身、供应商、营销中介、顾客、竞争者、社会公众,微观营销环境对企业直接发生影响,所以又叫直接环境,企业同样受微观环境的影响和制约。分析企业内部营销环境,明确企业的优势和劣势,了解企业的资源状况和竞争能力;分析资源供应者,在选择资源的供应者时,尽量做到选择质优价廉、数量充足、交通便利、风险较少的供应者;分析营销中介包括分析中间商、物流公司、营销服务公司、财物中介等,选择合适的营销中介单位,协助企业进行亚热带农产品的销售、经销、促销等;分析顾客,了解购买亚热带农产品的目标顾客是谁、这部分顾客的分布区域、他们的需求特征、对产品有什么要求、他们的经济收入水平、他们的购买动机和购买行为与方式等；分析竞争者，了解竞争者是哪些单位或个人，分析其优劣势，以制定有针对性的亚热带农产品竞争战略与策略；分析企业内外部公众力量对企业的影响，设立“公共关系部门”，负责和处理与公众的关系，树立形象，促进营销。

分析营销环境，其目的是避开威胁，发现并利用机会，而利用机会需具备相应的条件。条件分析是将现有条件与利用机会所要求的条件进行比较，找出差距，并制定提高相应能力的措施。所需要的条件，可以从资金、技术、管理、人才、场地、设备、知名度、规模等方面加以考虑，看目前具备什么条件，利用这个机会需要什么条件，然后将二者进行对比，找出差距，加以解决。

亚热带农产品市场营销环境分析常用方法是 SWOT 分析法，S、W 分别代表企业内部的优势和劣势，表现在企业的资金、技术、设备、员工素质、市场营销、管理技能、组织结构、规模大小、研究开发能力、成本水平、盈利能力、负债能力、声誉、品牌形象等。O、T 分别代表企业外部的机会和威胁，表现在政策、原材料供应、中间商、技术、竞争状况、产品需求、顾客购买能力等。SWOT 分析方法经常用表格形式来体现(表 9-1)。

表 9-1 SWOT 分析表

	优势	劣势
企业内部条件	1. 2. 3. ⋮	1. 2. 3. ⋮
	机会	威胁
企业外部环境	1. 2. 3. ⋮	1. 2. 3. ⋮

在分析企业优势、劣势及机会与威胁的基础上，制定相应的营销战略与策略。

首先，规划企业现有亚热带农产品的投资组合，把企业的有限资源用于效益高和发展前景好的亚热带农产品上。对于企业现在生产的亚热带农产品，哪些应该继续生产、扩大规模、增加投资、增加生产量？哪些应该是维持原来的投资和生产水平？哪些应该减少投资、减少生产、甚至停产？以便合理分配资源，优化配置资源。规划现有亚热带农产品投资组合，可采用波士顿咨询集团法，用“市场增长率——相对市场占有率矩阵”来对现生产的亚热带农产品进行分类和评价，如图 9-1 所示。

市场增长率是指亚热带农产品本期销量比上一期增加的百分率，上图假设以 10% 为分界线。若本企业某亚热带农产品市场增长率大于 10%，说明市场增长率较高；若本企业某亚热带农产品市场增长率小于 10%，说明市场增长率较低。相对市场占有率是本企业某亚热带农产品市场占有率与最大竞争对手相比较的百分率，分界线为 1，若本企业某亚热带农产品相对市场占有率大于或等于 1，说明本企业该亚热带农产品在这一区域市场的市场占有率最高。

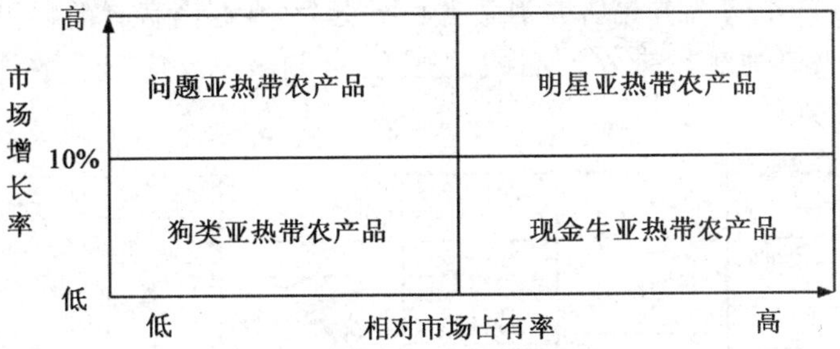

图 9-1 市场增长率-相对市场占有率矩阵图

企业在对所有亚热带农产品加以归类以后，考虑到企业各种亚热带农产品占整个企业销售额水平，就可以对不同类的亚热带农产品采取相应的战略：明星类亚热带农产品，采取维持或发展战略；问题类亚热带农产品，采取维持、发展、收割战略；现金牛亚热带农产品，采取维持、发展、收割战略，狗类亚热带农产品，采取收割、放弃战略。企业对某亚热带农产品究竟采用哪一种投资战略呢？关键是看将来的市场增长率，如果市场对某亚热带农产品需求持续增长，说明该亚热带农产品有良好的发展空间。此外，在考虑市场增长情况的同时，还应考虑此种业务或产品的年度销售额，成本费用水平，利润水平。通过多方权衡，决定哪一种亚热带农产品应该如何对待。战略的实施，通过投资来体现，最终达到优化资源配置的目的。

其次，规划企业成长战略。企业不但要考虑现有亚热带农产品该如何发展的问题，还需要考虑新的亚热带农产品发展问题，即规划企业未来的成长发展战略，它的选择有 3 种情况：①密集型成长战略。通过市场渗透、市场开发、产品开发实现成长。②一体化成长战略。通过后向一体化、前向一体化、水平一体化实现成长发展。③多元化成长战略。企业增加亚热带农产品种类，扩大企业的生产范围和市场范围，使企业的特长得到充分的发挥，企业的人财物资源得到充分利用，从而提高企业的经济效益。

三、消费者对亚热带农产品购买的心理与行为分析

1. 消费者购买行为模式

经过长期的营销实践，市场营销学家归纳出以下 7 个主要问题(7WH-7Os)(表 9-2)。

表 9-2 消费者购买行为的 7WH-7Os 模式

7WH	7Os
市场由谁构成？(Who)	购买者(Occupants)
购买什么？(What)	购买对象(Objects)
为何购买？(Why)	购买目的(Objectives)
购买活动有谁参与？(Who)	购买组织(Organizations)
怎样购买？(How)	购买方式(Operations)
消费者何时购买？(When)	购买时间(Occasions)
消费者何地购买？(Where)	购买地点(Outlets)

亚热带农产品生产经营者首先研究消费者购买行为，掌握消费者的购买习惯，然后通过各种营销活动，影响消费者的亚热带农产品购买行为。“刺激—反应”模式(图 9-2)是最有代表性的消费者购买行为理论。

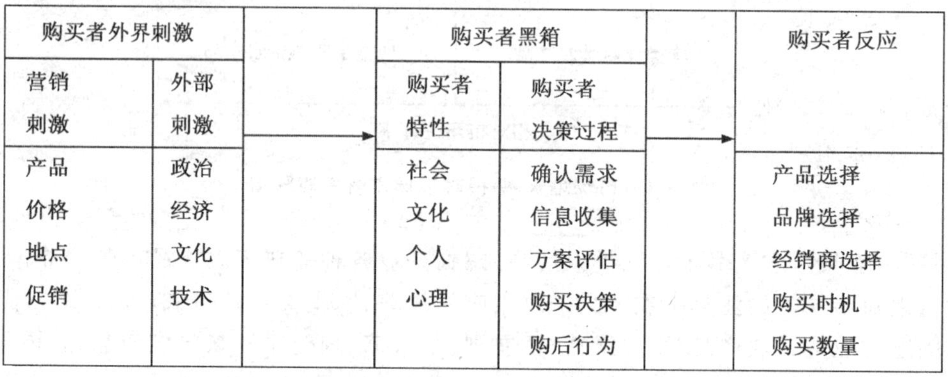

图 9-2　消费者购买行为“刺激—反应”模式

2. 影响消费者亚热带农产品购买行为的因素

影响消费者购买行为的因素基本可分为：内在因素、外在因素和企业市场营销因素。内在因素与外在因素之间也相互作用和相互影响。消费者购买行为在很大程度上要受到文化、社会、个人和心理等因素的影响。消费者所处区域文化的不同，社会经济地位不同，个人的购买心理的不同，那么对亚热带农产品选择的品类、数量、质量等各方面的要求不一样，企业需要分析影响消费者购买亚热带农产品的影响因素，从而制定合适的营销战略与策略。

3. 消费者亚热带农产品购买决策过程

不同的消费者购买过程的差异性或特殊性，但是消费者的购买过程也有其共同性或一般性，西方营销学者对消费者购买决策的一般过程作了深入研究，提出了 5 阶段模式(图 9-3)。

图 9-3　消费者购买决策过程 5 阶段模式

亚热带农产品生产经营者需要考虑的是如何根据消费者购买过程，运用相应的营销手段影响消费者购买，从而达到扩大亚热带农产品销售目的。

四、亚热带农产品市场营销调研

市场营销调研是指运用科学的方法，有目的、有计划，系统地收集、整理、分析、研究有关市场营销方面的信息，提出解决问题的建议，供营销管理人员了解营销环境、发现机会与问题，作为市场预测和营销决策的依据。

1. 亚热带农产品市场营销调研的作用

(1)有利于企业确定亚热带农产品生产、销售数量。通过营销调研、掌握有关资料情况，从而了解和分析亚热带农产品市场，明确亚热带农产品市场需求现状及变化趋势，市场规模大小，竞争激烈程度、竞争格局，了解消费者购买意向和购买行为，从而确定亚热带农产品的生产与销售数量。

(2)有利于企业制定正确的市场定位战略与竞争战略。通过市场调研，了解营销环境现状及发展趋势，环境的机会和威胁，正确分析市场需求情况与竞争情况，根据企业现有的资源、实力、条件，制定正确的市场定位战略与竞争战略。

(3)有利于企业制订正确的营销组合策略。营销组合包括：产品、价格、渠道、促销4个方面。根据市场营销调研得来的信息资料，明确企业应生产经营什么样的亚热带农产品，才能更好地满足消费者需求，扩大销售；制定合理的亚热带农产品价格水平；采用合适的亚热带农产品销售渠道；运用合理的促销方式促进亚热带农产品销售，优化营销组合4个要素。

(4)有利于开拓新市场。通过市场调研，可以发现新的市场需求，企业据此可以设法生产经营新的亚热带农产品，以进入新的市场领域，或者利用老产品开拓新的市场。

2.亚热带农产品市场调研的主要内容

(1)亚热带农产品品类调研。根据顾客需求情况，调查企业应生产、销售什么亚热带农产品，产销量如何，企业是否具有相关生产经营条件。

(2)亚热带农产品价格调研。根据亚热带农产品的供求情况、竞争情况、产品成本费用水平、消费者购买力大小，来确定产品价格水平。

(3)亚热带农产品分销渠道调研。企业应通过什么样的分销渠道将亚热带农产品销售出去而开展的调查。

(4)亚热带农产品促销调研。企业应采用什么样的促销方式(广告、推销、销售促进、公共关系)或其如何组合来促进亚热带农产品的销售，开展相应的调查。

(5)亚热带农产品营销环境的调查。对宏观营销环境及微观营销环境的调查，从而发现机会，避开威胁，发挥优势，克服劣势，制定正确的营销战略与策略。

3.市场营销调研步骤

一项市场调研从开始制订计划到最后写出市场调查报告，需要经过以下环节。

(1)制定亚热带农产品调研计划。调研计划一般包括如下内容：①调研目标。这次调研要达到什么样的目标，解决什么问题。②调研对象。对哪些人或哪些单位开展调查，调查对象一般与产品的销售对象是一致的，产品卖给哪些顾客群体就向哪些顾客群体开展调查。③调研区域。即在哪些地方开展调查，调查区域一般应与产品的(或业务)的销售区域一致，产品在哪里卖，就在哪里调查。④调研方法。本次调查适用什么样的调研方法，可分为以下几类：第一，观察法。调查人员亲自到购买产品的销售现场去观察，通过观察了解情况，收集资料，做好相应的观察记录。第二，访问法。调查人员亲自访问被调查对象，具体又包括面谈法、电话询问法、问卷调查法等。第三，实验法。新产品上市或老产品打入一个新的市场需要产品的试销，常用此法，通过试销，看市场的反映。上述3种方法主要是指收集第一手资料的方法，此外还有收集第二手资料的方法，比如通过报纸杂志、网上、图书馆、统计部门、管理部门、计划部门等收集资料。⑤调研预算。开展这次调查，总共需要花费多少钱，具体项目包括很多方面，比如人工费、差旅费、宣传费、打印费等，所有的费用全部加总需开支多少。

(2)实施调研计划。调研计划作出来以后，要将其付诸行动，企业派出相应的人员到相应的地方，对相应的单位或个人开展调查，或通过相应的媒体，收集相关的信息。

(3)收集相应材料并分析材料。资料收集回来以后，可以说是杂乱无章，这就需要将有关资料作取舍、归类、整理、并加以分析，提炼出对决策有用的信息。

(4)写出市场营销调研报告。营销调研人员将经过整理加工的信息进行汇总，运用有关的营销理论知识及其他方面的知识，结合所收集的材料，写成一份市场调研报告。市场调研报告写好以后，将报告呈交给企业管理决策的相关人员，决策者据此加以分析，并作出科学的决策。

案例 2　广西特色亚热带农产品

广西属亚热带气候区，气候温和，雨量充沛，光能丰富。全自治区年平均气温 16～23℃，无霜期长达 300 d 以上，年日照 1 400～1 800 h，年降雨量 1 000～2 800 mm。最冷的 1 月份平均温度 5.5℃，最热的 7 月份平均温度 23～29℃；5～9 月份是广西的雨季，降水量约占全年的 75%。

广西是一个天然的温室，适合多种热带亚热带作物生长，既有热带香蕉、菠萝、剑麻、木薯、芒果、木瓜等；也有亚热带甘蔗、荔枝、龙眼、柑橘类等；还有温带桃、李、梨、梅等。广西的桂北、桂中以宽皮橘、甜橙、沙田柚为主；桂东南以荔枝、龙眼、香蕉为主；右江河谷以芒果为主。

广西亚热带产品品种不但丰富，而且品质上乘。在历届全国农业博览会上，广西的灵山香荔、桂味荔枝、香山鸡嘴荔、田阳香芒、平南石硖龙眼、鹿寨碰柑等亚热带农产品获得金质奖。中国特产之乡命名活动组委会授予灵山县、桂平市、北流市为“中国荔枝之乡”称号，博白县、大新县为“中国桂圆之乡”称号，田阳县、百色市、田东县 为“中国芒果之乡”称号，恭城县 为“中国碰柑之乡”和“中国月柿之乡”称号，容县为“中国沙田柚之乡”称号，浦北县为“中国香蕉之乡”等。

广西生产的罐头、蜜饯果脯、果汁饮料等系列产品畅销于国内外市场。著名的有菠萝罐头、荔枝罐头、龙眼罐头以及干果食品荔枝干、龙眼干、柿饼等，特别是广西桂圆肉备受消费者喜爱。广西是亚热带农产品大省。有着十分丰富的热带、亚热带农产品资源，发展亚热带农产品的前景十分广阔。面对加入世贸组织和西部开发的良好机遇，广西正进一步优化水亚热带农产品种结构，着重扩大优质亚热带农产品早熟品种和晚熟品种的种植面积，扩大时令亚热带农产品和加工品种的比重，提高亚热带农产品品质，为市场提供更多更好的优质亚热带农产品。

广西亚热带农产品丰富，质量优良，面对激烈的竞争环境，如何开展有效的营销？

第二节　亚热带农产品市场定位战略

消费者是一个庞大而复杂的群体，不同的消费者由于消费心理、收入水平、文化背景、地理位置、资源条件等方面差别，其对亚热带农产品消费需求具有一定的差异性。对于亚热带农产品生产经营者而言，应该通过市场调研，将消费者划分为需求不同的基本群体，结合自身的资源条件将某些消费者群体作为本企业的目标市场，制定相应的市场营销定位战略。

一、亚热带农产品市场细分

市场细分是指将一个大市场划分为若干个小市场，每个小市场需求特征相同或相似，每个小市场可看作是一个细分市场。

1.亚热带农产品市场细分依据

亚热带农产品市场细分的依据，总体来说是需求的差异性，一般有4个细分标准。

(1)地域细分　即根据消费者所处的地理位置来细分。按地域来细分又可以从不同的角度来考虑，比如如果亚热带农产品在全世界范围内销售，可初步划分为亚洲市场、非洲市场、欧洲市场、南美和北美市场；如果亚热带农产品在整个中国销售，可初步划分为南方、北方、东部、西部、中原市场；按气候考虑可分为南方、北方、中原市场；按经济状况可分为农村、城市市场；按与国外接壤位置可分为沿海和内地市场等。处于不同地区的消费者，他们的自然气候条件、传统文化、生活习惯、经济发展水平等方面不同，那么他们对亚热带农产品的需求存在不同、对价格的接受能力、对各种营销刺激也不一样。按地域细分市场，其目的是明确本企业业热带农产品的销售地区。

(2)人口细分　按人口细分是一个多变量细分办法，比如按性别分有男性市场和女性市场；按年龄分有儿童、少年、青年、中年、老年市场；按收入水平分有高、中、低收入水平，分别对应不同购买力的顾客群体。人口细分是一个多变量细分法，企业同时结合几个变量来细分市场，使企业的目标顾客群体更进一步明朗化。虽然亚热带农产品所适应的消费者群体具有一定的普遍性，但不同性别、不同年龄、不同收入水平的消费者，对亚热带农产品需求还是存在一定的差异性。按人口细分，其作用是明确产品的具体销售对象。

(3)心理细分　构成消费者心理的因素有很多，比如社会阶层、生活方式、个性、价值观念、生活格调、追求的利益等。即使同在一个地理区域、同年龄、同性别、同收入水平、同民族、同宗教、同文化层次、同职业等，但对于不同的人，他们的消费心理也有明显的不同，更不用说处在不同的社会阶层、不同的经济地位、不同的文化层次等，购买心理的不同了。根据心理细分，主要是考虑消费者的消费个性，亚热带农产品生产经营企业根据消费者的个性差别来塑造出有个性的品牌。

(4)行为细分　不同的消费者，有不同的购买行为。对于消费者购买亚热带农产品行为的细分，可以从消费者购买时机、寻求的利益、对品牌的忠诚程度、使用频率、购买数量等几个方面来考虑。企业可以将具有类似购买行为的消费者划分为一个群体，作为一个细分市场，有针对性的制订营销策略。

2.亚热带农产品市场细分的原因、作用与条件

(1)亚热带农产品市场细分原因　为什么需要对亚热带农产品市场进行细分？其原因主要有：消费者对亚热带农产品需求存在差异性、买方市场的形成和卖方竞争激烈、企业资源的有限性。

(2)亚热带农产品市场细分作用　实施亚热带农产品市场细分，有利于企业发现亚热带农产品生产销售机会，有针对性地制定投资战略，有针对性地制定产品、价格、渠道与促销策略，从而提高竞争能力。

(3)亚热带农产品市场细分条件　亚热带农产品市场细分是否有效，主要看4个方面因素：一是市场细分后的细分市场容量大小是否可估算；二是是否在有关政策的许可范围内；三

是是否可带来一定的经济效益；四是企业是否有条件实施。

二、亚热带农产品目标市场选择

目标市场是指企业希望占领的细分市场，或者说是企业希望为之服务的目标顾客群体。企业确定自己的目标市场是在市场细分的基础上才能确定的，企业先对市场进行合理的细分，考虑营销环境的需求与竞争等情况，然后结合本企业的资源、实力、条件，选择自己的目标市场。

1.选择亚热带农产品目标市场的模式

(1)市场集中化　亚热带农产品生产经营企业向某一单一的细分市场，提供单一类别的亚热带农产品。

(2)产品专业化　亚热带农产品生产经营企业生产经营单一的亚热带农产品向各个细分市场上提供。

(3)市场专业化　亚热带农产品生产经营企业针对某一细分市场的目标顾客群体，提供多种亚热带农产品。

(4)选择专业化　亚热带农产品生产经营企业针对不同的目标市场提供不同的亚热带农产品。

(5)市场全面化　亚热带农产品生产经营企业生产经营多种亚热带农产品，满足所有顾客群体的需要。采用此模式的条件是资源雄厚的大企业。

2.选择亚热带农产品目标市场的战略

(1)无差异营销战略　指企业不进行市场细分，把整个市场作为自己的目标市场，采用单一的营销组合策略的一种营销战略。采用此战略的优点：节约成本，取得规模经济效益。因为生产经营的品种单一，批量大，可节省市场调研、生产、销售、广告、促销等各方面的费用，从而可以降低成本，提高盈利水平。由于产品差异性小，那么可以将规模做大一些，以降低单位产品的成本，取得规模经济效益。

(2)差异营销战略　指企业先进行市场细分，即将大市场划分为若干个小市场，然后根据企业的资源实力，选择几个细分的子市场，作为本企业的目标市场，在不同的细分市场上生产经营不同的产品，采用不同的营销组合策略。采用此战略的优点是较大限度地满足不同的消费者需求，提高产品的竞争能力。缺点是成本大。

(3)集中营销战略　指企业将整体市场划分为若干个小市场后，只选择其中某一细分市场作为目标市场，并制定一套相应的营销组合策略。采用这种战略的目的是集中企业资源，在这一个细分市场上占有较大的市场份额，而不是在整个大市场上占有较少的市场份额。

三、亚热带农产品市场定位

市场定位是指塑造本企业产品在目标顾客群体心目中的形象和地位。市场定位的核心是特色、个性、与众不同，即保持本企业产品的差异化，能给顾客留下深刻的印象。

1.亚热带农产品市场定位方法

(1)亚热带农产品差异化　可从亚热带农产品的品类、质量、价格、分销渠道、营养成分、口味、功能、顾客群体、广告等方面打造其差异化。

(2)服务差异化　为顾客提供良好的售前、售中、售后服务，以区别竞争者，创建服务特色，吸引顾客。

(3)企业形象差异化 企业通过树立良好的企业形象,赢得顾客信赖。

2. 亚热带农产品市场定位步骤

(1)分析谁是本企业的竞争对手及它们的定位状况。从生产经营同类亚热带农产品及非同类亚热带农产品的企业来分析,看谁是本企业的竞争对手,竞争对手是如何定位的,它们竞争优势与劣势是什么,营销策略是什么。只有搞清楚竞争对手的定位情况,才知道自己企业该如何做。

(2)识别本企业竞争优势。企业定位成功,一定要考虑到其拥有的竞争优势。企业的竞争优势最终体现在两个方面:成本优势和产品差别优势。成本优势是对于同一种产品而言,本企业的产品有关成本比其他竞争企业要低。具有成本优势的企业,产品具有价格竞争优势,可以扩大产品的销售,提高市场占有率。差别优势是企业能提供与竞争对手不一样的具有差异性的亚热带农产品。无论成本优势还是产品差异化优势,都是建立在企业的资源、规模、技术、管理、文化等内部条件的基础上。

(3)建立企业核心竞争优势。企业的优势是逐渐形成的,当企业发展到一定程度,就会形成核心竞争优势。核心竞争优势是本企业明显超过竞争对手并且消费者以为是比较重要的一些方面。核心竞争优势可表现在多个方面,比如先进的生产技术、强大的技术研究开发、强大的营销网络和营销方式、高素质的人才、强大的资金支持、悠久的经营管理经验等。

(4)传播竞争优势。企业拥有了竞争优势,还需要有效的传播,促使消费者认识、了解、喜欢本企业及本企业的产品。树立企业形象和产品形象,区别竞争者。

第三节 亚热带农产品营销策略

案例3 亚热带农产品营销方法与技巧

目前,亚热带农产品营销问题已成为影响发展的瓶颈。许多亚热带农产品卖不出去,或卖不上好价钱。没有科学的销售方法,亚热带农产品就难以卖出去或难以卖一个好价钱,甚至优质也不能优价。

一、亚热带农产品营销方法现状

目前,亚热带农产品生产经营者所采用的营销方法基本上有两种:一种是“守株待兔”,就是将亚热带农产品收获以后放在家里,等着客商上门收购;另一种是“提篮小卖”,就是走街串巷地销售亚热带农产品。目前亚热带农产品营销的方法至少有1 000多种。很多大学都专门设有市场营销专业。市场营销已成为一门体系化的科学。而农民对诸多的科学方法基本上都不了解,更谈不上掌握和运用。落后的营销方法严重制约了亚热带农产品的销售和增收。

二、亚热带农产品营销的方法

业热带农产品营销的方法有上十种之多,这里只能介绍其中几种,供大家参考使用。

(1)对比法。就是将不同质量的亚热带农产品放在一起,用不同的价格进行销售,以满足不同收入水平的消费者,并实现优质优价。

(2)网络信息法。通过在网上搜集和发布信息,销售亚热带农产品。

(3)价格法。通过制定合理的价格促进亚热带农产品销售。而价格水平的高低主要是看当地消费者的收入水平及由此产生的购买力。

(4)品尝法。对于果品之类的亚热带农产品,通过让消费者品尝认可,将亚热带农产品卖出去。

(5)找准市场。不同的地域和不同收入水平的消费者对亚热带农产品有不同的要求,每个亚热带农产品生产者都要找准自己亚热带农产品的市场。只有这样,才能将自己的亚热带农产品很好地卖出去。

三、亚热带农产品销售技巧

亚热带农产品销售技巧也有许多种,下面列举几例:

(1)转变用途。通过转变亚热带农产品用途达到促销的目的。某市郊农民种了 3 亩酸梅,每千克只能卖 8 元左右,1 亩地收入 3 000 多元。后来转变用途,将果园租给城里的中小学生,将果园变为学生了解生物、熟悉生物、参与劳动的场所,亩收入超过 1 万元。

(2)赋予文化。给亚热带农产品赋予文化内涵,提升亚热带农产品档次和品位。

(3)富售于乐。在休闲娱乐中将亚热带农产品卖给销售者。一果农通过让消费者在果园里自采自吃,不仅将产品卖出去了,而且收入增加了1倍。一农民让消费者从种到收的各环节均可参与,然后再吃自己生产的产品,收入增加了10倍。

(4)创造需求。某新的亚热带农产品本来没有需求,通过引导,创造出该亚热带农产品的需求。如市场上本无方形西瓜,也无方形西瓜的需求,然而某地一农民探索种出方形西瓜,价格是圆形西瓜的几倍。

(5)引导消费者。通过引导消费者的消费方式,将亚热带农产品卖出好价钱。如国外许多发达国家通过引导消费者喝果汁,拉动了产品的需求,促进了产品销售。

上述只列举了部分亚热带农产品营销方法,如何系统地构建亚热带农产品营销策略?是值得研究的问题。

产品策略、价格策略、渠道策略、促销策略等组合及其运用构成营销组合策略,营销组合策略是在进行营销分析与制定营销战略的基础上才可以确定的,否则营销策略是缺乏依据的。

一、产品策略

1. 产品整体概念

(1)核心产品　核心产品是指是满足顾客需要的核心内容,是顾客所需购买的实质性的东西,即产品最基本的性能与利益。如顾客购买亚热带农产品是为了食用,增进身体健康,或是走亲访友。现在有些亚热带农产品热销,是因为它符合现代人们追求营养丰富、口感好、天然、无公害亚热带农产品的需求。

(2)形式产品　指产品外在性的,可以看得见的部分,包括品质、式样、商标、包装等。形式产品在一定程度上起到美化产品及传递品质的作用。

(3)附加产品　指消费者购买产品所得到的各种附加服务与利益,例如送货、贮存、保养、咨询、技术培训、提供各种信贷等。

产品整体概念告诉我们什么道理?企业不但要注重产品的品质性能要好,同时要注重外观、款式,还要提供良好的服务,如果这 3 个方面都做得好,就是一种好的产品。

2.优化产品结构

企业生产经营多类及多种亚热带农产品,各品类亚热带农产品的赢利水平及发展前景不同,需要对现有亚热带农产品进行优化组合。其思路是增加或减少亚热带农产品的品类或品种,究竟是增加或是减少呢?主要从市场需求、竞争状况、盈利情况、企业资源、发展前景等方面加以评价。

3.新产品开发

新产品开发是企业的生命线,能体现企业的活力;新产品开发是企业保持其市场竞争优势的重要条件,衡量企业是否具有竞争力的一个重要因素就是看企业是否具有持续推出新产品的能力;新产品开发有利于企业充分利用企业资源;新产品开发有利于企业提高经济效益和社会效益。所以,企业应重视新产品的开发,做到生产一代、设计一代、研制一代、开发一代。

亚热带农产品生产经营企业必须重视新产品开发工作,利用先进的技术不断推出新型亚热带农产品。组建研发团队,提供资金支持,做好研发、产品试销、设计营销组合策略、商业投资、效益分析等方面的工作。

4.建立品牌

品牌是由产品名称、文字、标记、符号、图案及颜色等要素构成的集合,是本企业的产品区别于其他竞争产品的一个标志。品牌是由品牌名称与品牌标志两部分构成。

(1)品牌的作用　品牌对营销者的具有以下作用:注册的品牌受到法律保护,同时约束经营者的不良行为;有助于市场细分与定位、树立品牌形象、促进产品的销售;有利于建立稳定的顾客群体和用老品牌带动新产品上市;品牌是一种巨大的无形资产,是一种知识产权。品牌对消费者的具有以下作用:便于消费者识别和选购商品;有利于保护消费者利益;促使企业改良产品,有利于消费者。亚热带农产品一旦建立起品牌,无疑能大大促进亚热带农产品的销售。

(2)品牌命名与方法　亚热带农产品不但要求品质好,同时需要配上一个好的名字。品牌命名与设计应坚持:醒目易记、暗示功效、富含情感、避免雷同、超越时空、富有创意等方面的原则。品牌命名方法有多种,如产地命名、人物命名、寓意命名、企业名称命名、生产方法命名、效用命名、外形命名、译名命名、夸张命名、产品成分命名等。就亚热带农产品而言,多数采用产地命名,体现产品正宗、质量好。

(3)品牌策略　包括品牌有无策略、品牌归属策略、品牌统分策略等。

①品牌有无策略　即产品是否启用一个名字的问题。比如产品没有名字,有好的一面,也有不好的一面。好的一面,例如节省有关费用,可减少市场风险;不好的一面,没有名字,消费者如何能记得住?企业如何建立知名度?产品有一个名字,有利的一面和不利的一面与前面刚好相反。

②品牌归属策略　即商品的品牌是使用谁的牌子的问题。有以下 3 种情况可供选择:使用制造者牌子,产品由谁生产,就使用谁的牌子。使用中间商牌子,生产企业将产品卖给中间商,中间商启用自己的名字。一部分使用生产者牌子,一部分使用中间商牌子。

在我国,产品牌子使用生产者的牌子居多,很少使用中间商牌子的。一些超市里面销售的亚热带农产品,有部分没有名字或起用中间商品牌名称。此外,现实中还存在授权品牌这一现象。

③品牌统分策略　有以下几种策略可供选择:统一品牌策略。企业所生产的一切产品都使用同一品牌名称。其优点是推出新产品可以省去命名的麻烦,可节省大量宣传广告费;用本

企业出名的产品带动新产品的上市;显示企业实力,树立企业形象。其缺点是某种产品的失败会影响到本企业整个品牌的形象。另外,质量不同的产品,难以区分。个别品牌策略。企业每种产品使用不同的品牌名称和标志。其优缺点与统一品牌策略刚好相反。分类品牌策略。如果企业生产的产品比较复杂,分许多大类,且各大类的产品有关用途相差很大,最好是使用分类命名的办法。不同类别的产品,名称不一样,同一大类的产品,名称相同。品牌扩张策略。指企业利用成功的品牌声誉来推出改良产品或新产品。但品牌扩张是一把双刃剑,若新推出的产品不够好,就会影响到原来产品的形象。

案例 4　广西亚热带农产品需打造强势品牌

广西地处亚热带,气候温和,雨量充沛,亚热带农产品资源尤为丰富,是名副其实的亚热带农产品之乡,广西亚热带农产品种植面积及总产量名列全国前茅。

虽然这些年来,广西亚热带农产品发展已取得了长足进步,但集约化经营水平低,包装水平低,加工能力不足,营销手段落后,品牌力弱,这些问题仍严重阻碍了广西亚热带农产品畅销全国。另外,受到国外优质高价品牌亚热带农产品冲击,更让广西亚热带农产品业面临严峻挑战。为了保障广西亚热带农产品畅销全国,广西亚热带农产品可以从以下 3 个方面入手,打造强势品牌,促进营销升级。

一、借助地域品牌优势

广西是一个天然的温室,适合多种热带亚热带作物生长,如甘蔗、木薯、剑麻、八角、香蕉、菠萝、芒果、番木瓜、荔枝、龙眼、柑橘、桃、李、梨、梅等,广西的这些名优产品大多已蜚声于中国,在消费者中占据了良好的心智资源。跟新疆哈密瓜、烟台苹果、阳信鸭梨、广东茂名荔枝、安徽砀山酥梨、山东沾化冬枣、浙江黄岩蜜橘、广东徐闻菠萝、浙江奉化水蜜桃、陕西周至猕猴桃等众多亚热带农产品一样,广西亚热带农产品也具有地域品牌优势,所以广西在塑造水亚热带农产品牌时,不能放弃地域品牌优势,而应大加利用,将地域品牌作为自己走向全国的一张重要"名片"。

但是,广西亚热带农产品在依靠地域品牌优势的同时,还必须塑造企业和产品自身的品牌。很多地方的亚热带农产品只停留在地域品牌的层次上,还没有在地域品牌的基础上迈出更为关键的一步,做出更具唯一性的产品品牌和企业品牌。这不仅容易造成鱼目混珠的以假乱真现象,例如,不论哪里产的柚子,一律宣传自己是广西"沙田柚",不论哪里产的龙眼,也纷纷标榜自己出自广西;也容易遭遇"一荣俱荣、一损俱损"的尴尬处境,一旦某个区域的个别亚热带农产品商出问题,整个地区的果农和商贩都将受到牵连。这些都极不利于广西亚热带农产品产业的健康持续发展。

因此,广西的亚热带农产品企业或地方政府必须竭尽全力,充分利用广西亚热带农产品拥有的消费者心智资源,及时改变"地域品牌"一统天下的局面,创造性地整合其他相关资源,跳出地域品牌,打造更多的亚热带农产品企业品牌和亚热带农产品产品品牌,从而更有效地增加果农收入,带动地方经济发展。

例如,这几年来,广西也在这方面做了很大努力,改变了过去的传统种植和采后商品化处理方法,创造出了"桂越"、"通天"两个比较知名的香蕉品牌,创造了"灵龙牌"、"健美乐牌"、"碧水牌"、"龙武牌"等知名荔枝品牌,创造了"华丰"储良龙眼品牌等。这些亚热带农产品牌的渐渐崛起给广西带来了很大的收益,果农也因此增收不少。

二、政府和企业携手共进

地方政府掌握着最大最丰富的资源，能够更有效地整合资源，引导企业快速发展。因此，企业要塑造亚热带农产品品牌，应该努力与地方政府密切合作，借助地方政府相关部门的力量和资源，各尽所长，共同来塑造品牌。例如，广西政府和亚热带农产品企业可以联合建立一套公正、自由、品质高、信誉好并且具备强大资金保障体系的亚热带农产品交易与流通基地系统，推行实施与国际接轨的中国亚热带农产品标准，逐步提高广西亚热带农产品在国际亚热带农产品市场的竞争能力，从而在国际市场提升广西水亚热带农产品品牌，大幅度提高广西经济水平。

三、深入挖掘品牌资源

一个亚热带农产品品牌的壮大是需要过程的，广西要成功打造亚热带农产品品牌，就必须对地域文化以及地域亚热带农产品的"发展史"掘地三尺，不放过任何一粒有价值的"贝壳"，然后再结合亚热带农产品品牌远景，有计划、有步骤地向目标受众展示，一步一步提高亚热带农产品品牌知名度和美誉度。广西亚热带农产品企业也可以通过挖掘广西亚热带农产品的历史和文化，以及相关的种植环境、价值等，制造"品牌典故"，内外兼修，做精立体化传播，但又要及时跳出广西地域品牌"枷锁"，跨入更广阔的品牌发展空间。这样就能逐步增加广西果农的收入，有效促进广西经济的发展。

打造广西亚热带农产品品牌，如何构建系统的品牌策略？如何运作亚热带农产品品牌？

5.包装策略

包装指产品的容器或包装物及设计装潢。它是产品整体中一个不可分割的部分，属于形式产品。产品包装一般有3个层次：内包装、中层包装、外包装。包装的作用有保护商品的使用价值、便于经营与消费、便于识别产品、促进销售、增加盈利。

包装需要遵循安全；便于运输、保管、陈列；美观大方、独具特色；包装与商品价值和质量水平相匹配；符合当地传统；合法；真实无欺；时尚等方面的原则。

包装策略可采用统一包装、分档包装、配套包装、再使用包装、附赠品包装等多种策略。

亚热带农产品营销，应特别重视包装，优质亚热带农产品一旦配上好的包装，身价倍增。

二、价格策略

1.影响定价的因素

影响亚热带农产品定价因素包括两大方面，一方面是企业内部因素，如企业经营目标、产品成本、企业营销组合策略、企业定价者等；另一方面是企业外部因素，如市场竞争结构、市场需求、竞争者价格水平、一些宏观经济因素等。

2.定价方法

亚热带农产品定价有3种导向，即成本导向、需求导向、竞争导向。

(1)成本导向定价法

①成本加成法　指产品的价格是在成本的基础上加上适当的利润。

出厂价格＝单位产品成本费用 ＋ 单位产品利润

＝ 单位产品成本费用×(1 ＋ 成本费用利润率)

单位产品成本费用可以准确地确定。单位产品利润及成本费用利润率是估计数，根据本企业过去利润水平、现在盈利目标、市场需求及竞争情况、产品价格弹性、竞争者产品价格水平等来确定。

②目标利润定价法

$$\text{利润}=\text{价格}\times\text{销量}-(\text{固定成本}+\text{单位产品变动成本}\times\text{销量})$$

$$\text{即}\quad E=pX-(a+bX)$$

则可以求出产品的价格。

这一定价法，有一个明显的缺点，先确定销售量，再确定产品的价格，而事实上，价格是影响销售量的一个重要因素。

③保本定价法　保本即利润为零，由上述公式得 $E=0$，可以求出产品的保本价格。

(2)需求导向定价法　需求导向定价法是根据购买方对产品价值的理解和需求强度来确定产品价格水平，而不是根据成本费用水平来确定。消费者认为某种产品价格在什么水平，可以接受，他就决定购买，否则他就不买。

(3)竞争导向定价法　随行就市定价法。指企业按照现行平均价格水平来定价。在以下3种情况下企业采用随行就市定价法：①难估算成本；②本企业打算与同行和平共处；③如果另行定价，很难了解购买者和竞争者对企业价格的反应。这是大多数企业所选用的定价方法，为了减少市场风险，往往跟着市场走。随行就市定价法不适合异质市场，产品本身具有差异，则价格也会有差异。

投标定价法其过程大体如此：招标单位在报刊或其他媒体登广告，或发出函件，说明拟采购商品和品种、规格、数量等具体要求，邀请供应商在规定的期限内投标。某供货单位如果想得到这笔生意，就在规定期限内填写标单，上面填明可供应商品的名称、品种、规格、数量、价格、交货日期，密封送给招标单位，这叫投标。投标价格是根据竞争对手投标的估计制定的，而不是根据供货企业的成本费用和市场需求来确定的。供货单位为了得到合同，报价应低于竞争对手。报价要合理，报价很低，可能会得到合同，但不可能赚多少钱；报价很高，可能得不到合同。招标单位在规定的日期内开标，选择报价最低的，最有利的供应商成交，签订合同。

3.定价策略

(1)新产品定价策略

①撇脂定价　又叫高价法，新产品上市，以较高的价格投放于市场。其目的是企业迅速收回投资，争取多盈利。采用高价投入策略，需具备以下条件：产品新颖程度高；有相当数量的高购买力群体；竞争者短期内难打入市场。优点是可迅速收回投资、多盈利；便于以后在竞争激烈时调低价格；树立高档的新产品形象。

②渗透定价　又叫低价法，新产品上市，价格定得较低，以吸引大量顾客；迅速占领市场，得到较大的市场份额。采用低价投入策略需具备以下条件：顾客对价格敏感。价格过高，会大大降低产品销量；产品成本一定能随规模的扩大明显下降。优点是迅速增加销量，占领市场，防止竞争者加入，薄利多销，从长远考虑获利水平。

(2)老产品定价策略(价格调整)　调整的策略主要有以下几种：

①折扣与折让定价　俗称商品价格打折，是一种最常见的促销方式。包括现金折扣、批量折扣、功能折扣、季节折扣、折让。这些是亚热带农产品定价常用方法。

②地区定价策略　产品定价主要考虑地域因素，可分为原产地定价、统一交货定价、区域定价、基点定价、免收运费定价。

(3)心理定价策略 产品定价主要考虑顾客的购买心理，包括声望定价、尾数定价、招徕定价。

(4)差别定价 对同一种产品，规定出两种或多种不同价格。这种差价，不表明产品成本的不同或其他差异，而是根据不同的顾客、时间、场合，确定不同的价格。差别定价又称之为价格歧视。

三、渠道策略

1.销售渠道含义及作用

销售渠道指产品从生产企业到消费者(用户)所经过的所有组织单位或个人。这些组织与单位就是中间商。

销售渠道的作用有信息传递，使企业产品能打入广阔的市场，促使资金周转，减少风险等。

2.销售渠道模式

亚热带农产品的销售渠道模式，一般是：生产企业→总经销商→二批商→三批商→零售商→消费者，或者：生产企业→销售分公司→二批商→三批商→零售商→消费者。

3.销售渠道长度与宽度

渠道长度指产品从生产企业到消费者所经过的中间环节数目的多少。

渠道宽度指同一级渠道中间商数目的多少及每个中间商覆盖的区域有多宽。渠道宽度有3种情况：

(1)密集分销 多利用中间商分销，使渠道加宽。优点：产品进入广阔市场、覆盖面宽；缺点：竞争激烈、难以管理与控制、分销商忠诚度低。

(2)独家分销 生产企业在某区域只选定一家中间商经销或代理，实行独家经营。制造商通常规定分销商不得经营竞争者的品牌。优点：有利于树立制造商形象、便于管理与控制；缺点：不利于竞争且易形成垄断、市场覆盖面窄、分销商所要求条件高。

(3)选择分销 介于上述密集分销和独家分销之间，制造商有条件的精心挑选几家中间商来分销。这是一种常见的分销形式。优点：比独家分销面宽，有利于扩大销路，开拓市场，展开竞争；比密集分销易于控制，不必分散太多精力。有条件地选择中间商，有利于加强彼此之间的长期合作，使中间商努力推销本企业的产品。

影响销售渠道长度与宽度的因素可概括为表9-3。

4.构建销售渠道模式的原则

构建销售渠道模式的需遵循如下原则：产品快速流动原则、全面覆盖原则、低成本原则、便于管理原则。

5.选择渠道成员

亚热带农产品的销售一般需要通过中间商销售，在选择中间商时，主要考虑的因素是中间商的成本、资金、市场表现、信誉、管理水平及位置等。

6.销售渠道变化趋势

亚热带农产品的销售渠道变化将呈现以下趋势：渠道结构扁平化、市场重心下沉、渠道建设由交易型向伙伴型转变、商流与物流及信息流速度加快、利润空间越来越少、多种销售模式可能同时存在于一个企业当中。

表 9-3 影响销售渠道长度与宽度的因素

产品因素	单位价值	单价低——渠道长而宽;单价高——渠道短而窄
	大小与重量	产品大、重——渠道短
	耐腐性	易腐、需保鲜——渠道短
	技术与服务	产品复杂——渠道短
	流行性	流行性产品——渠道短
顾客特征	顾客分布	顾客分布广——渠道长;顾客集中——渠道短
中间商特征	中间商实力	实力强——渠道窄;实力弱——渠道宽
	中间商分布	分布广——渠道长
企业自身	声誉实力、控制要求、服务要求	
竞争者	对手特征	
经济形势	经济状况	
法律	要符合政策法规	

案例 5 广西亚热带农产品绿色营销渠道策略研究

一、亚热带农产品绿色营销及其营销渠道

亚热带农产品绿色营销是指绿色热带农产品企业在可持续发展观念的要求下,从承担社会责任、保护环境、充分利用资源和长远发展的角度出发,在绿色热带农产品的研发、生产、销售和售后服务全过程中,引导和满足消费者的绿色热带农产品的需求,促进企业的可持续生产,实现企业绿色营销目标,追求企业、消费者和社会三方面的平衡。亚热带农产品绿色营销已成为实现可持续发展热带农业的必然选择,是企业参与农产品国际竞争的利器,也是21世纪广西热带农产品进入国际市场的有效通行证。

绿色营销渠道是指绿色亚热带农产品从生产者出发,经过一系列的具有不同职能和名称的中间商,最终到达消费者手中所经过的通道。绿色营销渠道既要确保热带农产品的绿色品质,也要体现绿色理念,维护企业和产品的绿色形象。在选择绿色亚热带农产品的营销渠道时主要考虑两个因素:如何使绿色亚热带农产品快速地进入市场;体现绿色热带农产品的绿色标志。对于鲜活的或大批量的绿色热带农产品,尽量减少渠道长度或采取直销形式,缩短其流通路径和时间,减少绿色品质破坏程度,所以一般应在大型农贸批发市场进行批发或与大型零售店、专业商店签订合同直接销售;对保质期较长的绿色热带农产品,可通过中间商进行分销或利用农民运销协会组织销售,或与各地批发商和加工企业签订合同直接销售。

二、广西亚热带农产品绿色营销渠道存在的问题

广西亚热带农产品绿色营销渠道主要存在的两方面问题:亚热带农产品的包装单一、物流保鲜技术落后、损耗较大;绿色营销渠道不健全,亚热带农产品的运输"瓶颈"尚未彻底解决。目前广西绿色热带农产品市场体系已经初步形成,但营销渠道还十分有限,由于亚热带农产品产地范围较广,农户经营分散,使绿色热带农产品不能形成统一健全的营销网络和市场体系,在生产者和消费者之间没有建立快捷的营销渠道。

三、广西亚热带农产品绿色营销渠道的发展对策

亚热带农产品一般货架期短,易腐烂变质,不耐贮运,为了更好地保证其风味及品质,应大力建设好亚热带农产品市场流通体系,让亚热带农产品以最快的速度从产地市场进入流通以减少腐烂损失,实现亚热带农产品的保值和增值。为此,广西绿色亚热带农产品生产企业可以

依据农产品产业链的延伸和农产品流通环节的多寡，选择以下营销渠道策略：

(1)“农户+销售商”的分销模式。即农户成为销售商的绿色热带农产品生产基地。农户根据销售商的要求组织绿色热带农产品生产，由销售商负责销售。

(2)“农户+龙头加工企业”的分销模式。即农户与绿色亚热带农产品加工企业组成一体化经营组织，农户按绿色产品加工企业的要求，为其提供生产绿色亚热带食品的加工原材料。

(3)“绿色通道”的物流模式。“绿色通道”是指从满足绿色产品生产、销售和消费的需要出发，通过开辟公路、铁路、航空及水上常年性绿色热带农产品运输通道，发挥各类运输工具的优势，消除不必要、不合理的关卡和收费，在全国范围内甚至在国际上构建高效率、无污染、低成本的绿色产品运输网络和联运系统。

(4)博览会的分销策略。举办博览会也是一种有效的绿色直销渠道。博览会为绿色企业和绿色消费者创造直接交易的机会，不但可在短期内达到很高的市场销量，而且有利于宣传绿色产品，扩大社会知名度。每年一度的中国—东盟博览会应该是绝好的销售机会。

(5)独家分销或选择性分销策略。对于那些具有一定生产规模的绿色亚热带农产品经营者，可采取这两种策略之一。独家分销策略就是在一定地区只选择一家经销商来负责销售其绿色亚热带农产品；选择性分销则是在一个地区选择少数几家经销商负责销售其绿色亚热带农产品。如所选择的经销商必须是具有一定经营的实力、良好的企业形象以及绿色亚热带农产品的消费群体能经常光顾的卖场。

(6)直接分销策略。农产品经营者自己设立绿色亚热带农产品的专卖店或在大型商场设立经营专柜。

(7)特许加盟连锁经营的分销策略。即绿色亚热带农产品的经营者允许他人使用生产企业的企业名称、产品品牌和配送服务等开设特许加盟连锁店，销售生产者的绿色热带农产品，特许加盟连锁店的资本全部由他人投资，但所有特许加盟连锁店实行“统一形象、统一价格、统一标准、统一服务、统一配送、统一管理”，即“六个统一”的运营模式。

(8)“电子商务”的网络分销策略。随着Internet的普及，网上交易越来越受到消费者的青睐，这也是最符合绿色原则、潜力巨大的绿色营销渠道。

四、促销策略

1.促销与促销组合

促销，指营销者将企业及产品的信息通过各种方式传递给消费者和用户，促进其了解、信赖并购买本企业的产品，以达到扩大销售的目的。促销其实是信息沟通。促销组合是广告、人员推销、营业推广、公共关系等方式的组合与搭配。

2.广告策略

广告，指由特定广告人以付费方式对于构思、产品或劳务的非人员的介绍及推广。广告策略有许多种，在此列举几种常见的策略。

(1)利用名人效应　人们对社会名人普遍存在崇拜心理，可利用名人来做广告宣传。利用体育健将、影视明星、歌星、名模等来进行广告宣传，借助名人的声望，提高商品的知名度。但利用名人来做广告，企业需要花费巨资。

(2)新奇特取胜　在广告内容与表现形式上别出心裁。

(3)利用人们逆反心理　故意说出产品的一些不足，取得消费者的信任，但这个不足与产品的主要方面相比，是微不足道的。

(4)赞助公益广告　公益广告可以间接地宣传企业及企业的产品(如希望工程、抗洪、地震、艾滋病、环保等方面的公益广告)。

(5)品牌策略　通过塑造品牌形象，让媒体大众了解产品的特性，激发媒体大众兴趣、偏好和欲望，最终产生购买行动。

(6)心理策略　针对消费者的心理需求进行刺激、说服和引导。

(7)共鸣策略　让消费者在情感上产生共鸣。

(8)悬念法　企业事先不直接告诉广告的内容，为顾客设置一个想知道答案的悬念，等过段时间以后，再告诉相关内容。

3. 推销策略

推销策略是亚热带农产品常用的策略，推销一般步骤包括：

(1)寻找客户。即找到对本公司产品有需求的单位，了解客户相关信息。寻找客户的方式多种多样，如走街寻找、通过其他人介绍、终端打听、信息追踪、利用企业黄页、网上搜索等。

(2)联系客户。联系客户的方式有很多，如打电话、发邮件、信函、拜访等，但现实中用得最多的是打电话，即使是其他方式，最后还是需要用电话来落实。

打电话前的准备：①收集客户的资料，包括客户的规模实力、经营范围、声誉、主要负责人等。②判断客户是否有需求、需求量的大小、对产品的要求。③找出关键人物。④事先考虑打电话的内容、说话的顺序、语气等。⑤理解客户的远大目标。

通话过程中应遵循的步骤：①说明身份。以最快的速度说明自己的身份，一般按照自己所属的公司、自己的姓名与所担负的销售业务工作、提供的产品或服务这一顺序来说明。②说明目的及约请面谈。讲明两个要点：一是自己已充分了解客户现在的需求，并且自己有能力满足其需求；二是向客户提出面谈请求。③克服异议。客户常常以“我没时间”、“我正在开会”、“我们不需要”、“我们已有合作伙伴”等方式回绝，较好的处理方法是请求客户给自己一两分钟的时间，简明扼要地表达自己的意图，切不可马上挂掉电话。

打电话应避免的问题：电话中抨击竞争对手、谈论细节、询问对方的姓名或职位、与客户讨价还价，发生这些情况都可能会令对方不高兴，不利于获得与客户见面的机会。

推销准备：包括推销资料的准备、客户异议预测和应对的准备、仪表修饰和个人心态的准备。

(3)接近客户。客户认为，销售人员的形象往往代表了其公司形象、产品形象、合作态度，因此十分在意。建立良好的第一印象包括以下3个要素：良好的外表、良好的身体语言、营造轻松的氛围。

(4)销售陈述。销售陈述的内容与步骤：①产品基本情况介绍。包括产品生产企业、性能、功能、服务、包装等。②产品特点、优点介绍。③给顾客带来的利益。

(5)克服异议。客户异议的原因：①销售员的原因；②公司及公司产品的原因，如货源原因、商品原因、服务原因、价格原因等；③客户自身原因，如客户忠诚于某品牌、情绪处于低潮、目前没钱、不了解企业与企业的产品、真的不需要等。

处理异议的步骤：①采取积极的态度。②认同客户的感受。③使反对意见具体化。④给予补偿。

(6)达成协议。达成协议的方法有 3 种:①直接法达成协议。②选择法达成协议。③总结利益法达成协议。

4.销售促进策略

销售促进,指企业为刺激顾客需求而采取的能够迅速产生鼓励作用、促进商品销售的一种措施。

销售促进根据其促销对象可分为向中间商促销及向消费者促销。向中间商促销的形式有随货附赠促销、价格折扣促销、补贴促销等。向消费者促销的形式有样品派送或免费试用、现场演示、折价券促销等。开展促销活动需要事先制订促销计划,然后按计划要求组织实施,并做好促销总结工作。

5.公关策略

公共关系指企业通过各种方式和途径制造舆论,宣传产品与服务,使社会公众了解企业的经营方针政策,为企业发展创造最佳的社会公共关系环境,促进购买,推动社会公众支持企业,从而扩大产品销售,提高企业形象。公共关系活动形式有许多,如:

(1)进行新闻媒体报道。如发布企业新闻公告、报道企业商务活动、召开记者招待会、新产品发布会等,将信息传递给社会公众,争取新闻媒体的信任,建立良好的关系。

(2)与政府及其他组织的建立信任关系。与政府机构、供应商、经销商建立公开的信任联系,并且得到他们的支持。

(3)向公众散发宣传资料。企业通过资料的散发,介绍企业产品、企业发展规划、企业的服务项目等信息,以扩大影响,增进公众对企业的了解和信任。

(4)热心于公益活动。企业通过参与各种公益活动,建立为公众服务的形象,一个有爱心,信誉良好的企业,公众一定不会忘记它的。

(5)庆典活动。如开业或周年庆典、奠基、展销会开幕式、签字仪式等。目的是为了联络公众、广交朋友、增进友谊、扩大影响,向社会展示自身形象。

技能实训 亚热带农产品营销战略与策略策划

一、实训目的

通过本次实训使学生掌握亚热带农产品营销战略与策略策划内容与流程,能够为企业(或农户)进行制订相应的亚热带农产品营销战略与策略,能够写作出规范的营销策划文案,并能指导、实施营销策划方案。

二、材料与用具

计算机、计算器、记录纸、相机、采访机、报告纸、笔等。

三、实训内容

(1)本次实训以小组为单位,每组 5 人左右。

(2)小组同学联系某一生产经营某亚热带农产品的企业(或农户),收集内外情况,分析了解该企业(农户)内部情况,分析亚热带农产品生产经营面临的营销环境。

(3)在分析营销环境的基础上,为该企业制订营销战略与策略。策划方案的基本架构为:

①该企业(或农户)面临的营销环境分析(可采用 SWOT 综合分析法)。重点分析企业(或农户)内部条件之优势与劣势,某亚热带农产品市场需求与竞争情况、消费者购买心理与行

为等。

②制订该企业(或农户)××亚热带农产品营销战略。如市场细分、目标市场、市场定位及竞争战略。

③制订该企业(或农户)××亚热带农产品营销策略。如产品策略、价格策略、分销策略、促销策略。

④综合前面①、②、③,形成“××企业(或农户)××亚热带农产品营销战略与策略”策划方案。

四、作业

将策划方案在全班讨论交流,用 PPT 演示。邀请亚热带农产品生产经营企业人员参加,老师参加,全班同学参加。共同就方案发表意见,不断修改完善。并将营销策划方案用于企业实践。

五、成绩评定

根据策划方案的科学性、规范性、可行性、实用性、效益性评价实训小组成绩。

[复习思考题]

1.市场营销观念有哪些?现代亚热带农产品生产经营企业应树立什么观念?为什么?

2.市场营销环境分析包括哪些内容?试结合某亚热带农产品生产经营企业分析其面临的营销环境。

3.什么是市场细分、目标市场、市场定位?市场细分、目标市场、市场定位存在什么逻辑关系?目标市场战略有哪些?市场定位的方法有哪些?试结合某亚热带农产品生产经营企业的情况说明其产品如何定位?

4.什么是品牌?品牌的作用与意义是什么?如何创建品牌?试结合某亚热带农产品生产经营企业情况说明其品牌创建思路。

5.影响产品定价有哪些因素?定价策略有哪些?

6.企业在设计销售渠道时需考虑哪些因素?试结合某亚热带农产品生产经营企业的情况为其设计相应的销售渠道方案。

7.促销策略包括哪些方面?试结合某亚热带农产品生产经营企业情况为其设计一促销方案。

参考文献

陈宝源.热带作物栽培学(全国高等农业院校试用教材).北京:农业出版社,1991.

陈年来,等.甜瓜标准化生产技术.北京:金盾出版社,2008.

陈培栋,梁守珍.八角栽培与茴油加工.北京:中国林业出版社,1986.

陈廷速,等.广西罗汉果种质资源研究利用现状及展望.福建果树,2003,4(127):13-15.

陈引芝,等.高产高糖甘蔗新品种及新技术.中国农业科学院甘蔗研究资料,2008.

方光罗.市场营销学.大连:东北财经大学出版社,2008.

菲利普·科特勒,凯文·莱恩·凯勒.营销管理.13版.上海:格致出版社,上海人民出版社,2009.

郭国庆.市场营销学通论.北京:中国人民大学出版社,2009.

广西甘蔗栽培编写组.广西甘蔗栽培.南宁:广西科学技术出版社,1991.

国家木薯产业技术体系,2009年度木薯产业技术发展报告.

韩德昌.市场营销基础.北京:中国财政经济出版社,2008.

黄彩萍,等.鳄梨提取液在化妆品工业上应用的初步研究.林产化学与工业,2004(1):87-90.

何国祥,等.油梨种苗快速繁育技术.中国热带农业,2011(3):45-48.

黄洁.木薯丰产栽培技术.海口:三环出版社,2007.

黄卓民.八角.北京:中国林业出版社,1994.

霍润丰,等.甘蔗地膜覆盖少耕法增产增糖机理的研究初报.全国地膜学术讨论会交流资料,1990.

金树人,陈国清.木薯的工业开发利用.广州:科学普及出版社广州分社,1985.

李道和.剑麻栽培(工人技术培训统编教材).北京:农业出版社,1996.

李锋,等.罗汉果组培苗的栽培研究.广西植物,1990,10(4):359-363.

李冠光.八角栽培与加工.南宁:广西科学技术出版社,1994.

李奇伟.现代甘蔗改良技术.广州:华南理工大学出版社,2000.

李西开,黄瑞伦.木薯毒性之研究,广西农业,1943(8).

梁光商.木薯栽培和利用.广州:广东科学技术出版社,1981.

梁逸飞.木薯栽培与综合利用.南宁:广西人民出版社,1963.

林海志.八角高产稳产栽培新技术.北京:中国农业出版社,2003.

林雄.木薯栽培育种与利用.中国热带农业科学研究院品资所内部出版物,1982.

林纬,等.罗汉果组培苗种植存在的问题及解决的措施.广西农业,2003,4:74-75.

刘荣光.南亚热带小宗果树实用栽培技术.北京:中国农业出版社,2002.

刘振祥，廖旭辉．植物组织培养技术．北京：化工出版社，2007．
卢浩然．中国麻类作物栽培学．北京：农业出版社，1991．
陆善旦，等．八角、肉桂、金银花高产栽培与加工．南宁：广西科学技术出版社，2002．
罗大敏．热带北缘橡胶树栽培．广州：广东科学技术出版社，1987．
罗哲斯(David J. Rogers)．木薯及其亲缘种的研究．热带作物译丛，1963(3)．
苗平生．提高油梨坐果率试验初报．热带作物科技，1989(2)：60-62，88．
潘衍庆．中国热带作物栽培学．北京：农业出版社，1998．
苏以瀛．南药栽培学．广西农垦职工大学(内部教材)，1985．
孙光明，许能琨，林苾，余让水．H．11648麻应用DRIS初探．中国麻作，1996(3)：42-45．
覃蔚谦．甘蔗高产栽培300问．南宁：广西科学技术出版，1991．
谭东．桂油的深度加工．广西化工，1989(1)．
谭东．茴油的深度加工．广西化工，1991(2)．
谭伏美，等．肉桂种质资源的引进保存及利用研究初报．云南热作科技，1998(1)．
王秉忠．热带作物栽培学(总论)．农业高等院校试用教材，1994．
王炽，绍乃凡，等．木薯淀粉生产技术．南宁：广西人民出版社，1987．
王桂英．肉桂的化学成分分析．中国中药杂志，1993(4)．
韦庆龙，等．广西热带作物．南宁：广西人民出版社，1994．
吴健安，郭国庆，钟育赣．市场营销学．北京：高等教育出版社，2008．
谢进文．八角栽培学．广西农垦职工大学(内部教材)，1985．
谢宗云．市场营销实务．成都：电子科技大学出版社，2007．
徐建云，陈超君．甘蔗栽培学．南宁：广西科学技术出版社，2009．
杨和鼎．热带作物栽培学(各论)．农业高等院校试用教材，1995．
杨文钰，等．作物栽培学各论．北京：农业出版社，2003．
赵恒宏．广西八角、玉桂产地调查报告．热作研究，1983(2)．
中国热带农业信息网 http：//www．troagri．com．cn．h
钟思强．油梨的营养价值及保健作用．广西热带农业，2002(4)：19-21．